YOUSE JINSHU HANJIE JI YINGYONG

有色金属焊接及应用

第2版

李亚江　李嘉宁　王娟　编著

化学工业出版社

·北京·

图书在版编目（CIP）数据

有色金属焊接及应用/李亚江编著．—2版．北京：化学工业出版社，2015.5
ISBN 978-7-122-23492-6

Ⅰ.①有… Ⅱ.①李… Ⅲ.①有色金属-焊接
Ⅳ.①TG457.1

中国版本图书馆CIP数据核字（2015）第066418号

责任编辑：周 红　　装帧设计：王晓宇

出版发行：化学工业出版社（北京市东城区青年湖南街13号 邮政编码100011）
印　　刷：北京永鑫印刷有限责任公司
装　　订：三河市宇新装订厂
787mm×1092mm 1/16 印张19½ 字数522千字 2015年6月北京第2版第1次印刷

购书咨询：010-64518888（传真：010-64519686） 售后服务：010-64518899
网　　址：http://www.cip.com.cn
凡购买本书，如有缺损质量问题，本社销售中心负责调换。

定　　价：79.00元

版权所有 违者必究

前言

随着科学技术的发展，有色金属在国民经济建设中的突出作用日益引起人们的广泛关注。虽然有色金属只占金属材料总量的5%左右，处于补充地位，但有色金属在社会经济发展和工程应用中的重要作用却是钢铁或其他材料无法替代的。近年来随着市场经济的发展，有色金属的应用范围越来越广泛，已经从航空航天逐渐扩展到电子、通信、汽车、交通运输和民用等各个领域。特别是铝、铜、钛、镁、镍及其合金等有色金属在未来几年的金属结构应用中越来越受到重视。

有色金属具有自己的特点，因而其焊接比常规钢铁材料的焊接要复杂得多，这给焊接工作带来很大的困难。2006年出版的《有色金属焊接及应用》在社会上产生了一定影响，此次修订版将增补新的内容，使之更加完善。本书的特点是阐明各种有色金属的焊接性特点、焊接方法的选用，并从实用性角度对工程中有色金属结构的焊接工艺要点及应用等进行了介绍。给出一些有色金属焊接产品研发和生产中成功应用的实例，能帮助读者在一定程度上掌握有色金属焊接的基本规律，提高其有色金属焊接技能。

本书主要供与有色金属焊接生产和制造相关的工程技术人员、管理人员、质量检验人员和操作人员使用，也可供高等院校师生、科研单位、厂矿企业的相关人员参考。

本书由李亚江、李嘉宁、王娟编著，为本书提供帮助的人员还有刘鹏、马海军、夏春智、刘强、马群双、吴娜、沈孝芹、黄万群、魏守征、蒋庆磊、刘坤、胡晓东、杜红燕、许有肖等。

由于时间仓促，加之笔者水平有限，书中难免存在不足之处，恳请广大读者批评指正。

编著者

目录 CONTENTS

第1章 概述

1.1 有色金属的分类及性能

1.1.1 有色金属的分类及牌号

(1) 有色金属的分类

按密度和在自然界中的蕴藏量，可以对有色金属作如下分类。

① 有色轻金属　指密度小于4.5g/cm³的有色金属材料，包括铝、镁、钠、钾、钙等及其合金。这类有色金属的特点是密度小（0.53～4.5g/cm³），化学活性大，与氧、硫、碳和卤族元素形成的化合物性质都相当稳定。在工业上应用最为广泛的是铝及铝合金，它的产量已超过有色金属总产量的1/3。

② 有色重金属　指密度大于4.5g/cm³的有色金属材料，包括铜、镍、铅、锌、锡等及其合金，在国民经济生产中应用广泛。其中最常用的是铜及铜合金，它是机械制造和电气设备的基本材料。

③ 贵金属　包括金、银和铂族元素及其合金，由于它们对氧和其他化学试剂的稳定性，而且在地壳中含量少，开采和提取较困难，价格较贵，因而得名贵金属。这类材料的特点是密度大（10.4～22.4g/cm³）、熔点高（916～3000℃）、化学性质稳定、能抗酸、碱腐蚀。一般用于电气、电子、航空航天以及高温仪器仪表等。

④ 半金属　包括硅、硒、碲、砷、硼五种元素，物理化学性质介于金属与非金属之间，故称半金属。如砷是非金属，但又能传热导电。这类有色金属根据各自特性，具有不同用途。硅是主要的半导体材料之一，高纯硒、碲、砷是制造化合物半导体的原料，硼是合金的添加元素。

⑤ 稀有金属　指那些在自然界中含量很少、分布稀散或难以从原料中提取的金属，分为稀有轻金属和稀有高熔点金属两类。

a. 稀有轻金属　包括钛、铍、锂、铷、铯五种金属及其合金，主要特点是密度小、化学活性强。这类金属的氧化物和氯化物具有很高的化学稳定性，很难还原。

b. 稀有高熔点金属　又称为稀有难熔金属，包括钨、钼、钽、铌、锆、铪、钒、铼八种金属及其合金，其特点是熔点高（均在1700℃以上，最高的钨达3400℃）、硬度高、抗腐蚀性强，可与一些非金属生成非常硬和难熔的稳定化合物，如碳化物、氮化物、硅化物和硼化物，这些化合物是生产硬质合金的重要材料。

由一种有色金属作为基体，加入另一种或几种金属或非金属组分所组成的既具有基体金属通性又具有某种特定性能的物质，称为有色金属合金。

有色金属合金的分类方法很多，按基体金属不同，可分为铝合金、铜合金、钛合金、镁合金、镍合金等；按其生产方法不同，可分为铸造合金与变形合金；按组成合金的元素数目不同，可分为二元合金、三元合金和多元合金；按合金组分的总含量不同，可分为低合金、中合金、高合金，合金组分的总含量小于2.5%的为低合金，总含量为2.5%～10%的为中合金，总含量大于10%的为高合金。

有色金属按纯度分为工业纯度和高纯度两类。以冶炼和压力加工方法生产出来的各种板材、管材、棒材、线材、型材等有色金属及其合金半成品材料，按金属及合金系统可分为铝及铝合金、镁及镁合金、铜及铜合金（如紫铜、黄铜、青铜等）、镍及镍合金、钛及钛合金等。制造业常用的有色金属见表1.1。

表1.1 制造业常用的有色金属

分类名称		说明	
纯金属		铜（纯铜）、铝、钛、镁、镍、锌、铅、锡等	
铜合金	黄铜	压力加工用、铸造用	普通黄铜（铜锌合金）
			特殊黄铜（含有其他合金元素的黄铜）：铝黄铜、铅黄铜、锡黄铜、硅黄铜、锰黄铜、钛黄铜、镍黄铜等
	青铜	压力加工用、铸造用	锡青铜（铜锡合金，一般还含有磷、锌、铅等合金元素）
			特殊青铜（铜与除锌、锡、镍以外的其他合金元素的合金）：铝青铜、硅青铜、锰青铜、铍青铜、锆青铜、铬青铜、镉青铜、镁青铜、等
	白铜	压力加工用	普通白铜（铜镍合金）
			特殊白铜（含有其他合金元素的白铜）：锰白铜、铁白铜、锌白铜、铝白铜等
铝合金		压力加工用（变形用）	非热处理强化铝合金：防锈铝（铝-锰合金、铝-镁合金）
			热处理强化铝合金：硬铝（铝-铜-镁或铝-铜-锰合金）、锻铝（铝-铜-镁-硅合金）、超硬铝（铝-铜-镁-锌合金）等
		铸造用	铝硅合金、铝铜合金、铝镁合金、铝锌合金、铝稀土合金等
钛合金		压力加工用	钛与铝、钼等合金元素的合金
		铸造用	钛与铝、钼等合金元素的合金
镁合金		压力加工用	镁铝合金、镁锰合金、镁锌合金等
		铸造用	镁锌合金、镁铝合金、镁稀土合金等
镍合金		压力加工用	镍硅合金、镍锰合金、镍铬合金、镍铜合金、镍钨合金等
锌合金		压力加工用	锌铜合金、锌铝合金
		铸造用	锌铝合金
铅合金		压力加工用	铅锑合金等
轴承合金		铅基轴承合金、锡基轴承合金、铜基轴承合金、铝基轴承合金	
硬质合金		钨-钴合金、钨-钛-钽（铌）-钴合金、钨-钛-钴合金、碳化钛-镍-钼合金	

采用铸造方法制造的铸件和铸锭，可以直接浇铸成各种形状的机械零件。这些铸件和铸锭按不同的合金系统可分为铸造铝合金、铸造镁合金、铸造黄铜、铸造青铜等。

（2）有色金属及合金的牌号

1）纯金属加工产品

纯金属指的是提纯度高于一般工业生产用金属纯度的金属，提纯度高于纯金属的称为高纯金属。高纯金属主要用于研究和其他特殊用途，不同金属的纯度成分标准是不同的。

2）合金加工产品

合金加工产品的代号，用汉语拼音字母、元素符号或汉语拼音字母及元素符号结合表示成分的数字组或顺序号表示。如铝、铜的纯金属加工产品分别用汉语拼音字母L、T（或英文字母Al、Cu）加顺序号表示。

① 铝合金　以铝为基础，加入一种或几种其他元素（如Cu、Mg、Si、Mn等）构成的合金称为铝合金。由于纯铝强度低，应用受到限制，工业上多采用铝合金。铝合金密度小，

有足够高的强度、塑性，耐蚀性好，大部分铝合金可以经过热处理得到强化，因而在航空航天、汽车、电子制造业中得到广泛应用。

根据GB/T 3190—2008《变形铝及铝合金化学成分》和GB/T 16474—2011《变形铝及铝合金牌号表示方法》的规定，纯铝、变形铝及铝合金牌号表示方法采用四位字符体系。牌号的第一位数字表示铝及铝合金的组别，从1～7分别表示纯铝，以Cu、Mn、Si、Mg、Mg和Si（Mg_2Si相为强化相）、Zn为主要合金元素的铝合金，8表示以其他元素为主要合金元素的铝合金，9为备用合金组。牌号的第二位字母表示纯铝或铝合金的改型情况；最后两位数字用以标识同一组中不同的铝合金或表示铝的纯度。

在最初的铝及铝合金牌号中，纯铝合金用“L”加表示合金组别的汉语拼音字母及顺序号表示。例如，防锈铝的代号为LF、锻铝为LD、硬铝为LY、超硬铝为LC、特殊铝为LT、硬钎焊铝为LQ。

② 铜合金　以铜为基体的合金称为铜合金，如各种黄铜、青铜和白铜。普通黄铜用“H”加基本元素铜的含量表示。三元以上黄铜用“H”加第二个主添加元素符号及除锌以外的成分数字组表示。如68黄铜表示为H68，90-1锡黄铜表示为HSn90-1。

青铜用汉语拼音“Q”加第一个主添加元素符号及除基元素铜外的成分数字组表示，如6.5-0.1锡青铜表示为QSn6.5-0.1。

白铜用汉语拼音“B”加镍含量表示，三元以上的白铜用“B”加第二个主添加元素符号及除基元素铜外的成分数字组表示，如30号白铜表示为B30，3-12锰白铜表示为BMn3-12。

由于铜的蕴藏量有限，在使用方面受到一定的限制，如某些工业部门过去用铜合金的零件，现已改用其他材料（如铝合金、塑料等）制造。

③ 镁合金　以镁为基体的合金，常称为超轻质合金。近年来，镁合金在工业（如航空、电子、通信、仪表、汽车等行业）上的应用越来越多。由于镁合金具有密度小（比铝轻1/3）、比强度（强度/密度）高、能承受较大的冲击载荷、有良好的切削加工性等优点，具有广泛的应用前景。根据加工方法不同，镁合金分为变形镁合金（压力加工）和铸造镁合金两大类。

常用有色金属及其合金产品牌号的表示方法见表1.2。铜及铜合金材料状态代号见表1.3。有色金属产品状态名称、特性及其汉语拼音字母的代号见表1.4。

3）铸造产品

GB/T 8063—94《铸造有色金属及其合金牌号表示方法》规定了采用化学元素符号和百分含量的表示方法。铸造有色金属牌号由“Z”和相应纯金属的化学元素符号及表明产品纯度百分含量的数字或用一短横加顺序号组成。如牌号ZAl99.5，表示铸造纯铝，铝的最低名义百分含量为99.5%。

当合金化元素多于两个时，合金牌号中应列出足以表明合金主要特性的元素符号及其名义百分含量的数字。合金化元素符号按其名义百分含量递减的次序排列，当百分含量相等时，按元素符号字母顺序排列。

除基体元素的名义百分含量不标注外，其他合金元素的百分含量均标注于该元素符号之后。当合金元素含量规定为大于或等于1%的某个范围时，采用其平均含量，必要时也可用带一位小数的数字标注。当合金含量小于1%时，一般不标注。

对具有相同主成分，需要控制低间隙元素的合金，在牌号后的圆括弧内标注EL1。对杂质限量要求严、性能高的优质合金，在牌号后面标注大写字母“A”，表示优质。

表 1.2 常用有色金属及其合金产品牌号的表示方法

<table>
<tr><th rowspan="2">分 类</th><th colspan="2">牌 号 举 例</th><th rowspan="2">牌号表示方法说明</th></tr>
<tr><th>名 称</th><th>代 号</th></tr>
<tr><td rowspan="2">铝及铝合金</td><td>纯铝</td><td>1A09</td><td rowspan="2">1 A 09
① ② ③
① 组别代号：1×××为纯铝，2×××～7×××分别为以铜、锰、硅、镁、镁＋硅、锌为主要合金元素的铝合金，8×××为以其他合金元素为主要合金元素的铝合金，9×××为备用合金组
② A 表示原始纯铝，B～Y 表示铝合金的改型情况
③ 1×××（纯铝）表示最低铝百分含量；2×××至 8×××用来区分同一组中不同的铝合金</td></tr>
<tr><td>铝合金</td><td>2A50，3A21</td></tr>
<tr><td rowspan="4">铜及铜合金</td><td>纯铜</td><td>T1，T2-M</td><td rowspan="4">Q Al 10-3-1.5 M
① ② ③ ④ ⑤
① 分类代号：T 为纯铜，TU 为无氧铜，TK 为真空铜，H 为黄铜，Q 为青铜，B 为白铜
② 主添加元素代号：纯铜、一般黄铜、白铜不标；三元以上黄铜、白铜为第二主添加元素（第一主添加元素分别为 Zn、Ni）；青铜为第一主添加元素
③ 序号主添加元素含量（以百分数表示）：纯铜中为金属顺序号；黄铜中为 Cu 含量（Zn 为余数）；白铜为 Ni 或（Ni＋Co）含量；青铜为第一主添加元素含量
④ 添加元素量（以百分数表示）：纯铜、一般黄铜、白铜无此数字；三元以上黄铜、白铜为第二添加元素合金；青铜为第二主添加元素含量
⑤ 状态代号：见表 1.3</td></tr>
<tr><td>黄铜</td><td>TU1，TUMn
H62，HSn90-1</td></tr>
<tr><td>青铜</td><td>QSn4-3
QSn4-4-2.5
QAl10-3-1.5</td></tr>
<tr><td>白铜</td><td>B25
BMn3-12</td></tr>
<tr><td rowspan="4">钛及钛合金</td><td rowspan="4">—</td><td>TA1-M，TA4</td><td rowspan="4">TA 1 M
① ②③
① 分类代号（表示合金或合金组织类型）：TA 为 α 型 Ti 合金；TB 为 β 型 Ti 合金；TC 为（α＋β）型 Ti 合金
② 金属或合金的顺序号
③ 状态代号：见表 1.4</td></tr>
<tr><td>TB2</td></tr>
<tr><td>TC1，TC4</td></tr>
<tr><td>TC9</td></tr>
<tr><td rowspan="2">镁合金</td><td rowspan="2">—</td><td>MB1</td><td rowspan="2">MB 8 M
① ② ③
① 分类代号：M 为纯镁；MB 为变形镁合金
② 金属或合金的顺序号
③ 状态代号：见表 1.4</td></tr>
<tr><td>MB8-M</td></tr>
<tr><td rowspan="5">镍及镍合金</td><td rowspan="5">—</td><td>N4，NY1</td><td rowspan="5">N Cu 28 2.5-1.5 M
① ② ③ ④ ⑤
① 分类代号：N 为纯镍或镍合金；NY 为阳极镍
② 主添加元素符号
③ 序号或主添加元素含量：纯镍为顺序号；主添加元素含量以百分数表示
④ 添加元素含量：以百分数表示
⑤ 状态代号：见表 1.4</td></tr>
<tr><td>NSi0.19</td></tr>
<tr><td>NMn2-2-1</td></tr>
<tr><td>NCu28-2.5-1.5</td></tr>
<tr><td>NCr10</td></tr>
</table>

表 1.3 铜及铜合金材料状态代号

<table>
<tr><th rowspan="2">名 称</th><th colspan="2">采用的汉字及汉语拼音</th><th rowspan="2">代 号</th></tr>
<tr><th>汉 字</th><th>汉 语 拼 音</th></tr>
<tr><td>热加工</td><td>热</td><td>Re</td><td>R</td></tr>
<tr><td>退火（焖火）</td><td>焖（软）</td><td>Men</td><td>M</td></tr>
<tr><td>淬火</td><td>淬</td><td>Cui</td><td>C</td></tr>
<tr><td>淬火后冷轧（冷作硬化）</td><td>淬、硬</td><td>Cui ying</td><td>CY</td></tr>
<tr><td>淬火（自然时效）</td><td>淬、自</td><td>Cui zi</td><td>CZ</td></tr>
<tr><td>淬火（人工时效）</td><td>淬、时</td><td>Cui shi</td><td>CS</td></tr>
</table>

续表

名称	采用的汉字及汉语拼音		代号
	汉字	汉语拼音	
硬	硬	Ying	Y
3/4 硬、1/2 硬、1/3 硬、1/4 硬	硬	Ying	Y1、Y2、Y3、Y4
特硬	特	Te	T
淬火后冷轧、人工时效	淬、硬、时	Cui ying shi	CYS
热加工、人工时效	热、时	Re shi	RS
淬火、自然时效、冷作硬化	淬、自、硬	Cui zi ying	CZY
淬火、人工时效、冷作硬化	淬、时、硬	Cui shi ying	CSY

表 1.4 有色金属产品状态名称、特性及其汉语拼音字母的代号

名称	代号	名称		代号	名称	代号
(1) 产品状态代号		(2) 产品特性代号			(3) 产品状态、特性代号组合举例	
热加工（如热轧、热挤）	R	优质表面		O	不包铝（热轧）	BR
退火	M	涂漆蒙皮板		Q	不包铝（退火）	BM
淬火	C	加厚包铝的		J	不包铝（淬火、冷作硬化）	BCY
淬火后冷轧（冷作硬化）	CY	不包铝的		B	不包铝（淬火、优质表面）	BCO
淬火（自然时效）	CZ	硬质合金	表面涂层	U	不包铝（淬火、冷作硬化、优质表面）	BCYO
淬火（人工时效）	CS		添加碳化钽	A	优质表面（退火）	MO
硬	Y		添加碳化铌	N	优质表面淬火、自然时效	CZO
3/4 硬、1/2 硬	Y1、Y2		细颗粒	X	优质表面淬火、人工时效	CSO
1/3 硬	Y3		粗颗粒	C	淬火后冷轧、人工时效	CYS
1/4 硬	Y4		超细颗粒	H	热加工、人工时效	RS
特硬	T		—	—	淬火、自然时效、冷作硬化、优质表面	CZYO

1.1.2 有色金属的主要特性及热处理

常用有色金属的主要特性见表 1.5。

表 1.5 常用有色金属的主要特性

序号	名称	主要特性
1	铝及其合金	密度小（2.7g/cm³），比强度高，耐蚀性好，导电性、导热性、反光性良好，塑性好，易加工成形和铸造各种零件
2	铜及其合金	优良的导电性、导热性，较好的耐蚀性，较高的强度和高的塑性，易加工成形和铸造各种零件
3	钛及其合金	密度小（4.5g/cm³）、比强度高、高温强度高、硬度高、耐蚀性良好
4	镁及其合金	密度小（1.7g/cm³），比强度和比刚度高，能承受大的冲击载荷，有良好的机械加工性能和抛光性能，对有机酸、碱类和液体燃料有较高的耐蚀性
5	镍及其合金	有较高的力学性能，耐热性、耐腐蚀性好，具有特殊的电、磁和热膨胀性能
6	锌及其合金	有较高的力学性能，熔点低，易于加工成形和压铸成零件
7	锡、铅及其合金	熔点低，耐磨、减摩性能好，耐腐蚀性好，铅的抗 X 射线和 γ 射线的穿透力强

有色金属热处理的方法很多，对于不同的目的和用途，采用不同的热处理工艺，见表 1.6。有色金属及其合金压延材的交货状态见表 1.7。

化学元素对有色金属的性能有重要影响。以铝及其合金为例，化学元素对铝及其合金性能的影响见表 1.8。以铜及其合金为例，化学元素对铜及其合金性能的影响见表 1.9。

表 1.6　有色金属的热处理

热处理类型			工 艺 方 法	目的及应用
退火	均匀化退火		加热温度为合金熔化温度下 20～30℃，保温时间不宜过长，加热速度和冷却速度一般不作严格规定（有相变的合金必须缓冷）	铸造后或加工前用于消除应力、降低硬度和提高塑性
	再结晶退火		加热温度高于再结晶温度，保温时间不宜过长，冷却可在空气中或水中进行，但有相变的合金不宜急冷	改变材料的力学性能和物理性能，在某些情况下恢复到原来的性能
	低温退火	回复退火	加热温度低于再结晶温度	消除应力
		部分软化退火	加热温度在合金再结晶开始和终止温度之间	消除应力和控制半硬产品的性能，避免应力腐蚀
	光亮退火		在保护性气氛中或真空炉中退火、纯铜退火，气体中含氢量不应超过3%	防止氧化、节省酸洗经费，获得光亮表面，多用于铜和铜合金
淬火-时效	淬火		加热温度高于溶解度曲线且接近于共晶温度或固相线温度，可采用快速加热，冷却一般采用水冷，有些合金（如铸造铝合金）也采用油淬或其他冷却介质	淬火和时效是提高有色合金强度和硬度的一种有效方法（即可热处理强化）。淬火和时效应连续进行，多用于铝、硅、镁和铝铜合金以及铍青铜
	时效	自然时效	淬火后在室温下停留较长时间	对于淬火和时效效果不明显的合金，如黄铜、锡青铜和铝镁合金工业上不采用热处理强化
		人工时效	淬火后再将合金加热到 100～200℃范围内保温一段时间	

表 1.7　有色金属及其合金压延材的交货状态

序　号	交货状态		说　　明
	名　称	代　号	
1	软状态	M	表示材料在冷加工后，经过退火。这种状态的材料，具有塑性高而强度和硬度低的特点
2	硬状态	Y	这种状态的材料在冷加工后未经退火软化。它具有强度、硬度高，而塑性、韧性低的特点。有色金属还具有特硬状态，代号为 T
3	半硬状态	Y1、Y2 Y3、Y4	半硬状态介于软状态和硬状态之间，表示材料在冷加工后，有一定程度的退火。半硬状态按加工变形程度和退火温度的不同，又可分为 3/4 硬、1/2 硬、1/3 硬、1/4 硬等几种，其代号依次为 Y1、Y2、Y3、Y4
4	热作状态	R	表示材料为热挤压状态。热轧和热挤压是在高温下进行的，因此在加工过程中不会发生加工硬化。这种状态的材料，其特性与软状态相似，但尺寸允许偏差和表面精度要求比软状态低

表 1.8　化学元素对铝及其合金性能的影响

类　型	化学元素的影响
纯铝	① 杂质元素：所有杂质元素均降低铝的导电性 ② 铁（Fe）、硅（Si）：铁与硅如并存于铝中，使铝的塑性、耐蚀性降低 ③ 铜（Cu）：使铝的耐蚀性降低 ④ 锌（Zn）：降低铝的耐蚀性
变形铝合金	① 铜（Cu）、镁（Mg）：铜能明显提高铝合金的强度和硬度，镁除能提高强度和硬度外，主要提高铝合金的耐蚀性。铜和镁共同作用，通过淬火时效作用，能强化铝合金性能 ② 锌（Zn）：能提高铝合金的时效强化效率，改善切削加工性能和热塑性，但使其疲劳强度和抗晶间腐蚀能力都降低 ③ 锰（Mn）：主要能提高铝合金的强度 ④ 钛（Ti）、硼（B）：可细化铝合金的晶粒，提高其强度 ⑤ 硅（Si）：能提高铝合金的热塑性，并增强其热处理强化效果 ⑥ 铁（Fe）、镍（Ni）：在锻铝中能提高淬火时效后的强度

续表

类　型	化学元素的影响
铸造铝合金	① 硅（Si）：能提高铸造铝合金的流动性、强度和耐蚀性，减少收缩率和裂纹 ② 铜（Cu）、镁（Mg）：能通过淬火时效来提高铝合金的强度、硬度。铜还能提高其流动性，镁却反之，不过镁能提高其耐蚀性 ③ 锌（Zn）：能提高铸造铝合金的铸造性和强度，但降低其耐蚀性 ④ 镍（Ni）：能提高铸造铝合金的热强性

表 1.9　化学元素对铜及其合金性能的影响

类　型	化学元素的影响
纯铜	① 杂质元素：所有杂质元素都会降低纯铜的导电性，其中以磷（P）、砷（As）影响最大 ② 铁（Fe）、镍（Ni）、锰（Mn）：均能降低铜的抗磁性 ③ 铋（Bi）：使铜产生热脆和冷脆，但含 Bi 0.7%～1.0%的铜合金用于真空开关，可防止黏结并延长使用寿命 ④ 铅（Pb）：可使铜发生热脆，但能改善铜的切削性和耐磨性 ⑤ 硫（S）：使铜的冷加工困难 ⑥ 砷（As）、锡（Sn）：能提高铜的耐蚀性
黄铜	① 锌（Zn）：能改善黄铜的力学性能，当 Zn 含量在 32%以内，撞击时不发生火花。随着 Zn 含量的提高，黄铜的塑性增加；Zn 含量不超过 47%时，黄铜的抗拉强度随 Zn 含量的增加而提高 ② 铝（Al）：能提高黄铜的强度、硬度和耐蚀性，但 Al 含量超过 2%时，黄铜的塑性急剧下降 ③ 锡（Sn）：少量锡能提高黄铜的强度和硬度，但含量太高时，反而会降低黄铜的塑性。锡能提高黄铜在海水或海洋大气中的抗蚀作用 ④ 铅（Pb）：能改变黄铜的切削加工性和减摩性，但使强度、硬度及伸长率下降 ⑤ 锰（Mn）：能提高黄铜的强度和硬度，特别是高温性能。锰还能提高黄铜对海水、氯化物和过热蒸汽的耐蚀性 ⑥ 铁（Fe）：通常与锰、锡、铅、铝等配合，能提高黄铜的耐蚀性和力学性能 ⑦ 硅（Si）：可以提高黄铜的强度、硬度和铸造性能，但 Si 含量过高，会使黄铜的塑性降低
青铜	① 锡（Sn）：当 Sn 含量不超过 8%时，青铜的塑性和强度随 Sn 含量的增加而提高。锡还能提高青铜的抗蚀性，特别是在高压过热蒸汽中的抗蚀性 ② 锌（Zn）：能提高青铜的铸造性 ③ 铅（Pb）：能改善青铜的减摩性、导热性、抗疲劳性和切削加工性 ④ 磷（P）：能提高青铜的耐磨性、弹性和硬度 ⑤ 铝（Al）：能提高青铜的强度、硬度、耐蚀性、流动性和耐寒性，铝青铜呈无磁性，并在撞击时不发生火花 ⑥ 硅（Si）：能提高青铜的力学性能和耐蚀性 ⑦ 铍（Be）：能提高青铜的强度、硬度、弹性、耐蚀性、疲劳强度、导电性、导热性和耐寒性，并能使其呈无磁性
白铜	① 镍（Ni）：当 Ni 含量小于 60%时，随着 Ni 含量的增加，其强度、硬度增加，但塑性降低 ② 锌（Zn）：能提高白铜的力学性能及抗腐蚀性 ③ 锰（Mn）：能增加白铜的电阻 ④ 铁（Fe）：能提高白铜的力学性能，并增加抗海水侵蚀的能力 ⑤ 铝（Al）：除能提高白铜的力学性能外，还能增加其耐蚀性、耐寒性和弹性

1.2 有色金属的焊接特点

1.2.1 有色金属焊接的难易程度

有色金属焊接有自己的特点，有色金属焊接比常规钢铁材料的焊接复杂得多，这给焊接工作带来很大的困难。有色金属焊接的难易程度见表 1.10。

表 1.10 有色金属焊接难易程度一览

有色金属及其合金		焊条电弧焊	埋弧焊	CO_2气体保护焊	惰性气体保护焊	激光焊	电子束焊	气焊	气压焊	点焊缝焊	闪光对焊	摩擦焊	钎焊
轻金属	纯铝	B	D	D	A	A	A	B	C	A	A	A	B
	非热处理铝合金	B	D	D	A	A	A	B	C	A	A	A	B
	热处理铝合金	B	D	D	B	A	A	B	C	A	A	A	C
	纯镁	D	D	D	A	B	B	D	C	A	A	B	B
	镁合金	D	D	D	A	B	B	C	C	A	A	B	C
	纯钛	D	D	D	A	A	A	D	D	A	D	C	C
	钛合金（α相）	D	D	D	A	A	A	D	D	A	D	C	D
	钛合金（其他相）	D	D	D	B	A	A	D	D	B	D	C	D
铜合金	纯铜	B	C	B	A	D	B	B	C	C	C	D	B
	黄铜	B	D	B	A	C	B	B	C	C	C	B	B
	磷青铜	B	C	C	A	C	B	B	C	C	C	B	C
	铝青铜	B	D	D	A	C	B	B	C	C	C	B	C
	镍青铜	B	D	C	A	C	B	B	C	C	C	B	B
高镍合金		A	A	A	A	B	A	A	B	A	A	D	B
锆、铌		D	D	D	B	C	B	B	D	B	D	D	C

注：A—通常采用，B—有时采用，C—很少采用，D—不采用。

异种有色金属焊缝中形成的各种脆性的金属间化合物，易产生裂纹或影响焊缝的性能，这是在异种有色金属焊接中应尽量避免的。常见异种有色金属的焊接方法和焊缝中的形成物见表 1.11。

表 1.11 常见异种有色金属的焊接方法和焊缝中的形成物

被焊金属	焊接方法		焊缝中的形成物	
	熔焊	压焊	固溶体	金属间化合物
Al+Cu	氩弧焊、埋弧焊	冷压焊、电阻焊爆炸焊、扩散焊	Al 在 Cu 中的溶解度 9.8%以下	$CuAl_2$
Al+Ti	氩弧焊、埋弧焊	扩散焊、摩擦焊	Al 在 α-Ti 中的溶解度到 6%以下	TiAl、$TiAl_3$
Al+Mg	氩弧焊	扩散焊		—
Ti+Ta	电子束焊、氩弧焊	—	连续系列	—
Ti+Cu	电子束焊、氩弧焊	—	Cu 在 α-Ti 中溶解度到 2.1%，在 β-Ti 中溶解度到 17%以下	Ti_2Cu、TiCu Ti_2Cu_3 $TiCu_2$、$TiCu_3$
Cu+Mo	电子束焊	扩散焊	—	—
Cu+Ta	电子束焊	扩散焊	—	—

1.2.2 常用有色金属焊接方法

（1）钨极氩弧焊（TIG 焊）

1）主要特点

钨极氩弧焊按所用电源类型分为直流 TIG 焊、交流 TIG 焊及脉冲 TIG 焊三种。手工 TIG 焊通常由焊接电源、控制系统、焊枪、水冷系统及供气系统等部分组成，如图 1.1 所示。交流 TIG 焊所需的引弧和稳弧装置，以及隔直装置等常和控制系统设置在一个控制箱内。

不同的有色金属进行钨极氩弧焊时要求不同的电流种类及极性。例如，铝、镁及其合金一般选用交流，其他有色金属焊接多采用直流正接。

① 直流钨极氩弧焊　电弧燃烧稳定，有正、负极之分。

a. 直流正接法　被焊工件与焊接电源的正极相连，钨极与焊接电源的负极相连。此时钨极烧损极少，同时由于阴极斑点集中，电弧比较稳定。工件受到质量很小的电子流撞击，不能除去金属表面的氧化膜。除铝、镁合金外，其他金属表面不存在高熔点的氧化膜问题，故一般金属焊接采用此种连接方法。

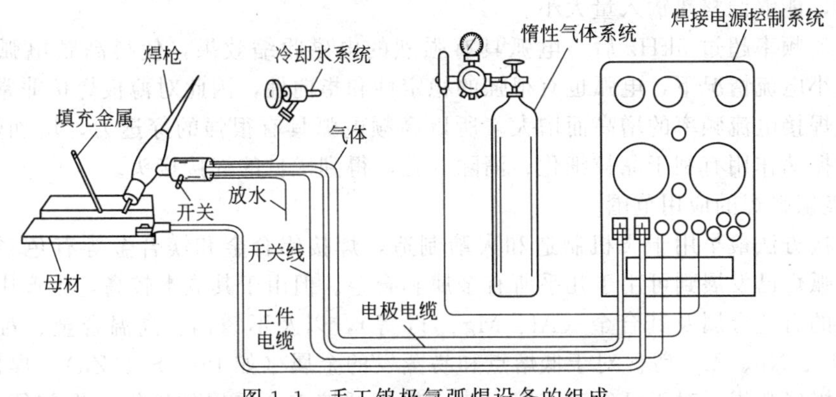

图 1.1　手工钨极氩弧焊设备的组成

b. 直流反接法　被焊工件与焊接电源的负极相连，钨极接到焊接电源的正极。Al、Cu 等有色金属一般属冷阴极材料，其电子发射主要为场致发射。场致发射对阴极没有冷却作用，工件所处的温度较高。由于存在氧化膜，阴极斑点在氧化膜上来回游动，电弧不集中，加热区域大，因此电弧不稳定，且熔深浅而宽。在有色金属焊接中，一般不推荐使用这种方法。

② 交流钨极氩弧焊　交流电的极性周期性地变换，相当于在每个周期里半波为直流正接，半波为直流反接。正接的半波期间，钨极可以发射足够的电子而又不至于过热，有利于焊接电弧的稳定。反接的半波期间，工件表面生成的氧化膜很容易被清理掉而获得表面光亮美观、成形良好的焊缝。这样，兼顾了阴极清理作用和钨极烧损少、电弧稳定性好的效果。对于活性强的铝、镁、铝青铜及其合金，一般采用交流氩弧焊。

交流氩弧焊比直流氩弧焊复杂，主要表现在以下几个方面。

a. 阴极清理作用　当工件为负极时，表面生成的氧化膜逸出功小，易发射电子，所以阴极斑点总是优先在氧化膜处形成。工件为冷阴极材料时，阴极区有很高的电压降，因此阴极斑点能量密度远远高于阳极。正离子在阴极电场作用下高速撞击氧化膜，使氧化膜破碎、分解而被清理掉。接着阴极斑点又在邻近氧化膜上发射电子，继而又被清理。阴极斑点始终在金属表面的氧化膜上游动，被清理的氧化膜面积也不断地扩大。清理作用的强弱与阴极区的能量密度和正离子质量有关，能量密度越高，离子质量越大，清理效果越好。直流正接时，工件转为阳极，不存在清除氧化膜的功能。

b. 直流分量　交流钨极氩弧焊时，由于正负半波电流不对称，在交流焊接回路中存在一个由工件流向钨极的直流分量，这种现象称为电弧的“整流作用”。电极和工件的熔点、沸点、导热性相差越大（如钨和铝、镁），上述不对称情况越严重，直流分量越大。直流分量的存在削弱了阴极清理作用，使焊接过程困难。为此要降低或消除直流分量，可在焊接回路中串接无极性的电容器组，容量按 300～400μF/A 计算。

c. 引弧和稳弧性能差　由于交流钨极氩弧焊的电压和电流的幅值和极性随着时间在不断地变化，每秒钟有 100 次过零点，因此电弧的能量也在不断变化，电弧空间温度也随之改变。电流过零点时，电弧熄灭，下半周必须重新引燃。为了改善其引弧和稳弧性，必须采取相应的措施。

③ 脉冲钨极氩弧焊　采用可控的脉冲电流来加热工件。当每一次脉冲电流通过时，工件被加热熔化形成一个点状熔池，基值电流通过时，使熔池冷凝结晶，同时维持电弧燃烧。因此脉冲钨极氩弧焊的焊接过程是一个断续的加热过程，焊缝由一个一个点状熔池叠加而成。焊接电弧是脉动的，有明亮和暗淡的闪烁现象。由于采用脉冲电流，可以减小焊接电流

平均值（交流是有效值），降低焊件的热输入。通过脉冲电流、脉冲时间和基值电流、基值时间的调节，能够调整热输入量大小。

脉冲电流频率超过 5kHz 后，电弧具有强烈的电磁收缩效果，使得高频电弧的挺度增大，即使在小电流情况下，电弧也有很强的稳定性和指向性，因此对薄板焊接非常有效。电弧电压随着焊接电流频率的增高而增大。所以高频电弧具有很强的穿透力，增加焊缝熔深。高频电弧的振荡作用有利于晶粒细化、消除气孔，得到优良的焊接接头。

2）钨极氩弧焊的应用范围

这种焊接方法最早用于飞机制造和火箭制造，焊接铝合金和镁合金等有色轻金属。目前，钨极氩弧焊已发展到可用于几乎所有金属和合金。但由于其成本较高，生产中通常用于焊接易氧化的有色金属及其合金（Al、Mg、Ti 等），以及不锈钢、高温合金、难熔的活性金属（如 Mo、Nb、Zr）等。对于低熔点和易蒸发的金属（如 Pb、Sn、Zn），焊接较困难，一般不用钨极氩弧焊。对于已经镀有锡、锌、铝等低熔点金属层的碳钢，焊前须去除镀层，否则熔入焊缝金属中生成化合物，会降低接头性能。

钨极氩弧焊适用的板材厚度范围，从生产率考虑，以厚度 3mm 以下的薄板焊接最为适宜。钨极氩弧焊适用材料的厚度和应用范围见表 1.12。

表 1.12　钨极氩弧焊（TIG 焊）适用材料的厚度和应用范围

被焊材料	厚度/mm	保护气体纯度要求/%	电流种类	操作方式
钛及钛合金	0.5 以上 2 以上	99.98	直流正接（DCSP）	手工 自动
镁及镁合金	0.5～1.5 0.5 以上	99.9	交流（AC）或直流反接（DCRP）	手工 自动
铝及铝合金	0.5～2 0.5 以上	99.9	交流（AC）或直流反接（DCRP）	手工 自动
铜及铜合金	0.5 以上 3 以上	99.7	直流正接（DCSP）或交流（AC）	手工 自动

常规对接、搭接、T 形接头和角接等接头处在任何位置（即全位置），只要结构上具有可达性均能焊接。薄板（≤2mm）的卷边接头、搭接的点焊接头也可以焊接，而且无需填充金属。薄壁产品包括箱盒、箱格、隔膜、壳体、蒙皮、喷气发动机叶片、散热片、管接头、电子器件的封装等，均可采用钨极氩弧焊生产。

手工钨极氩弧焊适于结构形状复杂的焊件和难以接近的部位或间断的短焊缝，自动钨极氩弧焊适于焊接长焊缝，包括纵缝、环缝和曲线焊缝。钨极氩弧焊由于具有一系列的优点，获得了越来越广泛的应用，成为在航空航天、原子能、石油化工、电力、机械制造、船舶制造、交通运输、轻工和纺织机械等工业的一种重要的焊接方法。

（2）熔化极氩弧焊（MIG 焊）

1）主要特点

① 几乎可以焊接所有的金属，如铝、镁、铜、钛、镍及其合金，以及碳钢、不锈钢、耐热钢等。焊接中氧化烧损极少，只有少量的蒸发损失，焊接冶金过程比较单纯。

② 生产率较高、焊接变形小。由于是连续送丝，允许使用的电流密度较高，熔深大，填充金属熔敷速度快；没有更换焊条工序，节省时间；用于焊接厚度较大的铝、铜、钛等有色金属及其合金时，生产率比钨极氩弧焊高，焊件变形比钨极氩弧焊小。

③ 焊接过程易于实现自动化。熔化极氩弧焊的电弧是明弧，焊接过程参数稳定，易于检测及控制。目前，绝大多数的弧焊机器人采用这种焊接方法。

④ 对氧化膜不敏感，焊前几乎无需去除氧化膜的工序。熔化极氩弧焊一般采用直流反接，焊接铝、镁及其合金时，可以不采用具有强腐蚀性的熔剂，而依靠很强的阴极破碎作用去除氧化膜，提高焊接质量。

⑤ 可以获得含氢量较低的焊缝金属；焊接过程烟雾少，可以减轻对通风的要求。

⑥ 可以通过采用短路过渡和脉冲进行全位置焊接；焊道之间不需清渣，可以用更窄的坡口间隙，实现窄间隙焊接，节省填充金属，提高生产率。

2）熔化极氩弧焊的适用范围

① 适用的材料。熔化极氩弧焊几乎可焊接所有的黑色金属和有色金属，从焊丝供应以及制造成本考虑，特别适于铝及铝合金、钛及钛合金、铜及铜合金以及不锈钢、耐热钢的焊接。

② 焊接位置。熔化极氩弧焊适应性强，可以进行任何接头位置的焊接。其中以平焊位置和横焊位置的焊接效率最高，其他焊接位置的效率也比焊条电弧焊高。

③ 既可焊接薄板，又可焊接中等厚度和大厚度的板材。

在焊接生产中，熔化极氩弧焊已广泛用于薄板和中、厚板的焊接，主要用于焊接低合金钢、不锈钢、耐热合金、铝及铝合金、镁及镁合金、铜及铜合金、钛及钛合金等。可用于平焊、横焊、立焊及全位置焊接，焊接厚度最薄为1mm，最大厚度不受限制。熔化极氩弧焊（MIG焊）特别适合于焊接铝及其合金，铜、钛及其合金等有色金属。

脉冲MIG焊可以在低电流区间实现稳定的喷射过渡。特别是窄间隙熔化极氩弧焊的发展，使熔化极氩弧焊进一步扩展应用于厚板和超厚板的焊接，成为厚壁大型焊接结构焊接技术发展的主要方向之一。熔化极氩弧焊目前已广泛用于航空航天、原子能、石油化工、电力、机械制造、仪表、电子等工业中，产生了巨大的经济效益。

熔化极氩弧焊设备通常由弧焊电源、控制箱、送丝机构、焊炬、水冷系统及供气系统组成，如图1.2所示。

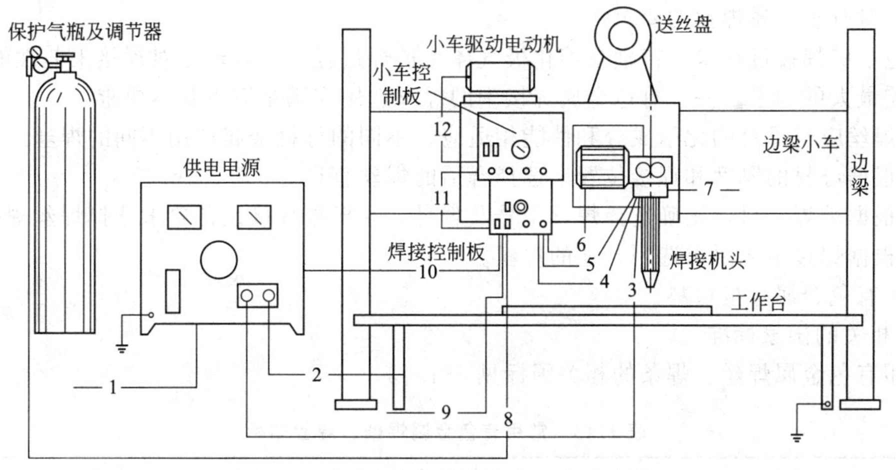

图1.2 熔化极氩弧焊的设备组成示意图

1—电源输入；2—工件插头及连接；3—供电电缆；4—保护气输入；5—冷却水输入；6—送丝控制输入；7—冷却水输出；8—输入到焊接控制箱的保护气；9—输入到焊接控制箱的冷却水；10—输入到焊接控制箱的220V交流；11—输入到小车控制箱的220V交流；12—小车电动机控制输入

熔化极氩弧焊中使用的惰性气体氩（Ar）与钨极氩弧焊相同。为了提高电弧稳定性，改善焊缝成形，常在氩气中加入少量氧化性气体（如O_2、CO_2或其混合气体）。Ar+O_2混

合气体中的 O_2 为 2%～5%，$Ar+CO_2$ 混合气体中的 CO_2 为 5%～20%。此外，还有 $Ar+He$、$Ar+H_2$、$Ar+CO_2+O_2$ 等。

氩和氦都是惰性气体，这两种气体及其混合气体可以用于焊接有色金属、不锈钢、低合金钢等。但是氩气与氦气的工艺性能却大不相同，如对熔滴过渡形式、焊缝断面形状和咬边等的影响。氩气和氦气作为保护气体，工艺性能的差异是因为它们的物理性质不同，如密度、热传导性和电弧特性。

氩气的密度大约是空气的 1.4 倍，而氦气的密度大约是空气的 0.14。密度较大的氩气在平焊位置时，对电弧的保护和对焊接区的覆盖作用是最有效的。为了得到相同的保护效果，氦气的流量应比氩气的流量大 2～3 倍。

氦气的热传导性比氩气高，能产生能量更均匀分布的电弧等离子体。相反，氩弧等离子体具有弧柱中心能量高而周围能量低的特点。这一区别对焊缝成形产生极大影响。氦弧焊的焊缝形状特点为熔深与熔宽较大，焊缝底部呈圆弧状；而氩弧焊缝中心呈深而窄的“指状”熔深，在其两侧熔深较浅。

氩气保护时的电弧电压低和电弧能量密度低，电弧燃烧稳定、飞溅小，适合焊接薄板金属和热导率低的金属。铝、镁、钛等许多有色金属的焊接都采用纯氩气保护。氩气保护中焊接电流较小时为大滴过渡，焊接电流超过临界电流时会形成轴向射流过渡。

氦气保护电弧的稳定性差，一般仅用于特殊场合。然而用氦气保护的电弧能获得较理想的焊缝成形。在生产中，常常综合其优点，采用一定比例的氩气和氦气的混合气体，以获得所要求的焊接效果。以氩气为主混入一定量的氦气，综合氩弧和氦弧的优点，不仅电弧燃烧稳定，温度高，而且焊丝熔化速度快，熔滴易呈现较稳定的射流过渡。熔池流动性得到改善，焊缝成形好，适合于焊接铝、铜及其合金等高热导率的材料。

1.2.3 有色金属焊接材料

（1）对有色金属焊丝的要求

有色金属焊接过程中，特别是熔化极气体保护焊过程中，焊丝是对焊接工艺性能和焊接质量影响最大的因素之一。有色金属焊接中的焊丝选用应满足以下基本要求。

① 焊丝应与母材的化学成分和性能相适应，不同的母材金属选用不同的焊丝。

② 根据母材的厚度和焊接位置来选择合适的焊丝直径。

③ 根据被焊母材，正确选择焊丝型号及牌号，并根据焊接设备要求选择焊丝规格。

④ 根据焊接工艺要求选用合适的焊丝。

（2）有色金属焊接材料

1）相关的国家标准

常用有色金属焊丝、焊条的相关国标见表 1.13。

表 1.13　常用有色金属焊条、焊丝国标

材料	标准名称	标准号
铝及铝合金	铝及铝合金焊条	GB/T 3669－2001
	铝及铝合金焊丝	GB/T 10858－2008
	铝基钎料	GB/T 13815－2008
铜及铜合金	铜及铜合金焊条	GB/T 3670－1995
	铜及铜合金焊丝	GB/T 9460－2008
	铜基钎料	GB/T 6418－2008

续表

材料	标准名称	标准号
镍及镍合金	镍及镍合金焊条	GB/T 13814—2008
	镍及镍合金焊丝	GB/T 15620—2008
	镍基钎料	GB/T 10859—2008
钛及钛合金	钛及钛合金焊丝	GB/T 30562—2014
镁及镁合金	镁合金焊丝	YST 696—2009（行业标准）

与钢结构用焊丝不同，有色金属焊丝牌号前两个字母“HS”表示有色金属及铸铁焊丝；牌号中第一位数字表示焊丝的化学组成类型（表1.14），牌号中第二、三位数字表示同一类型焊丝的不同牌号。

表1.14 有色金属及铸铁焊丝的类型

牌号	型号	化学组成类型
HS 1××	—	堆焊硬质合金焊丝
HS 2××	HSCu××—×	铜及铜合金焊丝
HS 3××	HSAl××—×	铝及铝合金焊丝
HS 4××	RZC×—×	铸铁焊丝
—	ERNi××—×	镍及镍合金焊丝

2）有色金属埋弧焊焊剂-焊丝匹配

有色金属埋弧焊时，应考虑焊剂-焊丝的匹配。

① 镍基合金焊剂-焊丝匹配　镍及镍基耐蚀合金是化学、石油、有色合金冶炼、航空航天、核能工业中耐高温、高压、高浓度或混有不纯物等各种苛刻腐蚀环境的比较理想的金属结构材料。镍基耐蚀合金按合金中主要元素Ni、Cu、Cr、Fe及Mo含量进行划分。通常分为Ni、Ni-Cu（蒙乃尔）、Ni-Mo-（Fe）（哈斯特洛依）、Ni-Cr-Fe（因康镍）、Ni-Cr-Mo、Ni-Cr-Mo-Cu与Ni-Fe-Cr（因康洛依）等合金系列。其中的固溶强化镍基耐蚀合金适于埋弧焊，特别是对于厚大板材，焊接稀释率较高、电弧稳定、焊缝表面光滑。

普通焊剂不适于焊接镍基耐蚀合金，需采用专用焊剂。常用的耐蚀合金埋弧焊焊剂-焊丝匹配及应用见表1.15。

表1.15 耐蚀合金埋弧焊焊剂-焊丝匹配及应用

焊剂	焊丝	应用
HJ131	镍基合金焊丝	焊接相应镍基合金的薄板
InconFlux4号	因康镍62	用于因康镍600合金焊接
	因康镍82	因康镍600、因康洛依800以及几种合金间的异种钢焊接，还适于这几种合金与不锈钢、碳钢间的异种钢焊接
	因康镍625	适于因康镍601、625，因康洛依825的对接接头的焊接或在钢上堆焊，也可用于9Ni的对接埋弧焊
InconFlux5号	蒙乃尔60	适于蒙乃尔400、404的堆焊与对接焊，也适于这两种合金间的焊接及其与钢的异种金属的焊接
	蒙乃尔67	用于铜镍合金的对接接头
InconFlux6号	镍61	用于镍200、镍201的对接接头的同质和异质埋弧焊及钢上的堆焊
	因康镍82、625	可用于因康镍600、601和因康洛依800合金的焊接，其相互间的异种钢焊接及在钢上的堆焊，大于三层的堆焊需用InconFlux4号焊剂

② 铜及其合金焊剂-焊丝匹配　埋弧焊可用于纯铜、锡青铜、铝青铜、硅青铜的焊接，也可用于黄铜及铜-钢的焊接。采用直流反接，适于厚度6～30mm的中、厚板长焊缝的焊接，厚度20mm以下的工件可在不预热和不开坡口的工艺下获得优良的接头。针对焊接时易出现焊道成形差、焊缝和热影响区热裂倾向大、气孔倾向严重及接头性能下降的问题，无论是单面焊和双面焊，反面均须采用各种形式的垫板、铜引弧板和收弧板等。

常用铜及铜合金的焊剂-焊丝的匹配见表1.16。常采用的焊剂有HJ430、HJ431、HJ260、HJ150等，其中HJ431、HJ430焊接工艺性好，但氧化性较强，易向焊缝过渡Si、Mn等元素，造成焊接接头导电性、耐蚀性及塑性降低；HJ260、HJ150氧化性较弱，增Si、增Mn倾向小，与普通紫铜焊丝配合，焊缝金属的伸长率达38%～45%，适于接头性能要求高的焊件。

表1.16　常用铜及铜合金焊剂-焊丝的匹配

母材类别	母材牌号	焊剂	焊丝
纯铜	T2、T3、T4	HJ430、HJ431 HJ260、HJ150	HSCu
黄铜	H68、H62、H59		HSCuZn-3、HSCuSi、HSCuSn
青铜	QSn6.5-0.4、QAl9-2、QSi3-1		HSCuSn、HSCuAl、HSCuSi
铜-钢	—	HJ431、HJ260、HJ150	HSCu、HSCuSi

(3) 有色金属焊接用气体

焊接中的保护气体主要包括二氧化碳（CO_2）、氩气（Ar）、氦气（He）、氧气（O_2）和氢气（H_2）。国际焊接学会指出，保护气体统一按氧化势进行分类，简单计算公式为，分类指标$=O_2\%+1/2CO_2\%$。保护气体各类型的氧化势指标见表1.17。

表1.17　保护气体各类型的氧化势指标

类　型	I	M_1	M_2	M_3	C
氧化势指标	<1	1～5	5～9	9～16	>16

在此公式的基础上，根据保护气体的氧化势可将保护气体分成五类。I类为惰性气体或还原性气体，M_1类为弱氧化性气体，M_2类为中等氧化性气体，M_3和C类为强氧化性气体。焊接有色金属时保护气体的分类见表1.18。

表1.18　焊接有色金属时保护气体的分类

分类	气体数目	混合比（以体积百分比表示）/%					类型	焊缝金属中的含氧量/%
		氧化性		惰性		还原性		
		CO_2	O_2	Ar	He	H_2		
I	1 1 2	— — —	— — —	100 — 27～75	— 100 余	— — —	惰性	<0.02
	2 1	— —	— —	85～95 —	— —	余 100	还原性	
M_1	2 2	2～4 —	— 1～3	余 余	—	—	弱氧化性	0.02～0.04

有色金属焊接中最常用的气体是氩气（Ar）和氦气（He），Ar和He在焊接过程中的特性比较见表1.19。

表 1.19 Ar和He在焊接过程中的特性

气体	符号	特　性
氩气	Ar	① 电弧电压低—产生的热量少，适用于薄金属的钨极氩弧焊 ② 良好的清理作用—适合焊接形成难熔氧化皮的金属，如铝、铝合金及含铝量高的铁基合金 ③ 容易引弧—焊接薄件金属时特别重要 ④ 气体流量小—氩比空气重，保护效果好，比氦气受空气的流动性影响小 ⑤ 适合立焊和仰焊—氩能较好地控制立焊和仰焊时的熔池，但保护效果比氦气差 ⑥ 焊接异种金属—一般氩气优于氦气
氦气	He	① 电弧电压高—电弧产生的热量大，适合焊接厚金属和具有高热导率的金属 ② 热影响区小—焊接变形小，并得到较高的力学性能 ③ 气体流量大—氦气比空气轻，气体流量比氩大0.2～2倍，氦对空气流动性比较敏感，但氦对仰焊和立焊的保护效果好 ④ 自动焊速度高—焊接速度大于66mm/s时，可获得气孔和咬边较小的焊缝

1）氩气（Ar）

① 氩气的性质　Ar是空气中除氮、氧之外，含量最多的一种稀有气体，其体积分数约为0.935%。Ar无色无味，在0℃和1大气压下，密度是1.78g/L，约为空气的1.25倍。Ar的沸点为－186℃，介于氧气（－183℃）和氮气（－196℃）的沸点之间。分馏液态空气制取氧气时，可同时制取Ar。

Ar是一种惰性气体，焊接时它既不与金属起化学反应，也不溶解于液态金属中，因此可以避免焊缝中金属元素的烧损和由此带来的其他焊接缺陷，使焊接冶金反应变得简单并容易控制，为获得高质量的焊缝提供了有利条件。

Ar的导热系数最小，又属于单原子气体，高温时不会因分解而吸收热量，所以在Ar中燃烧的电弧热量损失较小。Ar的密度较大，在保护时不易漂浮散失，保护效果良好。焊丝金属很容易呈稳定的轴向射流过渡，飞溅极小。

② 焊接用氩气的纯度　氩气是制氧的副产品，因为氩气的沸点介于氧和氮之间，差值很小，所以在氩气中常残留一定数量的其他杂质。按我国现行规定，焊接用氩气的纯度应达到99.99%，具体技术要求按GB 4842－2006和GB 10624－1995的规定（表1.20）执行。不同材质焊接时所使用的氩气纯度见表1.21。

表 1.20　焊接用氩气的纯度要求

指标名称	氩气（GB 4842－2006）	高纯度氩气（GB 10624－1995）		
	工业用氩	优等品	一级品	合格品
氩含量/%≥	99.99	99.9996	99.9993	99.999
氮含量/%≤	0.005	0.0002	0.0004	0.0005
氧含量/%≤	0.001	0.0001	0.0001	0.0002
氢含量/%≤	0.0005	0.00005	0.0001	0.0002
CO含量/%≤	0.0005	—	—	—
CO_2含量/%≤	0.001	—	—	—
甲烷（CH_4）含量/%≤	0.0015	0.00005	0.0001	0.0002
水分（H_2O）含量/%≤	0.0005	0.0001	0.00026	0.0004

注：气体的含量用体积分数表示；水分的含量用质量分数表示。

如果氩气的杂质含量超过规定标准，在焊接过程中，不但影响对熔化金属的保护，而且极易使焊缝产生气孔、夹渣等缺陷，影响焊接接头质量，加剧钨极的烧损量。

表 1.21 不同材质焊接时所使用的氩气纯度

被焊材质	各气体含量/%			
	Ar	N_2	O_2	H_2O
钛、锆、钼、铌及其合金	≥99.98	≤0.01	≤0.005	≤0.07
铝、镁及其合金，铬镍耐热合金	≥99.9	≤0.04	≤0.05	≤0.07
铜及铜合金、铬镍不锈钢	≥99.7	≤0.08	≤0.015	≤0.07

③ 氩气的存储　氩气可在低于－184℃下以液态形式储存和运输，但焊接时多使用钢瓶装的氩气，氩气钢瓶规定漆成银灰色，上写绿色“氩”字。目前我国常用氩气钢瓶的容积为33L、40L、44L，在20℃以下，满瓶装氩气压力为15MPa。氩气钢瓶在使用中严禁敲击、碰撞；瓶阀冻结时，不得用火烘烤；不得用电磁起重搬运机搬运氩气钢瓶；夏季要防日光暴晒；瓶内气体不能用尽；氩气钢瓶一般应直立放置。

2）氦气（He）

① 氦气的性质　He是一种无色、无味的惰性气体，与Ar一样，也不和其他元素反应，不易溶于其他金属，是一种单原子气体，沸点为－269℃。氦气的电离电位较高，焊接时引弧困难。与Ar相比，它的导热系数较大，在相同的焊接电流和电弧强度下电弧电压高，电弧温度也高，因此母材输入热量大，焊接速度快，弧柱细而集中，焊缝有较大的熔透率。这是用He进行电弧焊的主要优点，但电弧相对稳定性稍差于氩弧焊。

He的原子质量轻，密度小，要有效地保护焊接区域，其流量要比Ar大得多。由于价格昂贵，只在某些具有特殊要求的场合下应用，如核反应堆的冷却棒、大厚度的铝合金等关键零部件的焊接。

② 焊接用氦气的纯度

焊接用氦气的技术要求见表1.22。作为焊接用保护气体，一般要求He的纯度为99.9%～99.999%，此外还与被焊母材的种类、成分、性能及对焊接接头的质量要求有关。一般情况下，焊接活泼金属时，为防止金属在焊接过程中氧化、氮化，降低焊接接头质量，应选用高纯度He。

表 1.22　焊接用氦气的技术要求

<table>
<tr><th rowspan="2">指标名称</th><th rowspan="2">高纯氦</th><th colspan="2">纯氦</th><th colspan="2">工业用氦</th></tr>
<tr><th>一级品</th><th>二级品</th><th>一级品</th><th>二级品</th></tr>
<tr><td>氦含量/%≥</td><td>99.999</td><td>99.995</td><td>99.99</td><td>99.9</td><td>98</td></tr>
<tr><td>氖含量/10^{-6}≤</td><td>4.0</td><td>15</td><td>25</td><td rowspan="2">($Ne+H_2$)≤800</td><td rowspan="4">($Ne+H_2+O_2$+Ar)≤2.0%</td></tr>
<tr><td>氢含量/10^{-6}≤</td><td>1.0</td><td>3.0</td><td>5.0</td></tr>
<tr><td>氧总含量/10^{-6}≤</td><td>1.0</td><td>3.0</td><td>5.0</td><td>20</td></tr>
<tr><td>氮含量/10^{-6}≤</td><td>2.0</td><td>10</td><td>20</td><td>50</td></tr>
<tr><td>CO含量/10^{-6}≤</td><td>0.5</td><td>1.0</td><td>1.0</td><td rowspan="3">不作规定</td><td rowspan="4">不作规定</td></tr>
<tr><td>CO_2含量/10^{-6}≤</td><td>0.5</td><td>1.0</td><td>1.0</td></tr>
<tr><td>甲烷含量/10^{-6}≤</td><td>0.5</td><td>1.0</td><td>1.0</td></tr>
<tr><td>水分含量/10^{-6}≤</td><td>3.0</td><td>10</td><td>15</td><td>30</td></tr>
</table>

注：表中气体的含量用体积分数表示；水分含量用质量分数表示。

由于氦气电弧不稳定，阴极清理作用也不明显，钨极氦弧焊一般采用直流正接。氦弧发热量大且集中，电弧穿透力强，在电弧很短时，正接也有一定的去除氧化膜效果。直流正接氦弧焊接铝合金时，单道焊接厚度可达12mm，正反面焊可达20mm。与交流氩弧焊相比，熔深大、焊道窄、变形小、软化区小、金属不易过烧。对于热处理强化铝合金，其接头的常温及低温力学性能均优于交流氩弧焊。

第 2 章 铝及铝合金的焊接

铝及铝合金具有良好的耐蚀性、较高的比强度和导热性以及在低温下能保持良好力学性能等特点，在航空航天、汽车、电工、化工、交通运输、国防等工业被广泛应用。掌握铝及铝合金的焊接性特点、焊接操作技术、接头质量和性能、缺陷的形成及防止措施等，对正确制定铝及铝合金的焊接工艺，获得良好的接头性能和扩大铝合金的应用范围具有十分重要的意义。

2.1 铝及铝合金的特点及焊接性

用焊接方法连接铝及其合金虽然只有五六十年的历史，但是在这短短的几十年时间里，铝及其合金的焊接技术得到了快速的发展。我国铝资源丰富，铝及铝合金的应用在我国有很广阔的前景。

2.1.1 铝及铝合金的分类、成分和性能

(1) 铝及铝合金的分类

铝是银白色的轻金属，纯铝的熔点为 660℃，密度为 2.7g/cm^3。工业用铝合金的熔点约为 566℃。铝具有热容量和熔化潜热高、耐蚀性好，以及在低温下能保持良好的力学性能等特点。

铝及铝合金可分为工业纯铝、变形铝合金（又分为非热处理强化铝合金、热处理强化铝合金两类）和铸造铝合金。变形铝合金是指经不同压力加工方法（经过轧制、挤压等工序）制成的板、带、棒、管、型、条等半成品材料；铸造铝合金以合金铸锭供应。铝合金分类见图 2.1。铝合金的分类及性能特点见表 2.1。

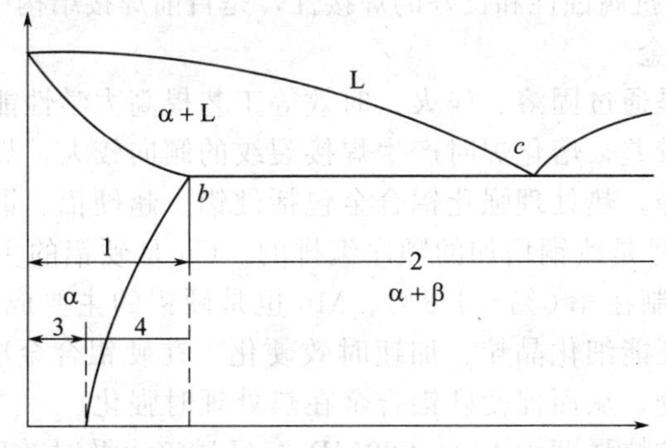

图 2.1 铝合金分类

1—变形铝合金；2—铸造铝合金；3—非热处理强化铝合金；4—热处理强化铝合金

表 2.1　铝合金的分类及性能特点

分类		合金名称	合金系	性能特点	示例
变形铝合金	非热处理强化铝合金	防锈铝	Al-Mn	抗蚀性、压力加工性与焊接性能好，但强度较低	3A21
			Al-Mg		5A05
	热处理强化铝合金	硬铝	Al-Cu-Mg	力学性能高	2A11，2A12
		超硬铝	Al-Cu-Mg-Zn	硬度强度最高	7A04，7A09
		锻铝	Al-Mg-Si-Cu	锻造性能好	2A14，2A50
			Al-Cu-Mg-Fe-Ni	耐热性能好	2A70，2A80
铸造铝合金		简单铝硅合金	Al-Si	铸造性能好，不能热处理强化，力学性能较低	ZL102
		特殊铝硅合金	Al-Si-Mg	铸造性能良好，可热处理强化，力学性能较高	ZL101
			Al-Si-Cu		ZL107
			Al-Si-Mg-Cu		ZL105，ZL110
			Al-Si-Mg-Cu-Ni		ZL109
		铝铜铸造合金	Al-Cu	耐热性好，铸造性能与抗蚀性差	ZL201
		铝镁铸造合金	Al-Mg	力学性能高，抗蚀性好	ZL301
		铝锌铸造合金	Al-Zn	能自动淬火，宜于压铸	ZL401
		铝稀土铸造合金	Al-Re	耐热性能好	—

注：铸造铝合金以代号表示。

按 GB/T 3190—2008《变形铝及铝合金化学成分》和 GB/T 16474—2011《变形铝及铝合金牌号表示方法》的规定，纯铝和铝合金牌号命名的基本原则是，可直接采用国际四位数字体系牌号；未命名为国际四位数字体系牌号的纯铝及其合金采用四位字符牌号。四位字符牌号的第一位、第三位、第四位为阿拉伯数字，第二位为英文大写字母（如“A”）。纯铝编号系统的第一位为“1”，例如 1×××或 1A××，最后两位数字表示铝的纯度。2×××为 Al-Cu 系，3×××为 Al-Mn 系，4×××为 Al-Si 系，5×××为 Al-Mg 系，6×××为 Al-Mg-Si 系，7×××为 Al-Zn 系，8×××为 Al-其他元素，9×××为 Al-备用系。这样，我国变形铝合金的牌号表示法与国际上的通用方法基本一致。

1）工业纯铝

工业纯铝含铝 99%以上，熔点 660℃，熔化时没有任何颜色变化。表面易形成致密的氧化膜，具有良好的耐蚀性。纯铝的导热性约为低碳钢的 5 倍，线胀系数约为低碳钢的 2 倍。纯铝强度很低，不适合做结构材料。退火的铝板抗拉强度为 60～100MPa，伸长率为 35%～40%。

2）非热处理强化铝合金

非热处理强化铝合金通过加工硬化、固溶强化提高力学性能，特点是强度中等、塑性及耐蚀性好，又称防锈铝。Al-Mn 合金和 Al-Mg 合金属于防锈铝合金，不能热处理强化，但强度比纯铝高，并具有优异的抗腐蚀性和良好的焊接性，是目前焊接结构中应用最广的铝合金。

3）热处理强化铝合金

热处理强化铝合金是通过固溶、淬火、时效等工艺提高力学性能。经热处理后可显著提高抗拉强度，但焊接性较差，熔化焊时产生焊接裂纹的倾向较大，焊接接头的力学性能（主要是抗拉强度）严重下降。热处理强化铝合金包括硬铝、超硬铝、锻铝等。

① 硬铝　硬铝的牌号是按铜增加的顺序编排的。Cu 是硬铝的主要成分，为了得到高的强度，Cu 含量一般应控制在 4.0%～4.8%。Mn 也是硬铝的主要成分，主要作用是消除 Fe 对抗蚀性的不利影响，还能细化晶粒、加速时效硬化。在硬铝合金中，Cu、Si、Mg 等元素能形成溶解于铝的化合物，从而促使硬铝合金在热处理时强化。

退火状态下硬铝的抗拉强度为 160～220MPa，经过淬火及时效后抗拉强度增加至 312～460MPa。但硬铝的耐蚀性能差，为了提高合金的耐蚀性，常在硬铝板表面覆盖一层工业纯铝保护层。

② 超硬铝　合金中 Zn、Mg、Cu 的平均总含量可达 9.7%～13.5%，在当前航空航天工业中仍是强度最高（抗拉强度达 500～600MPa）和应用最多的一种轻合金材料。超硬铝的塑性和焊接性差，接头强度远低于母材。由于合金中 Zn 含量较多，形成晶间腐蚀及焊接热裂纹的倾向较大。

③ 锻铝　具有良好的热塑性（原代号为 LD××），而且 Cu 含量越少热塑性越好，适于作锻件用。具有中等强度和良好的抗蚀性，在工业中得到广泛应用。

铝及铝合金的新旧牌号对照见表 2.2。

表 2.2　铝及铝合金的新旧牌号对照

类　别	新　牌　号 GB/T 16474—2011	旧　牌　号 GB/T 16474—1996	类　别	新　牌　号 GB/T 16474—2011	旧　牌　号 GB/T 16474—1996
工业纯铝	1070（1070A）	L1	特殊铝合金	4A01	LT1
	1060	L2		4A13	LT13
	1050（1050A）	L3		4A17	LT17
	1035	L4		4A19	—
	1100	L5-1		5A41	LT41
	1200	L5		5A66	LT66
防锈铝合金	5A01	LF15	锻铝合金	6A02	LD2
	5A02	LF2		2A50	LD5
	5A03	LF3		2B50	LD6
	5A05	LF5		2A70	LD7
	5A06	LF6		2A80	LD8
	5A12	LF12		2A90	LD9
	5A13	LF13		2A14	LD10
	5A30	LF30		2A11	LD11
	5A33	LF33		6061	LD30
	5A43	LF43		6063	LD31
硬铝合金	2A01	LY1	超硬铝合金	7A03	LC3
	2A02	LY2		7A04	LC4
	—	LY3		7A05	—
	2A04	LY4		7A09	LC9
	2A06	LY6		7A10	LC10
	2B11	LY8		7003	LC12
	2B12	LY9		7A12	—
	2A10	LY10		7A15	LC15
	2A11	LY11		7A19	LC19
	2A12	LY12		7A31	—
	2A13	LY13		7A52	LC52
	2A16	LY16		7A55	—
	2A17	LY17		7A68	—
				7A85	—

（2）铝及铝合金的性能及应用

铝及其合金具有独特的物理化学性能。铝具有许多优良的性质，包括密度小、塑性好、易于加工、抗蚀性好等。在空气或硝酸中，铝表面会形成致密的氧化铝薄膜，可保护内部不受氧化；铝的导电率较高，导电性好，仅次于金、银、铜，居第 4 位。

铝具有面心立方结构，无同素异构转变，无“延—脆”转变，因而具有优异的低温韧性，在低温下能保持良好的力学性能。铝及铝合金塑性好，可以承受各种形式的压力加工，很容易加工成形，它可用铸造、轧制、冲压、拉拔和滚轧等各种工艺方法制成形状各异的制品。铝及铝合金容易机械加工，且加工速度快，这也是铝制零部件得到大量应用的重要因素之一。

经过冷加工变形后，铝的强度增高，塑性下降。当铝的变形程度达到 60%～80%时，其抗拉强度可达150～180MPa，而伸长率下降至1%～1.5%。因此，可以通过冷作硬化方法来提高铝的强度性能。经过冷作硬化的铝材，在250～300℃的温度区间可以引起再结晶过程，使冷作硬化消除。铝的退火温度为400℃，经过退火处理的铝称为退火铝或软铝。

铝及其合金还具有优异的耐腐蚀性能和较高的比强度。与各种金属相比，铝在大气中的抗腐蚀性能很好。这是由于铝比较活泼，与空气接触时，表面生成的难熔氧化铝膜比较致密（Al_2O_3熔点2050℃），从而保护铝材不被继续氧化。铝在浓硝酸中因表面被钝化而非常稳定，但铝对碱类和带有氯离子的盐类抗腐蚀性能较差。

铝及铝合金的物理性能见表2.3，类别和化学成分见表2.4，常用铝及铝合金的力学性能见表2.5。

表2.3　铝及铝合金的物理性能

合　金	密度 /g·cm^{-3}	比热容（100℃） /J·kg^{-1}·K^{-1}	热导率（25℃） /W·m^{-1}·K^{-1}	线胀系数（20～100℃） /10^{-6}K^{-1}	电阻率（20℃） /10^{-6}Ω·m	备注（原牌号）
1×××	2.69	900	221.9	23.6	2.66	纯铝L×
3A21	2.73	1009	180.0	23.2	3.45	防锈铝LF21
5A03	2.67	880	146.5	23.5	4.96	防锈铝LF3
5A06	2.64	921	117.2	23.7	6.73	防锈铝LF6
2A12	2.78	921	117.2	22.7	5.79	硬铝LY12
2A16	2.84	880	138.2	22.6	6.10	硬铝LY16
6A02	2.70	795	175.8	23.5	3.70	锻铝LD2
2A10	2.80	836	159.1	22.5	4.30	锻铝LD10
7A04	2.85	—	159.1	23.1	4.20	超硬铝LC4

表2.4　铝及铝合金类别和化学成分

类别	牌号	主要化学成分/%												原牌号
		Cu	Mg	Mn	Fe	Si	Zn	Ni	Cr	Ti	Be	Al	Fe+Si	
工业纯铝	1A99	0.005	—	—	0.003	0.003	0.001	—	—	0.002	—	99.99	—	LG5
	1A97	0.005	—	—	0.015	0.015	0.001	—	—	0.002	—	99.97	—	LG4
	1A85	0.01	—	—	0.10	0.08	0.01	—	—	0.01	—	99.85	—	LG1
	1070A	0.03	0.03	0.03	0.25	0.20	0.07	—	—	0.03	—	99.70	0.26	L1
	1035	0.10	0.05	0.05	0.60	0.35	0.10	—	—	0.03	—	99.35	0.05	L4
	1200	0.05	—	0.05	0.05	0.05	0.10	—	—	0.05	—	99.00	1.00	L5
	8A06	0.10	0.10	0.10	0.50	0.55	0.10					余量	1.00	L6
防锈铝	5A02	0.10	2.0～2.8	0.15～0.4	0.4	0.4	—	—	—	0.15	—	余量	0.6	LF2
	5A03	0.10	3.2～3.8	0.30～0.6	0.50	0.50～0.8	0.20	—	—	0.15	—		—	LF3
	5083	0.10	4.0～4.9	0.4～1.0	0.40	0.40	0.25	—	0.05～0.25	0.15	—		—	LF4
	5A05	0.10	4.8～5.5	0.30～0.6	0.50	0.50	0.20	—	—		—		—	LF5
	5B05	0.20	4.7～5.7	0.20～0.6	0.4	0.4	—	—	—	0.15	—		0.6	LF10
	5A12	0.05	8.3～9.6	0.40～0.8	0.30	0.30	0.20	0.10	Sb 0.004～0.05	0.05～0.15	0.005		—	LF12
	3A21	0.20	0.05	1.0～1.6	0.70	0.6	0.10	—	—	0.15	—		—	LF21

续表

类别	牌号	主要化学成分/%												原牌号
		Cu	Mg	Mn	Fe	Si	Zn	Ni	Cr	Ti	Be	Al	Fe+Si	
硬铝	2A02	2.6~3.2	2.0~2.4	0.45~0.7	0.30	0.30	0.10	—	—	0.15			—	LY2
	2A04	3.2~3.7	2.1~2.6	0.5~0.8	0.30	0.30	0.10	—	—	0.05~0.4	0.001~0.01		—	LY4
	2A06	3.8~4.3	1.7~2.3	0.5~1.0	0.50	0.50	0.10	—	—	0.03~0.15	0.001~0.005		—	LY6
	2B11	3.8~4.5	0.4~0.8	0.4~0.8	0.50	0.50	0.10	—	—	0.15	—	余量	—	LY8
	2A10	3.9~4.5	0.15~0.3	0.30~0.5	0.20	0.25	0.10	—	—	0.15	—		—	LY10
	2A11	3.8~4.8	0.40~0.8	0.40~0.8	0.70	0.70	0.30	0.10	—	0.15	—		Fe+Ni 0.7	LY11
	2A12	3.8~4.9	1.2~1.8	0.30~0.9	0.50	0.50	0.30	0.10	—	0.15	—		Fe+Ni 0.5	LY12
	2A13	4.0~5.0	0.30~0.5	—	0.60	0.70	0.60	0.10	—	0.15	—		—	LY13
锻铝	6A02	0.2~0.6	0.45~0.9	或Cr 0.15~0.35	0.50	0.50~1.2	0.2	—	—	0.15	—		—	LD2
	2A70	1.9~2.5	1.4~1.8	0.2	0.9~1.5	0.35	0.3	0.9~1.5	—	0.02~0.1	—	余量	—	LD7
	2A90	3.5~4.5	0.4~0.8	0.2	0.5~1.0	0.5~1.0	0.3	1.8~2.3	—	0.15	—		—	LD9
	2A14	3.9~4.8	0.4~0.8	0.4~1.0	0.7	0.6~1.2	0.3	0.1	—	0.15	—		—	LD10
超硬铝	7A03	1.8~2.4	1.2~1.6	0.10	0.20	0.20	6.0~6.7	—	0.05	0.02~0.08	—		—	LC3
	7A04	1.4~2.0	1.8~2.8	0.20~0.6	0.50	0.50	5.0~7.0	—	0.10~0.25	—	—	余量	—	LC4
	7A09	1.2~2.0	2.0~3.0	0.15	0.5	0.5	5.1~6.1	—	0.16~0.30	—	—		—	LC9
	7A10	0.5~1.0	3.0~4.0	0.20~0.35	0.30	0.30	3.2~4.2	—	0.10~0.2	0.05	—		—	LC10
特殊铝	4A01	0.20	—	—	0.6	4.5~6.0	Zn+Sn 0.10	—	—	0.15	—	余量	—	LT1
	4A17	Cu+Zn 0.15	0.05	0.5	0.5	11.0~12.5	—	—	—	0.15	—		Ca 0.10	LT17
铸造铝合金	ZL101	—	0.25~0.45	—	—	6.5~7.5	—	—	—	—	—		—	—
	ZL105	1.0~1.5	0.4~0.6	—	—	4.5~5.5	—	—	—	—	—		—	—
	ZL107	3.5~4.5	—	—	—	6.5~7.5	—	—	—	—	—	余量	—	—
	ZL201	4.5~5.3	—	0.6~1.0	—	—	—	—	—	0.15~0.35	—		—	—
	ZL402	—	0.5~0.65	—	—	—	5.0~6.5	—	0.4~0.6	0.15~0.25	—		—	—
	ZL303	—	4.5~5.5	0.1~0.4	—	0.8~1.3	—	—	—	—	—		—	—

注：铸造铝合金以代号表示。

表 2.5　常用铝及铝合金的力学性能

合金牌号	材料状态	抗拉强度 σ_b/MPa	屈服强度 σ_s/MPa	伸长率 δ/%	端面收缩率 ψ/%	布氏硬度 /HB
1A99	固溶态	45	$\sigma_{0.2}$=10	δ_5=50	—	17
8A06	退火	90	30	30	—	25
1035	冷作硬化	140	100	12	—	32
3A12	退火 冷作硬化	130 160	50 130	20 10	70 55	30 40
5A02	退火 冷作硬化	200 250	100 210	23 6	— —	45 60
5A05 5B05	退火	270	150	23	— —	70
2A11	淬火＋自然时效 退火 包铝的，淬火＋自然时效 包铝的，退火	420 210 380 180	240 110 220 110	18 18 18 18	35 58 — —	100 45 100 45
2A12	淬火＋自然时效 退火 包铝的，淬火＋自然时效 包铝的，退火	470 210 430 180	330 110 300 100	17 18 18 18	30 55 — —	105 42 105 42
2A01	淬火＋自然时效 退火	300 160	170 60	24 24	50 —	70 38
6A02	淬火＋人工时效 淬火 退火	323.4 215.6 127.4	274.4 117.6	12 22 24	20 50 65	95 65 30
7A04	淬火＋人工时效 退火	588 254.8	539 127.4	12 13	— —	150 —
ZL201	固溶＋自然时效 固溶＋不完全人工时效 固溶＋稳定化	295 355 315	— — —	8 4 2	— — —	70 90 80
ZL301	固溶＋自然时效	280	—	9	—	60

注：铸造铝合金以代号表示。

工业纯铝主要用于不承受载荷，但要求具有某种特性（如高塑性、良好的焊接性、耐腐蚀性或高的导电、导热性等）的结构件，如铝箔用于制作垫片及电容器，其他半成品用于制作电子管隔离罩、电线保护套管、电缆线芯、飞机通风系统零件、日用器具等。高纯铝主要用于科学研究、化学工业及其他特殊用途。

防锈铝（铝锰合金、铝镁合金）主要用于要求高的塑性和焊接性、在液体或气体介质中工作的低载荷零件，如油箱、汽油或润滑油导管、各种液体容器和其他用深拉制作的小负荷零件等。铝及铝合金被广泛应用于航空航天、建筑、汽车、机械制造、电工、化学工业、商业等领域。铝合金在飞机制造中是主要的结构材料，它约占骨架质量的55%，而且大部分关键轴承部件，如涡轮发动机轴向压缩机叶片、机翼、骨架、外壳、尾翼等是由铝合金制造的。

2.1.2　铝及铝合金的焊接特点

纯铝的熔点为660℃，熔化时不发生颜色变化（但焊接时熔池仍清晰可见）。铝对氧的亲和力很强，在空气中很容易氧化成致密难熔的氧化膜（Al_2O_3，熔点2050℃），可防止铝继续氧化。铝及铝合金熔化焊时有如下困难和特点。

① 铝和氧的亲和力很大，因此在铝及铝合金表面总有一层难熔的氧化铝膜，远远超过铝的熔点，这层氧化铝膜不溶于金属并且妨碍被熔融填充金属润湿。在焊接或钎焊过程中应将氧化膜清除或破坏掉。

② 铝的导热性和导电性约为低碳钢的5倍，焊接时需要更高的线能量，应使用大功率或能量集中的热源，有时还要求预热。

③ 铝的线胀系数约为低碳钢的2倍，凝固时收缩率比低碳钢大2倍。因此，焊接变形大，若工艺措施不当，易产生裂纹。熔焊时，铝合金的焊接性首先体现在抗裂性上。在铝中加入Cu、Mn、Si、Mg、Zn等合金元素可获得不同性能的合金，各种合金元素对铝合金焊接裂纹的影响如图2.2所示。

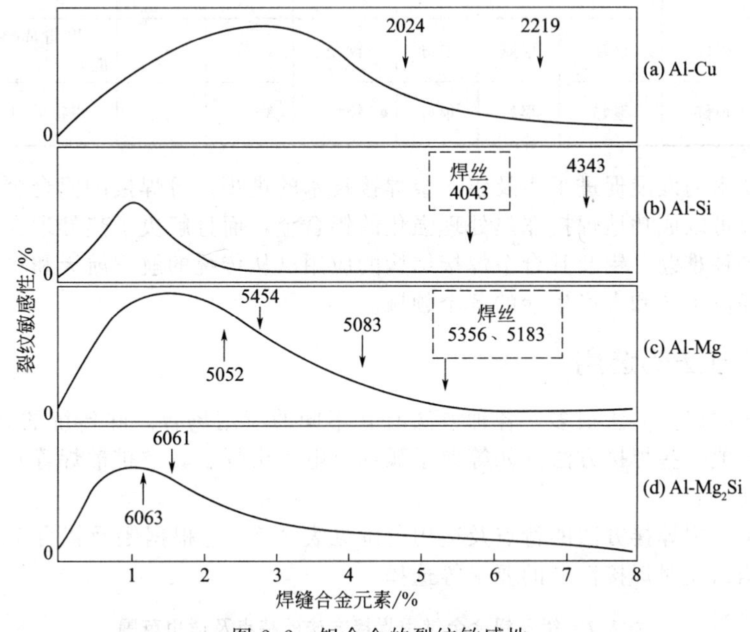

图2.2 铝合金的裂纹敏感性

④ 铝及其合金的固态和液态色泽不易区别，焊接操作时难以控制熔池温度；铝在高温时强度很低，焊接时易引起接头处金属塌陷或下漏。

⑤ 铝从液相凝固时体积缩小6%，由此形成的应力会引起接头的过量变形。

⑥ 焊后焊缝易产生气孔，焊接接头区易发生软化。

对铝合金进行焊接，可以用多种不同的焊接方法，表2.6中所列为部分铝及铝合金的相对焊接性。

表2.6 部分铝及铝合金的相对焊接性

焊接方法	焊接性及适用范围							说明
	工业纯铝	铝锰合金	铝镁合金		铝铜合金	适用厚度		
	1070 1100	3003 3004	5083 5056	5052 5454	2014 2024	推荐	可用	
TIG焊（手工、自动）	很好	很好	很好	很好	很差	1～10	0.9～25	填丝或不填丝，厚板需预热，交流电源
MIG焊（手工、自动）	很好	很好	很好	很好	较差	≥8	≥4	焊丝为电极，厚板需预热和保温，直流反接

续表

焊接方法	焊接性及适用范围							说 明
	工业纯铝	铝锰合金	铝 镁 合 金		铝铜合金	适 用 厚 度		
	1070 1100	3003 3004	5083 5056	5052 5454	2014 2024	推 荐	可 用	
脉冲 MIG 焊（手工、自动）	很好	很好	很好	很好	较差	≥2	1.6～8	适用于薄板焊接
气焊	很好	很好	很差	较差	很差	0.5～10	0.3～25	适用于薄板焊接
焊条电弧焊	较好	较好	很差	较差	很差	3～8	—	直流反接，需预热，操作性差
电阻焊（点焊、缝焊）	较好	较好	很好	很好	较好	0.7～3	0.1～4	需要电流大
等离子弧焊	很好	很好	很好	很好	较差	1～10	—	焊缝晶粒小，抗气孔性能好
电子束焊	很好	很好	很好	很好	较好	3～75	≥3	焊接质量好，适用于厚件

现代科学技术的发展促进了铝及铝合金焊接技术的进步。可焊接的铝合金材料范围逐步扩大，现在不仅可以成功地焊接非热处理强化的铝合金，而且解决了热处理强化的高强超硬铝合金焊接的各种难题。铝及其合金焊接结构的应用已从传统的航空航天和军工等行业，逐步扩大到国民经济生产和人民生活的各个领域。

2.1.3 焊接方法的选用

铝及铝合金的焊接方法很多，各种方法有其不同的应用场合。除传统的熔焊、电阻焊、气焊方法外，其他一些焊接方法（如等离子弧焊、电子束焊、真空扩散焊等）也可以容易地将铝合金焊接在一起。

铝及铝合金常用焊接方法的特点及适用范围见表 2.7。应根据铝及铝合金的牌号、焊件厚度、产品结构以及对焊接性能的要求等选择。

表 2.7 铝及铝合金常用焊接方法的特点及适用范围

焊接方法	特 点	适用范围
气焊	热功率低，焊件变形大，生产率低，易产生夹渣、裂纹等缺陷	用于非重要场合的薄板对接焊及补焊等
焊条电弧焊	接头质量差	用于铸铝件补焊及一般修理
钨极氩弧焊	焊缝金属致密，接头强度高、塑性好，可获得优质接头	应用广泛，可焊接板厚 1～20mm
钨极脉冲氩弧焊	焊接过程稳定，热输入精确可调，焊件变形量小，接头质量高	用于薄板、全位置焊接、装配焊接及对热敏感性强的锻铝、硬铝等高强度铝合金
熔化极氩弧焊	电弧功率大，焊接速度快	用于厚件的焊接，可焊厚度为 50mm 以下
熔化极脉冲氩弧焊	焊接变形小，抗气孔和抗裂性好，工艺参数调节广泛	用于薄板或全位置焊，常用于厚度 2～12mm 的工件
等离子弧焊	热量集中，焊接速度快，焊接变形和应力小，工艺较复杂	用于对接头要求比氩弧焊更高的场合
电子束焊	熔深大，热影响区小，焊接变形量小，接头力学性能好	用于焊接尺寸较小的焊件
激光焊	焊接变形小，生产率高	用于需进行精密焊接的焊件

（1）气焊

氧-乙炔气焊火焰的热功率低，热量较分散，因此焊件变形大、生产率低。用气焊焊接较厚的铝焊件时需预热，焊后的焊缝金属不但晶粒粗大、组织疏松，而且容易产生氧化铝夹杂、气孔及裂纹等缺陷。这种方法只用于厚度范围在0.5～10mm的不重要铝结构件和铸件的焊补上。

（2）钨极氩弧焊

这种方法是在氩气保护下施焊，热量比较集中，电弧燃烧稳定，焊缝金属致密，焊接接头的强度和塑性高，在工业中获得越来越广泛的应用。钨极氩弧焊主要用于重要铝合金结构中，可以焊接板厚范围在1～20mm的板件。钨极氩弧焊用于铝及铝合金是一种较完善的焊接方法，但钨极氩弧焊设备较复杂，不宜在室外露天条件下操作。

（3）熔化极氩弧焊

自动、半自动熔化极氩弧焊的电弧功率大，热量集中，热影响区小，生产效率比手工钨极氩弧焊可提高2～3倍。可以焊接厚度在50mm以下的纯铝及铝合金板。例如，焊接厚度30mm的铝板不必预热，只焊接正、反两层就可获得表面光滑、质量优良的焊缝。半自动熔化极氩弧焊适用于定位焊缝、断续的短焊缝及结构形状不规则的焊件，用半自动氩弧焊焊炬可方便灵活地进行焊接，但半自动焊的焊丝直径较细（ϕ3mm以下），焊缝的气孔敏感性较大。

（4）脉冲氩弧焊

1）钨极脉冲氩弧焊

用这种方法可明显改善小电流焊接过程的稳定性，便于通过调节各种工艺参数来控制电弧功率和焊缝成形。焊件变形小、热影响区小，特别适用于薄板、全位置焊接等场合以及对热敏感性强的锻铝、硬铝、超硬铝等的焊接。

2）熔化极脉冲氩弧焊

可采用的平均焊接电流小，参数调节范围大，焊件的变形及热影响区小，生产率高，抗气孔及抗裂性好，适用于厚度在2～10mm铝合金薄板的全位置焊接。

（5）电阻点焊、缝焊

可用来焊接厚度在4mm以下的铝合金薄板。对于质量要求较高的产品可采用直流冲击波点焊、缝焊机焊接。焊接时需要用较复杂的设备，焊接电流大、生产率较高，特别适用于大批量生产的零、部件。

（6）搅拌摩擦焊

搅拌摩擦焊是一种可用于各种合金板材焊接的固态连接技术。与传统熔焊方法相比，搅拌摩擦焊无飞溅、无烟尘，不需添加焊丝和保护气体，接头无气孔、裂纹。与普通摩擦焊相比，它不受轴类零件的限制，可焊接直焊缝。这种焊接方法还有一系列其他优点，如接头的力学性能好、节能、无污染、焊前准备要求低等。由于铝及其合金熔点低，更适于采用搅拌摩擦焊。

2.1.4 铝及铝合金焊接材料

（1）焊丝

用于铝及铝合金氩弧焊（MIG焊、TIG焊）时作填充材料。我国国家标准GB/T 10858－2008《铝及铝合金焊丝》规定了铝合金焊丝的分类、型号和技术要求等，适用于惰性气体保护焊、等离子弧焊等焊接方法。焊丝的直径范围为0.8～6.4mm。

焊丝型号以“丝”字的汉语拼音第一个字母“S”表示，“S”后面用化学元素符号表示焊丝的主要合金组成，化学元素符号后的数字表示同类焊丝的不同品种。常用铝及铝合金焊丝的成分范围及用途见表2.8。

表 2.8 常用铝及铝合金焊丝的特点及用途

名称	牌号	型号	成分范围 /%	熔点 /℃	用 途
纯铝焊丝	HS301（丝 301）	SAl-1 SAl-2 SAl-3	Al≥99.5，Si≤0.3，Fe≤0.3	660	焊接纯铝及对焊接接头强度要求不高的铝合金
铝硅焊丝	HS311（丝 311）	SAlSi-1 SAlSi-2	Si 4.5～6.0，Fe≤0.6，Al 余量	580～610	焊接除铝镁合金以外的铝合金（如铝锰合金、硬铝等），特别是易产生热裂纹的热处理强化铝合金
铝锰焊丝	HS321（丝 321）	SAlMn	Mn 1.0～1.6，Si≤0.6，Fe≤0.7，Al 余量	643～654	焊接铝锰合金及其他铝合金
铝镁焊丝	HS331（丝 331）	SAlMg-1 SAlMg-2 SAlMg-3 SAlMg-5	Mg 4.7～5.7，Mn 0.2～0.6，Si≤0.4，Fe≤0.4，Ti 0.05～0.2，Al 余量	638～660	焊接铝镁合金和铝锌镁合金，补焊铝镁合金铸件

采用气焊、钨极氩弧焊等焊接铝合金时，需要加填充焊丝。铝及铝合金焊丝分为同质焊丝和异质焊丝两大类。为得到性能良好的焊接接头，应从焊接构件使用要求考虑，选择适合于母材的焊丝作为填充材料。铝及铝合金焊丝的牌号、型号和化学成分见表 2.9。

铝及铝合金焊丝的选择主要根据母材的种类、对接头抗裂性能、力学性能及耐蚀性等方面的要求综合考虑。一般情况下，焊接铝及铝合金都采用与母材成分相同或相近牌号的焊丝，这样可以获得较好的耐蚀性；但焊接热裂倾向大的热处理强化铝合金时，选择焊丝主要从解决抗裂性入手，这时焊丝的成分与母材差别很大。

表 2.10 为铝及铝合金焊丝的型号（牌号）、规格与用途。表 2.11 给出了各种铝及铝合金通常选用的焊丝。从对铝及铝合金的使用情况看，目前最常用的为纯铝焊丝、铝硅焊丝和铝镁焊丝，而铝铜焊丝只在少数场合使用。

选择焊丝首先要考虑焊缝成分要求，还要考虑产品的力学性能、耐蚀性能，结构的刚性、颜色及抗裂性等。选择熔化温度低于母材的填充金属，可大大减小热影响区晶间裂纹倾向。对于非热处理合金的焊接接头强度，按 1000 系、4000 系、5000 系的次序增大。含镁 3%以上的 5000 系的焊丝，应避免在使用温度 65℃以上的结构中采用，因为这些合金对应力腐蚀裂纹很敏感，在上述温度和腐蚀环境中会发生应力腐蚀龟裂。用合金含量高于母材的焊丝作为填充金属，通常可防止焊缝金属的裂纹倾向。

目前，铝及其合金常用的焊丝大多是与基体金属成分相近的标准牌号焊丝。在缺乏标准牌号焊丝时，可从基体金属上切下狭条（长度 500～700mm，厚度与基体金属相同）代用。较为通用的焊丝是 SAl4043（HS311），这种焊丝的液态金属流动性好，凝固时的收缩率小，具有优良的抗裂性能。为了细化焊缝晶粒、提高焊缝的抗裂性及力学性能，通常在焊丝中加入少量的 Ti、V、Zr 等合金元素作为变质剂。

选用铝合金焊丝应注意的问题如下。

① 焊接接头的裂纹敏感性　影响裂纹敏感性的直接因素是母材与焊丝的匹配。选用熔化温度低于母材的焊缝金属，可以减小焊缝金属和热影响区的裂纹敏感性。例如，焊接 Si 含量 0.6%的 6061 合金时，选用同一合金作焊缝，裂纹敏感性很大，但用 Si 含量 5%的 SAl4043 焊丝时，由于其熔化温度比 6061 低，在冷却过程中有较高的塑性，所以抗裂性能良好。此外，焊缝金属中应避免 Mg 与 Cu 的组合，因为 Al-Mg-Cu 有很高的裂纹敏感性。

表 2.9 铝及铝合金焊丝的型号和化学成分

类别	新型号 GB/T 10858—2008	旧型号 GB/T 10858—1989	牌号	化学成分 /%											
				Si	Fe	Cu	Mn	Mg	Cr	Zn	Ti	V	Zr	Al	其他元素总量
纯铝	SAl 1200S Al 1100	SAl-1 —	— HS301	Fe+Si≤1.0		≤0.05 0.05～0.2	≤0.05 ≤0.05	—	—	≤0.10 ≤0.10	≤0.05 —	—	—	≥99.0 ≥99.0	
	SAl 1070	SAl-2	—	≤0.20	≤0.25	≤0.40	≤0.03	≤0.03		≤0.04	≤0.03	—	—	≥99.7	
	SAl 1450	SAl-3	—	≤0.30	≤0.30	—	—	—		—	—	—	—	≥99.5	
铝镁	SAl 5554	SAlMg-1	—	≤0.25	≤0.40	≤0.10	0.50～1.0	2.40～3.0	0.05～0.20	—	0.05～0.20	—	—		
	SAl 5654	SAlMg-2	—	Fe+Si ≤0.45		≤0.05	≤0.01	3.10～3.90	0.15～0.35	≤0.20	0.05～0.15	—	—		
	SAl 5183	SAlMg-3	—	≤0.45	≤0.40	≤0.10	0.50～1.0	4.30～5.20	0.05～0.25	≤0.25	≤0.15	—	—		
	SAl 5556	SAlMg-5	HS331	≤0.40	≤0.40	≤0.10	0.20～0.60	4.70～5.70	0.05～0.20	≤0.25	0.05～0.25	—	—		≤0.15
	SAl 5356	SAlMg-5	—	≤0.25	≤0.40	≤0.10	0.05～0.20	4.50～5.50	0.05～0.20	≤0.10	0.06～0.20	—	—		
铝铜	SAl 2319	SAlCu	—	≤0.20	≤0.30	5.8～6.8	0.20～0.40	≤0.02		≤0.10	0.10～0.20	0.05～0.15	0.10～0.25	余量	
铝锰	SAl 3103	SAlMn	—	≤0.60	≤0.70	—	1.0～1.6	—		—	—	—	—		
铝硅	SAl 4043	SAlSi-1	HS311	4.5～6.0	≤0.80	≤0.30	≤0.05	≤0.05		≤0.10	≤0.20	—	—		
	SAl 4047	SAlSi-2	HL400	11.0～13.0	≤0.80	≤0.30	≤0.15	≤0.10	≤0.15	≤0.20	—	—	—		
	SAl 4145	SAlSi-2	HL402	9.3～10.7	≤0.8	3.3～4.7	≤0.15	≤0.15		≤0.20	—	—	—		

注：除规定外，单个数值表示最大值。

表 2.10 铝及铝合金焊丝的型号（牌号）、规格与用途

新型号 GB/T 10858—2008	旧型号 GB/T 10858—1989	牌号	焊丝规格 /mm		特点与用途
			直径	长度	
SAl 1200	SAl-1	HS301	卷状		具有良好的塑性与韧性，良好的可焊性及耐腐蚀性，但强度较低。适用于对接头性能要求不高的纯铝及铝合金的焊接
			1.2	每卷 10.2kg	
SAl 4043	SAlSi-1	HS311	1.2	每卷 10.2kg	通用性较大的铝基焊丝，焊缝的抗热裂性能优良，有一定的力学性能，适用于焊接除铝镁合金以外的铝合金
SAl 3103	SAlMn	HS321	条状		具有较好的塑性与可焊性，良好的耐腐蚀性和比纯铝高的强度。适用于铝锰合金及其他铝合金的焊接
			3、4、5、6	1000	
SAl 5556	SAlMg-5	HS331	3、4、5、6	1000	耐腐蚀性、抗热裂性好，强度高，适用于焊接铝镁合金和其他铝合金铸件补焊

表 2.11 铝及铝合金焊丝的选用

母 材	焊 丝	母 材	焊 丝
纯铝（1070、1060、1050、1035、1100）	同母材或 SAl-1，SAl-2，SAl-3，SAlSi-1，SAlSi-2	铝镁合金（5A05）	同母材或 2A06，SAlMg-2，SAlMg-3，SAlMg-5
铝锰合金（3A21）	同母材或 SAlMn，SAlSi-1	铝镁合金（5A06）	同母材或 5A06+（0.15～0.24）%Ti
铝镁合金（5A02）	同母材或 SAlSi-1，SAlSi-2，SAlMg-1	硬铝（2A11） 硬铝（2A12）	（6～7）%Cu、（2～3）%Mg、0.2%Ti、其余为 Al
铝镁合金（5A03）	同母材或 SAlSi-1，SAlSi-2，SAlMg-2	硬铝（2A16）	（6～7）%Cu、（2～2.5）%Ni、（1.6～7）%Mg、（0.4～0.6）%Mn、（0.2～0.3）%Ti、其余为 Al

② 焊接接头的力学性能　工业纯铝的强度最低，4000 系列铝合金居中，5000 系列铝合金强度最高。铝硅焊丝虽然有较强的抗裂性能，但含硅焊丝的塑性较差，所以对焊后需要塑性变形加工的接头来说，应避免选用含硅的焊丝。

③ 焊接接头的使用性能　填充金属的选择除取决于母材成分外，还与接头的几何形状、运行中的抗腐蚀性要求以及对焊接件的外观要求有关。例如，为了使容器具有良好的抗腐蚀能力或防止所储存产品对其的污染，储存过氧化氢的焊接容器要求高纯度的铝合金。在这种情况下，填充金属的纯度至少要相当于母材。

（2）焊条

我国国家标准 GB/T 3669－2001《铝及铝合金焊条》规定了铝及铝合金焊条的分类、技术要求、试验方法及检验规则等内容。铝及铝合金焊条型号的编制方法是，字母“E”表示焊条，E 后面的数字表示焊芯用铝及铝合金牌号。焊条的直径范围为 2.5～ 6.0mm。焊芯的化学成分及接头抗拉强度应符合表 2.12 的规定。

表 2.12 铝及铝合金焊芯化学成分及接头抗拉强度（GB/T 3669－2001）

型号	Si	Fe	Cu	Mn	Mg	Zn	Ti	Be	Al	其他	抗拉强度 /MPa
E1100	0.95		0.05～0.20	0.05	—	0.10	—	0.0008	≥99.00	0.15	≥80
E3003	0.6	0.7	0.05～0.20	1.0～1.5	—	0.10	—	0.0008	余量	0.15	≥95
E4043	4.5～6.0	0.8	0.30	0.05	0.05	0.10	0.20	0.0008	余量	0.15	≥95

注：表中单值除规定外，其他均为最大值。

铝及铝合金焊接接头弯曲试验后焊缝金属被拉伸表面的任何方向不允许有大于 3.0mm 的裂纹或其他缺陷。试样棱角处的裂纹除外。力学性能试验用母材，对 E1100 型焊条为 1100 铝合金，对 E3003 和 E4043 型焊条为 3003 铝合金。

铝及铝合金焊条的型号（牌号）、规格与用途见表 2.13。铝及铝合金焊条的化学成分和力学性能见表 2.14。

表 2.13 铝及铝合金焊条的型号（牌号）、规格与用途

型号	牌号	药皮类型	焊芯材质	焊条规格 /mm		用途
E1100	L109	盐基型	纯铝	3.2，4，5	345～355	焊接纯铝板、纯铝容器
E4043	L209	盐基型	铝硅合金	3.2，4，5	345～355	焊接铝板、铝硅铸件、一般铝合金、锻铝、硬铝（铝镁合金除外）
E3003	L309	盐基型	铝锰合金	3.2，4，5	345～355	焊接铝锰合金、纯铝及其他铝合金

注：采用直流焊接电源。

表 2.14 铝及铝合金焊条的化学成分和力学性能

型号	牌号	药皮类型	电流种类	焊芯化学成分/%	熔敷金属抗拉强度 /MPa	焊接接头抗拉强度 /MPa
E1100	L109	盐基型	直流反接	Si+Fe≤0.95，Co 0.05～0.20 Mn≤0.05，Be≤0.0008 Zn≤0.10，其他总量≤0.15Al≥99.0	≥64	≥80
E4043	L209	盐基型	直流反接	Si 4.5～6.0，Fe≤0.8 Cu≤0.30，Mn≤0.05 Zn≤0.10，Mg≤0.05 Ti≤0.2，Be≤0.0008 其他总量≤0.15，Al 余量	≥118	≥95
E3003	L309	盐基型	直流反接	Si≤0.6，Fe≤0.7 Cu 0.05～0.20，Mn 1.0～1.5 Zn≤0.10，其他总量≤0.15 Al 余量	≥118	≥95

随着气体保护焊技术的发展以及气体保护焊方法带来的种种优点，铝及铝合金焊条电弧焊的应用越来越少。在我国的铝及铝合金焊条国标 GB/T 3669－2001《铝及铝合金焊条》中，仅列出三种铝及铝合金焊条，其中 E1100 型为工业纯铝焊条，E3003 型为铝锰合金焊条，E4043 型为铝硅合金焊条。由于 Mg 在焊条电弧焊时极易烧损，故在焊条标准中不包括铝镁合金焊条。铝铜合金焊条由于可焊性差，也没有列入焊条标准。

E1100 焊条的熔敷金属具有较高的韧性和良好的导电性，适用于 1100、1200、1350 和其他工业纯铝的焊接。E3003 焊条的熔敷金属有较高的韧性，适用于 3××× 系列铝硅合金的焊接，也适合于工业纯铝的焊接。E4043 焊条的含硅量约 5%，在焊接温度下有较好的流动性，同时也有较好的抗裂性，适用于 6××× 系列、5××× 系列（Mg≤2.5%）铝合金和铝硅铸造合金的焊接，同样也可用于 1100、1350 和 3003 等铝材的焊接。

2.2 铝及铝合金焊接工艺

2.2.1 焊前准备

（1）化学清理

化学清理效率高，质量稳定，适用于清理焊丝以及尺寸不大、批量生产的工件。小型工件可采用浸洗法。表 2.15 是去除铝表面氧化膜的化学清洗溶液配方和清洗工序流程。

表 2.15 去除铝表面氧化膜的化学处理方法

溶液	浓度	温度/℃	容器材料	工艺	目的
硝酸	50%水 50%硝酸	18～24	不锈钢	浸 15min，在冷水中漂洗，然后在热水中漂洗，干燥	去除薄的氧化膜，供熔焊用
氢氧化钠加硝酸	5%氢氧化钠 95%水	70	低碳钢	浸 10～60s，在冷水中漂洗	去除厚氧化膜，适用于所有焊接方法和钎焊方法
	浓硝酸	18～24	不锈钢	浸 30s，在冷水中漂洗，然后在热水中漂洗，干燥	
硫酸 铬酸	硫酸 CrO_3 水	70～80	衬铝的钢罐	浸 2～3min，在冷水中漂洗，然后在热水中漂洗，干燥	去除因热处理形成的氧化膜
磷酸 铬酸	磷酸 CrO_3 水	93	不锈钢	浸 5～10min，在冷水中漂洗，然后在热水中漂洗，干燥	去除阳极化处理镀层

焊丝清洗后可在 150～200℃烘箱内烘焙 0.5h，然后存放在 100℃烘箱内随用随取。清洗过的焊件不准随意乱放，应立即进行装配、焊接，一般不要超过 24h。已超过 24h 的，焊前采用机械方法清理后再进行装配、焊接。

大型焊件受酸洗槽尺寸限制，难于实现整体清理，可在接头两侧各 30mm 的表面区域用火焰加热至 100℃左右，涂擦室温的 NaOH 溶液，并加以擦洗，时间略长于浸洗时间，除净焊接区的氧化膜后，用清水冲洗干净，再中和、光化后，用火焰烘干。

(2) 机械清理

通常先用丙酮或汽油擦洗表面油污，然后可根据零件形状采用切削方法，如使用风动或电动铣刀，也可使用刮刀等工具。对较薄的氧化膜可采用不锈钢的钢丝刷清理表面，不宜采用纱布、砂纸或砂轮打磨。

工件和焊丝清洗后不及时装配，工件表面会重新氧化，特别是在潮湿的环境以及被酸碱蒸气污染的环境中，氧化膜生长很快。

(3) 焊前预热

焊前最好不进行预热，因为预热可加大热影响区的宽度，降低某些铝合金焊接接头的力学性能。但对厚度超过 5～8mm 的厚大铝件焊前需进行预热，以防止变形和未焊透、减少气孔等缺陷。通常预热到 90℃足以保证在始焊处有足够的熔深，预热温度不应超过 150℃，含 4.0%～5.5% Mg 的铝镁合金的预热温度不应超过 90℃。

2.2.2 铝及铝合金的气焊

氧-乙炔气焊的热效率低，焊接热输入不集中，焊接铝及铝合金时需采用熔剂，焊后又需清除残渣，接头质量及性能也不高。因为气焊设备简单，无需电源，操作方便灵活，常用于焊接对质量要求不高的铝及铝合金构件，如厚度较薄（0.5～10mm）的薄板及小零件，以及补焊铝及铝合金构件和铝铸件。

(1) 气焊的接头形式

气焊铝及铝合金时，不宜采用搭接接头和 T 形接头，这种接头难以清理流入缝隙中的残留熔剂和焊渣，应尽可能采用对接接头。悬空焊接铝时，稍不注意，接头处就会整个塌落下来。因为铝在 540～658℃时强度很低，甚至无法承受自身的重量。为保证焊件焊接时既焊透又不塌陷和烧穿，可以采用带槽的垫板，垫板一般用不锈钢或纯铜等制成，带垫板焊接可获得良好的反面成形，提高焊接生产率。

（2）气焊熔剂的选用

气焊铝时，如果不使用熔剂，用火焰将铝件熔化后，却不能直接见到铝溶液，因为在熔融铝的表面浮动着一层黑色的皱皮隔层。将铝填充焊丝熔化滴在上面，就像荷叶上的水珠一样，无法与基体金属液体相熔合。这层皱皮就是 Al_2O_3 氧化膜（熔点 2050℃），气焊火焰很难将它熔化。这层氧化膜还起隔热作用，不把这层氧化膜清除掉，就无法实现焊接。

铝及铝合金气焊时，为了使焊接过程顺利进行，保证焊缝质量，气焊时需要加熔剂来去除铝表面的氧化膜及其他杂质。

气焊熔剂（又称气剂）是气焊时的助熔剂，主要作用是去除气焊过程中生成在铝表面的氧化膜，改善母材的润湿性能，促使获得致密的焊缝组织等。气焊铝及其合金等必须采用熔剂，一般是在焊前把熔剂直接撒在被焊工件坡口上，或者沾在焊丝上加入到熔池内。

铝及铝合金熔剂是 K、Na、Ca、Li 等元素的氯化盐及氟化盐，是粉碎后过筛并按一定比例配制的粉状化合物。例如铝冰晶石（Na_3AlF_6）在 1000℃时可以熔解氧化铝，又如氯化钾（KCl）等可使难熔的氧化铝转变为易熔的氯化铝（$AlCl_3$，熔点为 183℃）。这种熔剂的熔点低、流动性好，还能改善熔化金属的流动性，使焊缝成形良好。

铝及铝合金气焊熔剂有含 Li 熔剂和无 Li 熔剂两类。含 Li 熔剂的氯化锂能改善熔渣的物理性能、降低熔渣的熔点和黏度，能较好地去除氧化膜，适用于薄板和全位置焊接。但氯化锂价格贵，而且吸湿性强。不含 Li 的熔剂熔点高、黏度大、流动性差，易产生焊缝夹渣，适用于厚大件的焊接。对于搭接接头、不熔透角焊缝和难以完全清理掉残留熔渣的焊缝，以及含镁较高的铝镁合金选用熔剂时，不宜采用含钠组成物的熔剂。常用铝用气焊熔剂的化学成分、用途及焊接注意事项见表 2.16。

表 2.16　铝用气焊熔剂的化学成分、用途及焊接注意事项

牌　号	名　称	熔点/℃	熔剂成分/%	用途及性能	焊接注意事项
CJ401	铝气焊熔剂	560	KCl 49.5～52，NaCl 27～30，LiCl 13.5～15，NaF 7.5～9	铝及铝合金气焊熔剂，起精炼作用，也可用作气焊铝青铜熔剂	焊前将焊接部位及焊丝洗刷干净 焊丝涂上用水调成糊状的熔剂，或焊丝一端煨热蘸取适量的干熔剂立即施焊 焊后必须将焊件表面的熔剂残渣用热水洗刷干净，以免引起腐蚀

将粉状熔剂和蒸馏水调成糊状（每 100g 熔剂约加入 50mL 蒸馏水）涂于焊件坡口和焊丝表面，涂层厚 0.5～1.0mm。或用灼热的焊丝直接蘸熔剂干粉使用，这样可减少熔池中水分的来源，减少气孔。调制好的熔剂应在 12h 内用完。

表 2.17 列举了一些铝用气焊熔剂的成分，可以自行配制，也可以购买配制好的瓶装熔剂，如牌号为 CJ401 的铝气焊熔剂。

表 2.17　铝及铝合金的气焊熔剂组成配方

序　号	熔剂成分/%							特　性
	冰晶石	NaF	CaF_2	NaCl	KCl	$BaCl_2$	LiCl	
01（CJ401）	—	7.5～9	—	27～30	49.5～52	—	13.5～15	熔点约 560℃
02	—	8	—	35	48	—	9	—
03	—	—	4	19	29	48	—	—
04	20	—	—	30	50	—	—	—
05	45	—	—	40	15	—	—	—

铝及铝合金气焊熔剂容易吸潮，所以应该对其瓶装密封，以防受潮失效。焊接时，应先

用洁净水或蒸馏水将熔剂调成糊状，然后把它涂在接头上，或者浸涂在焊丝上。调好的糊状熔剂最好随调随用，不要久放，以免变质。

(3) 焊嘴和火焰的选择

根据焊件厚度、坡口形式、焊接位置、焊工技术水平可确定焊嘴的大小，表 2.18 为气焊时焊件厚度、焊炬型号、焊嘴号码、焊嘴孔径、焊丝直径及乙炔消耗量等数据。

表 2.18 气焊时焊件厚度、焊炬型号、焊嘴号码、焊嘴孔径、焊丝直径及乙炔消耗量

焊件厚度/mm	1.2	1.5～2.0	3.0～4.0	5.0～7.0	7.0～10	10.0～20.0
焊炬型号	H01-6	H01-6	H01-6	H01-12	H01-12	H01-20
焊嘴号码	1	1～2	3～4	1～3	1～4	4～5
焊嘴孔径/mm	0.9	0.9～1.0	1.1～1.3	1.4～1.8	1.6～2.0	3.0～3.2
焊丝直径/mm	1.5～2.0	2.0～2.5	2.0～3.0	4.0～5.0	5.0～6.0	5.0～6.0
乙炔消耗量/$L \cdot h^{-1}$	75～150	150～300	300～500	500～1400	1400～2000	2500

铝及铝合金有强烈的氧化性和吸气性。气焊时，为使铝不被氧化，应采用中性焰或微弱碳化焰（乙炔稍微过剩的碳化焰），使铝熔池置于还原性气氛的保护下而不被氧化。严禁采用氧化焰，因为用氧化性较强的氧化焰会使铝强烈氧化，阻碍焊接过程进行；而乙炔过多，游离的氢可能溶入熔池，会促使焊缝产生气孔，使焊缝疏松。

(4) 定位焊缝

为防止焊件在焊接中产生尺寸和相对位置的变化，焊件焊前需要点固焊。由于铝的线胀系数大、导热速度快、气焊加热面积大，因此，定位焊缝较钢件应密一些。

定位焊用的填充焊丝与产品焊接时相同，定位焊接前应在焊缝间隙内涂一层气剂。定位焊的火焰功率比气焊时稍大。

(5) 气焊操作

焊接钢铁材料时，可以从钢材的颜色变化判断加热的温度。但焊铝时，却没有这个方便条件。因为铝及铝合金从室温加热到熔化的过程中没有颜色的明显变化，给操作者带来控制焊接温度的困难，但可根据以下现象掌握施焊时机。

① 当被加热的工件表面由光亮银白色变成暗淡的银白色，表面氧化膜起皱，加热处金属有波动现象时，表明即将达到熔化温度，可以施焊。

② 用蘸有熔剂的焊丝端头触及被加热处，焊丝与母材能熔合时，即达到熔化温度，可以施焊。

③ 母材边棱有倒下现象时，母材达到熔化温度，可以施焊。

气焊薄板可采用左焊法，焊丝位于焊接火焰之前，这种焊法因火焰指向未焊的冷金属，热量散失一部分，有利于防止熔池过热、热影响区金属晶粒长大和烧穿。母材厚度大于5mm 可采用右焊法，此法焊丝在焊炬后面，火焰指向焊缝，热量损失小，熔深大，加热效率高。气焊厚度小于 3mm 的薄件时，焊炬倾角为 20°～40°；气焊厚件时，焊炬倾角为 40°～80°，焊丝与焊炬夹角为 80°～100°。

铝及铝合金气焊应尽量将接头一次焊成，不堆敷第二层，因为堆敷第二层时会造成焊缝夹渣等。

(6) 焊后处理

气焊焊缝表面的残留焊剂和熔渣对铝接头的腐蚀，是铝接头日后使用中引起损坏的原因之一。在气焊后 1～6h，应将残留的熔剂、熔渣清洗掉，以防引起焊件腐蚀。焊后清理工序如下。

① 焊后将焊件放入 40～50℃ 的热水槽中浸渍，最好用流动的热水，用硬毛刷刷焊缝及焊缝附近残留熔剂、熔渣的地方，直至清除干净。

② 将焊件浸入硝酸溶液中。当室温为25℃以上时，溶液浓度为15%～25%，浸渍时间为10～15min。当室温为10～15℃时，溶液浓度为20%～25%，浸渍时间为15min。

③ 将焊件置于流动热水（温度为40～50℃）的槽中浸渍5～10min。

④ 用冷水将焊件冲洗5min。

⑤ 将焊件自然晾干，也可放在干燥箱中烘干或用热空气吹干。

2.2.3 铝及铝合金的钨极氩弧焊(TIG焊)

铝及铝合金的钨极氩弧焊（TIG焊）也称为钨极惰性气体保护电弧焊，是利用钨极与工件之间形成电弧产生的大量热量熔化待焊处，外加填充焊丝获得牢固的焊接接头。氩弧焊焊铝是利用其“阴极雾化”的特点，自行去除氧化膜。钨极及焊缝区域由喷嘴中喷出的惰性气体屏蔽保护，防止焊缝区和周围空气的反应。

TIG焊工艺最适于焊接厚度小于3mm的薄板，工件变形明显小于气焊和手弧焊。交流TIG焊阴极具有去除氧化膜的清理作用，可以不用熔剂，避免了焊后残留熔剂、熔渣对接头的腐蚀。接头形式可以不受限制，焊缝成形良好、表面光亮。氩气流对焊接区的冲刷使接头冷却加快，改善了接头的组织和性能，适于全位置焊接。由于不用熔剂，焊前清理的要求比其他焊接方法严格。

焊接铝及铝合金较适宜的工艺方法是交流TIG焊和交流脉冲TIG焊，其次是直流反接TIG焊。通常，用交流焊接铝及铝合金时可在载流能力、电弧可控性以及电弧清理作用等方面实现最佳配合，故大多数铝及铝合金的TIG焊都采用交流电源。采用直流正接（电极接负极）时，热量产生于工件表面，形成深熔透，对一定尺寸的电极可采用更大的焊接电流。即使是厚截面也不需预热，且母材几乎不发生变形。虽然很少采用直流反接（电极接正极）TIG焊方法来焊接铝，但这种方法在连续焊或补焊薄壁热交换器、管道和壁厚在2.4mm以下的类似组件时有熔深浅、电弧容易控制、电弧有良好的净化作用等优点。

（1）钨极

钨的熔点是3400℃，是熔点最高的金属。钨在高温时有强烈的电子发射能力，在钨电极中加入微量稀土元素钍、铈、锆等的氧化物后，电子逸出功显著降低，载流能力明显提高。铝及铝合金TIG焊时，钨极作为电极主要起传导电流、引燃电弧和维持电弧正常燃烧的作用。常用钨极材料分纯钨、钍钨及铈钨等。TIG焊常用钨极的成分及特点见表2.19。

表2.19 常用钨极的成分及特点

钨极牌号		化学成分/%							特点
		W	ThO_2	CeO	SiO	$Fe_2O_3+Al_2O_3$	MO	CaO	
纯钨极	W_1	>99.92	—	—	0.03	0.03	0.01	0.01	熔点和沸点高，要求空载电压较高，承载电流能力较小
	W_2	>99.85	—	—	总量不大于0.15				
钍钨极	WTH-10	—	1.0～1.49	—	0.06	0.02	0.01	0.01	加入了氧化钍，可降低空载电压，改善引弧稳弧性能，增大许用电流范围，但有微量放射性，不推荐使用
	WTH-15	—	1.5～2.0	—	0.06	0.02	0.01	0.01	
铈钨极	WCe-20	—	—	2.0	0.06	0.02	0.01	0.01	比钍钨极更易引弧，钨极损耗更小，放射性计量低，推荐使用

（2）焊接工艺参数

为了获得优良的焊缝成形及焊接质量，应根据焊件的技术要求，合理地选定焊接工艺参数。铝及铝合金手工TIG焊的主要工艺参数有电流种类、极性和电流大小、保护气体流量、钨极伸出长度、喷嘴至工件的距离等。自动 TIG 焊的工艺参数还包括电弧电压（弧长）、焊接速度及送丝速度等。

工艺参数是根据被焊材料和厚度，先确定钨极直径与形状、焊丝直径、保护气体及流量、喷嘴孔径、焊接电流、电弧电压和焊接速度，再根据实际焊接效果调整有关参数，直至符合使用要求为止。

铝及铝合金 TIG 焊工艺参数的选用要点如下。

① 喷嘴孔径与保护气体流量　铝及铝合金 TIG 焊的喷嘴孔径为 5～22mm；保护气体流量一般为 5～15L/min。

② 钨极伸出长度及喷嘴至工件的距离　钨极伸出长度，对接焊缝时一般为 5～6mm，角焊缝时一般为 7～8mm；喷嘴至工件的距离一般取 10mm 左右。

③ 焊接电流与焊接电压　与板厚、接头形式、焊接位置及焊工技术水平有关。手工 TIG 焊时，采用交流电源，焊接厚度小于 6mm 铝合金时，最大焊接电流可根据电极直径 d 按公式 $I=(60\sim65)d$ 确定。电弧电压主要由弧长决定，通常使弧长近似等于钨极直径比较合理。

④ 焊接速度　铝及铝合金 TIG 焊时，为了减小变形，应采用较快的焊接速度。手工 TIG 焊一般是焊工根据熔池大小、熔池形状和两侧熔合情况随时调整焊接速度，一般的焊接速度为 8～12m/h；自动 TIG 焊时，工艺参数设定之后，在焊接过程中焊接速度一般不变。

⑤ 焊丝直径　一般由板厚和焊接电流确定，焊丝直径与两者之间呈正比关系。

交流电特点是负半波（工件为负）时，有阴极清理作用，正半波（工件为正）时，钨极因发热量低，不容易熔化。为了获得足够的熔深和防止咬边、焊道过宽和随之而来的熔深及焊缝外形失控，必须维持短的电弧长度，电弧长度大约等于钨极直径。表 2.20 为纯铝、铝镁合金手工钨极氩弧焊的工艺参数。

表 2.20　纯铝、铝镁合金手工钨极氩弧焊的工艺参数

<table>
<tr><th>板厚
/mm</th><th>钨极直径
/mm</th><th>焊接电流
/A</th><th>焊丝直径
/mm</th><th>氩气流量
/L·min^{-1}</th><th>喷嘴孔径
/mm</th><th>焊接层数
正面/背面</th><th>预热温度
/℃</th><th>备　注</th></tr>
<tr><td>1</td><td rowspan="2">2</td><td>40～60</td><td>1.6</td><td rowspan="2">7～9</td><td rowspan="2">8</td><td rowspan="4">正 1</td><td rowspan="6">—</td><td>卷边焊</td></tr>
<tr><td>1.5</td><td>50～80</td><td>1.6～2.0</td><td>卷边焊或单面对接焊</td></tr>
<tr><td>2</td><td>2～3</td><td>90～120</td><td>2～2.5</td><td rowspan="2">8～12</td><td rowspan="2">8～12</td><td>对接焊</td></tr>
<tr><td>3</td><td>3</td><td>150～180</td><td>2～3</td><td rowspan="13">V 形坡口对接焊</td></tr>
<tr><td>4</td><td rowspan="2">4</td><td>180～200</td><td>3</td><td rowspan="2">10～15</td><td rowspan="2">10～12</td><td rowspan="2">1～2/1</td></tr>
<tr><td>5</td><td>180～240</td><td>3～4</td></tr>
<tr><td>6</td><td rowspan="3">5</td><td>240～280</td><td>4</td><td rowspan="3">16～20</td><td rowspan="3">14～16</td><td>1～2/1</td><td>—</td></tr>
<tr><td>8</td><td>260～320</td><td rowspan="3">4～5</td><td>2/1</td><td>100</td></tr>
<tr><td>10</td><td>280～340</td><td rowspan="3">3～4/1～2</td><td>100～150</td></tr>
<tr><td>12</td><td rowspan="2">5～6</td><td>300～360</td><td>18～22</td><td rowspan="4">16～20</td><td>150～200</td></tr>
<tr><td>14</td><td rowspan="2">340～380</td><td rowspan="6">5～6</td><td rowspan="2">20～24</td><td>180～200</td></tr>
<tr><td>16</td><td rowspan="4">6</td><td rowspan="3">4～5/1～2</td><td>200～220</td></tr>
<tr><td>18</td><td rowspan="2">360～400</td><td rowspan="3">25～30</td><td>200～240</td></tr>
<tr><td>20</td><td>20～22</td><td rowspan="3">200～260</td></tr>
<tr><td>16～20</td><td>340～380</td><td>16～22</td><td>2～3/2～3</td></tr>
<tr><td>22～25</td><td>6～7</td><td>360～400</td><td>30～35</td><td>20～22</td><td>3～4/3～4</td></tr>
</table>

为了防止起弧处及收弧处产生裂纹等缺陷，有时需要加引弧板和熄弧板。当电弧稳定燃烧，钨极端部被加热到一定的温度后，才能将电弧移入焊接区。自动钨极氩弧焊的工艺参数见表 2.21。

表 2.21　自动钨极氩弧焊的工艺参数

焊件厚度/mm	焊件层数	钨极直径/mm	焊丝直径/mm	喷嘴直径/mm	氩气流量/L·min^{-1}	焊接电流/A	送丝速度/m·h^{-1}
1	1	1.5～2	1.6	8～10	5～6	120～160	—
2		3	1.6～2		12～14	180～220	65～70
3	1～2	4	2	10～14	14～18	220～240	
4		5	2～3			240～280	70～75
5	2			12～16	16～20	280～320	
6～8	2～3	5～6	3	14～18	18～24		75～80
8～12		6	3～4			300～340	80～85

钨极脉冲惰性气体保护焊扩大了TIG焊的应用范围，特别适用于焊接精密零件。在焊接时，高脉冲提供大电流值，这是在留间隙的根部焊接时为完成熔透所需的；低脉冲可冷却熔池，这就可防止接头根部烧穿。脉冲作用还可以减少向母材的热输入，有利于薄铝件的焊接。交流钨极脉冲氩弧焊有加热速度快、高温停留时间短、对熔池有搅拌作用等优点，焊接薄板、硬铝可得到满意的焊接接头。交流钨极脉冲氩弧焊对仰焊、立焊、管子全位置焊、单面焊双面成形，可以得到较好的焊接效果。铝及铝合金交流脉冲TIG焊的工艺参数见表2.22。

表 2.22　铝及铝合金交流脉冲TIG焊的工艺参数

母　材	板厚/mm	钨极直径/mm	焊丝直径/mm	电弧电压/V	脉冲电流/A	基值电流/A	脉宽比/%	气体流量/L·min^{-1}	频率/Hz
5A03	1.5	3	2.5	14	80	45	33	5	1.7
	2.5			15	95	50			2
5A06	2		2	10	83	44			2.5
2A12	2.5			13	140	52	36	8	2.6

（3）铝及铝合金TIG焊常见缺陷及防止措施

1）气孔

① 产生原因　氩气纯度低或氩气管路内有水分、漏气等；焊丝或母材坡口附近焊前未清理干净或清理后又被污物、水分等沾污；焊接电流和焊速过大或过小；熔池保护欠佳，电弧不稳，电弧过长，钨极伸出过长等。

② 防止措施　保证氩气的纯度；焊前认真清理焊丝、焊件，清理后及时焊接，并防止再次污染；更新送气管路，选择合适的气体流量，调整好钨极伸出长度；正确选择焊接工艺参数，必要时，可以采取预热工艺；焊接现场装挡风装置，防止现场有风流动。

2）裂纹

① 产生原因　焊丝合金成分选择不当；当焊缝中的Mg含量小于3%，或Fe、Si杂质含量超出规定时，裂纹倾向增大；焊丝的熔化温度偏高时，会引起热影响区液化裂纹；结构设计不合理，焊缝过于集中或受热区温度过高，造成接头拘束应力过大；高温停留时间长，组织过热；弧坑没填满，出现弧坑裂纹等。

② 防止措施　所选焊丝的成分与母材要匹配；加入引弧板或采用电流衰减装置填满弧坑；正确设计焊接结构，合理布置焊缝，使焊缝尽量避开应力集中处，选择合适的焊接顺序；减小焊接电流或适当增加焊接速度。

3）未焊透

① 产生原因　焊接速度过快，弧长过大，焊件间隙、坡口角度、焊接电流均过小，钝边过大；工件坡口边缘的毛刺、底边的污垢焊前没有除净；焊炬与焊丝倾角不正确。

② 防止措施　正确选择间隙、钝边、坡口角度和焊接工艺参数；加强氧化膜、熔剂、熔渣和油污的清理；提高操作技能等。

4）焊缝夹钨

① 产生原因　接触引弧所致；钨极末端形状与焊接电流选择得不合理，使尖端脱落；填丝触及到热钨极尖端和错用了氧化性气体。

② 防止措施　采用高频高压脉冲引弧；根据选用的电流，采用合理的钨极尖端形状；减小焊接电流，增加钨极直径，缩短钨极伸出长度；更换惰性气体；提高操作技能，勿使填丝与钨极接触等。

5）咬边

① 产生原因　焊接电流太大，电弧电压太高，焊炬摆幅不均匀，填丝太少，焊接速度太快。

② 防止措施　减小焊接电流与电弧电压，保持焊炬摆幅均匀，适当增加送丝速度或降低焊接速度。

2.2.4 铝及铝合金的熔化极氩弧焊(MIG焊)

铝及铝合金的熔化极氩弧焊（MIG焊）也称为熔化极惰性气体保护电弧焊。电弧是在惰性气体保护中的焊件和铝及铝合金焊丝之间形成，焊丝作为电极及填充金属。由于焊丝作为电极，可采用高密度电流，因而母材熔深大，填充金属熔敷速度快，焊接生产率高。

MIG焊焊接铝及铝合金通常采用直流反极性，这样可保持良好的阴极雾化作用。铝及铝合金MIG焊不必用熔剂去除妨碍熔化的氧化铝薄膜，这层氧化铝膜的去除是利用焊件金属为负极时的电弧作用。因此，MIG焊焊接后不会因没有仔细去除熔剂而造成焊缝金属腐蚀的危险。焊接薄、中等厚度板材时，可用纯氩作保护气体；焊接厚大件时，采用Ar+He混合气体保护，也可采用纯氦保护。焊前一般不预热，板厚较大时，也只需预热起弧部位。根据焊炬移动方式的不同，铝及铝合金MIG焊工艺分为半自动MIG焊和自动MIG焊，对焊工的操作技术水平要求较低，比较容易训练完成。

（1）铝及铝合金半自动MIG焊工艺

半自动焊的焊枪由操作者握持着向前移动。熔化极半自动氩弧焊多采用平特性电源，焊丝直径为1.2～3.0mm。可采用左焊法，焊炬与工件之间的夹角为75°，以提高操作者的可见度。多用于点固焊、短焊缝、断续焊缝及铝容器中的椭圆形封头、人孔接管、支座板、加强圈、各种内件及锥顶等。

熔化极半自动氩弧焊的点固焊缝应设在坡口反面，点固焊缝的长度为40～60mm，表2.23为纯铝半自动MIG焊工艺参数。对于相同厚度的铝锰、铝镁合金，焊接电流应降低20～30A，氩气流量增大10～15L/min。

脉冲MIG焊可以将熔池控制得很小，容易进行全位置焊接，尤其焊接薄板、薄壁管的立焊缝、仰焊缝和全位置焊缝是一种较理想的焊接方法。脉冲MIG焊电源是直流脉冲，脉冲TIG焊的电源是交流脉冲。它们的焊接工艺参数基本相同。纯铝、铝镁合金半自动脉冲MIG焊的工艺参数见表2.24。

表2.23　纯铝半自动MIG焊的工艺参数

板厚/mm	坡口形式	坡口尺寸/mm	焊丝直径/mm	焊接电流/A	焊接电压/V	氩气流量/L·min^{-1}	喷嘴直径/mm	备　注
6	对接	间隙0～2	2.0	230～270	26～27	20～25	20	反面采用垫板，仅焊一层焊缝
8	单面V形坡口	间隙0～2 钝边2 坡口角度70°	2.0	240～280	27～28	25～30	20	正面焊两层，反面焊一层

续表

板厚/mm	坡口形式	坡口尺寸/mm	焊丝直径/mm	焊接电流/A	焊接电压/V	氩气流量/L·min^{-1}	喷嘴直径/mm	备注
10	单面V形坡口	间隙0～0.2 钝边2 坡口角度70°	2.0	280～300	27～29	30～36	20	正反面均焊一层
12	单面V形坡口	间隙0～0.2 钝边3 坡口角度70°	2.0	280～320	27～29	30～35	20	
14	单面V形坡口	间隙0～0.3 钝边10 坡口角度90°～100°	2.5	300～330	29～30	35～40	22～24	正面焊两层，反面焊一层
16	单面V形坡口	间隙0～0.3 钝边12 坡口角度90°～100°	2.5	300～340	29～30	40～50	22～24	
18	单面V形坡口	间隙0～0.3 钝边14 坡口角度90°～100°	2.5	360～400	29～30	40～50	22～24	
20～22	单面V形坡口	间隙0～0.3 钝边16～18 坡口角度90°～100°	2.5～3.0	400～420	29～30	50～60	22～24	
25	单面V形坡口	间隙0～0.3 钝边21 坡口角度90°～100°	2.5～3.0	420～450	30～31	50～60	22～24	

表2.24 纯铝、铝镁合金半自动脉冲MIG焊的工艺参数

合金牌号	板厚/mm	焊丝直径/mm	基值电流/A	脉冲电流/A	电弧电压/V	脉冲频率/Hz	氩气流量/L·min^{-1}	备注
1035(L4)	1.6	1.0	20	110～130	18～19	50	18～20	喷嘴孔径16mm 焊丝牌号L4
	3.0	1.2		140～160	19～20		20	焊丝牌号L4
5A03(LF3)	1.8	1.0	20～25	120～140	18～19		20	喷嘴孔径16mm 焊丝牌号LF3
5A05(LF5)	4.0	1.2		160～180	19～20		20～22	喷嘴孔径16mm 焊丝牌号LF5

(2) 铝及铝合金自动MIG焊工艺

由自动焊机的小车带动焊枪向前移动。根据焊件厚度选择坡口尺寸、焊丝直径和焊接电流等工艺参数。表2.25为部分纯铝、铝镁合金和硬铝自动MIG焊的工艺参数。自动氩弧焊熔深大，厚度6mm的铝板对接焊时可不开坡口。当厚度较大时一般采用大钝边，但需增大坡口角度以降低焊缝的余高。适用于形状较规则的纵缝、环缝及水平位置的焊接。铝及铝合金自动MIG焊的工艺参数见表2.26。

铝及铝合金MIG焊需注意的问题如下。

① 喷射过渡焊接时，电弧电压应稍低一点，使电弧略带轻微爆破声，此时熔滴形式属于喷射过渡中的射滴过渡。弧长增大对焊缝成形不利，对防止气孔也不利。

② 在中等焊接电流范围（250～400A）内，可将弧长控制在喷射过渡区与短路过渡区之间，进行亚射流电弧焊接。这种熔滴过渡形式的焊缝成形美观，焊接过程稳定。

表 2.25　部分纯铝、铝镁合金和硬铝自动 MIG 焊的工艺参数

板材牌号	焊丝型号（牌号）	板材厚度/mm	坡口形式	坡口尺寸			焊丝直径/mm	喷嘴直径/mm	氩气流量/L·min^{-1}	焊接电流/A	电弧电压/V	焊接速度/m·h^{-1}	备注
				钝边/mm	坡口角度/(°)	间隙/mm							
5A05	SAl5556（HS331）	5	—	—	—	—	2.0	22	28	240	21～22	42	单面焊双面成形
1060 1050A	SAl1450（HS39）	6 8	—	—	—	0～0.5	2.5	22	30～35	230～260	26～27	25	正反面均焊一层
		8	V形	4	100					300～320		24～28	
		10		6		0～1	3.0	28		310～330	27～28	18	
		12		8			3.0			320～340	28～29	15	
		14		10			4.0		40～45	380～400	29～31	18	
		16		12			4.0			380～420		17～20	
		20		16			4.0		50～60	450～500		17～19	
		25		21			4.0			490～550		—	
5A02 5A03	SAl3103（HS331）	12		8	120		3.0	22	30～35	320～350	28～30	24	
		18		14			4.0	28	50～60	450～470	29～30	18.7	
		20		16			4.0	28	50～60	450～700	28～30	18	
		25		16			4.0	28	50～60	490～520	29～30	16～19	
2A11	SAl4043（HS311）	50	双 V	6～8	75	0～0.5	—	28	—	450～500	24～27	15～18	可采用双面U形坡口，钝边6～8mm

注：1. 正面层焊完后必须铲除焊根，然后进行反面层的焊接。
2. 焊炬向前倾斜 10°～15°。

表 2.26　铝及铝合金自动 MIG 焊的工艺参数

板厚/mm	接头及坡口形式	焊丝直径/mm	焊接电流/A	电弧电压/V	焊接速度/m·h^{-1}	气体流量/L·min^{-1}	焊道数
4～6 8～10 12	对接 I 形坡口	1.4～2 1.4～2 2	140～220 220～300 280～300	19～22 20～25 20～25	25～30 15～25 15～20	15～18 18～22 20～25	2 2 2
6～8 10	对接 V 形坡口 加衬垫	1.4～2 2.0～2.5	240～280 420～460	22～25 27～29	15～25 15～20	20～22 24～30	1 1
12～16 20～25 30～40 50～60	对接 X 形坡口	2.0～2.5 2.5～4 2.5～4 2.5～4	280～300 380～520 420～540 460～540	24～26 26～30 27～30 28～32	12～15 10～20 10～20 10～20	20～25 28～30 28～30 28～30	2～4 2～4 3～5 5～8
4～6 8～12	T 形接头	1.4～2 2	200～260 270～330	18～22 24～26	20～30 20～25	20～22 24～28	1 1～2

③ 粗丝大电流 MIG 焊（400～1000A）在平焊厚板时具有熔深大、生产率高、变形小等优点。但由于熔池尺寸大，为加强对熔池的保护，应采用双层保护焊枪（外层喷嘴送 Ar，内层喷嘴送 Ar-He 混合气体），这样可扩大保护区域和改善熔池形状。

④ 大电流时，为了保护熔池后面的焊道，可在双层喷嘴后面再安装附加喷嘴。

采用自动 MIG 焊得到的铝及其合金焊接接头的力学性能良好，部分纯铝和防锈铝焊接接头的力学性能见表 2.27。

表 2.27　部分纯铝和防锈铝焊接接头的力学性能

母材牌号	板厚/mm	焊丝型号	焊丝直径/mm	焊接正面/背面层数	抗拉强度/MPa	冷弯角/(°)
1060（L2）	8	SAl1200	3	1	80.5～80.8	180°（熔合区有裂纹）
	10	SAl1200	3	1/1	73.1～77.3	180°完好
1050（L3）	12	SAl1070	3	1/1	77.0～77.3	180°完好
5A02（LF2）	12	SAl5654	3	1/1	177.5～188	92°～130°
	25	SAl5654	4	1/1	175.8～177.6	107°～164°
5A03（LF3）	20	SAl5654	3	1/1	233～234 239～240	34°～35° 40°～46°
	20	SAl5556	4	1/1	296～299	64°～74°
5A06（LF6）	18	SAl5556	4	1/1	314～330	32°～72°

2.2.5 铝及铝合金的搅拌摩擦焊（FSW）

（1）铝合金搅拌摩擦焊的特点

铝合金搅拌摩擦焊的原理如图2.3所示，它是利用一种特殊形式的搅拌头插入工件的待焊部位，通过搅拌头的高速旋转，与工件之间进行摩擦搅拌，摩擦热使该部位金属处于热塑性状态并在搅拌头的压力作用下从其前端向后部塑性流动，从而使待焊件压焊为一个整体。搅拌头对其周围金属起着碎化、摩擦、搅拌、再结晶等作用。

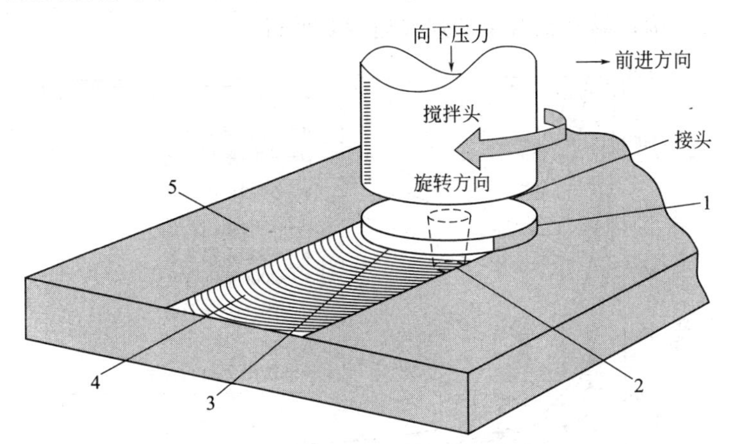

图2.3　铝合金搅拌摩擦焊的原理

1—搅拌头前沿；2—搅拌针；3—搅拌头后沿；4—焊缝；5—轴肩

由于搅拌摩擦焊过程中接头部位不存在金属的熔化，是一种固态焊接过程，故焊接时不存在熔焊时的各种缺陷，可以连接用熔焊方法难于焊接的材料，如硬铝、超硬铝等，并且可以在任意位置进行焊接。同时，由于不存在熔焊过程中的熔化结晶和接头部位大范围的热塑性变形，焊后接头内应力小、变形小，可实现板件的低应力无变形焊接。搅拌摩擦焊扩大了轻质结构材料的应用范围，以及由于焊接问题而避免使用铝合金的场合，可选用比强度高的铝合金等材料。

搅拌摩擦焊在铝合金的连接方面研究的最多，已经成功地进行了搅拌摩擦焊的铝合金包括Al-Cu合金（2000系列）、Al-Mn合金（3000系列）、Al-Si合金（4000系列）、Al-Mg合金（5000系列）、Al-Mg-Si合金（6000系列）、Al-Zn合金（7000系列）及其他铝合金（8000系列），也已实现铝基复合材料的搅拌摩擦焊。

铝合金搅拌摩擦焊的可焊厚度最初是1.2～12.5mm，现已在工业生产中应用搅拌摩擦焊成功地焊接了厚度为12.5～25mm的铝合金，并已实现单面焊的厚度达50mm，双面焊可以焊接厚度70mm的铝合金。

搅拌摩擦焊工艺参数是搅拌头的尺寸、搅拌头的旋转速度、搅拌头与工件的相对移动速度等。表2.28所示为几种铝合金搅拌摩擦焊常用的焊接速度。对于铝合金的焊接，摩擦搅拌头的旋转速度可以从每分钟几百转到每分钟上千转。焊接速度一般在1～15mm/s范围。搅拌摩擦焊可以方便地实现自动控制。在搅拌摩擦焊过程中搅拌头要压紧工件。

表2.28 几种铝合金搅拌摩擦焊常用的焊接速度

材　料	板厚/mm	焊接速度/mm·s^{-1}	焊 道 数
Al 6082-T6	5	12.5	1
Al 6082-T6	6	12.5	1
Al 6082-T6	10	6.2	1
Al 6082-T6	30	3.0	2
Al 4212-T6	25	2.2	1
Al 4212＋Cu 5010	1＋0.7	8.8	1

不同的被焊金属在不同板厚条件下的最大焊接速度如图2.4所示。板厚为5mm的情况下，焊接铝时搅拌摩擦焊的焊接速度最大为700mm/min；焊接铝合金时的焊接速度处于500～150mm/min范围；异种铝合金的焊接速度要低得多。

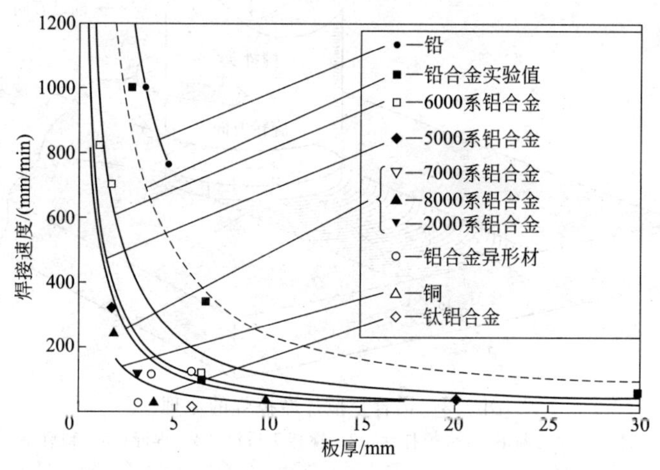

图2.4 各种材料搅拌摩擦焊的临界焊接速度计算值

搅拌摩擦焊的焊接速度与搅拌头转速密切相关，搅拌头的转速与焊接速度可在较大范围内选择，只有焊接速度与搅拌头转速相互配合才能获得良好的焊缝。焊接速度与搅拌头的转速存在最佳范围。在高转速低焊接速度的情况下，由于接头获得了搅拌摩擦过剩的热量，部分焊缝金属由肩部排出形成飞边，使焊缝金属的塑性流动不好，焊缝中会产生空隙（中空）状的焊接缺欠，甚至产生搅拌指棒的破损。优良接头区的最佳范围因搅拌头（特别是搅拌指棒）的形状不同而有所变动。图2.5为几种铝合金搅拌摩擦焊的工艺参数，Al-Si-Mg合金（6000系）对搅拌摩擦焊的工艺适应范围比Al-Mg合金（5000系）的要大得多。

（2）FSW的焊接热输入和温度分布

搅拌摩擦焊的热输入（E）是以搅拌头的转速（R）与焊接速度（v）之比来表示，即单位焊缝长度上的搅拌头的转速。

$$E = R/v \tag{2-1}$$

式中，R 为搅拌头的转速（r/min）；v 为搅拌头纵向行走的距离，即焊接速度（mm）。

相对于电弧焊的焊接热输入定义来说，搅拌摩擦焊的热输入不是单位能的概念。搅拌摩擦焊通过高速旋转把机械能转变为热能，这个过程产生的热量与搅拌头的转速大小密切相关。因此，用搅拌头的转速与焊接速度的比值 R/v，可以定性地表明在搅拌摩擦焊过程中对母材热输入的大小。

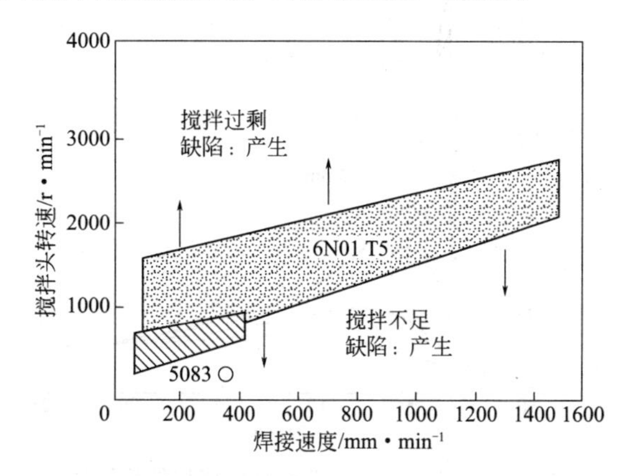

图 2.5　几种铝合金搅拌摩擦焊的最佳工艺参数

R/v 比值越大，表明对母材的热输入越大。R/v 比值的大小，也对应着被焊金属焊接的难易程度。显然，要求搅拌摩擦焊热输入越大的金属，焊接难度越大。搅拌头的转速与焊接速度的比值一般为 2～8。搅拌摩擦焊的热输入在此范围可获得无缺陷的优良焊接接头。在实际生产中，焊接 5083 铝合金可采用较小的热输入，焊接 7075 铝合金时可采用稍大些的热输入，焊接 2024 铝合金的焊接热输入应较大些。

搅拌摩擦焊对接头处给予摩擦热加之旋转搅拌，产生强烈的塑性流动和再结晶，焊缝为非熔化状态，所以将其归类为固相焊。但也有研究发现，在搅拌头的肩部正下方温度高，对于 A7030 铝合金搅拌摩擦焊来说，焊缝为固-液共存状态。由于搅拌头肩部正下方焊缝金属的升温速度达到 330℃/s，造成局部瞬间熔化也是可能的。

搅拌摩擦焊接头的组织性能与焊接区温度分布密切相关。但搅拌摩擦焊的热循环和温度分布的测定是很困难的。因为，采用热电偶测量焊接接头区温度分布时，焊缝金属的强塑性流动，易损坏热电偶端头，目前多是在热影响区进行温度测量。

图 2.6 所示为 A6063-T6 铝合金搅拌摩擦焊的热循环曲线，距离焊缝中心线 2mm 处的温度大于 500℃。有人经过试验得到纯铝搅拌摩擦焊的焊缝区温度最高为 450℃。由于纯铝的熔化温度为 660℃，因此搅拌摩擦焊实质上是在金属熔点以下的温度发生塑性流动。英国焊接研究所试验结果表明，搅拌摩擦焊的焊缝区最高温度为熔点的 70%，纯铝焊接最高温度不超过 550℃。热传导计算结果与以上的实测值基本一致。

搅拌指棒的温度是一个很重要的问题，至今还没有令人信服的实测数据。因为搅拌指棒插入在焊缝金属内旋转，温度测量十分困难。有人在被焊金属固定的情况下，将旋转的搅拌指棒压入到板厚 12.7mm 的 A6061-T6 铝合金中，测量距离搅拌指棒端部 0.2mm 处的温度；根据这个温度，用计算机模拟的方法计算出搅拌指棒的温度，计算结果如图 2.7 所示。

根据搅拌指棒压入速度可以推定，约 24s 搅拌指棒全部压入被焊金属中。由图 2.7 可知，从 15～24s 搅拌指棒外围温度为一常数（约 580℃），达到 A6061 铝合金固相线温度。搅拌摩擦焊时搅拌指棒的温度不能高于这个温度，因为搅拌指棒的高温抗剪强度或高温抗疲劳强度就处于这个温度范围。因此，搅拌指棒外围区的温度比前述焊缝金属的温度高出几十摄氏度。

图 2.8 所示为 A6063 铝合金搅拌摩擦焊焊缝区等温线分布的计算结果。其中，斑点为搅拌头的肩部区，曲线上的数字为等温线的最高温度。

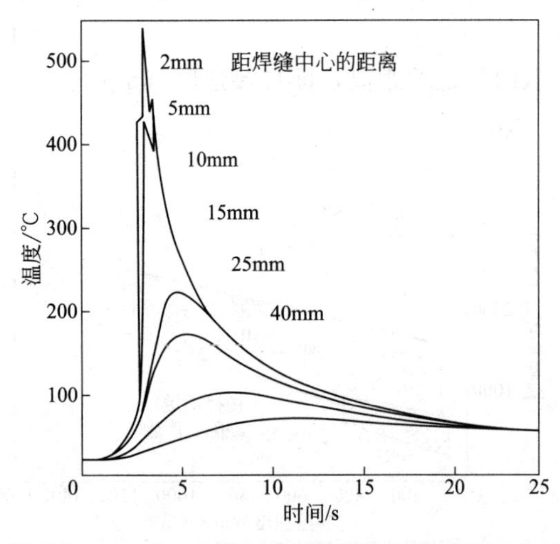

图 2.6 A6063-T6 铝合金搅拌摩擦焊的热循环曲线

注：板厚 4mm，焊接速度 0.5mm/min，

搅拌头直径 15mm。

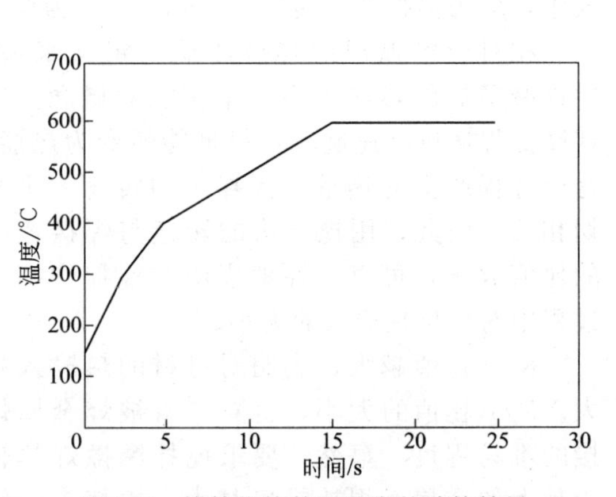

图 2.7 搅拌指棒外围温度的计算结果

（搅拌指棒直径 5mm，长度 5.5mm）

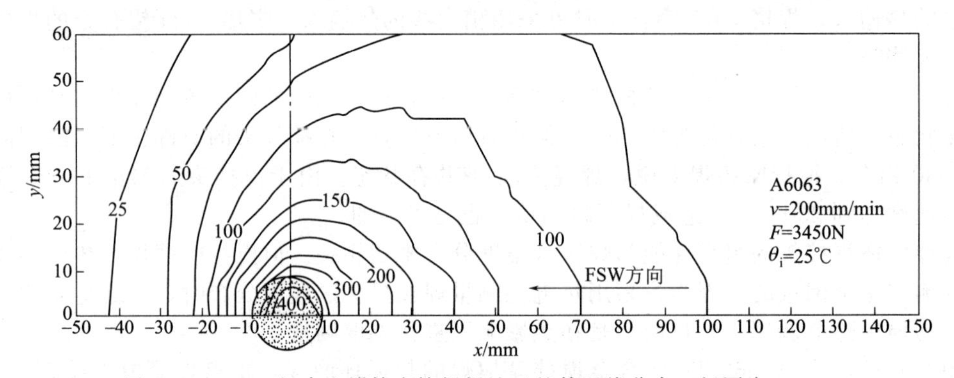

图 2.8 A6063 铝合金搅拌摩擦焊焊缝区的等温线分布（板厚为 5mm）

焊接速度对搅拌摩擦焊接头区温度分布影响很大，由于热源（搅拌头）在固体金属中移动，焊缝中心处最高温度的上限不会超过母材的固相线温度。焊接速度对焊缝最高温度影响的计算结果表明，焊接速度低时的焊缝最高温度为 490℃，焊接速度高时的焊缝最高温度为 450℃。虽然两者最高温度差并不大，但在实际搅拌摩擦焊中大幅度提高焊接速度是困难的，因为母材热输入低，焊缝金属塑性流动性不好，易造成搅拌头损坏。因此，提高焊接速度是以在适当的摩擦焊作用下焊缝金属发生良好的塑性流动为前提的。

日本学者在相同的焊接速度和铝合金焊件完全熔透情况下，对搅拌摩擦焊（FSW）和熔化极氩弧焊（MIG 焊）的热输入进行比较，得出搅拌摩擦焊的热输入范围为 1.2～2.3kJ/cm，FSW 大约是 MIG 焊热输入的一半。热输入量随着焊接速度的增大和搅拌头旋转速度的降低而减小。

（3）铝合金 FSW 焊缝组织及性能

1）FSW 焊缝组织

铝合金搅拌摩擦焊的焊缝是在摩擦热和搅拌指棒的强烈搅拌作用下形成的，与熔焊熔化结晶形成的焊缝组织，或与扩散焊、钎焊形成的焊缝组织相比有明显的不同。

① 焊缝形状　搅拌摩擦焊的焊缝断面形状分为两种，一种为圆柱状，另一种为熔核状。大多数搅拌摩擦焊的焊缝为圆柱状。熔核状的断面多发生于高强度和轧制加工性不好的铝合

金（如A7075、A5083）搅拌摩擦焊焊缝中。

搅拌摩擦焊焊缝断面大多为一倒三角形，中心区是由搅拌指棒产生摩擦热在强烈搅拌作用下形成的，上部是由搅拌头的肩部与母材表面的摩擦热而形成的。焊缝表面与母材表面平齐，没有增高，稍微有些凹陷。

② 焊接区的划分　对搅拌摩擦焊焊缝区的金相分析表明，铝合金搅拌摩擦焊接头依据金相组织的不同分为4个区域（图2.9），即A区为母材，B区为热影响区，C区为塑性变形和局部再结晶区热-机影响区，D区为完全再结晶区（焊缝中心区）。

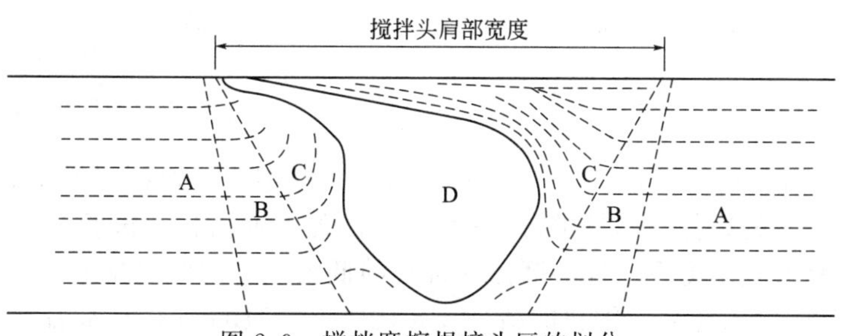

图2.9　搅拌摩擦焊接头区的划分

A—母材；B—热影响区；C—热-机影响区；D—再结晶区

其中，母材（A区）和热影响区（B区）的组织特征与熔焊条件下的组织特征相似。与熔焊组织完全不同的是C区和D区。C区可以看到部分晶粒发生了明显的塑性变形和部分再结晶。D区实质上是一个晶粒细小的熔核区域，在此区域的焊缝金属经历了完全再结晶的过程。

通过对A5005铝合金搅拌摩擦焊焊缝组织的分析，在焊缝中心区发现了等轴结晶组织，但是晶粒的细化不很明显，晶粒大小多在20～30μm。这可能是由于焊接热输入量过大，产生过热而造成的。

对A2024铝合金和AC4C铸铝的异种金属搅拌摩擦焊接头的分析表明，由于圆柱状焊缝金属的塑性流动，出现了环状组织（称为洋葱环状组织）。这种洋葱环状组织是搅拌摩擦焊接头特有的组织特征。

2）疲劳强度和韧性

与氩弧焊（GTAW、GMAW）等熔焊方法相比，铝合金搅拌摩擦焊接头的抗疲劳性能良好。一是因为搅拌摩擦焊接头经过搅拌头的摩擦、挤压、顶锻得到的是精细的等轴晶组织；二是焊接过程是在低于材料熔点温度下完成的，焊缝组织中没有熔焊时常出现的凝固偏析和凝固结晶过程中产生的缺陷。

针对不同铝合金（如A2014-T6、A2219、A5083、A7075等）的搅拌摩擦焊接头的疲劳性能试验表明，铝合金FSW接头的抗疲劳性能优于熔焊接头，其中A5083铝合金FSW接头的疲劳性能可达到与母材相同的水平。

试验结果表明，搅拌摩擦焊接头的疲劳破坏处于焊缝上表面位置，而熔化焊接头的疲劳破坏则处于焊缝根部。图2.10为板厚40mm的6N01-T5铝合金搅拌摩擦焊接头的疲劳性能试验结果（应力比为0.1），从图中可见，10^7次疲劳寿命达到母材的70%，即50MPa，这个数值为激光焊、MIG焊的2倍。为了确定6N01S-T5铝合金甲板结构的疲劳强度，进行了箱形梁疲劳试验。疲劳试件为宽度200mm、腹板高度250mm的异形箱型断面，长度2m。图2.11给出了这一疲劳试验的结果。在10^6次以上疲劳强度降低，但大于欧洲标准（Eurocod 9）的疲劳强度极限1倍以上。同一研究做的宽度20mm小型试件的试验结果（图中的虚线），显示出同样的疲劳强度降低的现象。与大型试件相比较，疲劳强度下降的程度小。

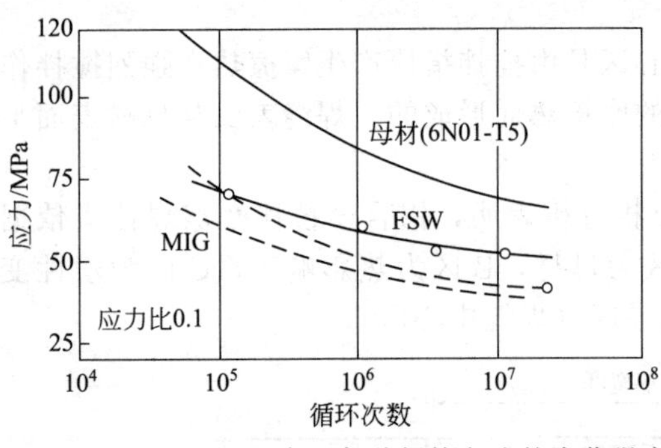

图 2.10　6N01-T5 铝合金各种焊接方法的疲劳强度

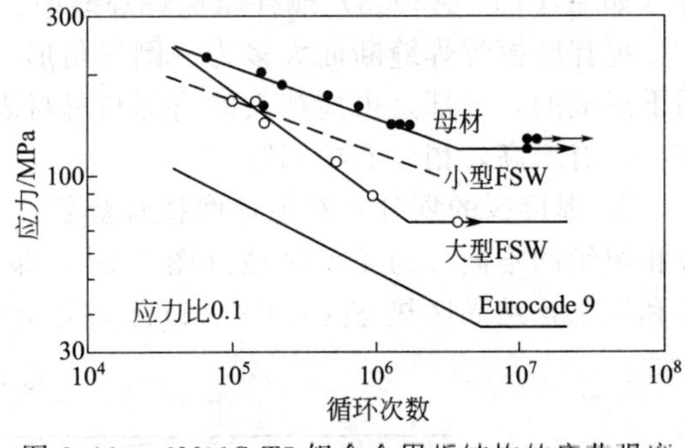

图 2.11　6N01S-T5 铝合金甲板结构的疲劳强度

对板厚为 30mm 的 A5083-0 铝合金进行双道搅拌摩擦焊（焊接速度 40mm/min），用焊得的接头制备比较大的试件，然后进行 FSW 接头的低温冲击韧性试验，结果表明，无论是在液氮温度，还是液氦温度下，搅拌摩擦焊接头的低温冲击韧性都高于母材，断面呈现韧窝状，原因是 FSW 焊缝组织晶粒细化的结果。相比之下，MIG 焊接头室温以下的低温冲击韧性均低于母材。

(4) FSW 接头装配精度

搅拌摩擦焊对被焊工件对接接头的装配精度要求较高，比常规电弧焊接头更加严格。搅拌摩擦焊时，接头的装配精度要考虑几种情况，即接头间隙、错边量和搅拌头中心与焊缝中心线的偏差，如图 2.12 所示。

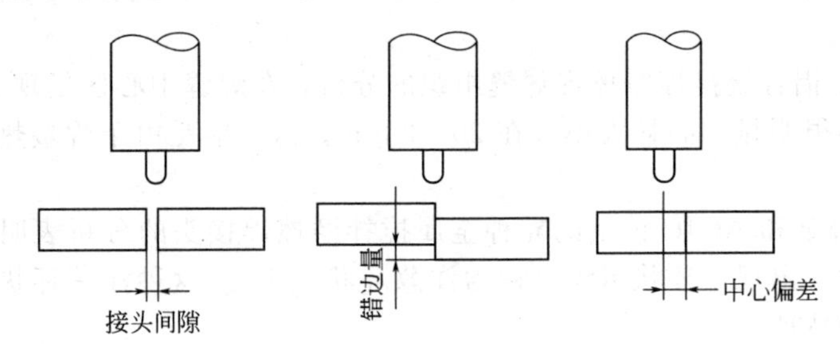

图 2.12　FSW 接头间隙、错边量及中心偏差

1）接头间隙及错边量

6N01 铝合金接头装配精度（即接头间隙、错边量）对焊接接头力学性能的影响如图 2.13 所示。图中○表示接头间隙的影响，接头间隙 0.5mm 以上时接头的抗拉强度显著下降；△表示错边量的影响，错边量 0.5mm 以上时接头强度显著降低。工艺参数相同的情况下，保持接头间隙和错边量 0.5mm 以下，即使焊接速度达到 900mm/min，也不会产生缺陷。焊接速度较低（300mm/min）时，接头间隙可稍大一些。

接头装配精度还与搅拌头的位置有关。图 2.14 为搅拌头肩部的直径与允许接头间隙的关系，可以看出搅拌头的肩部直径越大，允许接头间隙越大。这是因为搅拌头肩部与被焊金属的塑性流动有密切的联系，间接说明了搅拌头的形状、肩部直径有一个最佳的配合。

搅拌头肩部表面与母材表面的接触程度，也是影响接头质量的一个很重要的因素。可通过焊接结束后搅拌头肩部外观判别搅拌头的旋转方向，以及搅拌头肩部表面与母材表面的接触程度。搅拌头肩部表面完全被侵蚀，表明搅拌头肩部表面与母材表面接触是正常的；当肩部周围 75％表面被侵蚀，表明搅拌头肩部表面与母材表面接触程度在允许范围；肩部表面被侵蚀在 70％以下，表明搅拌头肩部表面与母材表面接触不良，这种情况在工艺上是不允许的。

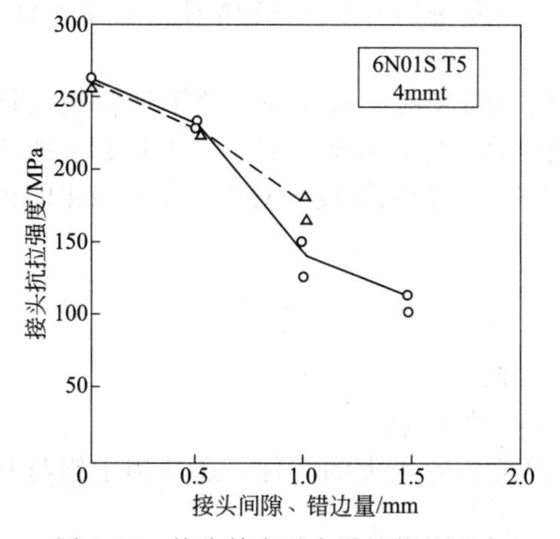

图 2.13 接头精度对力学性能的影响

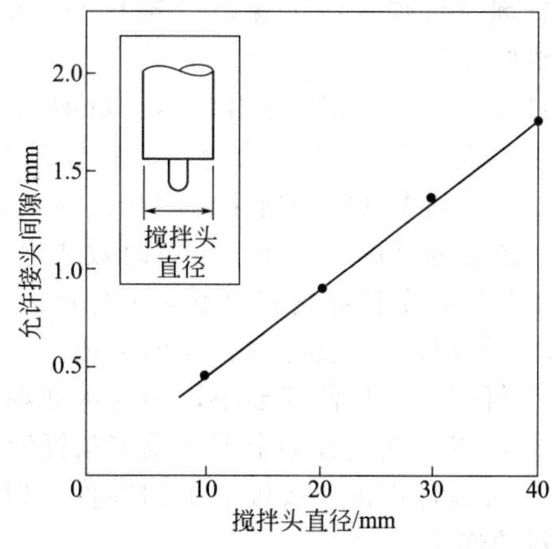

图 2.14 搅拌头直径对接头间隙的影响

2）搅拌头中心的偏差

搅拌头中心与焊缝中心线的相对位置，对搅拌摩擦焊接头质量，特别是接头抗拉强度有很大的影响。搅拌头的中心位置对接头抗拉强度影响见图 2.15，图中也表示了搅拌头中心位置与焊接方向及搅拌头旋转方向之间的关系。

由图 2.15 可见，对于搅拌头旋转的反方向一侧，搅拌头中心与接头中心线偏差 2mm 时，对焊接接头的抗拉强度几乎没什么影响。但在搅拌头旋转方向相同一侧，搅拌头中心与接头中心线偏差 2mm 时，FSW 接头的抗拉强度显著降低。

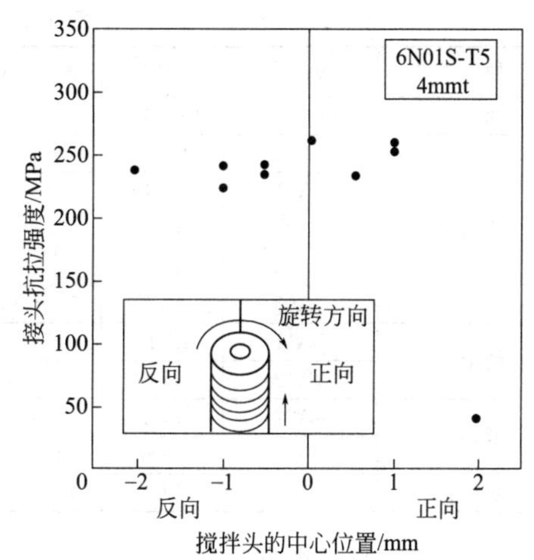

图 2.15 搅拌头中心位置对接头抗拉强度的影响

当搅拌头的搅拌指棒直径为 5mm 时，搅拌头中心与接头中心线允许偏差为搅拌指棒直径的 40%以下，这是对于 FSW 焊接性好的材料而言，而对于焊接性较差的其他合金，允许范围要小得多。为了获得优良的焊接接头，搅拌头的中心位置必须保持在允许的范围。接头间隙和搅拌头中心位置都发生变化时，对其中一个因素必须严格控制。例如，接头间隙 0.5mm 以下时，搅拌头的中心位置允许偏差为 2mm。

此外，还应考虑接头中心线的扭曲、接头间隙不均匀、接合面的垂直度或平行度等。确定 FSW 的工艺参数时，还要考虑搅拌指棒的形状、焊接胎夹具、FSW 设备等因素。这些因素对确定 FSW 的最佳工艺参数也有一定的影响。

搅拌摩擦焊在生产应用中发展很快。在焊接铝及铝合金的工业领域已受到极大重视，在航空航天、交通运输工具的生产中有很好的前景，在异种材料的焊接中也初露头角。搅拌摩擦焊工艺将使铝合金等轻金属的连接技术发生重大变革。

2.2.6 铝及铝合金的钎焊

(1) 铝的钎焊特点和钎焊方法

1）铝的钎焊特点

铝对氧的亲和力较大，工件表面很容易形成一层致密而化学性能稳定的氧化物，它是钎焊的主要障碍之一。用钎焊来连接铝及铝合金，曾被认为是不可能的，但由于出现了新的钎剂及钎焊方法，现在已被广泛应用，如用钎焊方法制造铝质换热器、波导元件、涡轮机叶轮等。

对含镁量大于3%的铝合金，目前尚无法很好地去除表面的氧化膜，故不推荐使用钎焊；含硅量大于5%的铝合金，软钎焊时表面氧化膜也难去除，钎焊困难。铝及铝合金的熔化温度与铝的硬钎料的熔化温度相差不大，钎焊时必须严格控制温度。对于热处理强化的铝合金，还会因钎焊加热而发生过时效或退火等现象。

铝及铝合金钎焊具有以下几个特点。

① 钎焊接头平整光滑、外形美观。

② 钎焊后的焊件变形小，容易保证焊件的尺寸精度。

③ 可以一次完成多个零件或多条钎缝的钎焊，生产效率高。

④ 可以钎焊极薄或极细小的零件，以及粗细、厚薄相差很大的零件，还适用于铝与其他材料的连接。

铝钎焊的缺点是，若不设法去除铝表面的氧化膜，将很难进行钎焊。铝的熔点较低，某些合适的铝钎料的熔点又较高。铝硬钎焊时钎料与母材的熔化温度相差不大，钎焊温度和时间较难掌握。此外，铝钎焊接头的耐热性较差，钎焊接头的强度较低，钎焊前对表面清理及焊件装配质量的要求较高。

铝及铝合金的钎焊性比较见表2.29。

表2.29 铝及铝合金的钎焊性比较

种类	牌号	原牌号	熔点/℃	名义成分/%	软钎焊性	硬钎焊性
纯铝	1060～1200	L2～L6	660	Al>99	优良	优良
防锈铝	3A12	LF21	643～654	Al-1.3Mn	优良	优良
	5A01	LF1	634～654	Al-1Mg	良好	优良
	5A02	LF2	527～652	Al-2.4Mg	困难	良好
	5A03	LF3	—	Al-3.5Mg	困难	很差
	5A05	LF5	568～638	Al-4.7Mg	困难	很差
硬铝	2A11	LY11	515～641	Al-4.3Cu-0.6Mg-0.6Mn	很差	很差
	2A12	LY12	505～638	Al-4.3Cu-1.5Mg-0.6Mn	很差	很差
锻铝	6A02	LD2	593～651	Al-0.4Cu-0.7Mg-0.8Si-0.25Cr	良好	良好
	2B50	LD6	545～640	Al-2.4Cu-0.6Mg-0.9Si-0.15Ti	困难	困难
超硬铝	7A04	LC4	477～638	Al-1.7Cu-2.3Mg-6Zn-0.2Cr-0.4Mn	很差	很差

2）铝的钎焊方法

铝及其合金的硬钎焊常采用火焰、浸渍、炉中钎焊以及保护气氛或真空钎焊方法。

① 火焰钎焊　热源为氧-燃气火焰，燃气种类很多，对铝及其合金来说，适用的燃气有乙炔、天然气等。铝及其合金的火焰钎焊必须配用钎剂。由于铝加热过程无颜色变化，火焰钎焊时不易掌握钎焊加热温度。

② 浸渍钎焊　将组装有钎料的待焊件浸入熔融钎剂槽中加热和钎焊。这种方法加热快，钎焊过程中焊件不发生氧化，变形小、质量好、生产率高。这种方法仅适用于连续作业的大批量生产，浸渍钎焊后需清理残留钎剂及残渣，对生产现场及周围环境有腐蚀及污染。

③ 炉中钎焊　在空气炉中钎焊铝及其合金须配用钎剂，用腐蚀性钎剂焊后需清除残渣。

④ 气体保护钎焊　采用惰性气体保护，钎焊前需对连接表面进行彻底清洗，炉内气氛需置换然后连续送进，生产成本高。如果用氮气保护，需采用无腐蚀性钎剂，这种方法生产率高，已获得推广应用。

⑤ 真空钎焊　无需配用钎剂的炉中钎焊方法。真空度不得低于1.33×10^{-2}Pa。采用金

属镁作为活化剂等的工艺措施，使铝及其合金的真空钎焊技术得到推广应用。

铝及其合金的软钎焊用途不是很广，因为在铝表面迅速形成氧化物，大多数情况下，要求用专门为铝软钎焊而设计的软钎剂，无腐蚀钎剂不适用。一般认为，用高 Zn 软钎料钎焊的接头抗腐蚀性能好，Zn-Al 软钎料制作的组合件，被认为能满足长期在户外使用用途的要求。中温和低温软钎料组合件的抗腐蚀性能，通常只能满足室内或有防护的用途要求。

（2）铝钎料及钎剂

铝钎焊分为软钎焊和硬钎焊，钎料熔点低于 450℃时称为软钎焊，高于 450℃时称为硬钎焊。

1）铝用软钎料和钎剂

铝用软钎料和钎剂，按其熔化温度范围，可以分为低温、中温和高温软钎料三组。常用的铝用软钎料及其特性见表 2.30。

表 2.30　常用铝用软钎料及其特性

类别	牌号	合金系	化学成分/%						熔化温度/℃	润湿性	相对耐蚀性	相对强度
			Pb	Sn	Cd	Zn	Al	Cu				
低温	HL607	锡或铅基加锌、镉	51	31	9	9	—	—	150～210	较好	低	低
	—		—	91	—	9	—	—	200	较好		
中温	HL501	锌镉或锌锡基	—	40	—	58	—	2	200～360	良好	中	中
	HL502		—	60	—	40	—	—	265～335	优秀		
高温	HL506	锌基加铝或铜	—	—	—	95	5	—	382	良好	良好	高
	—		—	—	—	89	7	4	377	良好		

铝用低温软钎料主要是在锡或锡铅合金中加入锌或镉，以提高钎料与铝的作用能力，熔化温度低（熔点低于 260℃），操作方便，但润湿性较差，特别是耐蚀性低。铝用中温软钎料主要是锌锡合金及锌镉合金。由于含有较多的锌，比低温软钎料有较好的润湿性和耐蚀性，熔化温度为 260～370℃。

铝用高温软钎料主要是锌基合金，含有 3%～10%的铝和少量其他元素，如铜等，以改善合金的熔点和润湿性。熔化温度为 370～450℃，钎焊铝接头的强度和耐蚀性明显超过低温或中温软钎料。几种铝用锌基软钎料的特性和用途见表 2.31。

表 2.31　几种铝用锌基软钎料的特性和用途

钎料型号（牌号）	化学成分/%	熔化温度/℃	特性和用途
S-Zn95Al5 S-Zn89Al7Cu4	Zn95，Al5 Zn89，Al7，Cu4	382 377	用于钎焊铝及铝合金或铝铜接头，钎焊接头具有较好的抗腐蚀性
S-Zn73Al27 （HL505）	Zn73，Al27	430～500	用于钎焊液相线温度低的铝合金，如 LY12 等，接头抗腐蚀性是锌基钎料中最好的
S-Zn58Sn40Cu2	Zn58，Sn40，Cu2	200～359	用于铝的刮擦钎焊，钎焊接头具有中等抗腐蚀性

铝用软钎焊钎剂按其去除氧化膜方式通常分为有机钎剂和反应钎剂两类，有机钎剂的主要组分是三乙醇胺，为了提高活性可以加入氟硼酸或氟硼酸盐。反应钎剂含有大量锌和锡等重金属的氯化物。常用的铝用软钎剂及其特性见表 2.32。

表 2.32　常用的铝用软钎剂及其特性

类别	牌号	组分/%	钎焊温度/℃	腐蚀性
有机钎剂	QJ204	Cd（BF_4）$_2$10，Zn（BF_4）$_2$2.5，$NH_4BF_4$5，三乙醇胺 82.5	200～275	弱
	—	Cd（BF_4）$_2$7，$HBF_4$10，三乙醇胺 83	200～275	

续表

类别	牌号	组分/%	钎焊温度/℃	腐蚀性
反应钎剂	QJ203	$ZnCl_2$ 55，$SnCl_2$ 28，NH_4Br 15，NaF 2	300～350	强
	—	$SnCl_2$ 88，NH_4Cl 10，NaF 2	315～350	
	—	$ZnCl_2$ 88，NH_4Cl 10，NaF 2	330～400	

2）铝用硬钎料和钎剂

为了保证钎焊接头具有较高的强度，须采用硬钎料进行钎焊。一般重要的铝及铝合金钎焊产品都采用硬钎焊。铝用硬钎料以铝硅合金为基，有时加入铜等元素降低熔点以满足工艺性能要求。常用铝及铝合金硬钎料的牌号和钎焊温度见表 2.33。

表 2.33　常用铝及铝合金硬钎料的牌号和钎焊温度

钎料型号	钎料牌号	钎焊温度/℃	钎焊方法	可钎焊的材料
BAl92Si	HLAlSi7.5	599～621	浸渍、炉中	1060～1200，3A21
BAl90Si	HLAlSi10	588～604	浸渍、炉中	1060～1200，3A21
BAl88Si	HLAlSi12	582～604	浸渍、炉中、火焰	1060～1200，3A21，5A01，5A02，6A02
BAl86SiCu	HLAlSiCu10-4	585～604	火焰、炉中、浸渍	1060～1200，3A21，5A01，5A02，6A02
—	HL403	562～582	火焰、炉中	1060～1200，3A21，5A01，5A02，6A02
—	HL401	555～576	火焰	1060～1200，3A21，5A01，5A02，6A022B50，ZL102，ZL202
—	B62	500～550	火焰	1060～1200，3A21，5A01，5A02，6A022B50，ZL102，ZL202
—	HLAlSiMg7.5-1.5	599～621	真空炉中	1060～1200，3A21
BAl89Si（Mg）	HLAlSiMg10-1.5	588～604	真空炉中	1060～1200，3A21，6A02
BAl87Si（Mg）	HLAlSiMg12-1.5	582～604	真空炉中	1060～1200，3A21，6A02

注：铸造铝合金以代号表示。

铝基钎料常用形式有丝、棒、箔片和粉末，还可以制成双金属复合板，以简化钎焊过程，用于钎焊大面积或接头密集部件，如热交换器等。带钎料铝复合板的成分及特性见表 2.34。

表 2.34　带钎料铝复合板的成分及特性

牌号		化学成分/%					熔化区间/℃	钎焊温度/℃	常用的钎料形式	可用的钎焊方法
		Si	Cu	Mg	Bi	Al				
4343	—	7.5	—	—	—	余量	577～617	600～620	复合板，箔	浸渍，炉中
4545	—	10	—	—	—	余量	577～600	590～605	复合板，箔	浸渍，炉中
4047	HL400	12	—	—	—	余量	577～582	582～605	丝，箔，粉末	火焰，浸渍，炉中
4145	HL402	10	4	—	—	余量	520～585	570～605	棒	火焰，浸渍，炉中
34A	HL401	5	28	—	—	余量	525～535	535～580	复合板	火焰，炉中
—	—	7.5	—	2.5	—	余量	560～607	600～620	复合板	真空炉中
4004	—	10	—	1.5	—	余量	560～596	590～605	复合板	真空炉中
—	—	12	—	1.5	—	余量	560～580	580～605	复合板	真空炉中
—	—	10	—	1.5	0.1	余量	560～596	590～605	复合板	真空炉中

除炉中真空钎焊及惰性气体保护钎焊外，所有铝及铝合金硬钎焊均要使用化学钎剂。铝用硬钎剂的组成是碱金属及碱土金属的氯化物，它使钎剂具有合适的熔化温度，加入氟化物的目的是提高去除铝表面氧化物的能力。表 2.35 为常用的铝用硬钎剂的成分、特点及用途。

表 2.35 常用铝用硬钎剂成分、特点及用途

牌号	名称	化学成分/%	熔点/℃	钎焊温度/℃	特点及用途
QJ201	铝钎焊钎剂	LiCl 31～35 KCl 47～51 $ZnCl_2$ 6～10 NaF 9～11	420	450～620	极易吸潮，能有效地去除氧化铝膜，促进钎料在铝合金上漫流。活性极强，适用于在450～620℃温度范围火焰钎焊铝及铝合金，也可用于某些炉中钎焊，是一种应用较广的铝钎剂，工件须预热至550℃左右
QJ202	铝钎剂	LiCl 40～44 KCl 26～30 $ZnCl_2$ 19～24 NaF 5～7	350	420～620	极易吸潮，活性强，能有效地去除 Al_2O_3 膜，可用于火焰钎焊铝及铝合金，工件须预热至450℃左右
QJ206	高温铝钎剂	LiCl 24～26 KCl 31～33 ZnCl 7～9 $SrCl_2$ 25 LiF 10	540	550～620	高温铝钎焊钎剂，极易吸潮，活性强，适用于火焰或炉中钎焊铝及铝合金，工件须预热至550℃左右
QJ207	高温铝钎剂	KCl 43.5～47.5 CaF_2 1.5～2.5 NaCl 18～22 LiF 2.5～4.0 LiCl 25～29.5 ZnCl 1.5～2.5	550	560～620	与Al-Si共晶型钎料相配，可用于火焰或炉中钎焊纯铝、3A21（LF21）及6A02（LD2）等，能取得较好效果。极易吸潮，耐腐蚀性比QJ201好，黏度小，湿润性强，能有效地破坏 Al_2O_3 氧化膜，焊缝光滑
Y-1型	高温铝钎剂	LiCl 18～20 KCl 45～50 NaCl 10～12 ZnCl 7～9 NaF 8～10 AlF_3 3～5 $PbCl_3$ 1～1.5	—	580～590	氟化物-氯化物型高温铝钎剂。去膜能力极强，保持活性时间长，适用于氧-乙炔火焰钎焊。可钎焊工业纯铝、防锈铝、锻铝、铸铝等，也可钎焊硬铝等较难焊的铝合金，若用煤气火焰钎焊，效果更好
No.17（YT17）	—	LiCl 41，KCl 51 KF·AlF_3 8	—	500～560	适用于浸渍钎焊
—	—	LiCl 34，KCl 44 NaCl 12， KF·AlF_3 10	—	550～620	适用于浸渍钎焊
QF	氟化物共晶钎剂	KF 42，$AlF_3$58 （共晶）	562	＞570	具有“无腐蚀”的特点，纯共晶（KF-AlF_3）钎剂可用于普通炉中钎焊，火焰钎焊纯铝或3A21（LF21）防锈铝
—	氟化物钎剂	KF 39，$AlF_3$56 ZnF_2 0.3 KCl 14.7	540	—	是我国近年来新研制的钎焊铝用钎剂，活性期为30s，耐腐蚀性好。可为粉状，也可调成糊状，配合钎料400适用于手工、炉中钎焊
129A	—	LiCl-NaCl-KCl-ZnC_{l2}-$CdCl_2$-LiF	550	—	可用于2A22（LY12）、5A02（LF2）铝合金火焰钎焊
171B	—	LiCl-NaCl-KCl-TiCl-LiF	490	—	可用于2A22（LY12）、5A02（LF2）铝合金火焰钎焊

注：1. 钎焊时，焊前应将工件钎焊部分洗刷干净，工件还应预热。

2. 钎剂不宜蘸得过多，一般薄薄一层即可，焊缝宜一次钎焊完成。

3. 钎焊后接头必须用热水反复冲洗或煮沸，并在50～80℃的2%酪酐（Cr_2O_3）溶液中保持15min，再用冷水冲洗，以免发生腐蚀。

(3) 铝的钎焊工艺

1) 钎焊前后的清理

铝及铝合金钎焊前多用化学清洗的方法去除表面的油污和氧化膜。清洗好的零件滴上水

时，必须完全润湿。小零件或棒状钎料可以用机械方法（刮刀等）进行清理，机械清理之后还须用酒精、丙酮等擦洗。

钎剂残渣对铝及铝合金有很大的腐蚀性，焊后应立即将工件放入热水中清洗，水温越高，钎剂溶解越快，清洗时间越短。经热水清洗后的工件，再放入酸洗液中清洗，最后作表面钝化处理。典型的铝合金清洗液配方及清洗工艺见表 2.36。

表 2.36　典型的铝合金清洗液配方及清洗工艺

溶液	浓度		温度/℃	浸洗时间/min	备注
	容量/L	组成			
10%硝酸溶液	19	58%～62%HNO_3	室温	5～15	—
	129	水			
硝酸-氢氟酸溶液	15	58%～62%HNO_3		5～10	—
	0.6	48%HF			
1.5%氢氟酸溶液	137	水			—
	5.7	48%HF	82		
5%磷酸+1%CrO_3溶液	152	水			适用于薄板
	5.7	35%H_3PO_4			
	3.3	CrO_3			
	152	水			

2）接头设计及间隙

钎焊接头设计应考虑接头的强度、焊件的尺寸精度以及进行钎焊的具体工艺等。铝及铝合金钎焊接头形式有搭接结构、卷曲结构、T形结构等。由于钎料及钎缝的强度一般比母材低，所以基本上不能采用对接，如果结构必须采用对接，也要设法将接头改成局部搭接。

设计钎焊接头时，零件的拐角应设计成圆角状，以减小应力集中，避免采用钎缝圆角来缓和应力集中。增大钎缝面积，尽量使受力方向垂直于钎缝，可提高钎焊接头的承载能力。

设计钎焊接头时还应考虑接头的装配定位、钎料放置、限制钎料流动、工艺孔位置等钎接工艺方面的要求。对于封闭性接头，开设工艺孔可以使受热膨胀的气体逸出。尤其是密闭容器，内部的空气受热膨胀，阻碍钎料的填隙或者使已填满间隙的钎料重新排出，造成不致密的缺陷。

间隙大小与钎料和母材的性质、钎焊温度和时间、钎料放置等有关，接头间隙过大或过小都将影响钎缝的致密性及接头强度。铝及铝合金采用铝基钎料或锡锌钎料时，接头间隙一般以 0.1～0.3mm 为宜。

3）火焰钎焊工艺要点

① 钎焊前先把钎焊处清洗干净，涂上钎剂水溶液；用火焰加热工件，水分蒸发并待钎剂熔化后，将钎料迅速加入到不断加热的钎缝中。

② 由于钎料与母材熔点相差不大，同时铝及铝合金在加热过程中颜色不变化，不易判断温度，所以火焰钎焊时操作要求十分熟练。

③ 火焰不能直接加热钎料，因为钎料流到尚未加热到钎焊温度的工件表面时被迅速凝固，妨碍钎焊顺利进行。钎料的热量应从加热的工件处获得。

④ 小工件容易加热，大工件应先将工件在炉中预热到 400～500℃，然后再用火焰加热进行钎焊，这可加快钎焊过程和防止工件变形。

4）空气炉中钎焊工艺要点

① 通常采用电炉，可做成间歇炉或连续炉两种形式；为了避免炉壁和加热元件被钎剂的蒸气腐蚀，炉子最好带有密封的钎焊容器。

② 为了提高容器的使用寿命，钎焊容器可用不锈钢或渗铝钢制作；操作时须严格控制钎焊温度。

③ 为了避免钎焊工件局部过烧和熔化，不采用钎焊容器的炉中钎焊时，工件靠近电热元件一边应放置石棉板以隔离热量的直接辐射。

④ 为了减少熔化的钎剂对钎焊工件的腐蚀，形状简单的工件还可以先装配好并在炉中加热到接近钎料的熔化温度，将工件很快从炉内取出加入钎剂，然后再送入炉中加热到钎焊温度。

⑤ 钎剂通常加入蒸馏水配成糊状溶液，然后涂敷在被钎焊表面上。

⑥ 炉中钎焊的升温相对来说较慢，因此钎剂的熔点应与钎料配合，一般比钎料低10～40℃。

5）真空钎焊工艺要点

① 铝及其合金真空钎焊时的真空度应不低于1.33×10^{-2}Pa，对大型多层波纹夹层复杂结构，真空度应不低于1.33×10^{-3}Pa。应保证真空炉温度场均匀，力求达到≤±5℃。

② 使用Mg作为金属活化剂，Mg作为合金元素加在钎料中，可在10^{-3}～10^{-2}Pa的真空下实现铝的钎焊。在钎料中加Mg的同时加入0.1%左右的铋更能改善填充间隙的能力，对真空度的要求也可降低。

③ 真空钎焊的加热方式以辐射热为主，由于铝的钎焊温度低，辐射热效率低，温度不易均匀，加热时间长，汽化的Mg蒸气附在炉壁上污染炉子。

2.3 铝及铝合金焊接实例

2.3.1 铝冷凝器端盖的气焊

铝冷凝器端盖的材料为防锈铝5A06（LF6），结构如图2.16所示，采用气焊进行焊接。该铝冷凝器端盖的气焊工艺要点如下。

（1）焊前准备

采用化学清洗的方法将接管、端盖、大小法兰盘、焊丝清洗干净；根据使用要求，选用流动性好、收缩率小、抗热裂性能好的SAl5556（SAlMg5Ti）焊丝，焊丝直径为4mm，焊剂选用CJ401。用火焰将焊丝加热，在熔剂槽内将焊丝蘸满CJ401备用。选用3号焊嘴，采用中性火焰，右焊法焊接。

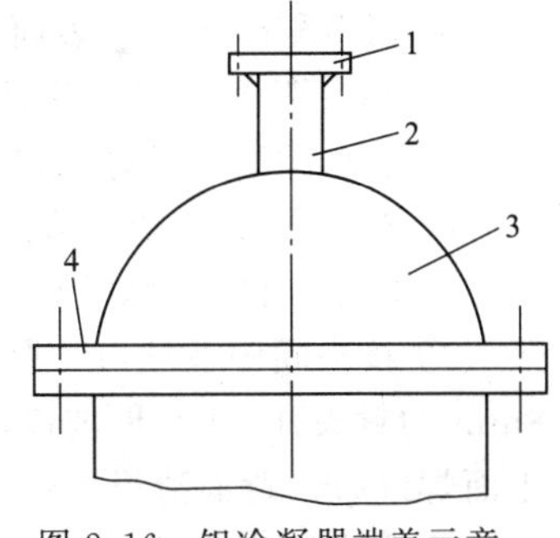

图2.16 铝冷凝器端盖示意
1—小法兰盘；2—接管；3—端盖；4—大法兰盘

（2）气焊工艺要点

① 焊接小法兰盘与接管　用气焊火焰对小法兰盘均匀加热，待温度达250℃左右时将接管焊上。首先焊两处定位，从第三点开始焊接，一般是分成三等份。为了避免变形和隔热，在预热和焊接时，把小法兰盘放在耐火砖上。

② 焊接端盖与大法兰盘　切割一块与大法兰盘直径相等、厚度20mm的侧板，将其加热到红热状态，将大法兰盘放在铜板上。用两把焊炬将其预热到300℃左右，快速将端盖组合到大法兰盘上，定位三处，从第四点开始施焊。焊接过程中保持大法兰盘的温度，并不间断地焊接。

③ 焊接接管与端盖　预热温度250℃左右，采取前两点定位焊，第三点焊接。

（3）焊后清理

先在60～80℃热水中用硬毛刷刷洗焊缝及热影响区，再放入60～80℃、2%～3%的铬酐水溶液中浸泡 5～10min，再用硬毛刷刷洗，然后把工件用热水洗干净并吹干。

2.3.2 铝制容器手工 TIG 焊

（1）容器结构

某厂铝制容器筒身分为三节，每节由两块厚度 6mm 的纯铝 1035(L4) 板材焊制而成。两端封头是厚度 8mm 的纯铝板 1035(L4) 拼焊后压制而成。容器容积 4m³，该铝制容器的结构如图 2.17 所示。

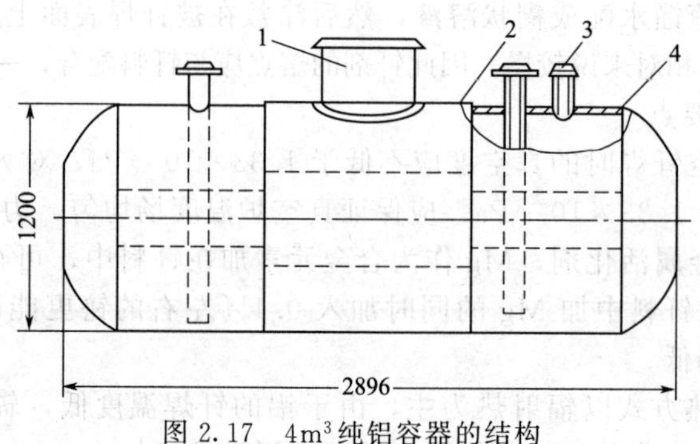

图 2.17　4m³ 纯铝容器的结构

1—人孔；2—筒身；3—管接头；4—封头

（2）焊接工艺要点

① 焊丝和氩气的选择　焊丝采用与母材同牌号的 SAl1450（SAl-3）纯铝焊丝（为了提高焊缝抗腐蚀性能，有时可选用纯度比母材高一些的焊丝）；氩气的纯度应大于 99.9%。

② 焊前清理　用丙酮去除管接头处油污，然后用钢丝刷将坡口及两侧来回刷几次，再用刮刀将坡口内表面清理干净。焊接过程中用风动钢丝轮进行清理。钢丝刷或钢丝轮的钢丝为不锈钢丝，直径小于 0.15mm，机械清理后最好马上施焊。

焊丝用碱洗法清洗，步骤如下。

a. 用丙酮除去焊丝表面油污。

b. 在室温 15%氢氧化钠水溶液中清洗 10～15min。

c. 冷水冲洗（最好用温水）。

d. 在室温 30%硝酸溶液中清洗 2～5min。

e. 冷水冲洗（最好用温水），烘干（60℃）。

③ 接头间隙及坡口　厚度 6mm 的筒体不开坡口，装配定位焊后的间隙为 2mm；厚度 8mm 的封头开 70°Y 形坡口，钝边为 1～1.5mm，定位焊后的间隙保证在 3mm 左右，焊完正面焊缝后，背面清根再焊一层。

④ 焊接工艺参数　采用交流氩弧焊机，手工进行操作，焊接参数见表 2.37。

表 2.37　铝容器手工 TIG 焊的工艺参数

工件厚度 /mm	焊丝直径 /mm	钨极直径 /mm	焊接电流 /A	喷嘴孔径 /mm	电弧长度 /mm	预热温度 /℃
6	5～6	5	190	14	2～3	不预热
8	6	6	260～270	14	2～3	150

（3）焊后检验

该铝制容器所有环缝、纵缝经煤油试验及 100%射线检验。力学性能检验结果表明，焊缝抗拉强度为 69.6MPa（筒体）及 98MPa（封头），都高于母材抗拉强度的下限。

2.3.3 铝储罐的半自动 MIG 焊

(1) 结构及技术参数

铝储罐的结构见图 2.18，材质为 1060（L2）工业纯铝，罐体质量 6.2t，罐装 98%的浓硝酸（HNO_3），在常温常压下工作。

(2) 焊接设备与焊接材料

焊接设备为 NB-500 型熔化极 MIG 焊气体保护焊机，电流调节范围为 50～500A。焊丝选用 SAl1070（SAl-2），其铝含量高于 1060(L2) 工业纯铝，可保证焊接接头耐腐蚀性的要求。焊丝直径为 1.6mm 和 2.0mm。保护气体氩气的纯度不低于 99.96%。

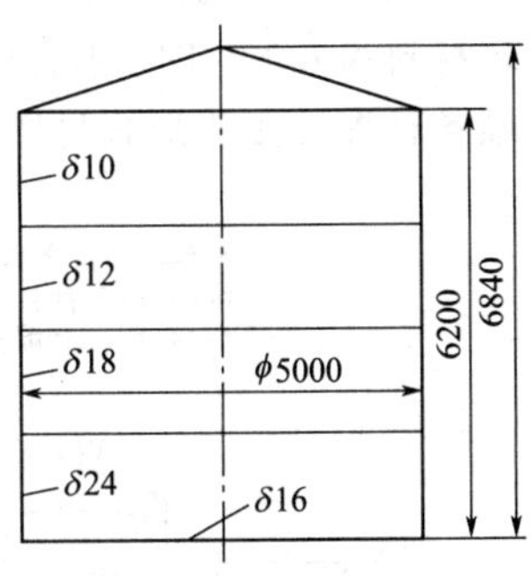

图 2.18 铝储罐的结构
(δ 为壁厚)

(3) 焊接工艺

① 坡口形式　坡口形式及尺寸见图 2.19。

② 坡口及焊丝的清理　坡口及其周边 50mm 范围内的氧化物及其他杂物均应清理干净。先采用钢丝直径小于 0.2mm 的不锈钢丝轮进行机械清理，然后再用化学方法清洗。焊丝只用化学方法清洗。清理好的坡口要在 2h 内焊完，清洗并烘干后的焊丝在大气中裸露的时间不得超过 4h。铝储罐坡口化学清洗的工艺参数见表 2.38。

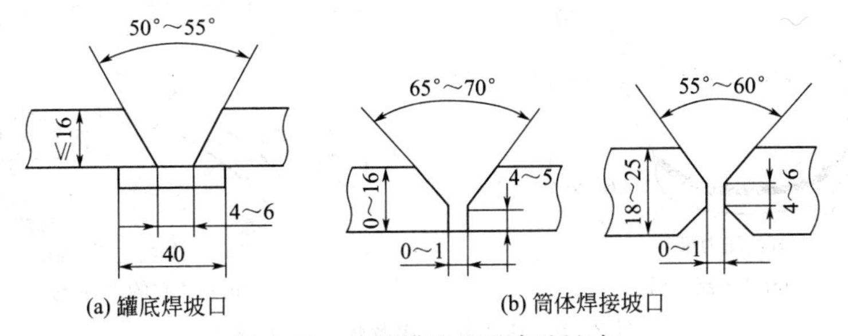

图 2.19 铝储罐坡口形式及尺寸

表 2.38 铝储罐坡口化学清洗的工艺参数

清洗顺序及内容	溶液名称	溶液浓度/%	溶液温度/℃	清洗时间/min
清洗坡口及焊丝	NaOH	5	50～60	1～1.5
水洗	自来水	—	＞10	2～3
清洗坡口及焊丝	HNO_3	25～30	＞10	1～2
水洗	自来水	—	＞10	2～3
干燥	工件用无油热风吹干，焊丝吹干后经 200℃烘干 1h			

③ 组装及焊接　将铝储罐分为罐底、罐顶及筒体三部分分别组装、焊接，然后将罐底、罐顶及筒体进行总成焊接。罐底和罐顶的焊接在平台上进行（其中罐顶放在一个锥形骨架上），筒体焊接在转胎上进行。采用长 100mm、宽 80mm、与工件等厚度的引弧板。铝储罐 MIG 焊的工艺参数见表 2.39。

表 2.39 铝储罐 MIG 焊的工艺参数

板厚/mm	焊丝直径/mm	焊接电流/A	焊接电压/V	氩气流量/$L \cdot min^{-1}$	喷嘴直径/mm
10～12	1.6	180～220	26～28	≥25	20
12～14	1.6	220～250	28～30	≥30	
18	2.0	280～320	30～33	≥40	
20	2.0	320～350	32～35	≥40	
24	2.0	320～350	34～36	≥50	

2.3.4 铝合金压力罐的自动MIG焊

（1）结构及接头形式

铝制压力罐由套环、上壳体、下壳体和下环四部分组成，结构如图2.20（a）所示。套环材料为6063-T42铝合金，上、下壳体均为5154-0铝合金，下环为6061-T1铝合金。压力罐各种焊接接头形式见图2.20（b）。

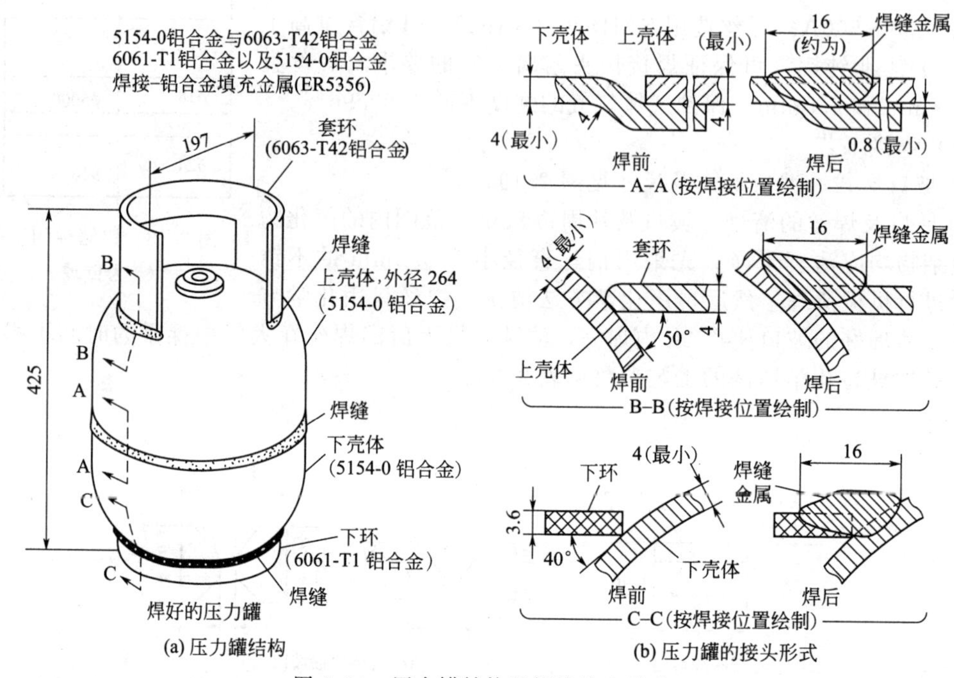

(a) 压力罐结构

(b) 压力罐的接头形式

图2.20 压力罐结构及焊接接头形式

（2）焊接装置

压力罐焊接时，采用车床式自动焊装备。上壳体的直边压在下壳体的收口上，然后再与套环及下环一起放在焊接用车床上，利用装在车床尾架上的汽缸将组合件压紧。采用可变速的驱动装置转动压力罐。

在车床的后侧梁托架上安装三把焊枪和送丝装置，并根据不同的压力罐规格进行调整。通过电控箱来控制焊道首尾搭接量、调节焊接时间以及保证保护气体的提前供气和滞后停气。

焊接电源采用三台500A可调斜率及可调电压的弧焊整流器，采用水冷式700A的焊枪；选用焊丝为SAl5356，保护气体Ar流量为23L/min。

（3）焊前准备

组装之前对各构件要进行清理，主要包括以下四个步骤。

① 浸于60～70℃的碱性腐蚀清洗液中4～6min。

② 在40～50℃的温水中漂洗1min，漂洗槽应有溢流的水及空气搅动。

③ 在酸液槽（20℃）中进行还原处理8～10min。

④ 在溢流水槽中进行温水（50～60℃）漂洗1min。

（4）焊接工艺参数

压力罐各道焊缝的工艺参数见表2.40。

表 2.40 压力罐各道焊缝的工艺参数

图 2.8 中的焊道剖面	A—A	B—B	C—C
焊丝直径/mm	1.6	1.2	1.2
焊接电流（直流反接）/A	290	200	190
焊接电压/V	24	25	25
送丝速度/cm・min^{-1}	610	823	787
焊接速度/cm・min^{-1}	114	88	107

2.3.5 铝波导零件的真空钎焊

典型的铝波导零件钎焊结构如图 2.21 所示，零件材质为防锈铝合金 3A21(LF21)。

(1) 钎焊前的准备

① 零件清洗　将零件放入温度为 80℃、30% H_2SO_4 溶液中浸洗，冷水洗涤后再放入 30% HNO_3 溶液中浸洗，最后经过热水洗涤后，用热风干燥。

② 零件装配　将厚度为 0.1mm 的箔状钎料夹在接头间隙内，再把丝状钎料放置在法兰盘上紧贴着波导管。法兰盘与波导管的钎焊间隙为 0.1～1.5mm。所用钎料为含金属活化剂 Mg 的钎料 BAl85-90SiMg（HLAlSiMg10～15，熔点为 555～585℃）。

(2) 钎焊工艺过程

① 钎焊设备为冷壁型真空炉，极限真空度为 6.67×10^{-3}Pa。

② 钎焊时，将装配好的焊件及少量镁块放入钎焊炉中。

③ 当炉中真空度抽到 6.67×10^{-3}Pa 后，调节真空炉的针阀，通入 13.33Pa 压力的流动氩气，并开始加热。

④ 当加热温度到达 550℃时，关闭氩气，并把炉中真空度提高到 1.33×10^{-2}Pa 以上。

⑤ 焊件到达钎焊温度 610～615℃后，保温 5min，然后停止加热，并通入氩气，加速焊件的冷却。

⑥ 炉温冷却到 100℃以下时，打开炉门取出焊件。

⑦ 钎焊工艺参数如图 2.22 所示，在升温过程中通入低压力的氩气可防止 Mg 金属的过早蒸发。接近钎焊温度后，抽成高真空可最有效地发挥 Mg 蒸气的作用。

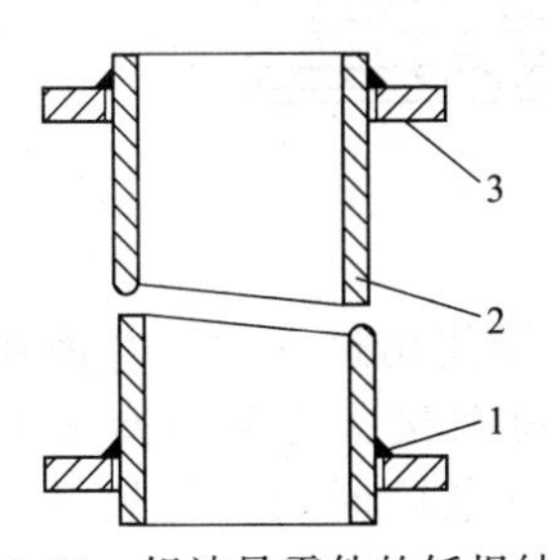

图 2.21　铝波导零件的钎焊结构

1—钎料；2—波导管；3—法兰盘

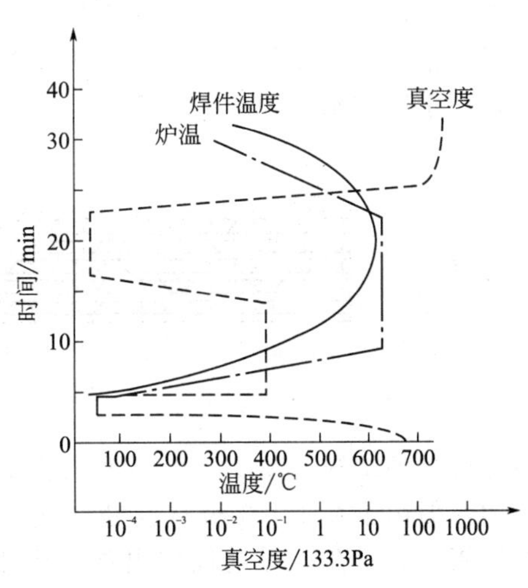

图 2.22　铝波导零件真空钎焊的工艺参数

2.3.6 铝制板翅式冷却器（或换热器）的钎焊

铝制板翅式冷却器是汽车关键零部件之一，用于汽车发动机机油的冷却和无级变速液力变扭器机油的冷却，它是延长发动机寿命、提高发动机功率、保证汽车安全性的主要装备。成本低、轻量化的铝制冷却器正逐步取代传统的铜制和不锈钢制冷却器，成为汽车用冷却器应用的主流。为适应国际市场，汽车要求整体轻量化，零部件也向轻合金方向发展。最初的冷却器（或换热器）采用机械加工的方法，利用盐浴浸渍钎焊方法生产和制造。随着科学技术的发展，真空钎焊技术成为铝制冷却器生产的重要方法。

汽车用铝制冷却器的制造技术发展很快，对新材料的需求也相应增加。采用先进的真空焊接设备，对新型LT-3复合板铝制板翅式冷却器真空钎焊工艺及接头性能的试验研究取得了很好的效果。使铝制冷却器的生产更适应汽车工业大批量、高质量、低成本发展的要求。

（1）钎焊工艺要点

LT-3铝板是专用于真空钎焊的三层复合材料，冷却器翅片为防锈铝LF21，两端的引出接头为7005铝合金。LT-3铝复合板材的芯层为3003合金（LF21），皮层为4004合金，包覆率10%～13%。皮层在真空钎焊中熔化起钎料的作用。LT-3铝复合板材皮层、芯层及引出接头的化学成分见表2.41，芯层的力学性能见表2.42。

表2.41　LT-3铝复合板及引出接头的化学成分　　%

材料	Si	Fe	Cu	Mn	Mg	Zn	Al
芯层（3003）	0.6	0.7	0.05～0.2	1.0～1.5	—	0.1	余量
皮层（4004）	9.0～10.5	0.8	0.25	0.1	1.0～2.0	0.2	余量
引出接头（7005）	0.35	0.40	0.10	0.50	1.4	4.5	余量

表2.42　LT-3铝复合板芯层的力学性能

	固相线-液相线/℃	抗拉强度/MPa	屈服强度/MPa	伸长率/%	抗蚀性
芯层（3003）	643～654	110	42	30	良好

为保证铝制板翅式冷却器的使用性能，冷却器的接头设计是一个重要的环节。铝制冷却器的外观如图2.23所示。翅片和板材的接触部位（1）、垫片和板材的接触部位（2）、接头和板材的接触部位（3），以及两片板材的接触部位（4）（图2.24），采用真空钎焊技术一次焊接成形。铝制冷却器每一层都是由两片单独的LT-3板材经钎焊后形成的，中间部位是一个空腔，便于冷却水或油从中间流过。

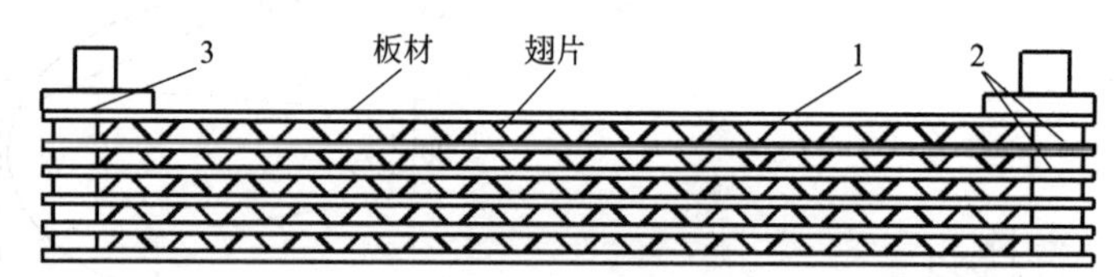

图2.23　铝制板翅式冷却器外观

1、2、3—钎缝部位

单片板材的结构见图2.24。这种接头设计有利于在冷却器使用过程中冷却液在中间空腔中流动，但由于在LT-3板材与翅片之间、板材之间、板材与接头之间有众多的钎焊接头，这些接头极易在钎焊过程中出现局部未焊合的现象。焊前装配时翅片与板材应接触紧密，保证装配质量。

真空钎焊在真空炉中进行。铝制板翅式冷却器的生产工艺流程为板材、翅片轧制成型→板材翅片表面清洗→组合装配→真空钎焊→质量检验。

试验结果表明，铝制板翅式冷却器采用真空钎焊技术可一次焊接成形。钎焊工艺参数是加热温度610～630℃，保温时间6～10min，真空度2.5×10^{-4}Pa，钎焊接头经水压试验可达到 15kg/cm²，满足接头质量的使用要求。

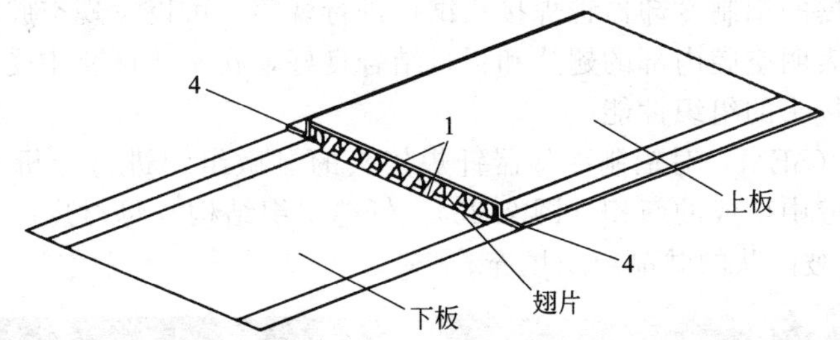

图 2.24 LT-3 单片板材的结构（图中 1 为纤缝部位，4 为两片板材接触部位）

(2) 工艺参数对接头性能的影响

铝制板翅式冷却器真空钎焊的工艺参数（加热速率、加热温度、保温时间、真空度等）对钎焊接头性能有直接影响。为了保证在 LT-3 铝复合板的皮层充分熔化，在芯层和翅片表面上润湿和铺展，真空钎焊过程中采用阶段加热、保温的方式。严格控制加热速率以及设定保温段，以保证工件在加热过程中受热均匀。保温段的时间长短根据工件大小以及真空设备的炉膛尺寸确定。

控制保温时间可保证钎料有充足的时间润湿和铺展在母材表面。如果保温时间太短，钎料不能铺展于母材表面，熔化的皮层材料不能充满整个钎焊间隙，形成未焊合；保温时间太长容易造成母材芯层成分的过度溶解以及钎焊接头组织粗化，易形成晶间贯穿等缺陷，达不到产品的使用要求。不同工艺参数铝制冷却器真空钎焊结果的对比见表 2.43。

表 2.43 不同工艺参数铝制冷却器真空钎焊结果的对比

加热温度/℃	保温时间/min	真空度/Pa	降温有无保温	钎焊接头状态	水压试验数值/kg
605～615	5～8	6.9×10^{-4}	无	未焊合	5
615～625	5～8	6.9×10^{-4}	无	工件变形，未焊合	8
625～635	3～5	6.5×10^{-4}	无	皮层过度熔化，形成熔滴	9
625～632	5～8	6.5×10^{-4}	无	工件无变形，未焊合	6
625～630	6～9	2.5×10^{-4}	有	外形良好，局部未焊合	10
615～630	6～10	2.5×10^{-4}	有	外形良好，焊合	15

如果钎焊温度过高，一是造成钎料以及母材的过度溶解，熔融钎料流淌到工件的外面，在板材之间的空腔中形成钎料堆积，影响冷却器的使用性能；二是容易造成板材的软化，在钎焊过程中板材塌陷，造成冷却器中间空腔的堵塞，成为废品。钎焊温度也不能太低，温度过低造成钎料的熔化不充分，钎料的流动性降低，不能完全润湿和铺展在板材的表面，造成未焊合等缺陷。铝制冷却器钎焊过程中要保证真空度在 6.0×10^{-4}Pa 以上，促进高温下熔化的皮层金属的润湿和铺展，防止工件在高温下被氧化。

对真空钎焊之后的铝制冷却器钎焊接头进行水压试验。对 6 组不同工艺参数焊制的钎焊接头进行水压试验表明（表 2.43），水压试验的数值与真空钎焊的工艺参数有很大的关系，不同的工艺参数下所得到的焊接接头的水压强度是不一样的。

水压试验的数值随钎焊温度的升高而逐渐升高，当在一定温度下达到最高值之后，就随着温度的升高而下降。保温时间延长，铝制冷却器所能承受的压力升高，但保温时间过长，也将使钎焊接头的强度下降，导致水压试验数值下降。水压试验结果表明，钎焊加热温度 615～630℃、保温时间 8～10min 的工艺条件下，可获得具有较高水压强度的铝制冷却器钎焊接头，水压试验的耐压强度达到 15kg/cm²。

对水压试验打爆的铝制冷却器钎焊接头试样进行观察，可以发现空腔内部的翅片从中间位置均匀断裂，这表明空腔内部的翅片和板材结合良好，在水压试验中受力均匀。

（3）真空钎焊接头的组织性能

通过扫描电镜（SEM）对铝制冷却器钎焊接头的显微组织进行分析。在扫描电镜下可清楚地观察到在钎缝中生成的新相（图 2.25）。钎缝组织结构与母材皮层和芯层组织明显不同，整个钎缝金属被网状的共晶组织填充。

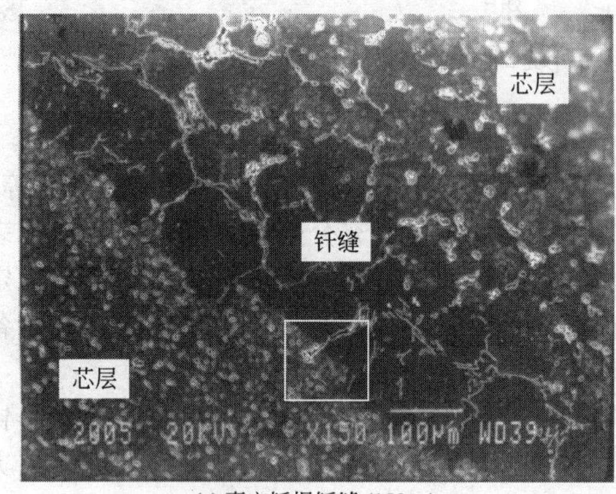

(a) 真空钎焊钎缝 (150×)

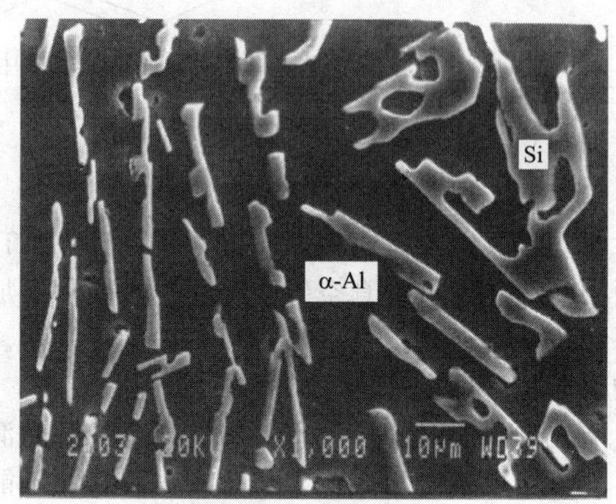

(b) 钎缝内部硅晶形状 (1000×)

图 2.25 铝制冷却器真空钎焊钎缝的组织形态（SEM）

钎缝中可见到许多 Si 相不仅存在于钎缝中，而且来源于钎缝与芯层金属交界的位置。钎缝中初晶 Si 相并不是均匀地分布于钎缝中，有的部位 Si 相大量堆积，而有的部位仅存在少量的 Si 相。在高倍扫描电镜下观察到的铝制冷却器钎缝组织形态见图 2.25（b）。

钎焊时复合铝芯层中的铝发生溶解，与芯层金属接触的熔融状态皮层中的含铝量增加，在钎焊温度下界面的含铝量升高到相当于亚共晶成分。冷凝时皮层钎料从芯层表面开始结晶，先结晶出来的是 α-Al 固溶体，最后凝固的是共晶组织。在钎缝区域可以观察到参差不齐的向钎缝中生成的 Si 在铝中的固溶体。在这种条件下，钎缝中心区域可能仍保留皮层钎料的原始共晶组织，但也出现了少量的铝固溶体。由于 TL-3 铝复合板本身皮层较薄，钎缝中铝固溶体的数量不是很多。

从钎焊接头横截面显微硬度的分布看出，LT-3 复合铝板钎焊接头的显微硬度呈锯齿状变化，钎缝部位的显微硬度比母材芯层有明显的升高，显微硬度值波动也较大（49～103MH）；芯层的显微硬度值波动较小（45.3～47.1MH）。在较软的铝基体上存在高显微硬度相，这些相的强化作用使得钎缝具有一定的强度。

钎焊接头中仅含有显微硬度较低的相，不能满足水压试验强度的要求。如果钎缝中仅含显微硬度较高的相，反映出钎焊接头的强度较高，但是塑、韧性不高，仍不能保证铝制冷却器钎焊接头工作时的性能要求。因此，在较软的铝基体上存在显微硬度较高的相，由于这些相的强化作用，使得钎缝金属既有一定的强度又有一定的塑、韧性，可满足铝制冷却器钎焊接头的使用要求。

为了判定铝制冷却器真空钎焊接头形成的新相，分别对 TL-3 铝复合板和钎焊接头进行了 X 射线衍射分析（XRD），结果表明，TL-3 铝复合板除含有 α-Al 和 Si 相外，还含有少量的金属间化合物。这些金属间化合物以微小颗粒的形式存在，对芯层及皮层金属起弥散强化作用。

2.3.7 铝锂合金的焊接

铝锂合金具有低密度、高比强度和比刚度、优良的低温性能、良好的耐腐蚀性能和好的超塑性等特点。目前越来越多的铝锂合金用来替代原有的铝合金作为航空材料。

(1) 铝锂合金的成分

锂在铝中的溶解度在603℃时达到最大，为4.2%（质量百分数），在室温下溶解度很小，能引起显著的时效强化效应，为了获得含Li量高的合金须采用特殊的快速冷却粉末冶金法。为了提高Al-Li合金的强韧性，须采取多元化合金化；常用的合金元素有Cu、Mg、Zr。Al-Li合金除密度小、强度高、弹性模量高外，在断裂韧性、疲劳性能等方面都达到传统铝合金的水平，而且还具有卓越的超塑成形性能。

表2.44列出部分Al-Li合金的化学成分和性能，它们分别属于Al-Li-Cu-Zr和Al-Li-Cu-Mg-Zr合金系。这些低密度铝锂合金是为了取代常规铝合金、减轻飞机重量、节省燃料而开发的。

表 2.44 部分 Al-Li 合金的化学成分和性能

合金牌号	合金成分（质量分数）/%						热处理状态	抗拉强度	屈服强度	伸长率/%	断裂韧性/MPa·m$^{1/2}$	弹性模量/GPa	密度/g·cm^{-3}
	Li	Cu	Mg	Zr	Fe	Si		/MPa					
8090A	2.1～2.7	1.1～1.6	0.8～1.4	0.08～0.15	<0.15	<0.1	T8，厚板	476	400	9	45.6	78.6	2.55
2090	1.9～2.6	2.4～3.0	<0.25	0.08～0.15	<0.15	<0.1	T8，厚板	569	530	7.9	42.5	78.6	2.59
8192	2.3～2.4	0.4～0.7	0.9～1.4	0.08～0.15	<0.15	<0.1	T6，厚板	460	390	6	>40	>90	2.54
8092	2.1～2.7	0.5～0.8	0.9～1.4	0.08～0.15	<0.15	<0.1	T8，厚板	488	406	7.5	45.5	78.6	2.55
8090	2.5	1.3	0.7	0.12	<0.2	<0.1	T651，厚板	495	450	6	37	79	2.54
8091	2.6	1.9	0.9	0.12	<0.2	<0.1	T651，厚板	465	530	5	24	80	2.55
2091	1.7～2.3	1.8～2.5	1.1～1.9	0.04～0.16	<0.3	<0.2	T651，薄板	480	460	12	—	78.8	2.57～2.60

(2) 铝锂合金的焊接性

Al-Li合金焊接时的主要问题与常规铝合金焊接时的问题类似，也是气孔、热裂纹和接头软化等。

① 焊缝气孔　Al-Li合金的气孔倾向比常规铝合金更为严重，主要是由于Li的活性以及合金表面在高温加工时形成的表面层。如果在焊接时能从表面去掉0.05mm，气孔倾向就能显著减少。为了确保消除焊缝中的气孔，建议从小于2mm的板上去掉0.2～0.3mm。

② 焊接热裂纹　Al-Li合金焊接时的热裂纹主要是凝固裂纹，与金属的凝固温度区间大小以及该区内的延性有关。合金的成分是影响其热裂纹敏感性的主要因素。图2.26为Al-Li合金中Cu、Mg、Li元素对焊接热裂纹敏感性的影响。

③ 接头软化　Al-Li合金的接头软化主要是由于焊缝的时效不足和热影响区中的过时效。焊缝时效不足是由于焊接快冷时，焊缝凝固后大量的溶质元素偏析在枝晶间而导致固溶体中的过饱和度不足，因此在焊后的时效过程中只可能有少量的析出硬化。表2.45为部分Al-Li合金TIG焊接头的强度系数。

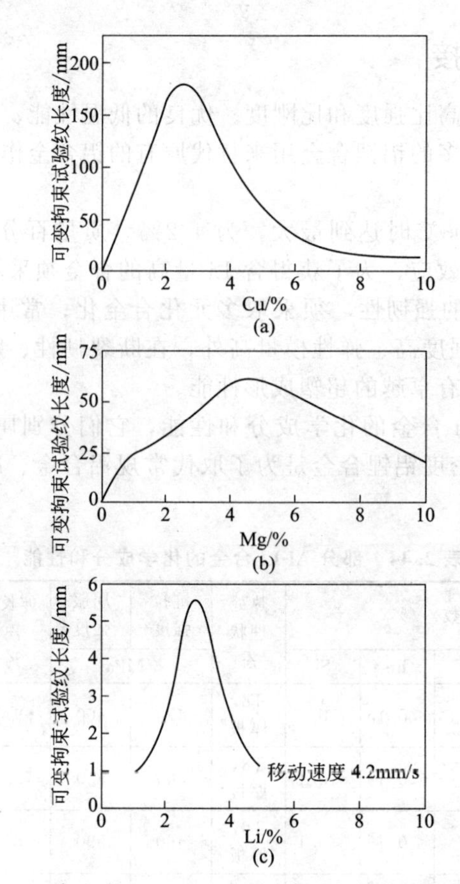

图 2.26　Al-Li 合金中 Cu、Mg、Li 元素对焊接热裂纹敏感性的影响

表 2.45　部分 Al-Li 合金 TIG 焊接头的强度系数

合　金	焊后未热处理	焊后热处理	焊　丝
1420	80	99	01571
2090	＜50	＜60	4047
2090	＞60	98.6	2319
2090	＞60	87.9	2090
8090	＞50	80	2319

（3）铝锂合金的焊接工艺

① 焊前表面处理　铝锂合金由于其气孔敏感性高于其他的常规铝合金，因此焊前的表面预处理极为重要。它直接影响到焊缝气孔率以及与此有关的强度和塑性等。目前最为成功的预处理工艺是机械或化学清洗以及真空处理等。其中化学清洗的灵活性较大，受零件形状和尺寸的限制较小。

② 填充材料的选择　在选择焊接材料时，要同时考虑抗裂性能、焊缝强度以及热处理强化的效果等。在焊接铝合金时为防止焊接热裂纹经常采用与母材成分不同的焊丝，这会影响到焊接接头的强度。表 2.46 为 Al-Li 合金焊接中常用的铝合金填充材料的化学成分。

表 2.46　Al-Li 合金焊接中常用的铝合金填充材料的化学成分

填充材料	Cu	Mg	Si	Mn	Ti	Zr	V	Cr	Al
SAl1100	—	—	—	—	—	—	—	—	＞99
SAl2319	6.3	—	—	0.3	0.15	0.18	0.10	—	余量

续表

填充材料	Cu	Mg	Si	Mn	Ti	Zr	V	Cr	Al
SAl4043	—	—	5.2	—	—	—	—	—	余量
SAl4047	—	—	12.0	—	—	—	—	—	余量
SAl4145	4.0	—	10.0	—	—	—	—	—	余量
SAl5356	—	5.0	—	0.12	—	—	0.12	0.12	余量
SAl5556	—	5.1	—	0.8	0.12	—	0.12	0.12	余量

③ 焊接方法的选择　热输入大的焊接方法，如各种电弧焊，由于焊接过程中熔化的焊缝金属量大、高温停留时间长等，容易产生气孔和裂纹等缺陷。采用能量集中的电子束焊和激光焊有利于裂纹和气孔的消除。采用电子束焊和激光焊时焊缝的晶粒明显小于气体保护焊的焊缝，而且激光焊和电子束焊的热影响区非常窄。焊丝是氢的重要来源，因此不加填充焊丝，且热输入小的电子束焊对减少气孔有利。但在焊接热裂倾向大的材料时为降低热裂倾向，改善焊接性，填充焊丝又是非常必要的，此时电子束焊就显得不利。

摩擦焊不存在气孔和凝固裂纹等缺陷，这对 Al-Li 合金的焊接非常有利。扩散焊也是用来解决铝合金焊接的一种方法，但是由于表面氧化膜的牢固结合而造成了一定的困难，可以利用超塑性成形-扩散焊工艺对铝锂合金进行焊接。

④ 焊后热处理　选择强度较高的焊丝以及采用热输入小的焊接工艺方法可改善铝锂合金焊接接头软化的问题。焊后进行人工时效处理提高强度的作用不明显，甚至还有可能降低，主要是起改善塑性的作用。只有通过固溶处理使溶质重新溶入固溶体后，人工时效才能起到强化作用，即固溶时效热处理。

2.3.8 铝合金计算机机箱的真空钎焊

在复杂环境下工作的计算机需配备全加固的铝合金机箱，这种机箱的外形尺寸为 495mm×186mm×260mm（图 2.27）。机箱材料为 3A21（LF21）防锈铝合金，由 11 个厚度不等（波纹散热片厚度 0.1～0.2 mm）的零件组装钎焊而成。这种机箱可采用真空钎焊制成，它的技术要求严格，框架平行度及垂直度不得大于 0.3mm，不得发生虚焊或脱焊，零件的非钎焊部位不得留有钎料或钎剂残留的痕迹。

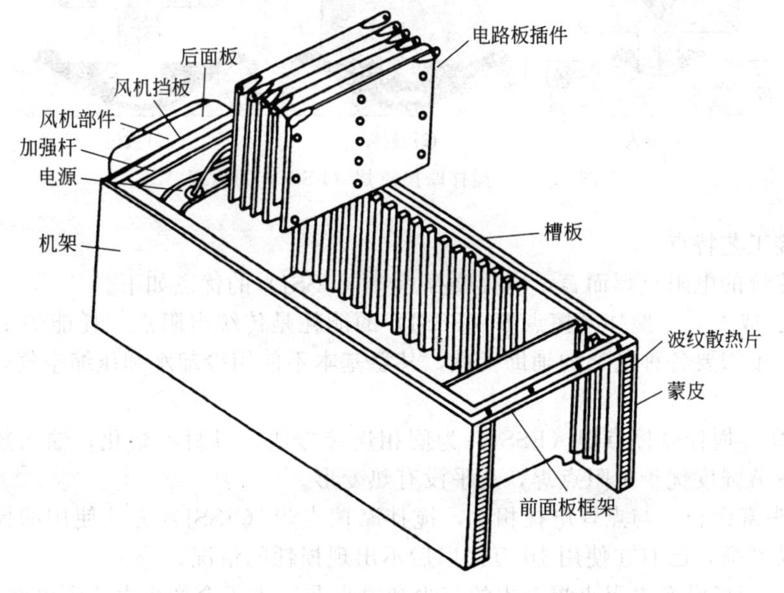

图 2.27　铝合金全加固计算机机箱示例

该铝合金机箱的真空钎焊工艺要点如下。

选用厚度0.1mm的Al-10Si-1.5Mg片状钎料。金属吸气剂为镁（Mg），块状。组装用的钎焊夹具采用自制的不锈钢变厚度框架式结构。

测量温度采用Ni-Cr/Ni-Al热电偶，在机箱前后面板零件上各插入一个热电偶。

钎焊工艺参数根据不同的机箱几何尺寸确定。工艺参数选用范围，钎焊温度595～605℃，钎焊持续时间4～10min，真空度$1.33\times10^{-2}\sim6.65\times10^{-3}$Pa。

钎焊之后，机箱各条钎焊焊缝应均匀饱满，焊角过渡圆滑，表面光洁、平整，机箱几何尺寸满足设计要求。用标准的电路板可自由插入机箱各槽内，无松动感，机箱使用效果良好。

2.3.9 5A06铝合金搅拌摩擦点焊

搅拌摩擦点焊（FSSJ）是近年来发明的新的点焊方法，具有接头强度高、能耗低和设备简单等优点，在汽车行业焊接轻质合金如铝合金、镁合金等具有很好的应用前景。

汽车制造厂商正致力于推进汽车的轻量化，以增加燃油经济性以及改善驾驶性能。虽然这与增加汽车重量以提高安全性能相抵触，但环境的压力迫在眉睫，降低CO_2气体排放量、减少燃油消耗对汽车制造商来说已经成了社会责任。减轻车身的重量，用轻质铝合金替代钢材成为简单而有效的途径，如欧洲的奥迪A8、A2以及美洲豹XJ系列都采用全铝车身。

汽车车身的焊接传统上采用电阻点焊（RSW）、铆接，由于铝合金电阻率低，传统的电阻点焊需要更大的电流，能耗高，电极寿命短。而铆接需要额外的材料且强度受限。搅拌摩擦点焊（Friction Stir Spot Joining，FSSJ）在2003年率先应用于马自达RX-8运动型跑车铝合金车门的焊接。

搅拌摩擦点焊（FSSJ）的原理如图2.28所示。高速旋转的搅拌头插入搭接的两个板材中，搅拌针和轴肩与焊接工件摩擦产生的热量使铝合金软化，达到塑性流动状态，靠搅拌头轴肩所施加的压力使焊缝处的变形金属通过塑性流动牢固地结合在一起。

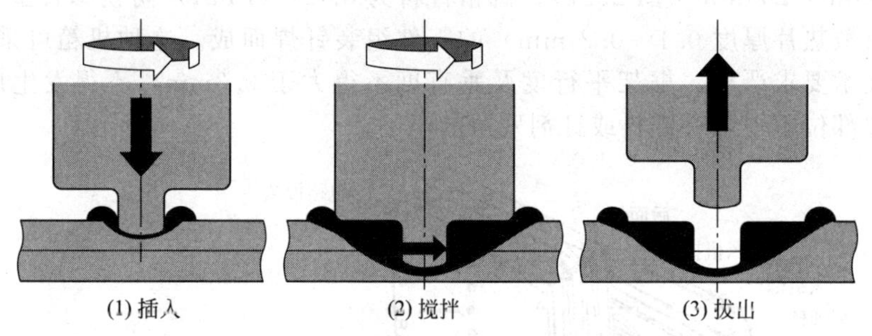

图2.28　搅拌摩擦点焊（FSSJ）的原理

(1) 焊接工艺特点

相对于传统的电阻点焊而言，搅拌摩擦点焊（FSSJ）的优点如下。

① 节能、成本低　搅拌摩擦点焊（FSSJ）的能耗是传统电阻点焊耗能的1/20；而且所需设备简单、不需要各种复杂的辅助机械，甚至基本不使用冷却水和压缩空气，使设备成本大幅度降低。

② 质量高　搅拌摩擦点焊（FSSJ）为固相连接方法，母材不熔化，输入热量低，焊点剪切强度与疲劳强度优于电阻点焊，几乎没有热变形。

③ 搅拌头寿命长　与点焊电极相比，搅拌摩擦点焊（FSSJ）方法使用的搅拌头焊接铝合金时不容易磨损，已有在使用10万次以后不出现损耗的情况。

④ 清洁　现场没有电阻点焊产生的灰尘和电火花，也不会产生电磁和电网干扰。

搅拌摩擦点焊（FSSJ）方法受到汽车制造厂商的广泛重视，已在铝合金车体的焊接中应用。影响搅拌摩擦点焊（FSSJ）焊接质量的因素包括搅拌头的材料、形状、旋转速度、压力、停留时间等。

哈尔滨工业大学采用自行设计的搅拌头对厚度1mm的防锈铝合金进行了搅拌摩擦点焊试验研究。结果表明，接头剪切强度是电阻点焊的1.56倍。接头可以分为搅拌区和热影响区，搅拌区的材料受到搅拌头的作用发生圆周运动和轴向运动，形成细小的再结晶晶粒，强度高、塑性好。

试验材料为厚度1mm的5A06铝合金，尺寸为100mm ×30mm。搅拌头为自行设计制造，搅拌头的轴肩直径为10mm，探针长度1.6mm。焊前用丙酮擦洗工件表面，去掉油污和有机物。搅拌摩擦点焊后对试样进行剪切试验，试验在电子万能试验机上进行。同时对试件横截面进行打磨、抛光和腐蚀，在金相显微镜下观察其微观组织。所采用的焊接参数为旋转速度2500r/min，扎入速度10mm/s，搅拌头完全扎入后停留时间从0.4s变化到3.2s，考察其对接头剪切强度的影响。

(2) 试验结果

搅拌摩擦焊完成的试样上下板完全焊接在一起，形成完整的焊接接头。中间的孔为搅拌针拔出时留下的，孔周围的区域为轴肩对材料旋转挤压的作用区。在搅拌摩擦焊的搅拌头高速旋转作用下，摩擦产生的热量使铝合金母材塑化，搅拌针周围的金属在热量和力的作用下，不但围绕搅拌针运动，而且沿着搅拌针轴向方向运动，塑性流动使铝合金薄板发生变形，两板之间的结合面部分由水平趋于垂直，可以明显看到两板之间的竖直结合面，这种竖直结合面在承受拉剪力时也起到了一定的作用。也就是说，在5A06铝合金拉剪过程中，除连接区域承受剪切力之外，板间的竖直结合面也可起到抗拉剪力的作用，这是电阻点焊所不具备的。

类似于搅拌摩擦焊（FSW）的接头区划分，搅拌摩擦点焊（FSSJ）的接头区可以分为搅拌区（Stir zone）和热影响区（HAZ）。其中搅拌区是塑性材料受搅拌针和轴肩的旋转而塑性流动形成的动态再结晶区，该区域晶粒细小，硬度高。

图2.29是在旋转速度、扎入深度一定的情况下，搅拌针完全扎入试件后不同的停留时间对点焊拉伸剪切载荷的影响。停留时间对接头性能有很大的影响，随着停留时间的增加，拉伸剪切载荷先增加，到达峰值后下降，在2.4s时达到最大值。图2.29中直线为电阻点焊的拉伸剪切载荷0.95 kN，可以看出，搅拌摩擦点焊（FSSJ）获得的接头性能等于或优于电阻点焊的接头性能，即使搅拌摩擦点焊（FSSJ）接头在焊后留下定位孔，也仍然不会影响其使用性能。

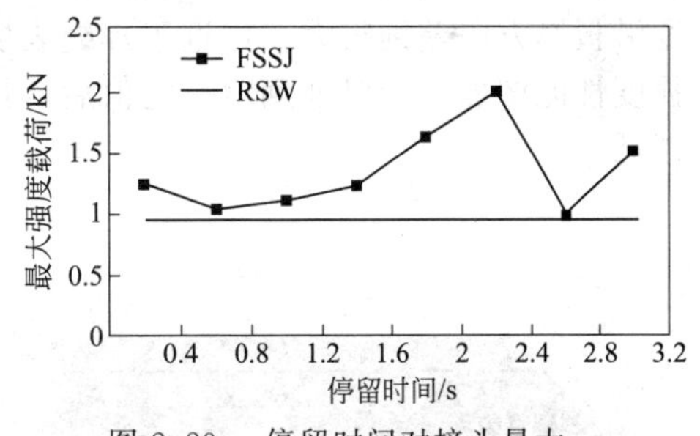

图2.29 停留时间对接头最大拉伸剪切载荷的影响

总之，采用搅拌摩擦点焊（FSSJ）可以实现铝合金的点焊连接，旋转速度为2500 r/min，停留时间2.4s时，接头的剪切强度最大，优于电阻点焊的剪切强度。

2.3.10 大厚度飞机铝合金搅拌摩擦焊

大厚度航空高强铝合金是飞机机翼框架、油箱底板等飞机结构中常用的材料。搅拌摩擦焊作为铝合金较为理想的焊接技术，在焊接大厚度铝合金板方面有明显优势。采用搅拌摩擦焊以后，不仅焊缝的接头性能有所提高，变形量较小，而且操作环境好，生产效率大幅度提高。整个焊接过程绿色环保，无需填充焊丝和使用保护气体，生产制造费用也大大降低。

(1) 试验材料及工艺参数

试验材料为厚40mm的7050铝合金轧制板材，材料状态为T7（固溶-时效处理）。试验采用平板对接焊的形式，选用锥形带螺纹搅拌针，搅拌针长度为39.6mm，其轴肩直径为46mm，搅拌针根部直径为28mm，顶部直径为10mm。焊接工艺参数及试样编号见表2.47。

表2.47 试样编号及焊接工艺参数

试样编号	焊接速度 /mm·min^{-1}	旋转速度 / r·min^{-1}
W1	25	200
W2	25	160
W3	25	120
W4	30	140
W5	30	120

(2) 接头力学性能测试

对搅拌摩擦焊接头分别进行分层拉伸试验和全截面拉伸试验，图2.30所示为分层拉伸试验和全截面拉伸试验中试样的截取方式，分层拉伸试验参照国标GB 2649—1989。对试件沿水平方向进行分层，每层截取的厚度为2.8 mm，经打磨、抛光后，制成厚度为2.6mm、长度为140mm的标准拉伸试样。

将各层试样在ZWICK100KN电子万能材料试验机上进行力学性能测试。取各层试样力学性能的平均值，即为分层拉伸试验得到的接头力学性能。全截面拉伸试验是在平行于焊缝横截面方向上截取不同厚度的试样。经打磨、抛光后，制成厚度分别为2mm、3mm、4mm、5mm、6mm、8mm、10mm的全截面试样。分别测得各试样的拉伸性能，取其平均值即为焊缝全截面的力学性能。

图2.31为焊件及母材沿厚度方向，由上至下各层试样的拉伸试验结果。W5试样除表层抗拉强度性能稍低外，接头抗拉强度沿厚度方向上相差不大。其他各组焊件，接头抗拉强度沿板厚方向差别很大。接近于焊缝表层的试样接头抗拉强度偏低，随着厚度的增加，抗拉强度性能增加，当厚度到达一定值后，接头抗拉强度性能趋于稳定，焊缝底层试样抗拉强度稍低。

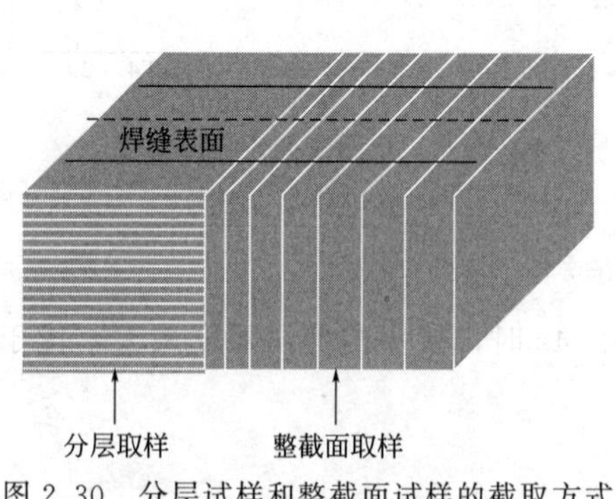

图2.30 分层试样和整截面试样的截取方式

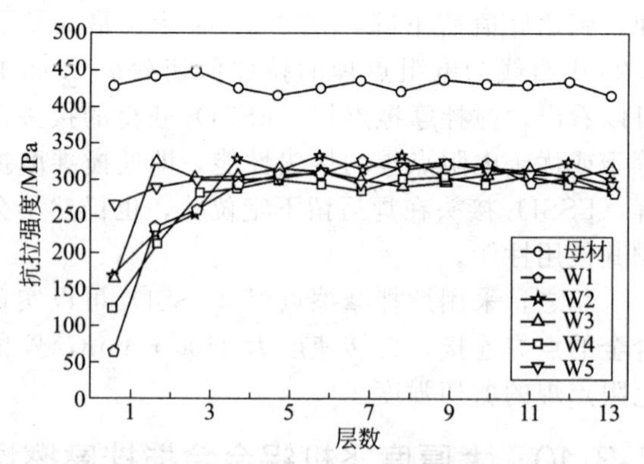

图2.31 接头试样分层拉伸的试验结果

焊接接头抗拉强度性能较为稳定的焊件W5，试样断裂位置均处于热影响区，呈45°剪切断裂。其他焊件的焊缝表面除几层试样断裂于焊缝处，其他各层断裂于热影响区。试样表层断口呈锯齿状，在断口周围出现微孔，发生断裂可能是由于焊缝表层材料疏松所致。

将以上同一焊件不同试样的测试结果取平均值，即为接头的分层拉伸试验结果。焊件接头分层拉伸试验结果的最终测试结果见表 2.48，可以看出，选择不同的工艺参数组合，接头的抗拉强度差别很大。对比 W1、W2、W3，焊接速度均为 25 mm/min。随着旋转速度的增加，焊缝的抗拉强度先增加后减小，在焊速为 160r/min 时，抗拉强度达到 301MPa。当焊速为 30mm/min、搅拌头转速为 120r/min 时，接头抗拉强度最高，达到 303MPa，为母材抗拉强度的 70%。由于受到设备最大转矩的限制，焊接时搅拌头的最小转速为 120r/min。厚板的搅拌摩擦焊，工艺参数发生较小的变动，接头的抗拉强度也差别较大。因此，对于厚板的搅拌摩擦焊，获得优良接头的工艺参数选择范围较窄。

表 2.48　分层拉伸试验结果的平均值

试样名称	W1	W2	W3	W4	W5
抗拉强度 /MPa	280	301	271	283	303

图 2.32 为不同厚度的接头全截面试样拉伸试验结果。由图 2.32 可见，对于接头试样 W2、W4、W5，不同厚度的全截面试样的抗拉强度较为稳定，整体力学性能较为接近。W1 试样的抗拉强度变化较大，主要是由于接头表层中存在微孔、材料疏松，导致不同的试样抗拉强度性能出现较大的波动。

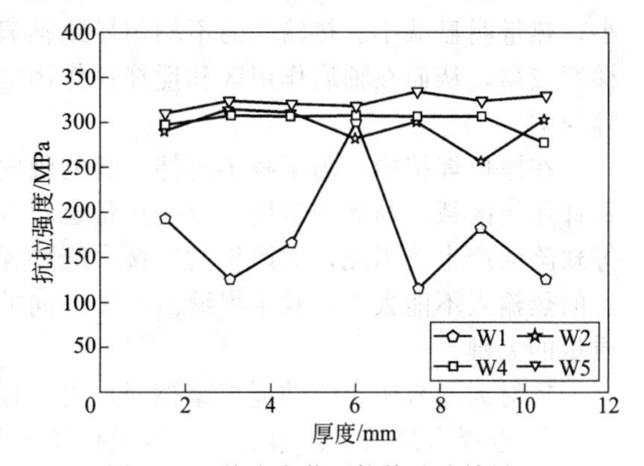

图 2.32　接头全截面拉伸试验结果

全截面拉伸试验中试样的断裂位置见表 2.49，W1 的所有试样均断裂于焊缝区；W2、W4、W5 试样的大部分断裂在热影响区，只有少部分试样断裂于焊缝，主要原因仍是由于部分试样表层出现微孔所致。焊件 W1 的断裂位置集中于焊缝的回退侧，逐渐向焊缝底部中心延伸。焊缝的断口形貌近似呈直线。这是由于 W1 试样的转速较高，焊缝区温度过高，对接界面可能出现弱结合，导致焊缝沿弱结合面发生断裂。在拉伸试验过程中，由于表层材料出现疏松，焊缝上表面接头抗拉性能较低，成为断裂的起裂源。

表 2.49　接头试样的断裂位置

试样名称	厚度 /mm						
	2	3	4	5	6	8	10
W1	W	W	W	W	W	W	W
W2	T	T	T	T	T	W	T
W4	T	T	T	T	T	T	W
W5	T	T	T	W	T	W	T

注：T 代表试样断裂于热影响区；W 代表试样断裂于焊缝区。

将不同厚度试样的抗拉强度测试结果取平均值，即为接头全截面的抗拉强度，计算结果见表 2.50。全截面试验表明，W5 试样的抗拉强度最高，为 322MPa，达到母材抗拉强度的 75%。以上测试结果稍高于分层拉伸试验的测试结果 303MPa。

表 2.50　各焊件的抗拉强度

试样名称	W1	W2	W4	W5
抗拉强度 /MPa	172	294	305	322

全截面拉伸试验和分层拉伸试验所得到的W2、W4、W5试样的接头抗拉强度相差不大，性能较为稳定。对于W1接头，全截面拉伸试验结果远远低于分层拉伸试验结果，这是由于全截面拉伸试样受到上层材料疏松的影响，接头抗拉强度普遍较低。而在分层拉伸试验中，只有部分试样受到材料疏松的影响，接头抗拉强度较高。分层拉伸试验和全截面拉伸试验都表明W5接头的抗拉强度性能最高，因此最优的工艺参数组合为焊接速度30mm/min、旋转速度120r/min。

(3) 改善措施

大厚度铝合金结构的搅拌摩擦焊，主要难点在于焊缝表层及次表层金属的力学性能较低，焊缝沿板厚方向上抗拉强度性能差别较大。不同的工艺参数对焊缝沿板厚方向的温度梯度影响较大，而焊缝沿板厚方向上力学性能的差异正是由于焊缝组织沿板厚方向上的温度梯度较大造成的。

厚板铝合金搅拌摩擦焊过程中，随着试板厚度的增加，焊接轴向压力也随之增大。焊缝上表层由于受到轴肩和搅拌针的作用，瞬时产生大量的热量，焊接时的热输入过大，表面组织易出现过热。而焊缝的中部和下部，热量的主要来源是搅拌针和材料的摩擦热，接触面较小，热量明显减小。热输入的不均匀导致轴肩作用区同搅拌针作用区的温度差别较大，温度梯度较高，从而在轴肩作用区和搅拌针作用区之间易出现组织疏松现象，甚至可能出现孔洞等缺陷。

在厚板焊接中，为了减小搅拌工具的轴向压力，一般采用锥形搅拌针，减小焊缝下层搅拌针作用区域，与周围金属产生的热量也较少，出现焊缝底部热输入不足，从而导致未焊合等缺陷的产生。因此，大厚板的焊接，既要保证焊缝底部产生足够的热量，又要控制焊缝表层的热输入不能太大，减小焊缝沿板厚方向的温度梯度是保证大厚度铝合金搅拌摩擦焊接头质量的关键。

针对大厚板铝合金的搅拌摩擦焊，可从以下几方面开展工作。

① 选择合理的工艺参数　厚板搅拌摩擦焊工艺窗口较窄，选择合理的工艺参数至关重要，一般选较低焊接速度和低转速。这是由于如果转速过高，焊缝表面易出现过热，温度梯度沿厚度方向太大，接头性能较差。当焊接速度和转速都较低时，焊缝上表面产热量得到控制，同时热传递较为充分，焊缝下部材料的热输入提高，整个焊缝沿厚度方向的温度梯度降低。但是，随着转速的降低，搅拌头在搅拌过程中受到的转矩增大，当转矩达到设备要求的最大转矩时，转速就不能再降低了。因为如果转速太低，接头热输入量不足，焊缝将无法成形。因此合适的焊接速度和转速是大厚板焊接的关键。

② 选择合适的搅拌头　搅拌头的形状对接头的性能至关重要，对大厚板的焊接更为关键。厚板搅拌摩擦焊应考虑搅拌针的刚度和强度要求，搅拌头轴肩一般选锥形搅拌头，搅拌针直径较大。为了防止焊缝表面出现过热，搅拌头轴肩直径相对较小。采用带螺纹的搅拌针以及带螺旋线的轴肩有利于增加材料塑性流动，减小接头的温度梯度。

③ 焊前预热　厚板焊接的关键是降低焊缝沿厚度方向的温度梯度，那么在焊接前对焊件进行预热，将一个预置温度场加载到板件上，可减小焊接过程中焊缝沿厚度方向的温度梯度，提高焊接质量。由于搅拌摩擦焊的焊前预热很难控制，目前开展的工作较少，但可作为厚板焊接时减小温度梯度的一个途径。

第 3 章 铜及铜合金的焊接

铜及铜合金具有优良的导电性、导热性、耐蚀性及良好的塑性，冷、热加工性能良好，具有高的抗氧化性以及抗淡水、盐水、氨碱溶液和有机化学物质腐蚀的性能，铜合金还具有较高的强度性能。铜及其合金以其独特而优越的综合性能，在电气、电子、动力、化工、交通、航空和军工等工业中得到较广泛的应用。

3.1 铜及铜合金的分类、成分及性能

3.1.1 铜及铜合金的分类

工业生产上铜及铜合金的种类很多，主要是根据化学成分来进行分类。常用的铜及铜合金可从表面颜色上看出其区别，如常用的紫铜、黄铜、青铜和白铜，但实质上是纯铜、铜-锌、铜-铝、铜-锡合金。

紫铜为铜含量不小于 99.5%的工业纯铜；普通黄铜是 Cu-Zn 二元合金，表面呈淡黄色；凡不以锌、镍为主要组成而以锡、铝、硅、铅、铍等元素为主要组成的铜合金，称为青铜，常用的青铜有锡青铜、铝青铜、硅青铜、铍青铜，为了获得某些特殊性能，青铜中还加少量的其他元素，如锌、磷、钛等；白铜为含镍量低于 50%的 Cu-Ni 合金，如白铜中再加入锰、铁、锌等元素可形成锰白铜、铁白铜、锌白铜。

工业上常用加工铜的特性及应用见表 3.1。

表 3.1 常用加工铜的特性及应用

代　号	产品种类	主要特性	应用举例
T1	板、带、箔	有良好的导电、导热、耐腐蚀和加工性能，可以焊接和钎焊，含降低导电、导热性的杂质较少，微量的氧对导电、导热和加工等性能影响不大，但易引起“氢病”，不宜在高温（如>370℃）还原性气氛中加工（退火、焊接等）和使用	用于导电、导热、耐腐蚀器材，如电线、电缆、导电螺钉、爆破用雷管、化工用蒸发器、储藏器及各种管道等
T2	板、带、箔 管、棒、线		
T3	板、带、箔 管、棒、线	有较好的导电、导热、耐腐蚀和加工性能，可以焊接和钎焊，但含降低导电、导热性的杂质较多，含氧量更高，更易引起“氢病”，不能在高温还原性气氛中加工、使用	用于一般铜材，如电气开关、垫圈、垫片、铆钉、管嘴、油管及其他管道等
TU1 TU2	板、带、管、棒、线	纯度高，导电、导热性极好，无“氢病”或极少“氢病”，加工性能和焊接性、耐蚀性、耐寒性均好	主要用作电真空仪器仪表器件

续表

代号	产品种类	主要特性	应用举例
TP1	板、带、管	焊接性能和冷弯性能好，一般无“氢病”倾向，可在还原性气氛中加工、使用，但不宜在氧化性气氛中加工、使用。TP1的残留磷量比TP2少，故其导电、导热性较TP2高	主要以管材应用，也可以板、带或棒、线供应。用作汽油或气体输送管、排水管、冷凝管（器）、蒸发管（器）、水雷用管、热交换器、火车厢零件等
TP2	板、带、管、棒、线		
TAg0.1	板、管	铜中加入少量的银，可显著提高软化温度（再结晶温度）和蠕变强度，而很少降低铜的导电、导热性和塑性。实用的银铜时效硬化的效果不显著，一般采用冷作硬化来提高强度。它具有很好的耐磨性、电接触性和耐腐蚀性，如制成电车线时，使用寿命比一般硬铜高2～4倍	用于耐热、导电器材，如电机整流子片、发电机转子用导体、点焊电极、通信线、引线、导线、电子管材料等

3.1.2 铜及铜合金的成分及性能

铜具有面心立方结构，具有非常好的加工成形性。铜的密度为8.9g/cm³，约为铝的3倍。它的电导率及热导率略低于银，约是铝的1.5倍。

(1) 纯铜

纯铜具有极好的导电性、导热性、良好的常温和低温塑性，以及对大气、海水和某些化学药品的耐腐蚀性。因而在工业中被广泛用于制造电工器件、电线、电缆、热交换器等。纯铜的化学成分和用途见表3.2，纯铜的力学性能和物理性能见表3.3。纯铜在400～700℃的高温下强度和塑性显著降低，在热加工时应引起重视。

表3.2 纯铜的化学成分及用途

组别	牌号	代号	化学成分/%									用途
			主要成分			杂质不大于						
			Cu	P	Mn	Bi	Pb	S	P	O	总和	
纯铜	C11000	T_1	≤99.95	—	—	0.002	0.005	0.005	0.001	0.02	0.05	导电及高纯度合金用
		T_2	≤99.90	—	—	0.002	0.005	0.005	—	0.06	0.1	导电用铜材
	C11300	T_3	≤99.70	—	—	0.002	0.01	0.01	—	0.1	0.3	一般用铜材
		T_4	≤99.50	—	—	0.003	0.05	0.01	—	0.1	0.5	一般用铜材
无氧铜	C10200	TU1	≤99.97	—	—	0.002	0.005	0.005	0.003	0.003	0.03	电真空器件用铜材
		TU2	≤99.95	—	—	0.002	0.005	0.005	0.003	0.003	0.05	电真空用铜材
	C12200	TUP	≤99.50	0.01～0.04	—	0.003	0.01	0.01	—	0.01	0.49	焊接等用铜材
		TUMn	≤99.60	—	0.1～0.3	0.002	0.005	0.007	0.003	—	0.30	电真空用铜材

表3.3 纯铜的力学性能和物理性能

性能指标	力学性能		物理性能							
	抗拉强度/MPa	伸长率δ	密度/g·cm⁻³	弹性模量/GPa	热导率/W·m⁻¹·k⁻¹	比热容/J·g⁻¹·℃⁻¹	电阻率/10⁻⁸Ω·m	线胀系数/10⁻⁶K⁻¹	表面张力/10⁻⁵N·cm⁻¹	熔点/℃
软态 硬态	196～253 329～490	50 6	8.94	128.7	391	0.384	1.68	16.8	1300	1083

工业纯铜中常因冶炼过程而带入氧、硫、铅、铋、砷、磷等杂质元素，它们对铜的力学性能、物理性能以及加工工艺性能有不同程度的影响。铋、铅、氧、硫与铜形成低熔点共晶组织分布于晶界，增加材料的冷脆性和焊接热裂纹敏感性。用于制造焊接结构的铜材要求其含铅量＜0.03%，含铋量＜0.003%，含氧量＜0.03%，含硫量＜0.01%。磷虽然也能与铜形成脆性化合物 Cu_2P，但当其含量不超过它在室温铜中的最大溶解度 0.4%时，可作为一种良好的脱氧剂加入到铜中。

纯铜在退火状态（软态）下具有高的塑性，但强度低。经冷加工变形后（硬态），强度可提高 1 倍，但塑性降低几倍。加工硬化的紫铜经 550～600℃退火，可使塑性完全回复。焊接结构一般采用软态紫铜。

（2）黄铜

黄铜原指由铜和锌组成的二元合金，并因表面呈淡黄色而得名。具有比紫铜高得多的强度、硬度和耐蚀能力，并保持一定的塑性。黄铜根据工艺性能、力学性能和用途的不同，分为压力加工用黄铜和铸造用黄铜两大类。

（3）青铜

青铜实际上是除铜-锌、铜-镍合金以外所有铜基合金的统称，如锡青铜、铝青铜、硅青铜和铍青铜等，具有较高的力学性能、耐磨性能、铸造性能和耐腐蚀性能，并保持一定的塑性；除铍青铜外，其他青铜的导热性能比紫铜和黄铜低几倍至几十倍，并且具有较窄的结晶区间，因而大大改善了焊接性。青铜中所加入的合金元素量大多控制在 α 铜的溶解度范围内，在加热冷却过程中没有同素异构转变。常用铜合金的化学成分和应用范围见表 3.4，常用铜及铜合金的力学性能和物理性能见表 3.5。

表 3.4　常用铜合金的化学成分和应用范围

材料名称		牌　　号	化学成分/%									应用范围
			Cu	Zn	Sn	Mn	Al	Si	Ni+Co	其他	杂质	
黄铜	压力加工黄铜	H68	67.0～70.0	余量	—	—	—	—	—	—	≤0.3	弹壳/冷凝器等深冲件
		H62	60.5～63.5	余量	—	—	—	—	—	—	≤0.5	散热器、垫圈、弹簧、船舶零件等
		H59	57.0～60.0	余量	—	—	—	—	—	—	≤0.9	机械及热轧零件
		HPb 59-1	57.0～60.0	余量	—	—	—	—	—	Pb0.8～1.9	≤0.75	热冲压销子、钉、管嘴等
		HSn 62-1	61.0～63.0	余量	0.7～1.1	—	—	—	—	—	≤0.3	船舶零件
		HMn 58-2	57.0～60.0	余量	—	1.0～2.0	—	—	—	—	≤1.2	海轮和弱电流工业用零件
		HFe 59-1-1	57.0～60.0	余量	0.3～0.7	0.5～0.8	0.1～0.4	—	—	Fe0.6～1.2	≤1.25	摩擦与海洋工作用零件
		His 80-3	79.0～81.0	余量	—	1.5～2.5	—	2.5～4	—	—	≤1.5	船舶零件、蒸汽管
	铸造黄铜	ZHAlFeMn 66-6-3-2	64～68	余量	—	3～4	—	—	—	Fe2～4	≤2.1	重载螺母、大型蜗杆配件、衬套、轴承
		ZHMnFe 55-3-1	33～68	余量	—	—	—	—	—	Fe0.5～1.5	≤2.0	形状不复杂的重要零件、海轮配件
		ZHSi 80-3	79～81	余量	—	1.5～2.5	—	2.5～4.5	—	—	≤2.8	铸造配件、齿轮等
		ZHMn 58-2-2	57～60	余量	—	—	—	—	—	Pb1.5～2.5	≤2.5	轴承、衬套和其他耐磨零件

续表

材料名称		牌号	化学成分/%									应用范围
			Cu	Zn	Sn	Mn	Al	Si	Ni+Co	其他	杂质	
青铜	压力加工青铜	QSn 6.5-0.4	余量	—	6.0~7.0	—	—	—	—	—	≤0.1	造纸工业用铜网、弹簧和其他耐腐蚀零件
		QAl 9-2	余量	—	—	1.5~2.5	8~10	—	—	—	≤1.7	船舶和电气设备零件
		QBe 2.5	余量	—	—	—	—	—	0.2~0.5	Be2.3~2.6	≤0.5	重要弹簧及其零件和高速、高压、高温工作的齿轮
		QSi 3-1	余量	—	—	1.0~1.5	—	2.75~3.5	—	—	≤1.1	弹簧和耐蚀零件
	铸造青铜	ZQSnP 10-1	余量	—	9~11	—	—	—	—	P0.3~1.2	≤0.75	重要轴承、齿轮、垫圈
		ZQSnZnPb 6-6-3	余量	5~7	5~7	—	—	—	—	Pb2~4	≤1.3	耐磨零件
		ZQAlMn 9-2	余量	—	8~10	1.5~2.5	8~10	—	—	—	≤2.8	海船制造业中铸造简单的大型铸件等
		ZQAlFe 9-4	余量	—	—	—	8~10	—	—	Fe2~4	≤2.7	重型重要零件

表 3.5 常用铜及铜合金的力学性能和物理性能

材料名称		牌号	材料状态或铸模	力学性能			物理性能					
				抗拉强度 σ_b/MPa	伸长率 δ_5 /%	硬度 /HB	密度 /g·cm^{-2}	线胀系数/10^{-6} K^{-1}	热导率 /W·m^{-1}·K^{-1}	电阻率 /10^{-8} Ω·m	熔点 /℃	线收缩率 /%
黄铜		H68	软态	313.6	55	—	8.5	19.9	117.04	6.8	932	1.92
			硬态	646.8	3	150						
		H62	软态	323.4	49	56	8.43	20.6	108.68	7.1	905	1.77
			硬态	588	3	164						
		ZHSi80-3	砂模	245	10	100	8.3	17.0	41.8	—	900	1.7
			金属模	294	15	110						
		ZHAl 66-6-3-1	砂模	588	7	—	8.5	19.8	49.74	—	899	—
			金属模	637	7	160						
青铜	锡青铜	QSn6.5-0.4	砂模	343~441	60~70	70~90	8.8	19.1	50.16	17.6	995	1.45
			金属模	686~784	7.5~12	160~200						
	铝青铜	QAl 9-2	软态	441	20~40	80~100	7.6	17.0	71.06	11	1060	1.7
			硬态	584~784	4~5	160~180						
		ZQAl 9-2	软态	392	20	80	7.6	17~20	71.06	11	1060	1.7
			硬态	392	20	90~120	—	—	—	—	—	—
		QAl 9-4	砂模	490~588	40	110	7.5	16.2	58.52	12	1040	2.49
			金属模	784~980	5	160~200						
		ZQAl 9-4	砂模	392	10	110	7.6	18.1	58.52	12.4	1040	2.49
			金属模	294~490	10~20	120~140						
	硅青铜	QSi 3-1	软态	343~392	50~60	80	8.4	15.8	45.98	15	1025	1.6
			硬态	637~735	1~5	180						

(4) 白铜

白铜是铜和镍的合金，因镍的加入使铜从紫色变成白色而得名。镍可以无限地固溶于铜，使铜具有单一的 α 组织。按照白铜的性能与应用范围，白铜可分为结构铜镍合金与电工铜镍合金。结构铜镍合金的力学性能、耐蚀性能较好，在海水、有机酸和各种盐溶液中具有较高的化学稳定性，优良的冷、热加工性，广泛用于化工、精密机械、海洋工程中。电工用白铜是重要的电工材料。在焊接结构中使用的白铜多是含镍 10%、20%、30%的铜镍合金。焊接用白铜的化学成分见表 3.6，加工白铜的力学性能见表 3.7。

表 3.6 焊接用白铜的化学成分

名称	代号	化学成分/%						
		Ni+Co	Fe	Mn	Al	Zn	Cu	杂质总量
5 白铜	B5	4.4～5.0	0.20	—	—	—	余量	≤0.5
19 白铜	B19	18～20	0.50	0.5	—	0.3		≤1.8
10-1-1 铁白铜	BFe10-1-1	9～11	1.0～1.5	0.5～1.0		0.3		≤0.7
30-1-1 铁白铜	BFe30-1-1	29～32	0.5～1.0	0.5～1.2	—	0.3		≤0.7
3-12 锰白铜	BMn3-12	2～3.5	0.2～0.5	11.5～13.5	0.2	Si0.1～0.3		≤0.5
15-20 锌白铜	BZn15-20	13.5～16.5	0.5	—	—	余量	62～65	≤0.9
6-1.5 铝白铜	BAl6-1.5	5.5～6.5	0.5	0.2	1.2～1.8	—	余量	≤1.1
13-3 铝白铜	BAl13-3	12～15	1.0	0.5	2.3～3.0	—	余量	≤1.9

表 3.7 加工白铜的力学性能

代号	半成品种类	尺寸/mm	材料状态	抗拉强度 σ_b/MPa	伸长率 δ_{10}/%
B5	冷轧板	0.5～10	软（M）	≥220	≥32
			硬（Y）	≥380	≥10
B19	冷轧板	0.5～10	软（M）	≥300	≥30
			硬（Y）	≥400	≥3
BFe10-1-1	管材	外径 10～35 壁厚 0.75～30	软（M）	≥300	≥25
			硬（Y）	≥340	≥8
BFe30-1-1	管材		软（M）	≥372	≥25
			硬（Y）	≥490	≥6
BMn3-12	冷轧板	0.5～10	软（M）	≥353	≥25
BZn15-20	冷轧板	0.5～10	软（M）	≥343	≥35
			硬（Y）	441～568	≥5
BAl6-1.5	冷轧板	0.5～12	硬（Y）	≥539	≥3
BAl13-3	冷轧板	0.5～12	淬火后人工时效	≥637	≥5

3.2 铜及铜合金的焊接性及焊接材料

3.2.1 铜及铜合金的焊接性特点

(1) 难熔合及易变形

导热性能对铜及铜合金的焊接性能有很大的影响。铜的热导率高（热导率比碳钢大 7～11 倍），热容量大，由于焊接区热量的迅速传导散失而使母材与填充金属之间难于熔合，熔焊时容易产生未熔合与未焊透。此外，铜易被氧化，铜的氧化在室温下就开始了，在焊接过程中更为严重。焊接时如果保护不良，产生的氧化物覆盖于熔池表面，阻碍填充金属的继续熔合。因此，焊接纯铜及大多数铜合金时，要采用能量集中、大功率的热源，必要时还要配合预热措施（取决于母材的导热性及厚度）。

铜及铜合金的线胀系数较大，冷却时的收缩率也较大，在工件厚度较薄或结构刚度较小，又无防止变形措施时，焊后很容易产生较大的焊接变形，工件越薄越容易变形；而当焊接接头受到较大的刚性约束时，易产生焊接应力。铜及铜合金也不像合金钢那样进行焊后热处理，但需控制冷却速度以尽量减小残余应力和热脆性。

（2）焊接热裂纹

焊接铜及铜合金时极易产生热裂纹，裂纹的产生与杂质及合金元素有关，内应力的存在是产生热裂纹的主要原因。

氧是铜中经常存在的杂质，铜在熔化状态时易氧化生成氧化亚铜（Cu_2O），铜中原有杂质氧也生成氧化亚铜。Cu_2O 能与 Cu 形成（$Cu+Cu_2O$）的低熔点共晶，其共晶温度为1065℃，低于铜的熔点（1083℃）。此外，焊缝金属在凝固时，容易形成粗大的树枝状结晶，合金元素和杂质容易在晶界偏析。氧化亚铜与铜形成的低熔共晶体分布在晶界上，这就削弱了铜在高温时的晶间结合力。在熔池金属凝固后期或在近缝区中，这些低熔点共晶以液膜形式分布在铜的晶粒边缘，显著降低了铜的高温强度和塑性，使焊接区容易产生热裂纹。

作为焊接结构的纯铜，含氧量一般不应超过0.03%。对于特别重要的焊接结构件，氧含量一般不应超过0.01%。为了解决铜在高温时的氧化问题，应对熔化金属进行脱氧，常用的脱氧剂有Mn、Si、P、Al、Ti、Zr等。Pb能很微量溶于铜，但Pb含量稍增高时就与Cu形成（Cu+Pb）低熔点共晶，熔点955℃。S能较好地溶解在熔化状态的铜中，当凝固结晶时，S在固态铜中的溶解度几乎为零。S与Cu形成 Cu_2S，（Cu_2S+Cu）共晶温度为1067℃，低于铜的熔点。

这些低熔点共晶严重降低了焊缝金属的抗热裂纹能力。铜及其合金中含Pb、Bi、S量较高时，促使焊缝形成热裂纹，热影响区还会出现液化裂纹，故须限制用于制造焊接结构的纯铜中的Pb、Bi、S含量。

纯铜焊接时，焊缝为单相α组织。由于纯铜导热性强，焊缝易生长成粗大晶粒，这些因素也加剧了热裂纹的生成。纯铜和黄铜的收缩率及线胀系数较大，焊接应力较大，也是促使热裂纹形成的一个重要原因。黄铜焊接时，为了使焊缝的力学性能与母材相同或接近，可控制焊缝为（α+β）双相组织，使焊缝晶粒变细，这对防止热裂纹有一定作用。

（3）气孔

气孔是铜及其合金焊接的一个主要问题。紫铜焊缝中的气孔主要是氢气孔，由氢和水汽所引起。由于铜在液态能溶解大量的氢，凝固时氢的溶解度急剧减小，大量的氢要向外逸出；加上铜的导热性强，熔池凝固特别快，氢来不及逸出，就在焊缝中形成气孔。在埋弧焊焊接紫铜、黄铜及铝青铜的情况下，只有氢及水汽容易使铜及其合金焊缝出现气孔。氩弧焊焊接紫铜时，只要在氩气中加入微量的氢和水汽，焊缝即出现气孔，结果如图3.1所示（注意横坐标中 p_{H_2} 及 p_{H_2O} 是很小的）。可以看出，含氧铜焊缝（试板及焊丝含氧量为0.03%）比无氧铜焊缝（试板及焊丝含氧量为0.0007%）形成气孔的敏感性要强。

由氢引起的气孔，通常称为扩散气孔。氢在铜中的溶解度如图3.2所示。氢在铜中的溶解度随温度下降而降低。由液态转为固态时（1083℃），氢的溶解度有剧变，而后随温度降低，氢在固体铜中的溶解度继续下降。

试验表明，紫铜焊缝对氢气孔的敏感性远较低碳钢焊缝高得多，主要原因如下。

① 铜的热导率（20℃）比低碳钢高7倍以上，所以铜焊缝结晶凝固进行得特别快，氢不易析出，熔池容易为氢所饱和而形成气泡。在结晶凝固过程进行很快的情况下，气泡不易上浮出去，氢继续向气泡中扩散，促使焊缝中形成气孔。

② 在平衡状态下，氢在铜中的溶解度随温度升高而增大，直到2180℃时氢在铜中的溶解度达到最高。温度进一步提高，液态铜开始蒸发，氢的溶解度开始下降。若把熔点时的上

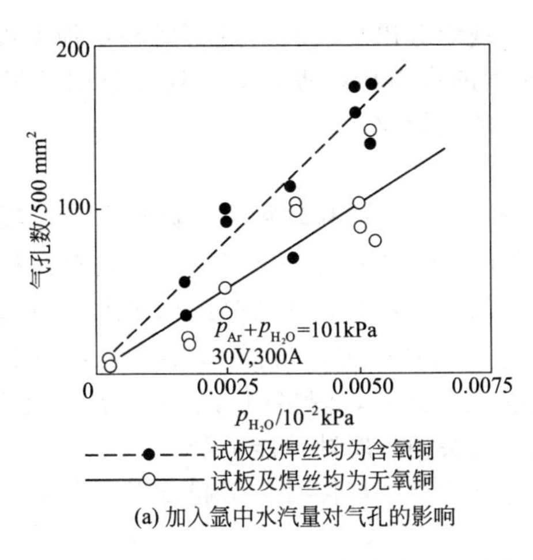

(a) 加入氩中水汽量对气孔的影响

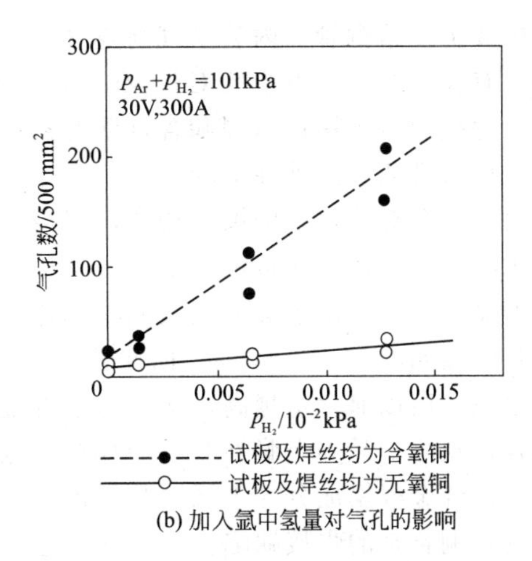

(b) 加入氩中氢量对气孔的影响

图 3.1　加入氩中水汽量和氢量对纯铜 TIG 焊缝气孔的影响

限溶解度称为熔点溶解度，则平衡状态时铜的最高溶解度与熔点溶解度的比值为 7.2，而铁的相应比值仅为 1.6。焊接处于非平衡状态，弧柱下的熔池温度很高，此处能吸收大量的氢，熔池周围温度稍低，吸收氢量也降低。

试验发现，氩气中加入 2%的氢时，铜的高温熔池有较大吸氢能力，高温熔池吸氢量为熔点溶解度的 3.7 倍；而对铁来说，只有 1.4 倍。焊接过程冷却很快，即使不考虑铜强导热性能的影响，高温熔池中所吸收的氢在冷却过程中也不易析出而成过饱和状态，导致对产生氢气孔特别敏感。为了消除气孔，应控制焊接时氢的来源，降低熔池冷速（如预热等），使气体易于析出。

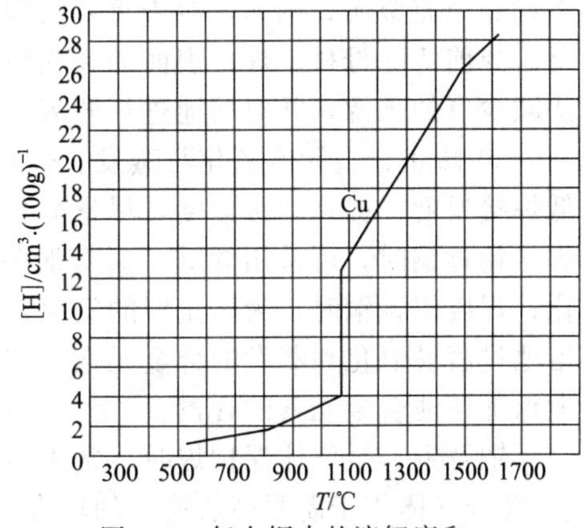

图 3.2　氢在铜中的溶解度和温度的关系（p_{H_2} = 101kPa）

铜焊接中生成的另一种气孔是通过冶金反应的气体引起的，称为反应气孔。高温时铜与氧有较大的亲和力而生成 Cu_2O，它在 1200℃以上溶于液态铜，在 1200℃从液态铜中开始析出，随温度下降，析出量也随之增大，与溶解在液态铜中的氢或 CO 发生下列反应。

$$Cu_2O+2H = 2Cu+H_2O\uparrow$$

$$Cu_2O+CO = 2Cu+CO_2\uparrow$$

所形成的水蒸气和 CO_2 不溶于铜中。由于铜的导热性能强，熔池凝固快，水蒸气和 CO_2 来不及逸出而形成气孔。当铜中含氧量很少时，发生上述反应气孔的可能性很小。含氧铜比脱氧铜对上述反应气孔更敏感。防止上述反应气孔的主要途径是减少氧、氢来源，对熔池进行适当脱氧。另外，使熔池慢冷也能起防止气孔的作用。

紫铜氩弧焊时，过去常采用含有 Si、Mn 的焊丝进行脱氧，焊缝气孔虽有所改善，但要完全根除气孔是很困难的。氩弧焊时 N 也是形成气孔的原因之一，随着氩气中 N 含量的增加，焊缝气孔数量随之上升。虽然在 1400℃以下 N 不溶于铜，但弧柱下的熔池处于高温，部分 N 可溶入，增大电弧气氛中 N 分压，而使 N 气孔数量增加。

采用含适量脱氮元素（Ti、Al）的焊丝（如含 0.20%Al 及 0.10%Ti 的铜焊丝）可防止 N 气孔的发生。Ti、Al 是强脱氧剂，对防止焊缝发生水汽气孔也是有效的。埋弧焊情况下在坡口内放上小紫铜管，内装氮气与空气，未发现焊缝出现气孔，这可能与熔池温度低，N不易溶入有关。此外，铜中的Cd、Zn、P等元素的沸点低，焊接时上述元素的蒸发也会形成气孔。焊接时可采用快速焊和含这些元素低的填充焊丝。

（4）接头性能和耐蚀性下降

铜及铜合金焊接过程中没有相变，焊缝和热影响区的晶粒较粗大，以致在一定程度上影响到接头的力学性能。通常铜及铜合金焊接接头的力学性能有所下降，特别是塑性和韧性的降低更为显著，这是由于焊后接头晶粒粗化以及晶界上存在脆性共晶组织所致。纯铜的接头强度为基体金属的80%～90%，而伸长率和冷弯角的降低尤为显著。Cu_2O是造成脆性共晶的主要根源，所以氧含量越高，接头力学性能越低。此外，焊接时合金元素的氧化和蒸发、接头的各种缺陷、晶界上脆性共晶的存在，也使接头的抗腐蚀性能下降。

铜及铜合金根据成分的不同，其焊接性又各有特点，焊接时应引起重视。常采用以下措施控制铜及铜合金的焊接缺陷。

① 尽量采用加热面积小、能量密度大、功率大的焊接方法，采取焊前预热、适当的焊接次序、焊后锤击和热处理等工艺措施，以保证填充金属与母材很好地熔合、细化晶粒、减小和消除应力，防止变形。例如，对于硅青铜、磷青铜等焊后趁热锤击有助于细化晶粒和减小残余应力。

② 降低母材、填充金属中氧、铅、铋、硫等对焊接质量影响大的杂质含量，正确选用母材和填充金属。例如，对于重要的铜结构，为了清除氧的不良影响，必须选用脱氧铜做母材。焊前清除母材、焊材表面的氧化膜，选用含有铝、钛等强氧化剂的焊丝，采用熔剂等方法减少氧的来源，并对熔池进行脱氧。

③ 防止合金元素氧化与蒸发。焊接黄铜时可选用含硅的填充金属，并在工艺上适当降低焊接温度，提高焊接速度，尽量减少熔池处于高温的时间，防止黄铜中锌的氧化与蒸发；焊接锡青铜时，可采用含硅、磷等脱氧剂的焊丝，并用硼砂和硼酸作熔剂，以防止锡的氧化；焊接铝青铜时，为防止铝的氧化，可采用氯化盐和氟化盐组成的熔剂。通过焊接材料向熔池过渡易氧化和蒸发的合金元素、变质处理、惰性气体保护等工艺措施，也可在一定程度上保证熔池合金元素的含量。

铜及铜合金气体保护焊时，常用Ar或Ar+(25～75)%He作为保护气体。He或He+Ar混合气体用于需要高热输入的场合。铜及铜合金焊接时的主要问题、产生原因及防止措施见表3.8。

表3.8 铜及铜合金焊接时的主要问题、产生原因及防止措施

焊接问题	产生原因	防止及控制
未熔合与未焊透	导热性良好	采用能量集中、大功率热源，预热处理
焊接变形	线胀系数大、导热性良好	预热处理，恰当的焊接次序，焊后锤击和热处理
热裂纹	形成低熔点共晶，焊接应力的作用	降低母材、填充金属中氧、硫、铅、铋等杂质含量，正确选用母材和填充材料
气孔	氢在铜中的溶解度随温度的下降发生突变，冶金反应生成的H_2O、CO_2来不及逸出	去掉氧化膜，选择适当的保护气体，延长熔池存在的时间
焊接接头的塑性、导电性、耐蚀性等缺陷	热循环后晶粒变粗，低熔点共晶的形成；Mn、Si元素及其他杂质元素会降低导电性；Zn、Ni、Al等的蒸发和烧损造成耐蚀性下降	选用能获得双相组织的焊丝，细化晶粒；减少焊缝杂质含量；对于易氧化和蒸发的合金元素，通过焊丝向熔池中添加适当的合金元素

3.2.2 铜及铜合金焊接材料

（1）焊丝

常用于焊接铜及铜合金，其中黄铜焊丝也广泛用于钎焊碳钢、铸铁及硬质合金刀具等。我国国家标准 GB/T 9460—2008《铜及铜合金焊丝》适用于 MIG 焊、TIG 焊和气焊等多种焊接方法，正确地选择填充金属是获得优质焊缝的必要条件。

铜及铜合金焊丝型号的表示方法为 HSCu××-×，字母 HS 表示焊丝，其后以化学元素符号表示焊丝的主要组成元素。在短划“-”后的数字表示同一主要化学元素组成中的不同品种，如 HSCuZn-1，HSCuZn-2 等。铜及铜合金焊丝的类型及化学成分见表 3.9。

选用铜及铜合金焊丝时，除满足对焊丝的一般工艺性能、冶金性能要求外，最重要的是控制其中杂质的含量，提高其脱氧能力，防止焊缝出现热裂纹及气孔缺陷。常用的铜及铜合金焊丝的牌号、主要成分及用途列于表 3.10。这些焊丝并非都用于熔化极氩弧焊，有些用于其他焊接方法。

表 3.9 铜及铜合金焊丝的类型及化学成分

类型	型号	化学成分/%												
		Cu	Zn	Sn	Si	Mn	Ni	Fe	P	Pb	Al	Ti	S	杂质元素总和
铜焊丝	HSCu	≥98.0	*	≤1.0	≤0.5	≤0.5	*	*	≤0.15	≤0.02	≤0.01	—	—	≤0.05
黄铜焊丝	HSCuZn-1	57.0～60.0	余量	0.5～1.5	—	—	—	—	—	≤0.05	≤0.01	—	—	≤0.05
	HSCuZn-2	56.0～60.0		0.8～1.1	0.04～0.15	0.01～0.5	—	0.25～1.20						
	HSCuZn-3	56.0～62.0		0.5～1.5	0.1～0.5	≤1.0	≤1.5	≤0.5						
	HSCuZn-4	61.0～63.0		—	0.3～0.7	—	—	—						
白铜焊丝	HSCuZnNi	46.0～50.0	—	—	≤0.25	—	9.0～11.0	—	≤0.25	≤0.05	≤0.02	—	—	≤0.50
	HSCuNi	余量	—	*	≤0.15	≤1.0	29.0～32.0	0.40～0.75	≤0.02	≤0.02		0.20～0.50	≤0.01	
青铜焊丝	HSCuSi	余量	≤1.5	≤1.1	2.8～4.0	≤1.5	*	≤0.5	*	≤0.02	*	—	—	≤0.5
	HSCuSn		*	6.0～9.0	*	*	*	*	0.10～0.35		≤0.01			
	HSCuAl		≤1.0	—	≤0.10	≤2.0	—	—	*		7.0～9.0			
	HSCuAlNi		≤1.0	—	≤0.10	0.5～3.0	0.5～3.0	≤2.0	*		7.0～9.0			

注：杂质元素总和包括带 * 号的元素含量之和。

（2）焊剂

为防止熔池金属氧化和其他气体侵入，并改善液体金属的流动性，气焊、碳弧焊、埋弧焊、电渣焊都使用熔剂，不同焊接方法所用的熔剂是不同的。气焊、碳弧焊焊铜通用的熔剂主要由硼酸盐、卤化物或它们的混合物组成，见表 3.10。

CJ301 系硼基盐类，易潮解，呈酸性反应，能有效地溶解氧化铜和氧化亚铜，焊接时呈液态熔渣覆盖于金属表面。

CJ301 的主要成分为硼砂、硼酸，呈酸性反应，能有效地溶解表层的氧化铜和氧化亚铜，焊接时呈液态熔渣覆盖于焊缝金属表面，防止金属氧化。因有潮解性，能在空气中引起铜的腐蚀，焊后必须将残渣从金属表面洗刷干净。

表 3.10 铜及铜合金气焊、碳弧焊用焊剂

牌号		化学成分/%						熔点/℃	应用范围
		$Na_2B_4O_7$	H_3BO_3	NaF	NaCl	KCl	其他		
标准	CJ301	17.5	77.5	—	—	—	$AlPO_4$ 5	650	紫铜或黄铜气焊或钎焊时作助熔剂
非标准	1	20	70	10	—	—	—	—	铜及铜合金气焊及碳弧焊通用
	2	56	—	—	22	—	—	—	—
	3	68	10	—	20	—	—	—	—
	4	LiCl 15	—	KF 7	30	30	45	—	铝青铜气焊用

（3）焊条

我国国家标准 GB/T 3670—1995《铜及铜合金焊条》中，铜及铜合金焊条电弧焊焊条型号的表示方法为，字母“ECu”表示铜及铜合金焊条，ECu 后面的×直接用元素符号表示型号分类，例如：ECu 为铜焊条、ECuSi 为硅青铜焊条、ECuSn 为磷青铜焊条、ECuAl 为铝青铜焊条、ECuNi 为铜镍焊条等。常用铜及铜合金焊条的成分、性能、用途及工艺特点见表 3.11。

表 3.11 铜及铜合金焊条的成分、性能、用途及工艺特点

牌号	符合国标	药皮类型	焊接电源	主要成分/%	熔敷金属力学性能	主要用途及工艺特点
T107	ECu	低氢型	直流反接	Cu>99，Si≤0.5 Mn≤3.0，P≤0.3 Pb≤0.02， 其他≤0.50	σ_b≥170MPa δ_5≥20%	在大气及海水介质中具有良好的耐蚀性。用于焊接导电铜排、铜制热交换器、船舶用海水导管等铜结构件，也可在碳钢零件表面堆焊，用于耐海水腐蚀的环境。不宜焊接电解铜及含氧铜。焊前工件预热 400～500℃
T207	ECuSi	低氢型	直流反接	Cu>92.0，Si 2.5～4.0 Mn≤3.0，P≤0.3 Pb≤0.02， 其他≤0.50	σ_b≥170MPa δ_5≥20%	用于焊接纯铜、硅青铜、黄铜以及化工机械管道等内衬的堆焊。焊接硅青铜或在钢上堆焊时不需预热，焊接纯铜时预热 450℃，焊接黄铜时预热 300℃
T227	ECuSn	低氢型	直流反接	Cu 余量， Sn 7.0～9.0 Pb≤0.02，P≤0.3 其他≤0.50	σ_b≥170MPa δ_5≥12%	用于焊纯铜、黄铜、磷青铜等同种或异种金属，也可用于铸铁的补焊及堆焊。广泛用于堆焊磷青铜轴衬、船舶推进器叶片等，焊前预热温度：磷青铜 150～250℃，纯铜 450℃，碳钢 200℃
T237	ECuAl	低氢型	直流反接	Cu 余量， Al 6.5～10.0 Si≤1.0，Mn≤2.0 Fe≤1.5，Pb≤0.02 其他≤1.0	σ_b≥390MPa δ_5≥15%	用于铝青铜及其他铜合金的焊接，也可用于铜合金和钢的焊接以及铸铁补焊，如各种化工机械散热器、阀门的焊接，水泵、汽缸等堆焊及船舶螺旋桨的修复。铝青铜的焊接和碳钢的堆焊，薄件不需预热，厚件预热 200℃左右
T307	ECuNi	低氢型	直流反接	Cu 余量， Ni 29.0～33.0 Si≤0.5，Mn≤2.5 Fe≤2.5，Ti≤0.5 P≤0.02	σ_b≥350MPa δ_5≥20%	用于焊接 Cu70Ni30 合金或 Cu70Ni30 合金/645-Ⅲ钢复合金属及 Cu70Ni30 合金作覆层、645-Ⅲ钢作基层衬里结构的复合金属

铜及铜合金的焊条电弧焊与低碳钢相比要困难得多，首选仍是同质合金的焊条。相对来说，只有白铜焊条应用多一些。紫铜焊条虽获得一定的应用，但工艺性能不好，通常要预热到450℃以上方可施焊。焊条电弧焊黄铜虽可选用硅青铜焊条，但很少应用。

3.3 铜及铜合金的焊接工艺

3.3.1 焊接方法的选用

针对不同的铜合金及其对焊接接头性能的要求，可选择不同的焊接方法。一般来说，焊接铜及铜合金需要大功率、高能束的焊接热源。热效率越高，能量越集中对焊接越有利。表3.12提供了铜及铜合金熔焊焊接方法的选择。

表3.12 铜及铜合金熔焊方法的选择

焊接方法（热效率 η）	纯铜	黄铜	锡青铜	铝青铜	硅青铜	白铜	简要说明
钨极气体保护焊（0.65～0.75）	好	较好	较好	较好	好	好	用于薄板（小于12mm），纯铜、黄铜、锡青铜、白铜采用直流正接，铝青铜用交流，硅青铜用交流或直流
熔化极气体保护焊（0.70～0.80）	好	较好	较好	好	好	好	板厚大于3mm可用，板厚大于15mm优点更显著，电源极性为直流反接
等离子弧焊（0.80～0.90）	较好	较好	较好	较好	较好	好	板厚在3～6mm可不开坡口，一次焊成，最适合3～15mm中厚板焊接
焊条电弧焊（0.75～0.85）	差	差	尚可	较好	尚可	好	采用直流反接，操作技术要求高，使用板厚2～10mm
埋弧焊（0.80～0.90）	较好	尚可	较好	较好	较好	—	采用直流反接，适用于焊接6～30mm中厚板
气焊（0.30～0.50）	尚可	较好	尚可	差	差	—	易变形，成形不好，用于厚度小于3mm的不重要结构中
碳弧焊（0.50～0.60）	尚可	尚可	较好	较好	较好	—	采用直流正接，电流大、电压高，劳动条件差，已逐渐被淘汰，只用于厚度小于10mm的铜件

根据铜及铜合金的焊接性特点，惰性气体保护焊是获得优质焊接接头的主要方法。对于厚度$\delta=1\sim4$mm的板材，最好采用钨极氩弧焊。这种方法能量密度大、惰性气体对熔池保护效果好，并且有冷却作用，变形小，价格相对适中，焊接质量好。焊接厚度$\delta<8$mm的紫铜可以不进行预热。对$\delta=6\sim30$mm的中厚板可采用埋弧自动焊，其电弧功率大、穿透能力强、焊接质量好、成本低，焊接时可以降低预热温度，劳动条件较好。等离子弧热量集中，可焊6～8mm铜板，用微束等离子弧能焊接0.1～0.5mm厚的铜箔和直径0.04mm的铜丝网。气焊变形大，接头塑性差。对厚度$\delta>15$mm的板材采用熔化极氩弧焊，电流大、熔深大、焊缝含氧量低。

气焊是黄铜焊接的主要方法之一，选用含Si的黄铜焊丝可抑制Zn的烧损。紫铜和磷青铜焊丝的气焊仅在不重要的结构中采用，铝青铜和硅青铜焊丝基本上不推荐用于气焊。

焊条电弧焊、碳弧焊的焊接质量不稳定，常出现夹渣、气孔等缺陷，一般较少采用。熔焊时焊接材料是控制冶金反应、调整焊缝成分以保证获得优质焊缝的重要手段。针对不同的铜合金及其对接接头性能的要求，所选用的焊接材料有很大的差别。

堆焊青铜首选惰性气体保护焊，这种方法可获得优质的堆焊金属。铝青铜和磷青铜焊丝的耐磨性好，硅青铜焊丝的减摩性好，而白铜焊丝的耐海水腐蚀性能好。采用焊条电弧焊堆焊青铜很难得到无缺陷的堆焊层。选用黄铜焊丝气焊则可得到较好的堆焊层，但对于碳钢母材，焊丝中 Si 含量大于 0.3%时，界面层容易产生脆性的化合物，使堆焊层难以结合甚至脱落。

3.3.2 焊前准备

(1) 焊丝及焊件表面的清理

焊前应仔细清除焊丝表面和焊件坡口两侧 20～30mm 范围内的氧化膜、水分和油污等。清理方法有以下两种。

① 机械清理　用钢丝轮、钢丝刷或砂布打磨焊丝和焊件表面，直至露出金属光泽。

② 化学清理　先用四氯化碳或丙酮等溶液擦拭，或将焊丝、焊件置于含 10%氢氧化钠的水溶液中除油，溶液加热温度为 30～40℃，然后用清水冲洗干净；再置于含 35%～40%硝酸或含 10%～15%硫酸水溶液中浸蚀 2～3min，再用清水洗刷干净，并烘干。

铜及铜合金焊前清理溶液及清洗方法见表 3.13。经清理合格的焊件应及时施焊。

表 3.13　铜及铜合金的焊前清理溶液及清洗方法

目　的	清理内容及工艺措施	
去油污	①去氧化膜之前，将待焊处坡口及两侧各 30mm 内的油、污、脏物等用汽油、丙酮等有机溶剂进行清洗 ②用 10%氢氧化钠水溶液加热到 30～40℃对坡口除油→用清水冲洗干净→置于 35%～40% 的硝酸水溶液（或硫酸 10%～15%）中浸渍 2～3min，清水洗刷干净，烘干	
去除氧化膜	机械清理	用风动钢丝轮或钢丝刷或砂布打磨焊丝和焊件表面，直至露出金属光泽
	化学清理	置于 70mL/L HNO_3＋100mL/L H_2SO_4＋1mL/L HCl 混合溶液中进行清洗后，用碱水中和，再用清水冲净，然后用热风吹干

(2) 接头形式及坡口制备

由于搭接接头、丁字接头、内角接接头散热快，不易焊透，焊后清除流入焊件缝隙中的熔剂和熔渣很困难，因此尽可能不采用。应采用散热条件对称的对接接头、端接接头，并根据母材厚度和焊接方法的不同，制备相应的坡口。对不同厚度（厚度差超过 3mm）的紫铜板对接焊时，厚度大的一端必须按规定削薄，如图 3.3 所示。采用单面焊接接头，特别是开坡口的单面焊接接头又要求背面成形时，必须在背面加上成形垫板。一般情况下，铜及铜合金工件不易实现立焊和仰焊。

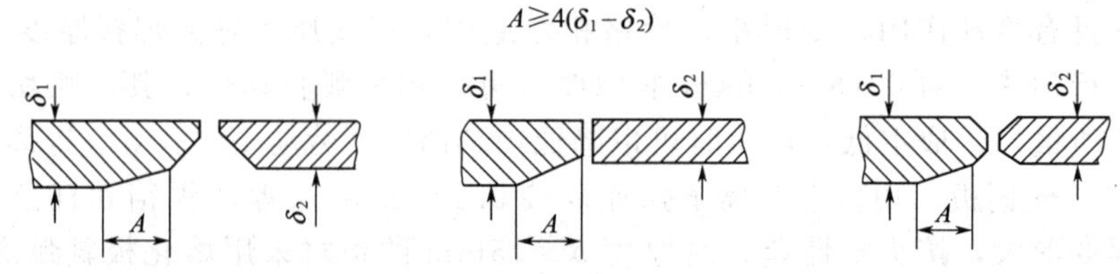

图 3.3　不同厚度板对接接头形式

工件装配时，根据焊接方法、接头形式和坡口尺寸，留出接头装配间隙。对圆弧形工件，对接纵缝和环缝允许的板边偏移量如图 3.4 所示。

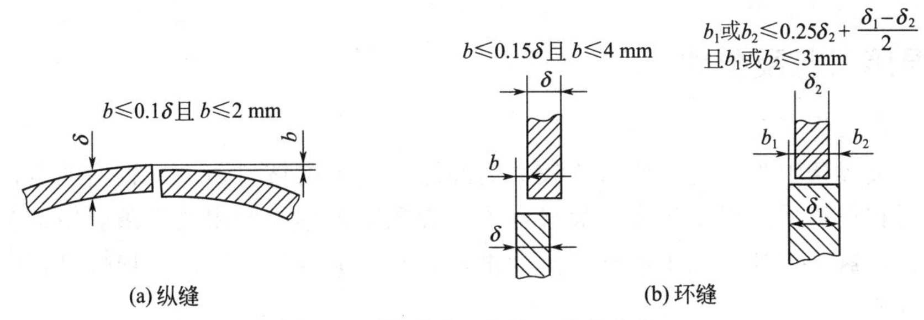

图 3.4 圆弧形工件接口的偏移量

(3) 衬垫

为防止铜液从坡口背面流失，保证焊缝成形，特别是在焊接厚板及单面焊又要求背面成形时，接头的根部需采用衬垫。衬垫分为可拆衬垫和永久衬垫两类。可拆衬垫焊后不与焊缝粘连，在焊接过程中不会与铜液发生反应以致影响焊缝质量。永久衬垫用与焊件同质材料做成，焊后永久地留在焊件上，仅适用于要求不高或使用条件允许的结构。

无论采用何种衬垫，装配时都必须保证衬垫与焊件贴紧。为防止焊件在焊接中因变形而与衬垫贴合不紧，应采取适当措施将工件与衬垫夹紧。常用的衬垫如下。

① 纯铜衬垫　能承受一定压力，机械强度较高，但散热快、成分较高、操作不当时衬垫可能与焊缝焊到一起。在衬垫上应开设成形槽。

② 钢垫　熔点较高，一般的碳钢板容易生锈，使焊缝产生气孔，采用不锈钢板可以避免这个缺点。

③ 石墨衬垫　熔点高，但性质脆，焊接过程中由于碳烧损生成的一氧化碳对焊缝质量不利。

④ 石棉垫　散热慢，不会与焊缝焊在一起，但石棉容易吸潮，焊前必须烘干。

⑤ 黏结软垫　主要有陶质黏结软垫和玻璃纤维软垫两种，如图 3.5 所示。要求铜板用钢丝刷打磨干净，使其表面无浮锈和油污即可黏结，用手即可将软垫压紧粘牢，不需任何卡紧装置。

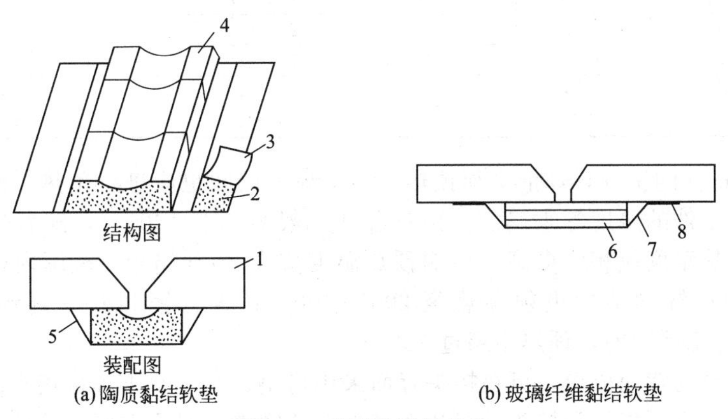

图 3.5 常用的黏结软垫

1—工件；2—压敏黏结剂；3—防固化覆盖纸；4—陶质垫；5—铝箔；
6—玻璃纤维垫；7—铝箔；8—黏结剂

a. 陶质黏结软垫　在烧结的陶质垫板下面有铝箔支撑。铝箔上涂有合成耐热压敏黏结剂，可将小块的陶垫粘牢，两侧粘贴在焊件上，能保证陶垫贴紧。

b. 玻璃纤维黏结软垫　采用经处理和浸液的耐热玻璃纤维布4～5层组成，柔性好，可防止焊缝背面的空气污染。

3.3.3　焊接工艺及参数

(1) 焊条电弧焊工艺

铜及铜合金焊条电弧焊时，应采用较大的间隙、较大的坡口角度、较密的定位焊缝、较高的预热温度和焊道层温以及较大的焊接电流。焊条电弧焊中所用的焊条能使铜及铜合金焊缝中含氧量、含氢量增加，其中的锌蒸发严重，容易形成气孔。因此在焊接过程中应严格控制焊接工艺参数。

表3.14为铜及铜合金焊条电弧焊的工艺参数。焊条在焊接前要严格经200～250℃、2h烘干，彻底去除药皮中吸附的水分。

表3.14　铜及铜合金焊条电弧焊的工艺参数

材　料	板厚/mm	坡口形式	焊条直径/mm	焊接电流/A	备　　注
紫铜	2	I形	3.2	110～150	铜及铜合金焊条电弧焊焊条所选用的电流可按公式 $I\approx(3.5\sim4.5)d$（其中 d 为焊条直径）来确定 ① 随着板厚增加，热量损失大，焊接电流选用上限，甚至可能超过直径的5倍 ② 在一些特殊的情况下，工件的预热受限制，也可适当提高焊接电流予以补充
	3	I形	3.2～4	120～200	
	4	I形	4	150～220	
	5	V形	4～5	180～300	
	6	V形	4～5	200～350	
	8	V形	5～7	250～380	
	10	V形	5～7	250～380	
黄铜	2	I形	2.5	50～80	
	3	I形	3.2	60～90	
铝青铜	2	I形	3.2	60～90	
	4	I形	3.2～4	120～150	
	6	V形	5	230～250	
	8	V形	5～6	250～280	
	12	V形	5～6	280～300	
锡青铜	1.5	I形	3.2	60～100	
	3	I形	3.2～4	80～150	
	4.5	V形	3.2～4	150～180	
	6	V形	4～5	200～300	
	12	V形	6	300～350	
白铜	6～7	I形	3.2	110～120	平焊
	6～7	V形	3.2	100～150	平焊和仰焊

板厚大于3mm的工件，焊前必须预热，多层焊的层间也应进行预热，预热温度要根据材料的热导率和工件的厚度等来确定。预热温度一般为200～600℃，随着焊件厚度和外形尺寸的增大，预热温度应相应提高。纯铜预热温度应在300～600℃范围内选择；黄铜导热比纯铜差，为抑止锌的蒸发也须预热至200～400℃；锡青铜和硅青铜预热不应该超过200℃；磷青铜的流动性差，预热不超过250℃。

为了控制焊缝的背面成形，可在接头背面采用衬垫。为了改善焊接接头的性能，同时减少焊接应力，焊后可对焊缝和接头进行热态和冷态的锤击。对要求较高的接头，应采用焊后高温热处理消除应力和改善接头韧性。

焊接纯铜的焊条一般为碱性低氢型，采用直流反接，焊接电流根据焊件厚度、工件尺寸、焊条直径和预热温度确定。随着预热温度的提高，焊接电流可适当减小。焊接时应用短弧，焊条不作横向摆动，沿焊缝作往复直线运动。长焊缝应采用逐步退焊法，焊接速度应尽可能快，更换焊条的动作要迅速。多层焊时须彻底清除层间渣壳。

铜及铜合金的手弧焊操作应在空气流通的地方进行，或者采用人工通风，以排除烟尘及有害气体。焊后可用圆头小锤敲击焊缝，消除应力和改善焊缝质量。

(2) 埋弧焊工艺

埋弧焊铜及铜合金时，板厚小于 20mm 的工件在不预热和不开坡口的条件下可获得优质接头，使焊接工艺大为简化，特别适合中、厚板焊件及长而规则焊缝的焊接。紫铜、青铜埋弧焊的焊接性能较好，黄铜的焊接性尚可。

1) 焊丝与焊剂的选择

焊接铜及铜合金可选用高锰高硅焊剂而获得满意的工艺性能，用于碳钢埋弧焊的焊剂(如 HJ431)，也可用于纯铜焊接。采用 T2 或 T1 纯铜焊丝配合 HJ431，采用大焊接线能量(大焊接电流、高电弧电压、低焊速）能得到满意的焊接质量。对接头性能要求高的工件宜选用氧化性小的 HJ260、HJ250 或选用陶质焊剂、氟化物焊剂。

2) 垫板及引弧板

埋弧焊使用的焊接热输入较大，熔化金属多，为防止液体铜的流失，获得理想的反面成形，无论单面焊还是双面焊，反面均采用各种形式的垫板。垫板与铜板的接触面要吻合很好，需要专门机械加工。为了保持焊剂垫层有一定的透气性，以利焊缝中气体的析出，又不对反面成形造成很大的压力使焊缝底部向下凹，应选颗粒度稍大的焊剂（2～3mm）作为垫剂层，而且焊剂层应有一定的厚度，一般不小于 30mm。

3) 焊接工艺参数

表 3.15 为铜及铜合金埋弧焊的工艺参数。铜的埋弧焊通常采用单道焊。焊件厚度小于 25mm 的铜及铜合金可采用不开坡口的单面焊或双面焊，用大线能量一次焊成。选用较大的焊接线能量是获得优质焊接接头的关键。厚度大于 25mm 的焊件开 U 形坡口（钝边为 5～7mm）并采用并列双丝焊接（丝距约为 20mm），这样可以获得比较合理的焊缝成形系数，避免产生热裂纹。

表 3.15 铜及铜合金埋弧焊的工艺参数

材料	板厚 /mm	接头、坡口形式	焊丝直径 /mm	焊接电流 /A	电弧电压 /V	焊接速度 /m·h^{-1}	备注
纯铜	5～6	对接不开坡口	—	500～550	38～42	45～40	—
	10～12		—	700～800	40～44	20～15	—
	16～20		—	850～1000	45～50	12～8	—
	25～30	对接 U 形坡口	—	1000～1100	45～50	8～6	—
	35～40		—	1200～1400	48～55	6～4	—
	16～20	对接、单面焊	—	850～1000	45～50	12～8	—
	25～30	角接 U 形坡口	—	1000～1100	45～50	8～6	—
	35～40		—	1200～1400	48～55	5～3	—
	45～60		—	1400～1600	48～55	5～3	—
黄铜	4	—	1.5	180～200	24～26	20	单面焊
	4	—	1.5	140～160	24～26	25	双面焊
	8	—	1.5	360～380	26～28	20	单面焊
	8	—	1.5	260～300	29～30	22	封底焊缝
	12	—	2.0	450～470	30～32	25	单面焊
	12	—	2.0	360～375	30～32	25	封底焊缝
	18	—	3.0	650～700	32～34	30	封底焊缝
	18	—	3.0	700～750	32～34	30	第二道

续表

材料	板厚/mm	接头、坡口形式	焊丝直径/mm	焊接电流/A	电弧电压/V	焊接速度/$m\cdot h^{-1}$	备注
铝青铜	10	V形坡口	焊剂层厚度/mm 25	450	35～36	25	双面焊
	15	V形坡口	25	550	35～36	25	第一道
	15	V形坡口	30	650	36～38	20	第一道
	15	V形坡口	30	650	36～38	25	封底焊缝
	26	X形坡口	30	750	36～38	25	第一道
	26	X形坡口	30	800	36～38	20	第二道（外层）

纯铜埋弧焊采用直流反接，焊丝与焊件表面相垂直。为提高熔透深度，也可将焊丝向前倾斜 10°。焊件通常置于水平或倾斜位置（倾斜角 5°～10°）。在倾斜位置焊接时，采用上坡焊法。此时由于铜液略向下流，焊接电弧容易深入到熔池底部，有利于坡口根部的焊透。纯铜焊丝的伸出长度与熔化速度关系不大，选择范围较大。

（3）钨极氩弧焊工艺

用钨极氩弧焊（TIG 焊）焊接纯铜可以获得高质量的焊接接头，具有电弧能量集中、保护效果好、热影响区窄、操作灵活的优点，这种方法已经成为铜及铜合金熔焊方法中应用最广泛的一种，特别适合中、薄板和小件的焊接和补焊。由于钨极的使用电流受到限制，因而手工钨极氩弧焊常用于焊接较薄的焊件和打底焊，以焊接厚度 3mm 以下的薄件最为适宜。

焊接板厚小于 3mm 的构件，不开坡口，一般不加填充金属；板厚在 4～10mm 时，一般开 V 形坡口，需加填充金属；板厚大于 10mm 开双 Y 形坡口。TIG 焊焊一般不推荐用于厚度大于 12mm 铜及铜合金板材的焊接。

大多数铜及铜合金的 TIG 焊焊采用直流正接，以获得最大的熔透深度。但对于铝青铜和铍青铜，采用交流电源可清除母材表面形成的坚韧氧化膜。焊接时通常采用左向焊法，焊前用高频振荡器引弧或在碳块、石墨块上接触引弧，然后移入坡口区焊接。

纯铜 TIG 焊接头的坡口形式及尺寸如图 3.6 所示。表 3.16 为铜及铜合金 TIG 焊的工艺参数。

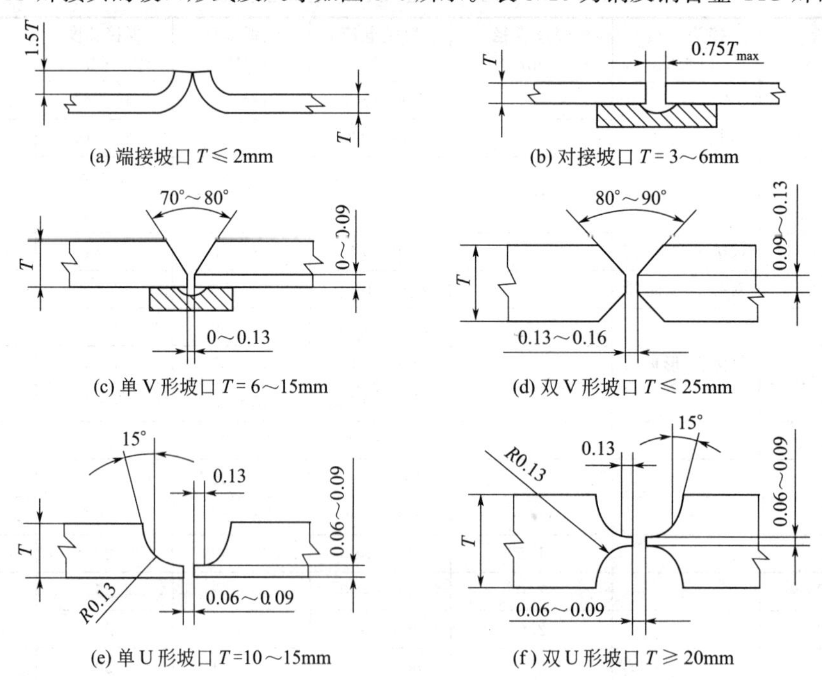

(a) 端接坡口 $T\leqslant 2$mm　(b) 对接坡口 $T=3\sim6$mm

(c) 单 V 形坡口 $T=6\sim15$mm　(d) 双 V 形坡口 $T\leqslant 25$mm

(e) 单 U 形坡口 $T=10\sim15$mm　(f) 双 U 形坡口 $T\geqslant 20$mm

图 3.6　纯铜 TIG 焊接头的坡口形式及尺寸

表 3.16　铜及铜合金 TIG 焊的工艺参数

材料	板厚/mm	钨极直径/mm	焊丝直径/mm	焊接电流/A	Ar气流量/L·min^{-1}	预热温度/℃	备注
纯铜	0.3～0.5	1	—	30～60	8～10	不预热	—
	1	2	1.6～2.0	120～160	10～12		—
	1.5	2～3	1.6～2.0	140～180			—
	2	2～3	2	160～200	14～16		—
	3	3～4	2	200～240			可实现单面焊双面成形
	4	4	3	220～260	16～20	300～350	正面焊1～2层,反面焊1层
	5	4	3～4	240～320		350～400	60°V形坡口双面焊
	6	4～5	3～4	280～360	20～22	400～450	钝边1.0mm
	10	5～6	4～5	340～400		450～500	正面焊2层,反面焊1层,V形坡口
	12	5～6	4～5	360～420	20～24		
硅青铜	1.5	3	2	100～130	8～10	不预热	I形接头
	3		2～3	120～160	12～16		
	4.5	3～4		150～220			V形接头
	6	4	3	180～250	16～20		
	9		3～4	250～300	18～22		
	12		4	270～330	20～24		
锡青铜	0.3～1.5	3	—	90～150	12～16	不预热	卷边接头
	1.5～3.0		1.5～2.5	100～180			I形接头
	5	4	4	160～200	14～16		V形接头
	7			210～250	16～20		
	12	5	5	260～300	20～24		
铝青铜	≤1.5	1.5	1.5	25～80	8～10	不预热	I形接头
	3.0	4	4	130～160	12～16	150	V形接头
	5.0	4	4	150～225	16		
	6.0	4～5	4～5	150～300			
	9.0	4～5	4～5	210～330			
	12.0			250～325			
白铜	3	4～5	1.5	310～320	12～16	不预热	B10自动焊,I形
	<3	—	3	300～310			B10焊条电弧焊,V形
	3～9		3～4	300～310			
	<3		3	270～290			B30焊条电弧焊,I形
	3～9		5	270～290			B30焊条电弧焊,V形

铜及铜合金钨极氩弧焊的工艺要点如下。

① 引弧。通常用左焊法施焊，为了保证焊接质量，手工 TIG 焊采用引弧装置引弧，如高频振荡器或高压脉冲发生器，使氩气电离而引燃电弧。这种引弧方法的优点是，钨极与焊件不接触就能在施焊处直接引燃电弧，焊缝金属不易产生夹钨缺陷。

② 没有引弧装置时，可以用石墨板、纯铜板或不锈钢板做引弧板，电弧先在引弧板上引燃，稳定后再移到焊接处。绝不允许钨极与焊件坡口面直接接触引弧。

③ 填丝。焊枪应尽量均匀、平稳地向前作直线移动，保持恒定的电弧长度。不需添加焊丝的对接焊时（如卷边接头），弧长控制在 1～2mm；需添加焊丝时，弧长为 2～5mm。

④ 添加焊丝时须待坡口两侧熔化后再从熔池边缘送进焊丝，填送焊丝要均匀，送丝速度的快慢要适当，要与焊接速度相适应。焊丝端头应始终处于熔池前端氩气的有效保护区内，但不能将焊丝直接放在电弧下面。送进焊丝的角度要适中，不可把焊丝抬得过高，不应让熔滴向熔池中“滴渡”。

⑤ 切忌污染钨极，即焊丝与钨极相碰或钨极与熔池接触而发生瞬间短路。若由于操作不慎发生这种情况，应立即停止焊接，认真清理焊件上被污染的焊缝金属，直至露出无缺陷的金属光泽。被污染的钨极可在引弧板上重新引弧，把黏附在钨极上的填充金属完全熔化

掉，或将钨极端部重新修磨好。

⑥ 厚板多层焊时，焊接层数不宜过多。打底焊道要确保熔合良好，控制好背面成形，并要有一定厚度（2～3mm）。以后各层以窄焊道施焊，焊枪不作横向摆动。层间温度不应低于预热温度，层间要用不锈钢丝刷或铜丝刷清理焊缝金属表面的氧化物。

⑦ 4～12mm 纯铜板的焊接，可采用双人双面同时向上立焊的方法施焊。焊件直立放置，两名焊工从两侧对接头同一部位进行焊接，不必清焊根，可提高生产率和焊接接头质量。双面钨极氩弧立焊的工艺参数见表 3.17。

表 3.17　双面钨极氩弧立焊的工艺参数

板厚 /mm	接头形式	接头间隙 /mm	每台焊机焊接电流 /A	焊接电压 /V	氩气流量 /L·min^{-1}
4	开 I 形坡口对接	3	150	36～40	10～12
6	开 I 形坡口对接	3	220	36～42	14～16
8	开 I 形坡口对接	3	260	38～42	18～20
10	对接、单边倒角 10°～15°	4	280	40～44	20～22
12	对接、单边倒角 10°～15°	4	320	40～44	22～24

⑧ 焊件厚度较小时，可使焊件半直立（即焊件倾斜 45°），让其中一名焊工在一侧专门进行预热操作，另一名焊工在正面一侧进行焊接。

（4）熔化极氩弧焊（MIG 焊）工艺

熔化极氩弧焊（MIG 焊）可用于所有的铜及铜合金的焊接。对于厚度大于 3mm 的铝青铜、硅青铜和铜镍合金最好选用这种方法焊接。对于厚度在 3～12mm 或大于 12mm 的铜及铜合金一般都选用熔化极气体保护焊，主要由于它比钨极氩弧焊和焊条电弧焊的熔化效率高，熔深大，焊速快，焊接变形小，接头质量好，是焊接中、厚铜合金件的较理想的方法。通常采用直流反接，多数是在平焊位置采用射流过渡进行焊接。

1）填充材料

MIG 焊选用的焊丝与 TIG 焊几乎相同，我国生产的标准铜焊丝对 TIG 焊和 MIG 焊是通用的。与 TIG 焊不同的是，MIG 焊的焊丝是以盘状供应，而非条状供应。铜及铜合金 MIG 焊用的填充焊丝见表 3.18。

表 3.18　铜及铜合金 MIG 焊用的填充焊丝

焊丝	名称	适用母材
ERCu	铜	铜
ERCuSi-A	硅青铜	硅青铜、黄铜
ERCuSn-A	锡青铜	锡青铜、黄铜
ERCuNi	铜镍合金	铜镍合金
ERCuAl-A2	铝青铜	铝青铜、黄铜、硅青铜、锰青铜
ERCuAl-A3	铝青铜	铝青铜
ERCuNiAl	铝青铜	镍铝青铜
ERCuMnNiAl	铝青铜	锰锌铝青铜
RBCuZn-A	船用黄铜	黄铜、铜
RCuZn-B	低烟黄铜	黄铜、锰青铜
RCuZn-C	低烟黄铜	黄铜、锰青铜

2）焊接工艺参数

铜及铜合金 MIG 焊工艺参数中最重要的是电流密度的选择。在氩气介质中，当焊接电流超过某一极限值（即临界电流值）时，熔滴过渡形式从滴状过渡转变为喷射过渡。此时焊接电流最为稳定且易控制、飞溅小、焊缝成形良好。因此MIG焊应选择喷射过渡的熔滴过渡方式。铜及铜合金熔化极氩弧焊（MIG焊）的工艺参数见表3.19。

表3.19 铜及铜合金MIG焊的工艺参数

材料	板厚/mm	坡口形式	焊丝直径/mm	焊接电流/A	焊接电压/V	氩气流量/L·min^{-1}	预热温度/℃
纯铜	3	I	1.6	300～350	25～30	16～20	—
	5	I	1.6	350～400	25～30	16～20	100
	6	V	1.6	400～425	32～34	16～20	250
	6	I	2.5	450～480	25～30	20～25	100
	8	V	2.5	460～480	32～35	25～30	250～300
	9	V	2.5	500	25～30	25～30	250
	10	V	2.5～3	480～500	32～35	25～30	400～500
	12	V	2.5～3	550～650	28～32	25～30	450～500
	12	X	1.6	350～400	30～35	25～30	350～400
	15	X	2.5～3	500～600	30～35	25～30	450
	20	V	4	700	28～30	25～30	600
	22～30	V	4	700～750	32～36	30～40	600
黄铜	3	I	1.6	275～285	25～28	16	—
	9	V	1.6	275～285	25～28	16	—
	12	V	1.6	275～285	25～28	16	—
锡青铜	1.5	I	0.8	130～140	25～26	10～16	—
	3	I	1.0	140～160	26～27	16～20	—
	6	V	1.0	165～185	27～28	16～20	—
	9	V	1.6	275～285	28～29	18	100～150
	12	V	1.6	315～335	29～30	18	200～250
	18	X	2	365～385	31～32	25～30	—
	25	X	2.5	440～460	33～34	30～40	—
铝青铜	3	I	1.6	260～300	26～28	20	—
	6	V	1.6～2.0	280～320	26～28	20	—
	9	V	1.6	300～330	26～28	20～25	—
	10	X	4.0	450～550	32～34	50～55	—
	12	V	1.6	320～380	26～28	30～32	—
	16	X	2.5	400～440	26～28	30～35	—
	18	V	1.6	320～350	26～28	30～35	—
	24	X	2.5	450～500	28～30	40～45	—

为提高焊接效率，MIG焊采用直流反极性、大电流、高焊速，这样可以提高电弧的稳定性。与TIG焊相比，焊接同样厚度的铜件，MIG焊的焊接电流增加30%以上，焊速可提高一倍。大电流有利于电弧的稳定，高速焊接对避免铜合金的热脆性和近缝区晶粒长大都有好处。

MIG焊具有较强的穿透力，不开坡口的极限尺寸及钝边比TIG焊时要大，坡口角度可偏小，一般不留间隙。只有在焊接流动性较差的硅青铜时才需要把坡口角度加大到80°。MIG焊时，厚度小于3mm的铜板采用不开坡口对接接头，根部间隙为0时可用铜衬垫。

（5）等离子弧焊工艺

等离子弧具有比TIG焊和MIG焊电弧更高的能量密度和温度，适合焊接高热导率和过热敏感的铜及铜合金，已经在纯铜、黄铜和青铜工件上得到应用。6～8mm厚的铜件可以不预热不开坡口一次焊成，接头质量达到基材水平。厚度8mm以上的铜件可以采用留大钝边、开V形坡口的等离子弧焊与TIG焊或MIG焊联合工艺，即先用不填丝的等离子弧焊底层，然后用熔化极或加丝钨极焊满坡口。微束等离子弧焊接0.1～1mm的超薄件可使工件的变形降到最小程度。

等离子弧焊接采用直流正接法转移弧，既有利于增强工件受热，又可使电弧稳定。铜及铜合金的流动性好，熔融态的表面张力较小，自重大，小孔效应不容易稳定，焊缝易烧穿。所以，焊接铜及铜合金时，一般采用非穿透法，而不用小孔法。

调节等离子弧能量和电弧稳定性的主要参数是焊接电流和离子气的成分及流量。电流增大、离子气流量的增加都会增强对等离子弧的压缩效果，因而电弧能量密度提高、穿透力加大，电弧稳定性好，焊接速度可加快。为了获得更高的能量以有利于焊接铜，还可在采用单一氩气作离子气的基础上改用掺入5%H_2或30%He的混合气体。推荐用的微束等离子弧焊和大功率等离子弧焊的工艺参数见表3.20和表3.21。

表3.20　铜及铜合金管件的微束等离子弧焊工艺参数

金　属	管子规格/mm	气体流量/L·min^{-1}			焊接电流/A	焊接速度/m·h^{-1}
		离子气	保护气	反面保护气		
纯铜	6.0×0.5	0.5	1.5	0.4	29	60
62黄铜	8.8×0.3	0.4	1.7	0.2	26	140
68黄铜	8.8×0.3	0.4	1.5	0.2	28	135
90黄铜	8.8×0.3	0.4	1.4	0.3	29	110
青铜	8.8×0.3	0.2	1.5	0.3	26	90

表3.21　纯铜和黄铜的大功率等离子弧焊工艺参数

材料	板厚/mm	钨极直径/mm	钨极内缩量/mm	喷嘴孔径/mm	保护罩与焊件距离/mm	保护气流量/L·min^{-1}	离子气流量/L·min^{-1}	焊接电流/A	送丝速度/cm·min^{-1}	备　注
纯铜	6	5	3～3.5	4	8～10	12～14	正4～4.5 反4.5～5	正140～170 反160～170	—	不开坡口对接，正反面各焊一层
	10	5	3～3.5	4	8～10	20～22	正4～4.5 反4.5～5	正210～220 反220～240	—	60°V形坡口，钝边2±0.5mm，正反面各焊三层
	16	5	10.2	4	8～10	21～23	5～5.5	正210～240 反240～260	—	正面焊四层，反面焊三层
	8	6	3	—	—	—	11.6	670	7.2	焊速48cm/min，氩气压力0.15MPa，喷嘴端部与聚焦孔间距4～5mm
黄铜	6	—	3	—	—	正25 反10	4～4.5	280～290	—	无坡口，无间隙，不加丝，不预热

应指出，等离子弧束很细，能量高度集中，焊前对工件边缘的加工精度、工件的装配精度、薄件的夹具精度等要求很高。如坡口的直度、对接间隙的均匀性、错边及与反面垫板的贴紧程度等，误差值一般不允许超过1mm，薄板结构不超过0.3～0.5mm。板越薄，允许的误差值越小。否则焊接过程不稳定、焊缝成形差，甚至无法正常焊接。因此，选用等离子弧焊接工艺必须与相应的加工装配条件综合考虑，才能获得理想的结果。

(6) 铜及铜合金的钎焊

铜及铜合金具有优良的钎焊性，无论是硬钎焊（钎料熔化温度高于450℃）还是软钎焊

（钎料熔化温度低于450℃）都容易实现。因为铜及铜合金有较好的润湿性，表面的氧化膜也容易去除。只有部分含铝的铜合金由于表面形成 Al_2O_3 膜较难去除，钎焊较困难。铜及铜合金的钎焊性比较见表3.22。

表3.22　铜及铜合金的钎焊性比较

材　料	牌　号	钎焊性	特　点
纯铜	全部	极好	可用松香或其他无腐蚀性钎剂进行钎焊
黄铜	含铝黄铜	困难	采用特殊钎剂，钎焊时间尽可能短
	其他黄铜	优良	易于用活性松香或弱腐蚀性钎剂钎焊
锡青铜	含磷锡青铜	良好	钎焊时间尽可能短，钎焊前要消除应力
	其他锡青铜	优良	易于用活性松香或弱腐蚀性钎剂钎焊
铝青铜	全部	困难	在腐蚀性很强的特殊钎剂下钎焊或预先在表面镀铜
硅青铜	全部	良好	需配用腐蚀性钎剂，焊前必须清洗
白铜	全部	优良	易于用弱腐蚀性钎剂钎焊，焊前要消除应力

铜及铜合金钎焊多采用氧-乙炔火焰，与采用钎料的火焰钎焊（如银钎焊）工艺相似。但接头间隙较宽，钎料是靠熔敷方法分布，而不是靠毛细管作用分布的。用铜合金钎料钎焊碳钢时，要将氧-乙炔火焰调成中性焰；钎焊铸铁时则应调成稍有氧化性。

黄铜焊丝广泛用于碳钢、铸铁和硬质合金的火焰钎焊及感应钎焊，此时选用含Sn的黄铜焊丝能提高流动性。若需要更高的接头强度可选用Cu-Zn-Ni锌白铜焊丝。镀锌钢板的钎焊应选用硅青铜焊丝，镀铝钢板则选用铝青铜焊丝。

1）铜及铜合金硬钎焊的工艺特点

① 钎料和钎剂。用于铜及铜合金硬钎焊的钎料有Cu-Zn钎料、Cu-P和Cu-P-Ag钎料、Ag-Cu钎料等，可根据被焊工件的要求选用。钎焊铜及铜合金所用的钎剂见表3.23。钎剂的形状有粉状、膏状和液状。绝大多数钎剂吸潮性很强，需严格密封保管。

② 加热方式。可根据工件形状、尺寸和数量，采用烙铁、浸渍、火焰、电感应、电阻和炉中钎焊等加热方法进行钎焊，同时合理选择相应的钎料、钎剂和保护气氛。

表3.23　钎焊铜及铜合金所用的钎剂

牌　号	名　称	成分/%	特点和用途
QJ101	银钎焊钎剂	KBF_4　68～71 H_3BO_3　30～31	以硼酸盐和氟硼酸盐为主，能有效清除表面氧化膜，有很好的浸流性，配合银基钎料或铜磷钎料使用。在550～850℃范围钎焊各种铜及铜合金以及铜/不锈钢
QJ102	银钎焊钎剂	B_2O_3　33～37 KBF_4　21～25 KF　40～44	以硼酸盐和氟硼酸盐为主，能有效清除表面氧化膜，有很好的浸流性，配合银基钎料或铜磷钎料使用。在600～850℃范围钎焊各种铜及铜合金以及铜/不锈钢
QJ105	低温银钎焊钎剂	$ZnCl_2$　13～16， NH_4Cl　4.5～5.5 $CdCl_2$　29～31 LiCl　24～26 KCl　24～26	以氯化物-氟化物为主的高活性钎剂，在450～600℃范围钎焊铜及铜合金，特别适用于铝青铜、铝黄铜及其他含铝的铜合金。钎剂腐蚀性极强，要求焊后对接头进行严格的刷洗，以防残渣对工件的腐蚀
QJ205	铝黄铜钎焊钎剂	$ZnCl_2$　48～52 NH_4Cl　14～16 $CdCl_2$　29～31 NaF　4～6	以氯化物-氟化物为主的高活性钎剂，在300～400℃范围钎焊铝青铜、铝黄铜以及铜与铝等异种接头。钎剂腐蚀性极强，要求焊后对接头进行严格的刷洗，以防残渣对工件的腐蚀

③ 对具有热脆性或在熔化钎料作用下易发生自裂的铜合金和接头，必须在钎焊前进行

消除应力处理，并尽量缩短钎焊时间，不要采用快速加热法。

④ 炉中钎焊黄铜和铝青铜时，为避免 Zn 的烧损及 Al 向银钎料扩散，工件表面可预先镀上铜层或镍层。

⑤ 在还原性气氛中钎焊铜及铜合金时，要注意“氢”的不利影响，只有无氧铜才能在氢气中钎焊。

2）铜及铜合金软钎焊的工艺特点

① 一般采用锡-铅钎料，与铜及铜合金有极好的润湿性和工艺性能。用于铜及铜合金钎焊的锡-铅钎料见表 3.24。

表 3.24　用于铜及铜合金钎焊的锡-铅钎料

钎料系列	牌　号	化学成分 /%	熔化温度 /℃		抗拉强度 /MPa	推荐间隙 /mm	用　途
			固相线	液相线			
锡铅钎料	HL601	Sn 17～18，Si 2～2.5 Pb 余量	183	277	28	0.05～0.20	钎焊铜及铜合金等强度要求不高的零件
	HL602	Sn 29～31，Si 1.5～2 Pb 余量	183	245	38	0.05～0.20	钎焊纯铜、黄铜
	HL603	Sn 39～41，Si 1.5～2 Pb 余量	183	235	38	0.05～0.20	钎焊铜及铜合金
	HL605	Ag 3～5，Sn 余量	221	230	55	0.05～0.20	钎焊各种铜及铜合金

② 铜及铜合金软钎焊用钎剂分为有机钎剂和弱腐蚀性钎剂两类（表 3.25）。

表 3.25　铜及铜合金软钎焊的钎剂

牌　号	名　称	成分（质量分数）/%	用　途
1	活性有机钎剂	松香 30，酒精 60，醋酸 10	与锡铅钎料配合钎焊各种铜及铜合金
2	活性有机钎剂	松香 22，酒精 76，盐酸苯胺 2	与锡铅钎料配合钎焊各种铜及铜合金
3	弱腐蚀性钎剂	氯化锌 40，氯化铵 5，水 55	与锡铅钎料、锡银钎料及锡锑钎料配合钎焊各种铜及铜合金、铜与不锈钢
4	弱腐蚀性钎剂	氯化锌 6，氯化铵 4，盐酸 5，水 85	与锡铅钎料、锡银钎料及锡锑钎料配合钎焊各种铜及铜合金、铜与不锈钢

a. 有机钎剂　采用活性松香酒精溶液，焊后不必清除钎剂残渣。

b. 弱腐蚀性钎剂　使用 $ZnCl_2$-NH_4Cl 水溶液、$ZnCl_2$-HCl 溶液或 $ZnCl_2$-$SnCl_2$-HCl 水溶液均可获得满意的结果。

③ 活性元素 Sn 容易和 Cu 反应，在铜表面形成金属间化合物 Cu_6Sn_5。如果高温长时间加热，这层金属间化合物增厚使接头强度降低，脆性增加。

④ 对装配质量的要求很高。

（7）铜的电子束焊接

电子束的能量密度和穿透能力比等离子束还强。利用它对铜及铜合金作穿透性的焊接有很大的优越性。电子束焊接时一般不填充焊丝。其冷速快、晶粒细，在真空下焊接不仅可以完全避免接头的氧化，还能对接头除气。铜的电子束焊缝的含气量远低于母材。焊缝的力学性能与热物理性能可达到与母材相等的程度。纯铜母材与电子束焊缝中氧含量和氢含量的比较如下。

	$[O_2]$%	$[H_2]$%
纯铜母材	0.001	0.0002
电子束焊缝	<0.0001	<0.0001

电子束焊接含 Zn、Sn、P 等低熔元素的黄铜和青铜时，这些元素的蒸发会造成焊缝合金含量的损失而又不能得到其他办法补充。应采用避免电子束直接长时间聚焦在焊缝同一处的焊接工艺，如使用摆动电子束的办法可避免上述不足。

电子束焊接厚大件时会出现因电子束冲击工件表面发生熔化金属的飞溅问题，导致焊缝成形变坏。此时可采用散射电子束装饰焊缝的办法加以改善。

铜电子束焊接的工艺参数可参考表 3.26 中的数据。

表 3.26 铜电子束焊接的工艺参数

工件厚度/mm	焊接电流/A	焊接电压/kV	焊接速度/m·h^{-1}
1	70	14	20
2	120	16	20
4	200	18	18
6	250	20	18

3.4 铜及铜合金焊接实例

3.4.1 纯铜薄壁容器的手工 TIG 焊

制氧设备中的空分设备中的空气分馏塔是用厚度 0.8～2.0mm 的 T_2 纯铜薄板制成的大直径薄壁容器。分馏塔外充满了绝热材料碳酸镁或矿渣棉。塔内的介质为液态和气态的氧和氮，工作温度为－196～－183℃。

容积 3350m^3/h 分馏塔上的内、外分馏筒均是纯铜薄壁容器，单节外分馏筒尺寸为 ϕ1900mm×780mm，内分馏筒尺寸为 ϕ790mm×780mm，这类容器一般采用手工钨极氩弧焊（TIG 焊）焊成。

纯铜薄板的对接拼焊是在专用的夹具上进行的，由在石棉底板上敷设的焊剂（如埋弧焊焊剂 HJ431）衬垫来控制焊缝的背面成形。拼接工序完成后，在卷板机上卷成圆筒，随后焊接筒体纵缝。

厚度 2mm 的筒体所采用的焊接工艺参数如下。

钨极直径 3mm，焊丝直径 3mm，焊接电流 150～220A，电弧电压 18～20V，焊接速度 20～30cm/min，氩气流量 10～21L/min。焊接过程中应尽量加快焊接速度，这样有利于防止气孔的产生。

为了提高纯铜焊接接头的质量，焊前应在焊件接缝边缘涂上一层铜气焊熔剂（但在引弧处的 10～15mm 范围内不要涂，以防在引弧时烧穿）。焊后用氧-乙炔火焰对筒体焊缝进行局部热处理，加热温度 800℃，然后自然冷却。

采用锡黄铜焊丝焊接时，室温下的接头抗拉强度为 219MPa；在－196℃时，抗拉强度达到 309MPa。采用锡磷青铜焊丝焊接时，室温下的接头抗拉强度为 224MPa；在－196℃时，抗拉强度达到 316MPa。拉伸试样均断在热影响区。

3.4.2 纯铜厚壁容器的半自动 MIG 焊

纯铜厚壁压力容器的结构如图 3.7 所示。端面法兰厚度 20mm，外径 450mm；3 个法兰颈厚度约为 15mm 以上；容器厚度分别为 20mm 和 60mm，耐压分别为 1.1～2.3MPa。除两端法兰为黄铜外，其余均为纯铜。采用半自动 MIG 焊，该纯铜厚壁容器 MIG 焊的工艺参数见表 3.27。

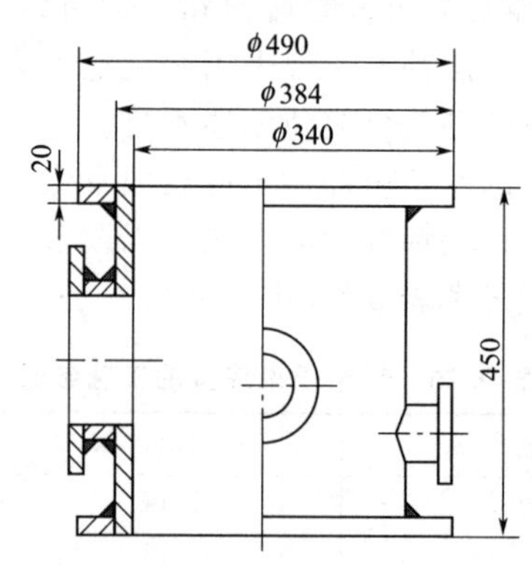

图 3.7　纯铜厚壁压力容器结构

表 3.27　纯铜厚壁容器 MIG 焊的工艺参数

焊件厚度/mm	6	8	12～15	25
焊丝直径/mm	1.6	1.6	1.6	1.6
预热温度/℃	150	200	350～400	500～600
焊接电流/A	280～300	300～320	360	360～400
送丝速度/m·min^{-1}	4	4～5	6	7

当预热温度（400℃左右）达到要求时，可进行焊接。焊接过程中，采用 10°～15°的上坡焊，左焊法施焊。对厚度 6～22mm 的纯铜件，按表 3.27 中所给的工艺参数施焊，焊接完成的容器经检验，焊缝外观整齐美观，焊缝断面无气孔、夹渣，力学性能良好。因此，采用半自动 MIG 焊焊接大厚度的纯铜件是可行的。

3.4.3　高炉纯铜螺旋风口的自动 MIG 焊

（1）螺旋风口的结构及使用条件

高炉螺旋风口的材质为铜的质量分数高于 99.5%的纯铜，对杂质含量有严格的要求。高炉螺旋风口由本体和前帽两部分（均为铸件）组装后焊接而成，其结构见图 3.8。

高炉螺旋风口的服役条件十分恶劣，风口前端的燃烧温度高达 2300～2500℃，而且因其伸入高炉内部，有熔渣、铁液滴落其上。风口内部有压力为 0.5MPa、温度为 1300℃的流通气体。风口内部结构为空腔，通以高压冷却水。所焊焊缝为螺旋风口本体和前帽组装后的内、外环缝。焊缝的焊接质量要求较高，不允许存在未焊透、未熔合、裂纹、咬边、连续夹渣和气孔等缺陷，焊缝根部不允许烧穿和存有焊瘤。焊缝必须致密，要求成形美观，表面光滑、平整。

（2）焊接设备及工艺

采用 NBA1-500 型熔化极氩弧焊机，并配备专用转胎以及焊前预热用的加热炉。

焊接工艺要点如下。

① 焊前仔细清理焊丝和焊接区表面的油污及氧化膜。

② 接头形式为锁底 V 形坡口的对接接头，有利于防止烧穿和产生焊瘤。锁底 V 形坡口见图 3.9。

③ 预热温度为 600～650℃，层间温度不低于 520～550℃。

④ 先焊外环缝，后焊内环缝，焊接 2～3 层，被焊接的焊缝处于水平位置。

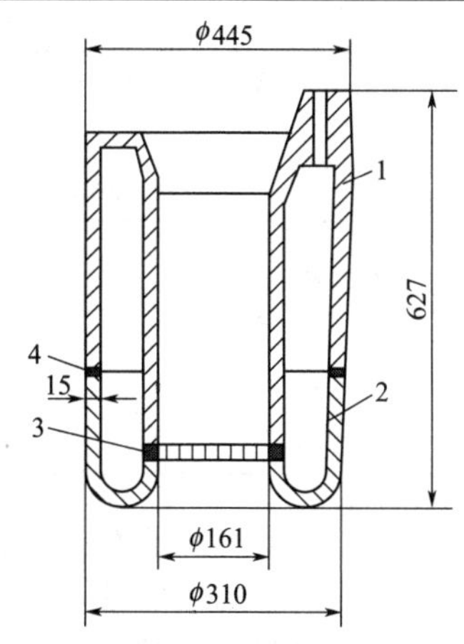

图 3.8 高炉纯铜螺旋风口结构

1—本体；2—前帽；3—内部焊缝；4—外部焊缝

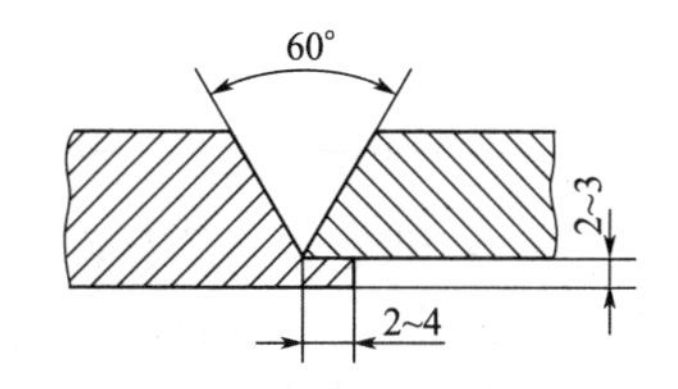

图 3.9 锁底 V 形坡口

⑤ 采用抗裂性好、脱氧能力强的锡青铜焊丝（牌号为 HSCuSn），焊丝直径为 1.6mm，焊接工艺参数见表 3.28。

⑥ 产品焊后应进行着色检验、水压试验，并抽样进行 X 射线探伤检验。

表 3.28 纯铜螺旋风口自动 MIG 焊的工艺参数

接头与坡口形式	焊接层次	焊接电流 /A	电弧电压 /V	焊接速度 /cm·min^{-1}	焊丝伸出长度 /mm	氩气流量 /L·min^{-1}
对接、V 形坡口	第 1 层	260～280	26～28	25～30	5～8	10～20
对接、V 形坡口	第 2、3 层	280～300	28～30	20～25	5～8	10～20

3.4.4 船用铜制螺旋桨的电弧焊修复

(1) 锰黄铜螺旋桨的焊补

船用锰黄铜螺旋桨在铸造和加工过程中经常出现铸造缺陷（如夹砂、气孔和疏松等），在使用过程中也会出现裂纹、磨损和腐蚀等缺陷，都需要焊接修复。为了提高焊接修复质量，满足螺旋桨加工和使用要求，针对 ZHAL67-5-2-2 铸造锰黄铜的特点，采用钨极氩弧焊（TIG 焊）进行焊接修复，主要工艺步骤如下。

① 选择几只具有不同缺陷（如裂纹、气孔、磨损等）的废螺旋桨，进行焊接修复工艺性试验，确定工艺参数、焊补次数、焊后防变形措施等。

② 选择直径 6mm 的焊丝，化学成分为 Cu 63.46%，Zn 26.43%，Fe 1.98%，Mn 2.78%，Al 5.20%。

③ 焊前彻底清除缺陷，露出金属光泽，用钢丝刷和丙酮清除焊接区的油污和氧化膜。为提高氩气保护效果，改进了原有的氩弧焊把手。

④ TIG 焊焊接修复的工艺参数见表 3.29。焊接修复时，根据缺陷部位的厚度调整工艺参数。采用多层多道焊，层间要清除表面氧化物，并逐层锤击。对于大面积缺陷，应从缺陷中间部位开始向边缘补焊，以减小修复过程中的焊接变形。对于刚性较大部位的缺陷，在工件背面预热 150℃。

⑤ 焊接修复后，对焊补区磨光并进行表面腐蚀检查，不能有任何缺陷，焊缝与母材熔合良好；测量焊接修复前后螺旋桨的螺距，应符合公差范围。焊接修复后螺旋桨基体及焊缝金属的化学成分见表 3.30。

表 3.29 锰黄铜螺旋桨焊接修复的工艺参数

钨极直径/mm	焊接电流/A	焊接电压/V	氩气流量/L·min^{-1}
4	140～240	27～29	18～24
5	200～320	27～29	20～26

表 3.30 焊接修复后螺旋桨基体及焊缝金属的化学成分 单位:%

部位	Cu	Zn	Mn	Al	Fe
基体(ZHAl67-5-2-2)	68.12	19.95	3.30	5.43	2.50
焊缝金属	68.34	19.95	3.14	5.29	2.15

⑥ 在船的中桨和左桨位置安置了焊接修复的螺旋桨进行使用考核，技术性能指标达到要求。焊补区也通过了表面耐蚀性检验。对 ZHAL67-5-2-2 铸造黄铜螺旋桨的缺陷可以按上述工艺进行焊接修复。使用 3 年后，对该船进行检修时，又对焊补区进行了检查，焊补区仍保持良好状态。

(2) 铝青铜螺旋桨叶片的修复

高锰铝青铜 ZQAL-12-8-3-2 合金是制作大型螺旋桨的优质材料，主要化学成分为 Mn 11.5%～14.0%，Al 7.5%～8.5%，Fe 2.5%～4.0%，Ni 1.8%～2.5%，Zn<0.3%，余为 Cu。这种合金具有优异的综合力学性能，抗拉强度 660～735MPa，屈服强度 280～345MPa，冲击韧性 35～48J/cm^2。

铝青铜螺旋桨铸件在加工过程中常常因有铸造缺陷而需要焊补，并要求焊接修复后不再出现裂纹、未熔合、气孔、夹渣等缺陷。不仅要使焊补部分有与母材相近的力学性能及抗海水腐蚀的能力（包括应力腐蚀、空泡腐蚀等），还要尽量减小螺旋桨叶片的变形。

1) 螺旋桨焊接修复的问题

铝青铜合金熔点低（938～950℃）、热导率低，焊接性较好。但某生产厂采用交流钨极氩弧焊（TIG 焊）工艺对其焊补时（填充金属成分与母材相同），曾多次出现裂纹，重复焊补多次仍不能得以消除。分析原因如下。

① 基体组织疏松，焊补前未将缺陷部位彻底清除干净，焊补后因残余应力的作用而导致焊缝边缘组织开裂。

② 焊接电流过大（400A），产生较大应力，出现裂纹，并从焊缝金属向基体延伸；电流过大还容易引起陶瓷喷嘴烧损，使焊缝渗硅，即使微量的硅也会使伸长率和冲击韧性降低，焊接性能变坏。

2) 焊接修复工艺

为避免产生裂纹，从试板、模拟试件到螺旋桨叶片焊补进行了多次试验。试验中采用交流手工钨极氩弧焊，钨极直径 4mm，焊接电流 200～240A，焊接速度 7.0～7.2cm/min，氩气流量 15～25L/min；填充焊丝成分为 Mn 10.6%～11.45%，Al 7.09%～7.58%，Fe 1.84%～3.22%，Ni 1.98%～2.35%。焊接修复试验中采用下述 3 种工艺措施。

① 焊前预热 200～230℃，焊接层间温度控制在 100℃左右。

② 焊前不预热，每焊接一条焊道就水冷 1 次，冷却后再焊下一条焊道。

③ 焊前不预热，空冷至室温再焊下一条焊道。

试验结果表明，采用上述工艺措施的焊缝均未出现裂纹，从而确定铝青铜螺旋桨叶片的焊接修复工艺如下。

先将螺旋桨叶片的铸造缺陷部位清理干净，尤其是疏松缺陷。在铲除缺陷时，疏松缺陷往往被挤压而不易暴露；焊补前应先加热熔化一遍，证实下面金属是致密的，再加填充金属；缺陷铲除部位的截面应平缓过渡，避免应力集中；缺陷处放在平焊位置，采用较小的焊接参数，在较低层温下进行焊补。

某单位用上述工艺焊接修复了 3 个螺旋桨的 9 个叶片，其中最小焊补面积占叶片面积的 8%，最大焊补面积占叶片面积 20%。挽回了 200 多万元的损失。对这 3 个经过焊接修复的螺旋桨在使用 2 年后进行了检查，焊补部位没有发现裂纹及腐蚀现象，工作状况良好。

3.4.5 铜波导管-法兰盘接头感应钎焊技术

成都四威高科技产业园有限公司曾雄辉等针对氧-乙炔手工火焰钎焊铜波导存在的问题，采用感应加热技术对波导管-法兰盘接头进行试验研究，设计了一种新型铜波导感应加热器，确定了感应器材质、截面尺寸、感应器形状和导磁体安装位置等感应器参数。在试验基础上总结了感应钎焊工艺参数和技术要点，改善了铜波导的钎焊质量。

(1) 试件和试验设备

波导管选用塑性和电磁性能优良的 24JS7500 T2 双脊紫铜管，法兰盘选用强度和机加工性能优良的 H62 黄铜，壁厚 5.3mm。为了减小钎焊应力和变形，波导管和法兰盘焊前都进行退火处理。铜波导感应钎焊试件结构如图 3.10 (a) 所示。感应钎焊设备为易孚迪 Minac18/25，最大输出功率 25kW，额定输出功率 18kW，输出功率调整范围 2%～100%，频率调节范围 10～40kHz。

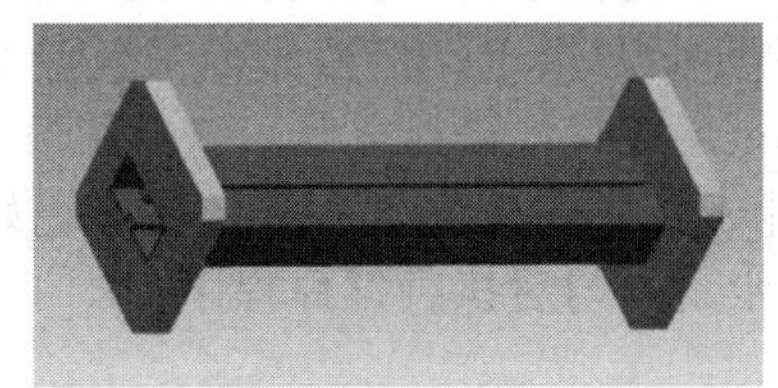

(a) 铜波导试件结构

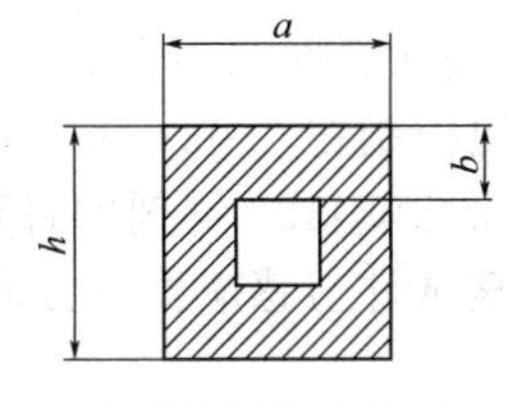

(b) 矩形铜管截面尺寸

图 3.10 铜波导试件结构及矩形铜管截面尺寸

(2) 感应器设计

① 材质选择　感应器必须具备高效的散热能力和良好的导电性能。通常选用 T2 紫铜管，铜管中通以流动的循环冷却水，这样既可以有效降低感应器的温度，同时也能提高感应器的载流密度。

② 截面尺寸　根据环状效应，交流电流通过环状导体时，最大电流密度分布在环状导体内侧。环状效应使感应器上的电流密集到感应器的内侧，对加热零件外表面十分有利。感应器内电流相同时，矩形铜管的电流密集区比圆形铜管更多地靠近加热工件，加热效率更高，且均匀性好，所以选择矩形铜管作为感应器导体。矩形铜管截面感应器的参数主要包括壁厚 b、轴向宽度 a 和径向高度 h，如图 3.10 (b) 所示。

铜管壁厚 b 主要影响感应器的电阻，宽度 a 影响感应器的最大载流，高度 h 则影响矩形铜管内孔的大小，进而影响感应加热系统的水冷效果。针对图 3.10 (a) 所示的铜波导试件，设计的感应器截面壁厚 $b=2$mm，轴向宽度 $a=8$mm，径向高度 $h=8$mm。

③ 形状设计　感应器的形状主要取决于被加热工件部位的几何结构和间隙。对于试验用波导试件，感应器与试件的单边距离设计为 2.65mm。由于铜波导法兰盘较厚，且钎料是通过法兰盘正面添加的，根据钎焊工艺特点可知，当钎焊瞬间时，法兰盘反面温度高于正面温度有利于熔化的钎料从法兰盘正面向反面渗透，因此需要在感应器适当部位镶装导磁体。导磁体能够集中磁场能量，改变电流分布状况，有效集中能量到所需加热部位。为防止击伤

工件或意外短路，在感应器外表面喷涂一层绝缘陶瓷。最终设计的波导管-法兰盘接头感应器外形及主要尺寸如图 3.11 所示。

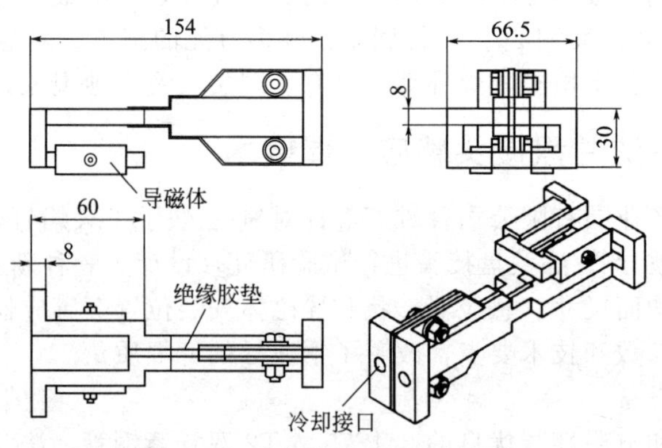

图 3.11 感应器外形及主要尺寸

（3）焊接工艺试验

1）钎料及试验过程

选用 BAg65CuZn 钎料及 QJ102 钎剂。首先化学清洗法兰盘、波导管和直径为 1mm 的 BAg65CuZn 钎料，去除表面油污和氧化物并低温烘干；然后装配法兰盘和波导管，要求其配合间隙均匀且单边控制在 0.03～0.07mm，同时将钎料按照焊缝形状预成形为矩形的非封闭钎料环；然后将涂抹 QJ102 钎剂的钎料环放在焊缝位置；最后将装配好后的试件放在感应器中间位置，调整试件与感应器各方向距离均匀后执行钎焊程序。

2）工艺参数

感应钎焊程序控制的工艺参数主要有电源频率、升温时间、钎焊温度和保温时间。电源频率影响感应加热的渗透深度、加热效率和加热质量，试验时电源加热频率设置为 15.5 kHz。铜波导钎焊应采用快速的加热方法。但是，感应电流受集肤效应影响，过快的加热速率容易导致钎焊工件不同部位温度差异较大，从而影响钎料的流动铺展。通常情况下感应钎焊的加热速率可控制在 60～80℃/s，保证钎料在钎剂完全熔化后 3～5s 即开始熔化，此时正好赶上钎剂活性最高期。为了获得合适的钎焊温度，试验时用红外测温系统测量试件的钎焊温度，观察并记录在该温度下的钎缝质量。BAg65CuZn 液相线温度为 720 ℃，试验温度设计从 720℃开始逐渐递增。

试验结果表明，钎焊温度 720～740℃时，钎缝存在成形不均匀、局部未熔合等缺陷；钎焊温度 750～780℃时，钎缝成形合格，内部无缺陷；钎焊温度 770～780℃时，钎料铺展面积较大；钎焊温度达到 790℃时，钎缝成形较差，钎料铺展面积过大，圆角 R 不符合要求。金相分析 750～780℃温度区间的钎焊接头发现，钎焊温度控制在 750～760℃获得钎缝缺陷少，组织致密。

用 BAg65CuZn 钎料配合 QJ102 钎剂感应钎焊铜波导，在适当的温度下进行保温处理，可使钎焊接头组织均匀化并增加接头的强度；但是保温时间不宜过长，因为钎剂具有腐蚀性，在较高的温度下停留时间过长会增加工件被腐蚀的概率，同时也容易引起钎料漫流，形成针状组织焊缝，降低接头的塑性，故应将保温时间控制在 15s 以内。

经试验铜波导管-法兰盘接头的感应加热工艺参数，设计为图 3.12 所示的加热曲线可获得优良的钎焊接头。钎焊完成后将铜波导试件在空气中冷却约 5min，然后放入煮沸的柠檬酸中清洗，去除钎剂残留物，在清水中反复冲洗后，用压缩空气吹干并低温烘干。

(4) 试验结果分析

感应加热频率设置为15.5 kHz，按照图3.12所示感应加热曲线钎焊的波导试件焊缝成形均匀、美观，无可视外观缺陷，如图3.13 (a) 所示。对比分析感应钎焊前后波导管内腔粗糙度发现无明显变化，而常规的氧-乙炔火焰钎焊后，波导管内腔粗糙度常会明显下降。试验统计了铜波导感应钎焊前后波导管口部尺寸变化情况。焊前记录波导管口部原始尺寸，焊后在相同位置进行复测，每个尺寸测量3点，取平均值。结果显示，感应钎焊后铜波导管口部尺寸变化较小，均在0.02mm以内，满足产品0.05mm要求，相比其他焊接工艺，尺寸变化明显减小。

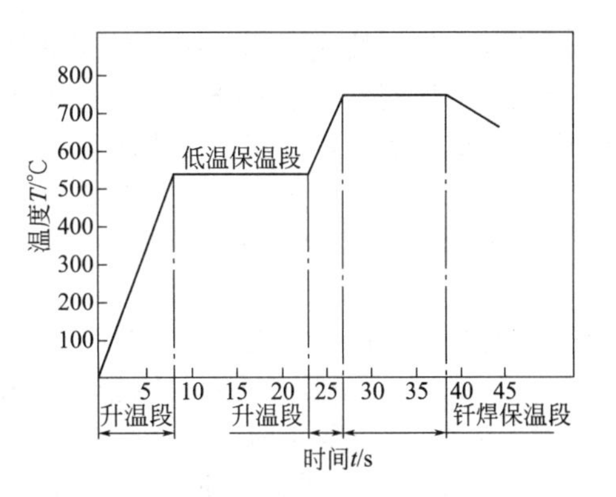

图3.12 感应钎焊加热曲线

感应钎焊后的铜波导试件焊缝的抗剪强度为212～226MPa，略高于退火态T2紫铜的抗剪强度，伸长率为34.8%～35.6%。与氧-乙炔手工火焰钎焊对比分析表明，无论是钎缝的抗剪强度和伸长率数值大小，还是数值稳定性，都优于氧-乙炔手工火焰钎焊。为观察试件钎缝组织致密性，沿法兰盘端面每隔0.5mm铣加工并观察金相组织，可知感应钎焊焊缝组织较为致密，如图3.13 (b) 所示。

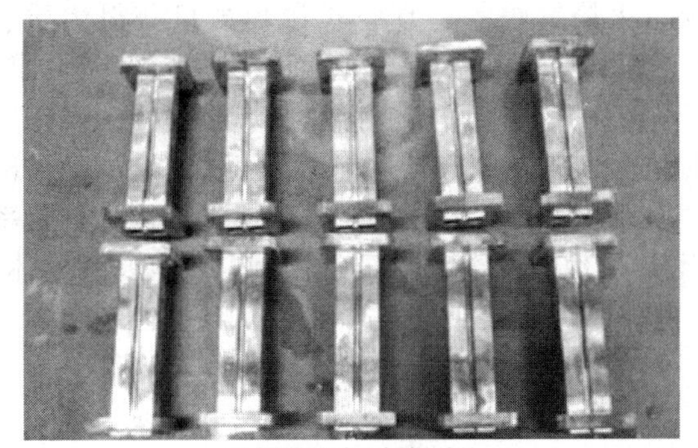

(a) 铜波导感应钎焊试件

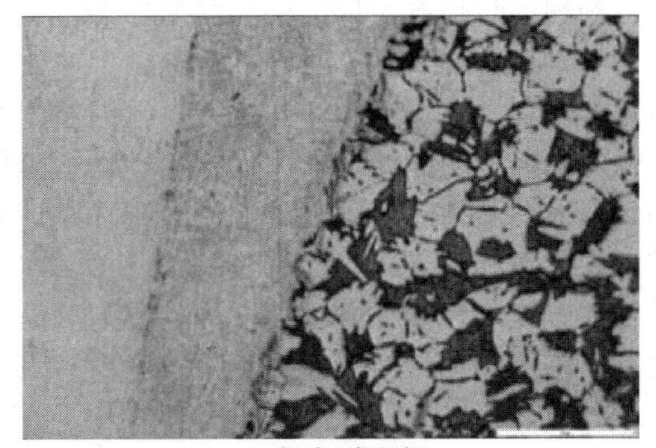

(b) 焊缝金相组织

图3.13 铜波导感应钎焊试件及钎焊焊缝金相组织

铜波导感应钎焊质量良好，除与感应钎焊可以精确控制钎焊工艺参数有关外，还与钎焊过程中钎料受到感应器的电磁搅拌作用有关。金相分析铜波导试件钎缝及母材无过烧现象。试件经机械加工去除法兰盘端面0.3～0.5mm余量，然后镀金或镀银，未发现铜波导法兰盘端面有“孔穴”和局部腐蚀花斑，焊缝质量明显优于氧-乙炔手工火焰钎焊。

综上所述，铜波导管-法兰盘接头感应钎焊钎料选用BAg65CuZn，钎剂选用QJ102，电源频率为15.5 kHz，加热速率控制在60～80℃/s，钎焊温度控制在750～760℃，钎焊保温时间控制在15s以内，可获得质量优良的钎焊接头。该项技术解决了铜波导钎焊普遍存在的波导管内腔粗糙度下降、口部尺寸超差和因焊缝组织不致密导致的砂眼、气孔等钎焊缺陷，提高了铜波导钎焊质量稳定性。

3.4.6 纯铜导体的TIG焊工艺

在输配电工程中，导体焊装是高压开关产品气体绝缘金属封闭开关设备（GIS）重要导电部件。为使导体具备优良的导电性能，常用纯铜管（T2）导体焊装。导体焊装的形状和长度根据电站对高压开关设备的具体要求而定，导体焊装需要由不同规格、加工成不同形状的纯铜工件焊接成一体。河南平高电气股份有限责任公司孔祥明等对纯铜导体的 TIG 焊焊接过程中纯铜的化学成分、组织和性能的变化规律，以及焊接缺陷的形成机理及影响因素等进行了试验研究，以获得优质的焊接接头。

（1）纯铜导体焊接工艺存在的问题

① 焊缝难熔合　纯铜导热性好，20℃时铜的导热系数是钢的 7 倍多，1000℃时铜的导热系数是钢的 11 倍多，焊接时热量快速从加热区传导出去，造成母材很难熔化，使得填充金属与母材不能很好地熔合，易产生未焊透或熔合不良等焊接缺陷。

② 焊件易变形　纯铜的线胀系数和收缩率都比较大，再加上纯铜的导热性好，使热影响区加宽，因此焊接时，易产生较大的焊接变形。

③ 接头性能不易保证　纯铜常温时不易氧化，但是随着温度的升高，当温度超过 300℃，氧化能力很快增大，当温度接近熔点时，纯铜氧化能力最强，氧化结果生成氧化亚铜（Cu_2O）。在焊缝结晶过程中，铜和氧化亚铜（$Cu+Cu_2O$）形成低熔点共晶组织（共晶温度为 1064℃），分布在铜的晶界上，大大降低了焊接接头的力学性能。加上焊接过程中合金元素的氧化烧损、有害杂质侵入、焊缝和热影响区组织粗大，以及焊接缺陷等，所以焊接接头性能（如强度、塑性、导电率、耐蚀性等）一般低于纯铜母材。

（2）纯铜导体的焊接方法

1）焊接方法的选择

纯铜的焊接有多种方法，如扩散焊、熔焊、火焰钎焊等。真空扩散焊虽可获得优质接头，但设备昂贵，对工艺要求苛刻，生产效率不高。焊条电弧焊虽能使焊缝强度达到要求，但焊接过程中对焊缝的污染较大。纯铜导体的焊接一直是采用火焰钎焊，焊接过程中操作不方便，焊接接头强度低。火焰钎焊过程中所使用的熔剂（CJ301）加热熔化时四处流动，冷却后形成硬脆的玻璃体，需要进行清洗并烘干处理等。最重要的是火焰钎焊焊接接头电阻率较大，影响其导电性能。通过综合分析和对比，采用钨极氩弧焊（TIG 焊）焊接铜导体，不仅能弥补上述几种方法的不足，还可以提高铜导体焊接接头的力学性能、导电性能和生产效率。采用 TIG 焊和必要的预热等工艺措施，焊接效果更佳。

2）工装及夹具的设计

纯铜导体的 TIG 焊需采取预热、对称焊接等工艺措施。预热后的工件温度较高，且在焊接过程中需要转动。为便于焊接过程中高温导体的转动，保证焊接质量，提高生产效率，依据工件的形状特点，可设计制造一套滚轮架转动工装，如图 3.14 所示。辊子选择材质较软的黄铜材料制作，辊子宽度较大，与纯铜导体接触面积大，可避免在纯铜导体上产生压痕，影响导体焊装的导电性能和外观质量。在高温状态下的焊接过程中，让纯铜导体在滚轮架上可以自由地收缩，以减小焊接应力，控制焊接变形，保证导体的直线度。

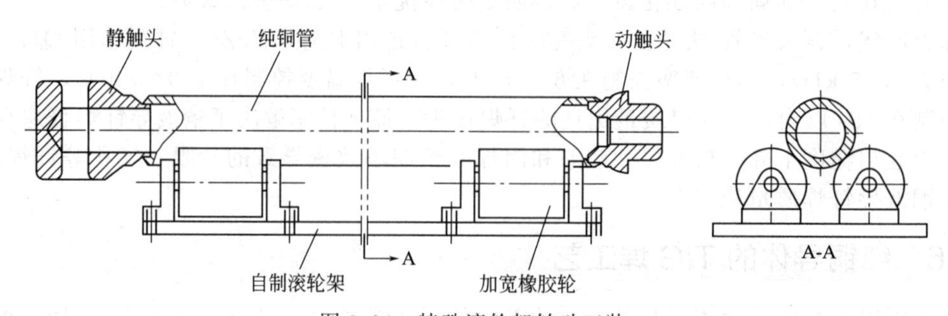

图 3.14　特殊滚轮架转动工装

3）焊接工艺及过程

① 坡口形式的设计　纯铜导体采用搭接接头（图 3.15），预留 45°坡口，1mm 钝边、2mm 装配间隙。装配导体时，采用对称点焊，焊点不小于 20mm。

② 焊丝的选择　选用纯铜 TIG 焊焊丝，型号为 HSCu，焊丝牌号 HS201。焊丝本身具有清理和去除氧化物的作用。焊接之前，用砂纸彻底清理焊丝表面的氧化物、油、锈等脏物，使焊丝露出金属光泽。

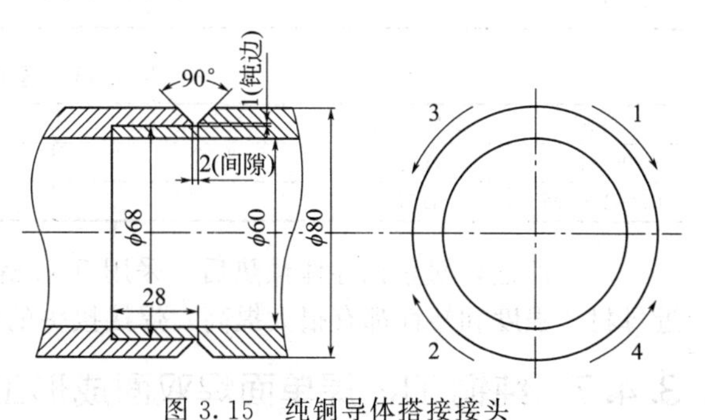

图 3.15　纯铜导体搭接接头

③ 保护气体的质量控制　对紫铜的焊接过程中，氢和水分对焊缝产生氢气孔的敏感性比较强。焊接后，焊缝容易产生气孔。因此应严格控制氩气中水分的含量，纯铜 TIG 焊焊接过程中，氩气的纯度应在 99.9%以上。

（3）焊接工艺措施

① 焊前预热。由于纯铜导体壁厚较厚、导热系数大，难以通过 TIG 焊电弧热达到母材快速熔化的目的，为此，焊接之前需要采用氧-乙炔火焰对接头预热，预热温度为 500～600℃。预热也能达到降低熔池的冷却速度、使氢气体易于析出、减少或消除气孔的目的。

② 坡口的清理和焊缝的保护　预热后用钢丝刷认真清理导体坡口及附近的氧化物，使其露出金属光泽。焊接时，在导体坡口处预置由硼酸、硼砂和水玻璃按 1∶1∶2 的比例配合制成的黏糊状混合物。这种混合物具备高温不挥发，并能与熔池中的氧化膜等杂质相互作用生成熔渣，敷盖在熔池表面，使熔池与空气隔离，能有效防止熔池金属继续氧化的作用。同时也具有改善焊接工艺性能，提高焊缝成形的功能。

③ 对称焊接。焊接过程中，采用 TIG 焊直流正接法对称焊接（图 3.15），以减小导体的焊接变形。

④ 焊接工艺参数。选用直径 5mm 铈钨极，钨极端部磨成球形，由于铜散热较快，故采用较大的焊接电流，使焊接过程稳定并获得良好的焊缝成形。焊接工艺参数见表 3.31。焊接过程中，随着预热温度的降低，焊接电流要不断调大，以保证整道环焊缝焊接过程中电弧稳定燃烧，焊接稳定进行，以保证焊缝质量。

表 3.31　焊接工艺参数

焊接层数	焊接电流/A	焊接速度/$mm \cdot min^{-1}$	氩气流量/$L \cdot min^{-1}$	喷嘴直径/mm	钨极直径/mm	焊丝直径/mm
打底层	280～340	120	1815	15	5	312
盖面层	320～360	130	1815	15	5	312

（4）工艺性能评定

依据上述焊接工艺及参数，焊接出工艺评定试板，经 X 射线无损检测，焊缝达到Ⅱ级。对焊缝进行力学性能试验和焊缝电阻率检测，拉伸试验结果见表 3.32，试件均断裂于热影响区，焊缝的抗拉强度大于母材退火状态下的最低值（200MPa）；弯曲试验结果见表 3.33，冷弯角达到 180°后焊缝仍未开裂，为合格。纯铜 TIG 焊焊接后的焊缝电阻率为 $159.6 \times 10^{-10} \Omega \cdot mm^2/m$，其导电能力可达纯铜母材的 91%～96%，远远高于火焰钎焊后的纯铜焊缝接头的导电能力（为母材的 72%～87%）。避免了导体通电运行中电阻热超标这一现象，满足了产品的使用要求。

表 3.32　拉伸试验结果

试件编号	试样宽度/mm	试样厚度/mm	横截面积/mm²	断裂载荷/kN	抗拉强度/N・mm⁻²	断裂部位
0706HP2L1	26	6	156	3215	20813	热影响区
0706HP2L2	26	6	156	3210	20511	热影响区

表 3.33　弯曲试验结果

试件编号	试件形式	试样厚度/mm	弯头直径/mm	弯曲角度/(°)	试验结果
0706HP2B1	背弯	6	24	180	无裂纹
0706HP2M2	面弯	6	24	180	无裂纹

综上所述，对紫铜导体预热后，采用 TIG 焊的焊缝成形良好，无焊接缺陷，焊缝强度接近母材，强度和塑性都有很大提高，焊接接头的导电性基本与母材相同，可以保证焊接质量。

3.4.7　纯铜 TIG 焊单面焊双面成形工艺

纯铜 C11000 属非铁金属，以往多采用焊条电弧焊、气焊进行焊接，但两者都有其局限性。近年来，钨极氩弧焊开始在纯铜焊接中应用。有时在打底焊过程中采用垫块对背面强制成形，操作工艺较为烦琐，而且背面焊缝易出现气孔等缺陷。河南省锅炉压力容器安全检测研究院王焱等采用小孔技术，取得了纯铜 TIG 焊焊单面焊双面成形的效果。

(1) 焊接性分析

纯铜 C11000 中含 Cu 为 99.99%，其余为 Bi、P、S、O 等杂质。由于 Cu 和 Fe 物理性能有很大差别，因而焊接性较差，主要体现在以下几个方面。

① 焊缝成形能力差　纯铜的热导率是铁热导率的 7～11 倍，焊接时热量从加热面迅速传导出去，使填充金属与母材难以熔合；纯铜的密度较大，液体金属表面张力比铁小 1/3，流动性是铁的 1～1.5 倍，所以来不及与母材熔合的填充金属极易流失，焊缝成形能力差。这也是采用单面焊双面成形焊接纯铜遇到的最大难题。

② 热裂倾向大　纯铜中含有 0.1%的杂质，易生成多种低熔点共晶，焊接加热不可避免地存在焊接应力，致使熔敷金属由液态向固态转变时，分布于晶界的低熔点共晶成为薄弱区，易产生热裂纹。

③ 气孔倾向严重　纯铜焊接气孔主要是扩散气孔和反应气孔。氢在液态铜蒸发前的极限溶解度与液-固转变时的最大溶解度比值为 3.7，即高温熔池极易吸收氢；纯铜极强的导热性使其液-固转变时间极短，气孔扩散和上浮的条件极其有限，所以气孔敏感性大。

④ 焊接接头性能的影响　纯铜焊接时接头区出现的粗大晶粒，使焊接接头塑性下降；另外，加入的脱氧元素以杂质形式熔于铜内，使晶格发生畸变，导电性下降。

(2) 焊接工艺试验

在工程安装中涉及到用作导电的铜排母线，规格为 100mm×10mm，材质为纯铜 C11000，需采用焊接方法连接，正式焊接之前，应进行工艺性试验。采用手工钨极氩弧焊，直流正接，以较为集中的热量以及氩气的有效保护，得到符合要求的焊接接头。焊接设备和装置包括 ZX7-500 焊机、QS-75°/500A 型 TIG 焊氩弧焊机、氩气流量计、角向磨光机、接触式测温仪等。

开始时采用 HS201 焊丝试焊，因其含有脱氧元素，液态金属表面包裹一层薄膜，流动性变差，易形成砂眼或层间未熔合，焊接工艺性很差且易产生裂纹。后改用 C11000 铜焊丝（2.5mm）试焊，效果良好。其他材料有直径 5mm 铈钨棒、氩气、丙酮。

1) 焊接参数

将铜排（每段 200mm）刨成 60°V 形坡口，钝边≤1mm。将纯铜丝用砂纸打磨光亮，用不锈钢丝轮将坡口及两侧各 30mm 范围内打磨出金属光泽，再用丙酮将焊口擦洗一遍，以除掉有机污物。通过对纯铜的焊接性分析，试验中所采用的焊接参数见表3.34。

表3.34 试验中所采用的焊接参数

焊层	预热	点固	第2层，打底层	3，4层盖面层
焊接电流 /A	350	160	165	210
氩气流量 /L·min^{-1}	14	10	12	14
喷嘴直径12mm，钨棒伸出长度4mm				

2）焊前预热

焊前预热温度为400℃，可用测温仪测量。在操作时也可拉长电弧烘烤坡口及两侧母材，在面罩内观察纯铜金属颜色变化，待看到坡口没有金属反光，颜色变黑变暗时，表明达到预热温度。

3）组对点固

组对点固的要求如图3.16（a）所示。采用跳弧法进行点固焊，如图3.16（b）所示。先在母材1侧坡口加热送丝形成熔池点A，跳弧到母材2侧坡口加热送丝形成熔池点B；然后跳弧到熔池点A填丝，使填充金属向焊缝间隙中间延伸，再跳弧到熔池点B填丝，直到两个熔池点之间的间隙很小时，在中间填加丝，将两个点连接在一起，这样就形成了一个完整的熔池座。用同样的方法将另一端点固。跳弧动作要掌握时机，轻快稳定，电弧不能拉得过长，到熔池A、B点时，电弧长度为5mm左右，一次填加丝不能太多，否则易产生未熔合或金属流失。

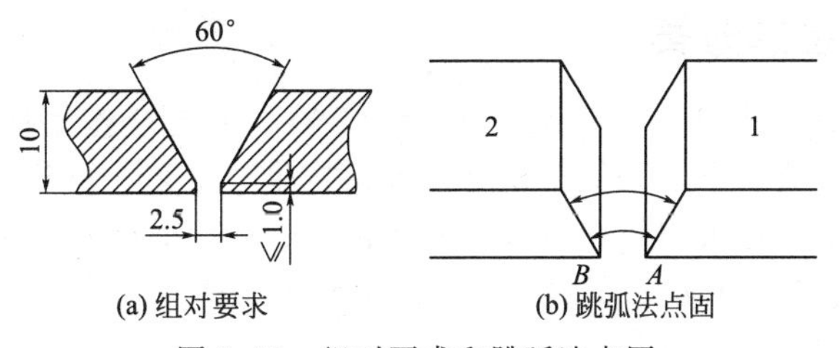

图3.16 组对要求和跳弧法点固

4）正式焊接

焊接时要使用引弧板，因为焊缝背面没有强制成形垫块，所以打底层应特别注意，防止金属流失。采用左向焊法，焊枪和焊缝中心线呈85°～95°夹角，始终保持焊枪中心线和焊缝中心线重合，不能左右摆动。电弧长度为8mm左右，太长保护效果不好，太短影响视线，背面成形尖涩，阳极斑点距熔池前部边缘为2～3mm。在氩气保护气氛下的电弧均匀地铺在坡口底部和熔池上，将熔池和钝边熔成弧形小孔，直径约为3mm。这时将焊丝送到距熔孔2mm的熔池前部边缘上，形成熔滴，与原有熔池熔合。

打底焊时，焊枪运行要平稳，将注意力放在观察熔孔上，熔孔没有形成弧形时不能填加焊丝，弧度变大时要加速填丝，始终保持小孔大小一致。送丝要稳、准、均匀，不断馈给，熔滴不能太大，否则会产生未熔合缺陷。其余各层焊接电弧长度保持在4～7mm，焊接电弧月牙形运行，在坡口两侧稍作停顿，以保持充分熔合。上一层焊接完成后进行下一层焊接之前，必须用钢丝轮清理1次，以防止氧化物（Cu_2O）聚集产生夹渣等缺陷。进行盖面层焊接时，应从两端向中间焊接，并将弧坑填满。

（3）焊后检验

根据相关规定，对焊接完成的铜排试件进行外观检查、射线探伤，结果符合技术规范要求，证明采用TIG焊单面焊双面成形工艺焊接纯铜（不加垫块）工艺合理，可以用于实际生产。

第 4 章 钛及钛合金的焊接

钛及钛合金具有很高的强度，良好的塑性及韧性，有足够的抗腐蚀性和高温强度，最为突出的是比强度高，是一种优良的结构材料。近年来，各行业采用的结构材料中，钛及钛合金的应用越来越多，如在航空航天、石油化工、船舶制造、仪器仪表、冶金等领域都得到了广泛的应用。我国钛资源丰富，冶炼和加工技术不断提高，钛及钛合金焊接结构将有很大的发展前景。

4.1 钛及钛合金的分类和性能

4.1.1 钛及钛合金的分类

工业纯钛的牌号分别为 TA1、TA2、TA3、TA4。钛合金按性能和用途可分为结构钛合金、耐蚀钛合金、耐热钛合金和低温钛合金等；按生产工艺，可分为铸造钛合金、变形钛合金和粉末钛合金；根据退火组织，可分为α钛合金、β钛合金和α+β钛合金三大类，牌号分别以 TA、TB、TC 和顺序数字表示。TA5～TA10 表示α钛合金，TB2～TB4 表示β钛合金，TC1～TC12 表示α+β钛合金。

（1）工业纯钛

工业纯钛的性质与纯度有关，纯度越高，强度和硬度越低，塑性越好，越容易加工成形。钛在 885℃时发生同素异构转变。在 885℃以下，为密排六方晶格结构，称为α钛；在 885℃以上，为体心立方晶格结构，称为β钛。钛合金的同素异构转变温度则随着加入合金元素的种类和数量的不同而变化。工业纯钛的再结晶温度为 550～650℃。

工业纯钛中的杂质有氢、氧、铁、硅、碳、氮等。其中氧、氮、碳与钛形成间隙固溶体，铁、硅等元素与钛形成置换固溶体，起固溶强化作用，显著提高钛的强度和硬度，降低塑性和韧性。氢以置换方式固溶于钛中，微量的氢能够使钛的冲击韧性急剧降低，增大缺口敏感性，并引起氢脆。

（2）钛合金

在工业纯钛中加入合金元素后便可以得到钛合金。钛合金的强度、塑性、抗氧化等性能显著提高，其相变温度和结晶组织发生相应的变化。

1）α钛合金

α钛合金主要是通过加入α稳定元素 Al 和中性元素 Sn、Zr 等进行固溶强化而形成的。α钛合金有时也加入少量的β稳定元素，因此α钛合金又分为完全由α相单相组成的α合金、β稳定元素含量小于 20%的类α合金和能够时效强化的α合金（Cu＜2.5%的 Ti-Cu 合金）。α钛合金中的主要合金元素是铝，铝溶入钛中形成α固溶体，从而提高再结晶温度。含铝

5%的钛合金，其再结晶温度从纯钛的600℃提高到800℃；此外耐热性和力学性能也有所提高。铝还能够扩大氢在钛中的溶解度，减少形成氢脆的敏感性。但铝的加入量不宜过多，否则容易出现 Ti_3Al 相而引起脆性，通常铝含量不超过7%。

α钛合金具有高温强度高、韧性好、抗氧化能力强、焊接性优良、组织稳定等特点，强度比工业纯钛高，但是加工性能较β和α+β钛合金差。α钛合金不能进行热处理强化，但可通过600～700℃的退火处理消除加工硬化；或通过不完全退火（550～650℃）消除焊接时产生的应力。

TA7（Ti-5Al-2.5Sn）是一种广泛应用的α钛合金，具有较好的高温强度和高温蠕变性能，540℃时蠕变强度达到516MPa，适用于制造在450℃以下连续承载的构件。TA7加工后一般要进行800～850℃的退火处理，以消除应力。

2）β钛合金

β钛合金的退火组织完全由β相构成。β钛合金含有很高比例的β稳定化元素，使马氏体转变β→α进行得很缓慢，在一般工艺条件下，其组织几乎全部为β相。通过时效热处理，β钛合金的强度可以得到提高，其强化机理是α相或化合物的析出。β钛合金在单一β相条件下的加工性能良好，并具有优良的加工硬化性能，但高温性能差，脆性大，焊接性能较差，容易形成冷裂纹，在焊接结构中应用的较少。

3）α+β钛合金

α+β钛合金的组织是由α相和β相两相组织构成的。α+β钛合金中都含有α稳定元素Al，同时为了进一步强化合金，添加了Sn、Zr等中性元素和β稳定元素，其中β稳定元素的加入量通常不超过6%。

α+β钛合金兼有α和β钛合金的优点，既具有良好的高温变形能力和热加工性，又可通过热处理强化提高强度。但是，随着α相比例的增加，其加工性能变差；随着β相比例增加，其焊接性能变差。α+β钛合金退火状态时断裂韧性高，热处理状态时比强度大，硬化倾向较α和β钛合金大。α+β钛合金的室温、中温强度比α钛合金高，并且由于β相溶解氢等杂质的能力较α相大，因此，氢对α+β钛合金的危害较α钛合金小。由于α+β钛合金力学性能可以在较宽的范围内变化，从而可以使其适应不同的用途。

TC4（Ti-6A-4V）是应有最广泛的α+β钛合金，其基本相组成是α相和β相。但在不同的热处理和热加工条件下，两相的比例、性质和形态是不相同的。将TC4合金加热到不同温度后空冷即可以得到不同的组织。TC4钛合金的室温强度高，在150～350℃时具有良好的耐热性。此外，还具有良好的压力加工和焊接性，焊后可以不作任何处理即可使用，而且可以通过焊后的固溶和时效处理进一步强化。

4.1.2 钛及钛合金的化学成分及性能

钛及钛合金的主要牌号和化学成分见表4.1。钛及钛合金的比强度很高，是很好的热强合金材料。钛的热膨胀系数很小，在加热和冷却时产生的热应力较小。钛的导热性差，摩擦系数大，切削、磨削加工性能和耐磨性较差。钛的弹性模量较低，不利于结构的刚度，也不利于钛及钛合金的成形和校直。钛的主要物理性能见表4.2。

工业纯钛容易加工成形，但在加工后会产生加工硬化。为恢复塑性，可以采用真空退火处理，退火温度为700℃，保温1h。工业纯钛具有很高的化学活性。钛与氧的亲和力很强，在室温条件下就能在表面生成一层致密而稳定的氧化膜。由于氧化膜的保护作用，使钛在大气、高温气体（550℃以下）、中性及氧化性介质、不同浓度的硝酸、稀硫酸、氯盐溶液以及碱溶液中都有良好的耐蚀性，但氢氟酸对钛具有很大的腐蚀作用。工业纯钛的化学活性随着加热温度的增高而迅速增大，并在固态下具有很强的吸收各种气体的能力。

表 4.1　钛及钛合金的主要牌号和化学成分（GB/T 3620.1—2007）

合金牌号	合金类型	化学成分组	化学成分/%											杂质不大于/%					其他元素不大于/%	
			Ti	Al	Sn	Mo	V	Cr	Mn	Fe	Cu	Si	B	Fe	C	N	H	O	单一	总和
TA1	工业纯钛	纯钛	余	—	—	—	—	—	—	—	—	—	—	0.20	0.08	0.03	0.015	0.18	0.1	0.4
TA2		纯钛	余	—	—	—	—	—	—	—	—	—	—	0.30	0.08	0.03	0.015	0.25	0.1	0.4
TA3		纯钛	余	—	—	—	—	—	—	—	—	—	—	0.30	0.08	0.05	0.015	0.35	0.1	0.4
TA4		纯钛	余	—	—	—	—	—	—	—	—	—	—	0.50	0.08	0.05	0.015	0.40	0.1	0.4
TA5	α钛合金	Ti-4Al-0.005B	余	3.3～4.7	—	—	—	—	—	—	—	—	0.005	0.30	0.08	0.04	0.015	0.15	0.1	0.4
TA6		Ti-5Al	余	4.0～5.5	—	—	—	—	—	—	—	—	—	0.30	0.08	0.05	0.015	0.15	0.1	0.4
TA7		Ti-5Al-2.5Sn	余	4.0～6.0	2.0～3.0	—	—	—	—	—	—	—	—	0.50	0.08	0.05	0.015	0.20	0.1	0.4
TB2		Ti-5Mo-5V-8Cr-3Al	余	2.5～3.5	—	4.7～5.7	4.7～5.7	7.5～8.5		—	—	—	—	0.30	0.05	0.04	0.015	0.15	0.1	0.4
TC1	β钛合金	Ti-2Al-1.5Mn	余	1.0～2.5	—	—	—	—	0.7～2.0	—	—	—	—	0.30	0.08	0.05	0.012	0.15	0.1	0.4
TC2	α+β钛合金	Ti-3Al-1.5Mn	余	3.5～5.0	—	—	—	—	0.7～2.0	—	—	—	—	0.30	0.08	0.05	0.012	0.15	0.1	0.4
TC3		Ti-5Al-4V	余	4.5～6.0	—	—	3.5～4.5	—	—	—	—	—		0.30	0.08	0.05	0.015	0.15	0.1	0.4
TC4		Ti-6Al-4V	余	5.5～6.75	—	—	3.5～4.5	—	—	—	—	—	—	0.30	0.08	0.05	0.015	0.20	0.1	0.4
TC6		Ti-6Al-1.5Cr-2.5Mo-0.3Si-0.5Fe	余	5.5～7.0	—	2.0～3.0	—	0.8～2.3	—	0.2～0.7	—	0.15～0.40	—	—	0.08	0.05	0.015	0.18	0.1	0.4
TC9		Ti-6.5Al-3.5Mo-2.5Sn-0.3Si	余	5.8～6.8	1.8～2.8	2.8～3.8	—	—	—	—	—	0.20～0.40	—	0.40	0.08	0.05	0.015	0.15	0.1	0.4
TC10		Ti-6Al-2Sn-0.5Fe-0.5Cu	余	5.5～6.5	1.5～2.5	—	5.5～6.5	—	—	0.35～1.0	0.35～1.0	—	—	—	0.08	0.04	0.015	0.20	0.1	0.4

表 4.2 钛的主要物理性能（20℃）

密度 /g·cm^{-3}	熔点 /℃	比热容 /J·(kg·K)$^{-1}$	热导率 /J·(m·s·K)$^{-1}$	电阻率 /μΩ·cm	线胀系数 /10^{-6}K^{-1}	弹性模量 /GPa
4.5	1668	522	16	42	8.4	16

钛及钛合金的力学性能见表 4.3。工业纯钛具有良好的耐腐蚀性、塑性、韧性和焊接性。其板材和棒材可以用于制造在 350℃ 以下工作的零件，如飞机蒙皮、隔热板、热交换器、化学工业的耐蚀结构等。

表 4.3 钛及钛合金的力学性能（GB/T 3621—2007）

合金牌号	材料状态	板材厚度 /mm	室温力学性能（不小于）				高温力学性能	
			抗拉强度 σ_b/MPa	伸长率 δ_5/%	残余伸长应力 $\sigma_{r0.2}$/MPa	弯曲角 α/(°)	抗拉强度 σ_b/MPa	持久强度 σ_{100h}/MPa
TA1	退火	0.3～25.0	≥240	30	140～310	105	—	—
TA2		0.3～25.0	≥400	25	275～450		—	—
TA3		0.3～25.0	≥500	20	380～550		—	—
TA4		0.3～25.0	≥58	20	485～655		—	—
TA6	退火	0.8～1.5 1.5～2.0 2.0～5.0 5.0～10.0	≥685	20 15 12 12	—	105	420（350℃） 340（500℃）	390（350℃） 195（500℃）
TA7	退火	0.8～1.5 1.5～2.0 2.0～5.0 5.0～10.0	735～930	20 15 12 12	≥685	105	490（350℃） 440（500℃）	440（350℃） 195（500℃）
TB2	淬火和时效	1.0～3.5	≤980 1320	20 8	—	120	—	—
TC1	退火	0.5～1.0 1.0～2.0 2.0～5.0 5.0～10.0	590～735	25 25 20 20	—	100 70 60—	340（350℃） 310（400℃）	320（350℃） 295（400℃）
TC2	退火	0.5～1.0 1.0～2.0 2.0～5.0 5.0～10.0	≥685	25 15 12 12	—	80 60 50 —	420（350℃） 390（400℃）	390（350℃） 360（400℃）
TC3	退火	0.8～2.0 2.0～5.0 5.0～10.0	≥880	12 10 10	—	35 30 —	590（400℃） 440（500℃）	540（400℃） 195（500℃）
TC4	退火	0.8～2.0 2.0～5.0 5.0～10.0 10.0～10.0	≥895	12 10 10 8	≥830	105	590（400℃） 440（500℃）	540（400℃） 195（500℃）

注：高温持久强度是在持续 100h 条件下测得的。

4.2 钛及钛合金的焊接特点

钛及钛合金的焊接性具有许多显著的特点，这些焊接特点是由钛及钛合金的物理、化学性质及热处理性能决定的。了解钛及钛合金的焊接特点，是正确确定焊接工艺、提高接头焊接质量的前提。

4.2.1 接头区脆化

常温下，由于表面氧化膜的作用，钛能保持高的稳定性和耐腐蚀性。但钛在高温下，特别是在熔融状态时对于气体有很大的化学活泼性。而且在540℃以上钛表面生成的氧化膜较疏松，随着温度的升高，容易被空气、水分、油脂等污染，使钛与氧、氮、氢的反应速度加快，降低焊接接头的塑性和韧性。无保护的钛在300℃以上吸氢，600℃以上吸氧，700℃以上吸氮，如图4.1所示。这些气体被钛吸收后，会引起接头的脆化。

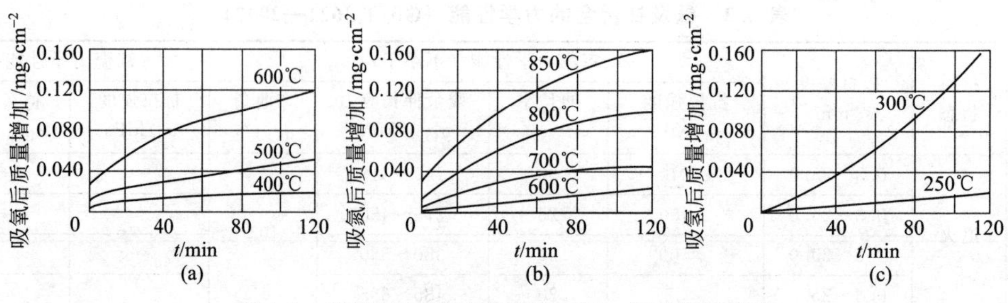

图4.1 温度和时间对钛吸氧、氮、氢程度的影响

(1) 氧和氮的影响

氧、氮均是α稳定元素，氧在α钛、β钛中的最大溶解度分别为14.5%（原子）和1.8%（原子），氮则分别为7%和2%（原子）。钛与氧在600℃以上发生强烈的作用，当温度高于800℃时，氧化膜开始向钛中溶解扩散。氮则在700℃以上与钛发生强烈作用，形成脆硬的TiN。氧、氮在高温的α钛、β钛中都容易形成间隙固溶体，造成钛的晶格严重畸变，使强度、硬度提高，但塑性、韧性显著降低。而且氮与钛形成的固溶体造成的晶格畸变较氧更加严重。因此，氮比氧更剧烈地提高钛的强度和硬度，降低钛的塑性。金属薄板的塑性可以用R/δ（板材弯曲半径与厚度之比）的比值表示。图4.2是焊缝中氮或氧含量对接头强度、弯曲塑性的影响。采用氩弧焊和等离子弧焊焊接钛及钛合金时，如果氩气纯度达不到要求或焊缝和热影响区保护不好，焊缝接头将随氩气中氧、氮和空气含量的增加而硬度提高，图4.3是氩气中氧、氮和空气含量对工业纯钛焊缝硬度的影响。

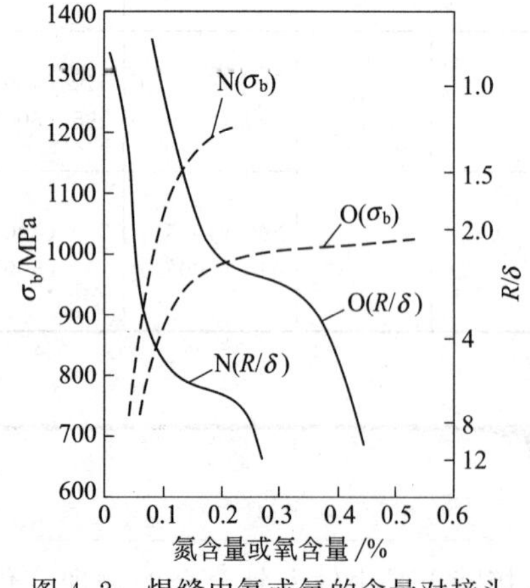

图4.2 焊缝中氮或氧的含量对接头强度（σ_b）、弯曲塑性（R/δ）的影响

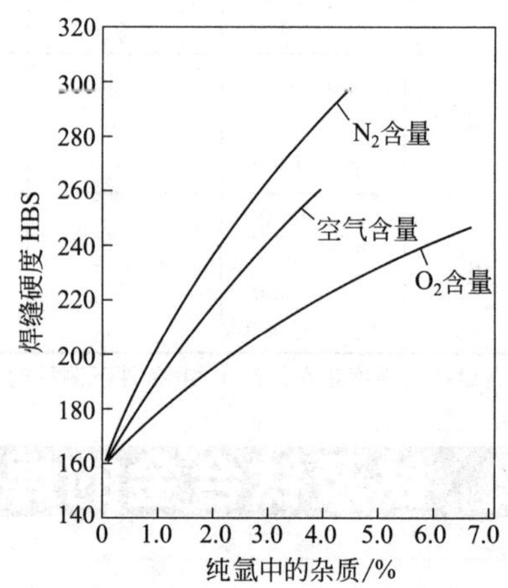

图4.3 氩气中氧、氮和空气含量对工业纯钛焊缝硬度的影响

（2）氢的影响

氢是β相稳定元素，在β钛中的溶解度较大，而在α钛中的溶解度很小。钛与氢在325℃时发生共析转变β→α+γ。在325℃以下氢在α钛中的溶解度急速下降，常温时仅为0.00009%。共析转变析出钛的氢化物TiH_2（γ相），TiH_2以细片状或针状存在，其断裂强度很低，在钛中成为微裂纹源，引起接头塑性和韧性下降。氢对工业纯钛焊缝金属力学性能的影响见图4.4。

为防止氢造成的脆化，焊接时要严格控制氢的来源。首先从原材料入手，限制母材和焊材中氢的含量以及表面吸附的水分，提高氩气的纯度，使焊缝的氢含量控制在0.015%以下。其次可采用冶金措施，提高氢的溶解度。添加5%的铝，在常温下可使氢在α钛中的溶解度达到0.023%。添加β相稳定元素Mo、V可使室温组织中残留少量β相，溶解更多的氢，降低焊缝的氢脆倾向。

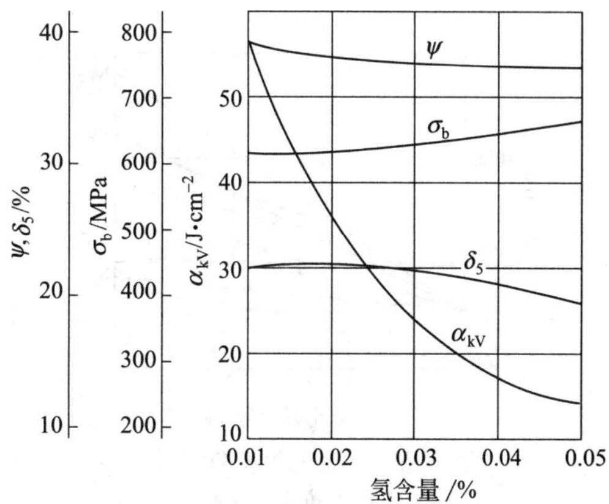

图4.4 氢对工业纯钛焊缝金属力学性能的影响

当焊接重要构件时，可将焊丝、母材放入真空度为0.0130～0.0013Pa的真空退火炉中加热至800～900℃，保温5～6h进行脱氢处理，将氢的含量控制在0.0012%以下，可提高焊接接头的塑性和韧性。

（3）碳的影响

碳主要来源于母材、焊丝和油污等。常温时碳在α钛中的溶解度为0.13%。在溶解度范围内，碳以间隙的形式固溶于α钛中，使钛的强度提高，塑性下降，但影响程度不如氧、氮显著。碳超过溶解度时析出硬脆的TiC，并呈网状分布，其数量随碳含量的增高而增多，使得焊缝的塑性迅速下降，在焊接应力作用下容易产生裂纹。因此，碳在钛及钛合金中的含量不得超过0.1%，当钛及钛合金中的碳含量达到0.28%时，焊接接头变得很脆。此外焊缝中含碳量应小于母材的含碳量。焊前应仔细清理焊件和焊丝上的油污，避免焊缝增碳。

（4）合金元素的影响

在钛中加入Al、Ni、Si、Nb、Cr、Mn、V、Mo等合金元素能够提高钛合金的强度，有时为获得某些特殊性能，如抗氧化性和耐蚀性等，还可加入不同种类的合金元素。这些合金元素的加入，将会使钛合金的相变温度及结晶组织结构都发生较大的变化，影响钛及其合金的焊接接头的性能，如图4.5所示。

Al元素不仅可提高钛及其合金焊接接头的强度，还能提高焊缝的热强性、抗腐蚀性、抗蠕变和抗氧化的能力。焊缝中的Al含量小于3%时，不会改变熔化金属的微观组织；当含5%Al时，焊缝金属就会产生粗大的针状组织，使焊缝金属的塑性有所降低；含7%Al时，接头塑性下降，其冷弯角仅为不含Al的钛焊接接头的40%，但焊缝的冲击韧性变化不大。所以焊接时应控制焊缝金属中的含Al量不超过6%。焊缝中的Sn含量一般控制在8%～10%范围内，不仅有利于提高焊缝金属的塑韧性，还能提高接头的抗拉强度。

Mo含量一般控制在3%～4%，焊缝金属具有良好的塑韧性。如Mo含量大于6%，虽然能够提高接头强度，但塑韧性下降明显。加入Mn、Fe、Cr等元素时提高焊缝抗拉强度的作用最为显著。当焊缝中适量加入Nb、W、Si等合金元素可明显提高接头的抗氧化能力。此外，加入合金元素对降低氢脆的影响可起到良好的效果。例如，当焊缝中加入5%Mo时，可获得冲击韧性49J/cm²的接头。

工业纯钛薄板在空气中加热到650～1000℃时，不同保温时间对焊接接头弯曲塑性的影响如图4.6所示。可见，加热温度越高，保温时间越长，焊接接头的塑性下降得越多。焊接接头在凝固、结晶过程中，焊缝热影响区的金属在正、反面得不到有效保护的情况下，很容易吸收氮、氢。焊接时对熔池及温度超过400℃的焊缝和热影响区（包括焊缝背面）都要加以妥善保护。

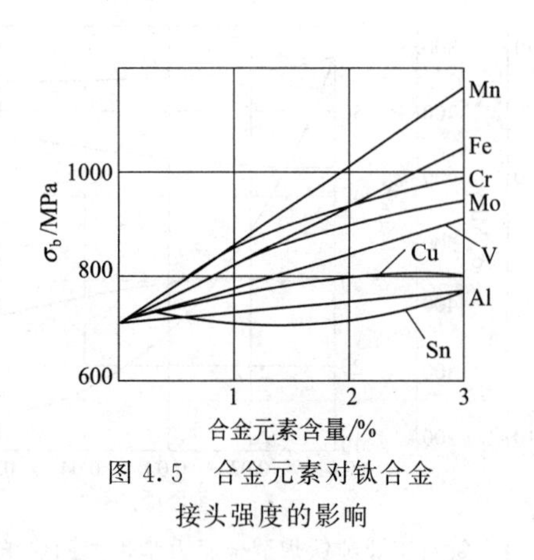

图4.5 合金元素对钛合金接头强度的影响

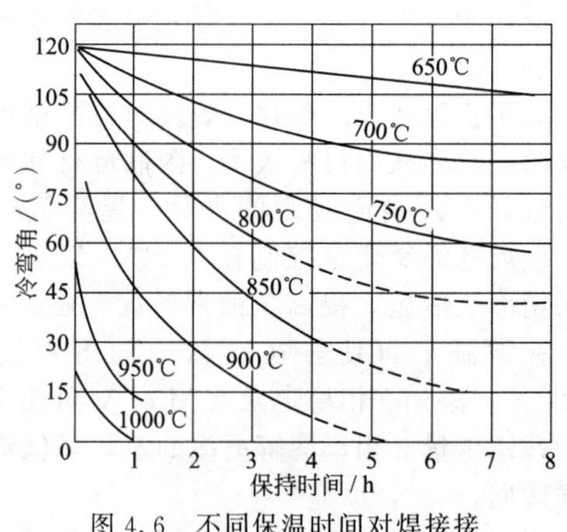

图4.6 不同保温时间对焊接接头弯曲塑性的影响

钛及钛合金焊接时，为保护焊缝及热影响区免受空气的污染，通常采用高纯度的惰性气体或无氧氟-氯化物焊剂。采用无氧氟-氯化物焊剂进行焊接时，熔渣和金属发生化学反应（$Ti+2MnF_2 \rightarrow TiF_4+2Mn$）。由于氟化物在液态金属中不溶解，所以焊缝金属冷却后不会形成非金属夹杂，但焊剂中一些元素可能溶入熔池。

4.2.2 焊接裂纹

钛的熔点高、热容量大、导热性差，因此焊接时易形成较大的熔池，并且熔池的温度更高。这使得焊缝及热影响区金属在高温停留的时间比较长，晶粒长大倾向较大，降低接头的塑性和断裂韧性，易产生焊接裂纹。尤其是工业纯钛、α钛合金和β钛合金，焊缝及热影响区粗大的晶粒难以用热处理方法恢复，且焊缝金属呈铸态，焊后强度下降较大，焊接时应该严格控制焊接热输入。熔化焊时应采用能量集中的热源，减小热影响区；或采用较小的焊接电流和较快的焊接速度，避免产生焊接裂纹。

对于α+β钛合金，如果β组织含量较少，则焊接性较好，但接头塑性比α合金低；β组织较多的合金在冷却过程中会出现各种马氏体相，如α′相、α″相和ω相，塑韧性进一步下降，冷却速度越大，下降越严重，裂纹倾向越大。所以焊接α+β钛合金时宜采用较大的热输入进行焊接。此外，进行合适的焊后热处理，也可减少焊接裂纹。

当焊缝中含氧、氢、氮量较多时，焊缝和热影响区的性能变脆，在较大的焊接应力作用下容易出现冷裂纹，这种裂纹是在较低温度下形成的。在焊接钛合金时，热影响区有时也会出现延迟裂纹，其原因在于熔池中的氢和母材金属低温区中的氢向热影响区扩散，引起氢在热影响区的含量增加并析出TiH_2，使热影响区脆性增大。此外，氢化物析出时的体积膨胀会引起较大的组织应力，再加上氢原子的扩散与聚集，最终使得接头形成裂纹。防止这种延迟裂纹的方法是尽可能降低焊接接头的氢含量。为此，应选用含氢量低的母材、焊丝和氩气，注意焊前清理、焊后去氢处理，并进行消除应力处理。必要时，也可进行真空退火处理。

钛及钛合金由于高温塑性较好，液相线与固相线的温度区间窄，而且凝固时的收缩量也比较小，加上硫、磷、碳等杂质元素少，在晶界上很少形成低熔点共晶聚集，所以一般很少产生热裂纹。但当母材和焊丝质量不合格，特别是当焊丝有裂纹、夹层等缺陷时，会在夹层和裂纹处积聚大量有害杂质而使焊缝产生热裂纹。所以钛合金焊接时应特别注意母材和焊接材料的成分标准是否符合要求。

4.2.3 焊缝中的气孔

钛和钛合金焊接时氩气、母材及焊丝中含有的 O_2、N_2、H_2、CO_2、H_2O 都可能引起气孔。钛及钛合金焊缝形成气孔的影响因素见表 4.4。其中氢是钛及钛合金焊接中形成气孔的主要气体。氢气孔多数产生在焊缝中部和熔合线附近。

表 4.4 钛及钛合金焊缝形成气孔的影响因素

影响因素	形成气孔的原因
焊接区气氛	在熔池中混入 O_2、N_2、H_2 等杂质气体
焊丝	焊丝表面吸附杂质气体 焊丝表面存在灰尘和油脂 焊丝表面存在氧化物 焊丝内部含有杂质气体
焊件	焊件表面吸附杂质气体 焊件表面存在灰尘和油脂 焊件表面存在氧化物 焊件内部含有杂质气体
焊接条件	钨极氩弧焊时焊接电流太大 焊接速度太快
坡口形式	坡口角度太小

（1）氢气孔形成的原因

氢在高温时溶入熔池，冷却结晶时过饱和的氢来不及从熔池逸出时，便在焊缝中集聚形成气孔。氢在高温钛中的溶解度曲线见图 4.7。从图 4.7 中可看出，氢在钛中的溶解度随着液体温度的升高反而下降，并在凝固温度时发生溶解度突变。焊接时熔池中部比熔池边缘的温度高，使熔池中部的氢除向气泡核扩散外，同时也向熔合线扩散，因此在熔池边缘氢容易过饱和而生成氢气孔。

（2）减少气孔的措施

焊接接头中的气孔不仅造成应力集中，而且使气孔周围金属的塑性降低，从而使整个焊接接头的力学性能下降，甚至导致接头的断裂破坏。因此必须严格控制气孔的生成。防止气孔产生的关键是杜绝气体的来源，防止焊接区被污染，通常采取以下措施。

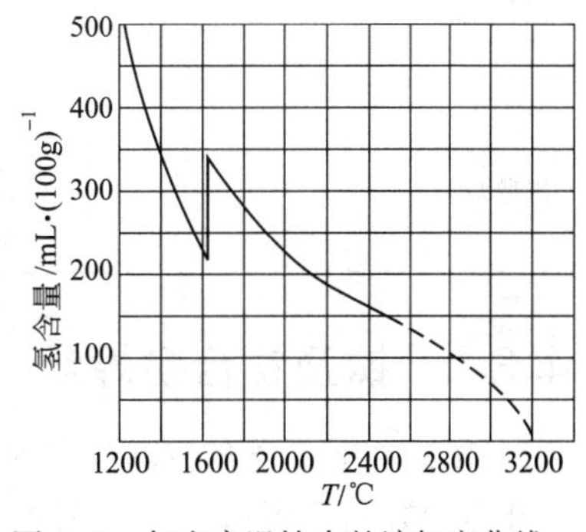

图 4.7 氢在高温钛中的溶解度曲线

① 焊前仔细清除焊丝、母材表面上的氧化膜及油污等有机物质；严格限制原材料中氢、氧、氮等杂质气体的含量；焊前对焊丝进行真空去氢处理来改善焊丝的含氢量和表面状态。

② 尽量缩短焊件清理后到焊接的时间间隔，一般不要超过 2h，否则要妥善保存，以防吸潮；采用机械方法加工坡口端面，并除去剪切痕迹。

③ 正确选择焊接工艺参数，延长熔池停留时间，以便于气泡的逸出；控制氩气的流量，防止紊流现象。

④ 可以采用电子束焊或等离子弧焊；采用低露点氩气，其纯度＞99.99%；焊炬上通氩

气的管道不宜采用橡皮管，以尼龙软管为好。

⑤ 采用脉冲氩弧焊时，可明显减少气孔，通断比以1∶1为好。

⑥ 采用 $AlCl_3$、$MnCl_2$ 和 CaF_2 等涂于焊接坡口上，并控制对接坡口间隙0.2～0.5mm。

此外，钛的弹性模量比不锈钢小，在同样的焊接应力条件下，钛及钛合金的焊接变形是不锈钢的1倍，因此焊接时应该采用垫板和压板将待焊工件压紧，以减小焊接变形。此外，垫板和压板还可以传导焊接区的热量，缩短焊接区的高温停留时间，减小焊缝的氧化。

4.3 钛及钛合金的焊接工艺

钛及钛合金的性质非常活泼，溶解氮、氢、氧的能力很大，所以普通的焊条手弧焊、气焊、CO_2 气体保护焊不适用于钛及钛合金的焊接，应用最多的有钨极氩弧焊、熔化极氩弧焊等。钛及钛合金的主要焊接方法及特点见表4.5。

表4.5 钛及钛合金的主要焊接方法及特点

焊接方法	特点
钨极氩弧焊	可以用于薄板及厚板的焊接，板厚3mm以上时可以采用多层焊 熔深浅，焊道平滑 适用于修补焊接
熔化极氩弧焊	熔深大，熔敷量大 飞溅较大 焊缝外形较钨极氩弧焊差
等离子弧焊	熔深大 10mm的厚板可以一次焊成 手工操作困难
电子束焊	熔深大，污染少 焊缝窄，热影响区小，焊接变形小 设备价格高
激光焊	熔深大 不用真空室 可以进行精密焊接 设备价格高
扩散焊	可以用于异种金属或金属与非金属的焊接 形状复杂的工件可以一次焊成 变形小

4.3.1 钛及钛合金焊丝

由于钛及钛合金在高温下对氧、氮和氢等有极大的亲和力，焊接时必须将熔池及其周围大于400℃的高温区进行严密保护，以防止空气中的氧、氮侵入造成污染。因此，钛及钛合金的焊接一般不用焊条电弧焊，而采用加填充丝或不加填充丝的钨极氩弧焊、熔化极氩弧焊和等离子弧焊。

钛及钛合金气体保护焊（TIG焊、MIG焊）、等离子弧焊和激光焊常用的合金焊丝型号及化学成分见表4.6。

表 4.6 钛及钛合金焊丝型号和化学成分(GB/T 3620.1—2007)

焊丝型号	化学成分代号	化学成分/%													
		Ti	C	O	N	H	Fe	Al	V	Sn	Pb	Ru	Cr	Ni	其他
STi0100	Ti99.8	余	0.03	0.03～0.10	0.012	0.005	0.08	—	—	—	—	—		—	—
STi0120	Ti99.6	余	0.03	0.08～0.16	0.015	0.008	0.12	—	—	—	—	—		—	—
STi0125	Ti99.5	余	0.03	0.13～0.20	0.02	0.008	0.16	—	—	—	—	—		—	—
STi0130	Ti99.3	余	0.03	0.18～0.32	0.025	0.008	0.25	—	—	—	—	—		—	—
STi2251	TiPb0.2	余	0.03	0.03～0.10	0.012	0.005	0.08	—	—	—	0.12～0.25	—		—	—
STi2255	TiRu0.1	余	0.03	0.03～0.10	0.012	0.005	0.08	—	—	—	—	0.08～0.14	—	—	—
STi3423	TiNi0.5	余	0.03	0.03～0.10	0.012	0.005	0.08	—	—	—	—	0.04～0.06		0.4～0.6	—
STi3531	TiCo0.5	余	0.03	0.08～0.16	0.015	0.008～0.12	—	—	—	—	0.04～0.08	—	—	—	Co：0.20～0.80
STi4251	TiAl4V2Fe	余	0.05	0.20～0.27	0.02	0.01	1.2～1.8	3.5～4.5	2.0～3.0	—	—	—	—	—	—
STi4621	TiAl6Zr4Mo2Sn2	余	0.04	0.30	0.015	0.015	0.05	5.5～6.5	—	1.8～2.2	—	—	0.25	—	Zr：3.6～4.4 Mo：1.8～2.2
STi4810	TiAl8V1Mo1	余	0.08	0.12	0.05	0.01	0.30	7.35～8.35	0.75～1.25	—	—	—	—	—	—
STi5112	TiAl5V1Sn1Mo1Zr1	余	0.03	0.05～0.10	0.012	0.008	0.20	4.5～5.5	0.6～1.4	0.6～1.4	—	—	—	—	Mo：0.6～1.2 Zr：0.6～1.4 Si：0.06～0.14
STi6321	TiAl3V2.5A	余	0.03	0.06～0.12	0.012	0.005	0.20	2.5～3.5	2.0～3.0	—	—	—	—	—	—
STi6408	TiAl6V4A	余	0.03	0.03～0.11	0.012	0.005	0.20	5.5～6.5	3.5～4.5	—	—	—	—	—	—
STi8451	TiNb45	余	0.03	0.06～0.12	0.02	0.0035	0.03	—	—	—	—	—	—	—	Nb：42～47
STi8641	TiV8Cr6Mo4Zr4Al3	余	0.03	0.06～0.10	0.015	0.015	0.20	3.0～4.0	7.5～8.5	—	0.04～0.08	—	5.5～6.5	—	Mo：3.5～4.5 Zr：3.5～4.5

焊接时，填充焊丝一般采用同质材料，也可使用比母材合金化程度稍低的焊丝，如采用TC3焊丝来焊接TC4钛材。为了达到改善焊缝塑性的目的，也采用属于超低间隙元素等级的焊丝，如O≤0.12%、N≤0.03%、H≤0.0056%、C≤0.04%。在钛及钛合金焊丝中，目前使用较多的是工业纯钛、Ti-5Al-2.5Sn和Ti-6Al-4V等。

美国标准ASNI/AWS A5.16—1990《钛及钛合金焊丝和填充丝标准》规定了适用于TIG焊、MIG焊和等离子弧焊用钛及钛合金焊丝和填充丝的分类和化学成分，见表4.7。表4.7中字母EL1表示钛合金填充金属有极低的间隙元素（C、O、N、H）含量。

表4.7　钛及钛合金焊丝和填充丝的分类及化学成分（AWS A5.16—1990）

AWS分类	化学成分/%								其他	
	C	O	H	N	Al	V	Sn	Fe	元素	含量
ERTi-1	0.03	0.10	0.005	0.015	—	—	—	0.10	—	—
ERTi-2	0.03	0.10	0.008	0.020	—	—	—	0.20	—	—
ERTi-3	0.03	0.10～0.15	0.008	0.020	—	—	—	0.20	—	—
ERTi-4	0.03	0.15～0.25	0.008	0.020	—	—	—	0.30	—	—
ERTi-5	0.05	0.18	0.015	0.030	5.5～6.7	3.5～4.5	—	0.30	Yt	0.005
ERTi-5EL1	0.03	0.10	0.005	0.012	5.5～6.5	3.5～4.5	—	0.15	Yt	0.005
ERTi-6	0.08	0.18	0.015	0.050	4.5～5.8	—	2.0～3.0	0.50	Yt	0.005
ERTi-6EL1	0.03	0.10	0.005	0.012	4.5～5.8	—	2.0～3.0	0.20	Yt	0.005
ERTi-7	0.03	0.10	0.008	0.020	—	—	—	0.20	Pt	0.12～0.25
ERTi-9	0.03	0.12	0.008	0.020	2.5～3.5	2.0～3.0	—	0.25	Yt	0.005
ERTi-9EL1	0.03	0.10	0.005	0.012	2.5～3.5	2.0～3.0	—	0.20	Yt	0.005
ERTi-12	0.03	0.12	0.008	0.020	—	—	—	0.30	Mo Ni	0.2～0.4 0.6～0.9
ERTi-12	0.03	0.10	0.005	0.015	5.5～6.5	—	—	0.15	Mo Nb Ta	0.5～1.5 1.2～2.5 0.5～1.5

注：1. 成分的余量是钛。
2. 所示单一数值为最大值。
3. 间隙元素C、O、H和N的分析应在这种填充金属的试样上进行。

4.3.2 钛及钛合金的氩弧焊（TIG焊、MIG焊）

钨极氩弧焊是焊接钛及钛合金最常用的方法，常用于焊接厚度3mm以下的钛及钛合金。钨极氩弧焊可以分为敞开式焊接和箱内焊接两种类型，它们又各自分为手工焊和自动焊。敞开式焊接是在大气环境中的普通钨极氩弧焊，是利用焊枪喷嘴、拖罩和背面保护装置通以适当流量的氩气或氩氦混合气，把焊接高温区与空气隔开，以防止空气侵入而沾污焊接区的金属。这是一种局部气体保护的焊接方法。当焊件结构复杂，难以实现拖罩或背面保护时，则应该采用箱内焊接。箱体在焊接前要先抽真空，然后充氩气或氩氦混合气，焊件在箱体内处于惰性气氛下施焊，是一种整体气体保护的焊接方法。

（1）焊前准备

钛及钛合金焊接接头的质量在很大程度上取决于焊件和焊丝的焊前清理，当清理不彻底时，会在焊件和焊丝表面形成吸气层，并导致焊接接头形成裂纹和气孔。因此焊接前应对坡口及其附近区域进行认真的清理。清理通常采用机械清理和化学清理。

1）机械清理

采用剪切、冲压和切割下料的工件需要焊前对其接头边缘进行机械清理。对于焊接质量要求不高或酸洗有困难的焊件，可以用细砂布或不锈钢丝刷擦拭，或用硬质合金刮刀刮削待焊边缘去除表面氧化膜，刮深 0.025mm 即可。对于采用气焊切割下料的工件，机械加工切削层的厚度应不小于 1～2mm。然后用丙酮或乙醇、四氯化碳或甲醇等溶剂去除坡口两侧的手印、有机物质及焊丝表面的油污等。在除油时需使用厚棉布、毛刷或人造纤维刷刷洗。

对于焊前经过热加工或在无保护气体的情况下热处理的工件，需要进行喷丸或喷砂清理表面，然后进行化学清理。

2）化学清理

如果钛板热轧后已经酸洗，但由于存放较久又生成新的氧化膜时，可在室温条件下将钛板浸泡在（2%～4%）HF+（30%～40%）HNO_3 + H_2O 的溶液中15～20min，然后用清水冲洗干净并烘干。对于热轧后未经酸洗的钛板，由于其氧化膜较厚，应先进行碱洗。碱洗时，将钛板浸泡在含烧碱 80%、碳酸氢钠 20%的浓碱水溶液中 10～15min，溶液的温度保持在 40～50℃。碱洗后取出冲洗，再进行酸洗。酸洗液的配方为，每升溶液中，硝酸 55～60mL，盐酸 340～350mL，氢氟酸 5mL。酸洗时间为 10～15min（室温下浸泡）。取出后分别用热水、冷水冲洗，并用白布擦拭、晾干。

经酸洗的焊件、焊丝应在 4h 内焊完，否则要重新酸洗。焊丝可放在温度为 150～200℃的烘箱内保存，随取随用，取焊丝应戴洁净的白手套，以免污染焊丝。对焊件应采用塑料布掩盖防止沾污，对已沾污的可用丙酮或酒精擦洗。

（2）坡口的制备与装配

为减少焊缝的累积吸气量，在选择坡口形式及尺寸时，应尽量减少焊接层数和填充金属量，以防止接头塑性的下降。钛及钛合金的坡口形式及尺寸见表 4.8。搭接接头由于其背面保护困难，接头受力条件差，尽可能不采用，一般也不采用永久性垫板对接。对于母材厚度小于 2.5mm 的 I 形坡口对接接头，可以不添加填充焊丝进行焊接。对于厚度更大的母材，则需要开坡口并添加填充金属。一般应尽量采用平焊。采用机械方法加工的坡口，由于接头内可能留有空气，因而对接头装配要求高。在钛板的坡口加工时最好采用刨、铣等冷加工工艺，以减小热加工时出现的坡口边缘硬度增加的现象，减少机械加工时的难度。

表 4.8　钛及钛合金钨极手工氩弧焊的坡口形式及尺寸

坡口形式	板厚 δ/mm	坡口尺寸		
		间隙/mm	钝边/mm	角度 α/（°）
I形	0.25～2.3	0	—	—
	0.8～3.2	0～0.1δ	—	—
V形	1.6～6.4	0～1.0δ	0.1～0.25δ	30～60
	3.0～13			30～90
X形	6.4～38			30～90
U形	6.4～25			15～30
双U形	19～51			15～30

由于钛的一些特殊物理性能，如表面张力系数大、熔融态时黏度小，焊前须对焊件进行仔细的装配。点固焊的焊点间距为 100～150mm，长度为 10～15mm。点固焊所用的焊丝、焊接工艺参数及保护气体等与正式焊接时相同，在每一点固焊点停弧时，应延时关闭氩气。装配时严禁使用铁器敲击、划伤待焊工件表面。

（3）焊接材料的选择

① 氩气　适用于钛及钛合金焊接用的氩气为一级氩气，其纯度为 99.99%，露点在

−40℃以下，杂质总含量<0.02%，相对湿度<5%，水分<0.001mg/L。焊接过程中如果氩气的压力降至1MPa时应停止使用，以保证焊接接头的质量。

② 焊丝　填充焊丝的成分一般应与母材金属成分相同。常用的焊丝型号有STi0100、STi0120、STi0125、STi0130、STi4251及STi6321等。为提高焊缝金属的塑性，可选用强度比母材金属稍低的焊丝。如焊接TA7及TC4等钛合金时，为提高焊缝塑性，可选用纯钛焊丝，但要保证焊丝中的杂质含量应比母材金属低，仅为一半左右，例如O≤0.12%、N≤0.03%、H≤0.006%、C≤0.04%。

焊丝以真空退火状态供货，表面不得有烧皮、裂纹、氧化色、非金属夹杂等缺陷存在。焊丝在焊前须进行彻底清理，否则焊丝表面的油污等可能成为焊缝金属的污染源。采用无标准牌号的焊丝时，可从基体金属上裁切出狭条作焊丝，狭条宽度和厚度相同。

(4) 气体保护措施

由于钛及钛合金对空气中的氧、氮、氢等气体具有很强的亲和力，因此必须在焊接区采取良好的保护措施，以确保焊接熔池及温度超过350℃的热影响区的正反面与空气隔绝。采用钨极氩弧焊焊接钛及钛合金的保护措施及其适用范围如表4.9所示。

表4.9　钨极氩弧焊焊接钛及钛合金的保护措施及其适用范围

类　别	保护位置	保护措施	用途及特点
局部保护	熔池及其周围	采用保护效果好的圆柱形或椭圆形喷嘴，相应增加氩气流量	适用于焊缝形状规则、结构简单的焊件，操作方便，灵活性大
	温度≥400℃的焊缝及热影响区	附加保护罩或双层喷嘴 焊缝两侧吹氩 适应焊件形状的各种限制氩气流动的挡板	
	温度≥400℃的焊缝背面及热影响区	通氩垫板或焊件内腔充氩 局部通氩 紧靠金属板	
充氩箱保护	整个工件	柔性箱体（尼龙薄膜、橡胶等），采用不抽真空多次充氩的方法提高箱体内的氩气纯度。但焊接时仍需喷嘴保护 刚性箱体或柔性箱体附加刚性罩，采用抽真空（$10^{-4}\sim10^{-2}$）再充氩的方法	适用于结构形状复杂的焊件
增强冷却	焊缝及热影响区	冷却块（通水或不通水） 用适用焊件形状的工装导热 减小热输入	配合其他保护措施以增强保护效果

焊缝的保护效果除与氩气纯度、流量、喷嘴与焊件间距离、接头形式等因素有关外，还与焊炬、喷嘴的结构形式和尺寸有关。钛的热导率小、焊接溶池尺寸大，因此，喷嘴的孔径也应相应增大，以扩大保护区的面积。常用的焊炬喷嘴及拖罩见图4.8。该结构可以获得具有一定挺度的气流层，保护区直径达30mm左右。如果喷嘴的结构不合理时，则会出现紊流和挺度不大的层流，两者都会使空气混入焊接区。

为了改善焊缝金属的组织，提高焊缝、热影响区的性能，可采用增强焊缝冷却速度的方法，即在焊缝两侧或焊缝反面设置空冷或水冷铜压块。对已脱离喷嘴保护区，但仍在350℃以上的焊缝热影响区表面，仍需继续保护。通常采用通有氩气流的拖罩。拖罩的长度为100～180mm，宽度30～40mm，具体长度可根据焊件形状、板厚、焊接工艺参数等条件确定，但要使温度处于350℃以上的焊缝及热影响区金属得到充分的保护。拖罩外壳的四角应圆滑过渡，要尽量减少死角，同时拖罩应与焊件表面保持一定距离。

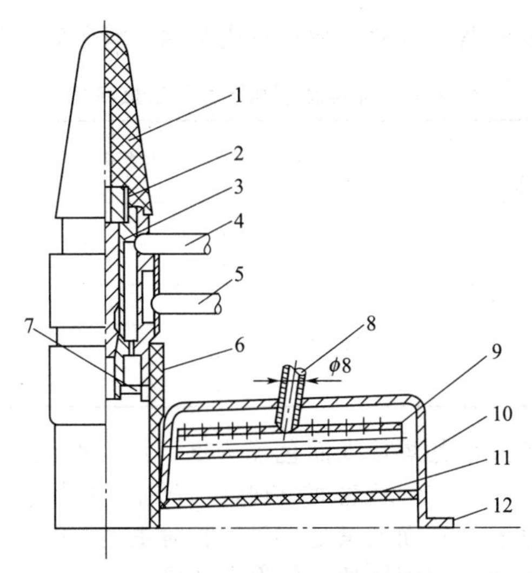

图 4.8 钛板氩弧焊用的焊炬喷嘴及拖罩

1—绝缘帽；2—压紧螺母；3—钨极夹头；4、8—进气管；5—进水管；6—喷嘴；7—气体透镜；9—气体分布管；10—拖罩外壳；11—铜丝网；12—帽沿

焊接长焊缝，当焊接电流大于 200A 时，在拖罩下端帽沿处需设置冷却水管，以防拖罩过热，甚至烧坏铜丝网和外壳。钛及钛合金薄板手工 TIG 焊焊用拖罩通常与焊炬连接为一体，并与焊炬同时移动。管子对接时，为加强对于管子正面后端焊缝及热影响区的保护，一般是根据管子的外径设计制造专用环形拖罩，如图 4.9 所示。

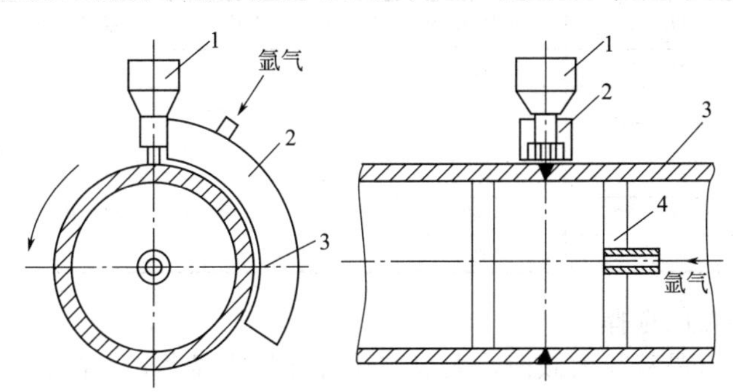

图 4.9 管子对接环缝焊时的拖罩

1—焊炬；2—环形拖动；3—管子；4—金属或纸质挡板

钛及钛合金焊接中背面也需要加强保护。通常采用在局部密闭气腔内或整个焊件内充氩气，以及在焊缝背面加通氩气的垫板等措施。对于平板对接焊时可采用背面带有通气孔道的紫铜垫板，如图 4.10 所示。氩气从焊件背面的紫铜垫板出气孔流出（孔径 ϕ1mm，孔距 15～20mm），并短暂地储存在垫板的小槽内，以保护焊缝背面不受有害气体的侵害。

为了加强冷却，垫板应采用紫铜，其凹槽的深度和宽度要适当，否则不利于氩气的流通和储存。对于厚度为 4mm 以内的钛板，其焊接垫板的成形槽尺寸及压板间距见表 4.10。焊缝背面不采用垫板的，可加用手工移动的氩气

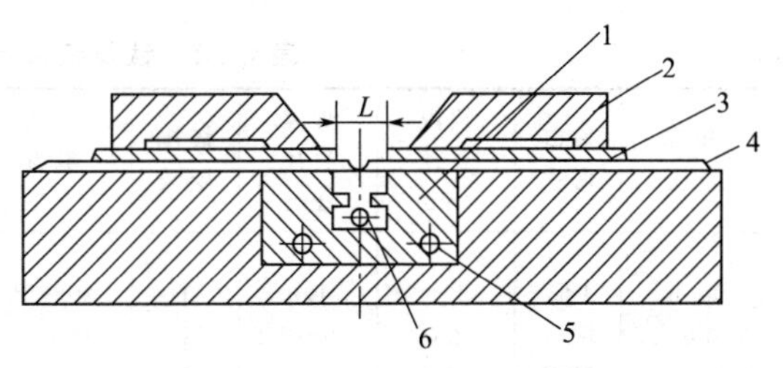

图 4.10 焊缝反面通氩气保护用垫板

1—铜垫板；2—压板；3—紫铜冷却板；4—钛板；5—出水管；6—进水管

拖罩。批量生产钛管时，对接焊可在氩气保护罩内焊接，管子转动焊炬不动。

表 4.10　垫板成形槽尺寸及压板间距

钛板厚度/mm	成形槽尺寸/mm		压板间距/mm	备　注
	槽　宽	槽　深		
0.5	1.5～2.5	0.5～0.8	10	反面不通氩气
1.0	2.0～3.0	0.8～1.2	15～20	
2.0	3.0～5.0	1.5～2.0	20～25	反面通以氩气
3.0	5.0～6.0		25～30	
4.0	6.0～7.0			

氩气流量的选择以达到良好的焊接表面色泽为准，过大的流量不易形成稳定的气流层，而且增大焊缝的冷却速度，容易在焊缝表面出现钛马氏体。拖罩中的氩气流量不足时，焊接接头表面呈现出不同的氧化色泽；而流量过大时，将对主喷嘴的气流产生干扰。焊缝背面的氩气流量过大也会影响正面第一层焊缝的气体保护效果。

焊缝和热影响区的表面色泽是保护效果的标志，钛材在电弧作用后，表面形成一层薄的氧化膜，不同温度下所形成的氧化膜颜色是不同的。一般要求焊后表面最好为银白色，其次为金黄色。工业纯钛焊缝的表面颜色与接头冷弯角的关系见表 4.11。多层、多道焊时，不能单凭盖面层焊缝的色泽来评价焊接接头的保护效果。因为若底层焊缝已被杂质污染，而焊盖面层时保护效果良好，结果仍会由于底层的污染而明显降低接头的塑性。

表 4.11　工业纯钛焊缝表面颜色与接头冷弯角的关系

焊缝表面颜色	温度/℃	保护效果	污染程度	焊接质量	冷弯角 α/(°)
银白色	350～400	良好	小→大	良好	110
金黄色	500	尚好		合格	88
深黄色	—				70
浅蓝色	—	较差		不合格	66
深蓝色	520～570	差			20
暗灰色	≥600	极差			0

（5）焊接工艺参数的选择

钛及钛合金焊接有晶粒长大倾向，尤以 β 钛合金最为显著，而晶粒长大难以用热处理方法加以调整。所以钛及钛合金焊接工艺参数的选择，既要防止焊缝在电弧作用下出现晶粒粗化的倾向，又要避免焊后冷却过程中形成脆硬组织。焊接应采用较小的焊接线能量，使温度刚好高于形成焊缝所需要的最低温度。如果线能量过大，则焊缝容易被污染而形成缺陷。

表 4.12、表 4.13 是钛及钛合金手工和自动 TIG 焊的工艺参数，主要适用于对接长焊缝及环焊缝。表 4.14 是钛管手工 TIG 焊的工艺参数。

表 4.12　钛及钛合金手工 TIG 焊的工艺参数

板厚/mm	坡口形式	钨极直径/mm	焊丝直径/mm	焊接层数	焊接电流/A	氩气流量/L·min^{-1}			喷嘴孔径/mm	备　注
						主喷嘴	拖　罩	背　面		
0.5	I形坡口对接	1.5	1.0	1	30～50	8～10	14～16	6～8	10	对接接头的间隙为0.5mm，不加钛丝时的间隙为1.0mm
1.0～1.5		2.0	1.0～2.0	1	40～80	8～12	14～16	6～10	10～12	
2.0～2.5		2.0～3.0	1.0～2.0	1	80～120	12～14	16～20	10～12	12～14	

续表

板厚/mm	坡口形式	钨极直径/mm	焊丝直径/mm	焊接层数	焊接电流/A	氩气流量/L·min^{-1}			喷嘴孔径/mm	备注
						主喷嘴	拖罩	背面		
3.0	V形坡口对接	3.0	2.0～3.0	1～2	120～140	12～14	16～20	10～12	14～18	坡口间隙2～3mm，钝边0.5mm。焊缝反面加钢垫板，坡口角度60°～65°
3.5～4.5		3.0～4.0	2.0～3.0	1～2	120～150	12～16	16～25	10～14	14～20	
5.0～6.0		4.0	3.0～4.0	2～3	130～180	14～16	20～28	12～14	18～20	
7.0～8.0		4.0	3.0～4.0	2～4	140～180	14～16	25～28	12～14	20～22	
10.0～13.0	对称双Y形坡口	4.0	3.0～4.0	4～8	160～240	14～16	25～28	12～14	20～22	坡口角度60°，钝边1mm；坡口角度55°，钝边1.5～2.0mm；间隙1.5mm
20.0～22		4.0	4.0～5.0	6～12	200～250	12～18	18～20	10～20	18～20	
25～30		4.0	3.0～4.0	15～18	200～220	16～18	26～30	20～26	20～22	

表4.13 钛及钛合金自动TIG焊的工艺参数

板厚/mm	坡口形式	成形槽的垫板尺寸		钨极直径/mm	焊丝直径/mm	焊接电流/A	焊接电压/V	焊接速度/cm·s^{-1}	氩气流量/L·min^{-1}			焊接层数
		宽度/mm	深度/mm						主喷嘴	拖罩	反面	
1.0	—	5	0.5	1.6	1.2	70～100	12～15	0.5～0.6	8～10	12～14	6～8	1
1.2	—	6	0.7	2.0	1.2	100～120	12～15	0.5～0.6	8～10	12～14	6～8	1
1.5	—	5	0.7	2.0	1.2～1.6	120～140	14～16	0.6～0.7	10～12	14～16	8～10	1
2.0	—	6	1.0	2.5	1.6～2.0	140～160	14～16	0.5～0.6	12～14	14～16	10～12	1
3.0	—	7	1.1	3.0	2.0～3.0	200～240	14～16	0.5～0.6	12～14	16～18	10～12	1
4.0	留2mm间隙	8	1.3	3.0	3.0	200～260	14～16	0.5～0.6	14～16	18～20	12～14	2
6.0	V形60°	—	—	4.0	3.0	240～280	14～18	0.5～0.6	14～16	20～24	14～16	3
10.0	V形60°	—	—	4.0	3.0	200～260	14～18	0.25～0.33	14～16	18～20	12～14	3
13.0	双V形60°	—	—	4.0	3.0	220～260	14～18	0.6～0.7	14～16	18～20	12～14	4

表4.14 钛管手工TIG焊的工艺参数

管壁厚度/mm	钨极直径/mm	焊丝直径/mm	钨极伸出长度/mm	焊接电流/A		氩气流量/L·min^{-1}			备注
				第一层	第二层及后几层	主喷嘴	拖罩	管内	
2	2	1.2～1.6	5～8	70～90	110～120	8～10	12～16	6～8	第一层均不加焊丝
3	2～3	1.6	5～8	90～100	110～120	8～10	12～16	6～8	
4	3	2～3	6～10	110～120	130～140	10～12	14～18	8～10	
5～6	3	2～3	6～10	110～120	130～140	10～12	14～18	8～10	
7～9	4	2～4	6～10	170	210～240	14～16	20～24	8～12	
10～12	4	3～4	8～12	190	220～250	14～16	20～24	8～12	
13～16	4	4～5	8～12	190	220～250	14～16	20～24	8～12	

钨极氩弧焊一般采用具有恒流特性的直流弧焊电源，并采用直流正接，以获得较大的熔深和较窄的熔宽。在多层焊时，第一层一般不加焊丝，从第二层再加焊丝。已加热的焊丝应处于气体的保护之下。多层焊时，应保持层间温度尽可能低，等到前一层冷却至室温后再焊下一道焊缝，以防止过热。

对于厚度在0.1～2.0mm的纯钛及钛合金板材、对焊接热循环敏感的钛合金以及薄壁钛管全位置焊接时，宜采用脉冲氩弧焊。该方法可成功地控制钛焊缝的成形，减少焊接接头过热和粗晶倾向，提高焊接接头的塑性。而且焊缝易于实现单面焊双面成形，获得质量高、变形量小的焊接接头。表4.15是厚度0.8～2.0mm钛板脉冲自动TIG焊的工艺参数。其中脉冲电流对焊缝的熔深起着主要作用，基值电流的作用是保持电弧稳定的燃烧，待下一次脉冲作用时不需要重新引弧。

表 4.15　钛及钛合金脉冲自动 TIG 焊的工艺参数

板厚/mm	焊接电流/A		钨极直径/mm	脉冲时间/s	休止时间/s	电弧电压/V	弧长/mm	焊接速度/m·h^{-1}	氩气流量/L·min^{-1}
	脉　冲	基　值							
0.8	50～80	4～6	2	0.1～0.2	0.2～0.3	10～11	1.2	18～25	6～8
1.0	66～100	4～5	2	0.14～0.22	0.2～0.34	10～11	1.2	18～25	6～8
1.5	120～170	4～6	2	0.16～0.24	0.2～0.36	11～12	1.2	16～24	8～10
2.0	160～210	6～8	2	0.16～0.24	0.2～0.36	11～12	1.2～1.5	14～22	10～12

当钛及钛合金板很厚时，采用熔化极氩弧焊（MIG 焊）可以减少焊接层数，提高焊接速度和生产率，降低成本，也可减少焊缝气孔。但 MIG 焊采用的是细颗粒过渡，填充金属受污染的可能性大，因此对保护要求较 TIG 焊更严格。此外，MIG 焊的飞溅较大，影响焊缝成形和保护效果。薄板焊接时通常采用短路过渡，厚板焊接时则采用喷射过渡。

MIG 焊时填丝较多，这就要求焊接坡口角度较大，厚度 15～25mm 的板材，可选用 90°单面 V 形坡口。钨极氩弧焊的拖罩可用于熔化极焊接，但由于 MIG 焊速高、高温区长，拖罩应加长，并采用流水冷却。MIG 焊时焊材的选择与 TIG 焊相同，但是对气体纯度和焊丝表面清洁度的要求更高，焊前须对焊丝进行彻底的清理。表 4.16 是 TC4 钛合金自动 MIG 焊的工艺参数。

表 4.16　TC4 钛合金自动 MIG 焊的工艺参数

材料	焊丝直径/mm	焊接电流/A	焊接电压/V	焊接速度/cm·s^{-1}	送丝速度/cm·s^{-1}	焊枪至工件距离/mm	坡口形式	氩气流量/L·min^{-1}			根部间隙/mm
								焊枪	拖罩	背面	
纯钛	1.6	280～300	30～31	1	14.4	27	Y 形 70°	20	20～30	30～40	1
钛合金	1.6	280～300	31～32	0.8	14.4	25	Y 形 70°	20	20～30	30～40	1

（6）焊后热处理

钛及钛合金的接头在焊接后存在着很大的残余应力。如果不消除，将会引起冷裂纹，增大应力腐蚀开裂的敏感性，降低接头的疲劳强度，因此焊后必须进行消除应力处理。按合金的化学成分、原始状态和结构使用要求，有焊后退火处理和淬火-时效处理。

1）退火

退火的目的是消除应力、稳定组织、改善力学性能。退火工艺分为完全退火和不完全退火两类。α 和 β 钛合金（TB2 除外）一般只作退火热处理。

由于完全退火的加热温度较高，为避免焊件表面被空气污染，必须在氩气或真空中进行。不完全退火由于加热温度较低，可在空气中进行，空气对焊缝及焊件表面的轻微污染，可用酸洗方法去除。

退火后的冷却速度对 α 和 β 钛合金不敏感，对 α+β 钛合金十分敏感。对于这种合金，须以规定的速度冷却到一定温度，然后分阶段冷却或直接空冷，而且开始空冷的温度不应低于使用温度。

2）淬火-时效处理

淬火-时效处理的目的是提高焊后接头的强度。但由于高温加热氧化严重，淬火时发生的变形难于矫正，而且焊件较大时不易进行淬火处理，因此一般很少采用，仅对结构简单、体积不大的压力容器适用。

消除应力处理前，焊件表面须进行彻底的清理，然后在惰性气氛中进行热处理。几种钛及钛合金焊后热处理的工艺参数见表4.17。

表4.17 几种钛及钛合金焊后热处理的工艺参数

材　　料	工业纯钛	TA7	TC4	TC10
温度/℃	482～593	533～649	538～593	482～649
保温时间/h	0.5～1	1～4	2～1	1～4

4.3.3 钛及钛合金的等离子弧焊（PAW）

等离子弧焊具有能量密度高、热输入大、效率高的特点，适用于钛及钛合金的焊接。液态钛的表面张力大、密度小，有利于采用小孔法进行等离子弧焊。采用小孔法可以一次焊透厚度2.5～15mm的板材，并可有效地防止气孔的产生。熔透法适合于焊接各种钛板，但一次焊透的厚度较小，3mm以上的厚板一般需开坡口。

等离子弧焊的焊接工艺参数见表4.18。TC4钛合金TIG焊和等离子弧焊接头的力学性能见表4.19。焊接接头去掉加强高，拉伸试样都断在过热区。两种焊接方法的接头强度都能达到母材强度的93%，等离子弧焊的接头塑性可达到母材的70%左右，而TIG焊只有50%左右。

表4.18 钛及钛合金等离子弧焊的工艺参数

厚度/mm	喷嘴孔径/mm	焊接电流/A	焊接电压/V	焊接速度/cm·s^{-1}	送丝速度/cm·s^{-1}	焊丝直径/mm	氩气流量/L·min^{-1}			
							离子气	保护气	拖　罩	背　面
0.2	0.8	5	16	0.21	—	—	0.25	10		2
0.4	0.8	6	16	0.21	—	—	0.25	10		2
1	1.5	35	18	0.33	—	—	0.5	12	15	4
3	3.0	150	24	0.64	1.67	1.6	4	15	20	6
6	3.0	160	30	0.5	1.89	1.6	7	25	25	15
8	3.0	170	30	0.5	2	1.6	7	25	25	15
10	3.5	230	38	0.25	1.17	1.6	6	25	25	15

注：电源极性为直流正接，不开坡口。厚度0.2mm、0.4mm的板采用熔透法焊接，其余采用小孔法。

表4.19 TC4钛合金TIG焊和等离子弧焊接头的力学性能

焊接方法	抗拉强度/MPa	屈服强度/MPa	伸长率/%	断面收缩率/%	冷弯角/(°)
等离子弧焊	1005	954	6.9	21.8	53.2
钨极氩弧焊	1006	957	5.9	14.6	6.5
母材	1072	983	11.2	27.3	16.9

注：钨极氩弧焊采用TC3填充焊丝，而等离子弧焊不填充焊丝。

纯钛等离子弧焊的气体保护方式与钨极氩弧焊相似，可采用氩弧焊拖罩，但随着板厚的增加和焊速的提高，拖罩要加长，使处于350℃以上的金属得到良好的保护。背面垫板上的沟槽尺寸一般宽度和深度取2.0～3.0mm，背面保护气流的流量也要增加。厚度15mm以上的钛板焊接时，一般开钝边为6～8mm的V形或U形坡口，用小孔法封底，然后用熔透法填满坡口（氩弧焊封底时，钝边仅1mm左右）。用等离子弧封底可减少焊道层数，减少填丝量和焊接角变形，并能提高生产率。熔透法多用于厚度3mm以下的薄件焊接，比钨极氩弧焊容易保证焊接质量。等离子弧焊时容易产生咬边，可以采用加填充焊丝或加焊一道装饰焊缝的方法消除。

4.3.4 钛及钛合金的其他焊接方法

（1）电子束焊

电子束焊具有能量集中和焊接效率高等优点，适用于钛及钛合金的焊接。例如，厚度为

50mm 的 Ti-6A1-4V 钛合金板不用开坡口一次就能焊透；厚度为 100～150mm 的 Ti-6Al-4V 钛合金板焊接时，焊接速度达 18m/h。电子束焊可以保护焊接接头不受空气的污染，保证焊接质量。采用电子束焊方法焊接纯钛和 Ti-6A1-4V、Ti-8A1-1Mo-V、Ti-6A1-2.5Cr 以及 Ti-5Al-2.5Si 等可获得热影响区窄、晶粒细、变形小的焊接接头。

电子束焊前须对工件净化处理，净化处理后也必须保持清洁，不可继续污染。清理方法多用酸洗或机械加工。为了防止电子束流偏离或产生附加磁场，焊接时须采用铝或铜等无磁性材料作夹具。电子束焊接时，一般工件都很厚，而且为对称接口，为保证焊接质量，焊前装配时应适当控制间隙；否则，将会被电子束所穿透，或因未熔透而形成凹槽，影响接头质量。

为改善焊缝向母材的过渡，可采用两道焊法，第一道是用高功率密度的深熔焊，保证焊透；第二道为低功率密度的修饰焊。这种做法改善了焊缝成形，有利于提高接头的力学性能。在焊封闭环形焊缝时，由于电子束压力的作用，使大量已熔化金属被推向焊接方向的后端，未经熔化的金属表面上焊缝局部突起增厚。所以在收尾时，由于局部未焊透，在起始处留下了凹陷，影响焊缝的质量。为此，在焊接工艺上要保证整个焊缝全部焊透，并在收尾时修整起始段焊缝的成形。这就要求电子束焊环形焊缝时须具有衰减的控制系统，一般是采取束流衰减或增大焊接速度或两者相结合来进行。另外，电子束摆动也可以改善焊缝成形、细化晶粒和减少气孔，提高接头质量。

钛合金电子束焊的工艺参数见表 4.20。

表 4.20　钛合金电子束焊的工艺参数

板厚/mm	加速电压/kV	电子束电流/mA	焊接速度/m·min^{-1}	备　注
1.3	85	4	1.52	—
5.08	125	8	0.46	高压
5.08	28	180	1.27	低压
9.5～11.4	36	220～230	1.4～1.52	—
12.7	37	310	2.29	焊透
12.7	19	80	2.29	焊缝表面
25.4	23	300	0.38	—
50.8	46	495	1.04	焊透
50.8	19	105	1.04	焊缝表面
57.2	48	450	0.76	焊透
57.2	20	110	0.76	焊缝表面

(2) 电阻焊

电阻焊工艺简单，接头质量可靠，容易形成焊接生产机械化和自动化。电阻焊中有对焊、点焊、缝焊和凸焊等方法，这些方法均可用于钛及钛合金焊接结构件的生产。

1) 闪光对焊

对焊有电阻对焊和闪光对焊两种方法。钛合金电阻对焊有一定的难度，主要是因为钛是活性很强的金属，极易氧化。另一方面，电阻对焊加热时间较长，有过热、晶粒长大和端面氧化现象，使接头性能降低。所以，生产中要求较高的构件，一般不采用电阻对焊方法。

闪光对焊是钛及钛合金构件常用的焊接方法。闪光对焊时，须采用快速闪光及快速顶锻，才能获得良好的接头质量。提高闪光速度，可使端面上形成液态金属接触点数目增多，使之连续生成、连续爆破喷出接口。造成端面间隙中的压力，外界空气不能侵入并保证端面加热均匀，为顶锻时易于产生塑性变形创造了有利的条件。

增加顶锻速度和有足够的顶锻力是获得优质钛及钛合金接头的关键。当连续闪光过程使端面接近于焊接温度时，立即施加足够大的顶锻速度和顶锻力。迅速地使接口间隙封闭而接触，在顶锻力的作用下，液态金属将被挤出，剩下的高温固态金属产生塑性变形，使焊件焊接起来。

钛及钛合金闪光对焊的工艺参数见表4.21。

表4.21 钛及钛合金闪光对焊的工艺参数

焊件截面/mm^2	预热电流/A	顶锻力/MPa	伸出长度/mm	顶锻预留量/mm	闪光速度/$mm \cdot s^{-1}$	
					开始	终止
150	1500～2500	2.9～3.9	25	3	0.5	6
250	2500～3000	4.9～7.9	25～40	6	0.5	6
500	5000～7000	9.8～14.7	45	6	0.5	6
1000	5000	19.6～24.5	50	10	0.5	5
2000	10000	39.2～98.1	65	12	0.5	5
4000	20000	147～294	110	15	0.5	4
6000	10000	343～491	140	15	0.5	3.5
8000	40000	343～589	165	15	0.5	3.0
10000	50000	490～981	180～200	15	0.5	2.5

钛合金闪光对焊时，所需最短的闪光和顶锻的热循环，与一般钢材相比，电流强度要高出2～3倍，而通电时间相应缩短1/3～1/2。对于实心截面的焊件，端面接口不需要惰性气体保护；对于空心截面的焊接，如管件，可将氩气直接通入管内保护。

2）点焊

钛及钛合金的薄壁结构零件在尺寸外形较大而且要求变形较小的条件下，多采用点焊和缝焊工艺。这种方法能量集中，热影响区小，变形小，生产率高，而且不需要氩气保护，直接可点焊或缝焊。因为点焊熔核在电极下的两板之间形成，不暴露在空气之中，所以焊点接头不产生高温氧化，又可以进行强制水冷却，点焊质量良好，但在加热时间较长的情况下，仍需采用氩气保护。

钛合金点焊时，清理焊件表面十分重要，焊件内部接触是否紧密直接影响接触电阻的大小，由此影响加热程度和焊点的质量是否稳定。不清洁的表面还可能熔化后生成脆性相，降低接头性能。实际生产中多采用3%HF+35%HNO_3的水溶液进行酸洗。酸洗后至开始焊接时不得超过48h，而且需保护在清洁、干净的环境中。

钛及钛合金的点焊、缝焊接头形式及尺寸设计与一般钢件相同。点焊时，焊点之间的距离及最小边缘距离见表4.22。

表4.22 钛及钛合金点焊时焊点之间的距离及最小边缘距离

钛板总厚度/mm	最小点距/mm	最小边距/mm
0～2.0	6.3	6.3
2.1～2.5	9.5	6.3
2.6～3.0	12.7	7.9
3.1～3.5	15.8	7.9
3.6～4.0	19.0	9.5
4.1～4.5	22.2	9.5
4.6～5.0	25.4	11.1
5.1～6.0	30.1	12.7
6.1～7.0	36.5	14.0
7.1～8.0	42.0	15.8
8.1～9.0	49.0	15.8
9.1～9.5	55.5	15.8

点焊时的工件装配精度将直接影响焊点质量。比较复杂的一些焊接结构件，应采用专用夹具进行装配，以保证装配质量。电极间的两焊件间隙不能过大。如果间隙过大，电极压不紧将会引起烧穿或飞溅。所以，一般板结构件的间隙应当小于0.2mm。造成间隙过大的主要因素是工件尺寸超差、装配不紧、工件变形和不平直等。因此，要求点焊件在焊前必须保

证零件尺寸精确和不变形。

点焊和缝焊的电极是焊接生产中的重要部件。电极既要导电，又要传导压力，而且要求在焊接加热和冷却过程中具有不产生变形、不磨损、不粘连工件等性能。所以，钛及钛合金点焊和缝焊的电极选择 Be-Co-Cu 合金和 Cd-Cu 合金材料。电极端头形状选用球面形。

钛及钛合金点焊的工艺参数见表 4.23。工业纯钛电阻缝焊的工艺参数见表 4.24。

表 4.23　钛及钛合金点焊的工艺参数

被焊材料	板材厚度/mm	焊接电流/A	通电时间/s	电极压力/N	电极直径/mm
工业纯钛（TA1、TA2、TA3、TA4）	0.8+0.8	5500	0.10～0.15	2000～2500	50～70
	1.0+1.0	6000	0.15～0.20	2500～3000	75～100
	1.2+1.2	6500	0.20～0.25	3000～3500	75～100
	1.5+1.5	7500	0.25～0.30	3500～4000	75～100
	1.7+1.7	8000	0.25～0.30	3750～4000	75～100
	2.0+2.0	10000	0.30～0.35	4000～5000	100～150
	2.5+2.5	12000	0.30～0.40	5000～6000	100～150
	3+2	15500～16000	0.16～0.17	6800	75～100
	3+3	16500～17000	0.18～0.22	6800	75～100
TC4 钛合金	0.25+0.25	5000	0.1～0.12	5440	254
	0.5+0.5	5500	0.14～0.16	2720	76
	0.6+0.6	8500	0.14～0.16	4080	102
	0.8+0.8	11000	0.20～0.22	3800	250
	1.2+1.2	12500	0.26～0.28	10880	76
	1.5+1.5	15500～16000	0.28～0.30	10430	254

表 4.24　工业纯钛电阻缝焊的工艺参数

板材厚度/mm	焊接电流/A	通电时间/s	休止时间/s	电极压力/N	焊接速度/$m \cdot h^{-1}$	滚轮球面直径/mm
0.6+0.6	6000	0.08～0.12	0.10～0.16	2000～2500	45～50	50～75
0.8+0.8	6500	0.10～0.12	0.16～0.20	2500～3000	42～48	50～75
1.0+1.0	7500	0.13～0.14	0.20～0.28	3000～3500	36～42	75～100
1.2+1.2	8500	0.14～0.18	0.28～0.36	3500～4000	33～39	75～100
1.5+1.5	9000	0.18～0.24	0.36～0.48	4000～4500	30～36	75～100
1.7+1.7	10000	0.18～0.24	0.36～0.48	4500～5000	30～36	75～100
2.0+2.0	11500	0.20～0.28	0.40～0.56	5000～6000	30～36	100～150
2.5+2.5	14000	0.28～0.32	0.60～0.80	6500～7000	20～25	100～150
3.0+3.0	50000～60000	0.16	0.34	9000	40～45	100～150

（3）埋弧自动焊

钛及钛合金埋弧自动焊的关键在于采用专用无氧焊剂，这主要是因为钛具有特殊的物理化学性质和很强的活性。无氧焊剂除具备一般焊剂的共同性质外，还具有良好的隔绝空气的保护作用，使钛及钛合金在焊接过程中不吸收氧、氢、氮等气体。

无氧焊剂焊前进行 200～300℃ 烘干，尤其是在直流反接时，焊缝成形更为良好。焊丝应与母材化学成分相同。由于钛合金焊丝电阻系数较大，焊丝伸出长度要小。焊丝伸出长度与焊丝直径的关系见表 4.25。

表 4.25　焊丝伸出长度与焊丝直径的关系

焊丝直径/mm	1.2～1.5	1.5～2.5	2.5～3.0	3.0～4.0	4.0～5.0
焊丝伸出长度/mm	12～13	13～14	14～16	16～18	18～22

焊接接头的背面保护可由母材上割下一块作为垫板，焊后可留在接头上，若板厚小于 1.5mm 时，也可用铜或钢质垫板。埋弧自动焊后，必须在焊缝冷却到 300℃ 以下时，方可清渣。采用无氧焊剂焊接钛板的工艺参数见表 4.26。

表 4.26 采用无氧焊剂焊接钛板的工艺参数

板厚/mm	接头形式	焊丝直径/mm	焊接电流/A	焊接电压/V	送丝速度/m·h⁻¹	焊接速度/m·h⁻¹
1.5～1.8	对接	2.0	160～180	30～34	150	50
2.0～2.5	对接	2.0	190～220	34～36	162～175	50
2.8～3.0	对接	2.0	220～250	34～38	175～221	50
2.8～3.0	对接	2.5	230～260	32～34	189～204	50
4.0～4.5	对接	2.0	300～320	34～38	221～239	50
4.0～5.0	对接	2.5	310～340	30～32	139～150	50
4.0～5.0	对接	3.0	310～340	30～32	95～111	50
3.0～5.0	对接	2.5～3.0	160～250	30～34	—	50～60
3.0～5.0	搭接	2.0～2.5	250～300	30～34	—	45～50
3.0～5.0	角接	2.5～3.0	250～300	30～34	—	45～50
8.0～12.0	对接	3.0～4.0	400～580	34～36	—	40～45

(4) 钎焊

适用于钛及钛合金的钎焊方法较多，常用的是在惰性气体保护加热炉中加热的方法。钛及钛合金钎焊接头的形式有对接、搭接、T形接头以及斜对接等。对接接头强度低，只用于不很重要的焊接件；搭接接头由于钎焊面积较大，能充分发挥毛细管的润湿性作用，钎料能填满间隙，因此应用较多；斜对接接头实际上也增大了钎焊面积，接头强度增加。钛及钛合金搭接接头的搭接间隙一般控制在0.07～0.1mm范围，以保证钎料充分填充。

钎焊钛及钛合金常用的钎料是银基钎料，包括纯银钎料、Ag-Cu-Zn-Mn和Ag-Cu-Zn-Cd钎料。这些钎料可根据具体的钛合金和结构特点来选择。如果采用火焰加热钎焊时，还可以使用钎剂，如氯化银＋氯化钾、氯化锂＋氯化钠、氯化锂＋氟化钾＋氟化钠等。如采用纯银钎料，选用氯化银＋氯化钾钎剂，可获得较好的钎焊接头。除银基钎料外，钎焊钛及钛合金还可采用层叠状钛基钎料，它是由钛箔、镍箔、铜箔叠层而成的。这种叠层钎料有两种，一种是Ti-14Cu-14Ni（成分Cu 13%～15%，Ni 13%～15%，余为Ti），这种钎料的钎焊温度为960℃；另一种是Ti-13Cu-14Ni-0.3Be（成分Cu 12%～14%，Ni 13%～15%，Be 0.28%～0.33%，余为Ti），这种钎料的钎焊温度为950℃。这两种钎料钎焊TC4钛合金接头的力学性能见表4.27。

表 4.27 采用不同钎料钎焊TC4钛合金接头的力学性能

钎料	钎焊工艺	抗剪强度/MPa				冲击韧性/J·cm⁻²
		未处理		氧化、盐雾处理		
		20℃	430℃	30℃、100h氧化处理	20℃、120h盐雾化处理	
Ti-14Cu-14Ni	960℃×15min	310.1	294	302	305.5	—
	960℃×2h	403.8	—	—	—	32
Ti-13Cu-14Ni-0.3Be	960℃×15min	321.6	290	312.1	309.8	2.9
	960℃×2h	463.5	—	—	—	38.6

4.4 钛及钛合金焊接实例

4.4.1 TC4钛合金气瓶的TIG焊

TC4钛合金高压球形气瓶用于运载火箭，要求重量轻、耐腐蚀，焊缝无气孔和夹杂，有较强高度和塑性，爆破压力达50MPa，且有耐疲劳要求。为此，选用淬火＋时效状态的TC4做母材，抗拉强度1200MPa，伸长率大于8%，焊接处厚度为4.2mm。

TC4钛合金气瓶采用钨极氩弧焊方法。焊前酸洗去除焊丝及瓶体焊接部位的油污后进行抛光，然后用丙酮清洗。钛合金气瓶采用多层焊，第一层可不加焊丝，以 0.5～1.0mm 短弧焊接，弧长由自由调节器调控，焊接过程中注意层间冷却。第二层要填丝，以 2～3mm 弧长进行焊接，焊接工艺参数见表 4.28。

表 4.28 TC4 钛合金气瓶钨极氩弧焊的工艺参数

接头结构	层序	焊丝	焊接电压 /V	焊接电流 /A	焊接速度 /m·h^{-1}	氩气流量/L·min^{-1}		
						主喷嘴	拖罩	瓶内
焊接部位壁厚 4.2mm 坡口角 90° 钝边高度 2mm	1	不加	8～9	245	16	13	30	25
	2	加	11～12	215	16	13	30	25

注：焊前应提前送氩气。

4.4.2 乙烯工程中钛管的焊接

某乙烯工程中有 13 种规格（从 ϕ33.7mm×1.5mm 到 ϕ508mm×4.5mm）纯钛管需进行全位置焊接，且与直管连接的弯管无直线段，使拖罩制作和焊接操作都比较困难。

（1）气体保护措施

采用拖罩保护与管内充氩保护相结合的保护方式。

① 拖罩保护　自动 TIG 焊的拖罩结构为全密封带罩轨结构，见图 4.11。罩体为 1mm 厚铜皮和直径 8mm 的铜管所焊成的两半圆体，以铰链和挂钩连接。铜管两侧沿罩壳方向钻有两排相互错开、孔距 6mm 的 ϕ1mm 小孔。罩轨是由铸造黄铜车制而成的两个半圆体，以铰链和螺栓连接，共 3 块，两块用于焊直管，一块则与弯管相匹配。

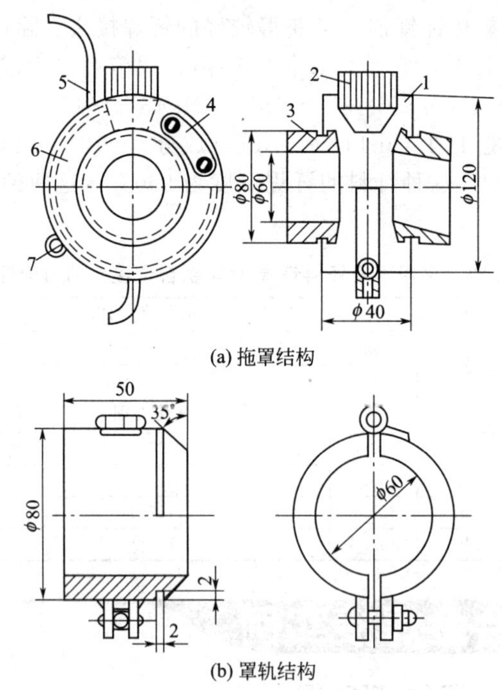

(a) 拖罩结构

(b) 罩轨结构

图 4.11　拖罩和罩轨的结构示意

1—罩体；2—喷嘴；3—罩轨；4—挂钩；5—进气管；6—排气管；7—铰链

焊前，先将罩轨卡在管子接头两侧，然后把罩体安放在罩轨上，通过上部进气管或连接件固定在机头上，机头转动时带动罩体沿罩轨转动。当钛管直径大于 100mm 时可用不带罩轨的拖罩。

② 管内充氩气保护　钛管对接焊时采用管内充氩保护比较困难，特别是当管道系统复杂，而且管道又很长时，内部通氩保护更为困难，只得根据具体情况尽量缩小内部充氩保护的容积，以达到排出管内的空气为原则。对直径小于 100mm 的管子可用整体充氩保护，管径在 100～500mm 间的采用局部隔离充氩保护；管径大于 500mm 的采用局部拖罩跟踪保护。充进管内的氩气达到充氩容积的 5～6 倍时方可将管内的空气排净。在实际生产中衡量管内充氩清洗的效果是用在一定的氩气流量下充氩的时间来确定，见表 4.29。

表 4.29　不同管径的钛管焊前管内充氩清洗的时间

管子直径/mm	氩气流量/L·min^{-1}	300mm 长的钛管内充氩清洗的时间/s
25	10	8
50	10	24
76	10	55
102	10	90
128	10	150
152	10	210

充氩前应将充氩管端部周围钻若干小孔，以便对管壁充氩。考虑到氩气的密度比空气大，充氩点要选择在充氩管道系统的最低点；而放气点则选择在最高点处。其余管子接头处用密封胶带封住。

(2) 焊接工艺

焊前在钛管对接接头处进行定位焊，定位焊时管内也要充氩，焊接工艺参数与正式焊接相同。定位焊缝长 10～15mm。手工钨极氩弧焊（TIG 焊）的工艺参数见表 4.30。

表 4.30　钛管手工 TIG 焊的工艺参数

管壁厚度/mm	钨极直径/mm	焊丝直径/mm	钨极伸出长度/mm	焊接电流/A		氩气流量/L·min^{-1}			备注
				第一层	第二层及以后几层	主喷嘴	拖罩	管内	
2	2	1.2	7	80	115	9	14	7	第一层均不加焊丝
3	2～3	1.6	7	100	115	9	14	7	
4	3	2～3	8	115	135	11	16	9	
5	3	2～3	8	115	135	11	16	9	

图 4.12 为钛管对接接头焊接时起弧点及收弧点的位置。图 4.12 中第 1 点为起弧点，起弧点应设置在定位焊缝上；第 1～2 点间的焊缝容易产生未焊透缺陷，因此焊接电流应适当增大；第 2 点以后焊接电流可适当减小 3～5A；到第 3 点时为使焊缝接头处熔合良好，焊接电流应增大至起弧点相同的电流值；超过第 1 点以后电流逐渐衰减；至第 4 点以后，就断电收弧，整个焊接过程结束。

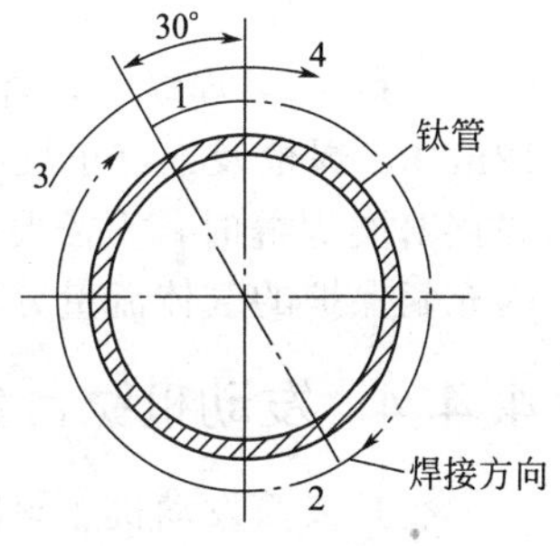

图 4.12　钛管焊接起弧点及收弧点的位置

4.4.3　凝汽器与蒸发器部件的 TIG 焊

(1) 凝汽器钛管与钛板的焊接

2×200MW 汽轮机凝汽器与海水介质接触的冷却水管和板分别采用工业纯钛 TA2 和复合钛板。双层结构管板两板间距为 20mm，注满 0.34MPa 压力的软水，钛管与双管板的连接形式见图 4.13。管子规格为 ϕ25mm×(0.5～0.7)mm，每台机组共 26712 道焊缝。

采用自动脉冲 TIG 焊方法，焊接接头形式和电极位置见图 4.14。采用“Z”形跳焊法以防止变形，焊接工艺参数见表 4.31。焊接过程中采用先胀后焊的方式，工艺流程为凝汽器内部清理→管板清洗→穿管→胀管→切管→清洗→封闭→焊接→检验，其中清理和良好的保护是焊接成功的必要条件，而严格执行焊接工艺参数是确保焊接成功的关键。

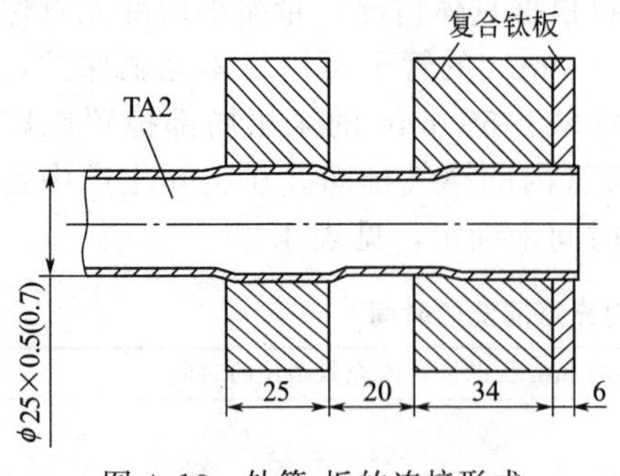

图 4.13　钛管-板的连接形式

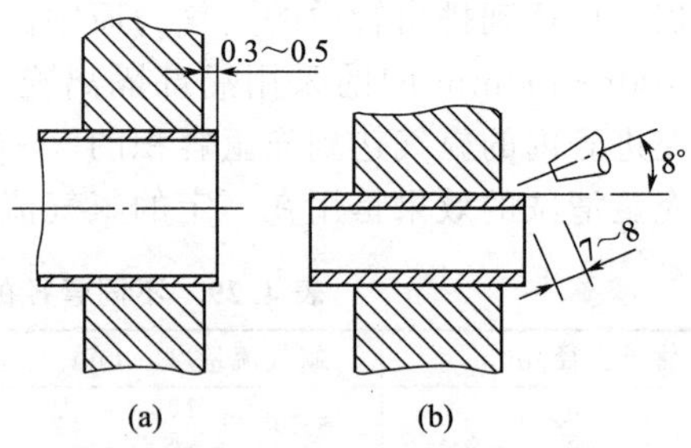

图 4.14　管-板接头形式及电极位置

表 4.31　钛管-板 TIG 焊的工艺参数

脉冲基值电流/A	脉冲峰值电流/A	喷嘴氩气保护流量/L·min^{-1}	外保护氩气保护流量/L·min^{-1}	氩气提前时间/s	引弧预热时间/s	衰减时间/s	氩气滞后时间/s
40～50	80～90	4	10	4～8	1～2	5	4～6

（2）TA2 降膜蒸发器的焊接

降膜蒸发器管材料为 TA2，壁厚 2mm；壳体材料为 Q235A 钢。采用 TIG 焊，选用 TA2 焊丝，钨极直径 3mm，喷嘴直径 16mm。A 类焊缝坡口及焊接层次见图 4.15（a），B 类焊缝结构见图 4.15（b）。

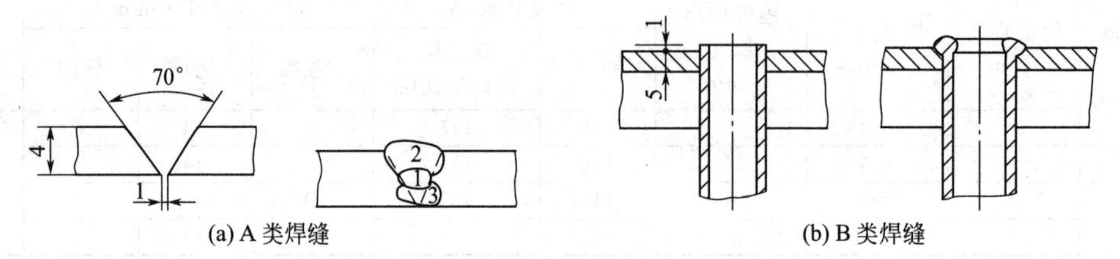

图 4.15　降膜蒸发器焊缝的结构形式

焊接 A 类焊缝时，焊接电流为 105～125A，焊接电压为 14～16V，焊接速度为 10～12m/h，焊枪及拖罩正反面气体流量分别为 11～12L/min、14～16L/min 和 10～13L/min。焊接 B 类焊缝时，不需要填加焊丝，焊接电流为 52～58A，焊接电压为 12～14V，焊枪和管内充氩保护的气体流量分别为 12L/min 和 6L/min。

4.4.4　发动机钛合金组件的电子束焊

登月火箭发动机燃料喷射系统的 Ti-6Al-4V（相当于 TC4）组件结构形式如图 4.16 所示。其中环缝 B 靠近 60 个孔处（离焊缝中心线仅 0.76mm），操作难度很大。母材焊前经固溶和时效处理，为防止变形，焊后不作热处理。焊接工艺如下。

① 装配　使用安装在真空室内可转动工作台上的特制夹具装配，部件均须倒角，以利于装配。装配前接头区域应经严格清理。

② 抽真空与定位焊　抽真空同时使电子束与焊缝 B 对中，在两个孔之间相隔 90°焊 4 处定位焊缝，然后从侧向移动部件使电子束与焊缝 A 对中后，焊 8 处等距定位焊缝。

③ 焊接焊缝 A　采用摆动电子束，并以功率衰减方式，转动焊件以焊接焊缝 A。焊接

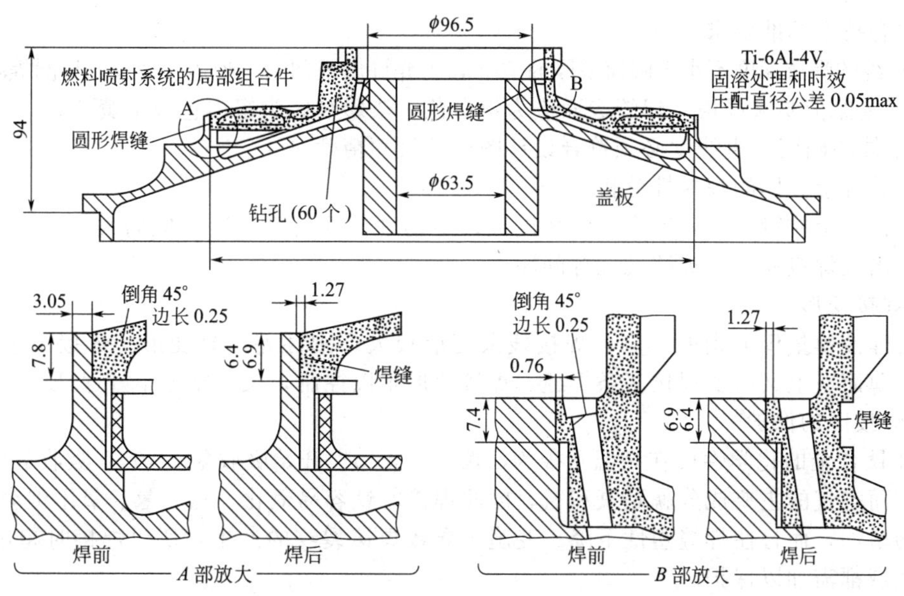

图 4.16　火箭发动机喷射系统集油箱组合件的焊接结构

工艺参数见表 4.32。

表 4.32　TC4 合金组件电子束焊的工艺参数

焊　缝	焊接电流 /mA	焊接电压 /kV	焊接速度 /m·h^{-1}	工作距离 /mm	电子束焦点	电子束摆动②
焊缝 A	定位焊 4 全焊缝 20	定位焊 110 全焊缝 130	1.55	152.4	在焊件表面（全部焊缝）	1.1mm，1000Hz
焊缝 B①	定位焊 4 全焊缝 16.9	定位焊 110 全焊缝 130	1.52	133.4		1.1mm，1000Hz

① 焊缝 B 近处的孔用铜插入块和装在孔上的铜圈冷却。

② 直线摆动，与接头圆周正切。

④ 焊接焊缝 B　首先，须打开真空室，重新对中电子束，然后为防止离接头不到 0.76mm 的孔区烧穿，要拆卸夹具部件以使铜插入块放入靠近接头的孔中，且为插入块配上铜圈。为使转台能保持较高焊接速度，还须更换齿轮。一切准备工作到位后，再抽真空并开始焊接。采用与焊缝 A 相同的摆动工艺和功率递减方法，焊接工艺参数见表 4.32。除使用铜激冷块外，为改善热循环，须用较小焊接电流，并尽可能减少熔深。

4.4.5 TC4 钛合金壳体的手工氩弧焊

TC4 钛合金焊接壳体是某型号空空导弹中的重要组合件，结构复杂，焊缝数量多，而且为不对称分布。TC4 钛合金壳体共由 19 种 60 多个零件通过自动氩弧焊、电阻焊和手工氩弧焊三种焊接方法组成的一个整体。壳体为筒形焊接结构件，具有壁薄、刚性差、易变形、焊接要求严格的特点。

TC4 钛合金壳体除含有较多的自动氩弧焊焊缝和数百个电阻焊点外，还有 20 多条手工氩弧焊环形焊缝，用于焊接各种螺母、螺母座和螺纹座，典型的焊接结构如图 4.17 所示。

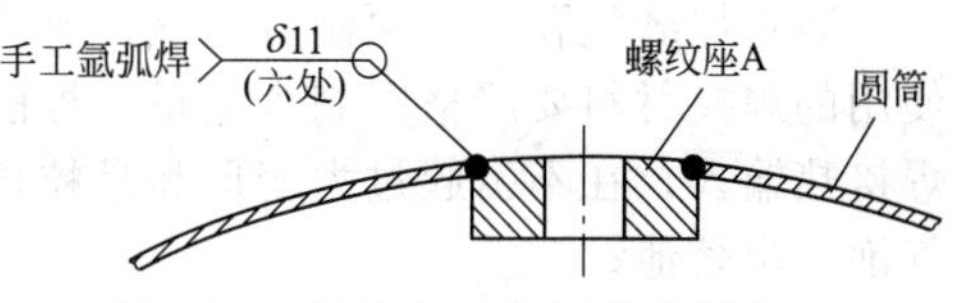

图 4.17　螺纹座 A 与圆筒的焊接

(1) 对焊缝的技术要求

① 全部焊缝经过 100% X 射线探伤，焊缝质

量必须符合技术标准要求。

② 焊缝的焊透深度不小于圆筒壁厚的70%，不允许出现凹陷、咬边、裂纹、焊漏等缺陷。

③ 焊接保护要求严格，焊缝表面应为银白色，热影响区为银白色或金黄色。

④ 零件的圆度、直线度必须符合设计图纸的尺寸精度。

（2）钛合金壳体的焊接性分析

由于钛合金质量轻、强度高、比强度大，热物理性能特殊、冷裂倾向大、化学活性高，焊接时会出现焊接变形、焊缝气孔等问题。

1）焊接变形

钛的弹性模量仅为钢的一半，焊接残余变形较大，刚性差，易变形，焊接工艺性能不好，而在薄筒壁上又需要焊接多条焊缝，焊接变形难以控制，尺寸精度不好保证。

2）焊接区的保护

TC4钛合金的化学性质在高温下极为活泼，从250℃开始吸收氢，400℃吸收氧，600℃吸收氮，而空气的主要成分就是氧和氮，因此焊接时钛容易氧化。氮、氢、氧不但会引起焊缝气孔的增加，而且使焊缝塑性下降、变脆，导致焊接裂纹的产生，所以焊接时超过250℃的温度区域都需加以保护。

3）焊缝气孔

钛合金质量较轻，密度4.5g/cm^3，仅为钢材的57%，焊接时对熔池中相同体积气泡的浮力仅为钢熔池的一半，气泡上浮速度慢，来不及逸出而易形成气孔。尤其是氢在钛中的溶解度随温度的降低而升高，在凝固温度时跃变降低后又升高，由于熔池中部比熔池边缘温度高，熔池中部的氢易向熔池边缘扩散，因此熔池边缘容易为氢过饱和而出现气孔，这也是钛合金焊缝气孔大多存在于熔合区的原因。

4）焊透深度达不到要求

螺纹座和圆筒的焊接属于板-管/柱T形接垂直插入式焊接结构，因为两者热容相差悬殊，难以焊透。设计要求焊透深度不小于圆筒壁厚的70%，但要达到这个要求仍相当困难。

5）螺母和衬板焊接时圆筒的烧损

螺母和衬板的焊接结构如图4.18所示。螺母A和衬板的焊缝紧靠着圆筒，要想既不烧损圆筒，又要达到焊透深度的要求，这在工艺上确实是一个难题。

（3）焊接过程的质量控制

1）防止焊接变形的途径和措施

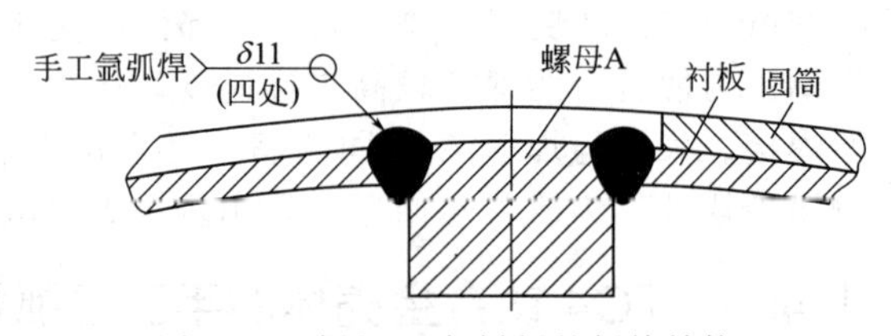

图4.18 螺母A与衬板的焊接结构

TC4钛合金薄壁壳体焊接变形的方式主要是椭圆和下塌。解决的途径，一是设计焊接夹具；二是采取合理的焊接顺序，尽量减小焊接热输入。由于壳体内部零件众多，带气体保护的内撑夹具设计困难。首先对零件进行定位焊，以增加刚性，然后焊接变形小的螺母，最后对称焊接变形大的螺纹座。减小焊接热输入虽然可以减小焊接变形，防止晶粒粗大，但热输入过小不利于焊缝中气泡的逸出。

2）防止焊缝气孔的措施

防止焊缝气孔就是限制氢、氧、氮等有害气体的来源，特别是氢的来源。措施是对所有使用的焊接材料要严格限制含水量，焊前进行酸洗、打磨和清洗，并保持干燥。焊接时控制焊接热输入，在不引起过大变形和晶粒长大的前提下，适当延长熔池存在的时间，以有利于气泡浮出熔池。

3）加强焊接时的保护

正面保护采用大喷嘴慢速焊的方法，在焊缝背面设计一个简易的背面气体保护装置，如

图 4.19 所示。保护气体采用纯度为 99.99%的高纯氩，可较好地解决焊接时的保护问题。

4）防止圆筒烧损和焊透深度达不到要求的措施

焊接螺母和衬板的焊缝时，为了防止圆筒烧损，在焊接靠近圆筒的弧段焊缝时，进行不加丝焊接，以便在小电流下能够达到要求的焊透深度，然后用焊枪把其他地方的熔化金属带过来填满坡口。对于个别烧损的零件，可以用堆焊加修锉的办法来解决。

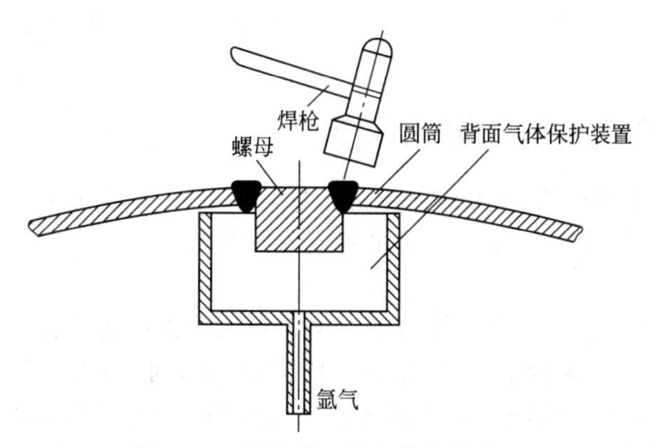

图 4.19　焊缝背面的气体保护装置

为了达到设计的焊透深度要求，采用不对称的焊接方法，即焊接时焊枪偏向螺纹座和螺母，给予它们较多的热量；而对圆筒、衬板和天线座，则给以较小的热量，并配于适当的焊接坡口。

（4）焊前准备和焊接过程

1）焊前准备

① 填充材料一般采用同质焊丝，但为了改善接头的塑性，可用比母材合金化程度稍低的 TC3 焊丝，焊丝直径为 1.2mm。

② 焊接方法选用手工钨极氩弧焊，焊接设备为 MINI-TIG150 型手工直流钨极氩弧焊机，钨极材料为直径 1.6mm 的铈钨极。

③ 在焊接零件上各开（1.0～1.2）mm×60°的单面 V 形坡口，接头呈现（1.0～1.2）mm×120°的 V 形坡口。

④ 焊接工艺流程为酸洗→水洗（晾干或烘干）→打磨→刮削→擦洗→装配和定位焊→检验→焊接→X 射线探伤→热处理→检验。如发现有焊接缺陷需及时返修。

2）焊接工艺要点

① 焊前的酸洗、冲洗和吹干。其步骤为去油→负离子去油→酸洗 1～2 min→水洗→吹干→80～120℃保温。酸洗到焊接的时间最好不要超过 2 h。仅酸洗螺母、螺母座和螺纹座，不酸洗圆筒。

② 打磨。用不锈钢丝刷打磨焊接区，呈光亮状态。注意不允许用清理轮和砂纸等打磨，因为磨料质点会对焊缝气孔的生成有影响。

③ 刮削。用擦洗干净的锯条刮削接缝端面，因为端面处的表面杂质污染对气孔形成的影响更为显著。打磨和刮削时带细纱手套而不能戴粗纱手套，因为有机纤维会导致焊缝气孔的产生。

④ 擦洗。焊前用绸布和无水酒精把焊接区和背面气体保护装置擦洗干净。

⑤ 装配和定位焊。对照图纸和工艺装配零件，定位焊时零件位置尺寸要正确，要加背面气体保护，定位两点，两定位焊点间相隔 120°，以焊牢为准。

⑥ 焊接。焊前先焊接试件，沿轴线剖开，金相检查焊透深度合格后才能正式焊接零件。

按图纸和工艺要求，采用单层单道焊。在距定位焊点120°处起弧焊接，注意填满弧坑和气体保护效果。焊接时采用的焊接电流为25～40A，保护气体流量正面为15L/min，背面为5L/min。

焊后经外观和探伤检验表明，钛合金薄壁壳体的焊缝质量符合标准Ⅰ级的技术要求，焊缝外表面成形良好，内部气孔和背面保护效果都在合格范围。金相检验表明，焊缝的焊透深度超过了圆筒壁厚的70%，符合设计要求。零件的圆度、直线度基本符合图纸要求，焊接质量稳定。

4.4.6 TA10钛合金燃料储罐的焊接

TA10钛合金燃料储罐属第二类储存压力容器，其技术关键在于采用合适的焊接工艺保证接头的焊接质量及力学性能指标，以满足耐应力腐蚀的要求。

（1）设计参数

燃料储罐设计参数主要有，设计压力1.0 MPa；设计温度为常温；工作介质为UDMH、DT-3；主体材料为TA10钛合金。所有A、B类焊缝要求100% X射线检测，按JB/T 4730.2-2005《承压设备无损检测　第2部分　射线检测》RT-Ⅱ级标准要求。

（2）储罐材料的化学成分及力学性能

储罐主体材料为TA10，厚度为6mm，供货状态为退火状态，板材的化学成分见表4.33。室温抗拉强度485MPa，屈服强度345MPa，伸长率15%。采用的焊丝牌号为STA10R，直径为2.4mm，焊丝的化学成分见表4.33。

表4.33　TA10钛合金板材和焊丝的化学成分　　%

元素	Mo	Ni	Fe	C	N	H	O	其他元素
TA10	0.34	0.69	0.08	0.03	0.015	0.001	0.15	单个<0.05，总和<0.2
STA10R	0.29	0.80	0.18	0.02	0.015	0.008	0.10	单个<0.05，总和<0.2

注：其余为Ti。

（3）焊接性分析

TA10属耐蚀低钛合金，合金元素含量较少，因而同工业纯钛一样，影响其力学性能和焊接性能的因素主要是杂质元素的含量。

1）焊接裂纹

钛是非常活泼的金属，高温下与氢、氧、氮、碳许多气体有很强的亲和力，溶于钛会形成间隙固溶体，使晶格产生较人的扭曲和畸变，变形抗力增加。焊接冷却时氢、氧、氮、碳等元素因温度降低而溶解度下降，会析出氢化钛、氧化钛、氮化钛及碳化钛等脆性化合物，引起焊缝脆化，导致焊接裂纹。因此焊接必须在惰性气体保护下进行，不但熔池要保护（利用枪体保护），而且焊后开始冷却时的焊缝和热影响区都应保护（后拖装置保护），即300℃以上区域均应处于惰性气体保护下。

钛焊缝的裂纹大多属于冷裂纹，属氢致裂纹。焊缝金属本身如含杂质过高而使塑性下降太多，产生裂纹的可能性增大。对于容器而言，要控制好焊丝的杂质含量不过高，焊前清除焊丝和焊件表面的水分、氧化膜、油污、有机杂质等，即控制住氢源，这样焊缝一般不会产生冷裂纹。

热影响区可能出现延迟裂纹，这与氢有关。焊接时由于熔池和低温区母材中的氢向热影响区扩散，引起热影响区氢含量增加。加上此处不利的应力状态，结果会引起裂纹。

2）焊缝气孔

气孔是钛合金焊缝中常见的缺陷。钛合金焊接中产生的气孔主要是氢气孔，也有CO气孔。如果气泡在熔池中上逸时，熔池表面先结晶，气泡不能逸出时，会形成皮下针孔。

3）相变对组织和性能的影响

TA10钛合金在焊接高温下，焊缝及部分热影响区为β组织，有晶粒急剧长大的倾向。钛又具有熔点高、比热容大、热导率低等特性，焊接时高温停留时间较长，为钢的3～4倍，高温热影响区较宽，使焊缝和高温热影响区的β晶粒长大明显。在焊接冷却时，焊缝和高温热影响区组织由β相向α相转变，正常的焊接冷却属快速冷却，β相容易转变为针状α组织，会使焊接接头的塑性下降。因而钛焊接时，通常应采用较小的焊接热输入和较快的冷却速度，以减少高温停留时间，减小晶粒长大的程度，缩小高温热影响区，减小对塑性下降的影响。

（4）焊接工艺要点

TA10钛合金焊接时，液态熔池流动性较好，所以焊接坡口选择V形坡口，坡口角度80°，钝边0.5mm，焊接间隙2.0～2.5mm。

采用手工钨极氩弧焊，选用直径为2.4mm的STA10R焊丝。

焊接用氩气纯度不应低于99.99%，露点不应高于－50℃。氩气保护的效果直接影响焊缝质量，须将焊接区域在焊接及焊后冷却过程中温度高于300℃的区域置于氩气的良好保护之下。纵焊缝底层封底、填充及盖面层焊接时，除焊枪通氩气保护外，还要采取后拖保护装置，如图4.20（a）所示；背面用自制工装通氩气进行保护，如图4.20（b）所示。

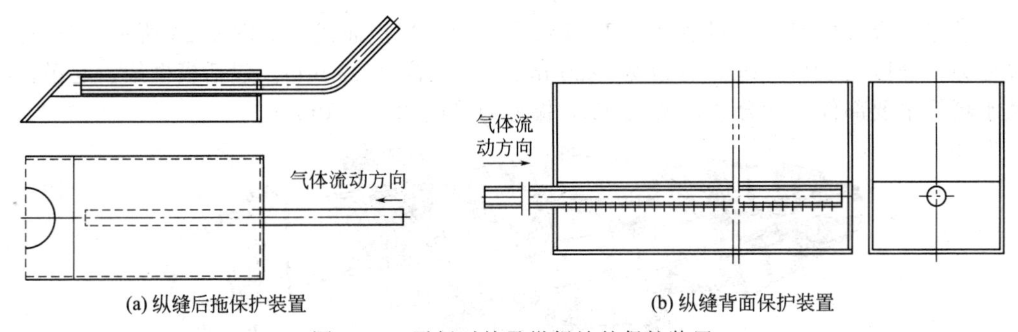

(a) 纵缝后拖保护装置　　(b) 纵缝背面保护装置

图4.20　平板对接及纵焊缝的保护装置

外环缝焊接时背面保护装置见图4.21（a），内环缝焊接时背面保护装置见图4.21（b）。管-管对接采用的保护气室如图4.22所示。为了防止铁离子污染，所有气体保护装置均采用不锈钢材料加工制作。

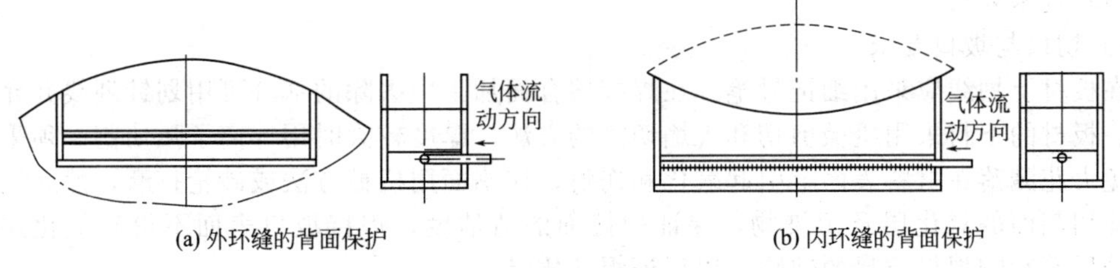

(a) 外环缝的背面保护　　(b) 内环缝的背面保护

图4.21　内外环缝焊接时的背面保护装置

焊前坡口及其两侧各25mm范围内用机械方法彻底清除表面氧化膜。施焊前用丙酮或乙醇清洗脱脂。如清洗后4h未焊，焊前应重新清洗，表面需要擦拭时，须用绸布。对于厚板对接多层焊或焊接厚板与接管全焊透角

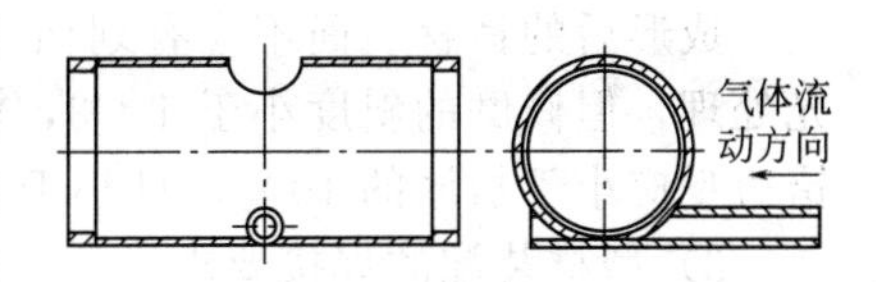

图4.22　管-管对接的保护气室

焊缝时，必须等前道焊道适当冷却后再焊下一道焊道，避免焊缝过热、晶粒粗大引起焊缝脆化。在焊接过程中发现焊接缺陷需要清除时，不能用电动砂轮，而应该用电铣刀清除。

TA10 钛合金储罐手工钨极氩弧焊的工艺参数见表 4.34。

表 4.34　TA10 钛合金储罐手工钨极氩弧焊的工艺参数

层面	焊道数	焊丝直径 /mm	焊接电流/A	电弧电压/V	焊接速度 /cm·min^{-1}	氩气流量 /L·min^{-1}		
						焊枪保护	后拖保护	背面保护
正面一层	单道	2.4	110	12	10.5	16	18	35
正面二层			120	12	11.0			
反面一层			120	12	16.0			
反面二层			120	12	11.0			

焊接后焊缝正、反面颜色为银白色或金黄色（致密）。根据焊接工艺评定确定的焊接参数进行纵、环焊缝的定位和焊接，X 射线检验合格率在 95%以上。对产品焊接试板进行力学性能试验，结果焊接接头的抗拉强度为 503MPa，在热影响区断裂；在支座距离为 73.2mm，弯轴直径为 60mm，弯曲角度为 180°的条件下进行一个面弯和背弯，均无缺陷，符合产品的设计要求。

4.4.7　深潜器钛合金框架结构的焊接

深潜器钛合金框架由不同规格的 Ti75 钛合金型材焊接而成，如图 4.23 所示。分段的总体尺寸为，分段长 3190 mm，分段宽 3220 mm，分段高 3500 mm。包括横框架、起吊框架、压载水箱等主要部件。钛合金框架用 Ti75 板材的厚度为 4～20mm。

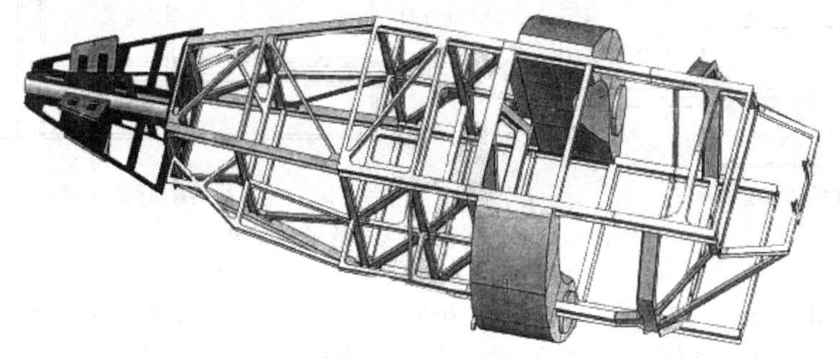

图 4.23　深潜器钛合金框架的总体图

(1) 技术要求

1) 切口与坡口要求

在板材上划线应采用细记号笔，在焊接熔合面加工中去除的部分可用划针划线并允许打样冲。板材的下料采用机械剪切和火焰切割的方法，厚度较大时用等离子弧切割。须采取措施避免火花溅落在材料表面上引起氧化和伤痕，切割面用机械方法或砂轮打磨，然后用电锉机去除切割面的氧化层及污染物，保证焊接面的清洁度，焊接坡口表面不得有氧化层、裂纹、分层等影响焊接质量的缺陷，以保证焊接质量。

2) 表面质量

成形后的钛材表面不应有划伤、刻痕、裂纹、弧坑等缺陷。必要时可进行补焊、打磨抛光处理，但修磨的斜度小于 1∶3，深度小于板材厚度的 5%，而且不大于 1mm。拼接板的错边量应小于板厚的 10%，且小于 1mm。框架表面最后进行喷砂处理。

3) 型材装配的焊接要求

由板条组合而成的型材截面形状分为 I 形、T 形、L 形和槽形的钛合金型材构件，板条之间开坡口，采用 TIG 焊接。

型材的腹板与面板或角型材的两直角边的垂直度误差应不大于腹板高度的 1%，最大不超过 1.5mm；I 形和槽形型材的两个面板的平行度误差不大于面板宽度的 2%，最大不超过 1.5mm。

组焊型材如果长度不够，允许拼接，面板与腹板的接口应至少错开 100mm，以提高拼接型材接口的强度，防止因焊缝集中造成的应力变形。型材总长度范围内焊后的不平度误差不超过 2mm。

装配焊接型材时，制作工装以便装配定位和防止焊接变形。发生焊接变形应进行矫正，合格后才能进行装配。框架焊接后的平行度和垂直度误差不超过 2mm，对角线误差不大于 3.5mm，底纵桁、中纵桁、顶纵桁的上下表面平面度误差不超过 2mm。

框架总长度误差≤2.5mm，总宽度误差≤2.5mm，总高度误差≤2.5mm。

4）施焊环境要求

① 焊接在空气清洁、无尘、无烟的环境下进行。

② 焊接场地为独立的焊接车间，无其他金属污染。

③ 在风速≥1.5 m/s、相对湿度>80%、焊件温度<5 ℃等情况下禁止施焊。

5）焊前准备

① 焊丝和材料保持干燥，相对湿度不大于 65%。

② 焊接坡口用机械加工的方法除去表面氧化膜，焊前用白绸布沾丙酮脱脂清洁，如果 4h 未施焊，焊前应重新清洗。

③ 焊前装配定位点焊，在焊接设备、工艺、装配尺寸检验合格的条件下进行施焊。

④ 在热输入量较大的情况下，必要时在钛板下加紫铜冷却垫板冷却。

⑤ 对于焊在结构上的装配定位工装、夹具、防止变形约束工装、装配手持工装等附件，应避免影响焊接施工，采用相同材质的材料与焊接工艺施焊，去除后留下的焊疤打磨与母材平齐。

6）焊丝、材料、焊接保护

① 焊丝与板材在施工前进行试样的焊接工艺评定，施焊的条件、工艺要求与实际焊接的条件要求相同，并进行 X 射线探伤、金相检测合格，在焊缝的塑性、抗拉强度、耐蚀性与母材退火状态下性能相同、焊接性能良好、能满足使用要求的前提下施焊。

② 选用 Ti75 焊丝，焊丝直径为 1.2mm、2.5mm、3.2mm，不同牌号材质焊接按强度等级较低的母材选择焊丝。

③ 焊丝保持清洁、干燥，端部氧化部分施焊前切除，表面氧化酸洗后使用。

④ 保护用氩气纯度高于 99.99%，焊缝的正面和背面在焊接时都要进行氩气保护，背面用垫板的焊缝除外。

⑤ 选用铈钨极，保证足够的氩气流量，并磨尖后的钨极头能达到结构焊缝。

7）焊缝外观要求与检验

① 焊缝与热影响区表面不应有裂纹、未熔合、气孔、弧坑、夹杂、飞溅物等缺陷，焊缝外不应有起弧打伤点。焊接后用 10 倍放大镜 100%检测，并用着色探伤方法对焊缝进行 100%检测，对于焊缝内部质量按无损检测有关规定执行，100%射线检测的合格标准不低于Ⅱ级。

② 部件和整体焊接完工后，对所有焊缝及热影响区进行检验。银白色、金黄色为合格；蓝色、紫色次之，允许出现在非重要部位；灰色、暗灰色或白色、黄色粉状物均为不合格，必须对焊缝进行返修。

③ 主要焊缝表面与热影响区不应有咬边，非重要部位的咬边允许返修，但焊缝两侧的咬边不可超过该条焊缝长度的 10%。

④ 对接焊缝的余高，单面坡口时，e_1 为板厚 δ 的 0～10%，e_2≤0.5 mm，如图 4.24

(a) 所示；双面坡口时 e_1 为板厚 δ 的 0～10%，$e_2 \leqslant 1$ mm，如图 4.24 (b) 所示。

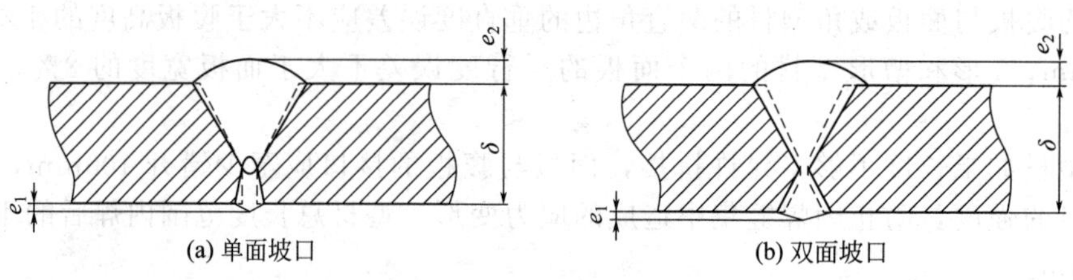

图 4.24　对焊缝余高的要求

⑤ 角焊缝的厚度应不小于组成角焊缝两边构件厚度中较小值的 0.7，焊角的高度不小于较薄板厚度，焊缝与母材呈圆滑过渡。

8）焊缝的返修规定

① 焊缝及热影响区的不合格颜色或表面缺陷经过打磨后，若母材厚度仍能满足设计要求，可以不修复，不能满足技术要求的必须修复。

② 需要返修时，其工艺与焊接条件应符合正常焊接工艺条件。

③ 焊缝同一部位的返修次数不宜超过 2 次，如超过 2 次，应经过技术人员批准，做全面检测，以达到合格为准，对返修部位和次数进行记录，写入产品质量档案。

(2) 型材制作及装配焊接工艺

1）板材下料与预处理

各部件的准确放样下料工艺。确定对框架整体结构进行分段、分部件装配-焊接-矫正、然后整体装配焊接矫正的制造方案进行施工。

根据钛合金的切割要求，在切割时要求用小火焰、半氧化焰、长风线、快速度切割，尽量避免和减少切割时产生的氧化区面积。对于宽度小于 70mm、长度大于 400mm 的方形和特殊形状的板料，采用气割下料，其他可剪切下料的板材采用剪切的方法下料。

对方形材料采用直接划线下料，对于特殊形状的材料，在计算机上电子图板进行 1∶1 放样测量，打印出放样图，按放样图作样板划线进行下料。

所有板材下料后涂刷防氧化涂料，在热处理炉中加热至 600℃ 保温 60min 进行退火处理，在空气中冷却到正常温度。然后去除表面防氧化涂料，矫平，以备组装。

2）型材的制作

用 I 型材制作时，先用 0.2mm 记号笔或划针在上下面板上准确划出装配线。然后进行腹板和面板的装配，装配时注意测量材料的尺寸、相对位置的平面度、垂直度、形位公差等与图纸及技术要求相符合。定位焊的焊点大小要均匀，每隔 200 mm 一点，前后左右对称，保证板材在符合要求的条件下受焊接应力的平衡性，达到焊点与焊接位置对板材之间的互相约束。对于组装后的型材，面板对面板点焊在一起作刚性固定，按设计好的焊接顺序和焊接方向、适当的焊接速度进行焊接。焊接后趁热用超声波消应仪对焊缝进行冲击消除应力。

T 型材的划线、装配、焊接方向、焊接顺序参照 I 型材的方案。焊接时将 T 型材成对点焊作刚性约束，然后进行焊接，焊接后用超声波消应仪消除应力。

槽型材在焊接过程中和焊接后的变形比较明显，应特别注意。考虑到面板受角焊缝的拉应力比平焊缝拉应力大，产生的变形明显，而且一旦出现收口变形，矫正的难度比较大，故应先焊外面的平焊缝，后焊内侧的角焊缝。

L 型材的制作基本上是参照槽型材的制作方法进行。

3）部件的装配与焊接

① 部件结构放样　根据对图纸部件的分解，按照结构特点，从长度方向把构架分为几

个剖面部件，从上下方向分为上、中、下三个纵桁部件。在计算机电子图板上作各部件的装配放样图。

② 配装型材　在平台上按装配放样图用划针划出放样线，把型材放在线上，划出要截取的长度和角度。然后截取配好的尺寸，打磨清理干净截取面。

③ 装配部件　在平台放样图上装配部件，按公差要求点焊牢固，并根据结构加装防止变形的工艺工装。

④ 焊接部件　由于对接焊缝都比较短，容易产生弯曲，因此在焊接时采取了先焊腹板后焊面板，对称焊的焊接原则，对称打底，对称盖面，两遍焊接完成。

4）整体装配与焊接

① 整体结构放样　根据图纸结构通过计算机测量各部件的相对位置尺寸，确定装配基准线的尺寸，计算出检测相关角度、垂直度、长度、宽度的数值，以备装配定位和检测。

② 定位工装与装配固定　根据需要设计制作定位工装，在平台上确定工装的位置；利用工装保证上、中、下3个平面的平面度、相对位置，并用压板作刚性固定。

③ 总体装配　根据框架的宽度和高度及焊缝的收缩量确定装配的尺寸，装配定位时每条焊缝预留1.5～2mm的收缩量。先把底纵桁面固定在平台上，利用工装上的重锤线，找到构架的中心线，确定上纵桁面与底纵桁面的相对位置，定位装配上纵桁面的位置，利用工装上的螺栓调整到位置，并用压板压紧，作刚性固定。根据总装放样图，确定横向主要基准装配面，先装配该剖面，其他依次类推，检查装配位置无误后点焊牢固。

④ 总体焊接　框架为对称结构，焊接应采取对称焊的原则。主体焊接由4个焊工从4个角同时焊接主要立柱与上下纵桁面的连接位置，先焊立焊缝，后焊平焊缝和仰焊缝。对于其他焊缝，原则上仍采用对称焊的方法，使整体结构处于受力平衡状态。

⑤ 消应力处理　每焊接1遍用超声波消应仪对焊缝进行3遍消除应力处理，消除应力后的焊缝经检查合格，方可拆下工装和压板。

⑥ 整体修形　构架焊接焊缝与结构尺寸检验合格后，对整体外形进行修整，对于弧坑、压痕、缺凹、高点、毛刺、焊缝及热影响区氧化膜等外观缺陷进行修补、打磨和抛光处理，合格后进行喷砂处理。

4.4.8 TC4钛合金舱体的焊接

为了减轻重量，增加射程，某产品的舱体采用具有较高比强度的TC4钛合金。由于钛合金舱体是产品壳体的组成部分，在其飞行过程中将承受很大的过载，因此对舱体的焊缝质量、焊接接头的力学性能和舱体的尺寸精度等都有很高的要求。

（1）舱体的结构特点

钛合金舱体由前接头、壳体圆筒和后接头三部分组成，通过两条环焊缝连接为一个整体，如图4.25所示。该产品是一个筒型焊接结构件，具有筒壁薄、刚性差、易变形、焊缝质量和尺寸精度要求高等特点，焊接和加工难度大。

组成钛合金舱体的所有零件均由TC4钛合金板材或锻压环制成，其中前、后接头用锻压环经车削加工，焊前留有余量，焊后精加工到最终尺寸。壳体圆筒用厚度为1mm的板材经展开料加工以及滚筒机滚圆、母线对接纵向焊缝焊接、热校形等工序加工而成。

（2）焊接方法

对于壳体圆筒的母线对接纵向焊缝，采用自动脉冲钨极氩弧焊。脉冲焊接一方面可以降低焊接热输入，减小热影响区，防止晶粒长大和金属变脆；另一方面，焊接脉冲的电磁搅拌作用有利于细化晶粒和促使熔池气泡的逸出，从而减少焊缝气孔的产生。对于焊接时所产生的变形，可以在随后的热校形时加以解决。

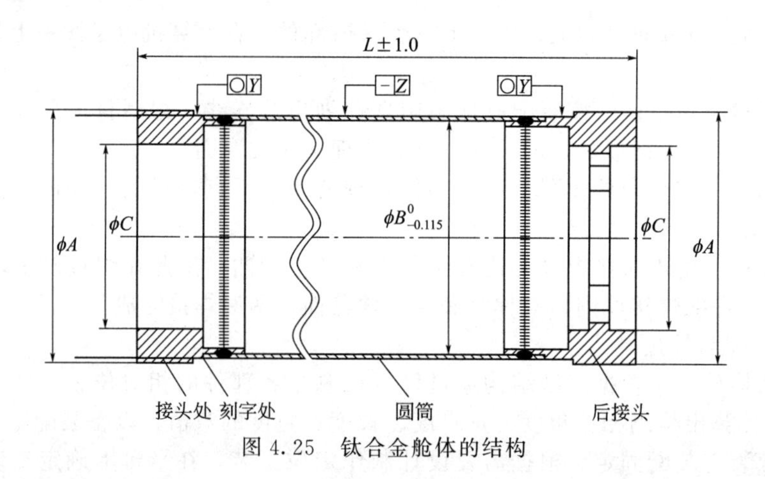

图 4.25　钛合金舱体的结构

对于前、后接头与壳体圆筒之间的两条环形圆周焊缝，由于氩弧焊所引起的焊接变形较大，圆度和轴向尺寸始终达不到精度要求，设计复杂的焊接夹具又要增加成本，采用焊接变形相对较小的电阻滚焊方法。为了防止焊缝疏松，在金属冷却收缩时能继续施加滚轮压力，采用了步进式电阻滚焊技术。

(3) 焊接毛坯的设计及尺寸的确定

焊接毛坯对焊接件的焊缝质量和最终尺寸精度影响很大。毛坯设计不当，可能导致零件焊接质量下降，甚至报废。

① 前、后端环的焊接毛坯单边应留有 1.5mm 的余量。

② 壳体圆筒的展开料尺寸、轴向单边应留有 3.0mm 的余量。

③ 圆周焊缝处前、后端环与壳体圆筒的插接长度按有关标准确定为 18mm，插接处壳体圆筒与前、后端环之间有 0.05～0.30mm 的间隙。这样做既考虑到电阻滚焊的要求，又考虑到焊前装配的方便，同时也顾及了加工和热校圆时可能达到的精度。

(4) 焊接过程

根据钛合金的性能特点和舱体及壳体圆筒的技术要求，合理配置焊接、热处理的先后顺序，壳体圆筒的工艺流程为展开料加工→滚圆→酸洗→自动氩弧焊→检验→探伤→真空退火及热校形→检验→拉伸强度试验；舱体的工艺流程是零件加工→酸洗→装配→定位焊→检验→电阻滚焊→检验→探伤→真空退火及热校形→检验→拉伸强度试验。

填充材料一般采用同质焊丝，但为了改善接头塑性，采用比母材合金化程度稍低的 TC3 焊丝，直径为 1.2mm。自动脉冲钨极氩弧焊的工艺参数见表 4.35。

表 4.35　自动脉冲钨极氩弧焊的工艺参数

焊接电流/A	电弧电压/V	焊接速度 /cm·min^{-1}	送丝速度 /cm·min^{-1}	焊接脉冲（刻度）			气体流量 /L·min^{-1}		
				脉宽	脉幅	频率	正面	背面	拖后
60	9	13.2	27	50%	50%	1.75	15	5	3

钛合金舱体圆周焊缝采用步进式电阻滚焊方法，焊接时要保证熔核宽度，防止焊透率过高，焊后焊件表面呈蓝色。

4.4.9　钛合金张力储箱毛细元件的焊接

某型号张力储箱是我国火箭发展史上第一代利用张力原理自行设计制造的钛合金全焊储箱。在张力储箱毛细元件的焊接过程中，经常大量出现泡破点值下降的问题，导致半数以上产品的泡破点值超出设计要求。随着对出液嘴焊接标准要求的逐渐提高，对接头的质量也提出了较高的要求。

(1) 底收集器毛细元件组件的焊接

张力储箱的心脏（管理装置）是由各种毛细元件组合在一起焊接而成。影响毛细元件组合件焊接后泡破点值的因素有很多，而焊接是主要因素。毛细元件是由支板、压板、毛细网和转接板组焊而成的，如图 4.26 (a) 所示。全部焊接过程在气体保护工装中进行，如图 4.26 (b) 所示。

组成毛细元件组件的支板、压板、转接板材料是 Ti-6Al-4V 钛合金（TC4），毛细网为 00Cr18Ni13 不锈钢。采用脉冲氩弧焊，焊接前严格控制产品的清洗及周围环境，要求环境温度＞20℃、湿度＜70％，环境洁净度要求最大悬浮粒子＜5μm。脉冲氩弧焊的工艺参数见表 4.36。

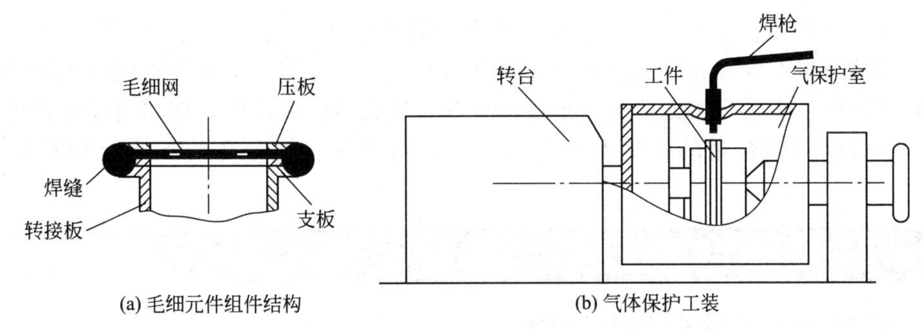

图 4.26 毛细元件组件结构和保护工装

表 4.36 脉冲钨极氩弧焊的工艺参数

焊接电流 /A		峰值电流时间/s	基值电流时间/s	焊接转速 /r·min^{-1}	焊枪氩气流量/L·min^{-1}	保护气流量 /L·min^{-1}
峰值	基值					
60	18	0.5	0.5	0.8	10	15

焊缝成形良好，金相分析表明不锈钢网熔化部分在熔化的钛合金中呈条状分布，且界面清楚，未形成固溶缺陷。由于熔化的钛合金镶嵌于未熔的毛细网片之中，所以焊后网片能承受一定的压力。

(2) 出液嘴焊接

张力储箱出液嘴焊缝结构是一中钛合金导管锁底对接形式，由于坡口较深（4mm）且只有单边 30°，焊接时电弧向两侧分流造成电弧散射。由于电弧不易作用到焊缝根部，根部金属尚未熔化时两侧金属已经熔化，而钛合金的流动性极强，这样就将未熔化的底部封死，造成未焊透。试验证明，单纯地加大电流或加大坡口角度不能解决根本问题。而改变坡口形式（图 4.27），可以有效地克服分流造成的电弧散射，增加电弧伸入量，可使电弧直接作用于焊缝根部，即使不增加电流也可焊透。

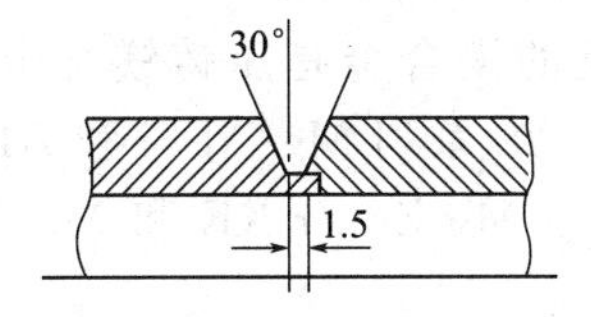

图 4.27 出液嘴焊缝的坡口形式

焊接时封底焊接电流为 85A，其他焊层的焊接电流为 80A，焊枪气和保护气流量都为 10L/min。焊后产品外观无氧化，内腔呈银白色。经 X 射线检查焊透率满足技术要求。

第 5 章

镁及镁合金的焊接

镁及镁合金具有密度小、比强度高、储量丰富等优点，近年来受到世界各国的普遍关注。随着焊接技术的发展和镁及镁合金材料在航空航天、汽车、电子等领域的大量应用，除了钨极氩弧焊外，新的焊接方法也逐渐应用到镁及镁合金的焊接中，例如搅拌摩擦焊、电子束焊等。了解镁及镁合金的性能及焊接性特点，对于镁及镁合金的焊接应用具有重要的意义。

5.1 镁及镁合金分类、性能及焊接特点

5.1.1 镁及镁合金的分类及应用

镁是比铝还轻的一种有色金属，其熔点、密度均比铝小。纯镁由于强度低，很少用作工程材料，常以合金的形式使用。镁合金具有较高的比强度和比刚度，并具有高的抗振能力，能承受比铝合金更大的冲击载荷。此外，镁合金还具有优良的切削加工性能，易于铸造和锻压，所以在航空航天、光学仪器、通信以及汽车、电子产业中获得了越来越多的应用。

镁的合金化一般是利用固溶时效处理所造成的沉淀硬化来提高合金的常温和高温性能。因此选择的合金元素在镁基体中应具有较明显的变化，在时效过程中能形成强化效果显著的第二相，同时还应考虑合金元素对抗腐蚀性和工艺性能的影响。目前镁及其合金的分类主要有化学成分、成形工艺和是否含 Zr 三种方式。根据化学成分，以主要合金元素 Mn、Al、Zn、Zr 和 RE（稀土）为基础，可以组成基本的合金系，如 Mg-Mn、Mg-Al-Mn、Mg-Al-Zn-Mn、Mg-Zr、Mg-Zn-Zr、Mg-RE-Zr、Mg-Ag-RE-Zr、Mg-Y-RE-Zr 等。

按照有无 Al，可以分为含 Al 镁合金和不含 Al 镁合金；按有无 Zr，还可分为含 Zr 合金和不含 Zr 合金。根据加工工艺，可分为铸造镁合金（ZM）和变形镁合金（MB）两大类，但两者没有严格的区分，铸造镁合金，如 AZ91、AM20、AM50、AM60、AE42 等也可以作为锻造镁合金。镁合金的分类如图 5.1 所示。

目前，国外工业中应用较广泛的镁合金是压铸镁合金，主要有四个系列，即 AZ 系列 Mg-Al-Zn、AM 系列 Mg-Al-Mn、AS 系列 Mg-Al-Si 和 AE 系列 Mg-Al-RE。我国铸造镁合金主要有三个系列，即 Mg-Zn-Zr、Mg-Zn-Zr-RE 和 Mg-Al-Zn 系。变形镁合金有 Mg-Mn 系、Mg-Al-Zn 系和 Mg-Zn-Zr 系。

铸造镁合金中的 ZM1，虽然流动性较好，但热裂倾向大，不易焊接；抗拉强度和屈服强度高，力学性能较好，耐蚀性较好。一般应用于要求抗拉强度、屈服强度大，抗冲击的零件，如飞机轮毂、轮缘、隔框及支架等。铸造镁合金 ZM2 流动性较好，不易产生热裂纹，焊接性较好，高温性能、耐蚀性较好，但力学性能比 ZM1 低。用于 200℃以下工作的发动

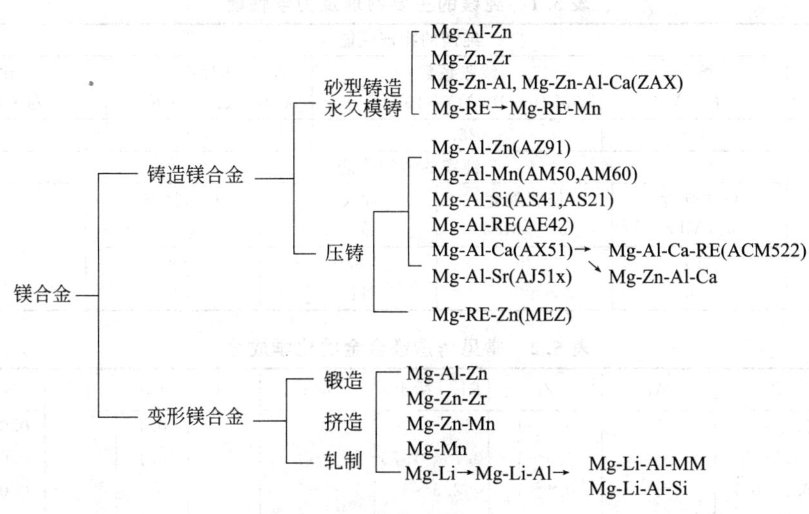

图 5.1　镁合金的分类示意图

机零件及要求屈服强度较高的零件，如发动机机座、整流舱、电机机壳等。

铸造镁合金 ZM3 的流动性稍差，形状复杂零件的热裂倾向较大，焊接性较好，其高温性能、耐蚀性也较好。一般用于高温工作和要求高气密性的零件，如发动机增压机匣、压缩机匣、扩散器壳体及进气管道等。铸造镁合金 ZM5 流动性好，热裂倾向小，焊接性好，力学性能较高，但耐蚀性稍差。一般用于飞机、发动机、仪表和其他要求高载荷的零件，如机舱连接隔框、舱内隔框、电机壳体等。

合金牌号 MB1 和 MB8 均属于 Mg-Mn 系镁合金，这类镁合金虽然强度较低，但具有良好的耐蚀性，焊接性良好。并且高温塑性较高，可进行轧制、挤压和锻造。MB1 主要用于制造承受外力不大，但要求焊接性和耐蚀性好的零件，如汽油和润滑油系统的附件。MB8 由于强度较高，其板材可制造飞机蒙皮、壁板及内部零件，型材和管材可制造汽油和润滑油系统的耐蚀零件，模锻件可制造外形复杂的零件。

合金牌号 MB2、MB3 以及 MB5～MB7 镁合金属于 Mg-Al-Zn 系镁合金，这类镁合金强度高、铸造及加工性能较好，但耐蚀性较差。其中 MB2、MB3 合金的焊接性较好，MB7 合金的焊接性稍差，MB5 合金的焊接性较差。MB2 镁合金主要用于制作形状复杂的锻件、模锻件及中等载荷的机械零件；MB3 主要用于飞机内部组件、壁板等；MB5～MB7 镁合金主要用于制作承受较大载荷的零件。

合金牌号 MB15 属于 Mg-Zn-Zr 系镁合金，具有较高的强度和良好的塑性及耐蚀性能，是目前应用较多的变形镁合金。主要用作室温下承受载荷和高屈服强度的零件，如机翼长桁、翼肋等。

5.1.2　镁及镁合金的成分及性能

纯镁的主要物理及力学性能见表 5.1，镁的力学性能与组织状态有关，变形加工后力学性能会明显提高。镁的抗拉强度与纯铝接近，但屈服强度和塑性却比铝低。镁合金的主要优点是能减轻产品的重量，但在潮湿的大气中耐蚀性能差，缺口敏感性较大。镁在水及大多数酸性溶液中易腐蚀，但在氢氟酸、铬酸、碱及汽油中比较稳定。常见铸造镁合金和变形镁合金的化学成分见表 5.2 和表 5.3。

表 5.1　纯镁的主要物理及力学性能

纯镁的物理性能				
密度 ρ/g·cm^{-3}	熔点 T_m/℃	线胀系数 α（0～100℃）/10^{-6}C^{-1}	热导率 λ/W·cm^{-1}·K^{-1}	比热容 C/J·g^{-1}·K^{-1}
1.74	651	26.1	0.031	0.102

纯镁的力学性能					
状态	抗拉强度 σ_b/MPa	屈服强度 $\sigma_{0.2}$/MPa	伸长率 δ/%	断面收缩率 ψ/%	硬度 /HB
铸造	115	25	8.0	9	3
变形	200	90	11.5	12.5	36

表 5.2　常见铸造镁合金的化学成分　%

合金牌号	Zn	Al	Zr	RE（稀土）	Mn	Si	Cu	Fe	Ni	Mg
ZM1	3.5～5.5	—	0.5～1	—	—	—	0.1	—	0.01	余量
ZM2	3.5～5	—	0.5～1	0.75～1.75	—	—	0.1	—	0.01	余量
ZM3	0.2～0.7	—	0.4～1	2.5～4	—	—	0.1	—	0.01	余量
ZM4	2～3	—	0.5～1	2.5～4	—	—	0.1	—	0.01	余量
ZM5	0.2～0.8	7.5～9	—	—	0.15～0.5	0.3	0.2	0.05	0.01	余量
ZM6	0.2～0.7	—	0.4～1	2～2.8	—	—	0.1	—	0.01	余量
ZM10	0.6～1.2	9～10.2	—	—	0.1～0.5	0.3	0.2	0.05	0.01	余量

表 5.3　常见变形镁合金的化学成分　%

合金牌号	Al	Zn	Mn	Zr	Si	Cu	Ni	Fe	Mg
MB1	0.2	0.30	1.3～2.5	—	≤0.1	≤0.05	≤0.007	≤0.05	余量
MB2	3.0～4.0	0.7～1.3	0.15～0.5	—	≤0.1	≤0.05	≤0.005	≤0.05	余量
MB3	3.7～4.7	0.8～1.4	0.3～0.6	—	≤0.1	≤0.05	≤0.005	≤0.05	余量
MB5	5.5～7.0	0.5～1.5	0.15～0.5	—	≤0.1	≤0.05	≤0.005	≤0.05	余量
MB7	7.8～9.2	0.2～0.8	0.15～0.5	—	≤0.1	≤0.05	≤0.005	≤0.05	余量
MB15	0.05	5.0～6.0	0.1	0.3～0.9	≤0.05	≤0.05	≤0.005	≤0.05	余量

(1) 铸造镁合金的性能

铸造镁合金的力学性能见表 5.4，部分 Mg-Al-Zn 系铸造镁合金的力学性能和疲劳性能见表 5.5。

表 5.4　铸造镁合金的力学性能

合金牌号	热处理状态	抗拉强度 σ_b/MPa	屈服强度 $\sigma_{0.2}$/MPa	伸长率 δ/%
ZM1	T1	235	140	5
ZM2	T1	200	135	2
ZM3	F	120	85	1.5
	T2	120	85	1.5
ZM4	T1	140	95	2
ZM5	F	145	75	2
	T4	230	75	6
	T6	230	100	2
ZM6	T6	230	135	3
ZM7	T4	265	—	6
	T6	275	—	4
ZM9	T6	230	130	1
ZM10	F	145	85	1
	T4	230	85	4

注：热处理状态代号为，T1 人工时效；T2 退火；T4 固溶处理；T6 固溶处理加完全人工时效；F 为加工态。

表 5.5 部分 Mg-Al-Zn 系镁合金的力学性能和疲劳性能

合金牌号	主要化学成分/%				热处理状态	力学性能/MPa			疲劳极限(5×10^7周)/MPa
	Al	Zn	Mn	Mg		屈服强度 $\sigma_{0.2}$/MPa	抗拉强度 σ_b/MPa	伸长率 δ/%	
AZ81A	8	0.5	0.3	余量	T4	78	234	7	75～90
AZ91C	9	0.5	0.3	余量	T4	78	234	7	77～92
					T6	110	234	3	70～77
AZ92A	9.5	2	0.3	余量	T4	76	234	6	90
					T6	124	234	1	83

注：热处理状态代号同表 5.4。

(2) 变形镁合金的性能

变形镁合金的力学性能与加工工艺、热处理状态等有很大关系，尤其是加工温度不同，材料的力学性能会处于很宽的范围。在400℃以下进行挤压，挤压合金发生再结晶。在300℃进行冷挤压，材料内部保留了许多冷加工的显微组织特征，如高密度位错或孪生组织。在再结晶温度以下进行挤压可使压制品获得更好的力学性能。表5.6是各种变形镁合金的力学性能指标。

表 5.6 各种变形镁合金的力学性能

合金牌号	抗拉强度 σ_b/MPa	屈服强度 $\sigma_{0.2}$/MPa	伸长率 δ/%	剪切强度 σ_τ/MPa	硬度/HB	状态
MB1	260	180	4.5	130	40	挤压棒材
	210	120	8	—	45	板材
MB2	270	180	15	160	60	挤压棒材
	250	145	20	—	50	板材
MB3	330	240	12	—	—	0.8～3mm 板材
	270	170	15	—	—	12～30mm 板材
MB5	290	200	16	140	64	挤压棒材
	280	180	10	140	55	锻件
MB6	326	210	14.5	150	76	挤压棒材
	310	215	8	—	70	锻件
MB7	340	240	15	180	64	挤压棒材
	310	220	12	—	—	锻件
MB8	260	150	7	—	—	挤压棒材
	260	160	10	—	55	3～10mm 板材
MB15	335	280	9	160	—	挤压棒材
	310	250	12	—	—	锻件

变形镁合金变形时镁的弹性模量择优取向不敏感，因此在不同变形方向上，弹性模量的变化不明显；变形镁合金压缩屈服强度低于其拉伸屈服强度，为0.5～0.7，因此应注意镁合金弯曲时产生不均匀塑性变形情况。表5.7是中国与美国常用镁合金牌号对照。

表 5.7 中国与美国常用镁合金牌号对照

类型	合金系	镁合金牌号	
		中国	美国
变形镁合金	Mg-Mn 系	MB1	M1
		MB8	M2
	Mg-Al-Zn 系	MB2	AZ31
		MB5	AZ61
		MB6	AZ63
		MB7	AZ80
	Mg-Zn-Zr 系	MB15	ZK60A

续表

类型	合金系	镁合金牌号	
		中国	美国
铸造镁合金	Mg-Zn-Zr 系	ZM-1	ZK51A
		ZM-2	ZE41A
		ZM-4	EZ33
		ZM-8	ZE63
	Mg-RE-Zr 系	ZM-3	EK41A
	Mg-Al-Zn 系	ZM-5	AZ81A
		ZM-10	AM100A

5.1.3 镁及镁合金的焊接特点

(1) 氧化、氮化和蒸发

镁易与氧结合，在镁合金表面会生成 MgO 薄膜，会严重阻碍焊缝成形，因此在焊前需要采用化学方法或机械方法对其表面进行清理。在焊接过程的高温条件下，熔池中易形成氧化膜，其熔点高，密度大。在熔池中易形成细小片状的固态夹渣，这些夹渣不仅严重阻碍焊缝形成，也会降低焊缝性能。这些氧化膜可借助于气剂或电弧的阴极破碎方法去除。当焊接保护欠佳时，在焊接高温下镁还易与空气中的氮生成氮化镁 Mg_3N_2。氮化镁夹渣会导致焊缝金属的塑性降低，接头变脆。空气中的氧的侵入还易引起镁的燃烧。而由于镁的沸点不高（约1100℃），在电弧高温下易产生蒸发，造成环境污染。因此焊接镁时，需要更加严格的保护措施。

(2) 热裂纹倾向

镁合金焊接过程中存在严重的热裂纹倾向，这对于获得良好的焊接接头是不利的。镁与一些合金元素（如 Cu、Al、Ni 等）极易形成低熔点共晶体，例如 Mg-Cu 共晶（熔点480℃）、Mg-Al 共晶（熔点437℃）及 Mg-Ni 共晶（熔点508℃）等，在脆性温度区间内极易形成热裂纹。镁的熔点低，热导率高，焊接时较大的焊接热输入会导致焊缝及近缝区金属产生粗晶现象（过热、晶粒长大、结晶偏析等），降低接头的性能，粗晶也是引起接头热裂倾向的原因。而由于镁的线胀系数较大，约为铝的 1.2 倍，因此焊接时易产生较大的热应力和变形，会加剧接头热裂纹的产生。表 5.8 是各种镁合金的热裂倾向及解决措施。

表 5.8 各种镁合金的热裂倾向及解决措施

镁合金	热裂倾向	改善和解决措施
Mg-Mn 系二元合金（MB8）	合金相组织为 $\alpha+\beta$（Mn）+Mg9Ce。该合金的结晶区间窄，热裂倾向小，若近缝区经二次或多次加热，会产生含 Mg9Ce 的低熔共晶（加入 Ce 是为了改善接头力学性能、热稳定性和细化晶粒）	在焊丝中加入 w（Al）4%～5%与 Ce 反应形成均匀弥散分布在晶界上的 Al_2Ce
Mg-Al-Zn 系合金（MB2、MB3、MB5、MB6、MB7 及 ZM5）	加入 Zn 和 Al，可提高接头屈服强度，并阻止焊接时晶粒的长大。但 Zn、Al 量增加时，低熔共晶量也增加，热裂倾向也增加，且有晶间过烧现象	限制 Zn 和 Al 的过量增加
Mg-Zn-Zr 系合金（MB15、MZ1、MZ2、MZ3）	结晶区间大，热裂倾向大	采用含有稀土（RE）的焊丝，并高温预热，可显著降低热裂倾向
Mg-Zn-Zr-稀土系合金	热裂倾向小，特别是横向裂纹和弧坑裂纹由于稀土的加入明显减少	采用结晶区间宽而熔点低于母材的焊接材料

(3) 气孔与烧穿

与焊接铝相似，镁焊接时易产生氢气孔，氢在镁中的溶解度随温度的降低而急剧减小，氢的来源越多，出现气孔的倾向越大。镁及镁合金在没有隔绝氧的情况下焊接时，易燃烧。

熔焊时需要惰性气体或焊剂保护，由于镁焊接时要求用大功率的热源，当接头处温度过高时，母材会发生“过烧”现象，因此焊接镁时必须严格控制焊接热输入。热输入的大小与受热次数对接头性能和组织有一定影响，因此应限制接头返修或补焊次数。同时应注意焊接方法、焊接材料及焊接工艺的变化会导致接头力学性能的差异。焊后退火对消除焊接应力及改善接头组织有利，但退火工艺必须兼顾到工件的使用和技术要求。

在焊接镁合金薄件时，由于镁合金的熔点较低，而氧化膜的熔点很高，使得接头不易结合，焊接时难以观察焊缝的熔化过程。并且由于温度的进一步升高，无法观察熔池的颜色有无显著的变化，极易导致焊缝产生烧穿和塌陷。

5.2 镁及镁合金的焊接工艺

5.2.1 焊接材料及焊前准备

(1) 焊接材料的选用

大多数的镁合金可以用钨极氩弧焊（TIG焊）、电阻点焊、气焊等方法进行焊接，但目前通常采用氩弧焊工艺焊接镁及镁合金。氩弧焊适用于所有的镁合金的焊接，能得到较高的焊缝强度系数，焊接变形比气焊小，焊接时可不用气剂。对于铸件可用氩弧焊进行焊接修复并能得到满意的焊接质量的接头。由于镁合金没有适用的焊剂，不能采用埋弧焊。

氩弧焊时可以采用铈钨电极、钍钨电极及纯钨电极。镁合金进行焊接时，一般可选用与母材化学成分相同的焊丝。有时为了防止在近缝区沿晶界析出低熔共晶体，增大金属的流动性，减少裂纹倾向，可采用与母材不同的焊丝。如焊接MB8镁合金时，为了防止产生低熔共晶体，应选用MB3焊丝。表5.9是常用镁合金的焊接性比较及适用焊丝。

表5.9 常用镁合金的焊接性比较及适用焊丝

合金牌号	结晶区间/℃	焊接性	适用焊丝
MB1	646～649	良好	同质焊丝，例如MB1
MB2	565～630	良好	同质焊丝，例如MB2
MB3	545～620	良好	同质焊丝，例如MB3
MB5	510～615	可焊	同质焊丝，例如MB5
MB7	430～605	可焊	同质焊丝，例如MB7
MB8	646～649	良好	一般采用焊丝MB3
MB15	515～635	稍差	同质焊丝，例如MB15

在小批量生产时可采用边角料作焊丝，但应将其表面加工均匀、光洁，一般采用热挤压成形的焊丝，铸件焊接和补焊时可采用铸造焊丝。大批量生产应选择挤压成形的焊丝，焊丝使用前应进行选择，方法是将焊丝反复弯曲，有缺陷的焊丝（如疏松、夹渣及气孔）容易被折断。

(2) 焊前清理及开坡口

焊丝使用前，必须仔细清理表面，主要有机械和化学两种方法。机械清理是用刀具或刷子去除氧化皮，化学清理一般是将焊丝浸入20%～25%硝酸溶液浸蚀2min，然后在50～90℃的热水中冲洗，再进行干燥。清理后的焊丝一般应在当天用完。表5.10是焊丝使用前的化学清理方法。

表5.10 焊丝使用前的化学清理方法

工作条件	槽液成分/$g \cdot L^{-1}$	工作温度/℃	处理时间/min
除油	NaOH 10～25 Na_3PO_4 40～60 Na_2SiO_3 20～30	60～90	5～15 将零件在碱液中抖动

续表

工作条件	槽液成分/g·L⁻¹	工作温度/℃	处理时间/min
在流动热水中冲洗	—	50～90	4～5
在流动热水中冲洗	—	室温	2～3
碱腐蚀	NaOH 350～450	对 MB8 70～80 对 MB3 60～65	2～3 5～6
在流动热水中冲洗	—	50～90	2～3
在流动冷水中冲洗	—	室温	2～3
在铬酸中中和处理	CrO_3 150～250 SO_4^{2-} <0.4	室温	5～10 或将零件上的锈除尽
在流动冷水中冲洗	—	—	2～3
在流动热水中冲洗	—	50～90	1～3
用干燥热风吹干	—	50～70	吹干为止

镁及镁合金进行焊接或补焊修复时，接头坡口的形式极为重要。图 5.2 所示为镁及镁合金补焊修复时的坡口形式，表 5.11 是镁及镁合金焊接时的坡口形式。

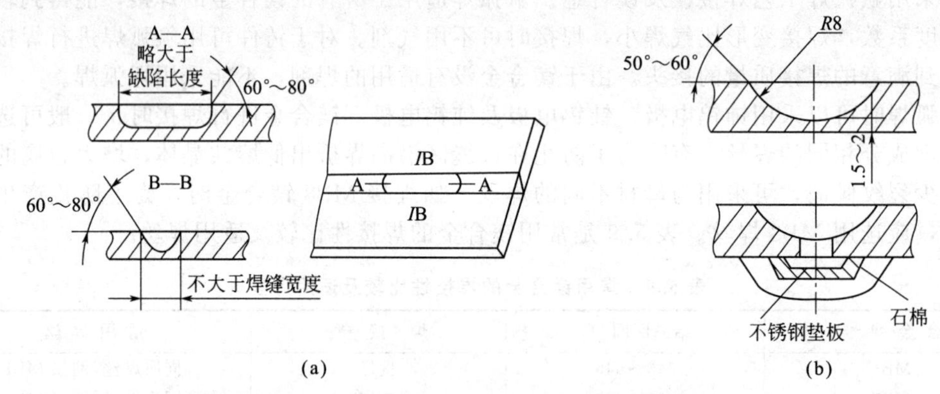

图 5.2　镁及镁合金补焊修复时的坡口形式

表 5.11　镁及镁合金焊接时的坡口形式

接头类型	坡口形式	厚度 T/mm	几何尺寸					焊接方法
			a/mm	c/mm	b/mm	p/mm	α/(°)	
不开坡口对称		≤3	0～0.2T	—				钨极手工或自动氩弧焊
外角接		>1	—	0.2T	—	—	—	钨极手工或自动氩弧焊（加填充材料）
搭接		>1	—	—	3～4T	—	—	钨极手工或自动氩弧焊
V形坡口对称		3～8	0.5～2	—	—	0.5～1.5	50～70	用可折垫板加填充材料的钨极手工或自动氩弧焊

续表

接头类型	坡口形式	厚度 T/mm	几何尺寸					焊接方法
			a/mm	c/mm	b/mm	p/mm	α/(°)	
X形坡口对称	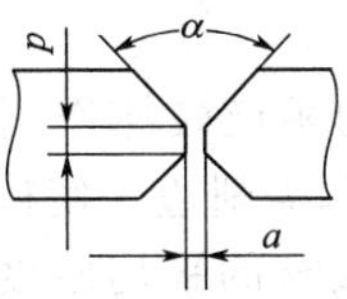	≥20	1～2	—	—	0.8～1.2	60	加填充焊丝的钨极手工或自动氩弧焊
不开坡口的对接接头	附图 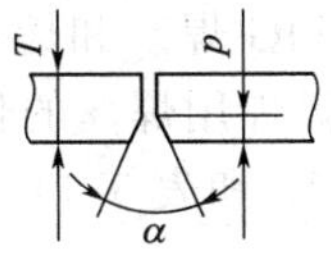							

注：1. 不开坡口的对接接头，如仅在一面施焊时，应在其背面加工坡口，以防止产生不熔合或夹渣缺陷，坡口尺寸见附图。
2. 附图中 $p=T/3$，$\alpha=10°～30°$。

为了防止腐蚀，镁及镁合金通常需要进行氧化处理，使其表面有一层铬酸盐填充的氧化膜，但这层氧化膜会严重阻碍焊接过程，因此在焊前必须彻底清除氧化膜及其他油污。机械清理可以用刮刀或0.15～0.25mm直径的不锈钢钢丝刷从正面将焊缝区25～30mm内的杂物及氧化层除掉。板厚小于1mm时，其背面的氧化膜可不必清除，这样可以防止烧穿，避免发生焊缝塌陷现象。

（3）预热

焊接前是否需要进行预热主要取决于母材厚度和拘束度。对于厚板接头，如果拘束度较小，一般不需要进行预热；对于薄板与拘束度较大的接头，经常需要预热，以防止产生裂纹，尤其是高锌镁合金。

对于形状复杂、应力较大的焊件，尤其是铸件采用气焊进行焊接时，采用预热可减少基体金属与焊缝金属间的温差，从而有效地防止裂纹产生。预热有整体预热及局部预热两种，整体预热在炉中进行，预热温度以不改变其原始热处理状态或冷作硬化状态为准。例如，经淬火时效的ZM5合金为350～400℃或300～350℃，一般在2～2.5h内升至所需温度，保温时间以壁厚25mm为1h计算，最好采用热空气循环的电炉，可防止焊件发生局部过热现象。采用局部加热时应慎重，因为用气焊火焰、喷灯进行局部加热时，温度很难控制。目前铸件的焊接修复都采用氩弧焊冷补焊法，效果良好。

5.2.2 镁及镁合金的氩弧焊

镁合金的氩弧焊一般采用交流电源，焊接电源的选择主要取决于合金成分、板材厚度以及背面有无垫板等。例如MB8比MB3具有较高的熔点，因而焊接MB8要比MB3所需要的焊接电流大1/7～1/6。为了减少过热，防止烧穿，焊接镁合金时应尽可能实施快速焊接。如焊接镁合金MB8时，当板厚5mm、V形坡口、反面用不锈钢成形垫板时，焊接速度可达35～45cm/min。

（1）钨极氩弧焊（TIG焊）

镁合金TIG焊时，焊枪钨极直径取决于焊接电源的大小，焊接中钨极头部应熔成球形，但不应滴落。选择喷嘴直径的主要依据是钨极直径及焊缝宽度，钨极直径和焊枪喷嘴直径不同时，氩气流量也不同。氩弧焊中采用的氩气纯度要求较高，一般采用一级纯氩（99.99%以上）。

镁合金TIG焊时，板厚5mm以下，通常采用左焊法；板厚大于5mm，通常采用右焊法。平焊时，焊炬轴线与已成形的焊缝成70°～90°，焊枪与焊丝轴线所在的平面应与焊件表面垂直。焊丝应贴近焊件表面送进，焊丝与焊件间的夹角为5°～15°。焊丝端部不得浸入熔池，以防止在熔池内残留氧化膜，这样就可借助于焊丝端头对熔池的搅拌作用，破坏熔池表面的氧化膜并便于控制焊缝余高。

焊接时应尽量取低电弧（弧长2mm左右），以充分发挥电弧的阴极破坏作用并使熔池受到搅拌，便于气体逸出熔池。焊接不同厚度的镁合金时，在厚板侧需削边，使接头处两工件保持厚度相同，削边宽度等于板厚的3～4倍。焊接工艺参数按板材的平均厚度选择，在操作时钨极端部应略指向厚板一侧。

镁合金钨极氩弧焊（TIG焊）和熔化极氩弧焊（MIG焊）焊丝的选择取决于母材的成分，常用的几种镁合金氩弧焊用焊丝的化学成分见表5.12。变形镁合金手工TIG焊和自动TIG焊的工艺参数见表5.13和表5.14。

表5.12 镁合金氩弧焊（TIG焊、MIG焊）常用焊丝的化学成分

焊丝牌号	主要化学成分/%							
	Al	Mn	Zn	Zr	RE（稀土）	Cu	Si	Mg
ERAZ61A	5.8～7.2	≥0.15	0.4～1.5	—	—	≤0.05	≤0.05	余量
ERAZ101A	9.5～10.5	≥0.13	0.75～1.25	—	—	≤0.05	≤0.05	余量
ERAZ92A	8.3～9.7	≥0.15	1.7～2.3	—	—	≤0.05	≤0.05	余量
ERAZ33A	—	—	2.0～3.1	0.45～1.0	2.5～4.0	—	—	余量

表5.13 变形镁合金手工TIG焊的工艺参数

板材厚度/mm	接头形式	焊接层数	钨极直径/mm	喷孔直径/mm	焊丝直径/mm	焊接电流/A	氩气流量/L·min^{-1}
1～1.5	不开坡口对接	1	2	10	2	60～80	10～12
1.5～3		1	3	10	2～3	80～120	12～14
3～5		2	3～4	12	3～4	120～160	16～18
6	V形坡口对接	2	4	14	4	140～180	16～18
18		2	5	16	4	160～250	18～20
12		3	5	18	5	220～260	20～22
20	X形坡口对接	4	5	18	5	240～280	20～22

表5.14 变形镁合金自动TIG焊的工艺参数

板材厚度/mm	接头形式	焊丝直径/mm	焊接电流/A	送丝速度/cm·min^{-1}	焊接速度/cm·min^{-1}	氩气流量/L·min^{-1}
2	不开坡口对接	2	75～110	83～100	37～40	8～10
3		3	150～180	75～92	32～35	12～14
5		3	220～250	133～150	30～33	16～18
6		4	250～280	117～133	22～25	18～20
10	V形坡口对接	4	280～320	133～150	18～20	20～22
12		4	300～340	150～167	15～18	22～25

注：焊接时反面用垫板，进行单面单层焊接。

镁合金铸件TIG焊补焊的工艺参数见表5.15，需要进行预热的焊件工艺参数选用表中的下限值，不需要预热的焊件选用上限值。

（2）熔化极氩弧焊（MIG焊）

镁合金进行熔化极氩弧焊时，采用直流恒压电源，以反极性施焊。一般可采用短路、脉冲、喷射三种熔滴过渡方式，分别适于焊接板厚小于5mm的薄板，薄、中板以及中、厚板。但不推荐使用滴状过渡方式进行焊接，焊接位置限于平焊、横焊和向上立焊。镁合金对接接头熔化极氩弧焊（MIG 焊）的工艺参数见表 5.16。

表 5.15 镁合金铸件 TIG 焊补焊的工艺参数

板材厚度/mm	缺陷深度/mm	焊接层数	钨极直径/mm	喷嘴直径/mm	焊丝直径/mm	焊接电流/A	氩气流量/L·min^{-1}
＜5	≤5	1	2～3	8～10	3～5	60～100	7～9
＞5～10	≤5 5.1～10	1 1～3	3～4	8～10	3～5	90～130	7～9
＞10～20	≤5 5.1～10 10.1～20	1 1～3 2～5	3～5	8～11	3～5	100～150	8～11
＞20～30	≤5 5.1～10 10.1～20 20.1～30	1 1～3 2～5 3～8	4～6	9～13	5～6	120～180	10～13
＞30	≤5 5.1～10 10.1～20 20.1～30 ＞30	1 1～3 2～5 3～8 ＞6	5～6	10～14	5～6	150～250	10～15

表 5.16 镁合金对接接头 MIG 焊的工艺参数

板厚/mm	坡口形式	焊 道	焊丝直径/mm	送丝速度/cm·min^{-1}	焊接电流/A	焊接电压/V	氩气流量/L·min^{-1}
短路过渡							
0.6	I形①	1	1.0	356	25	13	18.8～28.3
1.0	I形①	1	1.0	584	40	14	18.8～28.3
1.6	I形①	1	1.6	470	70	14	18.8～28.3
2.4	I形①	1	1.6	622	95	16	18.8～28.3
3.2	I形②	1	2.4	343	115	14	18.8～28.3
4.0	I形②	1	2.4	420	135	15	18.8～28.3
4.8	I形②	1	2.4	521	175	15	18.8～28.3
脉冲过渡③							
1.6	I形①	1	1.0	914	50	21	18.8～28.3
3.2	I形①	1	1.6	711	110	24	18.8～28.3
4.8	I形①	1	1.6	1207	175	25	18.8～28.3
6.4	V形，60°④	1	2.4	737	210	29	18.8～28.3
喷射过渡⑤							
6.4	V形④	1	1.6	1321	240	27	23.7～37.7
9.6	V形④	1	2.4	724～757	320～350	24～30	23.7～37.7
12.5	V形④	2	2.4	813～914	360～400	24～30	23.7～37.7
16	双V形⑥	2	2.4	838～940	370～420	24～30	23.7～37.7
25	双V形⑥	2	2.4	838～940	370～420	24～30	23.7～37.7

①不留间隙；②间隙 2.3mm；③除板厚 4.8mm 的脉冲电压为 52V 外，其他脉冲电压均为 55V；④钝边 1.6mm，不留间隙；⑤也可用于等厚的角焊缝；⑥钝边 3.2mm，不留间隙。

注：焊接速度为 61～66cm/min。

5.2.3 镁及镁合金的电阻点焊

在工业结构的生产中，某些常用的镁合金框架、仪表舱、隔板等通常采用电阻点焊工艺进行焊接。镁合金进行电阻点焊具有以下的特点。

① 镁合金具有良好的导电性和导热性，点焊时须在较短的时间内通过较大的电流。

② 镁的表面易形成氧化膜，会使零件间的接触电阻增大，当通过较大的电流时往往会产生飞溅。

③ 断电后熔核开始冷却，由于导热性好以及线胀系数大，熔核收缩快，易引起缩孔及裂纹等缺陷。

基于上述特点，点焊机应能保证瞬时快速加热。单相或三项变频交流焊机以及电容储能直流焊机均可用于电阻电焊，其中对于镁合金而言，交流设备的焊接效果较好。点焊用的电极应选用高导电性的铜合金，上电极应加工成半径 50～150mm 的球面，下电极应采用平端面，电极端部需打磨光滑，打磨时应注意及时清理落下的铜屑。不同板厚镁合金点焊时，厚板一侧用半径较大的电极，对于热导率和电阻率不同的镁合金点焊时，在导电率较高材料一侧采用半径较小的电极。

选择点焊参数时，先选择电极压力，然后再调整焊接电流及通电时间。焊接电流及电极压力过大，会导致焊件变形。焊点凝固后电极压力需保持一定时间，如果压力维持时间太短，焊点内容易出现气孔、裂纹等缺陷。不同板厚镁合金电阻点焊的工艺参数见表 5.17。

表 5.17　不同板厚镁合金电阻点焊的工艺参数

板厚/mm	电极直径/mm	电极端部半径/mm	电极压力/kN	通电时间/s	焊接电流/kA	焊点直径/mm	最小剪切力/kN
0.4	6.5	50	1.4	0.05	16～17	2～2.5	0.3～0.6
0.5	10	75	1.4～1.6	0.05	18～20	3～3.5	0.4～0.8
0.6	10	75	1.6～1.8	0.05～0.07	22～24	3.5～4.0	0.6～1.0
0.8	10	75	1.8～2.0	0.07～0.09	24～26	4～4.5	0.8～1.2
1.0	13	100	2.0～2.3	0.09～0.1	26～28	4.5～5.0	1.0～1.5
1.6	13	100	2.3～2.5	0.09～0.12	29～30	5.3～5.8	1.3～2.0
1.3	13	100	2.5～2.6	0.1～0.14	31～32	6.1～6.9	1.7～2.4
2.0	16	125	2.8～3.1	0.14～0.17	33～35	7.1～7.8	2.2～3.0
2.6	19	150	3.3～3.5	0.17～0.2	36～38	8.0～8.6	2.8～3.8
3.0	19	150	4.2～4.4	0.2～0.24	42～45	8.9～9.6	3.5～4.8

为了确定焊接工艺参数是否合适，需焊接若干对试样。一般用两块镁合金板点焊成十字形搭接试样，然后进行拉伸试验，检查焊点气孔、裂纹等缺陷。如果没有任何缺陷，再进行抗剪切试验，检查抗剪强度值。检查焊点焊透深度可以采用金相宏观检查法。对于不同板厚镁合金进行电阻点焊时，厚板一侧应采用直径较大的电极。多层板点焊时电流和电极电压可比两层板点焊时大。

5.2.4　镁及镁合金的气焊

由于火焰气焊的热量散布范围大，焊件加热区域较宽，因此焊缝的收缩应力大，容易产生欠铸、冷隔、气孔、砂眼、裂纹及夹渣等缺陷。残留在对接、角接接头中的焊剂、熔渣则容易引起焊件的腐蚀，气焊法主要用于不太重要的镁合金薄板结构的焊接及铸件的补焊。

焊前先将焊件、焊丝进行清洗，并在焊件坡口处及焊丝表面涂一层调好的焊剂，涂层厚度一般不大于 0.15mm。图 5.3 是镁合金铸件补焊前缺陷清理准备。被清理处需有圆滑的轮廓，穿孔缺陷在缺陷底部应留有 1.5～2mm 的钝边，见图 5.3 (a)；清理后缺陷的底面应成圆弧形，半径一般大于 8mm，见图 5.3 (b)；较大的穿孔缺陷在经过打磨清理后，在缺陷背面用石棉、不锈钢或纯铜作垫片，以免补焊时填充金属下塌，见图 5.3 (c)；用两面开坡口的方法清理缺陷时，坡口之间应留有 2～2.5mm 的钝边，见图 5.3 (d)。

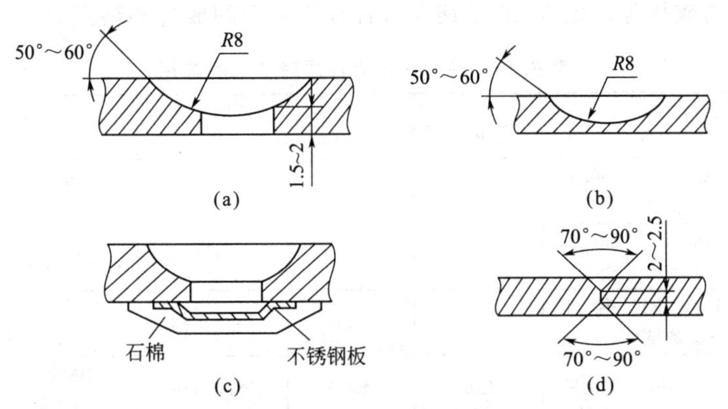

图 5.3　镁合金铸件补焊前缺陷清理准备

镁合金气焊时应采用中性焰的外焰进行焊接，不可将焰心接触熔化金属，熔池应距离焰心 3～5mm，应尽量将焊缝置于水平位置。镁合金的气焊工艺参数见表 5.18。

表 5.18　镁合金气焊的工艺参数

焊件厚度/mm	焊炬型号	焊丝尺寸/mm		乙炔气消耗/$L\cdot min^{-1}$	氧气压力/MPa
		圆截面	方截面		
1.5～3.0	HO1-6	$\phi3$	3×3	1.7～3.3	0.15～0.2
3～5	HO1-6	$\phi5$	4×4	3.3～5	0.2～0.22
5～10	HO1-12	$\phi5$～6	6×6	5～6	0.22～0.3
10～20	HO1-12	$\phi6$～8	8×8	6～20	0.3～0.34

修复镁合金铸件时，焊接时焊炬与铸件间成 70°～80°，以便迅速加热焊接部位，直至其表面熔化后再填加焊丝。熔池形成后，焊炬与焊件表面的倾角应减小到 30°～40°，焊丝倾角应为 40°～45°，以减小加热金属的热量，加速焊丝的熔化，增大焊接速度。焊丝端部和熔池应全部置于中性熔渣的保护气氛下。焊接过程中，不要移开焊炬，要不间断地焊完整条焊缝。在非间断不可时，应缓慢地移去火焰，防止焊缝发生强烈冷却。当焊接过程中在焊缝末端偶然间断，并再次焊接时，可将焊缝末端金属重熔 6～10mm。

若焊件坡口边缘发生过热，则应停止焊接或增大焊接速度和减小气焊焊炬的倾斜角度。当铸件厚度大于 12mm 时，可采用多层焊，层间必须用金属刷（最好是细黄铜丝刷）清刷后，再焊下一层。薄壁件焊接时工件背面易产生裂纹，为消除裂纹，应保证背面焊缝，并在背面形成一定的余高。正面焊缝高度应高于基体金属表面 2～3mm。在厚度不同的焊接部位，焊接时火焰应指向厚壁零件，使受热尽量均匀。为了消除应力防止裂纹，补焊后应立即放入炉内进行回火处理，回火温度为 200～250℃、时间 2～4h。

5.2.5　镁及镁合金的其他焊接方法

（1）钎焊

镁合金的钎焊工艺与铝合金极为相似，但由于镁合金钎焊效果较差，因此镁合金很少采用钎焊进行焊接。镁合金可以采用火焰钎焊、炉中钎焊及浸渍钎焊等方法，其中浸渍钎焊应用较为广泛。

镁合金钎焊时所用的钎料一般均采用镁基合金钎料，表 5.19 是部分镁合金钎焊时钎料的选用。钎焊镁合金的钎剂主要以氯化物和氟化物为主，但钎剂中不能含有与镁发生剧烈反应的氧化物，如硝酸盐等。表 5.20 是镁合金钎焊用钎剂的成分和熔点。

表 5.19 部分镁合金钎焊时钎料的选用

合金牌号	主要化学成分/%	熔化温度/℃		钎焊温度/℃	选用钎料	备 注
		固相线	液相线			
AZ10A	Al1.2，Zn0.4，Mn0.2，Mg 余量	632	643	582～616	BMg-1① BMg-2a②	炉中钎焊和火焰钎焊只限用于 M1 镁合金的焊接，其他合金可用浸渍钎焊
AZ31B	Al3.0，Zn1.0，Mn0.2，Mg 余量	—	627	582～593	BMg-2a	
ZE10A	Zn1.2，RE 稀土 0.17，Mg 余量	593	646	582～593	BMg-2a	
ZK21A	Zn2.3，Zr0.6，Mg 余量	626	642	582～616	BMg-1 BMg-2a	
M1	Mn1.2，Mg 余量	648	650	582～616	BMg-1 BMg-2a	

① 钎料 BMg-1 化学成分为 9.0%Al，2.0%Zn，0.1%Mn，0.0005%B，余量 Mg。

② 钎料 BMg-2a 化学成分为 2.0%Al，5.5%Zn，0.0005%B，余量 Mg。

表 5.20 镁合金钎焊用钎剂的成分和熔点

钎 焊 方 法	钎剂成分/%	熔点/℃
火焰钎焊	KCl 45，NaCl 26，LiCl 23，NaF 6	538
火焰、浸渍、炉中钎焊	KCl 42.5，NaCl 10，LiCl 37，NaF 10，$AlF_3 \cdot 3NaF$ 0.5	388

镁合金钎焊前应清除母材及焊接材料表面的油脂、铬酸盐及氧化物，常用的方法主要是溶剂除脂、机械清理和化学侵蚀等。镁合金钎焊时，搭接是最基本和最常用的接头形式。当接头强度低于母材强度时，可通过增加搭接面积使接头与焊件具有相同的承载能力。一般钎焊时在接头处及附近区域添加填充金属，接头间隙通常取 0.1～0.25mm，以保证熔融钎料充分渗入到接头界面中。

(2) 搅拌摩擦焊

搅拌摩擦焊是一种新型的固相连接技术，主要利用不同形状的搅拌头深入到工件中的待焊区域，通过搅拌头在高速旋转时与工件之间产生的摩擦热使金属产生塑性流动。在搅拌头的压力作用下从前端向后端塑性流动，从而形成焊接接头。

搅拌摩擦焊过程中金属不发生熔化，焊接时温度相对较低，因此不存在熔焊时产生的各种缺陷。焊接过程中无飞溅、气孔、烟尘，并且不需要添丝和气体保护，目前已经对 AM60、AZ31、AZ91、MB8 等镁合金进行了焊接。表 5.21 是 MB8 镁合金搅拌摩擦焊接头的力学性能，表 5.22 是 AZ31 镁合金搅拌摩擦焊接头弯曲试验结果。

表 5.21 MB8 镁合金搅拌摩擦焊接头的力学性能

焊接速度 v/mm·min^{-1}	30	60	95	118	235	300
抗拉强度 σ_b/MPa	143	141	146	134	159	172
	130	132	138	135	151	167
接头与母材强度比 ($\sigma_b/\sigma_{b母材}$)/%	64	63	65	60	71	76
	58	57	61	60	67	74

表 5.22 AZ31 镁合金搅拌摩擦焊接头弯曲试验结果

试样号	焊接工艺参数		弯曲角度 α/(°)	跨距 l/min	抗弯强度 σ_b/MPa
	搅拌头转速 v_r/r·min^{-1}	焊接速度 v/cm·min^{-1}			
1	600	11.8	30，背弯	70	233.2
2	750	75	85，背弯	70	279.9
3	1500	30	80，正弯	70	303.8

(3) 电子束焊

可以采用电子束焊进行焊接的镁合金一般与氩弧焊相同，焊接过程中焊前、焊后的处理方法基本相同，采用电子束焊接可获得良好接头的镁合金有 AZ91、AZ80 系列等。电子束焊接时，在电子束下镁蒸气会立即产生，熔化的金属流入所产生的孔中。由于镁金属的蒸气压力高，因而所生成的孔通常比其他金属大，焊缝根部会产生气孔。同时电子束焊接镁合金还易引起起弧及焊缝下塌等现象，起弧易导致焊接过程中断，因此须严格控制操作工艺，以防止气孔、起弧及焊缝下塌现象产生。

电子束焊通常采用真空焊接，但由于镁金属气体的挥发对真空室的污染很大，研究发现非真空电子束非常适合于镁合金的焊接。焊接时电子束的圆形摆动和采用稍微散焦的电子束，有利于获得优质焊缝。在焊缝周围用过量的金属或同样金属的整体式以及紧密贴合的衬垫能够尽可能减少气孔。但目前采用填充金属的方法对减少产生气孔的效果不是很理想，因此通常采用通过合理调节焊接工艺参数使气体在焊缝金属凝固前完全逸出，以避免形成气孔，其中电子束功率尤其是电子束流大小须严格控制。

5.3 镁及镁合金焊接实例

5.3.1 镁合金的钨极氩弧焊（TIG 焊）

(1) AZ31B 镁合金薄板的 TIG 焊

图 5.4 是 AZ31B 镁合金薄板三种接头的手工钨极氩弧焊（TIG 焊）的焊接接头。主要包括 T 形、对接和角接接头。

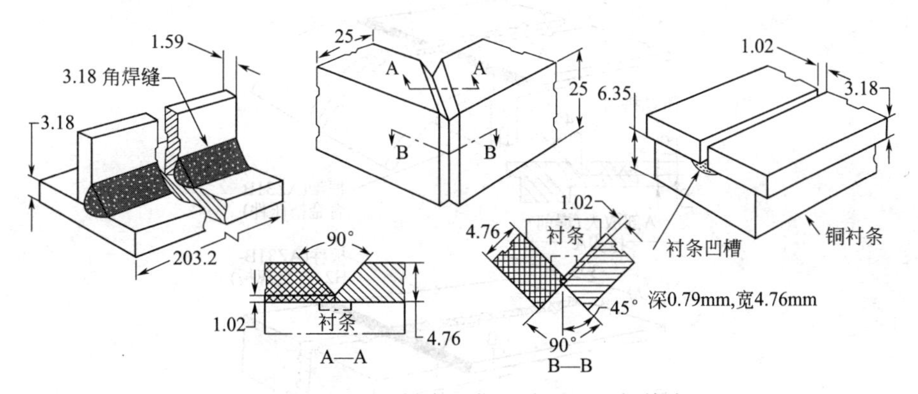

图 5.4 AZ31B 镁合金薄板手工 TIG 焊接头

1) T 形接头

厚度为 1.6mm 和 3mm 的 AZ31B 镁合金薄板 T 形接头单道焊（角焊缝长 203mm，焊脚 3mm）。采用手工 TIG 焊时，调整焊机、气体流量和焊接速度，以获得优质、外形美观和熔透率合适的焊缝。焊后，从立板未焊一侧打断焊接接头，显露焊缝根部，然后从断口检查熔透深度、有无气孔、未熔合和其他缺陷。

2）对接接头和角接接头

将25mm×25mm×4.8mm的AZ31B镁合金板挤压角形结构的斜边焊接起来，用于制造框架结构。该框架结构有4个直角接头，其中一个如图5.4所示。表5.23是AZ31B镁合金薄板手工TIG焊的工艺参数。三种焊接接头都采用可连续工作的300A交/直流焊接电源，备有轻型水冷焊炬。焊前所有焊件经铬酸-硫酸溶液清洗，不预热焊。

表5.23 AZ31B镁合金薄板手工TIG焊的工艺参数

项目	接头形式及工艺参数		
	T形	角接和对接	对接
焊缝形式	单边角焊	V形坡口	I形坡口
焊接位置	横向角焊	向上立焊，平焊	平焊
保护气体和流量	Ar，5.5L/min	Ar，5.5L/min	Ar，5.5L/min
电极直径/mm	2.4	3	3
焊丝直径/mm	1.6	2.4	1.6
焊接电流/A	110	125	135
焊接速度/cm·min^{-1}	25.4	25.4	25.4
焊后消应力处理	260℃×15min	177℃×1.5h	177℃×1.5h

焊前工序包括加工斜边角、开坡口、清理及装夹。横向和垂直对接接头坡口角均为90°，钝边1mm。将焊接接头酸洗后，在夹具中装配，横向对接接头采用扁平衬条，垂直角接接头采用角形衬条。然后采用手工TIG焊进行焊接，采用高频稳定的交流电源、EWP型钨电极以及ERAZ61A型填充焊丝。焊接时外侧角接头采用向上立焊的单道焊；对接接头采用单道平焊。

(2) 航空航天用镁合金气密门自动TIG焊

航空航天用气密门的框架结构带有目风凹槽，采用AZ31B-H24镁合金薄板与AZ31B镁合金挤压件焊接而成，属于小批量生产，但要求的质量较高。气密门焊接结构如图5.5所示。

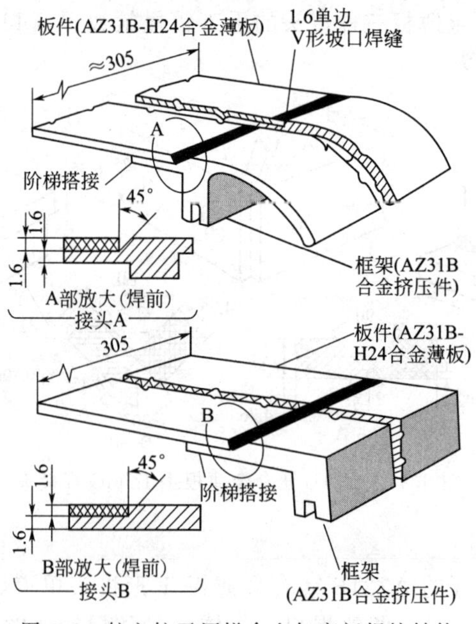

图5.5 航空航天用镁合金气密门焊接结构

焊接时，接头A、B相当于带衬垫板单V形坡口对接，反面搭接接头不进行焊接。焊前采用铬酸-硫酸对接头焊接部位进行清洗，不需要进行预热。焊接位置为平焊，填充金属为直径1.6mm的ER AZ61A镁合金焊丝。镁合金气密门自动TIG焊工艺参数见表5.24。

表5.24 镁合金气密门自动TIG焊的工艺参数

项 目	工艺参数
保护气体/L·min^{-1}	A接头8.5，Ar气；B接头7.6，Ar气
钨电极直径/mm	3.2mm
焊接电流/A	A接头175，B接头135
送丝速度/（cm·min^{-1}）	165
焊接速度/（cm·min^{-1}）	A接头51，B接头38

TIG焊设备中采用水冷焊枪、高频交流电源以及EWP型钨电极。将焊枪安置在切割机自动行走架上实现TIG焊自动焊。焊后接头需进行177℃×1.5h的焊后消应力处理。

5.3.2 电子控制柜镁合金组合件TIG焊

图5.6是由矩形箱组成的镁合金电子控制柜组合件，由两个高50mm、宽50mm、长101mm的矩形箱组成。为减少其小批量生产时的工艺装备费用，对其某些零部件采用定位焊。

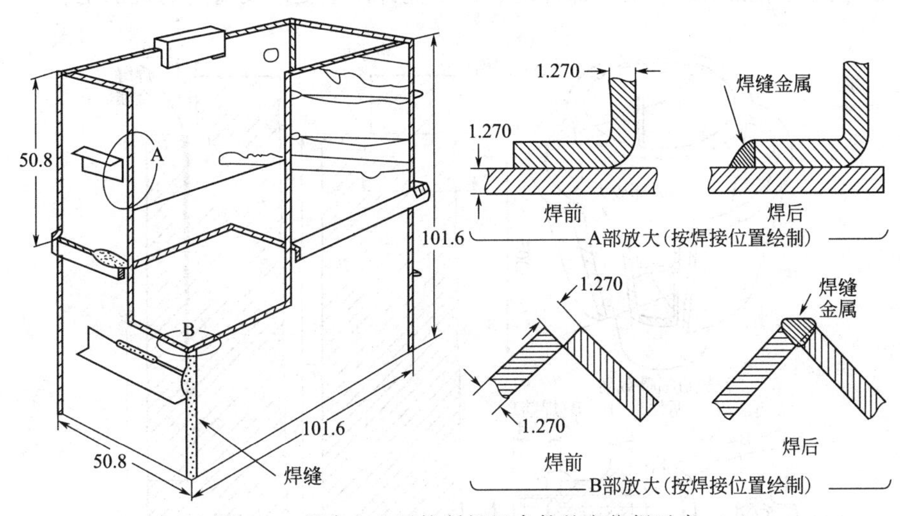

图5.6 镁合金电子控制柜组合件的定位焊示意

厚度为1.27mm的AZ31B-H24镁合金薄板，采用直径4mm的ER AZ61A填充丝手工TIG焊（氩气保护），使其定位于合适的位置，定位焊缝长3mm，中间间隔（在每一角部开始）50mm。定位焊时采用工具板和套钳固定组合件，但定位焊不能用于有角度的组合件。组合件采用直径1.6mm的ER AZ61填充焊丝。焊接工艺及参数见表5.25。采用长50mm的连续焊接角接头；组合件顶部法兰与侧板的焊接，采用长25mm的角焊缝。角钢与控制箱端部的焊接采用长约25mm的角焊缝（见图5.6 A局部放大）。

表5.25 手工钨极气体保护焊的工艺参数

接头形式	搭接、角接	电极和直径	EWP，1mm
焊缝形式	角焊缝、V形坡口对接焊缝	填充金属	ER AZ61A，直径1.6mm
焊接位置	水平角焊、平焊	焊炬	水冷，350A，陶瓷喷嘴

续表

接头形式	搭接、角接	电极和直径	EWP，1mm
焊前清理	钢丝刷清理	焊接电源	300A 弧焊变压器
是否预热	不预热	焊接电流（角焊缝）	25A，交流
夹具	工具板和套钳	焊接电流（V 形坡口对接）	40A，交流
保护气体/$L \cdot min^{-3}$	He，129	焊后热处理	177℃×3. 5h

由于组合件采用手工装配，所有焊缝均采用平焊或横焊位置焊接，采用装有高频稳弧装置的标准交流电源，选择 He 作为保护气体。与 Ar 相比，He 可以产生更大的热量和更稳定的电弧。焊前不需要预热，但焊后要进行 177℃×3. 5h 的消应力处理，以防止应力腐蚀裂纹的产生，最后进行宏观焊缝检查。

5. 3. 3 镁合金汽轮机喷嘴裂纹的电子束焊修复

镁合金汽轮机喷嘴铸件（AZ91C）容易产生疲劳裂纹，采用电子束的长聚焦距离能力可以简化其补焊过程。图 5.7 所示的铸件有直线状未穿透裂纹，贯穿于主体和轴承架的连接件中，裂纹位于喷嘴下部大约 305mm 的地方，区域很窄，用其他的焊接方法很难达到，并且由于喷嘴已经进行精加工，与其他部件配合，不允许产生变形及随后的机加工。

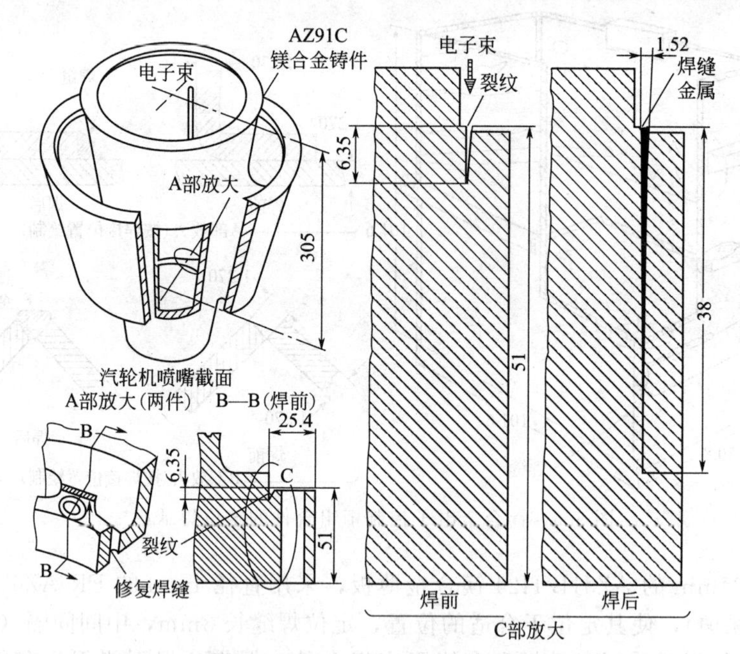

图 5.7　电子束焊修复汽轮机喷嘴疲劳裂纹的示意

焊接准备包括用丙酮擦洗裂纹区，不需要铲掉裂纹，也不需要填充金属，将工件放在移动工作台上，工件位于电子枪下 318mm 处，焊前用光学装置检查电子束和每条焊缝的对中，使电子束与凸台之间有合适的间隙。

选用的电子束功率应使熔透超出表观裂纹深度，但不能烧透截面，将电子束焦点调到工件表面 6. 35mm 处，焊接时采用三级固定式焊枪，用夹具将工件固定自动跟踪导向架上，自动沿着裂纹有效长度直线移动单道焊几秒，可以获得较窄的焊缝。焊后接头不需要进行热处理。表 5. 26 是镁合金汽轮机喷嘴裂纹的电子束焊修复的工艺参数。

表 5.26 汽轮机喷嘴裂纹修复的电子束焊设备及工艺参数

项　　目	工艺参数	项　　目	工艺参数
焊机容量	150kV，40mA	焊接真空度/Pa	2.67×10^{-2}
最高真空度/Pa	6.67×10^{-2}	工作距离/mm	381
真空室尺寸/mm	635×559×711	电子束斑点尺寸/mm	0.762
焊接功率	140kV，40mA	焊接速度/$cm\cdot min^{-1}$	76.2

5.3.4 飞机发动机镁合金铸件裂纹的 TIG 焊修复

在仔细检查飞机喷气发动机的过程中，采用荧光渗透检验（PT），在靠近压缩机轴套（AZ92A-T6 镁合金）铸件上的加强肋板上发现有长 63.5mm 的裂纹，如图 5.8 所示，有裂纹的截面厚度范围 4.8～8mm，可以采用手工 TIG 焊进行补焊修复。

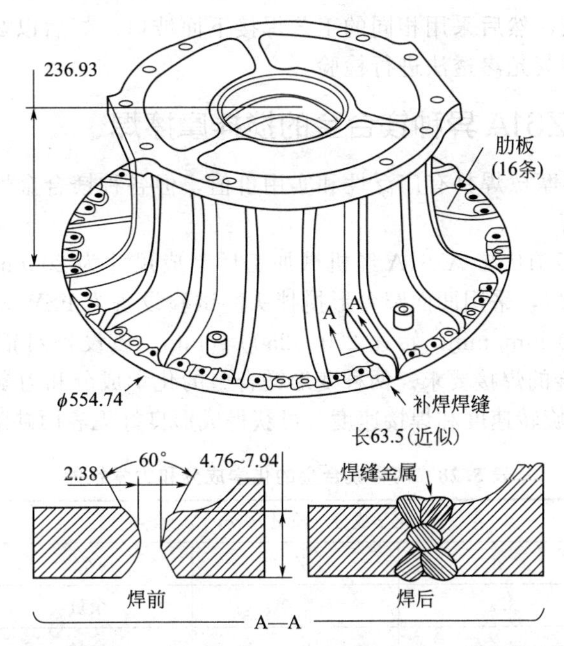

图 5.8 采用手工 TIG 焊修复喷气发动机进气压缩机轴套铸件

零件采用气化脱脂清除表面油脂和污物，并浸入除碱液中，用毡印标出裂纹位置。然后在法兰盘上开槽以清除裂纹，槽的斜边与垂直方向夹角约为 30°，这样就构成了 60°的 X 形坡口，待焊表面采用电动不锈钢丝刷清理。采用手工 TIG 焊进行焊接，焊前铸件不需要进行预热。焊接接头采取对接形式，采用高频引弧焊接电源，最大输出电流为 300A。焊接时选用直径 1.6mm 的 EWTh-2 型钨电极，填充金属选用直径 4mm 的 ER AZ101A 型焊丝，保护气体 Ar 流量为 6L/min。手工钨极氩弧焊的工艺参数见表 5.27。

表 5.27 手工钨极氩弧焊的工艺参数

接头形式	对接
焊缝形式	60°X 形坡口，补焊
保护气体（Ar）流量 / $L\cdot min^{-3}$	101（双面保护，也起衬垫作用）
电极	EWTh-2，直径 1.6mm
填充金属	ER AZ101A，直径 4mm

续表

接头形式	对接
焊炬	水冷
焊接电源	300A 弧焊变压器（高频引弧）
焊接电流（交流）/A	<70（用脚踏开关调节电流）
焊后消除应力热处理	204℃×2h（也作焊前加热）
焊后检验	荧光渗透（PT）

焊接时，应使低电流电弧（低于70A）直接作用于母材，填充金属在坡口两侧熔敷，从最里边向外焊接。熔池形成后，电弧稍微摆动以在坡口两侧熔敷焊道。在焊接过程中，采用脚踏开关控制的可变电阻调节电流，以保持均匀一致的焊接熔池。上面坡口焊完后，将整个铸件翻过来，磨削清根，然后采用相同的工艺焊接下面坡口。焊后以 204℃×2h 热处理工艺消除铸件应力，并采用荧光渗透法进行检验。

5.3.5 AZ31B/AZ61A 异种镁合金的搅拌摩擦焊

异种镁合金的搅拌摩擦焊具有广泛性和实用价值，但各种镁合金性能差异较大，焊接过程中需要注意一些问题。

挤压变形镁合金 AZ31B 与 AZ61A 经机械加工后制成尺寸为 200mm×80mm×5mm 的板件，然后进行搅拌摩擦焊，采用凹面圆台形搅拌头。试验设备为 FSW-3LM-015 型搅拌摩擦焊机，焊接速度 10～2000 mm/min，转速 250～2500 r/mm，该设备对铝合金最大焊接厚度为 14mm，可满足对镁合金的焊接要求。两种变形镁合金的化学成分和力学性能见表 5.28。通过改变摩擦头形式，调整旋转速度和焊接速度，可获得成形良好无表面缺陷的接头。

表 5.28 两种镁合金的化学成分和力学性能

镁合金	化学成分（质量分数）/%			抗拉强度/MPa
	Al	Zn	Mg	
AZ31B	3.1	0.9	余量	232
AZ61A	6.5	0.8	余量	270

（1）材质差异和搅拌头形状对 FSW 焊缝成形的影响

变形镁合金 AZ61A 与 AZ31B 相比，AZ61A 的 Al 含量（质量分数）约为 6%，表现在性能上即为材料的强度和硬度的提高，而塑性变形能力却明显下降。这使得在它们之间进行搅拌摩擦焊要比在同种材料之间进行搅拌摩擦焊要困难。试验结果表明，当 AZ31B 置于后退侧、AZ61A 置于前进侧施焊时，易得到外观成形良好、无宏观缺陷的接头，所用的工艺参数范围也比较宽。反之，很难得到形成完好的 FSW 焊缝，总产生表面沟槽或焊缝内部隧道型缺陷。这主要是由于与 AZ31B 相比，AZ61A 的塑性变形能力差、母材晶粒更粗大、晶界上二次相 $Mg_{17}Al_{12}$ 和杂质也更多的缘故。

采用两种不同搅拌针的搅拌头进行焊接（图 5.9），结果表明，圆柱形搅拌头施焊时，接头表面成形差，容易出现表面沟槽或在焊缝内部出现孔洞及隧道型缺陷［图 5.9（a）］；圆台内凹形搅拌头易得到外观成形良好、无宏观缺陷的接头［图 5.9（b）］。

图 5.10 所示为 AZ31B/AZ61A 搅拌摩擦焊接头横截面的宏观组织。可明显观察到沿着焊核与母材的分界线，金属流线由后退侧上部流向焊核，然后再流向前进侧上部，形成与搅拌针形状一致的流线。这样在母材金属塑性流动性差的情况下，圆台形搅拌针比圆柱形搅拌

针更有助于塑性金属的流动。由图 5.10 可以看到，在焊缝表面及近表面，塑性金属的流线呈较大内凹状，这使得内凹形肩轴与工件表面处形成的空间有利于塑化金属填充搅拌针所留下的间隙。这也是圆台内凹形搅拌头比圆柱形搅拌头更适合 AZ31B/AZ61A 异种镁合金搅拌摩擦焊的原因。

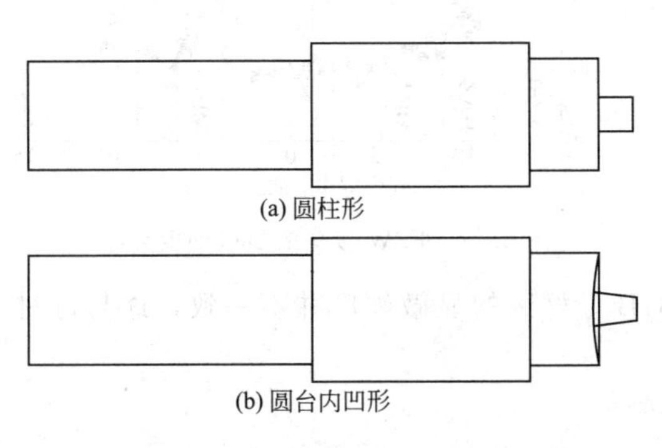

图 5.9 搅拌摩擦头形状

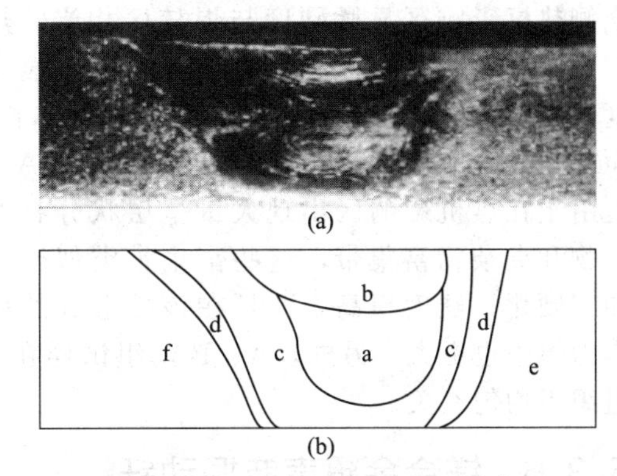

图 5.10 AZ31B/AZ61A 异种镁合金 FSW 接头横截面组织

a—焊核区；b—冠状区；c—热机影响区；d—热影响区；e—AZ31B 母材；f—AZ61A 母材

(2) 焊接参数对接头力学性能的影响

调节旋转速度为 750～1300r/min、焊接速度为 30～50mm/min 时，能获得成形良好、无宏观缺陷的接头，焊接参数与抗拉强度的关系如图 5.11 所示。

在一定的焊接速度下，FSW 接头的抗拉强度随着旋转速度 ω 的增加而增大，但当 ω 过大时，抗拉强度反而降低。随着旋转速度 ω 的增大，接头薄弱区的性能得到明显改善。这是因为旋转速度 ω 增加使搅拌区的摩擦搅拌充分，施焊区上表面及端面的表面氧化膜得到去除，端面的氧化物和夹杂物被打碎，经搅拌混合扩散到焊核与热机影响的过渡区。同时热输入量随之增加、温度升高，为塑性流变提供有利条件，热机影响区变宽，粗大组织在机械搅拌作用下被拉长、破碎和再结晶，细小组织回复，使接头整体性能得到改善。

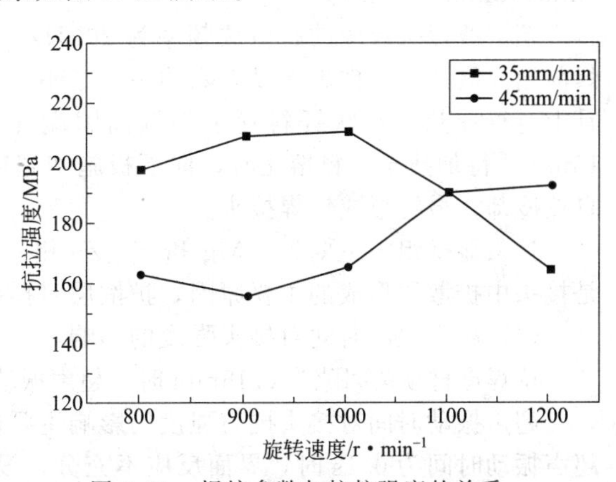

图 5.11 焊接参数与抗拉强度的关系

但随着旋转速度 ω 的进一步增大，热输入量过大，焊缝表面过热氧化，热机影响区与热影响区晶粒严重长大，反而使该区域力学性能下降。当焊接速度 $v=35$mm/min、旋转速度 $\omega=1000$r/min 时，接头的抗拉强度达到最大值为 210MPa，为母材 AZ31B 抗拉强度的 90.5%。对拉伸试样断裂位置分析发现，所有的断裂都发生在 AZ61A 侧（前进侧）热机影响区附近。断口与受力方向成 45°解理断裂，塑性断口很少，近似脆性断裂，尤其在抗拉强度较低时表现得更明显。

(3) 接头的显微硬度

对接头抗拉强度最高和最低的试样 A、B 进行显微硬度分析，试验结果见图 5.12（Nugget—焊核，MHAZ—热机影响区），工艺参数分别为焊接速度 $v=35$mm/min、旋转速度 $\omega=1000$r/min 和焊接速度 $v=45$mm/min、旋转速度 $\omega=800$r/min。试样 A 显微硬度分布曲线比较平缓，焊核区显微硬度略高于AZ31B母材硬度。

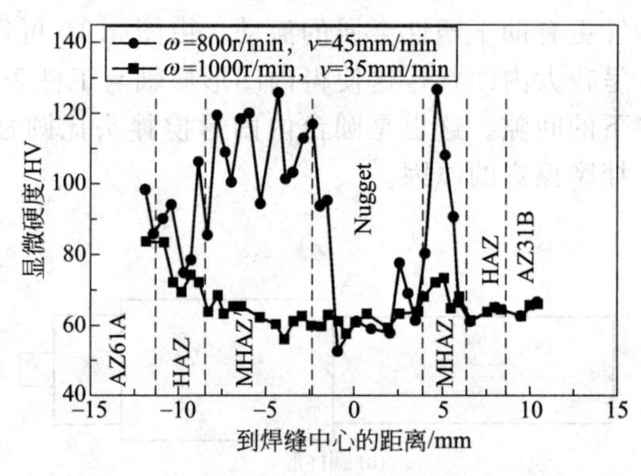

图 5.12　FSW 接头的显微硬度分布

AZ31B镁合金侧热机影响区的显微硬度高于焊核区，在热影响区略有下降。AZ61A镁合金侧热机影响区显微硬度与焊核区相当，热影响区硬度由低至高过渡到母材。试样B显微硬度分布与试样A在焊核区、热影响区基本相当，而在热机影响区的显微硬度远高于试样A。这是由于在热机影响区出现大量呈层状分布的氧化物和夹杂物富集带，这些富集带类似于经过加工硬化，硬度很高，而且在该处形成的残余应力集中也更大。另外，A、B两组试样在AZ31B母材区的显微硬度并不一致，这与母材组织不均匀有关。

5.3.6　镁合金超声波振动钎焊

镁合金以其优异的物理、化学性能，低廉的价格，可回收再利用等优点，被誉为21世纪的绿色工程材料，在航空航天、汽车、电子领域有重要的应用价值。

北京工业大学对镁合金超声波钎焊进行了实验研究。试验采用AZ31B镁合金板材，板厚3mm。自制钎料成分（质量分数）为47.9Mg-2.4Al-49.7Zn，室温相组成为α-Mg＋MgZn＋$MgZn_2$，熔化区间为341～348℃。母材和钎料尺寸分别为50mm×10mm×3mm和3mm×3mm×10mm。

超声波探头产生的超声波频率为20kHz，振幅为55μm。试验钎焊温度为370～380℃，焊前用丙酮清洗试件表面以去除油污，经400号砂纸打磨表面后，以搭接形式放置在自制卡具上进行加热，块状钎料置于焊缝间隙端部，钎缝预留间隙为0.1～0.3mm，搭接长度15mm，待加热至钎料熔化时，向下板施加超声振动0.1～5s，液态钎料填满间隙，随卡具自然冷却，最终形成钎焊接头。

接头显微组织主要为α-Mg和Mg-Zn相，母材部分溶解和钎料中Zn元素向母材的扩散是接头中扩散层形成的主要原因，扩散层对接头强度有较大影响。

（1）超声振动时间对接头强度的影响

待焊母材预留间隙为0.15mm时，超声振动时间对接头抗剪强度的影响如图5.13所示。

超声振动时间对接头抗剪强度的影响主要体现对氧化膜破坏程度及对界面反应的作用。超声振动时间为0.1s时，界面反应不充分，没有形成明显的扩散层，焊缝基本保持原钎料成分，故接头强度很低，只有12.4MPa。接头为典型的层片状脆性断裂，断裂发生在界面区，断口光滑平整，表明界面结合力很弱。随振动时间的增加，超声波加速母材表面的Mg元素与钎料中Zn元素相互扩散，接头强度逐渐增加。当超声时间增加到一定范围（$t=2$～4s），界面反应充分，形成明显扩散层，接头强度较高，可达80～90MPa。随着超声振动时间的增加，断口形貌从层片状撕裂向沿晶断裂转变，断裂发生在焊缝内部。继续延长超声振动时间（$t>4$s），大量的钎料从母材间隙中被振出，留在间隙中的较少液态钎料不能与母材充分作用，接头强度降低，断面中可见大量气孔和未焊合等缺陷。

（2）钎缝预留间隙对接头强度的影响

在超声振动3s的工艺条件下，界面作用充分，结合紧密，只需考虑钎缝预留间隙对接头强度的影响。图5.14所示为超声振动时间$t=3$s时不同钎缝预留间隙下接头的抗剪强度。

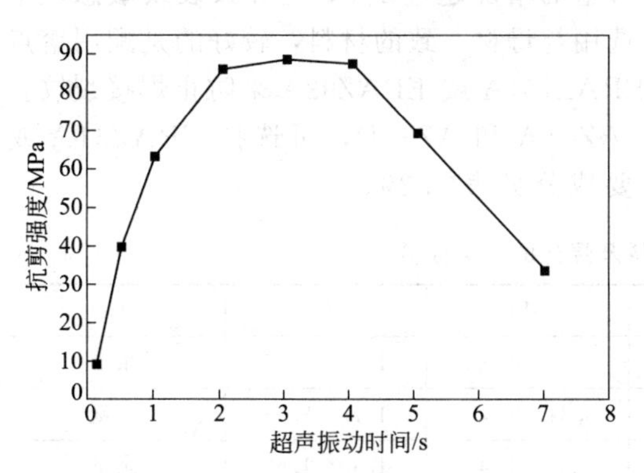

图 5.13 超声振动时间对接头抗剪强度的影响

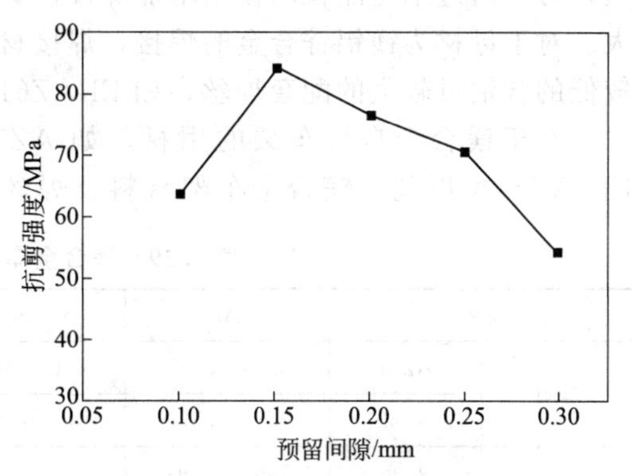

图 5.14 预留间隙对接头抗剪强度的影响

由图 5.14 可见，随着预留间隙的增大，接头强度先增加后减少。当预留间隙为 0.1mm 时，钎料并未填满预留间隙，与超声波诱导填缝过程填缝速度随预留间隙的减小而变快的规律相反。这是由于间隙过小容易导致预留间隙不均匀，在毛细作用下液态钎料在间隙小的一侧流动速度快，间隙大的一侧填缝速度慢，使得填缝不均匀，故接头强度较低，且间隙两侧钎料填入量差异较大，加剧了间隙的不均匀，接头变形严重；若间隙过小接近零时，超声诱导和毛细作用都不能促使钎料填充间隙。而 0.15mm 是此钎料理想的预留间隙，接头抗剪强度最高，为 84MPa。当接头预留间隙继续增大，毛细作用减弱，钎料填缝困难，接头强度大幅降低。

5.3.7 镁合金自行车架的脉冲交流 TIG 焊

自行车正朝着轻便、高强度、高舒适度和低成本的方向发展。由于镁合金比钢的强度低，因此最初仅应用在自行车身的少数零件，如手把、前叉和脚踏板等。但自行车架的断裂往往发生在焊接结合点处，例如前管与下管结合点处，立管与下管结合点处，这表明自行车架的使用材料只要达到一定的要求即可，不必局限于钢材料。镁合金的性能已经可以满足自行车架的要求。同时，车架更新换代非常快，用压铸件的铸模成本很高。而采用镁合金焊接车架，生产效率高，且许多镁合金不需要进行热处理，加工控制稳定，成本较低。

(1) 镁合金自行车架的焊接工艺分析

自行车架属于薄壁批量产品，采用电弧稳定的交流钨极氩弧焊方法，采用大电流、快速焊工艺参数和刚性固定等措施，可以获得优质的镁合金焊接接头。镁合金填丝焊接接头区由较粗大的等轴晶构成，焊缝区由于冷却速度快产生的晶粒较小，而热影响区近缝区的晶粒则由于受热而有所长大。拉伸性能测试表明，采用填丝交流 TIG 焊焊接镁合金，可以获得高质量的焊缝，焊接接头抗拉强度可以达到母材的 93%，高于不填丝焊接头。

镁合金自行车架用材主要是壁厚为 1.5～3mm 的薄壁管，由于镁合金的表面有一层高熔点的金属氧化膜，且从固态加热到熔化时没有明显的颜色变化，因此，用交流 TIG 焊焊接方法引起的主要问题有以下几个。

① 较大的焊接热输入引起的焊缝背面塌陷。

② 镁容易和一些合金元素（如 Cu、Al、Ni 等）形成低熔点共晶，产生焊接热裂纹。

③ 由于氢在镁中的溶解度随着温度的降低而急剧减小引起的焊缝气孔。

④ 焊缝及周围发黑，并且成形不良。

(2) 镁合金自行车架的材料及焊接材料

在镁铝锌合金（AZ31B、AZ61A、AZ63A、AZ91 和 AZ92A）中，铝含量增加 10%以

上，可以通过细化晶粒的作用增加焊接性，但锌含量的增加超过1%，会导致裂纹敏感性增大。对于母材为镁铝锌合金的焊接，焊接材料可选用与母材一致的材料，较好的是配用熔点较低的含铝量较大的配套焊丝，如ERAZ61A、ERAZ101A或ERAZ92A来防止焊接裂纹。

对于镁合金自行车架的用材，如AZ31B、AZ61A和AZ92D，可选择ERAZ61A或ER AZ92A焊丝。镁合金车架材料及焊丝的主要成分见表5.29。

表5.29 镁合金车架材料及焊丝的主要成分 %

材料		Al	Si	Mn	Zn	Mg
母材	AZ31	3.13～3.55	0.05～0.12	0.26～0.34	1.40～1.55	余量
	AZ62	4.45～5.19	0～0.120	0.34～0.35.	1.79～2.24	余量
焊丝	1号	3.65～3.91	0.10～0.21	0.38～0.49	1.40～1.62	余量
	2号	4.45～5.19	0～0.120	0.34～0.35.	1.79～2.24	余量
	3号	5.67～5.74	0.45～0.86	0.26～0.34	1.40～1.55	余量

注：1号焊丝（直径为4mm）和2号焊丝（直径为2mm）是用同一种材料制作。
3号是从AZ62母材上切下的条形材料。

(3) 镁合金自行车架的焊接工艺

1) 焊接设备

采用专用WSE-315交流氩弧焊机。该焊机将预设的上升和下降电流时间预设至最小值，使用平衡交流方波设计，配备了可调节电流的脚控遥控器。主要电气参数为牌号PNE20～315ADP、电流调节范围12～315A、交流频率调节范围5～100Hz、额定负载持续率60%、输入电压380V。

2) 镁合金自行车架交流TIG焊焊工艺设计原则

① 减小热输入量，保证焊缝成形和防止背面塌陷。

② 减小热应力，防止焊缝产生热裂纹。

③ 焊前表面清理和保护电弧区域清洁是防止气孔和裂纹产生的重要因素，也是防止和减少焊接区域发黑问题的措施之一。

按照上述焊接工艺的设计原则，采用小的焊接热输入，选用两种工艺方式，一是用人工控制电流脉冲的方式，称为断弧焊工艺；另一种采用小电流短弧快速连续焊以降低焊接热输入量，称为连弧焊工艺。减少热应力，通过以减小相对温差的方式解决，常用电弧预热的方式。

3) 断弧焊工艺要点

断弧脉冲交流TIG焊的工艺参数见表5.30。

表5.30 镁合金车架的断弧脉冲交流TIG焊的工艺参数

工艺方法	焊接电流 /A	频率/Hz	气体流量 /L·min^{-1}	钨极直径/mm	焊丝直径/mm	钨极伸出长度/mm
断弧焊	30～150	50	10	3.2	2.5～4	2～3
连弧焊	50	50～60	8	2.4	2.5～4	2～3

① 镁合金母材和焊丝焊前必须经过严格的化学和机械清理，去除油污、氧化膜，机械清理时用不锈钢丝刷和非硅类打磨材料。工件放置时间过长时，需重新打磨。

② 采用带脚踏开关并可调节电流的WSE-315氩弧焊机，关掉爬坡和下坡电流功能。

③ 采用Ar≥99.99%纯度的氩气保护。

④ 对口间隙尽量小，并将工件用夹具固定好。

⑤ 采用左焊法。焊枪距离工件的距离尽量小，焊丝放在待焊焊缝上，角度尽量与焊缝平行。

⑥ 对准起焊部位，起弧后拉高电弧，预热1～2s，根据熔池温度开始填充焊丝，电弧指向焊丝。

⑦ 利用脚踏开关快速加大电流，形成熔池后，逐步减小电流至维弧状态，移动焊枪至下一步，完成一个断弧脉冲循环，再加大电流形成下一个熔池，这样逐步形成连续焊缝。

4）连弧焊工艺要点

连弧交流TIG焊的工艺参数见表5.30。连弧焊工艺是利用小电流、快速移动来减小焊接热输入，同时采用低电弧的方法来避免表面污染。焊接工艺过程如下。

① 镁合金母材和焊丝焊前必须进行严格的化学和机械清理，去除油污、氧化膜，机械清理时用不锈钢丝刷和非硅类打磨材料。

② 采用面板控制或带遥控并可调节电流的操作盒，连接到WSE-315焊机。关掉爬坡和下坡电流功能。

③ 采用Ar≥99.99%纯度的氩气保护。

④ 对口间隙尽量小，并将工件用夹具固定好。

⑤ 采用左焊法。焊枪距离工件的距离尽量小，焊丝放在待焊焊缝上，角度尽量与焊缝平行。

⑥ 对准起焊处，起弧后拉高电弧，预热1～2s，电弧指向焊丝。

⑦ 形成熔池后快速移动，左手填丝，形成连续焊缝。

5.3.8 ZM镁合金铸件缺陷的补焊

镁及其合金具有优良的导热性、导电性及电磁屏蔽性能，高的比强度、比刚度和减振性能，优良的加工工艺性能，在航空航天领域得到了广泛的应用。在我国，许多飞机的轮毂、轮缘、汽缸座、机匣、座舱骨架等重要构件以及某些新型导弹的外壳等都采用镁合金铸件。但镁合金在铸造过程中常因局部出现的铸造缺陷及机械加工和运输过程中产生的缺陷而使铸件成为不合格品，不仅造成了材料的极大浪费，而且影响产品的交付使用。在保证质量的前提下，采用补焊的方法修补局部缺陷，可使铸件不致报废，具有良好的经济效益和社会效益。

（1）焊接性分析

ZM5及ZM6铸造镁合金的焊接性较差，主要表现在以下几个方面。

① 镁的熔点低（650℃），导热快，用大电流焊接，焊缝及近缝区金属易产生过热和晶粒长大。

② 氧化性极强，焊接时易形成氧化镁和氮化物，造成焊缝夹渣，使接头性能变坏。

③ 线胀系数大，焊接过程中易引起较大的热应力。

④ Mg容易与一些合金元素（如Cu、Ni等）形成低熔点共晶，易产生热裂纹。

⑤ 焊接时易产生气孔。

（2）铸件缺陷补焊要求

镁合金铸件允许补焊的缺陷有夹渣、疏松、砂眼、裂纹、缩孔、气孔及机械损伤等。铸件允许补焊的面积、深度、个数和间距见表5.31。

（3）补焊工艺

补焊采用交流钨极氩弧焊机，保护气体（Ar）纯度不低于99.99%；补焊用的焊丝与铸件材料相同；补焊工作场地温度应不低于15℃，且不应有穿堂风。

1）铸件缺陷的清理

补焊前应用风动铣刀或其他工具对铸件的缺陷部位进行打磨，扩修成坡口，且需对补焊部位离坡口边界10～30 mm的范围内清理干净。扩修坡口的要求如下。

① 缺陷部位开坡口的深度要比实际缺陷深2～3mm，开坡口的尺寸要比实际缺陷大5mm。

表 5.31　镁合金铸件允许补焊的规定

铸件分类	铸件表面积/cm²	焊接修复区最大面积/cm²	焊接区最大深度/mm	一个铸件上允许焊接部位的数量/个	一个铸件上允许焊接部位的总数量/个	焊接修复部位的最小间距	
						两个球面坡口	两条长条形坡口；一条长条坡口和一个球面坡口
小型铸件	＜1000	10	无规定	3	3	不小于相邻两焊接部位的最大直径之和	① 不小于 50mm；② 长条形坡口的长度不大于沿坡口长度方向铸件基本尺寸的 1/3，且不大于 100mm
中型铸件	1000～6000	10	无规定	4	6		
		15	10	1			
		20	8	1			
大型铸件	6000～8000	10	无规定	6	9		
		20	12	2			
		30	8	1			
超大型铸件	＞8000	10	无规定	7	12		
		20	12	3			
		30	8	1			
		40	6	1			

② 分别铲除相互距离大于 20 mm 的缺陷，当距离小于 20mm 时形成整体的坡口。

③ 缺陷部位开坡口后要具有平滑的外形和光滑的过渡。坡口底部的半径不小于 10 mm，坡口角度为 30°～50°，如图 5.15（a）所示。

④ 对穿透性缺陷（如裂纹），坡口以 30°～50°夹角开到铸件内壁的钝边处，钝边为 1.5～2.0mm，见图 5.15（b）。

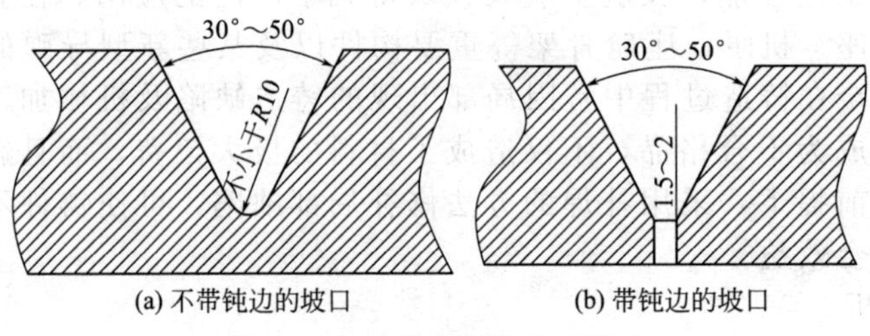

(a) 不带钝边的坡口　　(b) 带钝边的坡口

图 5.15　缺陷修复的坡口形式

⑤ 对靠近边缘的缺陷，将坡口开到边缘处。

⑥ 将浇铸不足和未熔合处的尖角倒成平滑过渡的圆角，半径不小于 10mm。

⑦ 任意厚度铸件中的穿透性裂纹从单面或双面开坡口，坡口角度不小于 60°，在坡口底部均应光滑过渡，半径不小于 5mm；裂纹两端预先钻直径为 2～3mm 的止裂孔。

⑧ 位于疏松区的缺陷，将疏松区全部铲除。

2）铸件补焊前的预热

① 对于大型和壁厚差较大的 ZM5 和 ZM6 铸件，采用整体预热。ZM5 镁合金铸件的预热温度为 350～390℃，ZM6 镁合金铸件预热温度为 380～430 ℃；对于补焊后不进行热处理的铸件，预热温度不应超过镁合金的时效温度。

② 对于一般铸件，采用局部预热。可用煤气、氧-乙炔焰（用中性焰）或喷灯进行局部预热。

③ 对于 ZM5 镁合金铸件边缘的小应力部位或厚壁部位上缺陷的补焊可不预热。

3）焊接操作工艺要点

镁合金铸件补焊的工艺参数见表 5.32，焊接操作注意事项如下。

① 尽量采用水平船形位置补焊；补焊时焊枪与零件表面的夹角为 70°～80°，焊枪与焊丝间的夹角为 80°～90°，收弧时要填满弧坑；补焊后用石棉布将焊接处盖住或随炉冷却，以

防铸件产生裂纹。

② 由于镁合金易过热，补焊时宜采用小电流、小直径焊丝、小面积的熔敷金属，以缩短熔池高温停留时间，减小热影响区的宽度。

③ 采用多层焊时，每焊一层应清除表面的氧化膜残渣后，方可补焊下一层。

④ 若补焊处较多或进行多层补焊时，应及时检查铸件补焊区的温度，当温度过高时，应停止补焊，进行冷却，以防止金属产生过热倾向。

表 5.32　镁合金铸件补焊的工艺参数

材料厚度/mm	焊接电流/A	钨极直径/mm	喷嘴直径/mm	焊丝直径/mm	氩气流量/L·min^{-1}	坡口深度/mm	焊接层数
≤5	60～110	2～3	6～8	2～3	6～8	≤5	1～2
5～10	90～140	2～4	8～10	4～5	8～11	≤5	1～2
						5～10	1～3
10～20	120～140	3～5	9～12	5～6	10～16	≤5	1～2
						5～20	2～5
20～30	140～260	4～6	10～14	5～8	12～18	≤5	1～2
						5～20	2～5
						20～30	3～8
>30	150～300	5～6	10～18	5～8	14～20	≤5	1～2
						5～20	2～5
						>20	>6

注：1. 当补焊穿透性的缺陷和不开坡口的缺陷时，可适当加大电流。
2. ZM6 镁合金铸件补焊时，推荐用参数上限值。

（4）补焊后的检验

① 补焊后的铸件检验包括尺寸检验、外观检验、X 射线探伤、气密性检验（对有气密性要求的铸件）、力学性能检验等。

② 按上述工艺要求补焊的铸件，经检验应符合铸件的技术要求。

③ 补焊部位经检验不合格时，允许再次进行补焊，同一处缺陷补焊次数不得超过 3 次。

5.3.9　中厚度镁合金激光焊

镁合金具有密度轻、比强度高、回收性能好、无污染和资源丰富等优点，已得到广泛应用。由于镁合金具有易氧化、线胀系数及热导率高等特点，导致镁合金在焊接过程中易出现氧化燃烧、裂纹以及晶粒粗大等，并且这些问题随着焊接板厚的增加，变得更加严重。中国兵器科学研究院谭兵等采用 CO_2 激光焊对厚度 10mm 的 AZ31 镁合金进行焊接，研究中厚度镁合金 CO_2 激光深熔焊接特性。

（1）焊接材料及焊接工艺

AZ31 镁合金板材尺寸为 200mm×100mm×10mm，经过固溶处理，化学成分见表 5.33。焊接采用的激光焊机为德国 Rofin-Sinar TRO50 的 CO_2 轴流激光器，最大焊接功率为 5kW，激光头光路经 4 块平面反射镜后反射聚焦，焦距为 280mm，光斑直径为 0.6mm。焊接接头不开坡口，采用对接方式固定在工装夹具上，两板之间不留间隙，背部采用带半圆形槽的钢质撑板，采用 He 作为保护气体。焊接参数为激光功率 3.5kW、焊接速度 1.67cm/s、离焦量为 0、保护气体流量为 25L/min。

表 5.33　AZ31 镁合金板材的化学成分（质量分数/%）

Al	Zn	Mn	Ca	Si	Cu	Ni	Fe	Mg
2.5～3.5	0.5～1.5	0.2～0.5	0.04	0.10	0.05	0.005	0.005	余量

（2）焊缝形貌及微观组织

焊后焊缝形貌观察表明：该焊接工艺能保证厚度10mm的AZ31镁合金板全部焊透，并且焊缝背部成形均匀、良好。而焊缝表面纹理均匀性较差，并存在少量的圆形凹坑，原因如下。

① 焊缝金属流到焊缝根部和两板之间存在一定间隙造成焊缝金属量不足。

② 镁合金表面张力小，在高功率密度脉冲电流的冲击过程中，易造成气化物和熔化物的抛出。

③ 由于镁合金蒸发点低，焊接过程中焊缝金属气化，一部分会蒸发掉。

焊接形成的焊缝截面深宽比约为5∶1，焊缝截面的上部约为4 mm，中部和下部宽度约为2 mm，为典型的激光深熔焊的焊缝截面形貌。

由于激光焊的能量密度高，且镁合金的热导率大，焊缝在快速冷却过程中，使得焊缝晶粒尺寸低于母材，而焊缝上部为激光与等离子体热量同时集中作用的区域，因此焊缝宽度、熔池温度也是该区域最高，从而冷却速度也最慢，导致该区域晶粒尺寸大于焊缝其他区域。热影响区宽度为0.6～0.7mm，与母材组织对比，热影区的晶粒有一定的长大，并且从焊缝到母材，晶粒长大越来越不明显。

（3）焊缝区元素及物相分析

试验测定表明，焊缝中Mg元素的质量分数减小，Al的质量分数增大，Zn的质量分数没有明显的变化。这是因为Mg的沸点低于Al的沸点，所以Mg更易于挥发到空气中。焊缝物相检测表明，焊缝中主要物相是α-Mg，未检测出Al-Mg低熔点相。主要因为激光焊接速度快、热输入小，焊缝中的Al来不及向晶界扩散就已凝固，因而在焊缝晶界很难形成富集的能与Mg反应的Al元素。

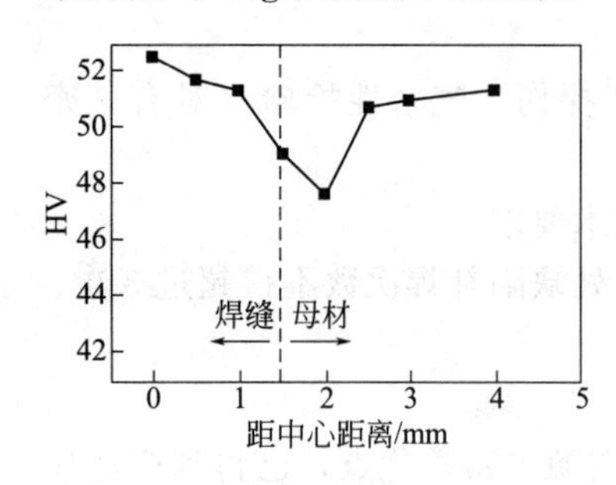

图5.16　焊接接头的硬度分布

（4）焊接接头区硬度分布

镁合金激光焊接头的维氏硬度分布如图5.16所示。焊缝中心区硬度最高，为52.7HV；热影响区硬度最低，为47.2HV。

一方面，由于焊缝的晶粒较细而有利于提高焊缝的硬度；另一方面，由于Mg元素的烧失，铝元素的相对含量增加，有利于增加焊缝的硬度。热影响区受焊缝热作用出现晶粒长大造成组织软化，但由于焊接速度和导热速度快，因此热影响区软化现象并不太严重。

（5）焊接接头性能

AZ31镁合金母材及激光焊接头的抗拉强度和伸长率见表5.34。

表5.34　AZ31镁合金激光焊接头的力学性能

试样	抗拉强度/MPa	伸长率/%
母材（AZ31）	255	8.2
焊接接头	212（205，215，215）	3.9（3.8，4.0，4.0）

注：括号中的数据为实测值。

焊缝强度平均值和断后伸长率都小于母材。在镁合金激光深熔焊过程中，会形成小孔，但小孔的形成会造成镁元素的蒸发，容易产生气孔。虽然中厚板镁合金激光焊缝晶粒优于母材，但由于激光深熔焊过程中存在较多的微气孔，从而造成接头的强度低于母材强度。

第 6 章

镍及镍合金的焊接

镍及镍合金具有独特的物理性能和力学性能，耐蚀性强，在200～1090℃范围内能耐各种介质的侵蚀，具有良好的高温和低温性能，在石油化工、航空航天、海洋开发等许多领域得到广泛应用。航空发动机需要的镍合金材料占整体结构材料的一半以上，包括发动机的燃烧室、火箭叶片、导向叶片等均采用镍合金的焊接结构。所以，镍及镍合金的焊接技术在结构制造中占有重要地位。

6.1 镍及镍合金的性能及焊接特点

6.1.1 镍及镍合金的分类

工业生产中常用的纯镍及镍合金的种类较多，通常是按合金元素、强化方式、成形方法和用途进行分类。

（1）按合金元素分类

镍及镍合金根据合金元素含量不同，可分为工业纯镍和镍合金。镍合金是在纯镍中加入Cu、Cr、Mo、Fe、Nb、W等合金元素形成的，如Ni-Cu、Ni-Cr-X和Ni-Cr-Mo-Cu等。

① 工业纯镍　颜色比银略黄而有光泽，具有优良的塑性和韧性，还具有耐大气、碱、淡水等介质的锈蚀能力。在工业生产中，纯镍多数是以压延制成板材用于产品结构。镍的成分占99%以上，含碳量不超过0.3%，在高温中比较稳定，有一定的热强性。

② Ni-Cu合金　也称为蒙乃尔合金（Monel），兼备Cu和Ni的耐蚀性，在还原介质中比Ni的耐蚀性强。Ni-Cu合金对中性水溶液、苛性碱溶液、稀硫酸和磷酸等具有良好的耐蚀性能，但在卤化物和浓硝酸溶液中耐蚀性较差。

③ Ni-Cr和Ni-Cr-Fe合金　也称为因康乃尔合金（Inconel），含镍量较多，约占70%以上。这种合金具有抗高温氧化和耐氯离子介质的应力腐蚀性能。固溶状态的Inconel合金在不含氯离子和氧的高纯度水中具有晶间应力腐蚀开裂倾向。

④ Ni-Cr-Mo和Ni-Cr-Mo-Cu合金　也称为哈斯特洛依合金（Hastelloy）。Ni-Cr-Mo合金由于加入较多的Cr和Mo，具有较强的耐蚀性，如耐各种氧化性氯化物、氯化盐溶液、硫酸与氧化性盐的混合物和亚硫酸的腐蚀。但经过600～1150℃敏化处理或焊接时，在盐酸、铬酸、碳酸等介质中容易产生晶间腐蚀。加入Cu元素的Ni-Cr-Mo-Cu合金，多用于耐硫酸和耐磷酸腐蚀的环境中。

（2）按合金强化方式分类

镍及镍合金的强化方式，主要有固溶强化和沉淀强化。

① 固溶强化合金　通常加入Cr、Mo、W、Co、Al、Fe等元素进行固溶强化。由于Cr

在 Ni 中有较大的溶解度，所以合金的抗氧化性主要是通过 Cr 元素实现的。Cr 主要与 Ni 形成固溶体，少量 Cr 与 C 形成 $Cr_{23}C_6$ 型碳化物，可提高合金的高温持久性能。W 和 Mo 也是强固溶强化元素，加入 W 和 Mo 可以提高原子结合力，产生晶格畸变，提高扩散激活能，使扩散过程缓慢，合金的再结晶温度升高，提高合金的高温性能。

② 沉淀强化合金　是加入合金元素之后，采用固溶处理，再加上时效处理，达到提高强度的目的。几乎所有时效强化的镍合金中都含有 Al 和 Ti。Al 和 Ti 同时存在，部分 Ti 代替 Al，γ'相变为 Ni_3（Al，Ti）。合金中 Al 和 Ti 的总量基本决定了 γ'的数量。γ'数量越多，合金的高温性能越高。此外，加入大原子半径的 W、Mo、Nb、Ta 等元素，会不同程度地进入 γ'相，提高热稳定性。

对于合金的强化方式，有时不能绝对划分，因为有的合金是以固溶强化和沉淀强化相结合进行的，或是以更为复杂的强化方式实现对合金的强化处理。

（3）按成形方法分类

按合金加工成形方法，可分为变形镍合金和铸造镍合金。

① 变形镍合金　主要是以压力加工成形的镍合金，可以轧制成薄板和其他小型轧制件，具有较高的热稳定性和热强性。固溶处理后的变形镍合金具有良好的塑性，可承受高温动载荷，还可进行冲压加工。

② 铸造镍合金　采用铸造方法制成一定形状和尺寸的镍合金件。生产中常采用精密成形的铸造方法。这种合金具有良好的热强性和焊接性。但由于铸造合金的组织粗大，加上易出现缺陷，因此，与变形镍合金相比应用较少。

（4）按用途分类

① 镍基高温合金　是指镍含量大于 50％的 Ni-Cr 合金，并添加 W、Mo、Al、Ti、Nb、Co 及微量 B、Zr 等合金元素，对 Ni-Cr 固溶体进行不同方式的强化获得的。镍基高温合金在 600℃以上高温下具有较高的力学性能和耐蚀性。

② 镍基耐蚀合金　是指在纯镍中添加 Cu、Cr、Fe、Mo 等元素，在大气、海水、酸液等介质中具有良好耐蚀性的合金。

6.1.2　镍及镍合金的成分和性能

镍是面心立方结构，具有磁性和优良的耐热、耐蚀性。镍合金的综合力学性能和耐蚀性更为优良，是不可缺少的金属材料。Ni 是镍基高温合金、镍基耐蚀合金和奥氏体不锈钢的主要成分。Ni 还能大大增加钢的低温韧性，每增加 1％Ni 可降低钢的临界脆性转变温度 20℃。Ni 对 Cu、Fe、Cr、Mo 等元素具有极大的溶解度，可以冷加工强化。

镍基耐蚀合金的牌号及化学成分见表 6.1。常用镍基高温合金的牌号及化学成分见表 6.2。部分镍合金的物理和力学性能见表 6.3。部分镍及镍合金的性能和用途见表 6.4。

表 6.1 镍基耐蚀合金的牌号及化学成分

合金牌号		化学成分/%															
中国	美国	C	Cr	Ni	Mo	Fe	Cu	Al	Ti	Nb	V	Co	W	Mn	Si	P	S
NS111	800	≤0.1	19～23	30～35	—	余量	≤0.75	0.15～0.6	0.15～0.6	—	—	—	—	≤1.5	≤1	≤0.03	≤0.015
NS112	800H	0.05～0.1	19～23	30～35	—	余量	≤0.75	0.15～0.6	0.15～0.6	—	—	—	—	≤1.5	≤1	≤0.03	≤0.015
NS142	825	≤0.05	19.5～23.5	38～46	2.5～3.5	余量	1.5～3	≤0.2	0.6～1.2	—	—	—	—	≤1	≤0.5	≤0.03	≤0.03
NS143	20Cb3	≤0.07	19.0～21.0	32～38	2～3	余量	3～4	—	—	0.6～1	—	—	—	≤2	≤1	≤0.03	≤0.03
NS311	—	≤0.06	28～31	余量	—	≤1	—	≤0.30	—	—	—	—	—	≤1.2	≤0.5	≤0.02	≤0.02
NS312	600	≤0.15	14～17	余量	—	6～10	≤0.5	—	—	—	—	—	—	≤1	≤0.5	≤0.03	≤0.015
NS315	690	≤0.05	27～31	余量	—	7～11	≤0.5	—	—	—	—	—	—	≤0.5	≤0.5	≤0.03	≤0.015
NS321	B	≤0.05	≤1.0	余量	26～30	4～6	—	—	—	—	0.2～0.4	≤2.5	—	≤1	≤1	≤0.04	≤0.03
NS332	—	≤0.03	17～19	余量	16～18	≤1	—	—	—	—	—	—	—	≤1	≤0.7	≤0.03	≤0.03
NS333	C	≤0.08	14.5～16.5	余量	15～17	4～7	—	—	—	—	≤0.35	≤2.5	3～4.5	≤1	≤1	≤0.04	≤0.03
NS334	C-276	≤0.02	14.5～16.5	余量	15～17	4～7	—	—	—	—	≤0.35	≤2.5	3～4.5	≤1	≤0.08	≤0.04	≤0.03
NS335	C-4	≤0.015	14～18	余量	14～17	≤3	—	—	≤0.7	—	—	≤2	—	≤1	≤0.08	≤0.04	≤0.03
NS336	625	≤0.1	20～23	余量	8～10	≤5	—	≤0.4	≤0.4	3.15～4.15	—	≤1	—	≤0.5	≤0.5	≤0.015	≤0.015
NS337	—	≤0.03	19～21	余量	15～17	≤5	≤0.1	—	—	—	—	≤0.1	—	0.5～1.5	≤0.4	≤0.02	≤0.02
—	200、201	0.08	—	99.5	—	0.2	0.1	—	—	—	—	—	—	0.2	0.2	—	—
—	400、R-405	0.2	—	66.5	—	1.2	31.5	—	—	—	—	—	—	0.1～1	0.02～0.2	—	—
—	601	0.05	23	60.5	—	14	—	1.4	—	—	—	—	—	0.5	0.2	—	—
—	X、G	0.1	22	44～47	6.5～9	18～20	—	—	—	0～2	—	1.5～2.5	0.6～1	1～1.5	1	—	—
—	718	0.04	19	52.5	3	18.5	—	0.5	0.9	5.1	—	—	—	0.2	0.2	—	—
—	X-750	0.04	15.5	73	—	7	—	0.7	2.5	1	—	—	—	0.5	0.2	—	—

表 6.2 常用镍基高温合金的牌号及化学成分

牌号	化学成分/%														
	C	Cr	Ni	W	Mo	Nb	Al	Ti	Fe	Mn	Si	B	Zr	S	P	其他
GH3030	≤0.12	19.0～22.0	余	—	—	—	≤0.15	0.15～0.35	≤1.0	≤0.7	≤0.8	—	—	≤0.010	≤0.015	Cu≤0.2
GH3039	≤0.08	19.0～22.0	余	—	1.8～2.3	0.9～1.3	0.35～0.75	0.35～0.75	≤3.0	≤0.4	≤0.8	—	—	≤0.012	≤0.02	Cu≤0.2
GH3044	≤0.10	23.5～26.5	余	13～16	≤1.50	—	≤0.50	0.3～0.7	≤4.0	≤0.5	≤0.8	—	—	≤0.013	≤0.013	—
GH3128	≤0.05	19.0～22.0	余	7.5～9.0	7.5～9.0	—	0.4～0.8	0.4～0.8	≤2.0	≤0.5	≤0.8	≤0.005	≤0.06	≤0.013	≤0.013	Ce≤0.05
GH22	0.05～0.15	20.5～23.0	余	0.2～1.0	8.0～10.0	—	≤0.5	≤0.15	1.7～2.0	≤1.0	≤1.0	≤0.01	—	≤0.02	≤0.025	Co0.5～2.5Cu≤0.5
GH4169	≤0.08	17.0～21.0	50～55	—	2.8～3.3	—	0.2～0.6	0.65～1.15	余	≤0.4	≤0.35	≤0.006	—	≤0.015	≤0.015	Nb4.75～5.5
GH99	≤0.08	17.0～20.0	余	5.0～7.0	3.5～4.5	5～8	1.7～2.4	1.0～1.5	≤2.0	≤0.4	≤0.5	≤0.005	—	≤0.015	≤0.015	Ce≤0.02 Mg≤0.01
GH141	0.06～0.12	18.0～20.0	余	—	9.0～10.5	10～12	1.4～1.8	3.0～3.5	≤5.0	≤0.5	≤0.5	≤0.01	—	≤0.015	≤0.015	—

表 6.3　部分镍合金的物理和力学性能

合金牌号	密度 /g·cm^{-3}	熔化温度 /℃	线胀系数 /$10^{-6}K^{-1}$	热导率 /W·(m·K)$^{-1}$	电阻率 /μΩ·m	拉伸弹性模量 /GPa	抗拉强度 /MPa	屈服强度 /MPa
GH3030	8.4	1374～1420	12.8	15.1	1.1	191	686	—
GH3039	8.3	—	11.5	13.8	1.18	211	735	—
GH3044	8，89	1352～1375	12.3	11.7	—	210	735	—
GH3128	8，81	1340～1390	11.2	11.3	1.37	208	73	—
GH22	8，23	1288～1374	12.7	8.7	—	206	725	—
GH625	8，44	1290～1350	12.8	11.4	1.28	195	700	—
GH170	9.34	1395～1425	11.7	13.4	1.19	253	735	—
GH163	8.35	1320～1375	11.6	12.6	1.21	248	540	—
GH4169	8.24	1260～1320	13.2	14.6	—	205	—	—
GH99	8.47	1345～1390	12.0	10.5	1.37	223	—	—
GH141	8.27	1316～1371	10.5	8.4	—	221	779	—
200	8.89	1435～1446	13.3	70	9.5	204	469	172
201	8.89	1435～1446	13.3	79	7.6	207	379	138
400	8.83	1298～1348	13.9	20	51.0	179	552	276
R-405	8.33	1298～1348	13.9	20	51.0	179	552	241
NS312	8.42	1354～1412	13.3	14	103	207	621	276
601	8.06	1301～1367	13.7	12	120.5	206	738	338
NS336	8.44	1287～1348	12.8	9	129	207	896	483
X	8.22	1260～1354	13.9	8	118.3	197	786	359
G	8.30	1260～1343	13.5	13	—	192	710	386
NS321	9.25	1301～1368	10.1	11	134.8	179	834	393
NS334	8.94	1265～1343	11.3	11	129.5	205	834	400
718	8.19	1260～1336	13.0	11	124.9	205	—	—
X-750	8.25	1393～1426	12.6	11	121.5	214	—	—
NS111	7.94	1357～1385	14.2	11	98.9	196	621	276
NS142	8.14	1371～1398	14.0	10	112.7	193	621	276
NS143	8.08	1370～1425	14.9	—	103.9	193	621	276

表 6.4　部分镍及镍合金的性能和用途

镍及镍合金	Ni/%	性　能	主 要 用 途
纯镍	＞99	具有优良的耐热、耐蚀及综合力学性能，特殊的电、磁和热膨胀性能，能耐碱性和中性盐溶液腐蚀，不耐酸液腐蚀	燃气涡轮机、喷气发动机、核反应堆换热器、部分压力容器及化工设备等
200、201	99.5	塑性和韧性优良，耐蚀性良好	化学药品运装容器，耐海水、苛性钠腐蚀设备，食品加工设备和换热器等
NS312	72.1～76.6	Ni-Cr、Ni-Cr-Fe系代表合金，有耐高温氧化和耐氯离子介质的应力腐蚀性能	化学设备和食品加工设备以及热处理设备等
400	66.5	强度高，焊接性良好	耐海水腐蚀的泵、阀等零部件，化学加工和石油炼制设备等
NS335	62.2～65.6	适当提高含Mo量，并降低含Fe量，耐沸腾温度下任何浓度的盐酸，甚至硫酸和氢氟酸	石油化工设备
NS336	61.5～62.4	从低温至980℃都具有很高的强度和韧性，耐氧化、疲劳强度高，对许多腐蚀介质有高的抗力	用于腐蚀性极强的环境和设备
718	52.5	耐浓硝酸、发烟硝酸腐蚀，在HNO_3-HF中更耐腐蚀，耐含S、V的高温气体及燃料灰腐蚀	
NS111	30～35	耐腐蚀、高强度和抗高温氧化性能，pH＞6.3的高温高压水中耐应力腐蚀性能优异	压水型反应堆热交换器管子、沸水堆、气冷堆中的核燃料包壳

6.1.3　镍及镍合金的焊接特点

（1）焊接裂纹敏感性

镍及镍合金焊接时产生裂纹的倾向较大。除了宏观裂纹，还会产生微观小裂纹，这些微观裂纹危险性大。根据裂纹产生的原因，常见的有结晶裂纹、液化裂纹和应变时效裂纹。

1）结晶裂纹

结晶裂纹最容易发生在焊道弧坑，形成火口裂纹。结晶裂纹多数沿焊缝中心线纵向开裂，有时也垂直于焊波。镍合金具有不同程度的结晶裂纹敏感性，结晶裂纹敏感性常采用变拘束十字形裂纹敏感性试验方法进行评价。

固溶强化型镍合金中的强化元素 W、Mo、Cr、Co、Al 等在镍中的溶解度很大，几乎全溶入基体中，形成面心立方的 γ 固溶体。在焊接过程中，合金不会产生相变，对形成结晶裂纹无直接影响。但微量元素聚集于晶界，会形成低熔共晶组织，导致裂纹。研究证实，微量元素 S、P、C、B 会明显增加裂纹敏感性，Si 和 Mg 元素稍微增大裂纹敏感性，多种元素共同作用，更会显著增大裂纹敏感性。

沉淀强化型镍合金和铸造镍合金裂纹敏感性随 B 和 C 含量的增加而增大。当 Al+Ti 总量达 6%时，合金的裂纹敏感性显著增加，焊接性变差。此外，在 Al 和 Ti 总量相近的条件下，高 Al 和 Ti 之比的合金具有高的裂纹敏感性，因此其值应控制在小于 2 为宜。

消除焊接结晶裂纹可以采取的措施如下。

① 仔细清理焊件表面的氧化皮和污物，以免 S、P、Pb 等杂质混入焊接熔池。

② 制定焊接工艺时，选用较小的焊接电流，减小焊接热输入，改善熔池结晶形态，减小枝晶间偏析。

③ 采用抗裂性优良的焊丝。

2）液化裂纹

镍合金中由于合金元素较多，大部分镍合金都具有液化裂纹的倾向，并随合金元素含量的增加液化裂纹越显著。液化裂纹产生在近缝区，具有沿晶开裂，从熔合区向母材扩散的特征。由于合金中较多的强化元素在晶界形成碳化物相，其中部分为共晶组织，部分相会产生溶解和析出相变。靠近焊接熔合区的某些相被迅速加热到固-液相区的温度，晶界上的相来不及发生转变，在原相界面上形成液膜，于是造成晶界液化。晶界液化的液膜承受不住拘束应力的作用，被拉裂形成液化裂纹。

减小和避免液化裂纹的办法是，尽可能降低焊接热输入和减小过热区的高温停留时间。

3）应变时效裂纹

铝钛含量高的沉淀强化镍合金焊接后，在时效处理过程中，熔合区附近会产生一种沿晶界扩展的裂纹，即应变时效裂纹。应变时效裂纹的形成与焊接残余应力引起的应变以及时效过程中塑性损失引起的应变时效有关。

不同焊接工艺的镍合金应变时效裂纹敏感性也不相同。手工氩弧焊的裂纹敏感性最大，电子束焊的裂纹敏感性最小。经测定垂直于焊缝方向上的应力，手工氩弧焊焊缝和近缝区存在较大的拉应力，其最大应力接近合金的屈服应力；电子束焊的残余拉应力最小，焊后采用机械方法消除拉应力，形成压应力，则可消除应变时效裂纹。消除应变时效裂纹的措施如下。

① 应选择含 Al、Ti 较低，或用 Nb 代替部分 Al、Ti 的镍合金。

② 接头设计时，选用合理的接头形式和焊缝分布，减少焊件的拘束度。

③ 焊接时，调节焊接热循环，避免热影响区中碳化物产生相变引起的脆性。

④ 焊后对焊缝和热影响区进行合理的锤击或喷丸处理，改拉应力为压应力状态。

（2）接头组织的不均匀性

固溶强化镍合金的组织比较简单，焊缝金属由变形组织变为铸造组织。由于焊接熔池冷却速度快，焊缝金属会因晶内偏析形成层状组织。当偏析严重时，在枝晶间形成共晶组织。接头热影响区产生沿晶界的局部熔化和晶粒长大，其程度依合金成分和焊接工艺不同而异。如 GH3044 合金比 GH3039 的晶粒长大明显，在焊缝两侧形成两条粗晶带，直接影响接头的拉伸和疲劳性能。

沉淀强化型镍合金焊接接头组织不论是焊缝还是热影响区都比较复杂。焊缝金属经历了熔化凝固的过程，原来的碳化物相、硼化物相等溶入基体中，形成单一的固溶体。焊缝金属冷却速度快，形成横向枝晶很短、主轴很长的树枝状晶，在树枝状晶间和主轴之间存在较大的成分偏析，在焊缝中产生共晶成分的组织。接头热影响区在温度梯度很大的热循环区域内会引起强化相溶解，碳化物相转变，使热影响区的组织变得十分复杂，影响接头的性能。

镍合金焊接接头的要求与母材同样，应抗氧化、耐腐蚀，具有良好的高温强度、塑性和疲劳性能，而且希望接头与母材等强。热影响区中如果晶粒长大，强化相和碳化物的溶解形成的弱化区直接影响接头强度，在拉伸过程中，弱化区与硬化区阻碍试样的均匀变形。焊缝也同样影响接头的均匀变形，使大部分塑性变形发生在弱化区，最终颈缩和断裂大多发生在热影响区。

接头组织和强度与镍合金的类型及焊接方法有关。氩弧焊的接头强度系数为90%～95%；电子束焊的接头强度系数可以达到95%～98%。焊后经固溶和时效处理后，接头强度可以接近母材的水平。当采用同质焊丝时，可以减小接头组织的不均匀性，提高接头强度。

此外，镍及镍合金对由氢和氧形成的气孔较为敏感。1720℃下 O 在 Ni 中的溶解度达到1.18%，1470℃时降为0.06%，析出的 O 迅速与 Ni 化合生成 NiO，NiO 再与液态镍中的 H 发生反应，使 Ni 还原并在熔合区附近形成气孔。焊接时在保护气体中混入一定量的还原性气体，有助于消除和减少气孔。

6.2 镍及镍合金的焊接工艺

镍及镍合金焊接可以采用焊条电弧焊、氩弧焊（TIG 焊、MIG 焊）、埋弧焊、等离子弧焊、电子束焊等。这些焊接方法的适用范围见表 6.5。

表 6.5 适用于镍及镍合金的焊接方法

合金牌号	焊条电弧焊 SMAW	埋弧焊 SAW	钨极氩弧焊 TIG	熔化极氩弧焊 MIG	等离子弧焊 PAW
200	√	√	√	√	√
201	√	√	√	√	√
400	√	√	√	√	√
R-405	√	—	√	√	√
NS315	√	√	√	√	√
601	√	√	√	√	√
X	√	—	√	√	√
G	√	—	√	√	√
NS321	√	—	√	√	√
NS333	√	—	√	√	√
NS336	√	√	√	√	√
NS111	√	√	√	√	√
NS142	√	—	√	√	√
NS143	√	√	√	√	√
718	—	—	√	—	√
X-750	—	—	√	—	√

注：√表示推荐使用，母材晶粒尺寸不大于 ASTM 5 级。

6.2.1 焊条电弧焊

焊条电弧焊主要用来焊接纯镍和固溶强化镍基耐蚀合金，而镍基高温合金很少用焊条电弧焊进行焊接。

（1）接头形式

镍及镍合金对接焊条电弧焊的接头形式及尺寸见图 6.1。厚度小于 2.4mm 的镍合金板对接不需开坡口；厚度大于 2.4mm 时，对接需采用 V、U 或 J 形坡口。应防止出现不稳定的熔透，避免产生未熔合、裂纹和气孔。角接和搭接接头不能用于高应力的工作条件下，特别不宜用于高温下或有温度循环的工况。采用角接接头时，焊根应焊透；搭接接头则需采用两面焊缝。

镍基合金的性能主要是室温和高温下的强度、塑性以及工作温度下的蠕变性能。在先进的航空发动机中，已从常规镍基合金发展成定向凝固、单晶和氧化物弥散强化高温合金，高温性能大幅度提高。镍基合金还在能源、医药、石油化工等工业部门中得到广泛应用，是国防和国民经济建设中心不可缺的一类重要材料。

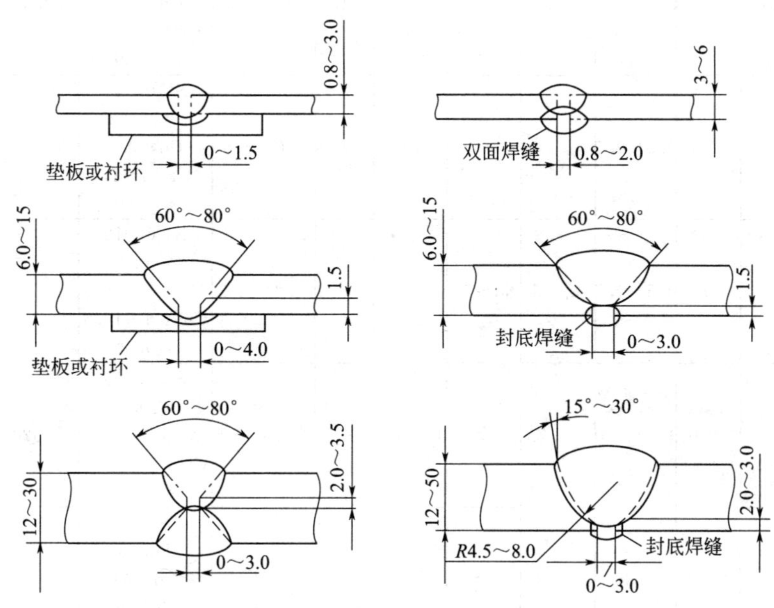

图 6.1 镍及镍合金对接焊条电弧焊的接头形式及尺寸

(2) 焊条

我国国家标准 GB/T 13814—2008《镍及镍合金焊条》规定了镍及镍合金焊条的型号和技术要求等。字母“ENi×”表示镍及镍合金焊条，ENi×后面的字母直接用元素符号表示型号分类。多数情况下，应选用化学成分与母材类似的焊条。为了稳定电弧，保护熔池免受大气中 O 和 N 的污染，焊条药皮常添加 Ti、Mn 和 Nb 做脱氧剂。常用镍及镍合金焊条的型号（牌号）、成分和性能见表 6.6。镍及镍合金焊条的特征和用途见表 6.7。

表 6.6 常用镍及镍合金焊条的型号、成分和性能

序号	牌号	型号	熔敷金属化学成分/%								力学性能		
			C	Mn	Si	Ni	Fe	Ti	Nb	其他	σ_b/MPa	δ_5/%	A_{kV}/J
1	Ni102	ENi-0	≤0.03	0.6~1.1	≤1.0	≥92	≤0.5	0.7~1.2	1.8~2.3	S≤0.01 P≤0.01	≥410	≥20	—
2	Ni112	ENi-0 (ENi-1)	0.04	1.5	—	≥92	3.0	0.5	1.0	S≤0.005 P≤0.005	≥410	—	—
3	Ni202	ENiCu-7	≤0.15	≤4.0	≤1.5	62~69	≤2.5	≤1.0	≤2.5	S≤0.015 P≤0.02 Al≤0.75 Cu 余	≥480	≥30	—
4	Ni207	ENiCu-7	≤0.15	≤4.0	≤1.5	62~69	≤2.5	≤1.0	≤2.5	S≤0.015 P≤0.02 Cu 余	≥480	≥30	—
5	Ni307	ENiCrMo-0 (ENiCrFe-1)	0.05	—	—	70	≤7	—	3~5	Mo2~6 Cr≈15	≥620	≥20	—

续表

序号	牌号	型号	熔敷金属化学成分/%								力学性能		
			C	Mn	Si	Ni	Fe	Ti	Nb	其他	σ_b/MPa	δ_5/%	A_{kV}/J
6	Ni307A	ENiCrFe-3	≤0.10	5.0～9.5	≤1.0	≥59	≤10.0	≤1.0	Ta1.0～2.5	S≤0.015 P≤0.03 Cu≤0.5 Cr 13～17.0 ≤0.50	≥550	≥30	—
7	Ni307B	ENiCr Fe-3	≤0.10	5.0～9.5	≤1.0	≥59	≤10	≤1.0	1.0～2.5	S≤0.015 P≤0.03 Cu≤0.5 Cr 13～17 ≤0.50	≥550	≥30	118
8	Ni317	—	≤0.07	0.5～1.7	≤0.5	68～78	—	—	0.2～0.8	S≤0.012 P≤0.02 Mo8.5～11.0 Cr13.5～16.5 ≤0.50	≥600	≥28	—
9	Ni327	—	≤0.05	1.0～5.0	≤0.75	余	4.0～8.0	—	Ta1.5～5.5	S≤0.015 P≤0.04 Mo3.0～7.5 Cr13.0～17.0 ≤0.50	≥620	≥20	—
10	Ni337	—	0.035	2.35	0.28	余	6.28	—	3.27	S0.05 P0.05 Co0.03 Mo4.80 Cr15.76	$\sigma_{0.2}$495	—	—
11	Ni347	ENiCrFe-0 (ENiCr Fe-1)	0.04	4.65	0.13	余	5.92	—	2.58	S0.03 P0.04 Co0.02 AI0.06 Cr18.55	690	38	—
12	Ni357	ENiCrFe-2	≤0.10	1.0～3.5	≤0.75	≥62	≤12.0	—	Ta0.5～3.0	S≤0.02 P≤0.03 Mo0.5～2.5 Cr13.0～17.0 Cu≤0.50	≥550	≥30	—

表 6.7 镍及镍合金焊条的特征和用途

牌号	型号	力学性能		特征和用途
		抗拉强度 σ_b/MPa	伸长率 δ_5/%	
Ni102	ENi-0	≥410	≥20	钛钙型药皮纯镍焊条，耐热、耐腐蚀性好，交直流两用，采用直流反接；用于化工设备、食品工业、医疗器械制造中镍基合金和双金属的焊接，具有良好的熔合性和抗裂性
Ni112	ENi-0(ENi-1)	≥410	—	
Ni202	ENiCu-7	≥480	≥30	钛钙型药皮 Ni65Cu30 合金焊条，含适量的 Mn、Nb，抗裂性良好，电弧稳定，飞溅小，易脱渣，焊缝成形美观，采用交流或直流反接；适于 Ni-Cu 合金、蒙乃尔合金以及蒙乃尔合金与低碳钢的焊接
Ni207	ENiCu-7	≥480	≥30	低氢型蒙乃尔合金焊条，具有良好的焊接工艺性能和抗裂性；用于焊接蒙乃尔合金或异种钢
Ni307	ENiCrMo-0	≥620	≥20	低氢型 Ni70Cr15 耐热耐蚀合金焊条，含适量 Mo、Nb 元素，熔敷金属具有较好的抗裂性，采用直流反接；用于焊接有耐热、耐蚀要求的镍基合金
Ni307A	ENiCrFe-3	≥550	≥30	

续表

牌号	型号	力学性能		特征和用途
		抗拉强度 σ_b/MPa	伸长率 δ_5/%	
Ni307B	ENiCrFe-3	≥550	≥30	低氢型镍铬耐热合金焊条，含适量Mn、Nb元素，熔敷金属具有较好的抗裂性，采用直流反接；用于焊接有耐热、耐蚀要求的镍基合金
Ni317	—	≥600	≥28	低氢型镍铬钼合金焊条，熔敷金属中含有较高的Mo，抗裂性好；用于焊接镍基合金及铬镍奥氏体钢
Ni327	—	≥620	≥20	低氢型Ni70Cr15耐热合金焊条，含适量Mo、Nb元素，熔敷金属具有较好的抗裂性，采用直流反接；用于焊接有耐热、耐蚀要求的镍基合金
Ni337	—	$\sigma_{0.2}$495	—	低氢型镍铬耐热耐蚀合金焊条，含适量Mo、Nb元素，具有较好的抗裂性及耐磨、耐蚀性，焊接工艺性好，采用直流反接，可全位置焊；用于核反应堆压力容器密封面堆焊及塔内构件焊接
Ni347	ENiCrFe-0 (ENiCrFe-1)	690	38	
Ni357	ENiCrFe-2	≥550	≥30	低氢型Ni70Cr15镍基合金焊条，含适量Mn、Mo、Nb，具有较好的抗裂性，采用直流反接；用于有耐热、耐蚀要求的镍基合金焊接

（3）焊接工艺要点

为防止镍及镍合金焊接热裂纹，应采用小电流快速焊。如果焊接电流过大，会导致电弧不稳、飞溅大，焊条过热或药皮脱落。镍及镍合金焊条电弧焊的焊接电流见表6.8。

表6.8 镍及镍合金焊条电弧焊的焊接电流

焊条直径/mm	Ni-Cu合金		镍基合金		Ni-Cr-Fe或Ni-Fe-Cr	
	母材厚度/mm	焊接电流/A	母材厚度/mm	焊接电流/A	母材厚度/mm	焊接电流/A
2.5	1.5～2.0	50～55	1.5～2.0	75～80	≥1.57	60
	2.0～4.0	60	≥2.0	85	—	—
3.2	2.5～3.5	65	2.5～3.5	105	2.5～3.5	75
	3.6～4.0	85～95	—	—	3.5～4.0	75～80
4.0	3.0～4.0	100～115	3.0～4.0	110～135	—	—
	4.0～7	115～160	4.0～5.0	130～150	3.0～4.0	105
5.0	9.5～14.0	170～190	6.5～12	180～200	6.0～12	110～140

尽量采用平焊位置，焊接过程应始终保持短弧。当焊接位置必须是立焊和仰焊时，应采用较细的焊条，电弧应更短，以便很好地控制熔化的焊缝金属。液态镍合金的流动性较差，为防止产生未熔合、气孔等缺陷，一般要求在焊接过程中适当摆动焊条，摆动的幅度不能大于焊条直径的2倍。

焊接时控制层间温度小于100℃，允许采用强制冷却。必要时可采用引弧板和引出板。断弧时要稍微降低电弧高度，并增大焊接速度以减小熔池尺寸。连接焊缝再引弧时应采用反向引弧技术，以利于调整接缝处的成形，抑制气孔产生。焊接应变时效敏感的镍合金，焊前应先进行退火处理。

6.2.2 气体保护焊

（1）焊丝

镍及镍合金焊丝型号的表示方法为ERNi××-×，字母ER表示焊丝，ER后面的化学符号Ni表示为镍及镍合金焊丝，焊丝中的其他主要合金元素用化学符号表示，放在符号Ni的后面，短划“-”后面的数字表示焊丝化学成分分类代号。镍及镍合金焊丝的型号及化学成分见表6.9。

表 6.9 镍及镍合金焊丝的型号及化学成分 %

焊丝型号	C	Mn	Fe	P	S	Si	Cu	Ni	Co	Al	Ti	Cr	Nb+Ta	Mo	V	W	其他元素总量
ERNi-1	≤0.15	≤1.0	≤1.0	≤0.03	≤0.015	≤0.75	≤0.25	≥93.0	—	≤1.5	2.0~3.5	—	—	—	—	—	≤0.50
ERNiCu-7		≤4.0	≤2.5	≤0.02		≤1.25	余量	62.0~69.0		≤1.25	1.5~3.0						
ERNiCr-3	≤0.10	2.5~3.5	≤3.0	≤0.03		≤0.50	≤0.50	≥67.0		—	≤0.75	18.0~22.0	2.0~3.0				
ERNiCrFe-5	≤0.08	≤1.0	6.0~10.0			≤0.35		≥70.0			—	14.0~17.0	1.5~3.0				
ERNiCrFe-6		2.0~2.7	≤8.0					≥67.0			2.5~3.5		—				
ERNiFeCr-1	≤0.05	≤1.0	≤22.0		≤0.03	≤0.50	1.50~3.0	38.0~46.0		≤2.0	0.60~1.20	19.5~23.5		2.5~3.5			
ERNiFeCr-2	≤0.08	≤0.35	余量	≤0.015	≤0.015	≤0.35	≤0.30	50.0~55.0		0.20~0.80	0.65~1.15	17.0~21.0	4.75~5.50	2.80~3.30			
ERNiMo-1		≤1.0	4.0~7.0	≤0.025	≤0.03	≤1.0	≤0.50	余量	≤2.5	—	—	≤1.0	—	26.0~30.0	0.20~0.40	≤1.0	
ERNiMo-2	0.04~0.08		≤5.0	≤0.015	≤0.02				≤0.20			6.0~8.0		15.0~18.0	≤0.50	≤0.50	
ERNiMo-3	≤0.12		4.0~7.0	≤0.04	≤0.03				≤2.5			4.0~6.0		23.0~26.0	≤0.60	≤1.0	
ERNiMo-7	≤0.02		≤2.0						≤1.0			≤1.0		26.0~30.0	—		
ERNiCrMo-1	≤0.05	1.0~2.0	18.0~21.0				1.5~2.5		≤2.5			21.0~23.5	1.75~2.50	5.5~7.5			
ERNiCrMo-2	0.05~0.15	≤1.0	17.0~20.0				≤0.50		0.50~2.5			20.5~23.0	—	8.0~10.0		0.20~1.0	
ERNiCrMo-3	≤0.10	≤0.50	≤5.0	≤0.02	≤0.015	≤0.50		≥58.0	—	≤0.40	≤0.40	22.0~23.0	3.15~4.15			—	
ERNiCrMo-4	≤0.02	≤1.0	4.0~7.0	≤0.04	≤0.03	≤0.08		余量	≤2.5	—	—	14.5~16.5	—	15.0~17.0	≤0.35	3.0~4.5	
ERNiCrMo-7	≤0.015		≤3.0						≤2.0		≤0.70	41.0~18.0		14.0~18.0	—	≤0.50	
ERNiCrMo-8	≤0.03		余量	≤0.03		≤1.0	0.7~1.20	47.0~52.0	—		0.70~1.50	23.0~26.0		5.0~7.0		—	
ERNiCrMo-9	≤0.015		18.0~21.0	≤0.04			1.5~2.5	余量	≤5.0		—	21.0~23.5	≤0.50	6.0~8.0		≤1.5	

注：1. ERNiCr-3、ERNiCrFe-5 型号焊丝当有规定时，Co 的含量不应超过 0.12%，Ta 的含量不应超过 0.30%。

2. ERNiFeCr-2 型号焊丝，B 的含量不应超过 0.006%。

3. 在分析中，如出现其他元素，应对这些元素进行测定，并且总的含量不应超过表中“其他元素总量”的要求。

4. Ni 的含量中包括 Co。

(2) 钨极氩弧焊 (TIG 焊)

固溶强化镍合金 TIG 焊具有良好的焊接性，采取较小的焊接热输入和稳定的电弧，可避免结晶裂纹，获得良好的接头。沉淀强化型镍合金采用 TIG 时，焊接性较差，须要求合金在固溶状态下进行焊接；接头设计和焊接顺序要合理，使焊接件具有较小的拘束度；采用较小的焊接电流，改善焊接熔池结晶状态，避免形成热裂纹。

镍合金 TIG 焊熔深较小，不足碳钢的一半，为奥氏体不锈钢的 2/3 左右，因此接头设计时，应加大坡口，减小钝边高度，适当加大根部间隙，在操作中应注意防止未焊透和根部缺陷。

1) 焊接材料选用

选用与母材化学成分相同或相近的焊丝，以获得与母材性能相近的接头。但为补偿烧损和抑制热裂纹，应适当添加一些合金元素。为防止气孔，应选用含 Al、Ti、Nb、Mn 等脱氧元素的焊丝。

保护气体可采用 Ar、He 或 Ar+He 混合气体。氩气成本低、密度大，保护效果好，是常用的保护气体。氩气的纯度应符合一级氩气的要求。氩气中可加入小于 5%的氢气，焊接过程中有还原作用，但只用于第一层焊道或单道焊的焊接，否则会产生气孔。一般选用铈钨极，钨极直径根据焊接电流选定，并加工成锥形。

2) 焊接工艺要点

焊前彻底清除焊接部位和焊丝表面上的氧化物、油污等，并保持清洁。定位焊在夹具上进行，以保证装配质量。为使焊接区快速冷却，常采用激冷块和垫板。垫板开有适宜尺寸的成形槽。成形槽一般为弧形，槽内有均匀分布的通入保护气体的小孔，以保证焊缝背面成形良好。激冷块和垫板用纯铜制成。焊缝两端可预装能拆除的引弧和收弧板，其材料牌号和母材相同，以避免引弧和收弧缺陷。

焊接时采用高频引弧，焊接电流可控制递增和衰减。在保证焊透的条件下，应采用较小的焊接热输入。多层焊时，应控制层间温度。焊接时效强化及热裂敏感性大的镍合金时，应严格限制焊接热输入，保证电弧稳定燃烧，焊枪保持在接近垂直位置。弧长尽量短，不加焊丝时，弧长小于 1.5mm；加焊丝时，弧长与焊丝直径相近。薄件焊接时，焊枪不做摆动。多层焊时，为使熔敷金属与母材和前焊道充分熔合，焊枪可做适当摆动。

纯镍手工 TIG 焊的工艺参数见表 6.10。镍合金手工 TIG 焊的工艺参数见表 6.11。

表 6.10 纯镍手工 TIG 焊的工艺参数

板厚 /mm	接头形式	钨极直径 /mm	喷嘴孔径 /mm	焊丝直径 /mm	焊接电流 /A	氩气流量 /$L \cdot min^{-1}$	备 注
0.8	对接	2	10～12	1	35～60	正面：10 反面：5～6	—
1.0	对接	2	10～12	1	40～70	正面：10～12 反面：5～6	—
1.5	对接	2	10～12	1	60～90	正面：10～12 反面：5～6	—
2.0	对接	2	12～14	2	80～130	正面：12～14 反面：5～6	—
3.0	对接	3	12～14	2	90～160	正面：12～16 反面：8～10	—
4.0	对接	4	14～16	3	160～200	12～16	焊 2 层，第 1 层不加焊丝，钝边 1.0～1.5mm，间隙 1.5～2.0mm

续表

板厚/mm	接头形式	钨极直径/mm	喷嘴孔径/mm	焊丝直径/mm	焊接电流/A	氩气流量/L·min^{-1}	备注
4.0	对接	4	14～16	3	120～160	12～16	焊1层，加填充焊丝，间隙0.5～1.0mm
8.0	对接	4	18～20	3	260～300	正面：24 反面：16～20	坡口角度80°，钝边1.0～1.5mm，第1层不加焊丝
管壁厚2.5	对接、管板接头	3	12～14	3	90～120	12～14	焊1层，加少量填充焊丝，间隙0.1～0.3mm

表6.11　镍合金手工TIG焊的工艺参数

母材厚度/mm	焊丝直径/mm	钨极直径/mm	保护气体		焊接电流/A
			气体种类	气体流量/L·min^{-1}	
0.5	0.5～0.8	1.0～1.5	Ar	8～10	15～25
0.8	0.8～1.0	1.0～1.5	Ar	8～10	20～45
1.0	1.0～1.2	1.5～2.0	Ar	8～12	35～60
1.2	1.0～1.6	1.5～2.0	Ar	8～12	45～70
1.5	1.2～2.0	1.5～2.0	Ar	10～15	50～85
1.8	1.6～2.0	2.0～2.5	Ar	10～15	65～100
2.0	2.0～2.5	2.0～2.5	Ar	12～15	75～110
2.5	2.0～2.5	2.0～2.5	Ar或He	12～15	95～120
3.0	2.5	2.5～3.0	Ar或He	15～20	100～130
5.0	2.5	2.0～3.0	Ar或He	15～20	120～150

镍合金薄板焊前不需预热，厚板因拘束度大，焊前可适当预热，焊后应及时进行消应力处理，以防止裂纹。铸造镍合金焊接性差，一般不采用TIG焊。镍合金如需要与其他合金焊接时，除应防止焊缝产生热裂纹外，还应防止热影响区产生液化裂纹。焊接时应采用很小的焊接热输入，熔敷金属尽量少、熔深尽量浅，焊前预热，焊后应立即进行消应力热处理。

3）焊接缺陷及防止

除烧穿、未熔合和焊瘤、咬边外，最容易产生、危害最大的缺陷是裂纹。防止裂纹方法有，合理设计焊接接头和安排焊接次序，减小结构的拘束度；选用抗裂性优良的焊丝；采用小的焊接电流，减小焊接热输入；填满收弧弧坑，防止弧坑裂纹。

气孔和夹杂也是TIG焊焊镍合金易产生的缺陷。防止方法有，焊前对焊件和焊丝仔细清理，最好采用化学清理方法；保持铜垫板的清洁；焊接时应保持稳定的焊接电压和电弧；注意钨极直径与焊接电流相适应，防止焊接时钨极与熔池接触，造成钨夹杂。

4）接头组织及力学性能

镍合金TIG焊接头在固溶和焊态下的组织为单相奥氏体和少量碳、氮化钛质点。焊缝金属为铸造组织，边缘为联生结晶，中心处为等轴晶。时效强化合金经固溶和时效处理后为单相奥氏体和残余奥氏体及少量碳化物相，焊缝金属的枝状晶部分消失。

镍合金TIG焊接头的力学性能较高，接头强度系数（K_σ）达90%。接头的抗氧化性和热疲劳性能与母材接近。镍基高温合金TIG焊接头的力学性能见表6.12。

（3）熔化极氩弧焊（MIG焊）

固溶强化型镍合金可用熔化极氩弧焊进行焊接，高Al、Ti含量的沉淀强化型镍合金和铸造镍合金因裂纹敏感性较大，不推荐采用MIG焊。

表 6.12 镍基高温合金 TIG 焊接头的力学性能

合金牌号	焊接方法	试样状态	试验温度/℃	拉伸性能		持久强度	
				σ_b/MPa	K_σ①/%	σ_b/MPa	t②/h
GH3030	手工	焊态	20 800	725 199	100 100	— —	— —
	自动（不加焊丝）		20 700	654 397	95 98	— —	— —
GH3039	手工		20 800	794 276	98 97	— 58.8	— >100
	自动		20 800	818 346	100 92	— 58.8	— 100
GH3044	手工		20 900	763 299	98 97	— 51.0	— 83
	自动		20 900	765 265	95 95	— 51.0	— 50
GH22	手工		20 650	800 586	100 100	— 294	— >200
	自动		20 650	806 514	100 98	— 294	— >250
GH4169	手工	焊后固溶时效	20 800	1260 623	— —	— —	— —
GH141	手工	焊态	20 900	980 480	92 95	— 117	— >100
		焊后固溶时效	20 900	1250 520	98 97	— 117	— 98
GH3030+GH3044 GH1140+GH3039 GH1140+GH3030 GH99+GH3030	手工	焊态	20	720 667 659 735	— — — —	— — — —	— — — —

① K_σ是接头强度系数，指接头强度与母材强度之比。
② t 是指持久强度的测试时间。

1）焊接材料选用

焊丝选用与 TIG 焊相同。直径小于 1.2mm 的焊丝一般采用短路过渡，直径为 1.2mm 和 1.6mm 的焊丝采用滴状过渡或喷射过渡。

保护气体可用纯 Ar 或（Ar+He）混合气体，滴状过渡一般采用纯 Ar 保护，而喷射过渡和短路过渡采用（Ar+He）混合气体。气体流量大小取决于接头形式、熔滴过渡形式和焊接位置，一般控制在 15～25L/min 范围。为减少飞溅和提高液态金属的流动性，推荐采用 Ar 中加入（15%～20%）He 的混合气体。

2）焊接工艺

用 MIG 焊焊镍及镍合金时，要求坡口角度大，钝边小，根部间隙大。如带衬垫（环）的 V 形坡口，坡口角度 80°～90°，根部间隙 4～5mm。U 形对接坡口，底部 R=5～8mm，坡口向外扩 3～3.5mm，钝边 2.2～2.5mm。

焊前清理同 TIG 焊，焊接工艺参数见表 6.13。焊接过程中，应保持焊丝与焊缝成 90° 角，以获得良好的保护和焊缝成形。焊接时应适当控制电弧长度，以减小飞溅。为防止未熔合和咬边，焊丝摆动于两端时可短时停留。采用适当的焊接工艺接头强度系数可达 90%以上。

表 6.13　镍合金 MIG 焊的工艺参数

合金牌号	焊丝型号	熔滴过渡形式	焊丝直径/mm	送丝速度/mm·s^{-1}	保护气体	焊接位置	焊接电流/A	焊接电压/V
200	ERNi-1	喷射过渡	1.6	87	Ar	平	375	29～31
400	ERNiCu-7	喷射过渡	1.6	85	Ar	平	290	28～31
NS312	ERNiCr-3	喷射过渡	1.6	85	Ar	平	265	28～30
200	ERNi-1	脉冲喷射过渡	1.1	68	Ar 或 Ar＋He	垂直	150	21～22
400	ERNiCu-7	脉冲喷射过渡	1.1	59	Ar 或 Ar＋He	垂直	110	21～22
NS312	ERNiCr-3	脉冲喷射过渡	1.1	59	Ar 或 Ar＋He	垂直	90～120	20～22
200	ERNi-1	短路过渡	0.9	152	Ar＋He	垂直	160	20～21
400	ERNiCu-7	短路过渡	0.9	116～123	Ar＋He	垂直	130～135	16～18
NS312	ERNiCr-3	短路过渡	0.9	114～123	Ar＋He	垂直	120～130	16～18
NS322	ERNiMo-7	短路过渡	1.6	78	Ar＋He	平	175	25
G	ERNiCrMo-1	短路过渡	1.6	—	Ar＋He	平	160	25
NS335	ERNiCrMo-7	短路过渡	1.6	—	Ar＋He	平	180	25

6.2.3 埋弧焊

埋弧焊（SAW）熔敷效率高，焊缝成形好，适用于固溶强化镍合金的焊接。由于较高的焊接热输入和较慢的冷却速度，易使焊缝韧性下降，加上焊剂反应引起成分的变化易降低焊缝金属的耐蚀性，因此不推荐焊接厚板的 Ni-Mo 合金。

（1）接头形式

镍及镍合金薄板（厚度 5～6mm）对接接头一般不开坡口。大厚度的镍及镍合金一般需要开 V 形或 U 形坡口。在接头边缘充分熔化焊接时，应使用铜垫板或焊剂垫。镍及镍合金埋弧焊的接头及坡口形式见图 6.2。

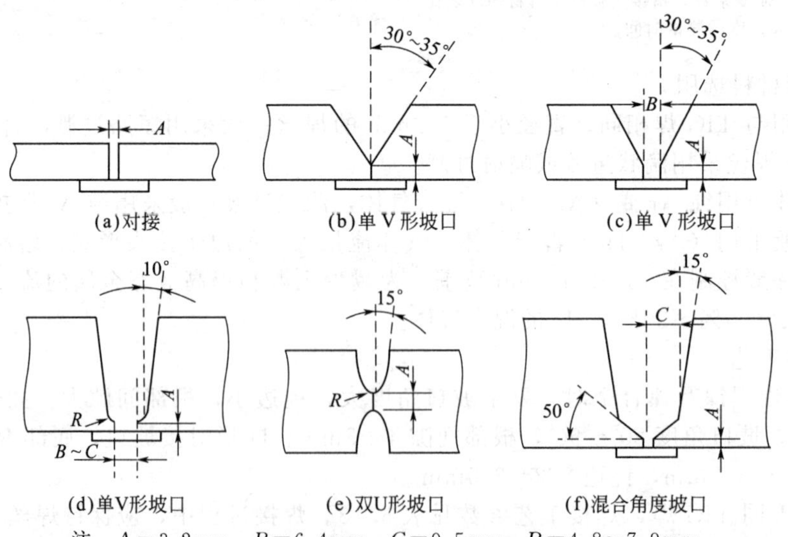

注：$A=3.2$mm，$B=6.4$mm，$C=9.5$mm，$R=4.8\sim7.9$mm。

图 6.2　镍及镍合金埋弧焊的接头及坡口形式

（2）焊丝和焊剂

镍及镍合金埋弧焊焊丝与 TIG 焊相同。由于通过焊剂添加部分合金元素，因此焊缝化学成分稍有不同。镍及镍合金焊接可采用碱性（低硅型）或无氧高氟焊剂进行埋弧自动焊。常用的焊剂与焊丝的匹配见表6.14。

表6.14 常用的镍合金埋弧焊焊剂与配用焊丝的应用特点

焊剂	焊丝	应用特点
HJ131	镍基合金焊丝	焊接相应镍基合金的薄板
Incon Flux4号	因康乃尔62	用于因康乃尔600合金焊接
	因康乃尔82	用于因康乃尔600、因康乃尔800的焊接，还适用于这些合金与不锈钢、碳钢的焊接
	因康乃尔625	适于因康乃尔601、因康乃尔625、因康乃尔825的对接或在钢上堆焊，也可用于9Ni的对接埋弧焊
Incon Flux5号	蒙乃尔60	适于蒙乃尔400、蒙乃尔404的堆焊与对接焊，也适于这两种合金间的焊接及其与钢的焊接
	蒙乃尔67	用于Ni-Cu合金的对接
Incon Flux6号	镍61	用于镍200、镍201的对接及在钢上的堆焊
	因康乃尔82 因康乃尔625	用于因康乃尔600、因康乃尔601和因康乃尔800合金的焊接及在钢上的堆焊，大于三层的堆焊需用Incon Flux4号焊剂

（3）焊接工艺

埋弧焊可采用直流正接和直流反接法，对于带有坡口的焊缝，优先选用直流反接，以获得较平的焊缝和较深的熔池。直流正接常用于表面堆焊，以获得较高的熔敷率。焊接电压30～40V时，应采用中等长度电弧进行焊接。为了避免接头金属过热使晶粒粗化，应采用小截面的焊缝。因为镍焊丝的电阻大，和钢焊丝比较，它的伸出长度应减小1/3～1/2。镍合金埋弧焊的工艺参数见表6.15。

表6.15 镍合金埋弧焊的工艺参数

合金牌号	焊丝型号	焊剂牌号	焊丝直径/mm	焊丝伸出长度/mm	电流极性	焊接电流/A	焊接电压/V	焊接速度/mm·min^{-1}
200	ERNi-1	Incon Flux6号	1.6	22～25	直流反接	250	28～30	25～30
400	ERNiCu-7	Incon Flux5号	1.6	22～25	直流反接	260～280	30～33	20～28
600（NS312）	ERNiCr-3	Incon Flux4号	1.6 2.4	22～25	直流反接	250 250～300	30～33	20～28

多层焊时应注意层间的夹渣。一般要求选用合理的接头形式，工艺上合理布置焊道的排列，先焊的焊道要给后一道留有合适的坡口角度和根部宽度。控制焊接电压和焊接速度，使焊道形状以稍凸为好。

镍基耐蚀合金堆焊时常采用埋弧堆焊，采用直流正接，以改善电弧的稳定性，减少稀释率。焊接过程中焊丝不断进行匀速直线式摆动，摆动宽度以获得合适的稀释率为宜。在钢上埋弧堆焊镍基耐蚀合金的工艺参数见表6.16。

表6.16 在钢上埋弧堆焊镍基耐蚀合金的工艺参数

焊丝与焊剂	焊丝直径/mm	焊接电流/A	焊接电压/V	焊接速度/mm·min^{-1}	摆动频率/周·min^{-1}	摆幅/mm	焊丝伸出长度/mm
ERNiCr-3+Incon Flux 4	1.6	240～250	32～34	89～130	45～70	22～38	22～25
	2.4	300～400	34～37	76～130	35～50	25～51	29～51
ERNiCu-7+Incon Flux 5	1.6	260～280	32～35	89～15	50～70	22～38	22～25
	2.4	300～400	34～37	76～130	35～50	25～51	29～51
	1.6	260～280	32～35	180～230	—	—	22～25
	2.4	300～350	35～37	200～250	—	—	32～38

续表

焊丝与焊剂	焊丝直径/mm	焊接电流/A	焊接电压/V	焊接速度/mm·min^{-1}	摆动频率/周·min^{-1}	摆幅/mm	焊丝伸出长度/mm
ERNi-1+Incon Flux 6	1.6	250～280	30～32	89～130	50～70	22～38	22～25
ERNiCr-3+Incon Flux 6	1.6	240～260	32～34	76～130	45～70	22～38	22～25
ERNiCrMo-3+Incon Flux 6	2.4	300～400	34～37	76～130	35～50	25～51	29～51
	1.6	240～260	32～34	89～130	50～60	22～38	22～25

6.2.4 钎焊与扩散焊

(1) 钎焊

镍合金（包括熔焊焊接性较差的铸造镍合金）可采用钎焊方法进行焊接。钎焊不但可以焊接结构简单的焊件，也可以焊接结构复杂的焊件。镍合金中含有较多的Cr、Al、Ti等活性元素，在合金表面形成稳定的氧化膜，会影响钎料的润湿和填缝能力。因此去除氧化膜和防止高温下合金再氧化成为镍合金钎焊的首要问题；另外，钎料中含有Cr等活性元素，呈液态的钎料更要求防止氧化，因此镍合金一般采用真空钎焊和保护气氛炉中钎焊。

1) 钎料

钎料的选择，首先应考虑钎焊部位的工作条件及要求，如使用温度、工作介质、承受应力等；其次应考虑母材的特性和热处理的要求；再次应考虑接头形式、焊接部位厚度、装配间隙、焊后加工处理等因素。

① 镍基钎料　镍基钎料是在镍基中加入Cr、Mn、Co形成固溶体，加入B、Si、P、C形成共晶元素，以控制钎料的热强性，提高钎料的高温强度，还可以提高钎料在高温合金中的润湿能力。镍基钎料具有良好的抗氧化性、耐腐蚀和热强性能，并具有较好的钎焊工艺性能，经钎焊热循环不会产生开裂，适用于镍基高温合金部件的钎焊。常用镍基钎料的化学成分及钎焊温度见表6.17。镍基钎料的适用范围见表6.18。

表6.17　常用镍基钎料的化学成分及钎焊温度

钎料牌号	化学成分/%							钎焊温度/℃
	Cr	Si	B	Fe	C	Ni	其他	
BNi74CrSiB	13～15	4.0～5.0	2.75～3.50	4.0～5.0	0.6～0.9	余量	0.5	1065～1205
BNi75CrSiB	13～15	4.0～5.0	2.75～3.50	4.0～5.0	0.06	余量	0.5	1075～1205
BNi82CrSiB	6.0～8.0	4.0～5.0	2.75～3.50	2.5～3.5	0.06	余量	0.5	1010～1175
BNi92SiB	—	4.0～5.0	2.75～3.50	0.5	0.06	余量	0.5	1010～1175
BNi93SiB	—	3.0～4.0	1.5～2.2	1.5	0.06	余量	0.5	1010～1175
BNi71CrSi	18～19	9.8～10.5	0.03	—	0.10	余量	0.5	1150～1205
BNi76CrP	13～15	0.1	0.1	0.2	0.08	余量	P9.7～10.5	925～1040
BNi68CrWSiB	9.5～10.5	3.0～4.0	2.0～2.8	3.0～4.0	0.3～0.5	余量	W11.5～12	1150～1205
BNi77CrSiB	8～10	5.5～7.0	2.0～2.4	5.0～7.0	<0.1	余量	Al<0.5	1100

表6.18　镍基钎料的适用范围

应用范围	钎料牌号						
	BNi74CrSiB	BNi75CrSiB	BNi82CrSiB	BNi92SiB	BNi93SiB	BNi71CrSi	BNi76CrP
高温下受大应力部件	A①	A	B	B	C	A	C
受大静力部件	A	A	A	B	B	A	C
薄壁构件	C	C	B	B	B	A	A
原子反应堆构件	X	X	X	X	X	A	A
与液体钠或钾接触件	A	A	A	A	A	A	A
用于紧密件的接头	C	C	B	B	B	B	A

续表

应用范围	钎料牌号						
	BNi74CrSiB	BNi75CrSiB	BNi82CrSiB	BNi92SiB	BNi93SiB	BNi71CrSi	BNi76CrP
接头强度	1②	1	1	2	3	1	2
与母材的溶解和扩散作用	1	1	2	2	3	4	5
流动性	3	3	2	2	3	2	1
抗氧化性	1	1	3	3	5	2	5
接头间隙/mm	0.05～0.125	0.05～0.10	0.025～0.125	0～0.05	0.05～0.10	0.025～0.10	0～0.075

① A 最好；B 满意；C 不太满意；X 不适用。

② 从 1 最高到 5 最低。

镍基钎料中含有较多的 B、Si 或 P 元素，会形成较多的硼化物、硅化物和磷化物脆性相，使钎料变形能力较差，不能制成丝或箔材，通常以粉状供应，使用时要用黏结剂调成膏状涂于焊接处。但用粘接方法装置钎料，即不方便又不易控制钎料加入量。也可采用非晶态工艺制成的箔状钎料或粘带钎料。非晶态镍基箔状钎料带宽 20～100mm、厚度 0.025～0.05mm，带材具有柔韧性，可冲剪成形，使用量容易控制，装配也方便。粘带镍基钎料是由粉状镍基钎料和高分子黏结剂混合经轧制而成。粘带钎料宽度为 50～100mm、厚度 0.1～1.0mm。粘带钎料中的黏结剂在钎焊后不留残渣，不影响钎焊质量。它可以控制钎料用量和均匀地加入，适用于焊接面积大和结构复杂的焊件。

② 铜基和银基钎料　铜基和银基钎料的化学成分和主要性能见表 6.19。铜基和银基钎料可用于工作温度 200～400℃、受力很小的镍基固溶合金结构件的钎焊。

③ 其他钎料　金基钎料适用于钎焊各类镍合金。这类合金具有优异的钎焊工艺、塑性、抗氧化性和抗腐蚀性，高温性能较好，与母材作用弱等优点，在航空、航天和电子工业得到广泛的应用。典型的金基钎料有 BAu80Cu 和 BAu82Ni，化学成分和性能见表 6.19。但这类钎料中含有较多的贵金属，价格昂贵。

表 6.19　钎焊镍合金用铜基、银基、金基、锰基钎料的化学成分及性能

钎料牌号	类别	化学成分/%	熔点/℃	钎焊温度/℃
BCu60NiSiB	铜基	B≤0.2，Si1.5～2.0，Ni27～30，Al＋Be≤0.1，Cu 余	1122～1166	1180～1200
BCu58NiMnCo		Mn6.0～7.0，Co4.5～5.5，Fe0.8～1.2，B0.15～0.25，Si1.6～1.9，Ni17～19，Cu 余	1027～1070	1080～1100
BCu60NiMnCo		Mn4.5～5.5，Co4.5～5.5，Fe0.8～1.2，B0.15～0.25，Si1.6～1.9，Ni17～19，Cu 余	1053～1084	1090～1110
BCu57MnCo		Mn31.5，Co1.0，Cu 余	—	1000
BMn50NiCuCo	锰基	Cu12.5～14.5，Co4～5，Cr4～5，Ni26～28，Mn 余	1020～1030	1080
BMn64NiCrB		Cr16.0，Fe3.0，B1.0，Ni16.0，Mn 余	966～1024	1040～1060
BAu80Cu	金基	Cu19.5～20.5，Au 余	910	—
BAu82Ni		Ni17～18，Au 余	975～1030	—
BAg71CuNiLi	银基	Cu26.5～28.5，Ni1.0，Li0.45～0.6，Ag 余	780～800	880～940
BAg56CuMnNi		Cu26.5～28.5，Mn4～6，Ni2.6～3.4，Li0.45～0.6，Ag 余	—	870～910
BAg54PdCu	含钯	Cu21.0，Ag54.0，Pd25.0	900～950	—
BAg75PdMn		Ag75.0，Mn5.0，Pd20.0	1060～1200	—
BNi48MnPd		Mn31.0，Ni48.0，Pd21.0	1120	—
BPd55NiSiBe		Si0.5，Pd34.0，Be0.25，Ni 余	1150～1160	—

锰基钎料可用于在 600℃下工作的高温合金构件。这类钎料塑性良好，可制成各种形状，与母材作用弱，但抗氧化性较低。锰基钎料主要采用保护气体钎焊，不适用于火焰钎焊

和真空钎焊。常用锰基钎料的化学成分和性能见表6.19。

含钯钎料主要有Ag-Cu-Pd、Ag-Pd-Mn和Ni-Mn-Pd等，其化学成分和性能见表6.19。这类钎料具有良好的钎焊工艺性。Ag-Cu-Pd钎料的综合性能最好，但钎焊镍合金接头的工作温度较低（不高于427℃）。虽然Ni-Mn-Pd钎料的熔点较低，但接头高温性能好，可在800℃下工作。

2）接头设计

为提高镍合金钎缝的强度，推荐采用搭接接头，通过调整搭接长度，增大接触面积。搭接接头的装配要求也相对比较简单，便于生产。搭接长度一般为组成接头中薄件厚度的3倍，对于700℃以下工作的接头，搭接长度可增大到薄件厚度的5倍。接头的装配间隙对钎焊质量和接头强度有影响。间隙过大时，会破坏钎料的毛细作用，钎料不能填满接头间隙，钎缝中存在较多硼、硅脆性共晶组织，还可能出现硼对母材晶界渗入和熔蚀问题。钎焊接头的间隙一般为0.02～0.15mm。

3）焊前清理及钎焊工艺

焊前应彻底清除焊件和钎料表面上的氧化物、油污等，并在储运和装配、定位等工序中保持清洁。可采用化学法清除氧化物，用超声波清除污物。焊件应精密装配，保证装配间隙，控制钎料加入量，并用适当的定位方法保持焊件和钎料的相对位置。

钎焊温度一般应高于钎料液相线30～50℃。某些流动性差的钎料其钎焊温度需要比液相线温度高出100℃。适当提高钎焊温度，可降低钎料的表面张力，改善润湿性和填充能力。但钎焊温度过高，会造成钎料流失，还可能导致因为钎料与母材的作用过分而引起熔蚀，晶界渗入，形成脆性相，以及母材晶粒长大等。保温时间取决于母材特性、钎焊温度以及装炉质量等因素。保温时间过长，也会出现与钎焊温度过高类似的问题。确定镍合金钎焊工艺参数时，还应考虑母材的热处理。

对于镍基高温合金焊件，由于在高温条件下，有时要承受大的应力，为适应这种使用条件，提高钎缝组织的稳定性和重熔温度、增强接头强度，往往在钎焊后进行扩散处理。

4）接头缺陷及防止

钎焊接头中的缺陷主要有未焊透、熔蚀和气孔。未焊透对气密性要求严格的接头是不允许的缺陷，因此应避免。消除未焊透，提高钎着率的方法有，正确设计钎焊接头各参数，特别是钎缝面积大时，应设计有排气沟槽；加强焊前处理，使钎料能很好地在母材上铺展和填充；调整钎焊工艺参数，使钎料流满钎缝。

当钎料选择不合适或钎焊工艺参数不当时，易引起钎料过渡溶解母材而形成熔蚀，尤其在钎焊薄件时容易产生。防止方法是，选择含硼、碳元素低的钎料；限制钎焊温度最高值和保温时间。

大间隙钎焊时经常出现缩孔缺陷。当缩孔较小时，对接头性能影响不大，但连续的较大面积的缺陷应避免。可通过调整装配间隙，适当提高钎焊温度和控制冷却速度消除缩孔。

5）接头组织与力学性能

镍合金钎焊接头组织及性能与母材化学成分、钎料、钎缝间隙、钎焊工艺参数和焊后处理等有关。采用硅、硼含量较高的镍基钎料时，会引起钎料和母材发生作用而导致熔蚀和钎料元素沿母材晶界渗入现象，并且这两种现象随钎焊温度升高和保温时间而加剧，其中钎焊温度影响较大。防止熔蚀和晶界渗入的措施是选用硅、硼含量较低的钎料和在保证钎焊正常进行的情况下，采用较低的钎焊温度和较短的保温时间。

选用适当的钎料和钎焊工艺，可获得性能较好的钎焊接头。几种镍基高温合金钎焊接头的力学性能见表6.20。

表 6.20 几种镍基高温合金钎焊接头的力学性能

合金牌号	钎料牌号	钎焊条件	试验温度/℃	接头强度	
				σ_b/MPa	σ_s/MPa
GH3030	BNi75CrSiB BNi70CrSiB	1100℃氩气保护钎焊 1080～1118℃真空钎焊	600	—	570～630
			700	—	360～390
			800	—	200～220
			600	—	220
			700	—	228
			800	—	224
GH3044	BNi70CrSiBMo BNi77CrSiB	1080～1180℃真空钎焊 1100℃氩气保护焊	20	—	234
			900	—	162
			1100	—	74
			20	—	300
			800	—	270
			900	—	114
GH4169	BAu82Ni	1030℃真空钎焊	20	—	320
			538	—	220
GH141	BNi70CrSiB	1170℃真空钎焊	25	370	230
			648	400	255
			870	245	150

(2) 扩散焊

扩散焊几乎可以焊接各类镍及镍合金。镍合金中含有 Cr、Al 等元素，表面氧化膜很稳定，难以去除，焊前必须严格加工和清理，甚至要求表面镀层后才能进行扩散焊。镍合金的热强性高，变形困难，同时又对过热敏感，因此必须严格控制焊接参数。

扩散焊的主要工艺参数是焊接温度、焊接压力和保温时间。镍合金扩散焊时，需要较高的温度和压力，加热温度为 0.8～0.85T_m（T_m 为合金的熔化温度）。焊接压力通常略低于相应温度下合金的屈服应力。焊接压力越大，界面变形越大，粗糙度越低，有效接触面积越大，接头结合性能越好；但焊接压力过高，会使设备结构复杂，造价昂贵。焊接温度较高时，接头性能提高，但过高会引起晶粒长大，塑性降低。几种高温合金扩散焊的工艺参数见表 6.21。焊接压力和温度对接头性能的影响见图 6.3。

表 6.21 几种镍基高温合金扩散焊的工艺参数

合金牌号	加热温度/℃	焊接压力/MPa	保温时间/min	真空度/Pa
GH3039	1175	29.4～19.6	6～10	3.33×10^{-2}
GH3044	1000	19.6	10	
GH99	1150～1175	39.2～29.4	10	

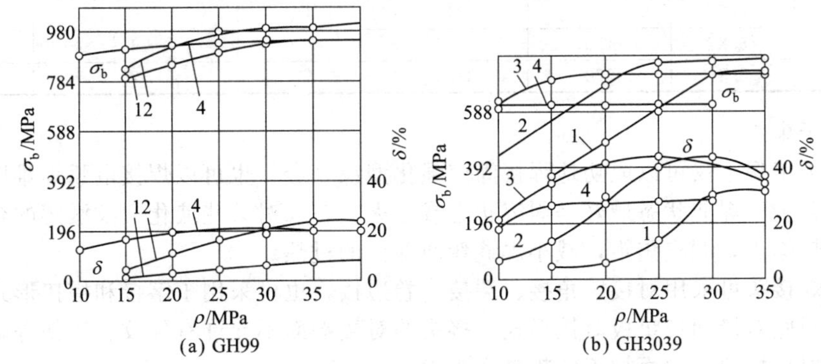

图 6.3 焊接压力和温度对接头力学性能的影响

1—1000℃；2—1150℃；3—1175℃；4—1200℃

扩散焊 Al、Ti 含量较高的镍合金时，由于结合面上会形成 Ti（C，N）、$NiTiO_3$ 沉淀物，造成接头性能降低，若加入较薄的 Ni-35%Co 中间层合金，可以获得组织均匀的接头，降低工艺参数变化对接头质量的影响。

6.2.5 其他焊接方法

（1）等离子弧焊

用等离子弧焊焊接固溶强化和 Al、Ti 含量较低的时效强化镍合金时，可以填充焊丝，也可以不加焊丝，可以获得良好的焊缝。一般厚板采用小孔型等离子弧焊，薄板采用熔透型等离子弧焊，箔材采用微束等离子弧焊。焊接电源采用陡降外特性的直流正极性，高频引弧，焊枪的加工和装配要求精度较高，并有很高的同心度。等离子气流和焊接电流要求能递增和衰减控制。

焊接时，采用氩和氩中加适量氢气作为保护气体和等离子气体，加入氢气可以使电弧功率增加，提高焊接速度。氢气加入量一般在 5%左右，要求不大于 15%。焊接时是否采用填充焊丝根据需要确定。选用填充焊丝的原则与 TIG 焊相同。

镍合金等离子弧焊应控制焊接热输入和焊接速度，速度过快会产生气孔，还应注意电极与压缩喷嘴的同心度。镍合金微束等离子弧焊的工艺参数见表 6.22。镍合金小孔法自动等离子弧焊的工艺参数见表 6.23。镍合金等离子弧焊接接头力学性能较高，接头强度系数一般大于 90%。

表 6.22 镍合金微束等离子弧焊的工艺参数

合金牌号	板厚/mm	焊接电流/A	焊接速度/$mm \cdot s^{-1}$	保护气体（体积分数）/%
718	0.3	6	6	$99Ar+1H_2$
	0.4	3.5	3	
X (Ni-Cr-Fe-Mo)	0.13	4.8	4.2	
	0.25	5.8	3.3	
	0.5	10	4.3	

表 6.23 镍合金小孔法自动等离子弧焊的工艺参数

合金牌号	厚度/mm	焊接电流/A	焊接电压/V	焊接速度/$mm \cdot s^{-1}$	等离子气流量/$L \cdot min^{-1}$	保护气流量/$L \cdot min^{-1}$
200	3.2	160	31	8	5	21
	6.0	245	31.5	6	5	21
	7.3	250	31.5	4	5	21
400	6.4	210	31	6	6	21
600（NS312）	5.0	155	31	7	6	21
	6.6	210	31	7	6	21
800	3.2	115	31	8	5	21
	5.8	185	31.5	7	6	21
	8.3	270	31.5	5	7	21

（2）电子束焊

采用电子束焊不仅可以成功地焊接固溶强化型镍合金，也可以焊接电弧焊难以焊接的沉淀强化型镍合金。焊前状态最好是固溶状态或退火状态。对某些液化裂纹敏感的合金应采用较小的焊接热输入，调整焦距，减小焊缝弯曲部位的过热。

电子束焊接头可采用对接、角接、端接、卷边接，也可采用丁字接和搭接形式。推荐采用平对接、锁底对接和带垫板对接形式。接头的对接端面不允许有裂纹、压伤等缺陷，边缘应去毛刺，保持棱角。端面加工的粗糙度为 $Ra \leqslant 3.2mm$。

焊前对有磁性的工作台及装配夹具应退磁，其磁通量密度不大于 2×10^4T。焊接件应仔细清理，表面不应有油污、油漆、氧化物等。经存放或运输的零件，焊前还需要用绸布蘸丙酮擦拭焊接处，零件装配应使接头紧密配合和对齐。局部间隙不超过 0.08mm 或材料厚度的 0.05 倍，位错不大于 0.75mm。当采用压配合的锁底对接时，过盈量一般为 0.02～0.06mm。

装配好的焊接件首先应进行定位焊。定位焊点位置应布置合理保证装配间隙不变，焊点应无焊接缺陷，且不影响电子束焊接。对冲压的薄板焊接件，定位焊更应布置紧密、对称、均匀。

焊接工艺参数根据母材牌号、厚度、接头形式和技术要求确定。推荐采用低热量输入和小焊接速度的工艺。表 6.24 列出了镍合金电子束焊的工艺参数。

表 6.24　典型镍合金电子束焊的工艺参数

材　　料	板厚 /mm	接头形式	电子枪到焊件的距离/mm	电子束电流 /mA	加速电压 /kV	聚焦电流 (DC) /A	焊接速度 $/m \cdot h^{-1}$
Inconel 718	6.4	对接	10.2	65.0	50.0	5.4	91.4
Inconel 718	31.8	对接	8.3	350	50	6.05	71.6
Inconel X-750 Inconel X-7505	0.3＋6.4	搭接	7.6	16	50	5.5	99.1
Monel 500	2.3	对接	7.6	12	50	5.4	91.4

镍合金电子束焊热影响区容易产生液化裂纹及焊缝气孔、未熔合等。热影响区裂纹多分布在焊缝钉头转角处，并沿熔合区延伸。形成裂纹的概率与母材裂纹敏感性及焊接工艺参数和焊件的刚度有关。防止焊接裂纹的措施有，采用含杂质低的优质母材，减少晶界的低熔点相；采用较低的焊接热输入，防止热影响区晶粒长大和晶界局部液化；控制焊缝形状，减少应力集中；必要时填加抗裂性好的焊丝。

焊缝中的气孔形成与母材纯净度、表面粗糙度、焊前清理有关，并且在非穿透焊接时容易在根部形成长气孔。防止气孔的措施有，加强焊前检验，在焊接端面附近不应有气孔、缩孔、夹杂等缺陷；提高焊接端面的加工精度；适当限制焊接速度。电子束焊的焊缝偏移容易导致未熔合和咬边缺陷，防治措施有，保证零件表面与电子束轴线垂直；对夹具进行完全退磁，防止残余磁性使电子束产生横向偏移，形成偏焊现象；调整电子束的聚焦位置。电子束焊的焊缝下凹缺陷，可采用双凸肩接头形式和填加焊丝弥补。

电子束焊接镍合金的接头力学性能较高，焊态下接头强度系数可达 95%左右，焊后经时效处理或重新固溶时效处理的接头强度可与母材相当。接头塑性较低，仅为母材的 60%～80%。几种镍合金电子束焊接头的强度和塑性见表 6.25。

表 6.25　几种镍合金电子束焊接头的强度和塑性

母材牌号	焊前状态	焊后状态	室温拉伸			600℃拉伸		
			σ_b/MPa	σ_s/MPa	δ/%	σ_b/MPa	σ_s/MPa	δ/%
GH4169	固溶	焊态	845 (98%)	525 (95%)	38.3 (77%)	656 (91%)	453 (84%)	34.3 (69%)
		时效	1348 (99%)	1215 (96%)	18.9 (84%)	1016 (97%)	965 (95%)	23.6 (81%)
GH4169＋GH907	固溶	焊态	801	544	29.7	593	362	33.9
		按 GH4169 工艺时效处理	1083	1033	9.98	847	757	9.75
	固溶＋时效	按 GH4169 工艺时效处理	1008	960	12.88	789	740	13.8
		按 GH907 工艺时效处理	994	918	13.2	782	661	14.8
GH4033	固溶	焊态	800	475	20.6	—	—	—

注：表中括号内的百分数表示焊缝的强度系数或塑性系数。

(3) 电阻焊

用点焊、缝焊、凸焊和闪光对焊很容易焊接镍合金。镍合金电阻率高，所以只需较低的焊接电流，但由于镍合金在高温下强度高，因此焊接时需要增大电极压力。焊前须仔细清洁零件的表面，将全部氧化物、油脂和其他污物清除，其中化学腐蚀是清除氧化物的最好方法。

点焊设备须对焊接电流、焊接时间和电极压力实现准确控制。控制电流上升斜率有利于防止喷溅。对大多数镍合金点焊，为获得较大的焊缝熔核及较高的接头强度，采用半球形端面的电极。对于厚度1.5～3mm的镍合金，有时使用端面半径为125～200mm的电极。

点焊工艺主要受被焊的镍合金组合件的总厚度限制。对于任何给定厚度或总的叠加厚度，焊接电流、焊接时间和电极压力的不同组合可以获得同样的焊缝。

镍合金点焊过程中需要有较高的电极压力，通电时间应尽可能短，但为了逐渐积累焊接热量还需要有足够长的时间。焊接电流应控制在略高于产生弱焊缝的电流值，但要避免引起焊缝金属的喷溅。

经退火的镍合金点焊的工艺参数见表6.26。为了强化焊缝熔核，在接近焊接时间结束时施加焊接压力。对于某些合金，在后热脉冲过程中可施加顶锻压力。

表6.26　经退火镍合金点焊的工艺参数

合金牌号	板厚/mm	电极端面/mm		电极压力/kN	焊接时间/s	焊接电流/kA	焊核直径/mm
		半　径	直　径				
工业纯镍	0.5～1.0	76	4.3～4.8	1.1～1.9	0.06	7.8～9.2	3.15～4.34
	1.6～2.4	76	6.5～7.8	9.6～10.3	0.08～0.1	21.6～26.4	6.23～7.68
	3.2	76	9.7	14.7	0.2	30.8	8.94
200	0.5～1.0	76	4.1～4.8	1.6～4.0	0.08	7.8～15.4	3.05～4.57
	1.6～2.4	76	6.5～7.8	7.7～10.2	0.1～0.2	21.6～26.4	6.5～7.9
	3.2	76	9.65	14.7	0.3	31.0	9.40
NS312	0.5～1.0	76	4.1～4.8	1.3～3.1	0.2	4.0～6.7	3.05～4.57
	1.6～2.4	76	7.9～9.7	9.2～17.2	0.2～0.3	12～15	7.87～9.4
	3.2	76	11.18	23.4	0.5	20.1	11.18
X-750	0.3～0.8	152	4.1～6.0	1.3～7.8	0.05～0.1	7.3～9.5	2.79～4.32
	1.6	254	7.87	19.6	0.25	16.4	7.37

注：1. 两个板厚相等。
2. 电极端面为半球形。

沉淀硬化镍合金由于高温强度和电阻较高，必须采用较高的电极压力和较小的焊接电流。如果这些合金在硬化态焊接，一般会出现裂纹。为了避免应变时效裂纹，推荐在焊后固溶退火后进行沉淀硬化处理。如果施加的电极压力不足，也会出现裂纹。如果采用较高的电极压力仍没有克服裂纹，可适当延长焊接时间或减小焊接电流。

电阻缝焊可用于厚度0.05～3.2mm的薄板。滚轮电极可以连续地旋转或间歇地旋转。在连续缝焊过程中不能施加锻压压力，但在间歇焊接过程中可以施加锻压压力。高强度镍合金通常采用锻压压力和间歇运动进行焊接。镍合金连续缝焊的工艺参数见表6.27。

表6.27　镍合金连续缝焊的工艺参数

合金牌号	厚度/mm	电极外形		电极压力/kN	时间/s		焊接电流/A	焊接速度/mm·s^{-1}	焊核宽度/mm
		宽度/mm	半径/mm		加热	冷却			
400	0.3	4.06	76	0.9	0.02	0.05	5.3	31.7	2.29
	0.5	4.83	152	2.2	0.04	0.1	8.7	16.1	3.81
	0.8	4.83	152	3.4	0.08	0.2	10.0	8.0	3.81
	1.6	9.65	152	11.1	0.16	0.2	19.0	8.5	4.32

续表

合金牌号	厚度/mm	电极外形		电极压力/kN	时间/s		焊接电流/A	焊接速度/mm·s^{-1}	焊核宽度/mm
		宽度/mm	半径/mm		加热	冷却			
X-750	0.3	3.30	76	1.8	0.02	0.05	3.6	19.0	2.79
	0.5	4.06	76	6.2	0.04	0.1	8.0	12.7	3.56
	0.8	4.83	76	10.2	0.08	0.15	8.5	12.7	4.32
	1.6	4.83	152	17.8	0.16	0.3	10.3	5.1	4.57

采用闪光对焊可以实现镍合金的焊接，但需要的顶锻力比焊接钢高很多。闪光对焊重要的工艺参数是闪光电流、闪光速度、闪光时间、顶锻压力和顶锻距离。一般采用高的闪光速度和较短的闪光时间，以减小焊缝的污染。几种镍合金棒材闪光对焊的工艺参数见表6.28。

表6.28　几种镍合金棒材闪光对焊的工艺参数

合金牌号	直径/mm	顶锻电流时间/s	闪光时间/s	顶锻留量/mm	输入能量/kJ
200	6.4	1.5	2.5	3.17	7.74
	9.5	2.5	2.5	3.68	17.53
400	6.4	1.5	2.5	3.17	6.95
	9.5	2.5	2.5	3.68	19.98
NS312	6.4	1.5	2.5	3.17	7.74
	9.5	2.5	2.5	3.68	18.68

6.3　镍及其合金焊接实例

6.3.1　镍基铸造合金炉筒的焊条电弧焊

铸造Ni-Cr-Fe合金炉筒的结构见图6.4（a）。炉筒尺寸为ϕ194mm×3750mm，三段对接，有两个环向接头。母材化学成分见表6.29。

表6.29　镍基合金炉筒及焊缝金属的化学成分　　单位：%

类别	C	Si	Mn	P	S	Cr	Mo	Ni	Ti	Fe	Al
炉筒（母材）	0.02～0.04	0.11～0.19	0.48～0.70	0.014～0.016	0.011～0.015	11.98～13.59	2.44～2.95	余	0.20～0.36	5.46～6.57	0.26～0.44
焊缝金属	0.06	0.18	0.77	—	0.01	15.07	10.25	69.54	0.10	—	Nb1.0

采用直径4mm的Ni317焊条，焊前经（300～350）℃×2h烘干，直流反接，焊接电流110～120A，焊接电压25～30V，运条时不摆动或仅轻微横向摆动。不预热，层温要小于150℃。坡口形式和焊接顺序如图6.4（b）和（c）所示。装配时为防止变形，采用对称定位焊。第1、2层用分段对称焊，以后各层连续焊接，焊缝金属的化学成分见表6.29。

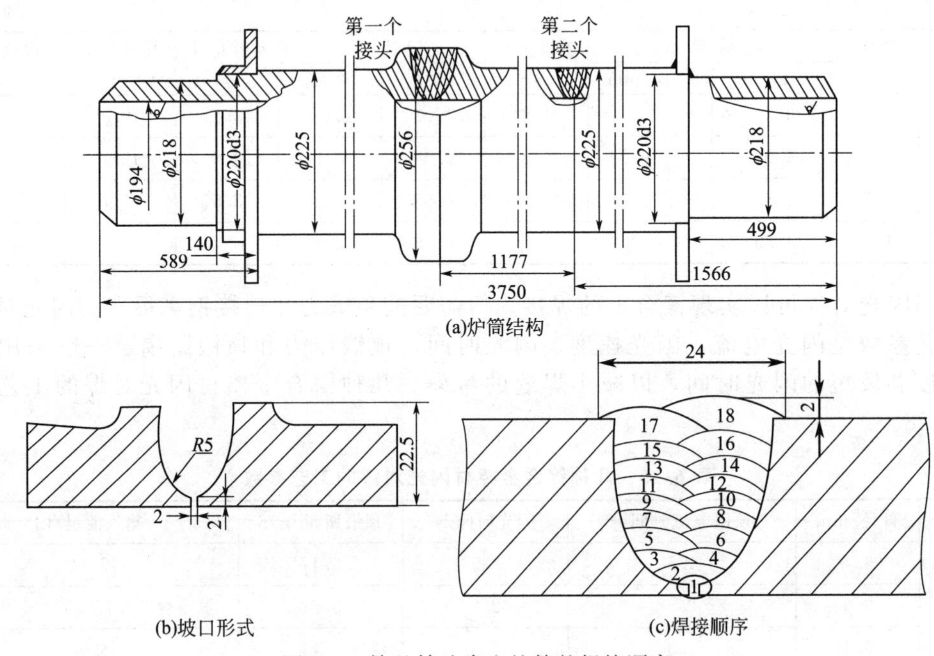

图 6.4　镍基铸造合金炉筒的焊接顺序

6.3.2　镍合金裂解筒及纯镍管-板的 TIG 焊

（1）镍基高温合金裂解筒的 TIG 焊

3000t 工程裂解设备中的裂解筒，以厚度 4mm 的 GH3030 镍基高温合金作为筒体材料。筒体直径≤225mm，工作温度 700～800℃，介质为具有一定腐蚀性的燃气。母材化学成分见表 6.30。

表 6.30　GH3030 镍合金与 HGH3030 焊丝的化学成分　　单位：%

材　料	C	Cr	Ni	Al	Ti	Fe	Mn	Si	P	S
GH3030	≤0.12	19.0～22.0	余	≤0.15	0.15～0.35	≤0.15	≤0.7	≤0.8	≤0.03	≤0.02
HGH3030 焊丝	≤0.12	19.0～22.0	余	≤0.10	0.15～0.35	≤0.15	≤0.7	≤0.8	≤0.015	≤0.01

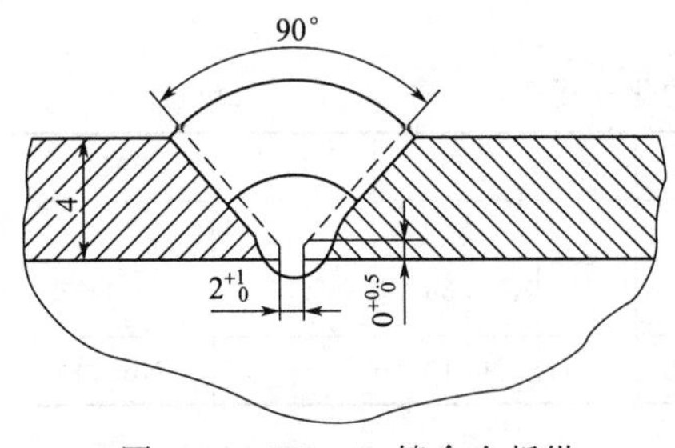

图 6.5　GH3030 镍合金板纵环缝坡口示意图

接头处采用大坡口角、小钝边坡口，以克服母材液态流动性差，易产生气孔及未熔合的缺陷，见图 6.5。

焊前应严格清理待焊部位，并对设备（如卷板机、焊机等）作必要的清理，以克服母材对 S、P、Pb、Bi、Sn、Zn、Ca 等杂质的敏感性。

选用同质焊丝 HGH3030，直径 2mm，其化学成分见表 6.30。背面充 Ar 进行保护，不允许焊丝搅拌；采用小热量输入、小截面焊道；快速、短弧、不摆动；减小接头过热，控制层间温度小于 100℃，焊接工艺参数见表 6.31。

表 6.31　GH3030 镍基高温合金筒体 TIG 焊的工艺参数

焊接层次	焊丝直径 /mm	极　　性	焊接电流 /A	焊接电压 /V	气体流量/L·min^{-1}	
					正　　面	反　　面
打底层	2	直流正接	75～80	10～12	8～10	4～5
盖面层	2	直流反接	95～100	10～12	8～10	4～5

（2）冷凝器设备中纯镍管-板的TIG焊

冷凝器设备接头要求密封性，并能耐总体腐蚀和应力腐蚀。以 ϕ18mm×2mm 镍管与厚度 6mm 镍板的接头为例，合适的接头形式如图 6.6 所示。

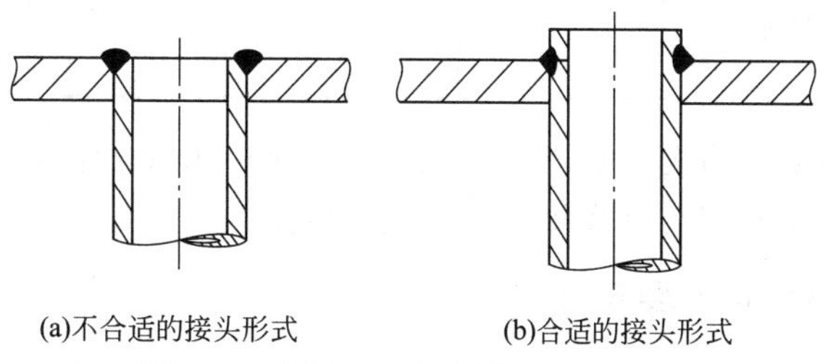

图 6.6　冷凝器设备镍管-板接头形式

选用直径 2.5mm 的焊丝，化学成分为 5.3%Ti，1.24%Al，1.31%Nb，0.08%Mg，0.002%P，0.002%S，1.07%Mn。钨极直径为 3.2mm，焊接电流 140～150A，Ar 流量 7L/min。以电流衰减方式填满弧坑，焊接操作时应防止出现未熔合缺陷。焊后经渗透探伤无表面缺陷，断口检验显示熔深为 1mm。

6.3.3　汽轮机镍合金部件的电子束焊

燃气轮机部件结构见图 6.7。它是一端有外法兰盘面的筒体，另一端上有内法兰盘，两者之间以管环连接。要求把两筒体部件的槽形端部焊在一起。由于焊丝和焊条都很难达到焊接部位，因此采用电子束的多层穿透效应进行焊接。焊后要求焊件无变形，接头致密性好。

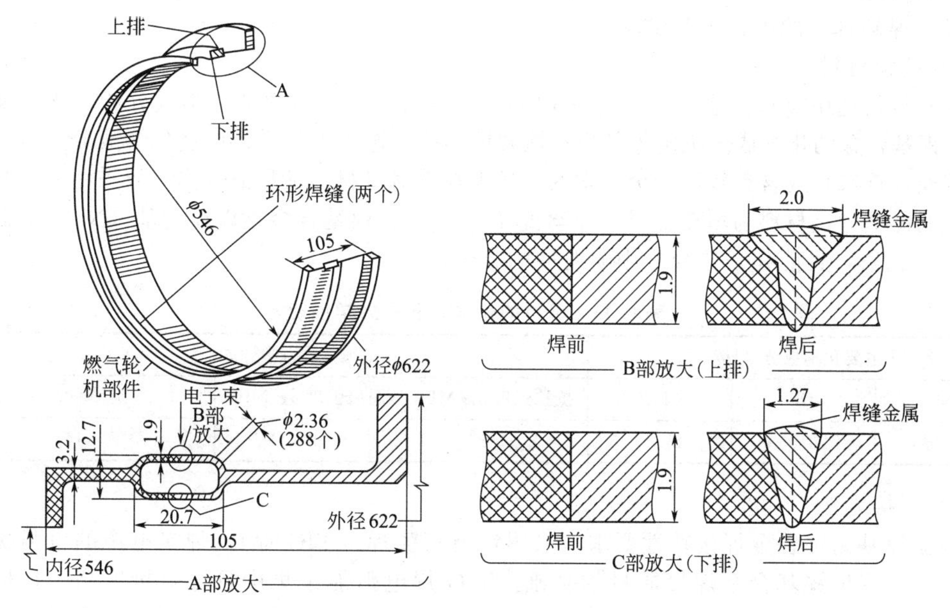

图 6.7　燃气轮机部件结构

为保证装配精度，必须采用一个合适的夹具，将装夹好的焊件置于真空室内的变位器平台上，变位器可沿水平轴自由回转。电子束焊时应配备一个高灵敏度水平仪和精密定位块实现电子束对中，焦点应位于既定的两层焊缝的中心部位。电子束焊的工艺参数见表 6.32。

表 6.32 GH141 合金气轮机部件电子束焊的工艺参数

焊机容量	电子枪	接头形式	焊接功率	工作距离/mm	焊接速度/cm·min^{-1}	真空度/Pa	电子束摆动	焊道数	焊后热处理
150kV，40mA	固定式	环形，对接I形坡口	125kV，9.3mA	305	754	1.33×10^{-2}	无	1道，加递减电流，压焊道30°	760℃×1h

焊接过程中应尽量避免可能造成飞溅。大多数飞溅可用管子清除器除去，并用高压溶剂清洗；少量飞溅颗粒应通过射线探伤进行检验是否合格。

6.3.4 镍合金的窄间隙焊接工艺

镍基合金对许多介质具有良好的抗腐蚀性，在200～1090℃能抵抗各种腐蚀介质的侵蚀。加之具有良好的高温和低温力学性能，因此被广泛应用于核工业、化学、石油和有色冶金等行业。北京雷蒙赛博机电技术有限公司在某核电工程中，采用双侧U形窄间隙坡口，进行了镍基合金窄间隙焊接工艺性试验，为CBE－LIBURDI的NG系统在核电应用条件下的工艺开发打下了基础。

(1) 镍基合金的焊接性分析

镍基合金有较大的热裂倾向。镍基合金焊缝金属流动性差，不像钢质焊缝金属那样容易润湿展开，不易流到焊缝两侧。为了获得良好的焊缝成形，需要采用合理的焊接工艺。由于镍基合金的导热性能差和具有较大的晶粒长大倾向性，在焊接热的作用下，焊缝和基体金属容易过热，造成晶粒粗大，使焊接接头的塑性和韧性下降。因此，在焊接工艺过程中，需特别注意焊接热量的影响。选择焊接热输入较小的焊接方法，采用小的焊接工艺参数，同时严格控制层间温度。

(2) 镍基合金的焊接工艺试验

1) 试验材料

试验材料选用镍基合金钢管，规格ϕ1052mm×170mm。母材的化学成分和力学性能见表6.33。镍基合金的化学成分决定了其耐热性和抗热性。选用焊丝时，应选化学成分与母材相匹配的焊丝（首选）或含有较高合金元素的焊丝来补偿对母材的稀释或烧损。故采用与母材材质相匹配的镍基焊接材料为填充金属，焊丝直径0.9mm。镍基合金是以镍为基（Ni＞50%），并含有合金元素，且能在一些介质中耐腐蚀的合金。

表 6.33 母材的化学成分和力学性能

主要化学成分/%			力学性能		
Ni	Cr	Fe	抗拉强度 σ_b/MPa	屈服强度 σ_s/MPa	延伸率 δ/%
30.83	20.05	45.40	545	225	44

2) 焊接方法

根据镍基耐蚀合金焊接特性要求，采用钨极氩弧焊（TIG焊）。焊接电源的电弧挺度至关重要，是保证镍基合金焊接质量的基础。TIG焊电弧能量集中且电弧挺度高，在极小电流下电弧也能稳定。同时热源和填充焊丝可分别控制。热输入和熔池尺寸容易调整，可减少镍基耐蚀合金的热裂倾向。试验采用直径3～4mm的钨极，钨极适当磨尖，通常使用的圆锥角度为30°～60°，以保持电弧稳定和足够的熔深。当焊接规范一定时，电极尺寸会影响焊缝的熔深和宽度。

3) 坡口制备

由于镍基耐蚀合金焊缝金属不像钢质焊缝金属那样容易润湿展开，即使增大焊接电流也不能改进焊缝金属的流动性，反而有害。为了控制接头的焊缝金属，镍基耐蚀合金接头形式与钢相比，接头的坡口角度需大些，采用单层多道焊工艺。在焊接试验中采用单侧 3.5°～4°坡口。

4）焊件清理与组对

焊件表面的清洁是成功焊接镍基耐蚀合金的重要条件。焊件表面的污染物主要是表面氧化皮和引起脆化的 S、P 以及一些低熔点金属等。在焊接过程中必须完全清除这些杂质。由于焊缝金属流动性差，故坡口间隙不预留，背面采用机械加工清根，焊接接头形式如图 6.8 所示。坡口外边的实际尺寸由内外坡口深度决定，试验中采用的焊接参数见表 6.34。

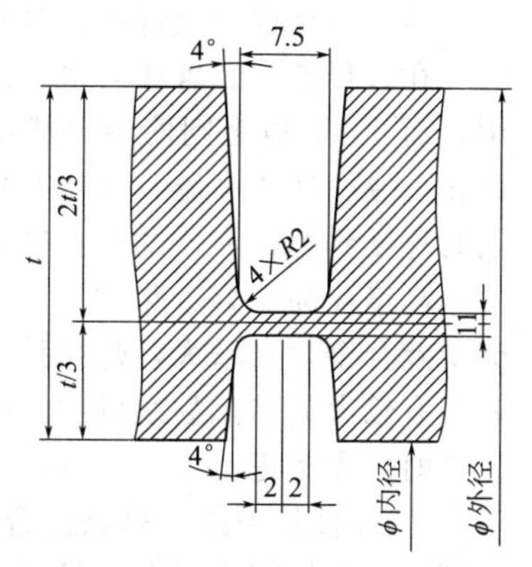

图 6.8 焊接接头形式示意图

表 6.34 试验中采用的焊接参数

焊接方法	电流 /A		电压 /V	送丝速度 /cm · min^{-1}	行走速度 /cm · min^{-1}	焊缝道数	热丝 l/in	脉冲频率 f/Hz	脉冲宽度 b/mm	焊道余高/mm	焊道用时/s
	峰值	基值									
打底焊	260	150	10.4	17～20	16	32	0	2.0	50	1.5	35
填充焊	290	180	11.4	28～32	20	32	0.2	2.0	50	1.9	23
盖面焊	290	180	11.6	28～32	23	32	0.2	2.0	50	1.9	23

5）焊接操作要求

① 控制焊接热输入　采用大热输入焊接镍基合金时焊缝和基体金属易过热，造成晶粒粗大，使接头塑性和韧性下降。应采用较小的焊接参数，适当控制焊接热输入。

② 控制层间温度　为了防止焊缝氧化和获得良好的力学性能，需控制焊缝的层间温度。试验表明，层间温度在 110℃以下，焊缝表面呈银白色；大于 110℃，焊缝表面有氧化现象，同时力学性能可能变差。

③ 操作要点　因镍基合金熔深较浅，焊缝金属流动性差，不易流到焊缝两侧，为获得良好的焊缝成形，一般采用单层多道焊工艺。在保证不接触钨极的条件下，尽量采用短弧焊接，控制好焊接速度和送丝速度。焊接操作人员需有丰富的经验积累。在焊接中随时调整焊接参数，保证获得优质的镍基合金焊接接头。

焊接试验完成后，试件经外观检查合格。按用户要求对试件进行射线检测、评定，结果均为Ⅰ级片，合格。以上各项试验结果表明，坡口角度、间隙大小、热输入、层间温度控制等措施起到了良好效果，焊接工艺参数是适宜的。

6.3.5 乙烯装置中高铬镍高温合金的焊接

高温、高压、易燃、易爆是乙烯装置的特点。乙烯裂解过程的工作条件极为苛刻，不仅温度高，而且还受到燃气介质的腐蚀作用。普通耐热钢、不锈钢无法满足这种结构性能要求，而高铬镍高温合金则是符合这种环境要求的比较理想的材料。在中原乙烯裂解装置 4×10^4 t/a 裂解炉、大庆石化分公司乙烯厂 10×10^4 t/a 裂解炉、吉林石化分公司有机合成厂 6×10^4 t/a 裂解炉等装置的施工中都遇到了高铬镍高温合金的焊接施工。中国石油天然气第六建设公司进行了该类材料的焊接性试验，完成了 HP40、HPM + Nb、G-X40NiCrN3525、G-X10NiCrNb320 等高铬镍高温合金的焊接工艺评定，掌握了该类材料的焊接技术要点。

(1) 高铬镍合金焊接性分析

在石化乙烯装置中，600℃以下的领域里，以 Cr18-Ni8 为代表的奥氏体不锈钢广泛应用，而 600℃以上则使用镍基高温合金及高铬镍高温合金。高铬镍高温合金是石油、化学、石化工业中适于高温、高压并伴有苛刻腐蚀环境的理想金属材料。其服役条件不仅温度高，同时还受到燃气介质的热汽蚀作用。

高铬镍高温合金化学成分复杂，随使用条件不同，合金具有不同的组织状态，特别是含碳量及合金含量增大，焊接接头的质量控制难度加大。高铬镍高温合金在焊接过程中焊缝金属具有较大的结晶裂纹倾向。焊缝气孔、焊接接头的晶间腐蚀、焊接接头的等强问题在制定工艺时也需考虑。

① 焊接热裂纹　高铬镍合金焊接时，焊缝可能产生宏观裂纹、微裂纹或两者同时存在的裂纹。高铬镍高温合金具有较高的焊接热裂纹敏感性，从化学成分和组织上分析，合金元素含量多，组织是单相奥氏体组织，对合金元素的溶解度是有限的。这些合金元素与基体中的 Ni、Fe 作用，生成低熔点的共晶物，偏析于晶界，在焊接应力的作用下产生结晶裂纹。加之焊缝金属在凝固时形成方向性很强的单相奥氏体柱状结晶，低熔点共晶物偏析在柱状结晶之间，在应力作用下极易开裂。从物理性质上分析，高铬镍高温合金比热小，导热率低，工件处于高温状态时间长，晶粒严重长大，促使了低熔点共晶物的形成。

② 气孔的敏感性　造成气孔的因素很多，工件表面的潮气、油垢、氧化皮等。在焊接加热过程中，若这些杂质清理不干净，被吸附和分解成氢、水气，焊接熔池在高温液态下，更能溶解较多的氢、氧、氮等气体。高铬镍高温合金密度大，熔池流动性较差，影响气体的逸出，因此易形成气孔。

③ 焊接区域的腐蚀倾向　由于 Ni-Cr-Fe 系合金具有两个敏化温度区，敏化状态发生铬等碳化物的沉淀，引起晶界贫铬现象，导致在某种介质中的晶间腐蚀、应力腐蚀倾向。在焊接该类钢时应注意快速冷却，避免焊接区域在高温时停留过长，防止产生晶间腐蚀。

(2) 高铬镍合金的焊接工艺

中原乙烯裂解装置裂解炉采用德国的 HP40 炉管，其设计温度达 1115℃；大庆石化分公司乙烯厂裂解炉采用美国鲁姆斯公司的 HPM＋Nb 炉管，其设计温度达 1066℃；吉林石化分公司有机合成厂裂解炉采用的德国 Linde 公司的 G-X40NiCrNb3525、G-X10NiCrNb3220 铸造管。G-X40NiCrNb3525 设计温度达 1100℃，G-X10NiCrNb3220 设计温度达 900℃。几种合金的化学成分见表 6.35。

表 6.35　高铬镍合金的化学成分

管材	化学成分 /%									
	C	Si	Mn	P	S	Cr	Ni	Mo	Nb	Al	Cu
G-X10NiCrNb3220	0.13	0.32	4.58	0.006	0.004	21.02	32.90	0.22	2.35	—	—
G-X40NiCrNb3525	0.42	2.04	1.23	0.019	0.007	24.89	36.64	0.04	0.80	0.031	0.02
HPM＋Nb	0.185	0.52	2.20	0.026	0.006	25.18	36.14	0.65	—	—	—
HP40	0.436	1.43	0.39	0.018	0.009	25.25	33.68	0.04	0.90	0.04	0.02

1) 焊接方法

焊接方法的选择是决定能否焊好高铬镍高温合金的关键。除考虑焊接性特点外，应结合具体生产条件和结构特点进行选择。在裂解炉炉管中使用最广泛的焊接方法是焊条电弧焊和钨极氩弧焊。氩弧焊因具有焊接热输入小、过热区小、高温停留时间短、冷却速度快等特点，较适合高铬镍合金的焊接。

2）焊前准备

① 焊前工件和焊丝清理　保证焊件和焊丝表面的清洁是高铬镍高温合金获得优良焊接接头的重要条件。焊丝表面采用丙酮进行清洗；焊件表面上往往有油脂、漆、油垢、氧化膜及抗高温喷涂涂料等，采用专用不锈钢砂轮片打磨或丙酮清洗的方式进行清洁。

② 焊接接头形式　高铬镍高温合金熔化焊有低熔透性的特点，熔池小、熔敷金属流动性差。从焊接性能来看，不宜采用大热输入来增加熔透性，以防止焊接过热、脱氧元素过多的烧损以及焊接熔池过分搅动所导致的焊缝成形不良。为保证熔透，应选用大坡口角度和小钝边的接头形式。焊条电弧焊和钨极氩弧焊接头可用表6.36中的坡口形式。坡口采用机械冷加工，个别地方的打磨采用专用不锈钢砂轮片，且控制打磨温度，不能使工件局部过热。

表6.36　焊条电弧焊、TIG焊高铬镍合金典型接头形式

管件壁厚/mm	坡口尺寸与形式	钝边/mm	间隙/mm	坡口角度/(°)
5～18		0～1.5	2.0～2.5	70～80

③ 预热和焊后热处理　高铬镍高温合金焊接时，一般不需预热，但当环境温度低于15℃时，应对接头两侧10mm宽度的区域加热15～20℃，以免湿气冷凝导致焊缝产生气孔。层间温度应严格控制，施工实践中大都控制在15℃以下，以减少过热。虽然有时为保证使用中不发生晶间腐蚀或应力腐蚀而采取稳定化处理，一般不推荐焊后热处理。

3）手工钨极氩弧焊工艺

手工钨极氩弧焊是焊接高铬镍高温合金应用最广泛的焊接方法，一般采用直流正极性，使用带高频引弧、衰减收弧、延时断气等性能的焊机（如WSM-400）。氩气是惰性保护气体，具有高温不分解且不与焊缝金属发生氧化反应的特征。氩气的纯度对焊接质量有较大的影响，氩气中的O_2、N_2、H_2O等杂质含量超过标准规定时，会使焊接电弧不稳定，而产生气孔。氩气的流量也是一个重要的工艺参数。当氩气的流量太小时，起不到保护效果；当氩气流量太大时，不仅浪费氩气，反而会产生紊流，将空气卷入保护区，使焊缝产生气孔。

① 氩气作为保护气体，要求必须干燥而且纯度要高（纯度99.9%以上）。熔池需氩气保护，流量一般为12～18L/min；同时背面通氩气保护，流量一般为15～20L/min。

② 通常采用铈钨极，尖部直径0.4mm，夹角30°～60°的尖状，可保证电弧稳定和足够的熔深。应避免钨极与熔池相接触，避免夹钨和电弧不稳。

③ 焊丝的选择是决定焊接性能和焊接接头性能的关键。HP40、HPM＋Nb、G-X40NiCrNb3525、G-X10NiCrNb3220四种材料分别选用表6.37中的焊丝。

表6.37　选用焊丝的化学成分　%

管材材质	选用焊丝	C	Si	Mn	P	S	Cr	Ni	Mo	Al	Ti	Cu	Nb
G-X10NiCrNb3220	A2133Mn	0.13	0.28	4.60	0.006	0.003	20.65	32.70	0.02	0.17	0.22	—	0.34
G-X40NiCrNb3525	A2535Nb	0.413	0.96	2.70	0.007	0.003	25.40	34.80	0.01	0.006	0.120	—	1.19
HPM＋Nb	ERNiCrMo-1	0.06	0.30	0.41	0.003	0.004	22.2	54.8	8.7	1.33	0.39	0.10	—
HP40	MANi6x	0.43	1.09	1.36	0.017	0.001	24.81	33.45	—	—	0.002	—	0.882

④ 工艺特点。施焊时应采取短弧、快速焊，操作时可做微小摆动，但应掌握好焊炬和焊丝的角度。多层焊时应控制层间温度，不超过15℃，注意填满弧坑，热输入在保证熔透的前提下尽可能小。高铬镍高温合金焊接熔池液态金属的流动性差，熔深浅，焊接时应注意

对熔池的观察，防止未焊透等缺陷的产生，焊后应采取快速冷却的措施。通过现场焊接施工证明，高铬镍高温合金TIG焊焊的接头质量令人满意。

4）焊条电弧焊工艺

① 焊条的选择是决定焊接性能和焊接接头性能的关键。HP40、HPM＋Nb、G-X40NiCrNb3525、G-X10NiCrNb3220四种材料分别选用表6.38所列焊条。

表6.38　选用焊条的化学成分 %

管材材质	选用焊丝	C	Si	Mn	P	S	Cr	Ni	Mo	Al	Ti	Cu	Nb
G-X10NiCrNb3220	2133MnNb	0.13	0.45	4.54	0.007	0.004	21.81	33.25	0.20	—	0.47	—	1.32
G-X40NiCrNb3525	2535Nb	0.42	1.06	2.65	0.016	0.016	26.06	34.72	0.28	—	0.15	—	1.26
HPM＋Nb	ENiCrMo-1	0.06	0.30	0.41	0.003	0.004	22.2	54.8	8.7	1.33	0.39	0.10	—
HP40	UTFDEM36X	0.42	1.16	1.47	0.017	0.007	22.5	33.7	—	—	1.0	—	1.0

② 焊条选定后，如何正确操作极为重要，为避免焊条和焊缝金属过热，减少焊接应力，应采用小直径焊条、选用小电流、短电弧施焊。焊条直径2.5mm或3.2mm，还需特别注意焊条的保管和使用前的烘干。由于熔池金属流动性差，为防止未熔合、气孔等缺陷，要求在焊接过程中焊条适当摆动，把熔化金属送到坡口合适位置。焊接引弧时采用反向引弧回熔技术，以抑制气孔等缺陷。

（3）高碳高铬镍合金焊接实例

① 吉林石化有机合成厂6×10^4t/a裂解炉辐射室G-X40NiCrNb3525收集管的焊接。

a. 炉管的工作条件为，设计压力0.45MPa/工作压力0.34MPa，设计温度1100℃/工作温度967℃，管材规格有ϕ55mm×6mm、ϕ76mm×7mm、ϕ159mm×16mm、ϕ215mm×18mm四种，裂解炉管长期处于高温及腐蚀介质下工作。焊接方法采用手工钨极氩弧焊，焊丝A2535Nb（ϕ2.4mm）和母材的化学成分见表6.37和表6.35。

b. 坡口形式为单面V形坡口75°±5°，2～2.5mm间隙，0～1mm钝边。焊前采用丙酮对坡口及两侧20mm区域进行清理，所有坡口经渗透检验未发现缺陷为合格。

c. 焊接过程中焊丝加热端必须处于气体保护中，不能用焊丝搅拌熔池，短弧焊接。封底焊背面充氩保护，为加强焊接区域的保护效果，也可在焊嘴后侧加保护拖罩。

d. 焊接第一层打底焊必须经过渗透检验，无裂纹为合格；焊接层间温度不超过10℃。

选用小热输入进行焊接，在坡口侧壁收弧，并增加衰减时间。焊接接头焊完后，对焊缝表面进行渗透检验，无裂纹为合格。最后，所有焊缝都要进行10％射线检测，Ⅱ级合格。焊接工艺参数见表6.39，焊接接头检验结果见表6.40。

表6.39　焊接工艺参数

焊接电流/A	电弧电压/V	电流衰减/s	焊接速度/cm·min^{-1}	氩气流量/L·min^{-1}		电流极性
				正面	背面	
75～115	11～15	5～6	6～10	12～15	15～20	直流正接

表6.40　G-X40NiCrNb3525高铬镍合金对接接头检验结果

母材及厚度/mm	力学性能σ_b/MPa	金相组织		
		焊缝	热影响区	母材
G-X40NiCrNb3525	465	奥氏体＋铁素体	奥氏体＋铁素体	奥氏体

吉林石化有机合成厂6×10^4t/a裂解炉辐射室共有近400道焊口，采用上述方法进行焊

接，焊接一次合格率达98%以上（按X射线探伤底片计）。

② 6×10^4 t/a裂解炉辐射室G-X40NiCrNb3525收集管的返修焊接工艺。

吉林石化分公司6×10^4 t/a裂解炉G-X40NiCrNb3525材质焊接的生产实践中，发现对于规格ϕ55mm×6mm、ϕ76mm×7mm的返修可以采用原焊接工艺施工，焊接接头经射线和渗透检测没有发现裂纹；但对于ϕ159mm×16mm、ϕ215mm×18mm等厚壁管，因其含碳量较高且为静态铸造管，故其组织粗大、易产生疏松和偏析、常塑性很低。焊缝局部返修时（尤其是贯穿性返修）拘束应力大，焊缝冷却时会受到很大的拉应力。按原焊接工艺进行返修，经射线和渗透检测发现，焊缝熔合线附近有较多热裂纹，用不锈钢专用砂轮片将裂纹消除并加热到100～150℃后重新进行施焊，裂纹仍然没有消除。采用下述高温预热的焊接工艺进行返修，一次合格，效果良好（以ϕ159mm×16mm的G-X40NiCrNb3525管材返修焊接工艺为例）。

a. 用磨光机及内磨机将焊缝有缺陷的部位磨掉，边磨边进行冷却，经过着色检查，没有发现裂纹后再进行加热和焊接。

b. 用电阻加热绳对焊缝坡口两侧各20mm范围加热，用硅酸铝纤维棉将坡口两侧各30mm保温，升温速度不大于20℃/h，加热到60℃时恒温，采用K形热电偶监测温度变化（3个热电偶放置在靠近坡口部位均布放置）。

c. 分层进行焊接，采用Linde公司的A2535Nb焊丝进行打底、填充和盖面，填充层每层分2道焊接，盖面层分为3道进行焊接，焊接电流为95～110A。

d. 在整个焊接过程中不停顿，一次性连续焊完。

e. 在焊接过程中，采用不锈钢小锤子对焊道、坡口进行锤击。

f. 在焊接完后对焊缝和近缝区两边各30mm范围进行保温缓冷，冷却速度不超过150℃/h。冷却至50℃以后在空气中静止冷却。经表面着色检查和X射线检验，未发现裂纹和其他缺陷。

6.3.6 N06690镍基合金管道的焊接

某公司甲醇精制项目所使用的压力管道材料为N06690镍基合金，为了确保产品制造质量，在焊接前对该材料进行了焊接工艺评定试验。

（1）N06690镍基合金的特性

N06690合金是一种含铬量较高的镍合金，ASME标准中牌号为UNS N06690。N06690合金在多种腐蚀性水介质和高温气体中都具有良好的耐腐蚀性能。除具有良好的耐腐蚀性能外，N06690台金还具有较高的力学性能、良好的冶金稳定性和机械加工性能。

N06690合金由于铬含量比较高，因此该台金在氧化性介质和高温氧化性气体中具有很好的抗氧化性能。合金的高镍含量也提高了该合金在含氯介质和氢氧化钠溶液中的抗应力腐蚀性能。这种材料广泛应用于各种热工、化工及核电等领域，如硝酸装置中的尾气再热器、奥氏体不锈钢酸洗液用的加热盘管和储罐、核电装置中的蒸汽发生器、硫酸生产用的燃烧器和管道、放射性废弃物处理用设备、以重油为燃料的加热炉用零部件等，N06690合金是具有高强度和高韧性的奥氏体合金，其化学成分和力学性能见表6.41。

表6.41 N06690合金的化学成分和力学性能

化学成分								
项目	Ni	Cr	Fe	C	Si	Mn	S	Cu
标准值	≥58	27.0～31.0	7.0～11.0	≤0.50	≤0.50	≤0.50	≤0.015	≤0.50

续表

化学成分								
项目	Ni	Cr	Fe	C	Si	Mn	S	Cu
实际值	62.0	28.5	8.5	0.02	0.3	0.1	0.002	0.01

力学性能			
项目	屈服强度 $\sigma_{0.2}$/MPa	抗拉强度 σ_b/MPa	伸长率/%
标准值	≥240	≥586	30
实测值	255	609	52

（2）N06690镍基合金的焊接性分析

1）焊接热裂纹

镍基合金对热裂敏感性高的原因是合金在凝固时，由低熔点共晶物或低熔点化合物形成的液态膜残留在晶界区，在收缩力的作用下而产生开裂。而S、P、Pb、Zn等是造成晶间低熔点液态膜的主要元素。焊接时为了防止热裂纹，应采取以下措施。

焊接过程中必须严格限制有害杂质的侵入，焊前必须对母材和焊丝进行严格清理，彻底去除油脂和附着污物，焊接时采用比较低的热输入，采用小直径焊丝、小电流、快速焊、多层多道焊，且焊接时不要摆动，以减小电弧热输入，降低层间温度，加快焊缝冷却速度。高的层间温度会导致焊缝及热影响区的过热和奥氏体晶粒长大，从而影响焊缝的耐腐蚀性能及焊缝的塑性和韧性，尽可能降低焊缝和焊材中S、P杂质的含量。

2）焊缝中的气孔

焊接时，坡口、近焊区及焊材上的油污、涂料、氧化物等不仅是产生热裂纹的根源，也是产生气孔的主要原因。采用氩弧焊时，氩气流量不合适或纯度太低，也会产生气孔。因此，焊接时工作区环境的洁净程度、焊前对坡口的清理工作就非常重要。焊前，一般对坡口及两侧（25mm）用不锈钢丝刷进行彻底清理，使其露出金属光泽，并严格用丙酮进行擦洗。焊接用氩气纯度在99.99%以上。焊接时，正面的氩气流量控制在12～14L/min，背面的氩气流量控制在17～18L/min。

（3）N066900合金的焊接工艺镍基

1）焊接方法及焊材选用

N06690合金具有良好的焊接性能，为了获得最佳的耐腐蚀性能，推荐选用手工钨极氩弧焊（TIG焊），电源极性为直流正接。保护气体采用100%Ar，纯度为99.99%。焊丝选择ERNiCrFe-7，规格为直径2.4mm，该焊丝符合ANSI AWS A5.14和ASME SFA5.14的相关要求。ERNiCrFe-7焊丝的化学成分见表6.42。

表6.42　ERNiCrFe-7焊丝的化学成分　%

项目	Ni	Cr	Fe	Al	C	Mn	S	P	Si	Mo	Ti	Nb	Cu
标准值	≥52.9	28.0～31.5	7.0～11.0	1.10	0.04	1.0	0.015	0.02	0.50	0.50	1.0	0.10	0.30
实际值	62.0	28.5	8.75	0.724	0.02	0.29	0.001	0.003	0.01	0.01	0.382	0.03	0.003

2）坡口制备

坡口加工应用高压水切割或水下等离子弧切割，用坡口机加工坡口，若用等离子弧加工，污染面必须用机械方法打磨光亮，打磨时不能再出现过热的表面。镍基合金焊接熔池的黏滞性大，流动性差，熔深浅。为了利于焊透和防止坡口边缘产生未熔合，坡口采用单面V形且坡口角度较大些，钝边要薄一些，根部间隙稍宽（一般不小于焊丝的直径），具体尺寸如图6.9所示。

3）焊前清理和焊接保护

镍基合金表面存在难熔的氧化膜，如氧化镍，其熔点为2090℃，而N06690的熔点在1350℃左右，若焊前不采用适当的方法清除表面氧化膜，焊接时易使氧化膜成为焊缝中的夹渣物而影响焊缝质量。所以，焊前必须对坡口及两侧（25mm）用不锈钢丝刷进行彻底清理，使其露出金属光泽，并严格用丙酮进行擦洗，清除油污等。

焊接过程中，加强对高温熔池和高温焊道的保护，保证熔池和焊丝热端始终处在喷嘴的氩气保护之下，防止焊缝金属的氧化。打底焊时，背面必须充氩保护，可采用局部充氩保护措施（两端坡口内侧贴水溶性纸），如图6.10所示。管道充氩开始时，流量适当加大，待管内空气排干净后方可施焊。焊接时，氩气流量逐步降低，避免氩气流量偏大，管内压力偏高而造成焊缝背面出现内凹或根部未焊透现象。

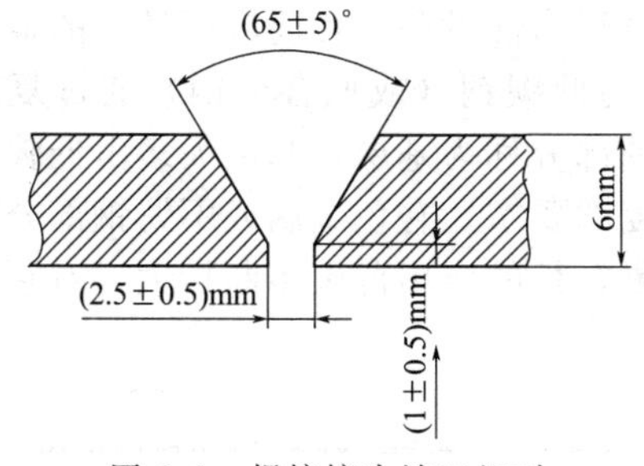

图6.9 焊接接头坡口组对

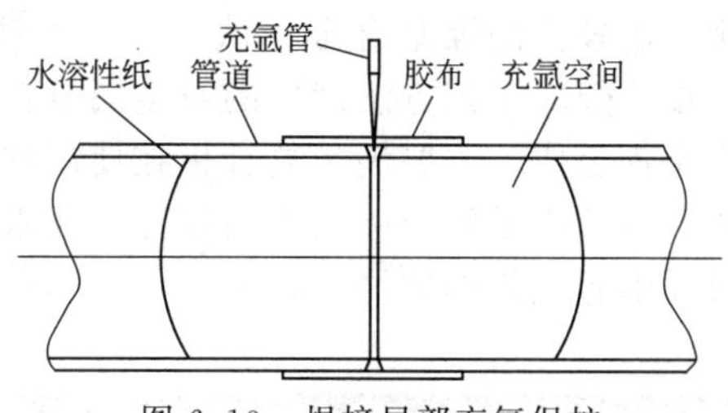

图6.10 焊接局部充氩保护

4）焊接工艺要点

焊接采用手工钨极氩弧焊（TIG焊），钨极直径3.0mm，喷嘴直径18mm，氩气纯度≥99.99%，氩气流量为12～14L/min，焊丝为ERNiCrFe-7，直径2.4mm，电流种类及极性采用直流正接，焊接电流为120～140A，焊接电压为10～14V，焊接速度为100～160mm/min。焊接采用多层焊，焊接顺序如图6.11所示。封底焊道要熔透、成形均匀，以有利于耐蚀性要求。

正式焊接前进行定位焊，定位焊工艺与正式焊的焊接参数相同。定位焊后对焊点进行表面检查，不允许存在裂纹等缺陷，并清除焊点表面氧化物。焊接过程中的表面裂纹、气孔等缺陷应在熔敷下一焊道前打磨消除，每一道焊道表面的氧化物应用不锈钢丝刷逆向强力去除。严格限制焊接热输入和层间温度，热输入小于10kJ/cm，层间温度控制在150℃以下。焊接过程中，熔池和焊丝热端要始终处在喷嘴的氩气保护之下，高温焊道用拖罩保护，保护气体提前5s给出，熄弧后延时5s停气。施焊时，焊丝不得横向摆动。

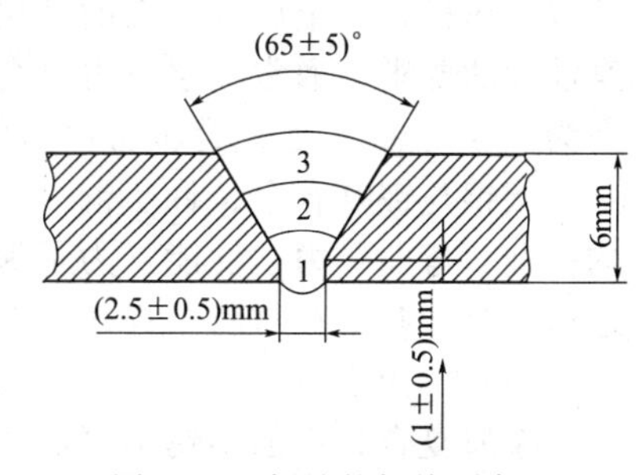

图6.11 焊缝的焊接顺序

5）N06690合金的焊接检验

焊后焊缝按JR/T 4730和设计图样要求进行外观检验、100%RT和100%PT内部质量符合JB/T 4730-Ⅱ级要求，表面质量符合JB/T 4730-Ⅰ级要求。产品试板进行力学性能检验。拉伸试验——抗拉强度608MP；弯曲试验——面弯、背弯（$D=4a$）180°，试验结果完好无开裂。

上述焊接工艺参数可以应用到生产实际中，采用该焊接工艺制造的某工程压力管道已经投入运行，现场4年来的使用情况表明，该产品工作稳定，性能可靠，可保证装置的长周期稳定运行。

第7章 有色金属复合板的焊接

石油和化工生产中广泛使用双金属复合板制造各类耐腐蚀设备。目前应用较多的金属复合板是由较薄的镍基合金、钛、铜、不锈钢等与较厚的低碳钢（或低合金钢）通过复合轧制、爆炸焊等工艺方法制成的双金属复合板材。较厚的部分称为基层，基层大多由低碳钢或低合金钢组成，主要满足复合板在使用中的强度和刚度的要求。有色金属或不锈钢部分称为复层，主要满足复合板的耐腐蚀性等要求。随着金属复合板的应用范围不断扩大，对它的焊接日益引起人们的关注。

7.1 复合板的基本性能

7.1.1 复合板的力学性能

目前在石油、化工、航海和军工生产中应用较多的复合板是以不锈钢、镍基合金、铜基合金或钛合金板为复层，低碳钢或低合金钢为基层，以爆炸焊、复合轧制、钎焊等方法制成的双金属板材。金属复合板的基层主要满足结构强度、刚度的要求，复层满足抗氧化性和耐腐蚀性的要求。通常复层只占复合板总厚度的5%～50%，一般为10%～20%，最小实用厚度为1.5mm。金属复合板可以节约大量的不锈钢或钛等贵重金属，具有很大的经济价值。

碳钢与镍基合金、钛、铜、不锈钢等用复合轧制方法形成的金属复合板，要求具有一定的拉伸、弯曲等力学性能。为了保证复合板不失去原有的综合性能，对基层和复层必须分别进行焊接，其焊接材料、焊接工艺等的选择由基层、复层材料决定。

(1) 抗拉强度

金属复合板中的不锈钢复层的力学性能比基层碳钢优良，抗拉强度高于碳钢。复合钢的抗拉强度（σ_b）可用下式求出。

$$\sigma_b=\frac{\sigma_{bc}\delta_c+\sigma_{bd}\delta_d}{\delta_c+\delta_d} \tag{7-1}$$

式中，σ_{bc}为碳钢的抗拉强度，MPa；δ_c为碳钢的厚度，mm；σ_{bd}为不锈钢的抗拉强度，MPa；δ_d为不锈钢的厚度，mm。

在实际设计中，美国在ASME标准中规定，金属复合板的整体厚度按基层碳钢的厚度进行设计。日本有关标准通常也按这种规定进行设计。

(2) 弯曲性能

测定双金属复合板的弯曲性能时，可把复合板的镍基合金、钛、铜、不锈钢等复层放在外侧，也可把碳钢基层放在外侧进行弯曲试验。无论采取哪种方法，都必须根据处于外侧材料的弯曲试验规定进行，其目的是判断外侧材料的性能。

如果把镍基合金、钛、铜、不锈钢等复层放在外侧进行弯曲试验，其弯曲半径按与复合板整个厚度相等的不锈钢厚度弯曲试验所规定的半径进行弯曲，弯曲时外侧必须不产生裂纹。在碳钢基层为外侧的弯曲试验时，应按碳钢整个厚度的规定进行试验。

判断复合板的弯曲性能时，把镍基合金、钛、铜、不锈钢复层放在内侧，当复层的厚度为4.9～9.5mm时，半径R可按复合板整个厚度的一半（$R=\delta/2$）进行弯曲。当不锈钢厚度$\delta>9$mm时，弯曲半径R按等于复合板整个厚度（$R=\delta$）进行弯曲。通常规定三个试样中至少一个试样不能在弯曲处的两端有超过50%的分离现象。

双金属复合板轧制过程中，由于工艺参数不当，有时在接合面交界处产生硬化的合金层，当进行弯曲试验时，这种合金层容易形成裂纹。因此，使用复合板制造承受弯曲载荷的结构时，必须选用没有硬化合金层和性能良好的复合板材。

7.1.2 不锈复合板的种类与性能

（1）镍-钢复合板

镍-钢复合板的总厚度$\delta<10$mm时，每米平面度不得大于12mm；总厚度$\delta>10$mm时，每米平面度不得大于10mm。镍-钢复合板按理论重量计算，钢的密度为7.85g/cm^3，镍及镍合金的密度为8.85g/cm^3。镍-钢复合板适用于石油、化工、制药、制盐等行业制造耐腐蚀的压力容器、原子反应堆、储藏罐及其他用途。

常见的镍-钢复合板复层及基层材料的牌号见表7.1，镍-钢复合板的力学性能见表7.2。

表7.1 镍-钢复合板复层及基层材料的牌号

基层材料		复层材料	
牌　号	标　准　号	牌　号	标　准　号
Q235A、Q235B	GB/T 700	N6 N8	GB/T 5235
20g 16Mng	GB/T 713		
20R 16MnR	GB 6654		
Q345	GB/T 1591		
20	GB/T 699		

镍-钢复合板的抗拉强度指标按下式计算。

$$\sigma_b=(t_1\sigma_{b1}+t_2\sigma_{b2})/(t_1+t_2) \tag{7-2}$$

式中，σ_{b1}为基材抗拉强度标准下限值（MPa），t_1为基材厚度（mm），σ_{b2}为复材抗拉强度标准下限值（MPa），t_2为复材厚度（mm）。

表7.2 镍-钢复合板的力学性能

拉伸试验		剪切试验	弯曲试验（$\alpha=180°$）		结合度试验（$\alpha=180°$）
抗拉强度 σ_b/MPa	伸长率 δ_5/%	抗剪强度 J_b/MPa	外弯曲	内弯曲	分离率 C/%
$\geqslant\sigma_b$	大于基材和复材标准值中较低的值	≥196	弯曲部位的外侧不得有裂纹		三个结合度试样中的两个试样C值不大于50

（2）不锈钢复合钢板

不锈钢复合钢板是由较厚的珠光体钢（基体）和较薄的不锈钢（复层）复合轧制而成的双金属板。基体多为低碳钢或低合金钢，满足复合板的硬度、刚度要求；复层多为1Cr18Ni9Ti、Cr18Ni12Mo2Ti、Cr23Ni28Mo3Cu3Ti等奥氏体不锈钢，主要满足耐蚀性能等要求。不锈钢复层通常是在容器里层，厚度一般只占总厚度的10%～20%。

我国生产的不锈钢复合钢板的种类和力学性能见表7.3。目前应用较多的是奥氏体系复合钢板和铁素体系复合钢板。不锈复合冷轧薄钢板和钢带宽度 900～1200mm、长度 2000mm 的允许偏差应符合 GB 708—2006《冷轧钢板和钢带的尺寸、外形、重量及允许偏差》的规定。不锈钢复合冷轧薄钢板的厚度允许偏差见表 7.4。不锈钢复合钢板总厚度及其允许偏差见表 7.5。

表 7.3　我国生产的不锈钢复合钢板的种类和力学性能

复合钢（基层+复层）	规格/mm			抗拉强度 σ_b /MPa	屈服强度 σ_s /MPa	伸长率 δ_5/%	剪切强度 τ_b /MPa
	总厚度	宽度	长度				
Q235+1Cr18Ni9Ti（0Cr18Ni9Ti）	6，8，10，12，14，15，16，18	1000	≥2000	—	—	—	—
Q235+1Cr18Nil2Mo2Ti（0Cr18Nil2Mo2Ti）				≥370	≥240	≥22	≥150
Q235+0Crl3				≥370	≥240	≥22	≥150
20g+1Cr18Ni9Ti（0Cr18Ni9Ti）				—	—	—	—
20g+0Cr18Ni12Mo2Ti（1Cr18Ni12Mo2Ti）				≥410	≥250	≥25	≥150
20g+0Cr13				≥410	≥250	≥25	≥150
12CrMo+0Cr13				≥410	≥270	≥20	≥150
Q235+1Cr18Ni9				≥410	—	≥20	≥150
Q235+0Cr18Ni12Mo2Ti	6，8，10，12，14，15，16，18，20，22，24，25，28，30	1400～1800	4000～8000	不低于基层钢的力学性能			≥150
Q235+1Cr18Ni12Mo2Ti							
20g+1Cr18Ni9Ti							
16Mn+1Cr18Ni9Ti							
16Mn+1Cr18Ni12Mo2Ti							
16Mn+0Cr13							

表 7.4　不锈钢复合冷轧薄钢板的厚度允许偏差

公称厚度/mm	复层厚度允许偏差/mm	复合钢板厚度允许偏差/mm	
		A 级精度	B 级精度
0.8～1.0	不大于复层公称尺寸的±10%	±0.07	±0.08
1.2		±0.08	±0.10
1.5		±0.10	±0.12
2.0		±0.12	±0.14
2.5		±0.13	±0.16
3.0		±0.15	±0.17

注：不锈复合薄钢板冷轧后进行热处理、酸洗或类似的处理加工，最后获得适当等级的表面粗糙度。

表 7.5　不锈钢复合钢板总厚度及其允许偏差

复合钢板总厚度/mm	4～10	11～15	16～25	26～30	31～60
总厚度允许偏差	±9%	±8%	±7%	±6%	±5%

不锈钢复合板表面的质量特征如下。

① Ⅰ级表面　钢板两面允许有深度不大于钢板厚度公差之半，且不使钢板小于允许最小厚度的一般的轻微麻点、轻微划伤、凹坑和辊印。

② Ⅱ级表面　钢板表面允许有深度不大于钢板厚度公差之半，且不使钢板小于允许最小厚度的缺陷。正面，一般的轻微麻点、轻微划伤、凹坑和辊印；反面，一般的轻微麻点、局部的深麻点、轻微划伤、压痕和凹坑。钢板两面超出上述范围的缺陷允许用砂轮清除，清除深度正面不得大于钢板复层厚度之半，反面不得大于钢板公差。

不锈钢复合冷轧薄钢板的力学性能应符合基层材料相应标准的规定，当基层材料选用深冲拉延钢时，其力学性能应符合表 7.6 的规定。在弯曲部分的外侧不允许产生裂纹，复合界面不允许分层。

表 7.6 不锈钢复合冷轧薄钢板的力学性能

基层钢号	拉伸性能				冷弯性能	
	抗拉强度 σ_b/MPa	屈服强度 σ_s/MPa	伸长率 δ_{10}/%		弯曲角度 ($d=2a$)	内弯、外弯试验结果
			复层为奥氏体不锈钢	复层为铁素体不锈钢		
08Al	345～490	350	28	18	180°	不得有分层、裂纹、折断
10Al	365～510	360	27	17	180°	不得有分层、裂纹、折断

注：1. 复层为 0Cr13 钢时，力学性能按复层为铁素体不锈钢的规定。
2. 基层为其他钢号时，冷轧复合薄钢板的力学性能按基层牌号相应标准的规定执行。
3. d 为弯心直径，a 为复合钢板总厚度。

不锈钢复合钢板标准中没有弯曲试验规定时，可不做弯曲试验；如需要做时，弯心直径 $d=4a$。对称型复合钢板任做一个弯曲试验、非对称型复合钢板进行冷弯试验时，复层厚度大的面在外侧。

7.1.3 复合板的接头设计

复合板焊接接头设计必须考虑便于分别对基层、复层及过渡层的焊接施工和避免或减少焊接第一层焊道时被稀释的问题。图 7.1 为不锈钢复合钢板、铜及铜合金复合钢板对接接头的常用坡口形式。

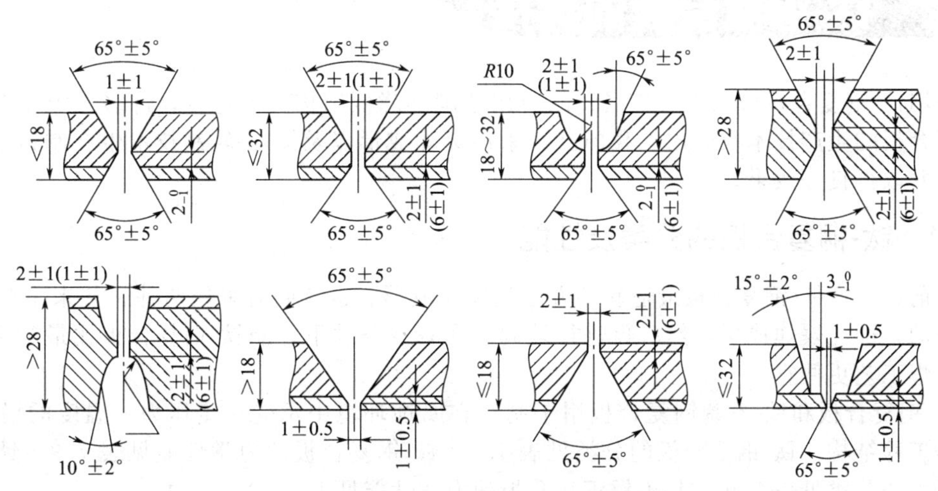

图 7.1 不锈钢复合钢板、铜及铜合金复合钢板对接接头常用坡口形式
(括号内的尺寸供埋弧焊用)

钛及钛合金或铝及铝合金复层与钢基层冶金相容性差，因此在接头设计上尽量避免或减少基层金属熔入复层金属。所以在接头构造上与不锈钢复合板有较大区别。图 7.2 为钛及钛合金或铝及铝合金复合钢板对接接头的常用坡口形式。

复合板对接接头尽可能采用 X 形坡口双面焊。同时考虑过渡层的焊接特点，尽量减少复层一侧的焊接工作量。当焊接位置受限，必须单面焊时，可采用单面 V 形坡口。

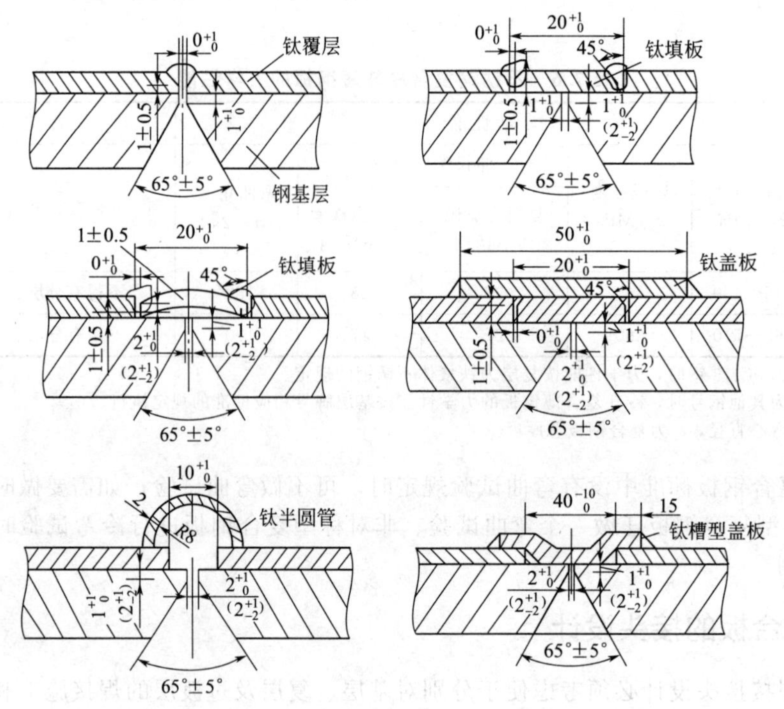

图 7.2 钛及钛合金或铝及铝合金复合钢板对接接头常用坡口形式

7.2 钛-钢复合板的焊接

采用钛-钢复合板可以大大扩展钛的应用范围和降低结构件的造价，许多国家十分重视这种复合板的生产技术及应用。我国已经采用爆炸成形以及爆炸-轧制技术生产制造这种复合板，并取得良好效果。

7.2.1 钛-钢复合板的分类及性能

目前，生产钛-钢复合板最适宜的方法是爆炸成形。也有同时采用两种工艺来生产钛-钢复合板的，即先爆炸成形，然后再进行轧制。在真空条件下轧制钛-钢复合板比最初采用的真空钎焊工艺更便宜。

钛-钢复合板和钛-不锈钢复合板用于制造在腐蚀环境中承受一定压力、温度的塔、罐、容器等工程结构。钛-钢复合板的分类见表 7.7。钛-钢复合板的力学性能见表 7.8。钛-不锈钢复合板的分类见表 7.9。钛-不锈钢复合板的力学性能见表 7.10。

表 7.7 钛-钢复合板的分类

种类		代号	用途分类
爆炸钛-钢复合板	0类 1类 2类	B0 B1 B2	0类：用于过渡接头、法兰盘等高结合强度且不允许不结合区存在的复合板 1类：将钛材作为强度设计或特殊用途的复合板，如管板等 2类：将钛材作为耐蚀设计，而不考虑其强度的复合板，如筒体等
爆炸-轧制钛-钢复合板	1类 2类	BR1 BR2	

注：爆炸钛-钢复合板以“爆”字汉语拼音第一个字母 B 表示，爆炸-轧制钛-钢复合板以 BR 表示。

表 7.8 钛-钢复合板的力学性能

拉伸试验		剪切强度 τ_b/MPa		弯曲试验	
抗拉强度 σ_b/MPa	伸长率 δ/%	0类复合板	其他类复合板	弯曲角 α/(°)	弯曲直径 d/mm
$>\sigma_B$	大于基层或复合材料标准中较低一方的规定值	≥196	≥138	内弯180°，外弯由复合材料标准确定	内弯时按基层标准，不够2倍时取2倍，外弯时为复合板厚度的3倍

注：复合钢板抗拉强度 σ_B 按式（7-1）计算。

表 7.9 钛-不锈钢复合板的分类

种类		代号	用途分类
爆炸钛-不锈钢复合板	0类	B0	用于过渡接头、法兰盘等高结合强度且不允许不结合区存在的某些特殊用途
	1类	B1	钛材参与强度设计的复合板，或复合板需进行严格加工的结构件，如管板等
	2类	B2	将钛材作为耐蚀设计，不参与强度设计的复合板，如筒体等

注：爆炸钛-钢复合板以“爆”字汉语拼音第一个字母B表示。

表 7.10 钛-不锈钢复合板的力学性能

拉伸试验		剪切试验	分离试验	弯曲试验	
抗拉强度 σ_b /MPa	伸长率 δ /%	剪切强度 τ_b /MPa	分离强度 σ_t /MPa	弯曲角 α /(°)	弯曲直径 d /mm
$>\sigma_B$	大于基层或复合材料标准中较低一方的规定值	0类≥197	≥274	内弯180°，外弯由复合材料标准确定	内弯时按基层标准，不够2倍时取2倍，外弯时为复合板厚度的3倍
		1类≥138	—		
		2类≥138	—		

注：复合钢板抗拉强度 σ_B 按式（7-1）计算。

7.2.2 钛-钢复合板焊接工艺特点

钛-钢复合板的复层（钛）厚度一般为1.5～3.0mm，基层的厚度为8～20mm。钛复层和钢基层之间如果不加入中间金属层，经加热后会产生脆性层，使钛-钢复合板的层间结合强度降低。因此，可在钛复层与钢基层之间加入V、Nb或者V+Cu等中间合金层。

通过加入各种中间合金层轧制的钛-钢复合板加热后的抗拉强度见表7.11。由表7.11可见，加入V作为中间层的效果最好。加双金属中间层（V+Cu或Nb+Cu）的结果并不好。因为Cu的熔点低，会形成低熔点共晶体，从而使钛-钢复合板的焊接工艺变得更复杂。

表 7.11 钛-钢复合板加热工艺对界面抗拉强度的影响

钛-钢复合板	抗拉强度/MPa				
	450℃×100h	800℃			
		0.5h	5h	10h	50h
无中间层	265	221	157	196	186
加V中间层	—	294	272	277	274
加Nb中间层	225	100	178	176	167
加V+Cu中间层	206	194	208	201	225
加Nb+Cu中间层	219	140	181	189	203

钛-钢复合板的焊接主要采用以下两种工艺。

① 焊缝上加盖板，见图7.3（a）。

② 加中间层，见图7.3（b）。

采用第一种焊接工艺时（在焊缝上加盖板），对接接头处的强度性能主要靠基层钢焊缝来保证，而加盖板的目的是防止浸蚀性介质腐蚀焊接接头。在焊缝和盖板之间填加的填充材

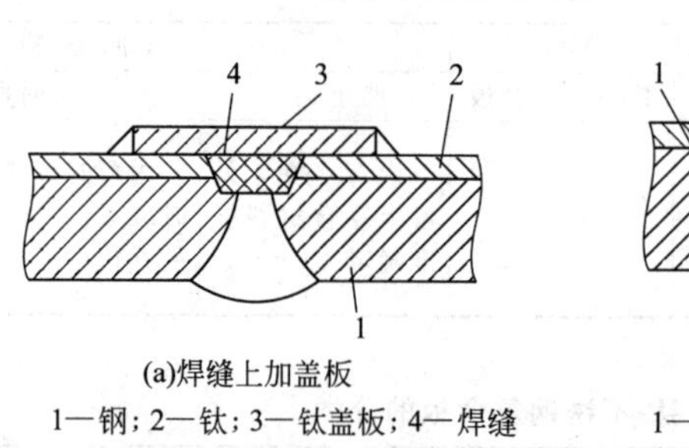

(a)焊缝上加盖板

1—钢；2—钛；3—钛盖板；4—焊缝

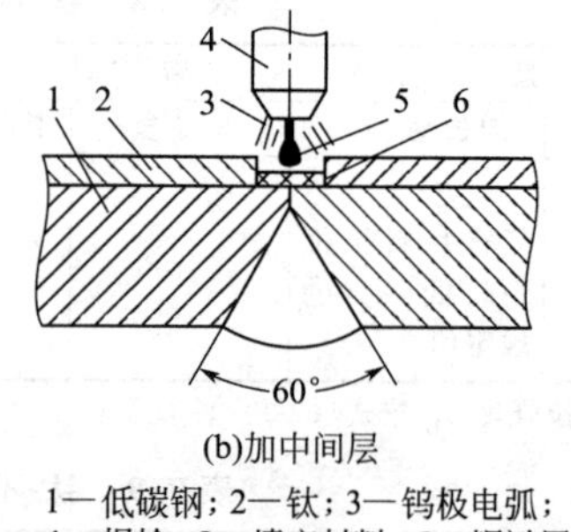

(b)加中间层

1—低碳钢；2—钛；3—钨极电弧；4—焊枪；5—填充材料；6—铌衬层

图 7.3　钛-钢复合板焊接工艺的示意图

料，通常是 Ag（Ag 与 Ti 熔合得很好）或熔点较低的银钎料，也可以填充环氧树脂型聚合物。加填充材料的目的是提高接头的抗腐蚀性能。焊缝可以是如图 7.4（a）所示的单面焊，也可以是如图 7.4（b）所示的双面焊。

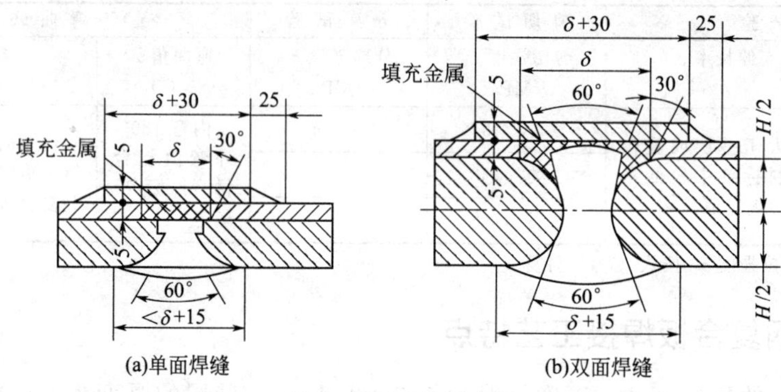

(a)单面焊缝　　(b)双面焊缝

图 7.4　钛-钢复合板接头的焊缝形式

焊接钛-钢复合板的第二种工艺是在钛复层的坡口中镶入一层很薄的难熔金属衬片［图 7.3（b）］，如厚度 0.1mm 的铌箔或钼箔等。焊接钛-钢复合板的复层时，采用钨极氩弧焊（TIG 焊），填加钛焊丝，钛丝直径取决于钛-钢复合板的复层厚度及坡口形式。钨极电弧在钛丝和钨极之间燃烧，不要使电弧直接作用在铌箔上，焊枪应沿着钛丝移动，钛丝熔化结晶后即形成钛-钢复合板的焊缝。

因为 Nb 的熔点高，钨极电弧又不直接作用在铌箔上，所以只有很少部分 Nb 熔化，防止了钛与钢的相互熔合，可以有效地防止界面处脆性相的形成。

7.2.3　钛-钢复合板焊接实例

被焊母材：钛-钢复合板，复层为工业纯钛 TA2（厚度 2mm），基层为低碳钢（厚度 8mm）。

焊接工艺：用厚度 0.1mm 的铌箔作为中间层，采用钨极氩弧焊（TIG 焊）进行焊接，钨极直径 3mm。填加钛焊丝，钛丝直径 4mm。焊接工艺参数为，焊接电流 160～170A，焊接电压 10～12V，焊接速度 13.3cm/min，喷嘴直径 18mm。用氩气作为保护气体，保护熔池的氩气流量为 8～10L/min，在冷却过程中保护焊缝的氩气流量为 3～4L/min。

通过上述工艺获得的钛-钢复合板焊接接头的抗拉强度为 387～397MPa，基体金属的抗拉强度为 426～431MPa。在拉伸试验时，焊接接头首先在铌箔与钛复层的界面上断裂，然后在钢基层上破断。这表明钛复层的塑性比低碳钢基体的塑性差。

用上述工艺焊接的钛-钢复合板接头在盐酸（HCl）、硫酸（H_2SO_4）等浸蚀性溶液中，耐腐蚀性良好，与复层金属的耐腐蚀性实际上没有差别。例如，钛在硫酸中的腐蚀率为0.13mm/年，而钛-钢复合板焊接接头的腐蚀率为0.15mm/年。

采用钛-钢复合板TIG焊焊接工艺出现的焊接问题，对基层（钢基体）主要是热影响区淬硬问题，对复层（钛及钛合金）主要是脆化问题。

7.3 不锈钢复合钢板的焊接

不锈钢复合钢板基层和复层交界处的焊接属异种钢焊接，其焊接性主要取决于复层和基层的物理性能、化学成分、接头形式及填充金属种类。焊接低碳钢（或低合金钢）与不锈钢的复合钢板时，容易产生高温结晶裂纹、延迟裂纹和脆化问题。

7.3.1 不锈钢复合钢板的加工特点

不锈钢复合钢板在焊接之前，一般经过下料切割成零件、坡口加工以及热成形、冷成形加工等。

（1）复合钢板的切割

不锈钢复合钢板总厚度在12mm以下时，主要是采用机械剪断和冷冲压加工等方法。加工时，复合层必须向下，而碳钢基层向上，不可损伤复层表面和结合处。在基层钢和复层都较厚的情况下，可采用等离子弧切割和氧-乙炔火焰切割。用氧-乙炔火焰切割时，要注意以下问题。

① 所采用的喷嘴直径应当比同一厚度钢板稍大一些。

② 切割时应先从基层钢板一侧开始，其氧压应是同等厚度钢板切割时氧压的一半，特别当基层钢板较薄时更要低些。不锈钢复合钢板氧-乙炔火焰切割的速度要比切割低碳钢时的速度慢，见表7.12。

表7.12 不锈钢复合钢板氧-乙炔火焰切割的工艺参数

复合板	总厚度/mm	复层厚度/mm	切割速度/$cm \cdot min^{-1}$	氧压/MPa	喷嘴直径/mm	工件与喷嘴距离/mm	喷嘴角度/(°)
不锈复合板	8	1.6	42.5	0.245	1.5	—	—
	25	5	37.5	0.275	1.5～2.0	—	15
	50	10	30.0	0.343	2.5	—	—
蒙乃尔复合板	9	2	46.0	0.080	1.0	6～8	0
	30	3	31.0	0.196	1.5	7～10	10

如果复合钢板较厚，氧-乙炔火焰不能切割时，应采用等离子弧切割。等离子弧切割一般都从复层开始，即复层在上面一侧开始切割，其切割速度和切口质量比氧-乙炔火焰切割时高。

（2）复合钢板的成形加工

不锈钢复合钢板的成形加工，应尽可能实行常温冷态弯曲成形，不可在滚床或压床上进行急剧弯曲，要施行逐段的缓慢成形加工。加工过程中复层表面不可有油污，不可导致伤痕。

一般化工容器和原子能装置结构所用的复合钢板在焊接之前常需要加热成形加工，在热成形的加工过程中应注意以下问题。

① 加工之前应清除工件表面上的油污及杂物。

② 加热要保持弱氧化性焰，避免还原性焰产生增碳现象。热加工后，对于低碳钢基层可以空冷，对低合金钢的基层要进行保温缓冷。表 7.13 给出不锈钢复合钢板加热成形的温度范围。

表 7.13　不锈钢复合钢板加热成形的温度范围

基　　层	不锈钢复层加热	其他复层加热	备　　注
低碳钢	700～850℃	750～950℃，实际加热到 900～950℃	为了避免晶间腐蚀，应尽可能选用有稳定剂的不锈钢复层
低合金高强钢	实际加热到 800～850℃		
珠光体耐热钢		800～950℃，实际加热到 900～950℃	

7.3.2　不锈钢复合钢板的焊接特点

(1) 奥氏体系复合钢板的焊接性

奥氏体系复合钢板是指基层是低碳钢或低合金钢，复层是奥氏体不锈钢复合成的钢板。复合钢板的焊接过程是复层和基层分开各自进行焊接，焊接中的主要问题在于基层与复层交接处的过渡层焊接。焊接这类复合钢板时主要存在以下几个问题。

1) 焊缝容易产生结晶裂纹

结晶裂纹是热裂纹的一种形式，是焊缝金属在结晶过程中冷却到固相线附近的高温区域时，液态晶界在焊接应力作用下产生的裂纹。影响结晶裂纹的因素主要有以下几种。

① 稀释率的影响　焊接奥氏体复合钢板时，由于基层钢板的含碳量高于复层，复层要受基层的稀释作用，使异质焊缝中奥氏体形成元素减少，含碳量增多，焊缝结晶时易产生微裂纹。

② 结晶区间的影响　奥氏体钢结晶温度区间很大，熔池结晶时在枝晶的晶界上存在的 S、P、Si 等低熔点共晶物呈现薄膜状，这种液态薄膜在拉应力作用下易产生裂纹。

若焊接材料选择不合适或焊接工艺不恰当，不锈钢焊缝就可能严重稀释，形成马氏体淬硬组织；或由于 Cr、Ni 强烈渗入珠光体钢基层而严重脆化，产生裂纹。

因此，焊接过渡层时，要使用 Cr、Ni 含量较高的焊接材料。同时，也应采用合适的焊接方法和焊接工艺，减小基层一侧熔深和焊缝的稀释。

2) 热影响区容易产生液化裂纹

复合钢焊接时，奥氏体钢热影响区由于受焊接热循环影响，低熔点杂质被熔化，在焊接应力作用下产生液化裂纹。焊接过程中，热影响区受熔池金属的热膨胀作用产生压应力，当电弧移开后，随着温度的降低，压应力变成拉应力。只有在压应力变为拉应力之后，热影响区晶界上存在的低熔点共晶物的液膜被拉开才产生裂纹。

这种热裂纹是由于奥氏体系复合钢板的热影响区晶间受焊接热循环作用，低熔点共晶物液化产生的，所以称为液化裂纹。如果晶间析出物的熔点高，即使受焊接热作用瞬时产生液态薄膜，但在压应力作用下已完成结晶，当转变为拉应力作用时晶间已不存在液态薄膜了，所以就不会再产生液化裂纹。

防止奥氏体系复合钢板的焊缝及热影响区产生结晶裂纹和液化裂纹的主要措施如下。

① 正确制定焊接工艺，限制焊接线能量，严格遵守操作规程。

② 合理选择填充材料。

3) 熔合区脆化

焊接奥氏体系复合钢板时，焊接熔合区出现脆化的原因主要有以下几种。

① 结构钢焊条的影响　用 E4303 或 E4315 焊条焊接基层钢板时，由于焊接热作用使复

层钢板局部熔化，合金元素渗入焊缝。在熔合区附近狭小区域中，搅拌作用不充分而产生马氏体组织，使熔合区硬度和脆性增加。

② 不锈钢焊条的影响　用 E347-16 或 E347-15 焊条焊接复层钢板时，容易熔化基层钢板，使焊缝金属成分稀释，焊缝金属为奥氏体＋马氏体组织，使塑性和耐腐蚀性降低，而熔合区的脆性明显增加。

③ 碳迁移的影响　焊接时碳由低 Cr 的基层钢板（碳钢或低合金钢）向高 Cr 的不锈钢复层焊缝金属扩散迁移，因此在基层和复层的交界处形成高硬度的增碳层和低硬度的脱碳层，引起熔合区的脆化或软化。

为了防止碳的迁移，可在基层和复层之间采用“隔离焊缝”（也称过渡层）。生产中常选用含 Nb 的铁素体焊条在基层钢板上焊接“隔离焊缝”，然后用奥氏体钢焊条焊接复层，最后用结构钢焊条焊接基层。这种工艺措施可有效地防止碳的迁移，避免在熔合区附近出现脱碳层和增碳层，从而减小熔合区的脆化，使复合钢板的焊接接头具有较高的强度和韧性。

(2) 铁素体系复合钢的焊接性

1) 焊缝易产生结晶裂纹

焊接铁素体系复合钢板时，焊缝金属产生结晶裂纹的原因和防止措施，与焊接奥氏体复合钢板时基本相同。

2) 焊接接头易产生延迟裂纹

延迟裂纹是焊接接头冷却到室温并在一定时间后才出现的焊接冷裂纹，多产生在热影响区。焊接铁素体系复合钢板产生延迟裂纹的影响因素如下 。

① 焊接接头区出现脆硬组织。

② 焊缝金属中有明显的扩散氢聚集。

③ 焊接接头刚度大。

④ 焊接区有明显的焊接应力。

延迟裂纹有潜伏期，用不同的填充材料焊接时，延迟裂纹的潜伏期和裂纹数目不同，试验结果见表 7.14。因此，焊缝延迟裂纹检验不能焊后立即进行。

为了防止产生延迟裂纹，应采取下列措施。

表 7.14　铁素体系复合钢板焊后延迟裂纹的潜伏期

焊条		预热温度/℃	裂纹数目					
牌号	型号		焊后	24h	48h	70h	120h	340h
G302	E430-16	不预热	0	1	1	2	2	2
G307	E430-15	50	0	0	2	0	0	0
G202	E410-16	不预热	4	17	19	30	50	50
G207	E410-15	100	0	0	0	0	0	0

① 焊条要充分干燥。选用的焊条要放置在通风处储藏，严禁焊条受潮或杂乱无章地堆放。

② 施焊前焊条要烘干。焊条烘干可去除水分和氢，如采用 G302 或 G307 焊条，焊前在 100℃以上烘干；采用 G202 或 G207 焊条，焊前在 50℃以上烘干，焊后就不产生延迟裂纹。

③ 严格遵守工艺规程。焊接铁素体系复合钢板的工艺规程应根据板厚、接头形式及技术条件的要求制定。

7.3.3 不锈钢复合钢的焊接程序

(1) 复合钢板的焊接方法

根据复合钢板材质、接头厚度、坡口尺寸及施焊条件等确定焊接方法。目前焊接复合钢常用手工电弧焊，也可用氩弧焊、埋弧自动焊或气体保护焊。为了减小熔合比，可用双丝埋弧焊。实际生产中常用埋弧焊焊接基层，用焊条电弧焊和氩弧焊焊接复层和过渡层。

为了保证复合钢板不失去原有的综合性能，基层和复层必须分别进行焊接。基层的焊接工艺与低合金钢相同，复层的焊接工艺与相应的不锈钢（或镍基合金、钛及钛合金等）相似，只有基层与复层交界处的焊接是属于异种金属的焊接。

(2) 复合钢焊接的坡口形式

复合钢板下料时要特别注意，如果采用氧-乙炔切割时，复层应向下，热影响区为6～10mm。等离子弧切割时，复层应向上，热影响区为0.5～1mm。压缩弧等离子切割的热影响区最小或几乎没有。无论采用哪种方法下料，焊前都必须打磨接口处，使接口平整并除去切割的热影响区部分。

焊接坡口的形式，一般尽可能采用V形或X形坡口双面焊。先焊基层，然后焊过渡层，最后焊复层（图7.5）。这样的焊接顺序是为了保证复合钢焊接接头具有良好的耐腐蚀性能。

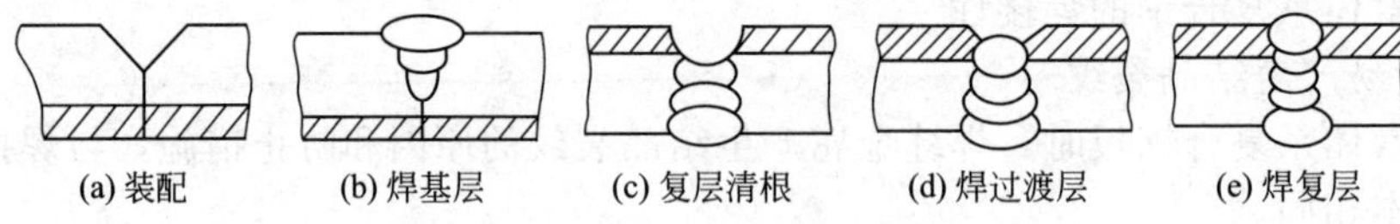

图7.5　复合钢的焊接顺序

当焊接现场的位置不允许作上述顺序的焊接时，或因焊接位置限制只可采用单面焊时，可采用V形坡口单面焊，先焊复层，再焊过渡层，最后焊基层。无论是单面焊还是双面焊，都应考虑过渡层的焊接特点，并尽量减少复层一侧的焊接工作量。单面焊时应尽量保证复层中不溶入或少溶入基层成分。

复合钢板接头设计和坡口形式见表7.15。薄件可不开坡口，较厚的复层钢板采用V形、U形、X形、V和U联合形坡口。也可以在接头背面一小段距离内进行机械加工，去掉复层金属（图7.6），以确保焊第一道基层焊道不受复层金属的过大稀释，以致脆化基层珠光体钢的焊缝金属。复合钢板焊接角接头的形式见图7.7。

表7.15　复合钢板焊条电弧焊坡口形式及尺寸

坡口形式	坡口示意	坡口尺寸/mm	应　用
V形坡口		$\delta=4\sim6$ $P=2$ $C=2$ $\alpha=70°$	平板对接，筒体纵、环焊缝
倒V形坡口		$\delta=8\sim12$ $P=2$ $C=2$ $\beta=60°$	平板对接，筒体纵、环焊缝
X形坡口		$\delta=14\sim25$ $P=2$ $C=2$ $h=8$ $\alpha=60°\beta=60°$	平板对接，筒体纵、环焊缝

续表

坡口形式	坡口示意	坡口尺寸/mm	应用
U、V形坡口	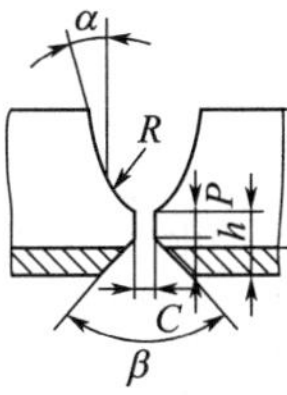	$\delta=26\sim32$ $P=2$ $C=2$ $h=8$ $R=6$ $\alpha=15°$ $\beta=60°$	平板对接，筒体纵、环焊缝
双V形坡口	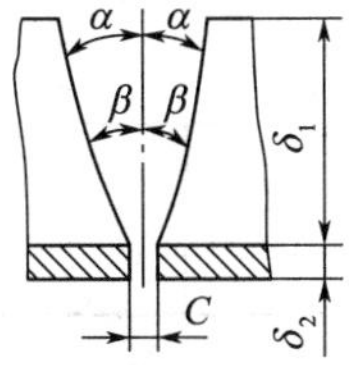	$\delta_1=100$ $\delta_2=15$ $C=2$ $\alpha=15°$ $\beta=20°$	平板对接，筒体纵、环焊缝

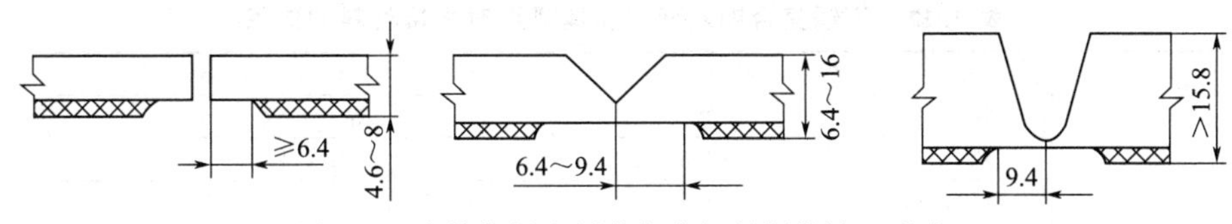

图 7.6 去掉复层金属的复合钢板焊接坡口形式

(3) 复合钢焊接材料的选用

焊接材料选择不合适，不锈钢焊缝就可能严重稀释，形成马氏体淬硬组织。由于Cr、Ni强烈渗入珠光体钢基层而严重脆化，产生裂纹。因此焊接过渡层时，为了减少基层对过渡层焊缝的稀释作用，要选用含Cr、Ni量较高的焊接材料，施焊时采用小电流，减小熔合比。保证焊缝金属含有一定量的铁素体组织，以提高抗裂性，且使之即使受到基层的稀释，也不会产生马氏体淬硬组织。

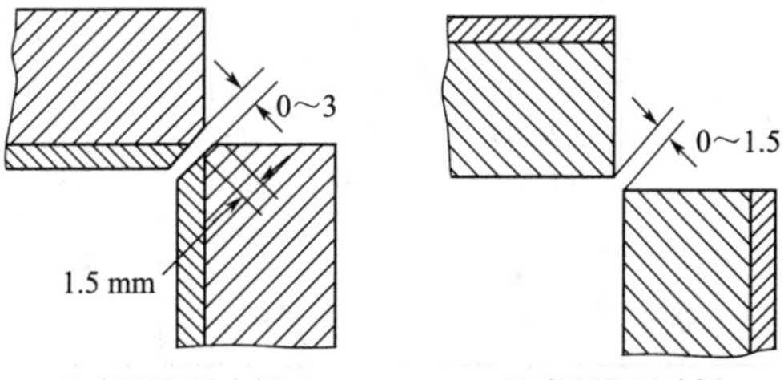

(a) 复层位于内侧　　(b) 复层位于外侧

图 7.7 复合钢板焊接角接头的形式

当复合板厚度小于25mm时，基层也可全用Cr25-Ni13系（E309-16）焊条，但焊接残余应力稍大些，消耗不锈钢焊条多。当复合板厚度大于25mm时，可先用Cr23-Ni13系焊条焊一层奥氏体过渡层，然后再用钢焊条焊接基层。

常用不锈钢复合钢板焊接材料的选用见表7.16。表中列出了基层、复层和过渡层焊接推荐采用的焊条类型。这些焊条是根据复合钢板基体、复层的性能要求而选定的。不锈复合钢双面焊和埋弧焊时焊接材料的选用见表7.17。

表 7.16 不锈钢复合钢焊接材料的选用

复合钢的组合	基层	过渡层	复层
Q235+0Cr13	E4303 E4315，E4316	E309-16（E1-23-13-16） E309-15（E1-23-13-15）	E308-16（E0-19-10-16） E308-15（E0-19-10-15）
16Mn+0Cr13 15MnV+0Cr13	E5003，E5015 E5016 E5515-G	E309-16（E1-23-13-16） E309-15（E1-23-13-15）	E347-16（E0-19-10Nb-16） E347-15（E0-19-10Nb-15）

续表

复合钢的组合	基　层	过　渡　层	复　层
12CrMo+0Cr13	E5515-B1	E309-16（E1-23-13-16） E309-15（E1-23-13-15）	E347-16（E0-19-10Nb-16） E347-15（E0-19-10Nb-15）
Q235+1Cr18Ni9Ti Q235+0Cr18Ni9Ti	E4303 E4315，E4316	E309-16（E1-23-13-16） E309-15（E1-23-13-15）	E347-16（E0-19-10Nb-16） E347-15（E0-19-10Nb-15）
16Mn+1Cr18Ni9Ti 16Mn+0Cr18Ni9Ti 15MnV+1Cr18Ni9Ti	E5003 E5015，E5016 E5515-G	E309-16（E1-23-13-16） E309-15（E1-23-13-15）	E347-16（E0-19-10Nb-16） E347-15（E0-19-10Nb-15）
Q235+Cr18Ni12Mo2Ti	E4303 E4315，E4316	E309Mo-16 （E1-23-13-Mo2-16）	E318-16 （E0-18-12Mo2Nb-16）
16Mn+0Cr18Ni12Mo2Ti 15MnV+0Cr18Ni12Mo2Ti	E5003 E5015，5016 E5515-G	E309Mo-16 （E1-23-13Mo2-16）	E318-16 （E0-18-12Mo2Nb-16）

注：括号内为GB/T 983—2012型号。

表7.17　不锈复合钢双面焊和埋弧焊时焊接材料的选用

复合钢板		焊条电弧焊		埋弧焊	
		牌　号	型　号	焊　丝	焊　剂
基层	Q235	J422，J427	E4303，E4315	H08A，H08	HJ431
	20、20g	J422，J427 J507	E4303，E4315 E5015	H08Mn2SiA，H08A， H08MnA	HJ431
	09Mn2 16Mn 15MnTi	J502，J507 J557	E5003，E5015 E5515-G	H08MnA H08Mn2SiA H10Mn2	HJ431
过渡层		A302，A307 A312	E309-16，E309-15 E309Mo-16	H00Cr29Ni12TiAl	HJ260
复层	1Cr18Ni9Ti 0Cr18Ni9Ti 0Cr13	A102，A107 A132，A137 A202，A207	E308-16，E308-15 E347-16，E347-15 E316-16，E316-15	H0Cr19Ni9Ti H00Cr29Ni12TiAl	HJ260
	Cr18Ni12Mo2Ti Cr18Ni12Mo3Ti	A202，A207 A212	E316-16，E316-15 E318-16	H0Cr18Ni12Mo2Ti H0Cr18Ni12Mo3Ti H00Cr29Ni12TiAl	HJ260

复合钢板的基体和复层分别选用各自适用的焊接材料进行焊接。关键是接近复层的过渡层部分，必须考虑基体的稀释作用，应选用Cr、Ni含量较高的奥氏体填充金属来焊接过渡层部分，以免出现脆硬组织。复合钢板的基体较薄时（如总厚度≤8mm），可以用奥氏体焊条或填充金属焊接复合钢的全厚度，这时更须考虑基体材料的稀释作用。

复合钢单面焊焊接材料的选用见表7.18。

（4）复合钢的焊接工艺

根据复合钢板材质、接头厚度、坡口尺寸及施焊条件等确定焊接工艺，通常选用焊条电弧焊、埋弧焊、氩弧焊、CO_2气体保护焊等。目前常用氩弧焊焊接复层，用焊条电弧焊焊接过渡层，用埋弧焊或焊条电弧焊焊接基层。

表7.18　复合钢单面焊焊接材料的选用

复合钢板		焊条电弧焊		埋弧焊		备　注
		牌　号	型　号	焊　丝	焊　剂	
复层	0Cr18Ni9Ti 1Cr18Ni9Ti 0Cr13	A102，A107 A002	E308-16， E308-15 E308L	—	—	—

续表

复合钢板		焊条电弧焊		埋弧焊		备注
		牌号	型号	焊丝	焊剂	
过渡层	—	纯 Fe		—	—	—
基层（有过渡层）	Q235，20	J422	E4303	H08A	HJ431	最初两层焊条电弧焊，其余用埋弧焊
	20g	J422，J502 J507	E4303，E5003 E5015	H08A H08MnA	HJ431	
	16Mn 15MnTi	J507，J557 J607	E5015，E5515-G E6015-G	H08MnA H10Mn2	HJ431	
基层（无过渡层）	Q235 20，20g 16Mn 15MnTi	A302 A307	E309-16 E309-15	HCr25Ni13 H00Cr29Ni12TiAl	HJ260	

1）焊接顺序

复层钢的焊接顺序为，先焊基层，再焊过渡层，最后焊复层（图 7.5），以保证焊接接头具有良好的耐腐蚀性。同时还应考虑过渡层的焊接特点，尽量减少复层一侧的焊接工作量。

角接接头无论复层位于内侧或外侧，均先焊接基层。复层位于内侧时，在焊复层以前应从内角对基层焊根进行清根。复层位于外侧时，应对基层最后焊道进行修光。焊接复层时，可先焊过渡层，也可直接焊复层，这要根据复合钢板厚度而定。

为了防止第一道基层焊缝中熔入奥氏体钢成分，可预先将接头附近的复层金属加工掉一部分。过渡层高温下有碳扩散迁移过程发生，结果在交界区形成了高硬度的增碳层和低硬度的脱碳层，使过渡层附近形成了复杂的组织状态，造成复层钢板的焊接困难。

2）焊接工艺要点

焊前正确装配是关系到接头质量的关键问题。焊前装配应以复层为基准，防止错边量过大，影响复层的焊接质量。必须保证工件装配的间隙，一般对接接头 1.5～2mm，保证不错边。错边量过大将直接影响过渡层和复层的焊接质量。对于筒体件装配的错边量允许值见表 7.19。

表 7.19　筒体件装配焊缝的错边量允许值

复层厚度/mm	纵缝错边量/mm	环缝错边量/mm
2～2.5	≤0.5	≤1.0
3～5	≤1.0	≤1.5

装配时的点固焊在基层上进行，点焊焊缝不可产生裂纹和气孔，否则应铲去重焊。点焊所用焊条及工艺参数与生产时用的相同。严禁用碳钢或低合金钢焊接材料在高合金复层上施焊，并防止用错焊条，把过渡层焊条焊到复层上。用碳钢焊条在复层一侧施焊时，应对复层表面（坡口两侧各 150mm 范围）涂覆白垩粉保护，已经粘上的飞溅颗粒，必须仔细清除掉。不锈钢复层不可有划伤或污染。

先焊基层，第一道基层焊缝不应熔透到复层金属上，以防焊缝金属发生脆化或产生裂纹。基层焊接时，仍按基层钢常规焊接电流施焊。对于过渡层的焊接，为了减少母材对焊缝的稀释率，在保证焊透的条件下，应尽量采用小电流焊接。

基层焊完后，用碳弧气刨、铲削或磨削法清理焊根，经 X 射线探伤合格后，才能焊接过渡层，最后将复层焊满。要尽量减少焊缝的稀释，采用小直径焊条和窄焊道；自动焊时，采用摆动焊丝或多丝焊以减小熔合比，尽量采用直流正接。焊过渡层焊缝时，必须盖满基层焊缝，且要高出基层与复层交界线约 1mm，焊缝成形要平滑，不可凸起，否则需用手砂轮打磨掉。Q235＋1Cr18Ni9Ti 复合钢板焊接的工艺参数见表 7.20。

表 7.20 Q235＋1Cr18Ni9Ti 复合钢板焊接的工艺参数

焊缝层次		焊条		焊条直径/mm	焊接电流/A	焊接电压/V
		牌号	型号①			
基层	1	J427	E4315	3	120	20
	2			4	160	24
	3			4	190	26
过渡层	4	A302	E309-16（E1-23-13-16）	4	130～140	20
复层	5	A312	E309Mo-16（E1-23-13Mo2-16）	4	140～150	20

① 括号内为 GB/T 983—2012 的型号。

焊接小直径复合钢管时，第一层焊道应采用钨极氩弧焊，然后用 E309-15 等奥氏体焊条焊接第二层。

原子能反应堆球形压力容器是由大厚度双层钢构成，施焊过程中先焊内部不锈钢复合层，再焊一层铁素体过渡层，最后用低合金钢焊条填满基层焊缝。根据工作条件选用结构材料时，应使奥氏体焊缝与珠光体钢熔合区中的扩散层降低到最小程度。这一点对于在高温和有腐蚀性介质中工作的构件以及焊后需要进行回火处理的大型构件来说，尤其重要。在很多情况下，焊接构件的允许工作温度应低于珠光体钢的使用温度。

由于熔合区化学成分、组织性能的不均匀性以及基层、复层两种钢热导率的差异，可能产生扩散过渡层或引起扩散过渡层变宽。为了防止扩散层的生成和变宽，可采用含碳化物形成元素的珠光体焊条进行焊接，或在焊接坡口处用 R207、R307 等耐热钢焊条堆焊稳定珠光体过渡层。

（5）不锈复合钢的焊后热处理

不锈复合钢热处理时，在复合钢交界面上会产生碳元素从基层向复层的扩散，并随温度升高，保温时间增长而加剧。结果在基层一侧形成脱碳层，在不锈钢一侧形成增碳层，使其硬度增高，韧性下降。脱碳层一侧软化，强度降低。基层与复层的热胀系数相差很大，在焊接加热、冷却过程中，在钢板的厚度方向上会产生很大的残余应力。这种残余应力在复层的不锈钢表面上形成拉伸应力，成为设备使用过程中产生应力腐蚀开裂等事故的重要原因之一，不可忽视。

在不锈复合钢的焊接接头中，既不进行复层的固溶处理，一般也不进行消应力热处理。但是，在极厚的复合钢的焊接中，往往要求采取中间退火和消除应力热处理。消除焊接残余应力的热处理最好在基层焊完后进行，热处理后再焊过渡层和复层。如需整体热处理时，选择热处理温度时应考虑对复层耐蚀性的影响、过渡层组织不均匀性及异种钢物理性能的差异。热处理温度一般为 450～650℃（多数情况下是选择下限温度而延长保温时间）。

奥氏体不锈钢具有良好的耐腐蚀性能，但是焊接接头存在拉应力的情况下，容易引起应力腐蚀裂纹，因此必须设法使其表面残余拉应力减小。减小不锈复合钢表面残余应力的方法有以下几种。

1）退火处理

退火可以减小不锈复合钢表面的残余应力，但是在不锈复合钢中，焊接接头的不锈钢一侧和碳钢一侧的物理、化学和力学性能有很大差异，即奥氏体不锈钢的热胀系数比碳钢大得多，在退火后的冷却过程中会产生热应力，所以退火并不能达到完全消除不锈钢残余拉应力的预期效果。但在相当高的温度下退火时，由于焊缝金属在常温下的屈服应力降低，使不锈钢部分的残余拉应力有一定的降低。另外，退火可以消除基层部分的残余应力。

2）借助变形法消除应力

对于存在有残余拉应力的焊接结构件，从外部施加拉伸变形（以弹性变形的大小为限），则存在残余拉应力的地方引起塑性变形而使残余应力降低。从实际效果看，通过应用变形法达到减轻双层不锈复合钢容器上复层部分的残余应力是可行的。

3）喷丸处理

采用喷丸处理双层复合钢的不锈钢部分，使材料表面造成残余压缩应力，从而达到防止应力腐蚀裂纹的产生。

7.4 铜-钢复合板的焊接

7.4.1 铜-钢复合板及焊接特点

（1）基本性能

铜-钢复合板常用脱氧铜或无氧铜作复层，复合板的长度和宽度按 50mm 的倍数进级，其尺寸由供需双方商定，复合板的平面度不大于 12mm/m。常用的铜-钢复合板的牌号和化学成分见表 7.21。

表 7.21 常用铜-钢复合板的牌号和化学成分

基层材料		复层材料	
牌号	化学成分规定	牌号	化学成分规定
Q235	GB/T 700	TU1 T2	GB/T 5231 （加工铜）
20g、16Mng	GB 713		
20R、16MnR	GB 6654		
16Mn	GB/T 1591	B30	GB/T 5234 （加工黄铜）
20	GB/T 699		

铜-钢复合板的最小抗拉强度 σ_b 应按下式计算。

$$\sigma_b=(t_1\sigma_1+t_2\sigma_2)/(t_1+t_2) \tag{7-3}$$

式中，σ_1 为钢基材抗拉强度下限（MPa）；t_1 为钢基材厚度（mm）；σ_2 为铜复材抗拉强度下限（MPa）；t_2 为铜复材厚度（mm）。

复合板的伸长率 δ_5（%）应不小于基材规定值。复合板的抗剪强度 τ_b 应不小于 100MPa。复层厚度不大于 3mm 时不做抗剪切强度试验，用冷弯试验检查复合强度。

（2）焊接特点

钢和铜在高温时的晶格类型、晶格常数和原子半径等都很接近，这对焊接是有利的。但是两者的熔点、热导率、线胀系数等物理性能差异较大，给焊接造成一定的困难。铜-钢复合板常用于化工、石油、制药、制盐等行业制造耐腐蚀的压力容器和真空设备。

钢与铜的线胀系数相差较大，而且铜-铁二元合金的结晶温度区间很大，故在焊接时容易产生热裂纹。铜对铁的表面活性高，液态铜或铜合金有可能向其所接触的近缝区的钢表面内部渗透，在钢的热影响区形成渗透裂纹。实践证明，含 Ni、Al、Si 铜合金的焊缝金属对钢的渗透较少，而含 Sn 的青铜则渗透严重。

此外，钢的组织状态也对铜与钢的渗透裂纹有重要影响。液态铜能浸润奥氏体而不能浸润铁素体，所以单相奥氏体钢热影响区易发生渗透裂纹，而奥氏体-铁素体双相钢热影响区不易发生渗透裂纹。

7.4.2 铜-钢复合板焊接工艺

针对铜和铜-镍合金复层最好的焊接方法是气体保护焊。当铜复层厚度大于 3.2mm 时，推荐预热温度不小于 150℃，用直径小于 1.6mm 的铜焊条焊接。当复层较薄时，若采用预热，应先去除一部分过渡层后再焊复层，以控制复层焊缝因稀释带入的铁量，保证其耐蚀性。

复层厚度小于 2.3mm 时，应在钢上小心地熔敷一层铜，再用后倾焊法的半自动 MIG 焊，电弧直接作用在熔池上，而不直接作用在钢上，使第一层焊道的含铁量小于5%，以防止热裂纹和渗透裂纹。

铜-钢复合板过渡层的焊接材料可按表 7.22 选取。铜-钢复合板对接时的坡口形式及尺寸见表 7.23。表 7.23 中后两种是先焊复层后焊基层的坡口形式。

表 7.22 铜-钢复合板过渡层的焊接材料

基层材料	复层材料				
	铜	铝青铜	磷青铜	硅青铜	白铜
低碳钢	ENiCu-7	TCuAl（T237） HSCuAl（HS213）	TCuSnB（T227） HSCuSn（HS212）	TCuAl（T237） HSCuAl（HS213）	ENiCu-7 或 TCuAl， HSCuAl（HS213）
低合金钢	ENiCu-7	TCuAl（T237） HSCuAl（HS213）	TCuSnB（T227） HSCuSn（HS212）	TCuAl（T237） HSCuSn（HS212）	ENiCu-7 或 TCuAl， HSCuAl（HS213）

注：括号内为焊条牌号或焊丝代号。

表 7.23 铜-钢复合板对接时的坡口形式及尺寸

接头形式	坡口尺寸				
	a/mm	*b*/mm	*P*/mm	*H*/mm	*α*/(°)
	2～4	2～3	1～3	—	60
	—	2～3	1～3	1～3	60
	2～4	1～3	—	—	60
	2～4	1～3	—	—	60

7.5 复合渗铝钢的焊接

在钢管表面渗铝而构成的渗铝钢管具有优异的抗高温氧化性和耐腐蚀性，可代替价格贵的不锈钢和耐热钢，提高石化设备的使用寿命，具有十分显著的经济效益。在一些工业发达国家渗铝钢管被广泛应用于石油、化工和电力等部门。但是，渗铝钢管的焊接有它的复杂性，对于不同的渗铝工艺（如热浸铝法、固体粉末法、喷渗法等），渗铝钢管的焊接性能差异很大。生产中应根据不同渗铝钢的性能特点制定相应的焊接工艺。

7.5.1 渗铝钢的特性及焊接特点

（1）渗铝钢的基本特性

渗铝钢是碳钢和低合金钢经过渗铝工艺，在钢材表面形成厚度 0.2～0.5mm 铁铝合金层的新型复合材料。渗铝钢具有优异的抗氧化性和耐腐蚀性，与原来未渗铝的钢材相比，渗铝钢可明显地提高抗氧化性的临界温度200℃以上，在高温 H_2S 介质中的耐腐蚀性可提高数十倍以上。

近年来，渗铝钢在我国一些产业部门（如电力、石油化工、汽车工业等领域）得到了应用，并显示出它的优越性。我国对渗铝钢焊接的研究大多是针对热浸渗铝钢的焊接，热浸渗铝工艺生产的渗铝钢渗层中 Al、Fe 含量，显微硬度及主要相组成见表 7.24。

表 7.24 热浸渗铝钢渗层中 Al、Fe 含量，显微硬度及主要相组成

距表层的距离/μm	区域	Al 含量/%	Fe 含量/%	显微硬度/MH	主要相组成
0	表层	36.6	64.0	180	Al_2O_3
12	渗铝层外层	34.0	66.0	240	$FeAl+Fe_3Al$
18		32.7	68.1	490	
24		—	—	630	
32	渗铝层中层	29.2	70.4	820	$Fe_2Al_5+FeAl+Fe_3Al$
55		26.5	73.2	740	
68		—	—	690	
80		—	—	614	$FeAl+Fe_3Al$
110		18.8	80.6	588	
130	渗铝层	10.8	89.2	423	$Fe_3Al+\alpha$-Fe（Al）固溶体
160		8.1	91.0	392	
180	渗铝层与母材交界	1.4	97.8	290	α-Fe（Al）固溶体+铁素体
190		0.3	99.2	270	

热浸渗铝钢在其工件表面存在脆性外表层，该脆性层主要是含 Al 较高的 Fe-Al 化合物脆性相，如 Fe_2Al_5 相（54.71%Al）等。由于脆性外表层的存在，使渗铝钢的焊接性变差，在焊接过程中极易产生裂纹。对热浸渗铝钢及时进行退火处理对减少脆性外表层有利，但完全消除脆性外表层需要进行长时间的退火处理，这对钢材基体的组织性能可能产生不利的影响。

我国针对电感应料浆工艺生产的渗铝钢也进行过深入的焊接性研究。电感应料浆法渗铝工艺包括工件表面预处理、渗铝料浆配制、化学渗剂和保护剂的涂刷与干燥、电感应热扩散处理以及表面清理等工序。在渗铝过程中采用电感应加热，可使扩散渗铝时间从十几小时缩短到几十分钟内完成。而且可以通过改变工艺参数控制渗层厚度和渗层中的铝浓度，保证渗铝层质量，改善其焊接性能。

（2）渗铝钢的焊接性特点

1）焊接裂纹倾向

焊缝金属或熔合区产生裂纹是渗铝钢焊接中的主要问题之一。铝是铁素体化元素，焊接时渗层中铝元素的熔入易使焊缝和熔合区韧性下降，所研制的专用焊条须含有一定的合金含量（如 Cr、Mo、Mn 等），具有高的抗裂性，焊后不产生裂纹。

2）熔合区耐蚀性下降

焊接区熔合不良或熔合区附近渗层中铝元素的降低，易导致渗铝钢焊接熔合区附近区域

耐腐蚀性下降，影响渗铝钢焊接结构的使用寿命。焊接中应采用尽可能小的焊接线能量或采取必要的工艺措施，减小熔合区附近铝元素的降低。

（3）解决渗铝钢焊接问题的途径

国内外在生产中解决渗铝钢焊接问题主要有以下两个途径，并已取得良好的效果。

① 将接头处的渗铝层去掉，用普通焊条焊接，焊后在焊接区域再喷涂一层铝。

② 采用不锈钢焊条或渗铝钢专用焊条进行焊接。

7.5.2 渗铝钢的焊接工艺

电感应料浆工艺生产的渗铝钢管渗铝后一般不降低其原有的强度性能且差异不大（表 7.25），从焊接角度看，焊缝金属的强度性能是容易满足的。

表 7.25　两种渗铝钢管渗铝前后的拉伸性能

母　材	状　态	抗拉强度 σ_b/MPa	屈服强度 σ_s/MPa	延伸率 δ/%	断面收缩率 ϕ/%
20 碳素钢管 (ϕ6×114)	渗铝前	400	250	20	36
	渗铝后	435，444，431 (436.7)	230，244，233 (237)	20，19，20 (20.2)	38，39，47 (41)
Cr5Mo 钢管 (ϕ10×114)	渗铝前	550	—	17	40
	渗铝后	535，560，570 (555)	—	19，20，22 (20.3)	55，54.50 (53)

注：括号中的数据为试验平均值。

电感应料浆工艺渗铝钢管的焊接工艺步骤如下。

① 渗铝钢焊接接头区域钢管内壁焊后无法再用喷涂或其他方法处理，除选用使焊缝金属本身耐热抗蚀的焊条以外，还须从焊接工艺操作上保证单面焊双面成形。

② 施焊前在渗铝钢管对接接头内壁两侧涂敷焊接涂层，该涂层在焊接过程中对熔池有托敷作用，防止焊穿和确保焊缝背面熔合区熔合良好；此外在焊接条件下涂层中的化学渗剂迅速分解，产生活性铝原子并向焊接熔合区渗入，以补偿焊接接头背面熔合区渗层中铝的烧损，达到提高焊接熔合区抗高温氧化性和耐蚀性的目的。

焊接涂层由化学渗剂层和保护剂层构成。化学渗剂层的作用是向焊接熔合区渗层提供补偿渗铝所必需的活性铝原子源和产生较高的铝势。保护剂层的作用是阻止焊接区域氧化性气氛对化学渗剂析出的活性铝原子氧化，保证补偿渗铝过程的进行。

③ 在渗铝钢管焊接区域外侧涂敷白垩粉以防止焊接飞溅，确保渗铝层质量。

④ 用坡口机在渗铝钢管对接接头处开单面 V 形坡口，坡口角度 60°～65°，钝边 1mm 以下，接头间隙 3mm 左右。焊接装配时应严格保证钢管接口处内壁平齐，错边量应小于壁厚的 10%，最大不得超过 1mm。点固焊点应尽可能小，点固后不得随意敲击。

⑤ 打底层是渗铝钢管单面焊双面成形的关键，施焊时须密切注视熔池动向，严格控制熔孔尺寸，使焊接电弧始终对准坡口内角并与工件两侧夹角成 90°。更换焊条要迅速，应在焊缝热态下完成焊条更换，以防止焊条接头处出现背面熔合不良现象。封闭环缝时应稍将焊条向下压，以保证根部熔合。打底层焊接要求接头背面焊缝金属与两侧渗层充分熔合；盖面层焊接要求焊道表面平滑美观，两侧不出现咬边。

⑥ 在整个焊接过程中不能随意在渗铝钢管表面引弧，以免烧损渗铝层。焊后应立即将焊接区域缠上石棉，以防止冷却过快产生淬硬而导致微裂纹，特别是铬钼渗铝钢焊接更应注意焊后缓冷。

采用专用焊条或 Cr25-Ni13 奥氏体焊条，严格按单面焊双面成形工艺进行焊接，推荐的焊接工艺参数见表 7.26。

表 7.26 渗铝钢管手工电弧焊的工艺参数

母　材	焊　条	焊接次序	焊接电流/A	焊接电压/V	电源极性
碳素渗铝钢管 （ϕ6×114）	E309-16 （ϕ3.2）	打底层	85～95	25～28	交流
		盖面层	90～105	26～30	交流
Cr5Mo 渗铝钢管 （ϕ10×114）	E309-16 （ϕ3.2）	打底层	85～95	26～30	交流
		盖面层	90～110	26～32	交流

应确保渗铝钢焊缝金属与渗层熔合良好，焊接接头背面渗铝层从热影响区连续过渡到焊缝。这种焊接工艺简便实用，为推动渗铝钢管在我国石化设备中的应用提供了有利条件。

7.5.3 渗铝钢的焊接接头性能

1）渗层厚度及显微硬度

渗铝钢管焊缝的成分和组织性能取决于填充金属的成分和熔合比。用 Cr18-Ni9 和 Cr18Ni12Mn2 焊条焊接渗铝钢管，焊缝金属易形成马氏体（M）+奥氏体（A），增大焊缝脆性，促成焊接冷裂纹产生。采用 Cr25-Ni13 系焊条时，焊缝成分离（M+A）区较远，不易产生马氏体组织，焊缝金属为奥氏体+δ 铁素体的双相组织。而 Cr25-Ni20 系焊条的焊缝组织为单相奥氏体，抗热裂性和抗晶间腐蚀性都较双相组织差。

金相观察表明，渗铝钢管渗层厚度均匀，无裂纹、夹杂和渗漏现象。用 3% HNO_3 酒精溶液浸蚀渗铝钢管试样断面，可使渗铝层与基体组织显露出来。碳素渗铝钢管与 Cr5Mo 渗铝钢管内壁渗层厚度分别为 0.17～0.23mm 和 0.12～0.16mm，外壁渗层厚度分别为 0.15～0.20mm、0.10～0.14mm。

采用 Cr25-Ni13 奥氏体焊条，在渗铝钢管接头处内壁涂敷焊接工艺涂层，严格按单面焊双面成形工艺焊接渗铝钢管，可确保渗铝钢管焊接接头焊缝金属与渗层熔合良好。焊接接头背面的渗铝层从热影响区连续过渡到焊缝，如图 7.8 所示，基体金属不外露，保证了渗铝钢管焊接区域良好的使用性能。实际焊接施工时，只要保证渗铝钢管焊接接头处焊缝金属与渗铝层熔合良好，无咬边现象，可使焊接接头区域具有良好的耐腐蚀性和抗高温氧化性能。

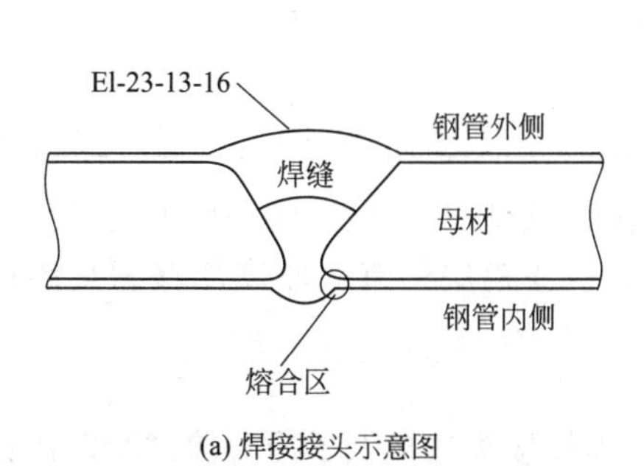

(a) 焊接接头示意图　　(b) 显微组织 (100×)

图 7.8 渗铝钢管焊缝金属与渗铝层熔合良好

渗铝层显微硬度是在 50g 载荷下加载 12s 后测定的，显微硬度从渗层表面到基体是逐渐降低的，渗铝层平均显微硬度值在 500～310MH 的范围。显微硬度值较低，表明渗铝层具有一定的抗变形能力，塑韧性较好，明显改善了焊接性能。

2）渗层中的铝含量及相结构

渗铝层中的铝含量是评定渗层耐热抗蚀性能的重要参数。利用扫描电镜和 JCXA-733 电子探针 X-射线微区分析仪（EPMA）自渗层表面沿深度方向做点成分分析。通过电感应料浆工艺制备的碳素渗铝钢渗层中的 Al 含量、Fe 含量、显微硬度以及主要相组成见表 7.27。

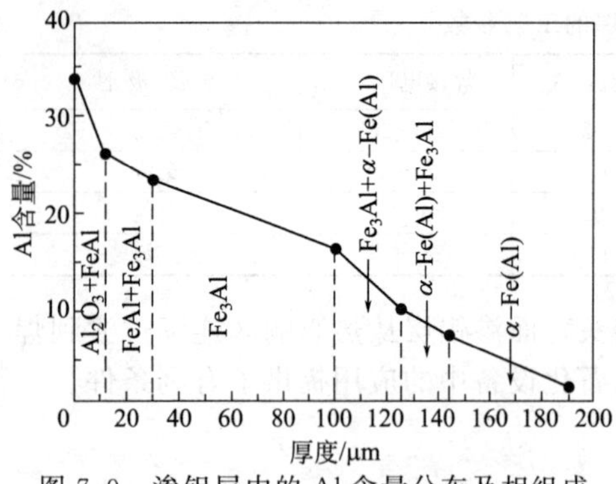

图 7.9 渗铝层中的 Al 含量分布及相组成

渗铝层中的 Al 含量分布及相组成如图 7.9 所示。铬钼渗铝钢渗层中 Al、Fe、Cr 含量见表 7.28。

分析表明，渗铝层由不同比例的 α-Fe(Al) 固溶体、Fe_3Al(13.87%Al)、FeAl(32.57%Al) 和表面层少量 Al_2O_3 构成，不存在含铝更高的脆性相，如 $FeAl_2$(49.13%Al)、Fe_2Al_5(54.71%Al) 和 $FeAl_3$(59.18%Al) 等，消除了由于这些脆性相而导致的渗铝层性能脆化的问题。随着渗铝层深度的增加，α-Fe(Al) 固溶体所占的比例越来越多，Fe_3Al 和 FeAl 两相所占的比例越来越少。

表 7.27 碳素渗铝钢渗层中 Al、Fe 含量、显微硬度以及主要相组成

距表层的距离/μm	区域	Al 含量/%	Fe 含量/%	显微硬度/MH	主要相组成
0	渗铝层外层	28.0	72.0	—	Al_2O_3+FeAl
8		26.5	73.1	—	
15		—	—	600	
30	渗铝层中层	23.2	76.4	490	Fe_3Al
45		—	—	475	
52		21.6	77.8	471	
75		—	—	415	
98		16.7	82.6	398	
125	渗铝层	9.8	89.5	393	Fe_3Al+α-Fe (Al) 固溶体
144		6.8	92.6	364	
180	渗铝层与母材交界	—	—	350	α-Fe (Al) 固溶体
190		1.3	97.5	320	

表 7.28 铬钼渗铝钢渗层中 Al、Fe、Cr 含量

测定点	渗层深度/mm	Al 含量/%	Fe 含量/%	Cr 含量%
1	0.006	34.19	62.68	3.21
2	0.052	29.24	66.95	3.31
3	0.098	12.49	82.05	5.03
4	0.125	8.55	—	—
5	0.144	3.89	88.74	5.45
6	0.190	0.04	92.13	5.56

电子探针（EPMA）分析表明，渗铝层中的铝含量随着渗层深度的增加而降低，当渗层深度不超过 0.125mm 时，其铝浓度在 8%以上。该渗铝层的有效厚度能够满足渗铝钢抗高温氧化和耐腐蚀性方面的使用要求。

3）渗层的抗变形能力

为进一步考察渗铝层的抗弯曲变形能力，对焊接接头试样做了冷弯曲试验。渗铝钢管内外壁保留了原始渗层，弯曲角分别为 90°、50°、30°、20°、10°，然后将冷弯后的试样用 30%的 HNO_3 水溶液擦试，在 5～10 倍放大镜下观察：碳素渗铝钢管渗层弯曲 10°不发生任何裂纹；铬钼渗铝钢管渗层弯曲 30°不发生任何裂纹。

此外，在铬钼渗铝钢管上截取变形试样，在平均应力为 470MPa、伸长量为 7%的情况下，用 30%的 HNO_3 水溶液在 200mm 长度内擦试渗层后用 5～10 倍放大镜观测，也未发现任何裂纹。所以渗铝层有一定的抗变形能力，塑韧性较好，对焊接性是有利的。

4）焊接接头的抗氧化性和耐蚀性

通过外表观测、比较法和现场挂片试验评定渗铝钢管焊接接头区的抗高温氧化性和抗 H_2S 腐蚀性能。渗铝钢管焊接接头不同部位渗铝层的抗高温氧化性不适于用失重法进行评定，可采用外表观测法对试样不同部位做相对比较。根据其氧化程度进行分级。

Ⅰ级：基本不氧化，试样表面平整，无凹无痕，外观基本无变化。

Ⅱ级：少量氧化，试样表面尚平，但外观有所变化，有少量氧化皮、微痕或微凹。

Ⅲ级：不具备抗高温氧化性，试样表面氧化皮层脱落。

在600℃的试验温度下，氧化时间累计计算的试验结果见表7.29。

表7.29　渗铝钢焊接接头高温抗氧化试验结果

试样及观测部位			碳素渗铝钢 600℃×h							Cr5Mo 渗铝钢 600℃×h							
			100	200	400	600	800	1000	1200	200	400	600	800	1000	1200	1400	1800
Cr25-Ni13 焊缝			Ⅰ	Ⅰ	Ⅰ	Ⅰ	Ⅰ	Ⅰ	Ⅰ	Ⅰ	Ⅰ	Ⅰ	Ⅰ	Ⅰ	Ⅰ	Ⅰ	Ⅰ
接头背面渗铝层	熔合区	无涂层	Ⅰ	Ⅰ	Ⅰ	Ⅰ	Ⅰ	Ⅱ	Ⅱ	Ⅰ	Ⅰ	Ⅰ	Ⅰ	Ⅰ	Ⅰ	Ⅱ	Ⅱ
		有涂层	Ⅰ	Ⅰ	Ⅰ	Ⅰ	Ⅰ	Ⅰ	Ⅰ	Ⅰ	Ⅰ	Ⅰ	Ⅰ	Ⅰ	Ⅰ	Ⅰ	Ⅰ
	热影响区		Ⅰ	Ⅰ	Ⅰ	Ⅰ	Ⅰ	Ⅰ	Ⅰ	Ⅰ	Ⅰ	Ⅰ	Ⅰ	Ⅰ	Ⅰ	Ⅰ	Ⅰ
	母材		Ⅰ	Ⅰ	Ⅰ	Ⅰ	Ⅰ	Ⅰ	Ⅰ	Ⅰ	Ⅰ	Ⅰ	Ⅰ	Ⅰ	Ⅰ	Ⅰ	Ⅰ
母材基体			Ⅱ	Ⅱ	Ⅲ	严重氧化				Ⅰ	Ⅰ	Ⅰ	Ⅱ	Ⅱ	Ⅱ	Ⅱ	Ⅱ

腐蚀介质中的 H_2S 是促进渗铝钢管焊接区腐蚀的主要因素。常温试验中采用硫酸（H_2SO_4）稀溶液和硫化钠（Na_2S）饱和溶液相作用，反应生成 H_2S 气体。

$$H_2SO_4(L)+Na_2S(L)=Na_2SO_4(L)+H_2S(g)\uparrow$$

将其生成的 H_2S 饱和溶解于装有渗铝钢焊接接头试样的NaCl封闭液（中性）容器中。研究表明，单一的水溶液对材料的腐蚀并不严重，但若加入一些盐、酸之类的添加剂，可使腐蚀速度提高几十倍。试验过程中不断保持NaCl溶液中的 H_2S 饱和状态，试验装置密封性要求较高，剩余的 H_2S 气体采用10%NaOH溶液进行吸收。试验用溶液的组成及pH值见表7.30，渗铝钢管焊接接头的常温 H_2S 腐蚀的试验结果见表7.31。

表7.30　试验溶液的组成及pH值

溶液名称	组　成	pH值
饱和硫化钠溶液	$9\%Na_2S+H_2O$	8.7
稀硫酸	$20\%H_2SO_4+H_2O$	2.5
氯化钠溶液	$3.5\%NaCl+0.5\%HCl+H_2O$	7
氢氧化钠溶液	$10\%NaOH+H_2O$	10.5

表7.31　渗铝钢管焊接接头常温 H_2S 腐蚀的试验结果

渗铝钢	焊接工艺	腐蚀时间/h	抗 H_2S 腐蚀性				
			焊缝	渗铝钢管内壁渗层			母材腐蚀深度/mm
				熔合区	热影响区	母材	
碳素渗铝钢	无涂层	720	+	+	−	+	0.2～0.3
	有涂层	720	+	+	+	+	
Cr5Mo 渗铝钢	无涂层	960	+	−	+	+	0.1～0.2
	有涂层	960	+	+	+	+	

注：表中"+"表示渗层完好；"−"表示渗层开始腐蚀。

H_2S 腐蚀试验结果表明，渗铝钢管内壁焊接熔合区渗层的抗 H_2S 腐蚀性与母材渗层差不多，表面平整、无凹坑，具有良好的耐蚀性。

对采用电感应料浆法生产的渗铝钢管焊接接头试样在某炼油厂进行现场挂片和生产运行试验。从在该炼油厂常减压塔某副线中经过2640h挂片试验取出的试样看，管状焊接接头试样表面光洁，试样内壁完好无损，试样端面焊缝、熔合区、热影响区及母材渗铝层连为一体形成"墙壁"，焊缝金属与渗铝层"墙壁"之间（熔合区渗层处）无腐蚀破断现象，耐腐蚀性良好。现场挂片试验表明该渗铝钢管焊接接头能够满足在化工设备中的使用要求。

第 8 章

低熔点、难熔及稀有金属的焊接

低熔点有色金属（如铅、锌等）的熔点远低于电弧温度，具有塑性好、流动性强的特点。难熔有色金属是指熔点高、热导率高、线胀系数小，具有高温抗氧化性和良好耐腐蚀性的一类金属，如钨、钼、钽、铌等，主要应用在航空航天、核能、化工、电子等工业部门。常用的稀有有色金属主要有银、金、铂等，具有塑性好、化学稳定性高以及抗氧化性强等特点，在钎料、电子工业、首饰制作等方面有广泛应用。低熔点、难熔及稀有金属的焊接及应用日益受到人们的重视。

8.1 低熔点有色金属的焊接

8.1.1 铅及其合金的焊接

(1) 铅及其合金的分类和性能

铅是一种塑性良好、强度低、耐蚀性高的有色金属，对振动、声波、X 射线和 γ 射线都具有很大的衰减能力，但导电性、导热性比一般金属差，在空气中呈灰黑色。铅及铅合金可分为高纯铅、纯铅、铅锑合金、硬铅、特硬铅、铅银合金和铸造铅基轴承合金等。用于焊接的主要是工业纯铅、铅锑合金、硬铅和特硬铅。纯铅的化学成分及用途见表 8.1。纯铅的物理性能和力学性能见表 8.2。铅中存在较多杂质和合金元素时会降低其熔点、密度和耐蚀性，但能提高强度和硬度。加入 Sb、Cu、Sn、Ag 等元素可提高铅的再结晶温度、硬度、强度及细化晶粒等，并保持合金良好的耐蚀性。

表 8.1 纯铅的化学成分及用途

牌号	化学成分(质量分数)/%												用途
	Pb≥	杂质含量≤											
		Ag	Cu	As	Sb	Sn	Zn	Fe	Si	Mg+Ca+Na		总和	
Pb-1	99.994	0.0003	0.0005	0.0005	0.0005	0.001	0.0005	0.0005	0.003	0.003		0.006	铅粉及特殊用途
Pb-2	99.99	0.0005	0.001	0.001	0.001	0.001	0.001	0.001	0.005	0.003		0.01	铅光学玻璃及铅制品
Pb-3	99.98	0.001	0.001	0.002	0.004	0.002	0.001	0.002	0.006	0.003		0.02	铅合金板栅和印刷铅板
Pb-4	99.95	0.0015	0.001	0.002	0.005	0.002	0.002	0.003	0.03	Mg 0.005	Ca+Na 0.002	0.05	耐酸衬料和管子
Pb-5	99.9	0.002	0.002	0.005	Sb+Sn 0.01		0.005	0.005	0.06	0.01	0.04	0.10	焊锡、铅包电缆，印刷铅字合金

续表

牌号	化学成分(质量分数)/%												用途
	Pb≥	杂质含量≤											
		Ag	Cu	As	Sb	Sn	Zn	Fe	Si	Mg+Ca+Na	总和		
Pb-6	99.5	0.002	0.09	As+Sb+Sn 0.25			0.01	0.01	0.01	0.02	0.10	0.10	淬火槽及水道管子接头

表 8.2 纯铅的物理性能和力学性能

密度 /g·cm^{-3}	熔点 /℃	热导率 /W·m^{-1}·K^{-1}	电阻率 /10^{-8}Ω·m	抗拉强度 /MPa	屈服强度 /MPa	伸长率 /%	硬度/HB
11.34	327.3	207	20.6	9.8～29.4	4.9	40～50	4～6

工业用铅合金主要是铅锑合金，表 8.3 为铅锑合金的成分、力学性能和用途。铅锑合金中再加入 Cu、Sn 便形成硬铅，硬铅的密度比铅高，可作为结构材料，在化工防腐蚀设备中被广泛应用，但硬铅的耐腐蚀性比纯铅略有降低，硬铅及特硬铅的化学成分和用途见表 8.4 和表 8.5。

表 8.3 铅锑合金的成分、力学性能和用途

牌号	成分/%		抗拉强度 /MPa	伸长率 /%	硬度/HB	用途
	Pb	Sb				
Pb-Sb0.5	余量	0.3～0.8	—	—	—	化肥、化纤、农药、造船、电气设备中作耐酸、耐蚀和防护材料
Pb-Sb2	余量	1.5～2.5	—	—	—	
Pb-Sb4	余量	3.5～4.5	38.6(铸造) 27.5(轧制)	20 50	10 8	
Pb-Sb6	余量	5.0～7.0	46.8(铸造) 28.9(轧制)	24 50	12 9	
Pb-Sb8	余量	7.0～9.2	51.0(铸造) 31.7(轧制)	19 30	1.3 9	
Pb-Sb12	余量	10.0～14.0	—	—	—	

表 8.4 硬铅的化学成分和用途

牌号	化学成分/%				用途
	Sb	Cu	Sn	Pb	
PbSb4-0.2-0.5	3.5～4.5	0.05～0.2	0.05～0.5	余量	化纤设备中耐酸、耐蚀材料
PbSb6-0.2-0.5	5.5～6.5	0.05～0.2	0.05～0.5	余量	
PbSb8-0.2-0.5	7.5～8.5	0.05～0.2	0.05～0.5	余量	
PbSb10-0.2-0.5	9.5～10.5	0.05～0.2	0.05～0.5	余量	

表 8.5 特硬铅的化学成分和用途

牌号	化学成分/%						用途
	Sb	Cu	Ag	Te	Se	Pb	
PbSb0.05-0.1	—	0.1～0.5	0.01～0.1	0.04～0.1	0.01～0.05	余量	尼龙等工业中用作耐蚀材料
PbSb0.5-2	—	0.1～0.5	0.01～2.0	0.04～0.1	0.01～0.05	余量	
PbSb2-0.1-0.5	1.5～2.5	0.05～0.2	0.01～0.5	0.04～0.1	0.01～0.05	余量	
PbSb4-0.1-0.5	3.5～4.5	0.05～0.2	0.01～0.5	0.04～0.1	0.01～0.05	余量	
PbSb6-0.1-0.5	5.5～6.5	0.05～0.2	0.01～0.5	0.04～0.1	0.01～0.05	余量	
PbSb8-0.1-0.5	7.5～8.5	0.05～0.2	0.01～0.5	0.04～0.1	0.01～0.05	余量	

铅在大气、淡水、海水中很稳定。水中存在氧和二氧化碳气体时，腐蚀程度将明显增

加。切开纯铅，其表面呈银白色光泽，但铅暴露于空气中，立即被氧化生成灰黑色氧化铅，氧化铅是一种附着在铅表面的薄膜，可以保护薄膜底部的铅免受进一步氧化。

铅对硫酸有较好的耐蚀性能。铅与硫酸作用时，在其表面即产生一层不溶解的硫酸铅，保护内部铅不再被继续腐蚀。此外，铅对磷酸、亚硫酸、铬酸和氢氟酸等也有良好耐蚀性，但铅不耐硝酸腐蚀，在盐酸中也不稳定。

（2）铅及其合金的焊接特点

铅的焊接性及软钎焊性较好，铅及其合金的焊接特点如下。

① 铅对氧的亲和力很强，在焊接过程中铅表面易生成氧化铅薄膜，氧化铅的熔点比铅高很多（为800℃），而密度比铅小，会浮在熔池表面，阻碍铅熔滴与熔池金属相熔合，以致产生夹渣、未焊透和咬边等缺陷。此外，焊接操作者会因浮于表面的氧化铅未熔化而继续加热，导致焊缝塌陷甚至烧穿。

② 焊接铅时，因其熔点低、热导率低，所需的焊接热量不宜太大。由于铅的塑性变形能力强，焊后应力松弛明显，一般焊后只要用木锤敲打焊缝就能消除焊接应力。

③ 铅的再结晶温度为15～20℃，在低于室温条件下就能完成再结晶过程，故焊接热影响区没有硬化倾向。

④ 铅熔化后流动性好，焊接熔池中铅很容易流淌，使横焊和仰焊操作不便。在焊接薄板时，一般采用搭接或卷边对接焊。

⑤ 焊接铅及其合金时必须注意安全防护。焊接操作者如果吸入过量的有毒铅氧化物，将引起铅中毒，因此要采取较好的通风措施。

⑥ 由于铅熔点较低，易氧化，因此软钎焊铅时要注意防止铅的熔化。一般铅及其合金易实现软钎焊，但对接头有耐腐蚀性要求时，最好不采用软钎焊而采用熔焊。

⑦ 焊接加热时铅的晶粒易长大。为了提高焊缝的塑性，母材或焊丝中应加入适量的变质剂，如Ca、Sn、Se等。

（3）铅及其合金的气焊

1）气焊火焰的选择

火焰温度不能过高也不能过低；火焰的体积要小，焰芯要直、热量集中；火焰压力要低、冲击力要小，以适应熔化的铅液流动性强的特点，从而保持熔池的稳定。气焊铅用的热源选择与比较见表8.6。

表8.6 气焊铅用的热源选择与比较

气　体	热值 /kcal·m^3	焊枪中氧与可燃气体体积比	火焰温度 /℃	优、缺点
氢	2566～3048	—	2500	最适宜焊接铅，成本相对较高
乙炔	最低12600	1～1.3	3100	成本较氢低，最适宜搪铅
液化气	最低21200	3～3.5	2100（以丙烷为主）	适用于有炼油厂地区，价格便宜
天然气	平均8500	依组成而定	2000～2300	适用于天然气产地
煤气	炼焦煤气3900 炼铁煤气950 发生炉煤气1400	依不同组成而定	1800～2000	适用于气体产地

焊接厚度不超过7mm的铅板，采用氢-氧焰较易掌握。其火焰温度较氧-乙炔焰低，气

流缓和、焊接熔池平稳。焊接厚度大于7mm的铅板，采用氧-乙炔焰，其火焰温度高、焰芯温度集中。氢-氧焰和氧-乙炔焰在焊接操作技术上的差别不大，工艺参数选择见表8.7。

表8.7 铅气焊的工艺参数

板厚/mm	焊缝位置							
	平焊①		横焊②		立焊②		仰焊②	
	焊嘴号	焰芯长度/mm	焊嘴号	焰芯长度/mm	焊嘴号	焰芯长度/mm	焊嘴号	焰芯长度/mm
1～3	1～2	8	0～2	6	0～1	4	0～1	4
4～7	3～4	8	1～2	8	0～2	6	0～2	6
8～10	4～5	12	3～4	10	2～3	8	2～3	8
12～15	6	15	3～4	10	2～3	8	2～3	8

① 平焊为对接焊缝。

② 横、立、仰焊均为搭接焊缝。

2）焊前准备

① 焊接接头形式的选定　铅及其合金气焊的接头形式主要有对接、搭接和卷边三种，如图8.1所示。

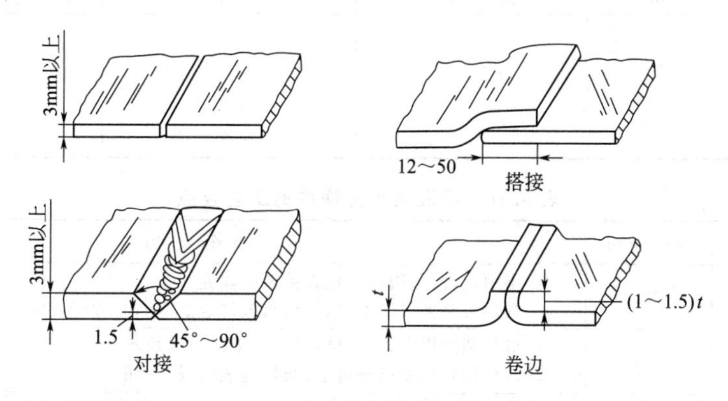

图8.1 铅及其合金气焊的接头形式

② 焊件焊接边缘的准备　焊接边缘两侧的油脂、泥砂和污垢等必须清除；对接接头两侧或坡口两侧表面的氧化铅薄膜应采用刮刀清除，露出铅的金属光泽，清理宽度视焊件厚度而定，见表8.8。当焊接长焊缝时，采取边刮边焊的方法，防止火焰中氧与铅化合再次产生氧化铅薄膜。

表8.8 铅焊件清理宽度与焊件厚度的关系

焊件厚度/mm	清理宽度/mm
<5	20～25
5～8	30～35
9～12	35～40

③ 点固焊　为防止焊接变形引起的错位，焊件装配时需要用点焊固定。厚度在5mm以下的平对接焊缝，点固焊缝长度为10～20mm，间距为250～300mm；对接管焊缝的点固焊缝间距一般相隔120°，如果管径较大时，间距为90°，点固焊缝需完全焊透。

④ 填充金属选择　使用与母材相同或相近的材料作为焊接材料。异种铅材焊接时，选用与强度较高一侧母材成分相近的焊接材料。允许从焊件边缘剪下细条使用或将细条浇注成

焊丝使用。卷边对接焊缝不需要填充金属。

3）铅及其合金气焊工艺要点

平焊时，焊炬做直线运动，摆频为 80～100 次/min，由右向左焊。摆动时焰芯向左提高约 4mm，向右返回时随接头底部金属熔化而填丝。焊接硬铅时还需作横向摆动，使坡口两侧充分熔化。盖面时采用圆弧形动作，使表面呈美观的鱼鳞纹。几块铅板拼接时，同向焊缝应错开 50mm 以上，避免十字交叉。平搭接角焊缝一般需焊两层以上，使焊缝饱满，并高出上板板边。卷边平焊时焊炬与焊件表面成 45°～60°角，并可略作纵向摆动，不填丝。

搭接立焊时，焰芯直指下板，当金属开始熔化时立即将焰芯指向上板边缘，但不能使上板边缘熔化过多。焊炬与焊缝表面呈约 80°角。焊丝直径及焊嘴尺寸选择见表 8.9。对接立焊时，熔池金属容易流淌使焊缝出现空穴，因此应选用稍小于搭接立焊的焊嘴尺寸和火焰功率，以减小熔池尺寸。为获得要求的熔宽，焊炬应做横向摆动；为防止熔池流淌，必要时可加挡板支撑。横焊有对接、搭接、角接之分，操作工艺要点见表 8.10。

表 8.9　搭接立焊时焊丝直径及焊嘴尺寸选择

焊件厚度/mm	焊丝直径/mm	氢-氧焰的焊嘴直径/mm	氧-乙炔焰的焊嘴直径/mm	焊接方法
1.5～3.0	不加丝或 2～3	0.5～1.0	0.50	直接法
3～6	2～4	1.0～1.5	0.60	直接法
6～12	3～5	1.5～2.5	0.75	—
12～25	4～6	—	1.25	用挡模法

表 8.10　铅及其合金横焊的工艺要点

焊缝类型	板厚/mm	操作要点
搭接横焊（焊缝朝上）	≤2	① 不填丝，由板边缘熔化直接形成焊缝 ② 焊炬可略做纵向摆动，焊嘴与板材成 25°角，与焊缝表面成 75°角
	≥4	① 应焊两层以上，第一层焊同上，第二层焊填丝 ② 焊丝用直线断续送进法，与焊缝表面成 40°角
搭接横焊（焊缝朝下）	不限	必须使用挡模支撑焊缝下方，两侧用石棉板封堵后逐段施焊
对接横焊	≤6	先在下板边缘根部焊接一层，随后逐层堆高直至与上板边缘熔合
	≥13	① 置石棉绳于焊缝下端，可起挡板作用 ② 上板开 60°单 V 形坡口，下板开 I 形坡口 ③ 操作时焰芯对准下板边缘根部，同时填丝，直至与上板坡口根部金属相熔合时，焰芯即转向上板根部，使之熔化

仰焊操作特别困难，一般只用于厚度小于 6mm 的板材。仰焊时焊速要快以获得较小的熔池，避免熔池液体的流淌。角接焊可采用船形位置焊、折边角焊或使用挡板进行立焊。

4）铅及其合金的其他焊接方法

① 碳弧焊　可采用交流电，但直流电正极性效果最好，不需焊剂。焊接工艺参数见表 8.11。

表 8.11　铅及其合金碳弧焊的工艺参数

板厚/mm	焊丝直径/mm	焊接电流/A	电弧长度/mm
1～5	6～12	25～40	4～6
6～10	10～15	40～65	6～8
11～15	15～20	65～95	8～12
16～30	15～20	95～100	8～12

② 钨极氩弧焊　广泛用于焊铅，厚度小于3mm铅板的直流钨极氩弧焊的工艺参数见表8.12。厚度3～5mm铅板采用脉冲钨极氩弧焊，可不加填充金属。不同空间位置的焊接工艺参数见表8.13。

表8.12　薄铅板钨极氩弧焊的工艺参数

焊接位置和接头形式	焊丝直径/mm	焊接电流/A	电弧长度/mm	氩气流量/L·min^{-1}
平焊对接	1.5	12～15	1.5	1.5～2.0
立焊和仰焊对接	1.0	8～10	1.0	1.5
横焊搭接	1.5	12～15	1.5	1.5～2.0
立焊搭接	1.0	8～10	1.0	1.5

表8.13　铅板脉冲钨极氩弧焊的工艺参数

焊接位置和接头形式	板厚/mm	脉冲电流/A	脉冲电压/V	维持电弧		脉冲间歇时间/s	焊接速度/m·h^{-1}	附　注
				电流/A	电压/V			
立焊搭接	3	20～22	17～18	4～5	15～18	0.12～0.15 0.48～0.60	11～13	
立焊搭接	5	38～40	17～18	4～5	15～18	0.12～0.15 0.48～0.60	11～13	
横焊搭接	3	18～20	17～18	—	—	—	20～24	
横焊搭接	5	第一道20～22 第二道22	17～18 17～18	—	—	—	32～36 15～18	第一道不加填充金属 第二道加填充金属
仰焊搭接	3	15～18	17～18	4～5	15～18	0.12～0.15 0.50～0.58	10～12	
仰焊搭接	5	20～22	17～18	4～5	15～18	0.12～0.15 0.50～0.58	8～10	
平焊对接	3	14～16	18～19	—	—	—	16～18	加填充金属
平焊对接	5	第一道16～18 第二道30～33	18～19 18～19	—	—	—	30～32 30～32	第一道不加填充金属 第二道加填充金属
平焊对接	3	第一道18～20 第二道18～20	18～19 18～19	—	—	—	30～32 30～32	两道都不加填充金属
平焊对接	5	第一道25～28 第二道25～28	18～19 18～19	—	—	—	30～36 45～50	两道都加填充金属

③ 冷焊　主要用于小厚度铅件焊接，焊后接头强度可与母材等强，导电性能也与母材大致相同。铅件还可采用爆炸焊进行焊接。

④ 软钎焊　铅及某些铅合金可成功地进行软钎焊。常用的软钎料有含Sn 3%～4%、Tb 2%的铅基钎料，含Sn 34.5%、Tb 1.25%、As 0.11%的铅基钎料及含Sn 50%、Pb 50%的锡铅钎料。常用的钎剂为活性松香钎剂、有机硬脂酸钎剂及动物脂钎剂。钎焊前，必须用钢丝刷或刮刀将待焊区彻底清理干净，然后立即涂抹钎剂，以免待焊区被再次氧化。

搭接接头适用于厚度小于3.3mm的焊件，最小搭接长度为9.7mm。锁缝接头适用于承受拉伸载荷的焊件，缝宽大于12.7mm。对接接头开45°坡口，钎焊时加入足够钎料以获得稍凸起的接头表面，接头强度取决于钎料强度。

8.1.2　锌及其合金的焊接

(1) 锌及其合金的分类和性能

锌具有较好的耐蚀性和较高的力学性能，在常温和低温时很脆，在100～150℃时有良好的塑性，可加工成板带等，用于电池、印刷、日用五金等部门。锌在常温下易形成孪晶，因此常温加工时将迅速发生加工硬化，所以加工时比铜等金属困难。锌在干空气中几乎不氧化，但在湿气和碳化气体中，表面易生成碳酸盐薄膜，防止锌继续氧化。锌中加铜可提高强度、硬度和冲击韧性，塑性则有所降低。锌合金可分为锌铜合金和锌铝合金，各类锌及其合金的化学成分和用途见表 8.14 和表 8.15。锌的物理性能和力学性能见表 8.16。

表 8.14 锌的化学成分和用途

牌号	化学成分(质量分数)/%								用途
	Zn≥	杂质含量≤							
		Pb	Fe	Cd	Cu	As	Sb	Sn	总和	
Zn1	99.99	0.005	0.003	0.002	0.001	—	—	—	0.010	制成板、箔、线，用于机械、仪表工业制造零件以及电镀阳极板等
Zn2	99.96	0.015	0.010	0.01	0.001	—	—	—	0.040	
Zn3	99.90	0.05	0.02	0.02	0.002	—	—	—	0.10	
Zn4	99.50	0.3	0.03	0.07	0.002	0.005	0.01	0.002	0.5	
Zn5	98.70	1.0	0.07	0.2	0.005	0.01	0.02	0.002	1.3	制嵌线锌板，印花锌板等

表 8.15 锌合金的化学成分和用途

分类	牌号	化学成分/%				用途
		Al	Cu	Mg	Zn	
锌铜合金	ZnCu1.5	—	1.2～1.7	—	余量	用于 H62、H70 等黄铜代用品，可轧制和挤压
	ZnCu1.2	—	1.0～1.5	—	余量	
	ZnCu1.0	—	0.8～1.2	—	余量	
	ZnCu0.3	—	0.2～0.4	—	余量	
锌铝合金	ZnAl15	14～16	—	0.02～0.04	余量	用于黄铜代用品，可挤压
	ZnAl10-5	9～11	4.5～5.5	—	余量	
	ZnAl10-1	9～10	0.6～1.0	0.02～0.05	余量	—
	ZnAl4-1	3.7～4.3	0.6～1.0	0.02～0.05	余量	用于 H59 黄铜代用品，可轧制和挤压
	ZnAl0.2-4	0.2～0.25	3.5～4.5	—	余量	可供制造尺寸要求稳定的零件，可轧制和挤压

表 8.16 锌的物理性能和力学性能

密度 /g·cm^{-3}	熔点 /℃	热导率 /W·m^{-1}·K^{-1}	电阻率 /$10^{-8}\Omega\cdot m$	抗拉强度 /MPa	屈服强度 /MPa	伸长率 /%	硬度/HB
7.13	419	110	0.062	70～100	80～100	10～20	35～45

(2) 锌及其合金的焊接特点

锌及其合金的焊接性和钎焊性较好，但锌的熔点、沸点低，远远低于电弧温度，采用电弧焊方法进行焊接时，在电弧高温下容易造成锌的蒸发。气焊时火焰温度只有电弧温度的一半左右，使锌的蒸发比电弧焊小得多，是目前使用最普遍的锌及其合金的焊接方法。锌及其合金的焊接特点如下。

① 锌基合金中主要成分为锌和铝，易氧化生成高熔点氧化物 ZnO、Al_2O_3，尤其是焊接过程中形成难熔的、致密稳定的 Al_2O_3 薄膜，会阻碍填充金属或钎料与母材的结合，导致焊缝形成非金属夹杂、未焊合等缺陷。铝含量越高，上述问题越严重。因此在焊接或钎焊过程中需采取有力的去膜措施，如填加合适的气剂或钎剂等。

② 锌的沸点低，熔化焊加热时被蒸发的锌立即被氧化成白色烟雾状 ZnO 微粒，严重影响焊接工作者的健康，并妨碍对熔池的观察。含锌量越高，锌蒸发的问题越突出。

③ 锌合金熔点低（380～500℃），热导率和比热容约为铝的一半，这对母材和焊接材料加热熔化会有一定影响。大件焊接时应采取预热等措施。

④ 锌合金流动性好，高温强度低，且从固态转变为液态时无明显的颜色变化。因此焊

接时要把握好焊接温度，防止金属下塌和烧穿，如薄板焊接时需用垫板托住熔化的金属。

⑤ 锌合金的线胀系数比铝大，因此焊接变形大。拘束条件下焊接可能会出现裂纹。

⑥ 母材与焊丝的含铝量越高，产生气孔、夹渣的倾向越大，焊接工艺性也越差。

(3) 锌及其合金的气焊

锌及其合金可采用点焊、缝焊等电阻焊方法，但应用较多的还是气焊。锌气焊时宜采用较小的焊炬，大多采用中性焰或轻微碳化焰。锌及其合金气焊时必须使用焊剂，以防止氧化及抑制锌的蒸发。锌铝合金气焊或补焊时，所选用的焊剂应与铝气焊焊剂类似。为了防止气焊时锌板烧穿，气焊火焰应与焊件表面成15°～45°角。为了细化焊缝晶粒并改善接头力学性能，可以在 95～150℃范围内进行锤击；在室温或 150～170℃以上温度锤击，则可能产生裂纹。锌板气焊的工艺参数见表 8.17。

表 8.17 锌板气焊的工艺参数

板厚/mm	焊　剂	备　注
≤0.8	$ZnCl_2$ 50%＋NH_4Cl 50%（纯锌及锌铜合金）； NaCl 40%＋KCl 50%＋NaF 10%（锌铝合金）	对接，不需焊丝
1.0～3.2		I形坡口或搭接接头
3.5～8.0		70°～90°V形坡口
≥8.0		双V形坡口，焊前预热

(4) 锌及其合金的钎焊

锌及其合金钎焊前必须清洗，采用盐酸或过盐酸氯化锌可去除锌表面的氧化膜。锌及其合金钎焊用钎料见表 8.18。

表 8.18 锌及其合金钎焊用钎料

钎料合金系	化学成分/%					熔点/℃	用　途
	Sn	Zn	Pb	Cd	Sb		
Sn90Pb10	89～91	—	余量	—	≤0.15	183～222	锌及锌铜合金钎焊
SnPb39	59～61	—	余量	—	≤0.8	183～185	
SnPb58	39～41	—	余量	—	1.5～2.0	183～235	
ZnCb80	—	16～18	—	82～84	—	266～270	锌、锌铜、锌铝合金钎焊
SnZn10	90	10	—	—	—	200	
SnZn30	70	30	—	—	—	183～331	
SnZnCu	38～42	56～60	—	—	Cu1.5～2.5	200～350	

钎焊锌及锌铜合金所用钎料可以是锡基钎料或镉锌钎料。锡基钎料对锌及锌铜合金具有良好的润湿作用及较强的铺展能力。采用镉锌共晶钎料钎焊锌铝合金可不用钎剂，也可用 NaOH 40%水溶液作钎剂，可获得较高的接头强度。钎料中加入 Sn、Pb 元素可降低钎料的熔点。一般锌及其合金钎焊所用的钎剂为氯化锌（$ZnCl_2$）、氯化锌-氯化铵（$ZnCl_2$-NH_4Cl）或氯化锌盐酸溶液。锌铝合金还可用铝反应钎剂（$ZnCl_2$ 88、NH_4Cl10、NaF2，钎焊温度 330～385℃）。有缺陷的锌铸件用 Sn61Pb39 作钎料，不加钎剂来钎补。铸件缺陷经修光或扩孔后，将两侧预热到 330℃以上，利用钎料棒在孔壁上镀覆钎料，然后用火焰熔化钎料填补孔槽完成补钎。

(5) 锌及其合金的氩弧焊

锌板手工氩弧焊采用直流正极性。厚度为 1.0mm 和 1.9mm 锌板焊接的工艺参数为：焊接电流 I=30～100A，焊接速度 v=9～27m/h，氩气流量 11.7L/min。厚度大于 4mm 锌板的自动氩弧焊的工艺参数见表 8.19。为保证所需的接头强度，需在焊缝开头和末尾的 120～150mm 长度内添加铝。

表 8.19 锌及其合金自动氩弧焊的工艺参数

板厚/mm	焊接电流/A	焊接速度/m·h^{-1}
4	110～120	25
6	140～150	20
8	160～170	15

(6) 锌及其合金的点焊和缝焊

锌及其合金点焊及缝焊的工艺参数见表 8.20 和表 8.21。

表 8.20 锌及其合金点焊的工艺参数

板厚/mm	电极直径/mm	电极压紧力/N	焊接电流/A
0.25	6	445.4	4000
1.0	12.7	1360	17000
2.54	25.4	3649	24500

表 8.21 锌及其合金缝焊的工艺参数

板厚/mm	焊接时间/s	焊接电流/A	电极压紧力/N	电极工作部分宽度/mm	电极宽度/mm	焊缝抗剪力/N
0.25	8	7000	667.1	1.9	4.8	176.1
1.0	12	17000	1775.6	4.95	6.35	863.3
2.54	13	23100	1795.2	8.4	12.7	3737.6

8.2 难熔有色金属的焊接

8.2.1 钨及其合金的焊接

(1) 钨及其合金的分类和性能

钨是一种高熔点难熔化的银白色金属，强度和弹性模量极高，线胀系数很小，所以受热胀冷缩导致的变形也小。钨的导电性、导热性优良，蒸汽压低，耐蚀性强。但是钨的低温脆性较大（钨的脆性转变温度为 240～250℃，常温下呈脆性状态），并且高温易氧化，限制了其应用。加入适量铼（Re）不仅仍能保持其高强度、耐热、耐蚀特性，而且可使脆性转变温度显著下降。常用钨铼合金有 W-25Re 和 W-25Re30Mo 两种。钨及其合金的化学成分及力学性能见表 8.22 和表 8.23。

表 8.22 钨及其合金的化学成分（质量分数）

牌号	主要成分/%		杂质含量(不大于)/%										
	W	Re	O	N	C	Ni	Ca	Mg	Fe	Al	Si	Nb	Ta
W	余量	—	0.005	0.003	0.008	0.003	0.005	0.003	0.005	0.002	0.005	—	—
W1	余量	—	0.005	0.003	0.010	0.003	0.005	0.003	0.005	0.002	0.006	—	—
W2	余量	—	0.010	0.003	0.020	0.004	0.010	0.003	0.010	0.004	0.012	—	—
W-25Re	余量	24～26	—	—	0.008	0.008	—	0.050	0.005	0.005	—	0.050	0.050

表 8.23 钨及其合金的力学性能

牌号	板厚/mm	试验温度/℃	抗拉强度/MPa	伸长率/%
W	1～1.6	室温	883～1080	—
	1～1.6	1000	458	—
	1～1.6	1100	407	—
	1～1.6	1200	366	—

续表

牌　号	板厚/mm	试验温度/℃	抗拉强度/MPa	伸长率/%
W-25Re	0.9	室温	1213	—
	0.9	1500	399	77
	0.9	1650	330	64
	0.9	1850	239	84

纯钨不仅作为合金添加剂被广泛应用于钢铁及有色金属冶金业，而且在多种行业中都发挥了重要作用。例如灯丝、电触头及其他耐高温元件的制造（如火箭发动机喷管、高温炉发热体及反射屏等），核工业包套材料和反应堆耐高温部件的制造，耐高温腐蚀化工设备及其部件制造，抗液态金属、熔融玻璃等耐高温腐蚀设备制造等。根据钨在任何温度下都不与氢反应的特点，使之与钼一起成为制作氢气高温炉发热体及反射屏的最佳用材。

(2) 钨及其合金的焊接特点

① 焊缝金属易产生气孔　钨及其合金在焊接过程中极易吸收氧、氮等气体。在300℃左右时会发生氧化，所形成的氧化物、氮化物经电弧冶金反应生成CO和H_2O，如来不及逸出则产生气孔。钨与氢虽然不生成稳定的氢化物，不产生氢脆，但氢气饱和之后也可能产生气孔。上述气体都是来自空气中的污染，因此，在焊接过程中加强惰性气体保护就可以避免气孔的产生。

② 焊接裂纹倾向大　焊接钨及其合金时，焊接裂纹是主要的问题之一。产生裂纹的主要原因如下。

a. 钨及其合金脆性较大，抗裂性差。

b. 溶入大量的O_2、N_2等气体而形成氧化物、氮化物，分布于晶界处增加了脆性，同时增大了裂纹倾向。

c. 钨及其合金的强度高、塑性低，易产生焊接应力，增大裂纹倾向。

钨中溶入Si、P、S、C等杂质元素后可能产生低熔点共晶体析出于晶界，在应力作用下产生结晶裂纹。为了改善钨及其合金的可焊性，向焊缝中加入Ti、Zr、Hf等脱氧剂元素和少量的Re、B等变质剂，能有效提高焊缝金属的强度和塑性。加入Re一般不超过25%，既能细化晶粒，又能增大对杂质的溶解度，相对地减少了晶界上的析出物，使其脆性破断倾向大为减少。

(3) 钨及其合金的焊前清理

由于钨及其合金在高温下极易氧化和氮化，因此焊前必须对钨及其合金工件表面进行清理，以去除母材表面的氧化物及油污。焊前清洗分为碱-酸清洗法和混合酸洗法，选用何种清洗方法要根据工件受污染的程度及清除残余物的可达性等因素来确定。

① 碱-酸清洗法的清洗步骤

a. 用丙酮先去除油污。

b. 将待焊工件浸入60～80℃的清洗液中（体积分数为NaOH：KMnO：H_2O=10：5：85）5～10min。

c. 用自来水冲洗，清除残余物。

d. 浸入室温的酸洗液中（体积分数为H_2SO_4：HCl：Cr_3O_4：H_2O=15：15：6：64）5～10min。

e. 用自来水冲洗，蒸馏水漂清，强热风吹干。

② 混合酸洗法的清洗步骤

a. 用丙酮先去除油污。

b. 将待焊工件浸入室温的酸溶液中2～3min，溶液的体积分数为：H_2SO_4（95%～

97%）：HCl（90%）：H_2O=15：15：70。

c. 自来水流水冲洗。

d. 再浸入室温的硫酸和盐酸的水溶液中3～5min，酸液成分的体积分数为H_2SO_4（95%～97%）：HCl（37%～38%）：H_2O=15：15：70，然后再加入质量分数为6%～10%的Cr_2O_3。

e. 自来水冲洗，蒸馏水漂清，强热风吹干。

（4）钨及其合金的熔化焊

钨及其合金的熔化焊方法主要是钨极氩弧焊和熔化极气体保护焊，在充惰性气体的密封室内进行。施焊时，密封室内预先进行净化、烘干和充惰性气体。在充气之前室内应达到1.33×10^{-2}Pa的真空度。惰性气体最好采用氦气，也可以采用氩气。

在充惰性气体条件下施焊时，焊接速度要小一些。例如，厚度为1.5mm的钨板，焊接速度为125～150mm/min。为了保证焊接质量，施焊中钨焊件不要固定，避免产生较大的应力。在焊缝结尾时，最好采用引出板，可以避免在结尾焊缝中产生弧坑裂纹。在气体保护条件下钨及其合金的电弧焊焊缝不易产生气孔。但焊接粉末冶金的钨时比较容易产生气孔，特别是熔合线附近。

在大气条件下，直接采用TIG焊施焊也能达到接头性能要求，但接头质量不够稳定。施焊时采用直流正接法，焊接线能量应当选用最低规范。焊后应迅速在低于母材再结晶温度以下进行消除应力处理。对于W-25Re和W-26Re钨合金结构件，可不预热，直接采用电弧焊工艺，焊后接头质量可以得到保证，这是由于W-R合金具有较好的塑性。

（5）钨及其合金的电子束焊

电子束焊接工艺是焊接钨及钨合金最理想的焊接方法。施焊之前首先抽真空，合适的真空度为1.33×10^{-4}Pa，采用这种焊接方法可以获得比氩弧焊具有更大熔深及更窄热影响区的接头，正常情况下不需要焊前预热。如果采用焊前预热时，应当预热到脆性-塑性转变温度以上的温度，以免产生裂纹。

薄板钨合金卷成管状采用电子束焊接后，接头质量好，用作高温炉的发热件，其工作温度可达2400℃以上。钨板的电子束焊的工艺参数见表8.24。

表8.24 钨板电子束焊的工艺参数

板厚/mm	加速电压/kV	电子束流/mA	焊接速度/cm·min^{-1}
0.5	20	25	22
1.0	22	80	20
1.5	23	120	24

（6）钨及其合金的电阻焊

钨及其合金薄板结构采用电阻点焊，在工业生产中应用较多。紧凑实心断面焊件采用电阻对焊或闪光对焊。薄板的点焊接头多用于电子器件制造中的微形结构件。

钨在高温下具有强度大、硬度高、导电性好的特点，采用一般弱规范点焊时，由于加热时间较长，在电极压力作用下，电极端部会发生变形和磨损并黏结于焊点表面，影响焊点质量及点焊过程的稳定性，这是钨薄件点焊的主要问题。为了保证点焊质量和减少电极的磨损，以及保持点焊过程的稳定性，往往采用如下措施。

① 在板间采用镍、钛、锆等箔片作为垫片或是相应的镀层，可以提高焊点的冶金性能和力学性能。

② 增加电极压力和加强电极冷却程度，可以减少电极端部的粘连和污染问题。

③ 选择大电流、短时间的强规范，最好采用短时脉冲电流点焊。

④ 焊前做好焊件表面的清理工作，一般采用机械打磨和丙酮去油脂，也可采用酸洗。

(7) 钨及其合金的扩散焊

钨及其合金的扩散焊必须在真空室内进行。钨及其合金扩散焊可采取如下措施。

① 焊前对焊件表面进行清理，一般是在机械研磨和除油脂之后，再进行表面酸洗。

② 必须选择合适的焊接工艺。常用的钨及其合金扩散焊的工艺参数为，加热温度 $T=2200℃$，压力 $p=19.6\text{MPa}$，保温时间 $t=15\text{min}$。

③ 为了改善接头性能，可采用加中间层的扩散焊方法，能有效缩短钨及其合金的扩散焊过程。中间层材料可用镍片、钯片、铌片等，加热温度为 982～1093℃。加中间层的扩散焊接头交界面上可能产生再结晶组织，增加接头的脆性，可通过热处理工艺消除。

(8) 钨及其合金的摩擦焊

钨及其合金的真空室内摩擦焊，可获得良好的焊接接头。与其他金属的摩擦焊相比，钨及其合金摩擦焊的主要特点是要求旋转速度特别高，摩擦焊的顶锻力大。表 8.25 为钨结构件摩擦焊的工艺参数。

表 8.25 钨结构件摩擦焊的工艺参数

工艺参数	变形件	退火件
旋转线速度/$m\cdot s^{-1}$	13	18
顶锻压力/MPa	385	205.8

(9) 钨及其合金的钎焊

钎焊是钨及其合金生产中常用的焊接方法。由于钨的熔点高、硬度大、室温脆性大，采用硬钎焊可获得良好的焊接接头。钨及其合金的钎焊多采用氧-乙炔火焰钎焊，还可采用可控气氛炉内钎焊、真空炉内钎焊、感应炉钎焊和电阻加热钎焊等方法，有的还采用氢气保护或在 $N_2$80%＋$H_2$20%的混合气体保护感应炉内钎焊。

钎料选择应根据焊件的结构、工作温度和所采取的钎焊方法以及钎焊温度等条件来确定。在 400℃以下使用的钨结构件，可选用铜基和银基钎料。在 400～900℃之间工作的钨结构件，可选用金基、锰基、镍基、钯基和钴基钎料。在稍高于 1000℃工作的钨件，多选用金、铌、钽、镍、铂、钯等作为钎料。在选用镍基钎料时，虽然已在航空工业中得到了应用，但由于钨在高温下会与镍基钎料产生相互作用，形成 WNi_4 化合物，一方面会导致再结晶温度降低，使钨产生再结晶；另一方面使钨钎焊后的接头强度和塑性下降。因此，使用这种钎料时，应尽可能缩短钎焊时间。钎焊之后随即进行扩散处理，可提高接头的再结晶温度，由此也能提高接头的使用温度。例如，用 Ni-20Cr-10Si-Fe 钎料，在 1180℃钎焊钨件，焊后又经 1070℃×4h、1300℃×3.5h、1300℃×2h 三次扩散处理后，钨的钎焊接头工作温度可提高到 2200℃以上。钎焊钨及其合金常用的钎料见表 8.26。

表 8.26 适用于钨及钨合金钎焊的钎料

钎料合金系	熔化温度/℃	钎焊温度/℃	钎　　料	熔化温度/℃	钎焊温度/℃
纯 Ag	960	980～1020	Pd-Fe	1306	1350～1450
纯 Cd	1083	1150	82Au-18Ni	950	950～1080
纯 Ni	1452	1500～1700	Au-Cr-Ni	1038	1070～1150
纯 Nb	2416	2450～2500	54Ti-25Cr-21V	—	1550～1650
纯 Ta	2997	2997～3100	67Ti-33Cr	1390～1420	1440～1480
纯 Ti	1816	1850～1950	—	—	—
纯 Pd	1550	1550～1600	60Ti-30r-4Be	1055～1080	1270～1310
Pd-Mo	1571	1600～1700	47.5Ti-47.5Zn-5Ta	—	1600～1700
Pt-Mo	1774	1800～1950	—	—	—
Pt-30W	2299	2320～2400	Ag-Cu-Zn-Cd-Mo	618～700	—

续表

钎料合金系	熔化温度/℃	钎焊温度/℃	钎　料	熔化温度/℃	钎焊温度/℃
Mn-Ni-Co	1021	1050～1200	Ag-Cu-Zn-Cd-Mo	630～690	—
Nb-Ni	1190	1190～1200	—	—	—
85Ag-15Mn	970	1000～1080	—	718～787	—
Ni-Cr-B	1066	1090～1150	Ag-Cu-Mo	779	—
91.5Ti-8.5Si	—	1371	Ag-Mn	971	—
Ni-Cr-Mo-Mn-Si	1149	1150～1200	Ni-Cr-B	1066	—
Co-Cr-Si-Ni	1899	1900～2000	Ni-Cr-Fe-Si-C	1066	—
Co-Cr-W-Ni	1427	1427～1600	Ni-Cr-Mo-Mn-Si	1149	—
Pd-Ag-Mo	1306	1350	Ni-Ti	1288	—
Pd-Al	1177	1216	Ni-Cu	1349	—
Pd-Ni	1205	1250	Au-Cu	885	—
Pd-Cu	1205	1250	Au-Ni	949	—
Pd-Ag	1306	1320～1350	Au-Ni-Cr	1038	—

在使用低熔点的Ag或Cu基钎料时，使用氧-乙炔焰，再配合钎剂进行钎焊，可获得比较满意的钎焊接头。选用钎剂时，一般采用银钎剂并配合含有氟化钙的高温钎剂。这两种钎剂在566～1427℃温度范围内配合使用效果最佳。钎焊开始时先涂上银钎剂，这是因为刚开始钎焊时温度较低，低温钎剂起作用，而高温钎剂则在高温下起作用。

采用75%Cr+25%V的合金钎料可用于钎焊钨与钼的异种材料，适合于高温条件下工作。钯（Pd）与硼（B）基钎料也能钎焊钨与其他金属的组合件，钎焊后再经1090℃扩散处理，这种组合件结构在不高于2150℃温度下工作能发挥出最大的性能。钎焊钨时接头间隙一般控制在0.05～0.13mm范围内，也可以根据接头性能要求和钎料特点作适当调整或通过钎焊工艺评定确定出合适的接头间隙。钎焊之前必须对钨件表面做好清理工作，表面清理可根据不同生产条件选用以下不同方法。

① 在20%氢氧化钾溶液（煮沸）中清洗。

② 在20%氢氧化钾溶液中电解浸蚀。

③ 在50%HNO_3+50%HF溶液中浸洗。

④ 在熔融的氢氧化钠中浸洗。

通常情况下，轧制的钨板，如果在出厂前已经清理的，钎焊之前可视表面状态决定是否再做清理。在某些情况下，为防止钎料中的元素与母材形成脆性金属间化合物，需要在钨表面电镀一层镍或铜，但电镀之前必须清除WO_2氧化膜（WO_2氧化膜是在加热到400～500℃时产生的）。

8.2.2 钼及其合金的焊接

（1）钼及其合金的成分和性能

钼与钨同属周期表中Ⅵ族副族元素，具有高熔点、高强度（尤其是高温强度）、高弹性模量、高耐蚀性、高导热性以及热胀系数小、蒸汽压低等特点。钼也有低温脆性和高温易氧化的缺点，间隙杂质氧、氮、碳对脆性有极大影响，其中氧的影响最大，微量氧就能使其脆性转变温度急剧上升。此外，钼的比热容是钨的2倍，线胀系数是钨的5倍。在力学性能上，钼的强度低于钨，塑性则高于钨，冷热加工性能都比钨强。钼在常温下塑性和延展性都不高，通过合金化可使其提高，且可使其抗氧化能力和焊接性得到改善。主要的钼合金包括Mo-Ti和Mo-Ti-Zr系合金，Ti、Zr不仅可增加钼合金的塑性，还可起沉淀强化作用，钼及其合金的分类及化学成分见表8.27。

表 8.27　钼及其合金的分类及化学成分

牌　号	主要成分/%				杂质含量(不大于)/%								
	Mo	C	Ti	Zr	O	N	C	Fe	Al	Si	Ni	Ca+Mg	W
FMo1	余量	—	—	—	0.01	0.003	0.01	0.01	0.002	0.006	0.005	0.007	0.3
FMo2	余量	—	—	—	0.02	0.003	0.02	0.015	0.005	0.006	0.005	0.008	0.3
Mo1	余量	—	—	—	0.005	0.003	0.10	0.002	0.002	0.002	0.002	0.002	—
Mo2	余量	—	—	—	0.01	0.003	0.02	0.01	0.002	0.005	0.005	0.004	—
Mo-0.5Ti	余量	0.01～0.04	0.4～0.55	—	0.003	0.001	—	0.002	—	0.01	0.01	—	—
TZM	余量	0.01～0.04	0.4～0.55	0.07～0.12	0.03	0.002	—	0.02	—	0.01	0.01	—	—
	余量	0.12～0.4	0.1～1.5	0.1～0.15	0.03	—	—	0.03	—	0.02	0.02	—	—

(2) 钼及其合金的焊接特点

焊接性略优于钨及其合金，可采用焊接钨及其合金的方法来焊接，其焊接特点如下。

① 气体杂质的污染　在工业纯钼中，间隙杂质氧、氮和碳的含量大大超过溶解度，形成过饱和固溶体和少量第二相，这就降低了钼及其合金接头的力学性能。为此，焊前应采用机械或化学方法进行表面清理。钼及其合金焊接时，氧是最有害的元素，微量氧可使钼的脆性转变温度直线上升。钼及其合金在400～450℃迅速氧化成MoO_3，并形成低熔共晶-液相氧化物。MoO_3的挥发和液相氧化物的产生使钼及其合金的焊接性变坏。

② 晶粒长大　晶粒长大对钼及其合金的脆性有显著影响。

③ 沉淀、固溶和过时效问题　钼合金具有不同程度的沉淀硬化现象，为消除沉淀硬化，通常在焊前进行预热和焊后退火。

(3) 钼及其合金的惰性气体保护焊

钼及其合金的惰性气体保护焊包括TIG焊和MIG焊。TIG焊时采用直流正极性施焊，最好在充干燥Ar或He的保护箱中焊接，充He更有利。大气下焊接时，背面保护非常重要，必要时加带槽水冷铜垫。钼及其合金的TIG焊工艺参数及接头的力学性能见表8.28和表8.29。为了防止产生焊接裂纹，通常的办法是进行焊前预热和减少接头拘束力，同时焊后要缓冷。如果结构件复杂，应在低于再结晶温度下消除残余应力。

表 8.28　钼及其合金 TIG 焊的工艺参数

材料牌号	工件厚度/mm	保护条件	钨极直径/mm	焊接电压/V	焊接电流/A	焊接速度/cm·min^{-1}
Mo	1.0	真空室充氩	—	—	65	30
Mo	1.5	真空室充氩	2.4	12～16	180	15～16
Mo	1.6	真空室充氦	3.2	20	220～224	35
Mo	1.6	拖罩及背面充氩	2.4	20	220	35
Mo	2.0	真空室充氩	—	—	270	27
Mo	3.2	真空室充氦	—	—	160	21
TZM	1.0	拖罩及背面充氩	2.4	14	60	25

表 8.29　钼及其合金 TIG 焊接头的力学性能

材料牌号	板厚/mm	试验温度/℃	压头半径/mm	弯曲角/(°)	伸长率/%	抗拉强度/MPa
Mo	1.0	室温	3	0～10	—	—
Mo-0.5Ti	1.6	27	6.4	20～55	<8	—
Mo-0.5Ti	1.6	93	3.2	75～105	16.5～20.0	—
Mo-0.5Ti	1.6	860	—	—	—	315
Mo-0.5Ti	1.6	980	—	—	8.0	315
Mo-0.5Ti	1.6	1090	—	—	8.9	275～280
Mo-0.5Ti	1.6	1200	—	—	12.6	169

为了获得表面光滑的焊缝，应在焊缝结尾处放置引出板，将弧坑引出焊缝之外，以免产生弧坑裂纹而影响接头质量。如焊缝表面不平，应打磨掉焊缝较为突出的波纹。在施焊过程中控制焊接电流不要太大，以免使焊接区过热，出现粗大晶粒。钼及其合金 MIG 焊时采用直流反极性，焊接线能量要小。为保证焊接过程的稳定，可在熔化焊丝表面（ϕ1.0mm）涂上一层 CsCl 以增加电离作用。钼及其合金 MIG 焊的工艺参数见表 8.30。

表 8.30　钼及其合金 MIG 焊的工艺参数

板厚/mm	焊道数	焊丝直径/mm	焊接电流/A	焊接电压/V	焊速/cm·min^{-1}	喷嘴直径/mm	保护气体流量/L·min^{-1}		
							喷嘴	拖罩	背面
2～3	1	1.5	38～40	18～20	50	—	48	40	4
3.2	1	2	47	32	50	25.4	70	70	—
6.4	2	2	44	30	50	25.4	70	70	—

(4) 钼及其合金的电子束焊接

电子束是焊接钼及其合金效果最好的方法。这种焊接方法热量集中，焊缝热影响区小，熔深大。由于在真空室内施焊可有效防止氧气、氮气等气体的污染。电子束焊的焊接速度比 TIG 焊快 1～2 倍，这对于改善大厚度钼合金焊接接头的组织和性能非常有利。另外，电子束焊的焊缝和近缝区的宽度远远小于 TIG 焊和其他焊接方法，见表 8.31。由于良好的气体保护，焊缝金属得到净化，焊缝组织细化，具有一定的室温塑性。钼及其合金电子束焊的工艺参数见表 8.32。

表 8.31　钼合金焊接接头组织区域大小比较

焊接方法	焊接接头的宽度/mm		金相组织发生变化的宽度/mm
	焊缝宽度	近缝区宽度	
TIG 焊	4.2	2.1	8.4
电子束焊	1.5	0.8	3.1

表 8.32　钼及其合金电子束焊的工艺参数

母材	板厚/mm	加速电压/kV	电子束流/mA	焊接速度/cm·min^{-1}
Mo	1.0	—	55～70	20～25
Mo	1.5	96	26	60
Mo	1.5	50	45	100
Mo	2.0	20～22	100～120	67
Mo	3.0	20～22	200～250	50
Mo-0.5Ti	2.0	90	50	12
Mo-10.5Ti	3.0	20～22	200～250	50

(5) 钼及其合金的电阻焊

钼及其合金最常用的电阻焊方法是点焊，并已经广泛应用于电子工业。电阻点焊时，由于材料的熔点高、硬度高、强度高、热传导速度快，应选用大的焊接电流及压力。钼及其合金板材电阻点焊的工艺参数见表 8.33。

表 8.33　钼及其合金板材电阻点焊的工艺参数

板厚/mm	焊接能量/kW·s	电极最大压力/MPa	电极直径/mm
0.5	1.5	785	3.8
1.0	3.5	491	5.6

续表

板厚/mm	焊接能量/kW·s	电极最大压力/MPa	电极直径/mm
1.5	5.5	392	7.4
2.0	8.8	343	9.1
2.5	12.0	343	11.2

钼及其合金点焊时电极磨损速度快，焊缝金属容易被电极污染，电极与工件表面容易发生黏结，造成焊点质量不高。解决办法除加速电极的冷却（如采用再结晶温度高的铜合金作电极）和缩短电极的清理周期外，通常还在电极和工件之间放置垫片，常用的有钛、镍、铁、铌、钽等金属箔片作中间层。焊接时，最好采用短脉冲加热，能防止氧化、避免晶粒急剧长大，改善焊点性能。

在焊接之前须对工件表面进行清理，清除氧化物、油脂及污物等。点焊时，要注意焊接工艺的选择与控制，保证足够的电极压力和电功率。对于钼合金棒的对接可采用闪光对焊，但其顶锻力要比一般金属大得多，其他工艺参数要根据钼及钼合金硬度高、强度高、热导率好的特点选择或进行工艺试验后确定。

（6）钼及其合金的真空扩散焊

钼及其合金的结构件采用真空扩散焊可获得质量良好的焊接接头，防止钼晶粒的急剧长大，其焊接工艺参数见表8.34。为降低扩散焊时的温度，可采用几微米厚的Ni、Cu等金属箔片作中间过渡层进行扩散焊接。要顺利完成钼及其合金的真空扩散焊，必须具备完好的真空、加热控制设备，并能够准确控制各种参数。

表8.34 钼及其合金真空扩散焊的工艺参数

加热温度/℃	压力/MPa	保温时间/min	真空度/Pa
1700	9.8	10	6.66×10^{-3}

（7）钼及其合金的钎焊

钼具有良好的高温性能，但在较高的温度下其抗氧化性能较差，需要镀层保护。添加合金元素可以提高钼的再结晶温度，改善钼及其合金的焊接性。钼及其合金的钎焊是生产中常用的焊接方法，根据钼及其合金的特点，可以选择多种钎料进行钎焊。表8.35为钎焊钼及其合金的钎料，这些钎料的工作温度范围为649～1927℃。

表8.35 钎焊钼及其合金的钎料

钎料合金系	液相线温度/℃	钎料合金系	液相线温度/℃
Nb	2416	Mn-Ni-Co	1021
Ta	2996	Co-Cr-Si-Ni	1899
Ag	960	Co-Cr-W-Ni	1427
Cu	1052	Mo-Ru	1899
Ni	1454	Mo-B	1899
Pd-Mo	1571	Cu-Mn	871
Pt-Mo	1774	Nb-Ni	1191
Ag-Cu-Zn-Nb-Mo	618～702	Pb-Ag-Mo	1316
Ag-Cu-Zn-Mo	718～788	Pd-Al	1177
—	—	Pd-Ni	1204
Ag-Cu-Mo	779	Pd-Cu	1204
Ag-Mo	971	Pd-Ag	1316
Ni-Cr-B	1066	Pd-Fe	1316
Ni-Cr-Fe-Si-C	1066	Au-Cu	885
Ni-Cr-Mo-Mn-Si	1149	Au-Ni	949
Ni-Cr-Si	1121	Au-Ni-Cr	1038

续表

钎料合金系	液相线温度/℃	钎料合金系	液相线温度/℃
Ni-Ti	1288	V-Ta-Ni	1816～1927
Ni-Cr-Mo-Fe-W	1304	V-Ta-Ti	1760～1843
Ni-Cr-Fe	1427	Ti-V-Be	1249

选择钎料时，必须考虑钎焊温度、保温时间、元素扩散和合金化对母材性能的影响。应控制钎焊时间最短，以避免母材和接头组织在钎焊过程中发生晶粒长大和再结晶。工作温度要求不高时，采用铜基钎料和银基钎料；温度要求较高时，采用铜基钎料和化合物金属钎料；温度要求更高时，采用铂钯或钯合金等钎料。镍合金钎料和75%Cr+25%V合金钎料钎焊钼与钨异种金属可在更高的温度下工作。对于电子器件的钎焊，应选用Au-Cu、Ni-Au、Ni-Cu等钎料。

钎焊前对钼及其合金的表面清理非常重要，清理可采用机械法或酸洗法，见表8.36。表面氧化膜较厚时还可采用溶盐液清洗——70%氢氧化钠和30%亚硝酸钠，工作温度266～371℃；工业用等温淬火盐浴（硝酸钠和硝酸钾的混合物），工作温度为371℃，这两种盐浴清洗都能收到良好的效果。

表8.36　钼及其合金表面的清理方法

方法一	95%H_2SO_4，4.5%HNO_3，0.5%HF和Cr_2O_3等，在玻璃清洗剂中浸洗
方法二	① 在10%NaOH、15%$KMnO_4$和85%H_2O的碱溶液中浸洗，温度为66～82℃，浸洗时间为5～10min ② 再在15%H_2SO_4、15%HCl、70%H_2O和6%～10%铬酸中浸洗5～10min，除去第一次生成的污物
方法三	Mo-0.5Ti合金 ① 在三氯乙烯中浸洗10min，清除油脂 ② 在工业用的碱清洗剂中浸洗2～3min ③ 在冷水中清洗 ④ 用蒸气吹干 ⑤ 重复②的工作 ⑥ 在冷水中清洗 ⑦ 在80%H_2SO_4中电解抛光，温度为54℃，电流为8～12A ⑧ 重复③的工作

钼及其合金的钎焊需配合钎剂进行，首先在焊件表面涂上一层工业用银钎剂，然后再涂覆一层高温钎剂。银钎剂只在较低温度范围内起作用，高温钎剂在566～1427℃范围内均起作用。

8.2.3　钽及其合金的焊接

（1）钽及其合金的成分和性能

钽是一种塑性较好、容易加工的难熔稀有金属，具有银灰色金属光泽，熔点较高，强度较大，而且具有高的热导率和电导率及很强的耐腐蚀能力。钽在常温下很稳定，但加热时可以和各种金属直接反应。加热到200～300℃时，钽可产生轻微氧化；加热到500℃以上时，则迅速被氧化生成Ta_2O_5化合物。钽具有较强的吸收气体的能力，只要吸收少量的氧、氢、氮气就能显著影响钽的力学性能。纯钽中加入W、Mo、Nb、Hf、Ti、V、Zr、Fe和C等合金元素可形成一系列钽合金，使钽的应用范围进一步扩大。常用的钽及其合金的分类及化学成分见表8.37。

表8.37　常用钽及其合金的分类及化学成分

牌　号	化学成分/%											
	Ta	W	Nb	Mo	Ti	Fe	Si	Ni	O	N	C	Hf	Re
Ta1-1	余量	0.01	0.05	0.01	0.002	0.005	0.005	0.002	0.02	0.005	0.01	—	—
Ta2-1	余量	0.04	0.1	0.03	0.005	0.03	0.02	0.005	0.03	0.025	0.03	—	—
Ta-10W	余量	10	0.1	0.005	—	—	—	—	0.005	—	0.005	—	—

续表

牌　　号	化学成分/%												
	Ta	W	Nb	Mo	Ti	Fe	Si	Ni	O	N	C	Hf	Re
KB1-10	余量	2.5	—	—	—	—	—	—	—	—	—	—	—
FS-63	余量	2.5	0.15	—	—	—	—	—	—	—	—	—	—
T-111	余量	8	—	—	—	—	—	—	—	—	—	2	—
T-222	余量	10	—	—	—	—	—	—	—	—	0.01	2.5	—
Astar811C	余量	8	—	—	—	—	—	—	—	—	0.025	0.7	1.0

(2) 钽及其合金的焊接特点

① 焊缝金属易受氧、氮、氢的污染　由于钽的脆性转变温度较低，常温下不存在塑性-脆性转变问题。但在加热过程中会在表面形成氧化膜，同时空气中的氧、氮、氢等气体逐渐向内部扩散并在氧化膜下聚集，甚至达到过饱和的程度，使钽及其合金的脆性增加，不利于焊接。

② 焊接接头脆性大　一方面焊缝由于受氧、氮、氢等气体的污染，产生氧化物、氮化物等降低接头的塑性，使接头脆性增大；在焊接热循环的作用下，焊缝金属晶粒长大，析出的脆性相连续分布在晶粒边界，使接头塑性急剧下降，脆性增大。

③ 焊缝金属易产生结晶裂纹　钽合金中含有 Fe、C、Si、Zr 等元素，这些元素与钽及某些合金元素之间能形成低熔点共晶，导致结晶裂纹的产生。

(3) 钽及其合金的钨极氩弧焊

钽及其合金是难熔金属中塑性最好的金属，钽本身质地柔软，可加工成形，由于熔点高，多用于高温结构。较大型工件采用钨极氩弧焊工艺时，必须加强对焊缝及热影响区的保护；焊件较小时，最好在充氩气的保护箱内进行焊接。由于保护效果好，能进一步提高接头质量。为了加强对焊缝金属的保护，最好采取短弧焊。为减少热影响区的宽度和焊接应力，可采用连续、快速、小线能量的施焊法，还须备有引弧板和熄弧板，钽及其合金的钨极氩弧焊的工艺参数见表 8.38，接头的力学性能见表 8.39。

表 8.38　钽及其合金钨极氩弧焊的工艺参数

板厚/mm	钨极直径/mm	喷嘴直径/mm	焊接电流/A	氩气流量/L·h^{-1}		
				焊　枪	背　面	拖　罩
0.5	2.5	10	80～85	0.3	0.2	0.3
0.8	3	10	110～120	0.4	0.25	0.35
1.0	4	12	125～130	0.45	0.3	0.4
1.3	4	12	135～140	0.5	0.35	0.4

表 8.39　钽及其合金焊接接头的力学性能

板厚/mm	抗拉强度 σ_b/MPa		伸长率 δ_5/%		硬度/HB		90°弯曲/次	
	母　材	接　头	母　材	接　头	母　材	接　头	母　材	接　头
0.5	247.9	273.4	16.9	13	—	—	12	10
1.0	234.2	344.9	18.2	17.3	—	11.5～18	9	7

(4) 钽及其合金的电子束焊接

电子束焊接是钽及其合金最理想的焊接方法，由于电子束焊是在真空条件下进行的，所以能获得窄而深的焊缝和最小的热影响区，对保证接头的强度和塑性最为有利。钽及其合金电子束焊的工艺参数及接头的力学性能见表 8.40 和表 8.41。

从表 8.41 中的数据可以看出，钽及其合金电子束焊由于真空保护效果好，热能集中，热影响区小，接头的力学性能接近于母材，甚至与母材相同。钽及其合金电子束焊焊缝及热影响区虽然很小，但焊缝组织为粗大的柱状晶，热影响区中也存在粗晶组织，距离焊缝 3mm 以外的区域为细晶组织。

表 8.40 钽及其合金电子束焊的工艺参数

牌号	板厚/mm	电子束流/mA	加速电压/kV	焊接速度/cm·min^{-1}
Ta	0.5	60	18	43
Ta	1.0	80	18	83
Ta	0.4	30～35	20	24
Ta	1.0	65	19	25
Ta-10W	0.3	60	15	20
Ta-10W	0.5	25	20	24
Ta-10W	0.6	35	20	25
Ta-10W	0.9	38	150	38
Ta-10W	1.0	60	25	25
Ta-10W	1.2	85～90	22	20
Ta-10W	1.8	95	20	13

表 8.41 钽及其合金电子束焊接头的力学性能

牌号	板厚/mm	试验温度/℃	母材			焊接接头		
			σ_b/MPa	δ_5/%	α/(°)	σ_b/MPa	δ_5/%	α/(°)
工业纯钽	1.0	室温	546	—	180	490	—	180
6Ta-3V-Nb	1.0	室温	760	—	180	470	—	180
Ta-10W	1.2	室温	—	—	—	723	9.0	120
Ta-10W	1.2	1300 退火	—	—	—	673	11.5	114
Ta-10W	1.2	1200	—	—	—	284	12.3	—
Ta-10W	1.2	1600	—	—	—	162	15.0	—

(5) 钽及其合金的扩散焊

钽及其合金在真空度为1×10^{-5}Pa的条件下进行扩散焊，能够获得比较理想的接头。常用的工艺参数为，加热温度$T=1050$℃，压力$p=11.8$MPa，加热时间$t=20$min。此外钽还能与其他难熔金属进行扩散焊。如铌合金与钽合金，钼合金与钽合金以及钛合金与钽合金等。

(6) 钽及其合金的电阻焊

钽及其合金的电阻点焊主要存在两个问题，一是由于钽及其合金的熔点较高，电极端与钽金属有黏结现象，既损耗电极又影响焊点表面的质量；二是钽及其合金电导率较大，必须采用大功率点焊机，而且需在氩气箱内进行并采用电极端头垫片，才能保证焊点质量并减少电极端头的磨损。钽合金棒等紧密截面体可以采用闪光对焊。

(7) 钽及其合金的钎焊

根据钎焊接头的使用条件来选择钎料和钎焊工艺。当在具有腐蚀性的环境中使用时，钎焊接头必须具有耐腐蚀的能力，必须选择具有耐腐蚀能力的钎料，而且应和母材具有同等的耐腐蚀能力。当在高温条件下使用时，钎焊接头的工作温度和钎料的熔化温度必须适应使用条件，而且接头还必须具有相应的力学性能。

根据钽及其合金的特性，多采用高温钎焊方法，而且必须在高纯度惰性气体保护下，或在高真空环境中进行。钽及其合金高温钎焊时常用的钎料为 Ta-V-Ti 和 Ta-V-Nb 合金系钎料，见表 8.42。这两种系列的钎料室温塑性很好，可冷轧制成薄片，也不破裂。采用这两系列钎料时，钎焊接头性能良好，在低于 1371℃以下使用具有良好的稳定性。

表 8.42 钽及其合金钎焊常用的钎料

钎料合金系	温度/℃	
	钎料熔点	重熔温度
Ta10-V40-Ti50	1760	2399
Ta20-V50-Ti30	1760	2399
Ta25-V55-Ti20	1842	2204

续表

钎料合金系	温度/℃	
	钎料熔点	重熔温度
Ta30-V65-Ti15	1843	2399
Ta5-V65-Nb30	1816	2299
Ta25-V50-Nb25	1871	2499
Ta30-V65-Nb5	1871	2299
Ta30-V40-Nb30	1927	1999

为进一步提高钎焊温度，研制出了在1371～1927℃温度范围内使用的钎料，在高真空条件下施焊，接头具有较好的室温塑性，钎料组成及特点见表8.43。钎焊前对钎料进行扩散处理，可提高这些钎料的室温塑性。根据钽及其合金接头的工作条件，也可以进行低温钎焊。为避免钎料与母材之间生成脆性化合物，可在钽及其合金表面镀上一层铜或镍作为过渡层，以利于钎料对母材的润湿。

表8.43 钽及其合金钎焊用钎料的组成及特点

钎料合金系	钎焊温度/℃	扩散处理		重熔温度/℃	搭接接头剪切强度	
		温度/℃	时间/h		温度/℃	强度/MPa
Hf93-Mo7	2093	2028	0.5	2238	1649	>25.5
					1927	>36.2
					2093	>9.0
Hf60-Ta40	2193	—	—	2093	1927	>25.5
Ti66-Cr34	1482	1427	16	2082	1371	>62.7
					1649	>16.5
Ti66-V30-Be4	1316	1121	4.5	2093	1371	>4.0
		1316	16.0		1649	>7.6
					1927	>3.2

选用镍基钎料（如Ni-Co-Si合金钎料）进行钎焊时，Ta与Ni可形成脆性金属间化合物。采用短时间钎焊或低于982℃钎焊，接头性能仍能令人满意；还可以选用含金量低于40%的金-铜钎料和银-铜钎料，能获得具有良好室温塑性的钎焊接头。

8.2.4 铌及其合金的焊接

（1）铌及其合金的成分和性能

铌与钒、钽同属周期表Ⅴ族元素，与钽有相似的性质，且在自然界与钽共存于铌钽铁矿中，可通过粉末冶金或电子束熔炼得到。与其他难熔金属相比较，铌的密度最低，有良好的低温塑性和冷加工性能。铌对稀盐酸、稀硫酸和浓硝酸有极强的抗蚀能力，可作为钽的替代材料使用。铌是一种强碳化物形成元素，是一些合金钢的主要添加剂，能提高钢的再结晶温度、高温力学性能和焊接性，提高铬镍奥氏体不锈钢的耐晶间腐蚀性能。铌中加Zr、W、Hf、Ta等形成的合金可分为高强度铌合金、中强度塑性铌合金和低强度高塑性铌合金三类，后两类得到广泛应用。铌合金可通过固溶强化和沉淀强化两种方式进行强化，其中固溶强化合金的焊接性较好。铌及其合金的化学成分见表8.44。

表8.44 铌及其合金的化学成分

牌号	化学成分/%								
	W	Hf	Ti	C	O	H	N	Mo	Nb
Nb1	—	—	0.02	0.03	0.04	0.002	0.02	0.01	余量
Nb2	—	—	0.005	0.05	0.08	0.005	0.05	0.05	余量
Nb-1Zr	0.5	0.02	0.05	0.01	0.03	0.002	0.03	0.1	余量

续表

牌号	化学成分/%								
	W	Hf	Ti	C	O	H	N	Mo	Nb
C103	0.5	9～11	0.7～1.3	0.012	0.02	0.002	0.015	—	余量
SCb291	9～11	—	—	0.001	0.009	—	0.001	—	余量
D43	9～11	—	—	0.08～0.12	0.04	0.002	<0.01	—	余量
Cb752	9～11	—	—	<0.02	<0.02	—	<0.01	—	余量
C-129Y	9～11	9～11	—	<0.015	<0.03	<0.002	<0.01	—	余量
FNb1	—	—	0.005	0.03	0.04	0.002	0.035	0.02	余量
FNb2	—	—	0.01	0.05	0.08	0.005	0.05	0.05	余量

（2）铌及其合金的焊接特点

① 较好的焊接性　由于铌的熔点在难熔金属中仅次于锆，比钨、钼、钽低得多。铌的密度又是所有难熔金属中最低的，其塑性仅次于钽，脆性转变温度又极低。焊接时的温度剧变，尤其是快的冷却速度，不会导致接头的脆化。所以铌及其合金的焊接性在难熔金属中是较好的。但铌合金的焊接性不如纯铌，具有弥散强化特性的铌合金的焊接性不如固溶强化的铌合金。

② 气体杂质对焊接性的影响　气体杂质氧、氮、氢在纯铌中一般处于固溶状态，其影响不如钨、钼，但如超出其固溶度，脆性转变温度仍会急剧升高。

③ 晶粒长大的影响　对铌及其合金的塑性有一定影响，焊接时应注意不使接头过热且不能在高温停留时间过长。

④ 时效脆化问题　一些铌合金，特别是弥散强化的铌合金，在一定温度范围加热时会发生时效脆化现象。如不采取“过时效”处理，就会造成接头脆化。

⑤ 铌合金在TIG焊时易产生氢气孔　碳的介入还会在接头快速冷却时使热影响区变硬，有可能提高在室温或接近室温下的脆性。

⑥ 铌及其合金焊接方法的选择　铌及其合金在焊接区充分净化和保护良好的条件下，焊接性是良好的。在各种焊接方法中，以电子束焊和TIG焊最为适用。

（3）铌及其合金的TIG焊

TIG焊工艺是铌及其合金焊接常用的焊接方法，但对焊接区和焊缝冷却部位的保护必须采取更为有效的措施，否则焊缝金属将被空气污染产生脆化。因此，必须选择合适的焊接工艺，焊前需仔细清理坡口表面，焊后还应制定出合理的热处理措施。保护气体一般采用氩气，若用氦气更好。在施焊过程中除保护焊接区外，钨极对焊缝的污染更要十分注意。因此，应选用能自动引弧的焊机或在工件上加引弧板。铌及其合金TIG焊的工艺参数及接头力学性能见表8.45和表8.46。表8.47是铌及其合金TIG焊接头的高温性能。

表8.45　铌及其合金TIG焊的工艺参数

合金	板厚/mm	焊接电压/V	焊接电流/A	焊接速度/$cm \cdot min^{-1}$	保护气体
Nb	1.0	14	50	25	Ar
Nb	1.0	10	140	60	Ar
Nb-10Hf-1Ti	1.0	12～15	110	64	Ar
Nb-10W-2.5Zr	0.9	12	87	76	Ar
Nb-10W-1Zr	0.9	12	114	76	Ar
Nb-10W-10Ta	0.9	12	83	38	Ar
Nb89-Mo5-V5-Zr1	0.5	12	40	19	80%He+20%Ar
	0.5	12	55	38	80%He+20%Ar
Nb80-W10-Hf1-Y0.7	0.75	17.5	80	19	He
	0.75	11.5	90	38	80%He+20%Ar

续表

合 金	板厚/mm	焊接电压/V	焊接电流/A	焊接速度/cm·min^{-1}	保护气体
Nb61-Ta28-W11-Zr1	1.5	13.5	130	19	He
	1.5	15.0	160	38	He
	1.5	15.0	200	76	He

表 8.46 铌合金 TIG 焊接头力学性能

合 金	焊后退火温度/℃	抗拉强度/MPa	屈服强度/MPa	延伸率/%	弯曲角/(°)
Nb-10Hf-1Ti	不退火	421	329	26	144
Nb-10Hf-1Ti	1200	414	300	32	180
Nb-10W-2.5Zr	不退火	591	458	17	91
Nb-10W-2.5Zr	1200	552	426	14	95

表 8.47 铌及其合金 TIG 焊接头的高温性能

合 金	试验温度/℃	抗拉强度 σ_b/MPa	伸长率 δ_5/%
Nb-10Hf-1Ti	1100	200	22
Nb-10Hf-1Ti	1200	175	13
Nb-10Hf-1Ti	1600	58	33
Nb-10W-2.5Zr	1200	201	8.6
Nb-10W-1Zr-0.1C	1200	366	6.8

焊接铌及其合金衬里结构时，由于铌的熔点较高，而复合板基体往往都是熔点较低的低合金钢、不锈钢等，基体材料容易熔化并从接头中流出。因此，这种衬里接头结构的背面应采用铌敷板，如果衬里板较薄，还可以采用卷边接头，不加敷板。

（4）铌及其合金的电子束焊

与惰性气体保护相比，在真空环境下焊接更有利于防止杂质气体对接头的污染，从而避免脆化。由于能量密度大，能够获得窄而深的焊缝和最小的热影响区，可减少因焊接加热而引起的变形和组织转变，保证了焊接接头的室温塑性。电子束焊的缺点是设备贵，对坡口的加工和工夹具的要求比 TIG 焊严格。因此，除非 TIG 焊不能满足要求，一般在铌及其合金的焊接中还是首选 TIG 焊。

与 W、Mo 相比，铌及其合金的电子束焊更为容易。尤其是纯铌，电子束焊的焊接性可谓优良。但纯铌电子束焊接头的强度较低，而铌合金的焊接性又比纯铌要差。铌及其合金具有较好的低温塑性，采用电子束焊时焊前不用预热。但为了恢复经焊接热循环后有所降低的塑性和韧性（特别对铌合金，尤其是对时效脆性敏感的弥散强化铌合金），焊后应进行真空消应力热处理或“过时效”热处理。为了防止粗晶，应采取激冷措施。所用工夹具则应避免采用铜、镍和不锈钢，以防止对焊缝金属的污染。铌及其合金电子束焊的工艺参数及接头力学性能见表 8.48 和表 8.49。

表 8.48 铌及其合金电子束焊的工艺参数

合 金	板厚/mm	电子束流/mA	加速电压/kV	焊接速度/cm·min^{-1}
Nb	0.8	40	23	43
	1.0	65～70	17～17.5	50
	1.5	85	27	50
Nb-10Hf-1Ti	1.0	45～50	20	25
Nb-10W-1Zr-0.1C	1.0	50	20	25
Nb-10W-2.5Zr	1.0	45～60	20	26
	2.3	64	30	17
	2.5	120	22	24
	0.9	33	150	38
Nb-10W-1Zr-0.1C	3.5	110	140	13

表 8.49 铌及其合金电子束焊接接头的力学性能

合金	板厚/mm	母材			焊接接头		
		抗拉强度 σ_b/MPa	伸长率 δ_5/%	冷弯角 α/(°)	抗拉强度 σ_b/MPa	伸长率 δ_5/%	冷弯角 α/(°)
Nb-3V-6Ta	1.0	760	—	180	471	—	180
Nb-10W-10Hf	0.51	668	24	180	579	9	—
Nb-10W-2.5Zr	0.76	586	24	—	558	20	—
	1.52	531	24	—	620	19	—
Nb-5Mo-5V-1Zr	0.51	751	25	—	737	18	—
	1.52	744	24	180	613	20	—
Nb-28Ta-11W-1Zr	1.52	717	16	—	551.7	7	—
	1.52	758	13	—	661	3	—
Nb-10W-2.5Zr	1.0	569	25.5	—	551.7	36.5	>130
	焊后空冷	—	—	—	524.3	2.0	20
	焊后 900℃退火	—	—	—	544.0	28.8	93
	焊后 1200℃退火	—	—	—	541.0	28.8	93
Nb-10W-1Zr	焊后 1200℃退火	—	—	—	463.5	1.9	—

（5）铌及其合金的电阻焊

电阻焊主要用于铌及其合金的薄板、箔片及细线的连接，点焊时采用隔热垫板或加强冷却电极的方法来减少电极的熔化和黏结磨损，隔热垫板多采用 Mo 或 W-Mo 合金薄板、液氮做冷却液。电阻焊工艺参数包括电极压力、焊接电流、通电时间等。铌及其合金的点焊和缝焊的工艺参数见表 8.50 和表 8.51。

表 8.50 铌及其合金点焊的工艺参数

板厚/mm	电极压力/MPa	焊点直径/mm
0.5	82.4	3.8
1.0	515.0	5.0
1.5	412.0	7.5
2.5	343.4	10.0

表 8.51 铌及其合金缝焊的工艺参数

板厚/mm	电极压力/N	焊接电流/A	通电时间/s		电压/V	
			脉冲	间歇	空载	电路闭合
0.125	112.8	1100	3	2	0.8	0.7
0.25	225.6	3300	3	2	1.3	1.05
0.5	225.6	4000	3	2	1.6	1.25
0.8	245	4500	3	2	1.8	1.4

（6）铌及其合金的钎焊

铌及其合金进行高温钎焊，除做好构件表面的清理外，还必须对焊件进行保护。用于铌及其合金的钎料见表 8.52，这些钎料在高温或真空条件下均能很好地润湿铌及其合金构件表面。选定钎料后，应根据焊件的结构特点和钎焊工艺要求，制定出合理的钎焊工艺。

表 8.52 适用于铌及其合金钎焊的钎料

钎料合金系	钎焊温度/℃	钎料合金系	钎焊温度/℃
48Ti-48Zr-4Be	1049	75Zr-19Nb-6Be	1049
66Ti-30V-4Be	1288～1316	91.5Ti-8.5Si	1371
67Ti-33Cr	1454～1482	90Pt-10Ir	1816
90Pt-10Rh	1899	73Ti-13V-11Cr-3Al	1621

除表 8.52 中所列钎料外，还可选择镍基钎料来钎焊铌合金与不锈钢管件。工业纯铌与

不锈钢钎焊时，选用 Co-21Cr-21Ni-5.5W-8Si-0.8B 合金系钎料，在钎焊温度 1177℃的真空中进行钎焊，可获得良好的钎焊接头。

8.3 异种难熔金属的焊接

由于在结晶学和物理性能方面相差很大，所以铌、钼、钨等难熔金属与钢的焊接相当困难。一般的焊接方法（如氩弧焊、电子束焊等）在焊接难熔金属与钢时都比较困难，因此，通常采用只使钢熔化，不使难熔金属熔化的熔焊-钎焊的方法进行焊接。

8.3.1 钨与钢的焊接

（1）钨与钢的焊接特点

① 钨与钢的焊接性主要是由钨的性质所决定的，钨为多晶转变，其转变温度为 630℃，低于此温度将转变为 α-相，具有体心立方晶格。钨在难熔金属中熔点最高，其强度及热导率也最大。钨在室温下不与氢、氧起作用，但与氮能发生反应生成氮化物，当温度为 600～800℃时，氮化物分解。

② 钨与钢焊接时，由于钨是难熔金属，杂质在钨中的溶解度极小，因此钨对杂质的敏感性很大，极易产生冷脆现象。

③ 钨在空气中以及在 400℃以下时，均很稳定，超过 400～500℃会形成氧化物 WO_2，这种氧化物给钨与钢的焊接带来了很大的困难。

④ 铸态或再结晶状态的钨，由于塑性和韧性很低，脆性倾向大，钨与钢焊后裂纹倾向严重。

⑤ 钨与钢的熔点、热导率、线胀系数以及弹性模量等参数相差较大，因此两种金属焊接时变形大，焊接应力严重，焊接接头极易产生裂纹，因此钨与钢的焊接性极差。

（2）钨与钢的焊接工艺措施

钨与钢焊接时，为了获得满意的焊接接头，须采取特殊的焊接工艺和有效的焊接措施。

① 仔细清理被焊接头的表面污物。

② 选用纯度高的焊接材料。

③ 采用可靠的焊接方法，在可调节的高纯度惰性气体密封室中进行焊接。

④ 母材金属焊前进行退火和预热，降低组织成分的不均匀性和应力。钨在 875～900℃之间进行退火，预热温度为 300～600℃。

⑤ 焊后将焊接接头再进行退火，降低脆性，消除残余应力，使焊缝近缝区的组织稳定；焊接接头退火温度为 1800℃左右。

⑥ 选择适当的焊接工艺参数。

⑦ 焊接接头退火后，对整个焊接接头进行检验，发现缺陷及时返修，直至合格。

（3）钨与钢的氩弧焊

钨与钢采用氩弧焊时，由于在钨母材一侧有比较脆的硬化层，使焊接裂纹倾向性大。对接头性能要求不高时，可采用钨极氩弧焊，电弧偏离钨母材，指向钢一侧，使钢的熔化液体对钨一侧进行浸润，实现熔化焊-钎焊连接，可以取得较好的接头连接件，但焊接接头强度不高，塑性低，弯曲角小，易断裂。

如果采用加入 Ni 和 Cu 的中间过渡层，可以获得较好的钨与钢的接头。焊接过程中最好采用氦气保护、小的焊接线能量。对厚度为 1.5mm 的钨金属，其焊接速度为 0.2～0.25cm/s。为了防止裂纹产生，对钨与钢焊件不能固定施焊，焊前可以进行预热，预热温度为 500℃，这样能提高接头塑性，减少裂纹倾向。

(4) 钨与钢的真空扩散焊

钨与钢的焊接采用真空扩散焊接，能获得良好的焊接接头。可以直接焊接，也可以采取加中间层的方法。中间层材料一般常用 Ni 和 Cu。采用中间扩散层的焊接接头强度比无中间扩散层的接头高。

焊前对钨与钢件的表面要清理油污和氧化膜。真空扩散焊的焊接工艺参数，焊接温度为1200℃，焊接压力为2.94MPa，焊接时间为30min，真空度为1.07×10^{-2}Pa。

在多孔镍制过滤器产品结构件中，有与不锈钢外套密封焊接的部件，即1Cr18Ni9Ti与钨的焊接，可以采用真空扩散焊，工艺参数为，焊接温度为1200℃，压力为2.94～4.9MPa，焊接时间为25～30min，真空度为1.33×10^{-1}Pa。

(5) 钨与钢的真空钎焊

钨与钢采用真空钎焊方法进行焊接，在飞机、坦克、汽车以及仪表仪器的电器部件中应用广泛，主要是采用钨触头钎焊在碳钢上的组件。

钎焊前，钨触头先在甲苯中浸泡20h除油，然后用蒸馏水冲洗干净。再用无水乙醇除水。选择无氧铜作钎料。冷态的真空度不低于5×10^{-2}Pa，工作真空度不低于2Pa。加热时的温度为450℃，保温10～15min后进行脱氧。继续升温到1000℃，保温20～25min，再继续升温到1130℃，保温10～15min后随炉冷却，当冷却到950℃以下时开始充填高纯度氩气，冷却到600℃以下，便可快速冷却到100℃以下出炉。

(6) 钨与钢的电子束焊

图8.2所示是多孔钨与不锈钢采用电子束焊的焊接结构，其焊接工艺步骤如下。

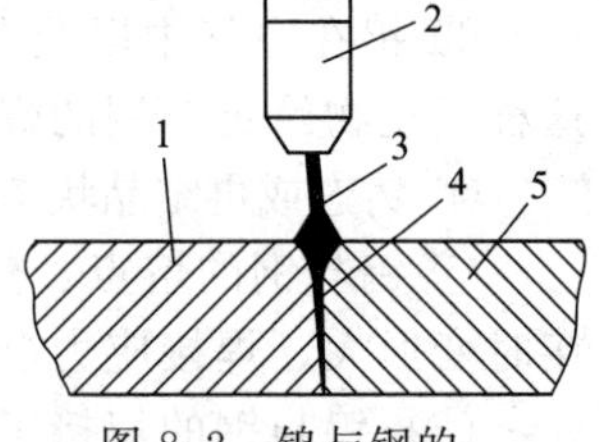

图8.2 钨与钢的电子束焊的焊接结构

1—不锈钢（1Cr18Ni9Ti）；2—电子束焊枪；3—电子束流；4—焊缝；5—钨

① 焊前对两种母材金属认真清理和酸洗。酸洗液成分为，H_2SO_4 54%+HNO_3 45%+HF 1.0%，酸洗温度为60℃，酸洗时间为30s。

② 酸洗后的母材金属，需在水中冲洗，并加以烘干，烘干温度为150℃。

③ 为保证被焊接头不氧化，焊前再将被焊接头用酒精或丙酮进行除油和脱水。

④ 将清理好的被焊接头装配、定位，然后放入真空室中，并调整好焊接参数和电子束焊枪。

⑤ 钨与不锈钢电子束焊的工艺参数，加速电压为17.5kV，电子束流为70mA，焊接速度为0.83cm/s，真空度为1.33×10^{-2}Pa以上。

⑥ 焊后取出焊件，并进行缓冷。待焊件冷至室温时，进行焊接接头检验，发现焊接缺陷及时进行处理。

8.3.2 铌与钢的焊接

(1) 铌与钢的焊接特点

铌是具有优良的热强性和高温耐蚀性材料。在1300℃仍具有良好的稳定性，在室温和低温条件下均具有良好的塑性和韧性，并具有较高的耐蚀性。但在过热蒸汽及液态金属（如Li、K、Na等）中能发生反应。铌从温度500℃开始与氧产生剧烈的反应；在200～250℃时开始与氢反应；600～800℃在氮气中开始形成氮化物。

铌及铌合金的焊接性除受到上述各种特性的影响外，更主要的是取决于杂质的成分及其含量。很显然，当杂质含量较多时，可明显地降低材料的塑性和变形能力，同时也将使耐蚀性、机械加工性和焊接性变坏。因此，焊接接头的性能在很大程度上也是取决于焊缝和母材的成分与杂质的含量，对铌来说，尤其是氮等杂质的含量对其影响较大。

铌与钢的焊接已引起世界各国的很大兴趣，这是因为铌与钢的焊接结构在生产中不断得到广泛应用的缘故。铌与钢焊接具有以下特点。

① 铌与钢焊接时，由于铌的化学活泼性很大，对进入焊接区的杂质敏感性很强，因此这些杂质能降低金属的塑性，增加冷脆性，使焊缝容易产生裂纹。

② 铌与钢焊接时，由于铌的熔点高（熔点为2497℃），钢母材金属已熔化，而铌还处于固态，这会造成铌的液态金属流失，对铌与钢的焊接有不利的影响。

③ 铌与钢焊接时，铌容易氧化，所以对焊接区的保护和焊接材料的纯度要求很高。

④ 铌与钢焊接时，铌具有较小的密度和较大的热导率，所以要求采用加热集中的焊接方法，如氩弧焊、等离子弧焊以及电子束焊。

⑤ 铌是一种化学性活泼的金属，具有热强性和高温耐蚀性，在1300℃时仍有良好的稳定性，所以铌与钢的焊接结构可用于核电站和原子反应堆中。

（2）铌与钢的焊接工艺要点

1）铌与不锈钢的氩弧焊

在实际生产中铌常与不锈钢进行连接，为了获得良好的异种材料焊接接头，使焊缝金属中不产生金属间化合物相，使界面间产生良好的冶金结合，可采用氩弧焊，利用熔焊-钎焊的工艺进行焊接，能获得良好的焊接接头。

铌与不锈钢氩弧焊时的接头形式如图8.3所示。当焊件厚度为0.3～0.5mm时，可采用弯边搭接的接头形式，如图8.3（a）所示。当焊件厚度为0.5～1.0mm时，可采用熔化的嵌入件，如图8.3（b）所示。图8.4是铌与不锈钢焊后的两种接头形式。

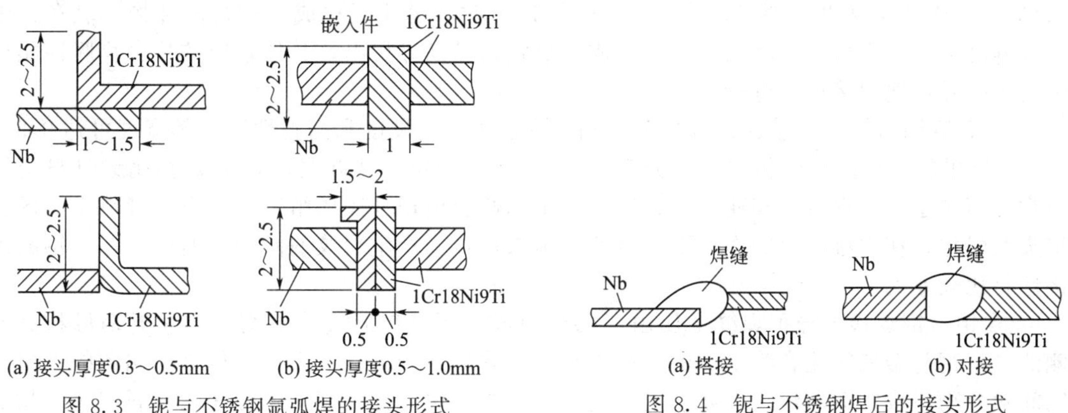

图8.3 铌与不锈钢氩弧焊的接头形式

图8.4 铌与不锈钢焊后的接头形式

焊前，对铌表面采用60%HNO_3+40%HF溶液清洗，除去油垢和氧化膜。施焊时，电弧要偏向不锈钢一侧，而偏离铌母材一定空隙，当电弧指向不锈钢一侧时，不锈钢产生熔化，而铌一侧被加热，只有表面少许熔化。此时不锈钢液体对铌表面产生润湿过程而形成钎焊的冶金连接。焊后分析表明，焊接时，铌被加热到1700℃，并保温1～1.5s，不锈钢液体对铌产生了润湿，形成了良好的钎焊接头，在界面并没有金属间化合物相，热影响区也没有产生过热组织和晶粒长大的现象。

2）铌与不锈钢的熔焊-钎焊

铌与不锈钢还可以采用熔焊-钎焊的方法进行焊接。主要是利用熔焊（例如电子束焊、氩弧焊等）使一侧金属熔化，另一侧金属不熔化，从而实现异种金属的钎焊连接。

厚度0.3mm的铌合金板与厚度0.4mm的不锈钢，利用电子束焊或用钨极氩弧焊，采取熔焊-钎焊的工艺方法，在焊接过程中熔化的不锈钢液态金属对固态铌产生良好的润湿作用，形成熔焊-钎焊连接，焊缝成形均匀美观，具有较高的强度和良好的塑性。铌合金

(BH2) 与不锈钢 (1Cr18Ni9Ti) 熔焊-钎焊的工艺参数及力学性能见表 8.53。

表 8.53 铌合金 (BH2) 与不锈钢 (1Cr18Ni9Ti) 熔焊-钎焊的工艺参数及力学性能

焊接方法	工艺参数			板厚/mm		抗拉强度/MPa	弯曲角/(°)
	焊接电压	焊接电流	焊接速度/$cm \cdot s^{-1}$	铌合金 BH2	1Cr18Ni9Ti		
电子束焊	16.5kV	13～14mA	0.8	0.3	0.4	490	180
钨极氩弧焊	9V	25A	0.8	0.3	0.4	441	180

8.3.3 钼与钢的焊接

(1) 钼与钢的焊接特点

钼及钼合金与钢的焊接结构件，在实际生产中应用较多，但由于钼及钼合金与钢的物理性能相差较大，在焊接过程中出现很多问题。从焊接问题的分析中得出结论，钼与钢的焊接性能主要取决于钼及钼合金的成分和性能。

铁-钼合金状态图见图 8.5。从图 8.5 中可知 Fe 与 Mo 能形成不同浓度的 α-Fe 和 α-Mo 固溶体。此外还可以形成两种金属间化合物脆性相 ε-Fe_3Mo_2 和 η-FeMo。Fe_3Mo_2 直至 1450℃的温度范围都是比较稳定的。状态图中的 η-相，它的存在温度区间为 1180～1540℃，当冷却时，η-相分解为 ε-相和 α-相的固溶体。

钼与钢焊接主要有如下特点。

① 钼与钢的焊接性主要取决于钼及钼合金的成分和性能。钼及钼合金与钢焊接时，当加热到 400℃时，发生轻微的氧化。在 600℃以上时，迅速氧化成 MoO_3 化合物。氧在钼中的溶解度很小，当氧含量增加时，所形成的氧化物沿晶界析出，其他杂质的化合物脆性相也析出于晶界，使焊接难以进行。

② 焊接钼与钢时，靠近钼母材金属侧，容易出现高硬度和高脆性区，其宽度可达 0.5～3μm。这里的金属间化合物主要成分有 Fe_3Mo_2 及 FeMo。靠近钢母材金属侧比钼母材金属的脆性倾向小，但焊后冷却速度快，钼母材金属侧会出现马氏体组织，导致焊缝热影响区及接头区脆化，在焊接应力的作用下，会严重地增加接头产生裂纹的倾向。所以，钼与钢的焊接性是比较差的。

③ 钼与钢焊接的异种焊缝金属由三部分组成，而且焊缝成分不均匀。靠近钢母材金属侧的是由钢与金属间化合物组成的双相组织，其硬度急剧上升；靠近钼母材金属侧的是由金属间化合物组成的双向组织，硬度也急剧上升；焊缝中间是由钼与钢之间的金属间化合物所组成的，硬度很高。

钼与钢焊接接头组织成分不均匀，对硬度的影响很大，如图 8.6 所示。图 8.6 中，(1) 是钢与金属间化合物组成的双相组织；(2) 是钢与钼之间的金属间化合物；(3) 是钼与金属间化合物组成的双相组织。

(2) 钼与钢的焊接工艺

1) 钼与钢的熔焊-钎焊

钼与钢 (碳钢、不锈钢) 采用氩弧焊、电子束焊和气体保护焊等焊接方法，均可实现熔焊-钎焊接头。这种焊接工艺的实质是使钢一侧熔化金属较多，而钼一侧只是加热增加温度而不熔化或熔化很少，被钢的液态金属所浸润形成钎焊焊缝。这就避免了铁与钼形成化合物 Fe_3Mo_2 和 FeMo，使接头区脆化问题得以解决。

钼与钢直接对接电子束焊接时，其焊缝金属主要由 20Mo-80Fe 组成，在 Mo 母材一侧边界上显示出 $\alpha+\varepsilon$ 共晶，而且形成较多的金属间化合物 Fe_3Mo_2 和 FeMo。由于金属间化合物的存在，使焊缝金属脆性增加而易于产生裂纹，降低了接头性能，其焊接性较差。因此钼与钢熔化焊时，接头强度不高，应避免直接熔焊，所以一般采用熔焊-钎焊。

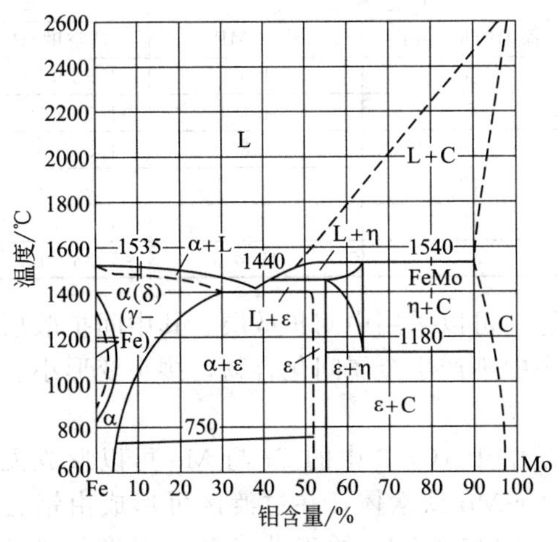

图 8.5　铁-钼合金状态图

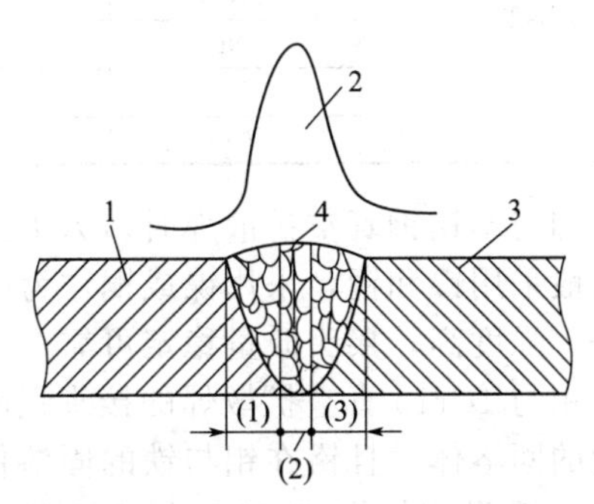

图 8.6　钼与钢的异种焊缝组织不均匀对硬度的影响

1—钢；2—硬度曲线；3—钼；4—焊缝

为了提高钼与钢的接头性能，还可以采用加中间过渡层的方法，焊接工艺虽然复杂，但是其焊接性良好。焊前对焊件进行表面处理非常重要，焊接工艺参数须严格控制，表 8.54 列出了采用电子束焊和氩弧焊对钼与钢进行熔焊-钎焊的工艺参数及接头力学性能。

表 8.54　钼与不锈钢电子束焊、氩弧焊熔焊-钎焊的工艺参数及接头力学性能

焊接方法	厚度/mm		工艺参数			接头性能	
	Mo	18-8Ti	焊接电压	焊接电流	焊接速度 /cm·s^{-1}	抗拉强度 σ_b/MPa	冷弯角 α/(°)
电子束焊	0.5	0.8	16kV	15mA	0.8	245～519(382)	13～73(43)
	0.3	0.4	16.3kV	20mA	1.1	451～706(568)	40～70(55)
	0.3	0.4	16.5kV	9mA	1.1	225～539(412)	40～140(93)
氩弧焊	0.5	0.8	60V	8A	1.1	186～363(277)	—
	0.3	0.4	25～30V	10A	0.55	402～598(500)	52～56(54)
	0.3	0.4	30V	8A	1.1	363～402(382)	23～88(50)

注：括号中的数据是试验平均值。

2）钼与钢的真空扩散焊

钼与 1Cr18Ni9Ti 和 1Cr13 等钢进行真空扩散焊时，能获得强度高、质量稳定的焊接接头。钼与 1Cr13 的焊接接头强度可达 382～450MPa，钼与 18-8、1Cr13 真空扩散焊的工艺参数见表 8.55。

表 8.55　钼与 18-8、1Cr13 真空扩散焊的工艺参数

被焊材料	中间层材料	工艺参数			
		焊接温度/℃	保温时间/min	压力/MPa	真空度/Pa
1Cr13+Mo	无	900	5	4.6	1.33×10^{-2}
1Cr13+Mo	无	950	10	9.8	1.33×10^{-2}
1Cr13+Mo	Ni	1000	15	11.7	1.33×10^{-2}
	Ni	1050	20	19.6	1.33×10^{-2}
	Ni	1100	25	24.5	1.33×10^{-2}
	Ni	1200	14	4.6	1.33×10^{-2}
	Cu	1200	5	4.6	1.33×10^{-2}

续表

被焊材料	中间层材料	工艺参数			
		焊接温度/℃	保温时间/min	压力/MPa	真空度/Pa
1Cr18Ni9Ti+Mo	无	900～950	5	4.6	1.33×10^{-2}
	Ni	1000	5	4.6	1.33×10^{-2}
	Ni	1100	10	7.8	1.33×10^{-2}
	Ni	1200	10	9.8	1.33×10^{-2}
	Ni	1200	30	14.7	1.33×10^{-2}
	Cu	1200	30	19.0	1.33×10^{-2}

钼与不锈钢真空扩散焊时，为了提高接头性能，可以采用中间扩散层。其中间扩散层材料一般采用镍和铜，采用镍或铜作为中间层的接头中不产生金属间化合物，接头变形小、塑性好、强度高，接头质量稳定可靠。

钼与1Cr13真空扩散焊的接头强度高，主要是由于1Cr13中的Cr与Mo可以形成无限连续的固溶体，且铬在钼与铁的固溶体中能形成Cr-Mo铁素体，在过渡区可形成由铬合金化的α铁固溶体和$FeMo_2$为基的金属间化合物。钼与1Cr13的工艺参数，温度为900～1200℃、压力为4.6～24.5MPa、时间为5～25min、真空度为1.33×10^{-2}Pa，焊后接头的强度可达382～451MPa。

钼与1Cr18Ni9Ti真空扩散焊的工艺参数，温度为900～1200℃、压力为4.6～19.0MPa、保温时间为5～30min、真空度为1.33×10^{-2} Pa。采用这些参数对钼与1Cr18Ni9Ti进行焊接，焊接接头的质量良好，未发现缺陷。但金相分析表明，靠近接触区有宽度约为5μm亮带，亮带是发生扩散的结果，此亮带是铁、镍与钼的化合物混合区，如$MoFe_7$、MoNi、$MoNi_3$、$MoNi_4$等。

8.4 稀有贵金属的焊接

8.4.1 银及其合金的焊接

(1) 银及其合金的性能

银是一种导电性、导热性和塑性极好的金属。银与铜的化学性能很相似，常温下当氧的压力低于13.33Pa时，银在空气中不发黑，不失去光泽；当温度增至200℃时，银开始氧化，在400℃以下银氧化后以Ag_2O状态存在。Ag_2O在150～200℃时就发生分解，使银的表面吸附自由氧。分解反应按下式进行。

$$Ag_2O = 2Ag + \frac{1}{2}O_2$$

当氧的压力达到足以控制Ag_2O的分解压，且在507℃左右时，将导致形成Ag_2O-Ag共晶。含有少量Al、Cu、Si、Cd、Zn、Sn等元素的银合金，氧化倾向很大。氧化不但发生在表面，还可深入到银合金内部。显然，上述元素的氧化物危害性比Ag_2O大。无论在液态或固态银中，氮都不能固溶。银的氮化物在常温下即分解。

氢在银固溶体中溶解度较小。银与氢反应生成的银化氢呈红褐色，在412℃左右发生分解。银在500℃以上的氢气加热炉中退火时，将导致银变脆。纯银的银含量为99.9%～99.99%，主要杂质有铅、铁、铋、锑等元素。铁的含量小于0.05%，其余杂质含量均小于0.003%。纯银的物理性能及力学性能见表8.56。

硬银是Ag-0.15Ni-1.5～3Si合金，其抗拉强度为235～343MPa、布氏硬度为55～107HB。银还能与Au、Pt、Cu、Sn等金属组成合金。银及其合金在电子工业、电接触材料、实验设备、高真空技术等有一定的应用，但更多的则用于制造银基钎料。

表 8.56 纯银的物理性能及力学性能

纯银的原始状态	密度 /g·cm^{-3}	熔点 /℃	热导率 /W·m^{-1}·K^{-1}	电阻率 /10^{-8}Ω·m	伸长率 /%	抗拉强度 /MPa	屈服强度 /MPa	硬度 /HB
硬态	10.55	960.8	422.8	0.147	3～4	196～392	304	85
软态	10.55	960.8	422.8	0.147	50	127～157	55	26～28

（2）银及其合金的焊接特点

① 银及其合金的焊接性及钎焊性良好，由于银的热导率高，在进行焊接时需要高的热输入速度，应尽量采用能量集中的焊接热源。熔焊时，必要情况下可在焊前将焊件预热至500～600℃。

② 银的热胀系数大，在焊接过程中易引起较大的焊接应力和变形。

③ 氧在液态银中具有很大的溶解度，焊后冷却过程中，液态银转变为固态时，氧在银中的溶解度迅速降低，此时从固溶体中析出的氧残留在枝状晶之间，易形成气孔缺陷。

④ 纯银在氩弧焊时应注意氩气保护效果，避免银的氧化及烧损。

（3）银及其合金的焊接工艺

1）银及其合金的熔焊

① 气焊　纯银气焊时，应采用氧-乙炔中性焰，其功率选择按 1mm 纯银板每小时消耗 100～150L 可燃气体。甲烷-氧焰也可使用。纯银在气焊时可用宽3～4mm纯银板条或 Al 含量 0.5%～1.0%（为脱氧用）的银焊丝作为填充金属。焊剂由 50%硼砂及 50%硼酸组成，使用时可用酒精调制。若配方中再加入适量的焊剂 401（铝焊剂），则有利于铝的氧化物去除。操作时应采用左向焊，并尽量选择强规范焊接，以达到快速加热焊件的目的。纯银气焊的接头强度不太稳定，一般为 98～127MPa。

② 钨极氩弧焊　纯银宜采用直流正接钨极氩弧焊。交流钨极氩弧焊焊接纯银时，焊缝成形不良，焊接时飞溅较大。纯银钨极氩弧焊时，焊前应去除焊件表面的油污及氧化物。焊缝点固时，对板厚为 2～3mm、长 1m 以内的焊缝，每隔 100mm 点固 10mm 焊缝；如果板厚为 3～4mm，则点固间距为 150mm。纯银钨极氩弧焊时，若选用纯铜喷嘴，则经过一段时间的使用，蒸发附着在喷嘴端部的银粒会与铜形成低熔共晶，从而导致喷嘴端部易熔，因此要避免采用纯铜喷嘴，可选用陶瓷或不锈钢喷嘴。

表 8.57 是不同板厚纯银手工钨极氩弧焊的工艺参数。其中氩气流量选择要注意，流量太小易形成气孔及焊件氧化；流量过大会造成电弧不稳，也易发生焊缝表面氧化。银合金的流动性好，在水平位置或略倾斜位置悬空焊接时，要防止烧穿和溢流缺陷，如采用衬垫或反面通氩气保护，则可获得良好的反面成形。

表 8.57 不同板厚纯银手工钨极氩弧焊的工艺参数

焊件厚度 /mm	坡口形式	钨极直径 /mm	焊丝直径 /mm	焊接电流 /A	氩气流量 /L·min^{-1}	焊接速度 /m·h^{-1}
1.0	卷边对接	2.0	—	50～70	3～4	4～5
1.5	对接	2.0	2.0	80	4～5	4～5
2.0	对接不留间隙	2.0	2.0～3.0	120～130	6～8	4～5
3.0	对接不留间隙,悬空焊接	3.0	3.0	150～160	8～10	5～7
4.0	对接	3.0	3.0	120	6～8	4～6

2）银及其合金的冷压焊

银具有极好的可塑性，在室温条件下可进行冷压焊。退火银棒通过加压顶锻，可使顶锻面积为原面积的 150%～200%，实现连接。银薄板经表面清理后，可用冷压焊连接，当变形量达到 65%～80%时，才能获得良好的连接强度。必要时也可以采用低温加热，强化其扩散连接。

3）银及其合金的钎焊

① 硬钎焊　银及其合金的钎焊性很好，硬钎焊时主要采用银基钎料。真空钎焊时所用的钎料见表 8.58，一般为电子产品所用。氢气或氩气保护下进行钎焊也能获得良好的钎焊质量。如用普通炉中钎焊、电阻钎焊及火焰钎焊等方法时必须选用钎剂（表 8.59），钎料采用 Ag-Cu-Cd-Zn 类型（表 8.60）。

表 8.58　银及其合金真空钎焊用银基钎料

型　号	化学成分/%				熔化温度/℃
	Ag	Cu	Sn	In	
BAg72Cu-V	72±1.0	28±1.0	—	—	779
BAg50Cu-V	50±0.5	50±0.5	—	—	779～850
BAg61CuIn-V	余量	24±0.8	—	15±1.0	625～705
BAg63CuIn-V	余量	27±0.8	—	10±1.0	660～730
BAg60CuIn-V	余量	30±0.8	—	10±1.0	660～720
BAg59CuIn-V	余量	31±0.8	10±0.8	—	600～720

表 8.59　银及其合金钎焊所用钎剂组成

牌　号	化学成分/%	钎焊温度/℃
QJ101	H_3BO_3 30，KBF_4 70	550～850
QJ102	KF(无水)42，KBF_4 23，B_2O_3 35	600～850
QJ103	KBF_4 95，K_2CO_3 5	550～750

表 8.60　银基钎料

型　号	化学成分/%				熔化温度/℃
	Ag	Cu	Zn	Cd	
BAg70CuZn	72±1.0	26±1.0	余量	—	730～755
BAg65CuZn	65±1.0	20±1.0	余量	—	685～720
BAg50CuZn	50±1.0	34±1.0	余量	—	688～774
BAg45CuZn	45±1.0	30±1.0	余量	—	677～743
BAg50CuZnCd	50±1.0	15.5±1.0	16.5±2.0	18±1.0	627～635
BAg35CuZnCd	35±1.0	26±1.0	18±2.0	21±1.0	605～702

② 软钎焊　银及其合金软钎焊一般采用锡铅钎料，如 Sn60Pb40 共晶钎料，熔点为 183℃。也可采用不同锡、铅配比的钎料。烙铁钎焊、火焰钎焊及普通炉中钎焊等各种工艺方法均可采用。当在空气中钎焊时，可用中性钎剂——松香酒精溶液，也可用 $ZnCl_2$、NH_4Cl 配制的水溶液（18% $ZnCl_2$＋6% NH_4Cl＋76% H_2O）。

③ 接触反应钎焊　利用 Ag-Cu 共晶反应原理，可实现银及其合金之间或银及其合金与铜之间的连接。例如纯银或银合金的焊件表面镀以 2～8μm 纯铜，在真空、氢气或钎剂保护下，将焊件加压接触，当加热温度达到 779℃以上（即 Ag-Cu 共晶点）时，由于 Ag、Cu 原子迁移扩散，发生共晶反应并产生共晶液相，实现连接。同样银及其合金与铜也可实现接触反应钎焊连接，银一侧不需再镀铜。

8.4.2　金及其合金的焊接

（1）金及其合金的性能

金具有美观的金黄色光泽，塑性极好，化学性能稳定，在加热时不变色，有良好的抗氧化性和耐腐蚀性。金也具有良好的导电性、导热性和高的反射率。金的物理性能和力学性能见表 8.61。

表 8.61　金的物理性能和力学性能

密度 /$g \cdot cm^{-3}$	熔点 /℃	热导率 /$W \cdot m^{-1} \cdot K^{-1}$	电阻率 /$10^{-8}\Omega \cdot m$	伸长率退火态 /%	抗拉强度 /MPa
19.32	1063	31	2.065	39～45	134

使金强化的合金元素中，Co、Ni的强化作用较明显，Ag较弱。若在金中加入Ni、Cr、Y或Ag、Cu、Mn、Y组成合金，不仅强度高、电阻稳定，而且抗磨损性也好。工业上应用的金合金有数十种，其中Au-Ni、Au-Cu、Au-Cr合金较多。金及其合金除在首饰、工艺品及牙科上应用外，随着现代工业和科学技术的发展，金及其合金在钎料、精密电阻材料、接触材料、弹性元件、应变材料以及微电子技术等方面都有广泛的应用。

(2) 金及其合金的焊接特点

金及其合金的焊接性和钎焊性良好。对于纯金，无论在熔焊或钎焊过程中，氧化都不是主要问题，只是某些金合金必须考虑焊接过程的氧化问题。

(3) 金及其合金的焊接工艺

1) 金及其合金的熔焊

① 气焊　推荐微还原性氧-乙炔焰进行气焊。液化气-氧、液化气-空气火焰也可采用。通常用小型焊炬气焊。为了使焊缝金属色泽与母材相匹配，常用同样金或金合金作填充金属。气焊时可以不用焊剂，也可用硼砂或硼酸，或它们的混合物作焊剂。

② 其他熔焊工艺　钨极氩弧焊、等离子弧焊、激光焊及电子束焊都可用来焊接金及其合金，这些方法焊接速度较快，焊接质量好，且可防止焊接高温引起的氧化变色。当用钨极氩弧焊时，要注意钨极对焊缝的污染问题。

2) 金及其合金的电阻焊

金及其合金可以进行电阻焊，电极采用Mo制作。Au-Cu、Au-Cu-Ni、Au-Cu-Ag在珠宝、光学装置、电触点等小型构件中有所应用。带状构件焊接时采用脉冲缝焊；眼镜框架采用氩气或氮气保护电阻点焊。

3) 金及其合金的冷（热）压焊

金及其合金由于具有良好的塑性，可采用冷压焊或热压焊，有时还可采用摩擦焊。采用冷压焊时，必须注意焊前表面清理，当变形量超过20%时，就能实现牢固的连接。微电子技术中集成电路内引线的丝球焊，就是将直径为20～50μm的金丝端头熔烧成球，然后采用热压焊或超声热压焊方法，使金丝球与集成电路芯片（表面经Au、Ag或Al金属化处理的硅片）实现连接。这种金丝球焊技术已在微电子生产技术中大量应用。

4) 金及其合金的钎焊

① 硬钎焊　金及其合金的硬钎焊常用于黄金珠宝首饰及牙科制品中。表8.62所列钎料既能适应颜色匹配又能适应不同熔化温度的需要。

表8.62　钎焊金合金用的钎料

金合金类型	化学成分/%					熔点/℃	备　注
	Au	Ag	Cu	Zn	其他		
10K(软)	42	24	16	9	Cd9	700	黄色
10K(硬)	42	35	22	1	—	745	黄色
14K(软)	58	18	12	12	—	755	黄色
14K(硬)	58	21	15	6	—	800	黄色
10K(软)	42	30	8	15	Ni5	730	白色
10K(硬)	47	15	35	—	Sn3	775	牙科
未命名	62	17	15	4	Sn2	810	牙科
未命名	65	16	15	4	Sn2	800	牙科

含银量高的钎料润湿铺展性、流动性较好，与金合金相互作用倾向较小；含铜量高的钎料在钎焊温度增加时，与母材相互作用加剧，因此，必须严格掌握钎焊温度、保温时间。一般宜快速钎焊，防止产生溶蚀缺陷。钎焊金合金时，可采用50%硼砂、43%硼酸和7%硅酸钠混合物作钎剂。

金及其合金硬钎焊工艺可以采用火焰钎焊、电阻钎焊、普通炉中钎焊及高频钎焊等。珠宝、牙科行业大多采用中性或还原性的氧-乙炔火焰钎焊；有些小件用电阻钎焊时，可将已定位的接头置于两电极间，通电加热到钎焊温度时，送给钎料丝，完成钎焊连接。

牙科用的钎料，为防止钎料对人体危害，必须禁用含镉钎料，可用 Au-Ag-Pb 类型钎料；K 金中多数含有铜，在加热时会氧化变成黑褐色，钎焊时应采用钎剂保护。

② 软钎焊　在半导体及微电子器件中，经常被用作在陶瓷、玻璃或其他金属的表面金属化镀层。例如薄膜电路中金的镀层是用作电导体（电路）。电路的软钎焊按照通常的软钎焊工艺方法，采用 Sn61Pb39、In95-Bi5、Sn53-Pb29-In17-Zn0.5 等钎料和松香酒精中性钎剂。

应指出，金及其合金在用锡基钎料软钎焊时，必须注意金在锡或锡基钎料中的溶解作用的影响。当温度达到一定值时，金在锡基钎料中的溶解速度极快，因此，必须严格控制钎焊温度和钎焊时间，防止过度溶解造成的溶蚀现象，包括微电子薄膜电路中金层的“全脱落”现象。

另外，利用金与某些金属的共晶反应而实现连接的接触反应钎焊，在半导体和微电子器件芯片连接中也有应用，例如 Au-Si 共晶点为 370℃，Au-Si 共晶法接合是一种典型的工艺。

8.4.3 铂及其合金的焊接

(1) 铂及其合金的性能

铂为银白色的塑性金属，化学稳定性很好，不被单一酸所腐蚀。在铂族金属中，铂与氧的亲和力最小，在低于铂熔点的所有温度下，铂在大气中具有良好的抗氧化能力。铂中加入铂族金属 Ir、Pb、Rh、Ru 等元素可使合金强化。纯铂的物理性能及力学性能见表 8.63。

表 8.63　纯铂的物理性能及力学性能

密度 $/g \cdot cm^{-3}$	熔点 /℃	热导率 $/W \cdot m^{-1} \cdot K^{-1}$	电阻率 $/10^{-8}\Omega \cdot m$	伸长率 /%	抗拉强度 /MPa
21.37	1769	74.1	9.81	30～40	150

铂及一系列铂铑合金具有稳定而优良的热电性能，并有良好的高温抗氧化性能和化学稳定性，是精确测温的优良材料。铂铱、铂镍、铂钨合金具有稳定的电学参数，而且使用可靠，寿命长，是低负荷下良好的接触材料。铂钴合金是至今能找到的在酸、碱、盐等腐蚀介质中使用的、加工性能最好的永磁材料。在制造货币、首饰、医疗器械、电极以及镶牙等方面消耗了大量的铂及铂合金。

(2) 铂及其合金的焊接特点

铂及铂合金在高温下具有良好的抗氧化性能，焊接性及钎焊性很好。在高温下碳能溶于铂，低温时，碳又部分析出，使铂变脆，所以铂不能在熔融状态与碳接触，也不能在还原性气氛中加热。因此，在焊接过程中必须防止铂与碳的接触。如在高真空、高温下焊接时，应注意防止铂与氧化铝、氧化硅的接触，铂能使氧化物还原，并被铝、硅所污染。

(3) 铂及其合金的焊接工艺要点

铂及其合金可采用气焊、氩弧焊、电子束焊、电阻焊等多种焊接方法。气焊时选用氢-氧焰，可不加焊剂，用铂作为填充金属，焊接效果较好。如果采用氧-乙炔焰，必须调节成富氧的氧化焰，以避免使铂产生渗碳和脆化。在空气中，将铂焊前表面清理后，当温度加热到 982～1204℃范围内，较易实现锻焊或热压焊连接。热电偶、微细零件、钢笔尖上的铂金焊接，可采用电阻焊。

铂的硬钎焊可采用 Au、Au-Pt、Au-Pd、Ag 等作为钎料，气体火焰钎焊可不加钎剂。由于铂与金能形成无限固溶体，钎焊接头性能良好。有时也可用接触反应钎焊方法实现铂与金的连接。当钎焊 Pt-Au-Ag 或 Pt-Cu 合金时，以硼砂作钎剂，用银基钎料可获得优质钎焊接头。如果考虑到铂与钎缝颜色的匹配，可选用 Pt 含量 20%～30%的金钎料。Pt-Au 钎料中 Pt 可提高钎料熔点，增加其强度和硬度。

铂的软钎焊可采用一般 Pb-Sn 钎料，钎剂可选磷酸和乙醇混合液，也可用 6% $ZnCl_2$ + 4% NH_4Cl + 5% HCl(密度 1.19g/cm^3) + 85% H_2O 混合液。

第 9 章 有色金属与钢的焊接

铝、铜、镍、钛等有色金属具有良好的耐蚀性、较高的比强度以及在低温下能保持良好力学性能等特点。这些有色金属与钢焊接制成具有优良的导电、导热及耐蚀性能的异种金属结构件，有利于提高有色金属与钢复合件的综合性能，对延长焊接产品的使用寿命、环保和节约材料起着重要的作用。有色金属与钢的连接在航空、汽车、化工、国防等工业部门有广泛的应用。

9.1 铝及铝合金与钢的焊接

由于铝及铝合金的密度小、比强度高，且具有良好的导电性、导热性和耐腐蚀性，因此，近年来采用铝-钢双金属焊接结构的产品越来越多，并在航空、造船、石油化工、原子能和车辆制造工业生产中显示出独特的优势和良好的经济效益。

9.1.1 铝及铝合金与钢的焊接特点

焊接时，铝与钢中的铁既可以形成固溶体、金属间化合物，又可以形成共晶体。由于铁在固态铝中的溶解度极小，室温下，铁几乎不溶于铝，所以含微量铁的铝合金在冷却过程中会产生金属间化合物 $FeAl_3$。随着含铁量的增加，相继出现 Fe_2Al、Fe_2Al_7、Fe_2Al_5、$FeAl_2$ 和 FeAl 等，其中 Fe_2Al_5 的脆性最大。因此，铝合金的力学性能和焊接性受铁含量的影响较大。

铝中加入铁尽管会提高强度和硬度，但同时也降低铝合金的塑性，使脆性增大，对焊接性影响很大。并且铝在铁中的溶解度比铁在铝中的溶解度大很多倍，含铝钢具有良好的抗氧化性，但含铝量超过 3%以上时具有较大的脆性，也会严重影响其焊接性。

铝及铝合金与钢的物理性能相差很大，见表 9.1。焊接时低熔点的铝先熔化，此时钢件仍处在固体加热状态；铝与钢的线胀系数相差悬殊，焊接过程中接头处会产生很大的热应力，增加了裂纹倾向；此外，铝高温时容易氧化，形成高熔点的氧化膜（Al_2O_3），Al_2O_3 既能形成焊缝夹渣，又直接影响焊缝的熔合。为了溶解氧化膜，如使用焊铝的专用焊剂，由于这种专用焊剂熔点较低，流动性好，但不能很好地润湿钢表面；如采用焊接钢件所用的焊剂，会与液态铝发生化学反应，破坏铝及铝合金的成分。

铝及铝合金与钢熔焊时，一般采用氩弧焊、电子束焊和气焊等方法。但焊接时必须保证在接头上不产生金属间化合物，通常的做法是在钢表面镀一层过渡金属，并且此金属与铝要有很好的结合性。常采用的工艺措施如下。

① 在钢表面镀上与铝相匹配的第三种金属，如 Zn、Ag 等，厚度为 30～40μm，作为过渡层，使钢一侧为钎焊，铝一侧为熔焊。

表 9.1 铝及铝合金与钢的物理性能对比

材料		熔点 /℃	热导率 /W·(m·K)$^{-1}$	密度 /g·cm^{-3}	线胀系数 /10^{-6}·K^{-1}	电阻率 /10^{-6}·Ω·cm
钢	碳钢 Q235	1500	77.5	7.86	11.76	1.5
	不锈钢 1Cr18Ni9Ti	1450	16.3	7.98	16.6	7.4
铝及其合金	纯铝 1060(L2)	658	217.7	2.70	24.0	2.66
	防锈铝 5A03(LF3)	610	146.5	2.67	23.5	4.96
	防锈铝 5A06(LF6)	580	117.2	2.64	24.7	6.73
	防锈铝 3A21(LF21)	643	163.3	2.73	23.2	3.45
	硬铝 2A12(LY12M)	502	121.4	2.78	22.7	5.79
	硬铝 2A14(LD10)	510	159.1	2.80	22.5	4.30

② 对接焊时，使用 K 形坡口，坡口开在钢材一侧。焊接热源偏在铝材一侧，以使两侧受热情况均衡，防止镀层金属蒸发。

③ 采用 Ar、He 等气体进行保护。

铝及其合金与钢采用摩擦焊、超声波焊、扩散焊和冷压焊等压焊方法，也可以得到良好的接头。例如，纯铝与碳钢的冷压焊接头，强度可达 80～100MPa；Al-Mg 合金与 18-8 奥氏体不锈钢的接头强度可达 200～300MPa。但这些焊接方法有一个共同的缺点，就是焊件的形状受到一定的限制。

压焊有利于铝及铝合金与钢的焊接，但焊前必须彻底清理待焊表面，消除氧化物及薄膜，同时要保证接头处的塑性变形量在 70%～80%。为了得到更好的焊接接头，也可在钢母材金属表面先镀一层 Zn、Cu 或 Ag。采用摩擦焊时，为防止产生金属间化合物，应尽量缩短接头的加热时间并施加较大的挤压力，以便将可能形成的金属间化合物挤出接头区。但加热时间不能过短，以免塑性变形量不足而不能形成完全结合。

9.1.2 铝及铝合金与钢的焊接工艺

(1) 氩弧焊

1) 铝与碳钢的氩弧焊

铝与碳钢常采用钨极氩弧焊进行焊接，焊接时采用直径 3mm 的钨电极，随着工件厚度的增加，焊接电流、焊接电压也相应增加，填充金属常采用 Ni-Zn-Si 系合金。5A06 防锈铝与 Q235 钢氩弧焊的工艺参数见表 9.2。

表 9.2 5A06 防锈铝与 Q235 钢氩弧焊的工艺参数

被焊材料	厚度 /mm	电极直径 /mm	焊接电流 /A	焊接电压 /V	焊接速度 /cm·s^{-1}	填充金属化学成分 /%
5A06+Q235	3	3(钨极)	110～130	16	0.18～0.22	Ni 3.5,Zn 7,Si 4～5,Al 余量
	6～8		130～160	18	0.18～0.24	
	9～10		180～200	20	0.18～0.28	

铝及铝合金与碳钢氩弧焊时，在碳钢表面镀厚度为 3～5μm 的 Zn、Sn、Ag 可以获得较好的接头。但镀 Cu、Ni、Al 等中间层，焊后接头强度不高。试验表明，为避免中间脆性金属间化合物的形成，采用浸渍法镀上 100～120μm 厚的锌层，获得的铝与钢接头强度较高，且镀锌层越厚，接头强度越高。

铝及铝合金与镀锌层 Q235 碳钢氩弧焊时，焊丝的选择对接头强度也有一定的影响。选择 1035 铝丝作为填充材料，其接头强度可满足某些工件的要求，但不太稳定，断裂发生在焊缝上；用含镁焊丝 5A05 不能保证焊缝强度，且断裂产生在电镀层上；纯铝 1060 和 1050A 与镀锌钢（镀层厚度小于 30μm）焊接接头强度较高。

此外，为减少中间脆性金属间化合物层的厚度，必须提高焊接速度，但焊接速度太大会产生未焊透和其他形式的焊接缺陷。

有些情况下只有一层镀锌层还不足以能够消除铝与钢产生的金属间化合物，这时需要在镀锌之前先镀一层铜或银等金属。由于焊丝的熔点高于锌的熔点，焊接加热时镀锌层先熔化，漂浮在液体表面上，而铝在锌层下与铜或银镀层发生反应，同时铜或银溶解于铝中，可以形成较好的焊接接头。这种银-锌或铜-锌复合镀层的方法，可使铝与钢焊接接头强度提高到 147～176.4MPa。但这种方法比单一镀层工艺复杂，另外在结构件较大而又复杂的情况下，这种方法会受到一定的限制。

在钢件镀层完成之后，便可对钢、铝件的表面进行处理。对铝件的表面处理可以用（15%～20%）NaOH 或 KOH 溶液浸蚀，浸蚀后用清水冲洗，然后在 20%的 HNO_3 中钝化，冲洗和干燥之后，放在干净的环境中待焊。焊接工艺参数为，焊接电流为 80～120A，钨极直径为 3mm，填充铝丝直径 3mm。

焊接时，首先要使电弧指向铝一侧的焊丝上，以减小和防止锌镀层过多或过早地被熔化。尤其是在焊第一层焊缝时，更要特别注意到镀层不能过多或过早地烧损，必须使电弧指向填充焊丝上，以防止电弧直接熔化镀锌层。铝与钢氩弧焊的接头方式和电弧位置如图 9.1 所示。从采用氩弧焊接头连接方式来看，实质上是熔焊-钎焊的工艺形式，即对钢件来说是钎焊，而对铝件来说是熔焊。这也是低熔点与高熔点异种材料焊接工艺一种有效的方法。

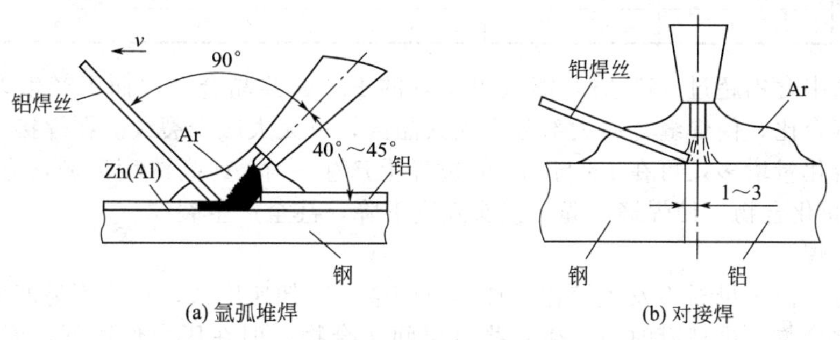

图 9.1　铝与钢氩弧焊的接头方式和电弧位置

2）铝及铝合金与不锈钢的氩弧焊

铝及铝合金与不锈钢之间的相互作用取决于不锈钢的类型。铝与不锈钢直接进行氩弧焊时，它们之间会产生金属间化合物，使接头脆化。因此，必须采用中间金属过渡层的办法。镀层金属种类不同，其焊接性也不同。镀镍层焊接性较差，镀层易被烧损；Ni-Cu-Ag 复合镀层上易形成裂纹；Ni-Cu-Sn 复合镀层效果较好，Ni-Zn 复合镀层效果更佳。

铝及铝合金与不锈钢的氩弧焊，前铝及铝合金的表面准备以及镀层的制备也是十分重要的。表面准备包括油脂、油垢的清除，清水冲洗，盐酸溶液浸蚀；镀层制备完后一定要注意检查表面质量。

以壁厚为 5mm，管径 100mm 的 3A21 防锈铝管与 1Cr18Ni9Ti 不锈钢管子对接焊为例，选用 TIG 焊。管子开 V 形坡口，分三层接，焊丝选用直径为 2～3mm 的 1035 纯铝。焊第一层时，可不用填充焊丝，焊第二、第三层时用填充焊丝。钨极直径为 2～3mm。焊接前先在不锈钢管上镀镍→镀铜→镀锌，然后与表面处理的防锈铝管进行氩弧焊。这种焊接工艺虽然可行，但工艺复杂。

（2）气焊

铝与碳钢在某些特殊场合则需要采用气焊进行焊接，例如在汽车维修中对小型零部件的焊接。气焊是一种熔焊方法，常用的是氧-乙炔焊。气焊操作简单，焊缝成形容易控制，设备小，适合焊接薄件及要求背面成形的焊缝。

纯铝或硬铝与碳钢气焊时，填充金属采用Al-Zn-Sn系合金，并配用气焊熔剂CJ401。为了防止氧化，采用中性焰进行焊接。铝与碳钢气焊的工艺参数见表9.3。

表9.3 铝与碳钢气焊的工艺参数

被焊材料	工件厚度/mm	火焰类型	熔剂牌号	填充金属化学成分/%
纯铝+Q235	1～2	中性焰	CJ401	Al88,Zn5,Sn7
硬铝+Q235	1～2	中性焰	CJ401	Al87,Zn5,Sn8

(3) 电子束焊

由于电子束焊具有能量密度高，熔透能力强，焊接速度高等特点，铝与钢可以采用电子束焊进行焊接，形成窄而深的焊缝，焊接热影响区也较窄。为提高铝与钢焊接接头的使用性能，电子束焊可选用Ag作为中间过渡层。焊后接头的抗拉强度可提高到117.6～156.8MPa，因为Ag不会与Fe生成金属间化合物，拉伸试件均断裂在铝母材一侧。铝与钢电子束焊的工艺参数见表9.4。

表9.4 铝与钢电子束焊的工艺参数

被焊材料	板厚/mm	电子束电流/mA	焊接速度/cm·s⁻¹	加速电压/kV	中间层金属
铝+低碳钢	12～13	80～150	0.5～1.2	40～50	Ag
铝+不锈钢	5.5～6.5	95～140	1.5～1.7	30～50	

焊缝金属中含铝超过65%时，能获得良好的Fe-Al共晶合金，而不产生裂纹。电子束焊时可调整熔合比，使焊缝金属大部分进入共晶区，以大大减少裂纹。在焊接过程中，电子束流如使铝熔化量增多，可在Fe与Ag的边界上产生一个Al高浓度区域，会出现$FeAl_2$、FeAl等金属间化合物，使焊缝变脆，接头强度下降，甚至产生裂纹。

(4) 摩擦焊

摩擦焊时，由于母材不发生熔化，加热范围窄，冷却速度快，接头不易产生氧化，也不产生金属间化合物。虽然有时也产生一些金属间化合物，但在压力作用下，能被挤出接口。所以采用摩擦焊方法焊接铝及铝合金与普通低碳钢，是一种较理想的焊接工艺，能获得良好的铝与钢焊接接头。

1035纯铝与Q235钢摩擦焊的工艺参数见表9.5。1070A纯铝与1Cr18Ni9Ti不锈钢摩擦焊的工艺参数见表9.6。

表9.5 1035纯铝与Q235钢摩擦焊的工艺参数

工件直径/mm	工件伸出长度/mm	顶锻压力/MPa		加热时间/s	顶锻量/mm		转速/r·min⁻¹
		摩擦时	顶锻时		摩擦时	顶锻时	
20+20	12	49	117.6	3.5	10	12	1000
25+25	14	49	117.6	4	10	14	1000
30+30	15	49	117.6	4	10	15	1000
35+35	16	49	49	4.5	10	14	750
40+40	20	49	49	5	12	13	750
50+50	26	49	49	7	10	15	400

表9.6 1070A纯铝与1Cr18Ni9Ti不锈钢摩擦焊的工艺参数

被焊材料	工件直径/mm	转速/r·min⁻¹	送丝速度/cm·min⁻¹	摩擦时间/s	伸出长度/mm		摩擦压力/MPa	顶锻压力/MPa
					钢	铝		
1070A+1Cr18Ni9Ti	管子ϕ60，壁厚5	170	24	4～6	24	2	240	400

(5) 扩散焊

铝及铝合金与钢真空扩散焊时，在接合面上能够形成铁铝金属间化合物，使接头强度下降。为了获得良好的扩散焊接头，必须采用中间过渡层的焊接方法。中间过渡层可用电镀方法获得很薄的金属层，一般选用铜和镍。因为铜与镍能形成无限固溶体，而镍与铁、镍与铝均能形成连续固溶体。这样就能有效地防止焊缝中出现铁铝金属间化合物，显著提高焊接接头性能。铝及铝合金与碳钢、不锈钢真空扩散焊的工艺参数见表 9.7。

表 9.7　铝及铝合金与碳钢、不锈钢真空扩散焊的工艺参数

被焊材料	中间层	工艺参数			
		焊接温度/℃	保温时间/min	压力/MPa	真空度/Pa
3A21+镀镍 15 钢	Ni	550	2	13.72	1.33×10^{-2}
1035+15 钢	Ni	550	2	12.25	1.33×10^{-2}
1070A+Q235	Ni	350	5	2.19	1.33×10^{-2}
1070A+Q235	Ni	350	5	2.45	1.33×10^{-2}
1070A+Q235	Ni	400	10	4.9	1.33×10^{-2}
1070A+Q235	Ni	450	15	9.8	1.33×10^{-2}
1070A+Q235	Cu	450	15	19.5	1.33×10^{-2}
1070A+Q235	Cu	500	20	29.4	1.33×10^{-2}
1035+12Cr18Ni10Ti	Ag	500	30	27.35	6.66×10^{-2}
1070A+10Cr18Ni9Ti	Ag	500	30	38.11	6.66×10^{-2}

3A21 铝合金与低碳钢真空扩散焊时，可在低碳钢上先镀一层铜，再镀一层镍。在焊接温度 550℃，焊接压力 13.72MPa，焊接时间 2min，真空度 1.33×10^{-2}Pa 的工艺条件下，能获得良好的焊接接头。15 钢与 1035 纯铝扩散焊时，可在 15 钢上镀上铜、镍复合镀层，能够获得良好的接头。焊接工艺参数：焊接温度 550℃，焊接压力 12.25MPa，焊接时间 2min，真空度 1.33×10^{-2}Pa。

焊接直径为 25～32mm 的 1060 纯铝与 12Cr18Ni10Ti 钢棒时，扩散焊工艺参数为，焊接温度 500℃，焊接压力 7.35MPa，焊接时间 30min，真空度 $133.3\times10^{-2}\sim1\times10^{-4}$Pa，焊后的接头强度 $\sigma_b\geqslant88.2$MPa。焊接接头中形成了宽 4～6μm 的过渡层，显微硬度为 490～1372HM。

Mg、Si 和 Cu 元素对钢与铝扩散焊接头强度影响很大。其中 Mg 会增加接头中形成金属间化合物的倾向，随铝合金中含 Mg 量的增加，焊接接头强度明显降低；铝合金中含 Si 量较高，能提高接头的抗蠕变能力。当铝合金含有 0.5%的 Cu，含 Si 量小于 3%时，对铝合金与 1Cr18Ni9Ti 钢之间的扩散焊非常有利。所以提高焊接时间，能够提高接头强度。

(6) 冷压焊

铝及铝合金与钢直接冷压焊，接头的抗拉强度和铝合金强度相近。例如，5A03 防锈铝与 1Cr18Ni9Ti 不锈钢冷压焊接头的抗拉强度可达 215～225MPa，断裂发生在 5A03 合金上；5A05 防锈铝与 1Cr18Ni9Ti 不锈钢冷压焊接头的抗拉强度可达 299～302MPa。但冷压焊的缺点是对加热非常敏感。

铝与钢也可采用楔焊，有两种焊接工艺，一种是在 $Al+Al_3Fe$ 的共晶温度以上焊接；另一种是先在钢件上镀铜、镀银或镀锌，然后再进行楔焊。采用第一种楔焊工艺，温度可控制在 654～660℃，这时铝还处于固态下，而共晶体已成为液态。采用第二种工艺，先在钢件上镀铜，然后在 654～660℃下铜与铝接触时，产生 Cu-Al 共晶体而形成接头。由于银比铜不易氧化，也可镀银，Ag-Al 的固溶体与 Al-Fe 系中的 γ 相形成共晶点为 585℃的共晶体，这样可以使共晶温度大大低于铝的熔点。

(7) 爆炸焊

铝及铝合金与钢的爆炸焊也是一种有效的焊接方法。例如，以厚度为 1.5～4mm 的纯铝与厚度为 1.5～15mm 的 1Cr18Ni9Ti 不锈钢进行爆炸焊，能获得质量良好的焊接接头，

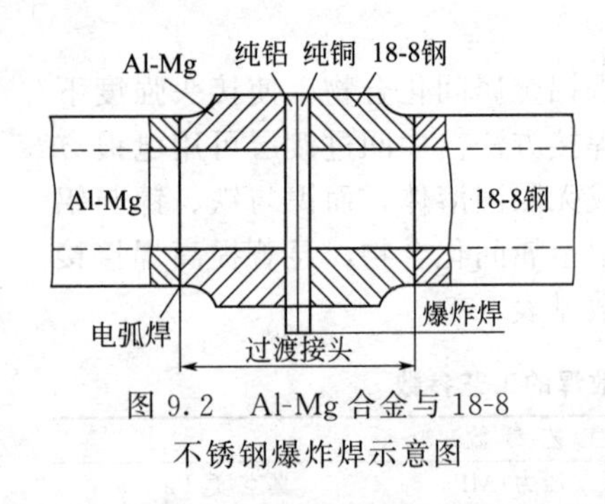

图 9.2　Al-Mg 合金与 18-8 不锈钢爆炸焊示意图

接头的剪切强度可达 70.6MPa。铝与碳钢复合板也可采用爆炸焊方法焊接，其接头质量优良。图 9.2 是 Al-Mg 合金与 18-8 不锈钢爆炸焊示意图。

在铝与钢的接头过渡区中，加纯铝和铜作中间层则可以获得较高的接头强度。用夹有钛中间层的爆炸焊接方法可以制造铝镁合金复合钢板。爆炸焊接头金属在爆炸冲击波的作用下，接头两金属之间的接触面上，由于金属发生塑性变形，形成了带有波浪形的金相界面，没有金属间化合物析出，而且具有波浪形的熔合线。所以，铝与钢进行爆炸焊是有效的焊接方法之一。

9.1.3　铝与钢的焊接实例

(1) 铝管与钢管的 TIG 焊

图 9.3 所示是某种产品铝管与钢管的焊接结构示意图。其主要特点是铝管壁厚比钢管壁厚大 1 倍；铝管外径比钢管外径大 4～10mm，铝管内径比钢管内径小 4～10mm。该产品要求焊接接头具有较高的强度和气密性。

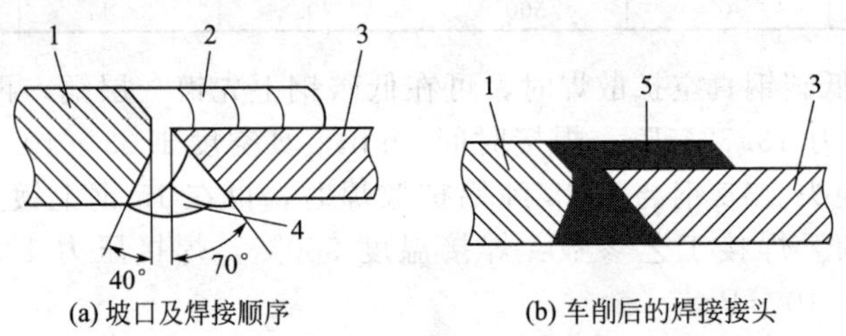

图 9.3　某种产品钢管与铝管的焊接结构产品示意图

1—铝；2—外侧焊接顺序；3—钢；4—内侧焊接顺序；5—焊缝

采用氩弧焊方法进行焊接，其工艺步骤如下。

① 接头开 X 形坡口，钢管坡口为 70°，铝管坡口为 40°。

② 先将钢管待焊部位进行机械清理，然后渗铝，渗铝长度为 100～150mm；对铝管进行脱脂、酸洗及钝化处理。

③ 采用氩弧焊机，将钢与铝接头进行定位并装配，接头间隙为 1.5～2mm。

④ 将铝管预热到 100～200℃，然后用氩弧焊进行多道焊，钍钨极直径为 3.2mm，焊丝直径为 2mm。

⑤ 按图 9.3 中的内侧顺序进行焊接，焊接电流为 45A；随后按外侧顺序焊接，焊接电流为 60～70A。

⑥ 焊完后，对接头内外表面进行质量检验，发现焊接缺陷应及时返修。

(2) 硬铝与高硫低碳锰钢的电子束焊

电子检测器 2024-T4 硬铝外壳与 1113 钢（美国的一种高硫低碳锰钢）的接头必须选用电子束快速焊，因为壳内元件及密封片不能经受常规焊接热循环。2024-T4 硬铝和 1113 钢的化学成分见表 9.8，接头形式见图 9.4。

表 9.8　2024-T4 硬铝和高硫低碳锰钢的化学成分/%

材　料	标　准　号	C	Cu	Si	Fe	Mn	Mg
2024-T4 硬铝	AISI2024	—	3.8～4.9	<0.5	<0.5	0.3～0.9	1.2～1.8
1113 钢	AISIB1113	≤0.13	—	≤0.1	余	1.0～1.3	—

续表

材　　料	标　准　号	Zn	Cr	Al	P	S	
2024-T4 硬铝	AISI2024	<0.25	<0.1	余	—	—	
1113 钢	AISIB1113	—	—	—	≤0.04	0.24～0.33	

注：T4 是固溶处理后进行常温时效强化处理的代号。

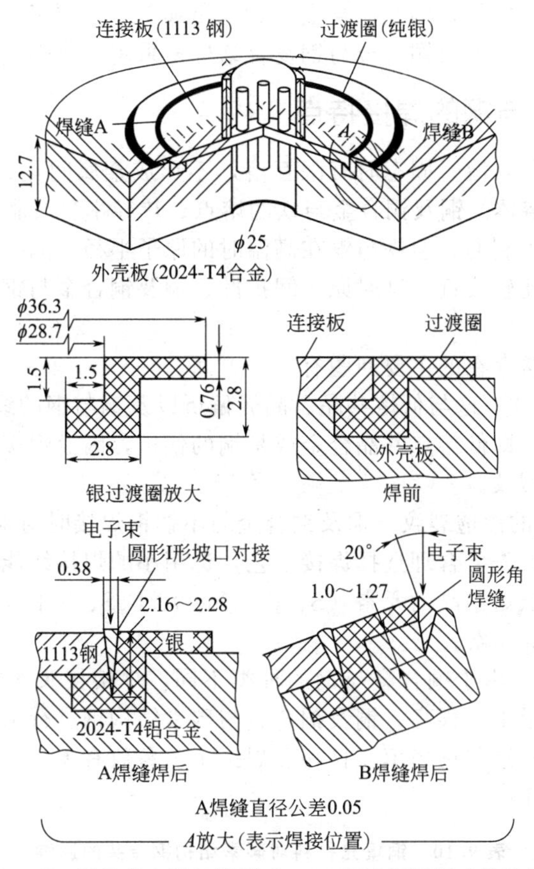

图 9.4　2024-T4 铝外壳＋银过渡圈＋1113 钢连接板组成的焊接接头形式

铝合金和钢的冶金不相容性及热物理性质的差异，使 2024-T4 硬铝与 1113 钢焊接时需采用过渡金属。纯银与铝、铁具有较好的冶金相容性，熔点介于铝、钢之间，塑性、强度和可锻性都能满足要求，因此，采用纯银作为过渡金属。

银过渡圈与钢（焊缝 A）及银过渡圈与铝（焊缝 B）分别采用自嵌衬垫式的 I 形坡口（间隙 0.38mm）与搭接角焊缝形式（图 9.4），不加填充金属，用电子束进行自熔焊。焊接操作在变位器上进行，焊接工艺参数见表 9.9。

表 9.9　2024 铝＋Ag＋1113 钢电子束焊的工艺参数

焊接功率		电子束焦点	工作距离/mm	焊接速度/m·h^{-1}		电子束摆动	真空度/Pa
焊缝 A	焊缝 B			焊缝 A	焊缝 B		
80kV,6mA	60kV,13mA	聚焦焊件表面	254	53.4	68.4	无	1.33×10^{-2}

采用的电子束焊机容量为 150kV×40mA，电子枪为固定三极枪，真空室尺寸为 914mm×584mm×762mm，最高真空度为 10^{-4}Pa。焊接时将变位器倾斜到船形位置，电子束以 20°偏角射向接头根部，效果良好。

9.2 铜及铜合金与钢的焊接

铜及铜合金主要有纯铜（即紫铜）、黄铜、青铜和白铜等，都具有良好的导电性、导热性和塑性，而且有一定的强度和良好的加工性能，有些合金还具有较高的强度和耐腐蚀性能。随着工业生产技术的发展，铜及铜合金与钢（低碳钢、耐热钢、低合金钢、不锈钢等）的焊接得到了广泛的应用。铜及铜合金与钢复合结构多采用熔化焊进行焊接。

9.2.1 铜及铜合金与钢的焊接特点

铁与铜在液态时无限互溶，固态时有限互溶，不形成金属间化合物；当铁向铜扩散时，形成有限溶解度的 ε 固溶体。铜及铜合金与铁的熔点、热导率、线胀系数、力学性能都有很大的不同，这对焊接是不利的。但铁与铜在高温时的原子半径、晶体晶格类型、晶格常数以及原子的外层电子数等比较接近，这对原子间扩散、铜及铜合金与钢焊接来说，又是较为有利的。

铜及铜合金与钢焊接存在的主要问题有三个方面。

① 焊缝易产生热裂纹　这与低熔共晶、晶界偏析以及铜与钢的线胀系数相差较大有关，在焊缝中出现晶界偏析，即低熔点共晶合金或是铜的偏析，因而焊接时，在较大的焊接应力作用下，容易出现宏观裂纹。

② 热影响区产生铜的渗透裂纹　铜及铜合金与不锈钢焊接时对铜的渗透裂纹十分敏感。为防止渗透裂纹产生，首先要合理选择焊接工艺，选用小的焊接线能量；其次是选择合适的填充材料，控制易产生低熔共晶的元素（S、P、Cu_2O、FeS、FeP），向焊缝中加入 Al、Si、Mn、Ti、V、Mo、Ni 等元素。

③ 接头力学性能低　由于铜合金与钢的种类不同，焊接接头的组织与性能也不同。通常情况下，对接头的要求不是很高。铜及铜合金与碳素结构钢进行氩弧焊时，接头强度一般都能达到铜母材的强度，这与选择填充材料和焊接工艺参数有关。铜填充材料对碳素结构钢焊接接头的影响见表 9.10。

表 9.10　铜填充材料对碳素结构钢接头的影响

填充材料	渗入深度/mm	力学性能影响
铜镍焊丝(NiCu28)	—	—
无氧铜焊丝	0.7	不明显
铝青铜焊丝(QAl9 2)	0.5	不明显
硅青铜焊丝(QSi3-1)	0.5	不明显
白铜焊丝(B5)	0.5	不明显
HAl66-6	0.7	不明显
锡青铜(QSn7-0.2)	1.5	明显降低
锡青铜(QSn4-3)	2.0	显著降低

为避免铜及铜合金与钢焊接时产生裂纹，提高接头性能，可采取的工艺措施如下。

a. 选用一种与铜和钢均具有良好焊接性的金属　如选用镍基焊条或镍铜合金焊丝作为焊接材料，将铜及铜合金与钢进行连接。

b. 预先堆焊过渡层　把铜及铜合金母材、钢母材或同时在两母材的坡口面上预先堆焊过渡层，然后再进行焊接。这种堆焊的过渡层材料以镍及镍合金为好，因为它与铜在液态和固态均能无限互溶，且与铁在结晶性能方面又比较接近。

c. 采用铜复合钢作为中间过渡母材　以钢为基层，铜及其合金为覆层，用爆炸焊的方法制成铜复合钢，然后将钢母材与铜复合钢的基层焊在一起，以及将铜及铜合金与铜复合钢的覆层作为同种材料焊在一起。根据金属厚度，可将钢母材边缘加工成V形或K形坡口，坡口角度为45°～60°。采用这种工艺应注意以下几个问题。

- 选择合理的铜复合钢基层的厚度，一般不应小于2.5mm。
- 钢母材与铜复合钢基层的焊接采用CO_2气体保护焊（直流反接），并用H08Mn2SiA焊丝；钢母材厚度为6～8mm时，焊丝直径为1.2mm；母材厚度为10～16mm时，焊丝直径为1.6mm。
- 铜及其合金与铜复合钢覆层焊接，由于铜的导热性好，为加热充分，铜及其合金母材厚度为6～8mm时，应采用双道焊或三道焊。

9.2.2 铜与低碳钢的焊接

（1）焊条电弧焊

铜与低碳钢焊接可以选择低碳钢焊条，低碳钢板厚度小于4mm时，一般不开坡口，厚度大于4mm时都要开V形坡口，坡口角度为60°～70°，钝边为1～2mm，可不留间隙。焊接时电弧指向铜管一侧，尽量减少钢管一侧的熔化。采用碳钢焊条对铜与低碳钢焊条电弧焊对接焊的工艺参数见表9.11。

为获得足够塑性和抗裂性的铜与钢接头，最好还是选择铜焊条，并严格控制焊缝中铁的熔入量。一般铁的熔入量在10%～40%时，就可获得质量优良的焊接接头。例如，铜与低碳钢焊接时，选用T107焊条，获得的焊缝不易产生裂纹。施焊过程中，控制电弧指向铜一侧，可以控制钢的熔化量。

表9.11 铜与低碳钢焊条电弧焊的工艺参数

被焊材料	厚度/mm	接头形式	焊条型号（牌号）	焊条直径/mm	焊接电流/A	焊接电压/V
铜板+低碳钢板	3+3	对接不开坡口	E4303(J422)	2.5	66～70	25～27
铜板+低碳钢板	4+4		E4303(J422)	3.2	70～80	27～29
铜板+低碳钢板	5+5	对接开V坡口	E4303(J422)	3.2	80～85	30～32
铜板+低碳钢管	1+12	对接不开坡口	E4303(J422)	3.2	80～85	32～34
铜板+低碳钢管	1+1		E4303(J422)	2.5	75～80	20～22
铜板+低碳钢管	2+2		E4303(J422)	3.2	75～80	23～25
铜板+低碳钢管	3+3		E4303(J422)	3.2	80～85	25～27

硅青铜或铝青铜与低碳钢焊接时，应选用T207或T237焊条，焊缝可获得双相组织，这种双相组织的焊缝金属强度和抗裂性均高于紫铜。白铜与低碳钢焊接时，可选择BFe5-1作为填充材料，并采用直流正接，焊缝中的含铁量可达到32%，焊缝的抗裂性较高。

采用铜焊条对低碳钢与铜焊条电弧焊的工艺参数见表9.12。白铜与低碳钢焊条电弧焊的工艺参数见表9.13。

表9.12 采用铜焊条对铜与低碳钢焊条电弧焊的工艺参数

被焊材料	厚度/mm	接头形式	焊条型号（牌号）	焊条直径/mm	焊接电流/A	焊接电压/V
T2+低碳钢	3+3	对接	ECu(T107)	3.2	120～140	23～25
T4+低碳钢	4+4		ECu(T107)	4	150～180	25～27
TUP+低碳钢	2+2		ECu(T107)	2	80～90	20～22
TUP+低碳钢	8+3	丁字形	ECu(T107)	3.2	140～160	25～26
TUP+低碳钢	10+4		ECu(T107)	4	180～210	27～28
TUP+低碳钢	10+3		ECu(T107)	3.2	140～160	25～26
TUP+低碳钢	10+4		ECu(T107)	4	180～220	27～29

表 9.13　白铜与低碳钢焊条电弧焊的工艺参数

被焊材料	厚度/mm	接头形式	焊条型号(牌号)	焊条直径/mm	焊接电流/A	焊接电压/V
白铜＋低碳钢	3＋3	对接	ECuSn-B(T227)	3.0	120	24
白铜＋低碳钢	4＋4		ECuSn-B(T227)	3.2	140	25
白铜＋低碳钢	5＋5		ECuSn-B(T227)	4	170	26
白铜＋低碳钢	12＋4	丁字形	ECuSn-B(T227)	4	280	30
白铜＋低碳钢	12＋5		ECuSn-B(T227)	4	300	32
白铜＋低碳钢	12＋8		ECuSn-B(T227)	4	320	33

（2）埋弧焊

对于厚度大于 10mm 的铜与钢异种结构件，可以采用埋弧焊进行焊接，开 V 形坡口，坡口角度为 60°～70°。由于铜与钢的热导率相差较大，可将 V 形坡口改为不对称形状，铜一侧角度稍大于钢一侧，如图 9.5 所示。钝边 3mm，间隙 0～2mm，焊丝偏向铜一侧，距离焊缝中心 5～8mm，减少钢的熔化量。焊接坡口可以放置铝丝或镍丝，作为填充焊丝。铜与低碳钢埋弧自动焊的工艺参数见表 9.14。

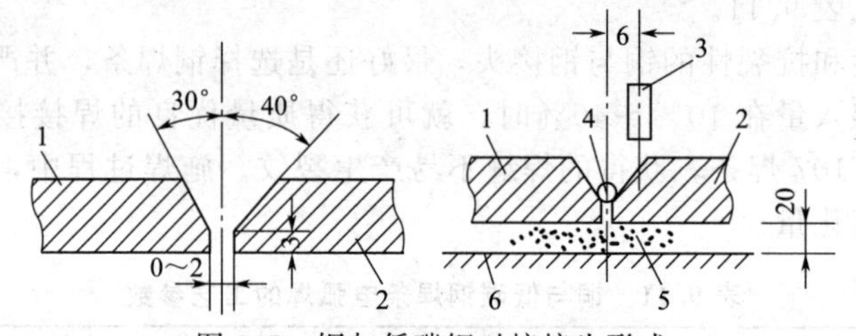

图 9.5　铜与低碳钢对接接头形式

1—低碳钢；2—紫铜；3—添加焊丝；4—躺放焊丝；5—焊剂垫；6—平台

表 9.14　铜与低碳钢埋弧自动焊的工艺参数

被焊材料	接头形式	板厚/mm	填充焊丝	焊丝直径/mm	填充材料	焊接电流/A	焊接电压/V	焊接速度/cm·s^{-1}
T_2＋Q235	对接 V 形	10＋10	T2	4	1 根 Ni 丝	600～660	40～42	0.33
T_2＋Q235	对接 V 形	12＋12	T2	4	2 根 Ni 丝	650～700	42～43	0.33
T_2＋Q235	对接 V 形	12＋12	T2	4	2 根 Al 丝	600～650	40～42	0.33
T_2＋Q235	对接 V 形	12＋12	T2	4	3 根 Al 丝	660～750	42～43	0.33
T_2＋Q235	对接 V 形	12＋12	T2	4	3 根 Al 丝	700～750	42～43	0.32
T_2＋Q235	对接	4＋4	T2	2	—	300～360	42～34	0.92
T_2＋Q235	对接 V 形	6＋6	T2	4	—	450～500	34～36	0.53
T_2＋Q235	对接 V 形	12＋12	T2	4	1 根 Ni 丝	650～700	40～42	0.33
T_2＋Q235	对接 V 形	12＋12	T2	4	2 根 Ni 丝	700～750	42～43	0.33

（3）电子束焊

铜与 Q235 低碳钢可直接进行电子束焊接。电子束焊热能密度大，熔化金属量少，热影响区窄，接头质量高，生产率高。电子束焊最好采用中间过渡层（Ni-Al 或 Ni-Cu 等）的焊接方法，采用 Ni-Cu 中间过渡层比采用 Ni-Al 中间层的焊接质量好。紫铜与 Q235 钢电子束焊的工艺参数见表 9.15。

表 9.15　紫铜与 Q235 钢电子束焊的工艺参数

被焊材料	板厚/mm	电子束电流/mA	焊接速度/cm·s^{-1}	加速电压/kV	中间层金属
紫铜＋Q235	8～10	90～120	1.2～1.7	30～50	Ni-Al 或 Ni-Cu
	12～18	150～250	0.3～0.5	50～60	

（4）闪光对焊和电阻对焊

纯铜、黄铜与钢还可以采用闪光对焊进行焊接，能获得良好的焊接接头。闪光对焊是利用电阻热进行加热，使被焊材料达到塑性状态，然后迅速施加顶锻力进行焊接的方法。闪光对焊时，钢的伸出长度 L 要比黄铜大 2～3 倍，比紫铜大 2～3.5 倍，并且要加大顶锻压力以将接头处液体金属全部挤出，而接头处产生一定塑性变形有利于接头结合。

铜与低碳钢闪光对焊中，钢的烧化量大，伸出长度应较大，由于闪光过程不易稳定，因此在焊接过程中，要严格控制烧化速度、顶锻速度以及顶锻压力的大小。电阻对焊时，端面要求平齐而清洁，钢伸出长度 L 仍比铜大（钢 $L=2.5d$ 时，黄铜 $L=1.0d$，紫铜 $L=1.5d$，d 为焊件直径，mm）。铜与低碳钢电阻焊的工艺参数见表 9.16。

表 9.16　铜与低碳钢电阻焊的工艺参数

被焊材料	焊接方法	钢件伸长度/mm	黄铜伸长度/mm	紫铜伸长度/mm	顶锻压力/MPa
黄铜＋低碳钢	闪光对焊	$L_1=3.5d$	$L_2=1.5d$	—	9.8～14.7
黄铜＋低碳钢	闪光对焊	$L_1=3.5d$	—	$L_3=d$	9.8～14.7
黄铜＋低碳钢	电阻对焊	$L_1=2.5d$	$L_2=d$	—	9.8～14.7
黄铜＋低碳钢	电阻对焊	$L_1=2.5d$	—	$L_3=1.5d$	9.8～14.7

（5）其他焊接方法

铜及铜合金与钢采用真空扩散焊可以得到优质的焊接接头。但扩散焊的加热温度、保温时间等工艺参数要严格控制，可以保证接头可能出现共晶脆性层的厚度不超过 2～3μm，不至于引起接头脆化。研究表明，铜及铜合金与钢较为合适的真空扩散焊工艺参数是：加热温度 900℃，保温时间 20min，焊接压力 4.9MPa，真空度 $1.333\times10^{-4}\sim1\times10^{-5}$Pa。如果采用镍中间层，还可以提高铜及铜合金与钢焊接接头的强度。

铜合金薄板与低碳钢薄板也可进行点焊或凸焊，焊接工艺参数要相应调整，焊前需进行表面清理，黄铜或紫铜更需要脱脂处理。为提高点焊质量，可在铜电极与铜之间放置厚度为 0.6mm 的钼片。

9.2.3　铜与不锈钢的焊接

（1）焊条电弧焊

铜与不锈钢采用焊条电弧焊进行焊接时，若选择奥氏体不锈钢焊条易引起热裂纹。最好选择镍-铜焊条（70% Ni，30% Cu）或镍基合金焊条，也可选用铜焊条（T237），但应采用小直径、小电流、快速焊，不摆动的焊接工艺，且电弧指向铜一侧，以避免产生渗透裂纹。铜与不锈钢焊条电弧焊的工艺参数见表 9.17。

表 9.17　铜与不锈钢焊条电弧焊的工艺参数

被焊材料	板厚/mm	焊条直径/mm	焊接电流/A	焊接电压/V	焊接速度/$cm\cdot s^{-1}$
紫铜＋不锈钢	3	3.2 或 4	100～160	25～27	0.25～0.30
黄铜＋不锈钢	3	3.2	75～80	24～25	0.35～0.38
青铜＋不锈钢	3	3.2 或 4	100～150	25～30	0.25～0.30

（2）埋弧焊

铜与不锈钢焊接产生的主要问题是裂纹和气孔。8～10mm 厚的焊件，一般开 70° V 形坡口，紫铜一侧的坡口角度为 40°，1Cr18Ni9Ti 不锈钢一侧的坡口角度为 30°，并采用铜衬

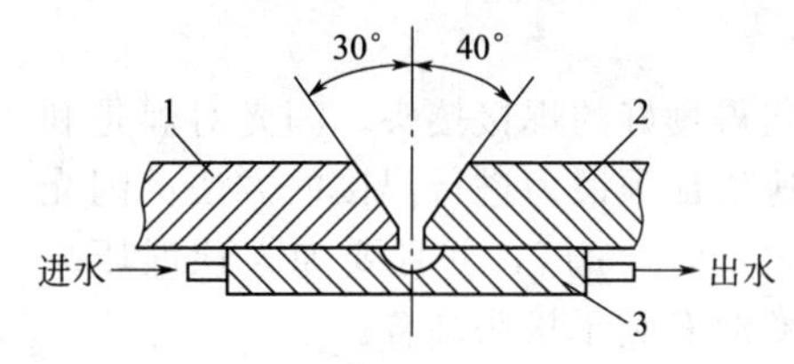

图 9.6 铜与不锈钢埋弧焊的坡口形式
1—不锈钢；2—铜；3—滑块

垫，坡口形式如图 9.6 所示。

铜与不锈钢埋弧焊前要严格清理焊件、焊丝表面。焊剂采用 HJ431 或 HJ430（烘干 200℃×2h），焊丝一般选择铜焊丝，并在坡口内放置 1～3 根镍丝或 Ni-Cu 合金丝。应选择较大的焊接线能量，焊丝指向铜一侧，并距坡口中心 5～6mm。紫铜与不锈钢埋弧自动焊的工艺参数见表 9.18。

表 9.18 紫铜与不锈钢埋弧自动焊的工艺参数

被焊材料	接头形式	厚度/mm	焊丝直径/mm	焊接电流/A	焊接电压/V	焊接速度/$cm \cdot s^{-1}$	送丝速度/$cm \cdot min^{-1}$
T2+1Cr18Ni9	对接 V 形	10+10	4	600～650	36～38	0.64	232
		12+12	4	650～680	38～42	0.60	227
		14+14	4	680～720	40～42	0.56	223
		16+16	4	720～780	42～44	0.50	217
		18+18	5	780～820	44～45	0.45	213
		20+20	5	820～850	45～46	0.43	210

注：焊剂为 HJ431，焊丝为 T2，坡口中添加直径 2mm 的 Ni 焊丝 2 根。

（3）钨极氩弧焊（TIG 焊）

采用钨极氩弧焊方法焊接铜及铜合金与不锈钢时，可获得良好的焊接接头。不锈钢与铜在物理性能和化学性能方面都有很大的差别，主要是铜易氧化以及铜与铁互溶性差，两者中的合金元素之间易形成低温共晶体，并偏析于晶界，焊接时易产生热裂纹。

铜及铜合金与不锈钢焊件接头形式有对接、角接两种，铜侧可不开坡口，不锈钢侧最好开半 V 形坡口。H62Sn-1 黄铜与 1Cr18Ni9Ti 不锈钢 TIG 焊的工艺参数见表 9.19。

表 9.19 H62Sn-1 黄铜与 1Cr18Ni9Ti 不锈钢 TIG 焊的工艺参数

工件厚度/mm	钨极直径/mm	钨极伸长度/mm	喷嘴直径/mm	焊接电流/A	氩气流量/$L \cdot min^{-1}$
3+3	3	5～6	12	100～120	10
3+6	3	5～6	12	140～180	10
3+18	3	5～6	12	150～200	12

焊前清理表面，正反面涂上熔剂（70% H_3BO_3，21% $Na_2B_4O_2$，9% CaF_2），烘干后施焊。焊丝尽量选用 Ni-Cu 合金焊丝（蒙乃尔合金）和含硅铝的铜合金焊丝（QAl9-2，QAl9-4，QSi3-1）。选用焊丝的化学成分见表 9.20。

表 9.20 焊丝的化学成分

材料	牌号	主要成分
含锡青铜	丝 221	Sn1.0%，Si0.3%，Zn38.7%，Cu 余量
硅青铜	QSi3-1	Si2.75%～3.5%，Mn1.0%～1.5%，Cu 余量
锡青铜	QSn4-3	Sn3.5%～4.5%，Zn2.7%～3.8%，Cu 余量
铝青铜	QAl9-2	Al8.0%～10%，Mn1.5%～3.5%，Cu 余量
铝青铜	QAl9-4	Al8.0%～10%，Fe2.4%～4.0%，Mn1.5%～3.5%，Cu 余量
蒙乃尔合金	—	Ni70%，Cu30%

铜与不锈钢 TIG 焊时，需注意的工艺要点如下。

① 采用 TIG 焊方法，钨极电弧必须偏离不锈钢一侧，而指向铜一侧，距坡口中心 5～

8mm，以控制不锈钢的熔化量。

② 选择铜焊丝或Cu-Ni焊丝作为填充材料，根据生产条件，也可以选择含Al的青铜焊丝，其目的是改善焊缝金属的力学性能，防止铜的渗透裂纹。

③ 选择合适的焊接工艺，采用快速焊、不摆动的焊法。

④ 采用氩弧焊-钎焊的工艺，尽量减少不锈钢一侧的熔化量，对不锈钢来说是一种钎焊连接，而对铜一侧来说属于熔焊连接。

(4) 气焊

由于气焊火焰温度较低，可能使两侧母材因熔点不同而造成熔化不均、热影响区变宽、变形加大以及未熔合等问题。为此选用HSCuZn-2、HSCuZn-3焊丝焊接纯铜与18-8型不锈钢，配用焊粉301或硼砂。如选用HSCuZn-4或HSCuZnNi焊丝，则接头的强度会更高。气焊火焰选用中性焰，先预热铜一侧，焊嘴偏向铜一侧，同时限制不锈钢一侧温度过高。如果不锈钢一侧温度过高，可暂停焊接，或在该侧加铜垫板。如焊缝较长，焊前可在不锈钢一侧坡口面上先堆焊一层黄铜，然后再焊接。

9.2.4 铜及铜合金与钢的焊接实例

(1) 铜+不锈钢压力容器的埋弧焊

图9.7是啤酒厂某压力容器不锈钢与纯铜焊接的结构示意图。该容器是由1Cr18Ni9Ti不锈钢与T2纯铜焊接而成，不锈钢与纯铜都紧贴在Q235低碳钢上，共同组成接头，所以不需另加衬垫，是一种异种金属的内环缝焊接。

内环缝采用直径4mm的T2纯铜焊丝与HJ431或焊剂HJ350配合的埋弧焊。焊前对焊件表面、焊丝表面进行清理后，并用丙酮擦洗去除油脂。焊剂应在焊前200℃条件下烘干，保温2h。焊接工艺参数为，焊接电压40～42V，焊接电流600～680A，焊接速度0.5～0.6cm/s。焊接接头抗拉强度达到353MPa，高于纯铜本身的强度。

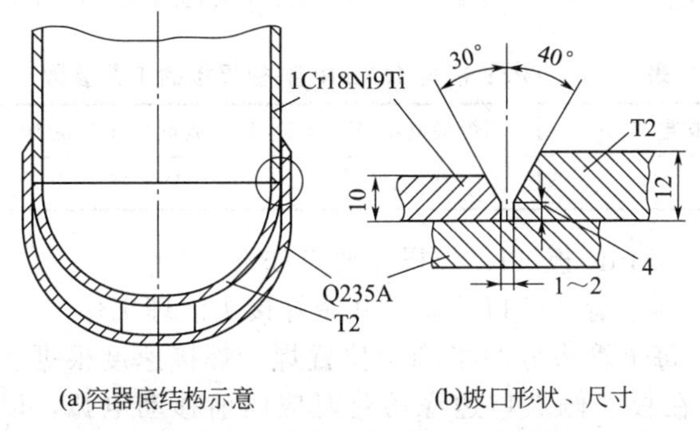

图9.7 某压力容器不锈钢与纯铜焊接结构的示意图

(2) 冷汽轮发电机引水管不锈钢与铜的钎焊

铜及铜合金与钢采用火焰钎焊、中频钎焊等也可以获得优质的焊接接头，并在生产中获得应用。图9.8是双水内冷汽轮发电机引水管不锈钢与纯铜的接头结构。

图9.8中所示的引水管与导线的焊接即是1Cr18Ni9Ti不锈钢与T1纯铜的钎焊。钎焊时选用升温速度快、钎焊温度高以及保温时间短的强规范。采用中频钎焊方法，钎料为HL311。将清洗好的零件套上玻璃罩，罩内预通氩气1～2min，氩气流量3～5L/min，然后通电加热。在第一阶段用大功率（8～10kW）加热，待钎料熔化后（约10s），功率可降到5～6kW，保温10s，使接头充分合金化，最后切断电源，自然冷却3～5min后，即可取出工件。

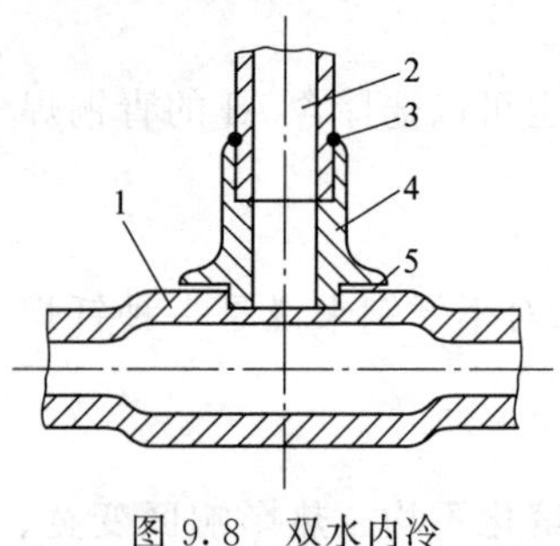

图 9.8 双水内冷汽轮发电机引水管不锈钢与纯铜的接头结构

1—引导线（T1）；2—引水管（1Cr18Ni9Ti）；3—钎料（HL311）；4—过渡接头（1Cr18Ni9Ti）；5—箔片钎料（HL311）

（3）TP2Y 铜换热管与 16MnR 板的 TIG 焊

铜管换热器结构形式如图 9.9 所示。容器设计压力值为 1.6MPa，管的压力值为 1.25MPa。换热管 TP2Y 规格为 ϕ16mm×1.25mm，共 362 根，16MnR 板厚 42mm。

TP2Y 铜与 16MnR 管-板焊接的主要问题是焊缝热裂纹和钢一侧近缝区渗透裂纹。避免热裂纹的关键是获得 $\alpha+\varepsilon$ 双相组织，对应 Fe 的质量分数为 10%～43%。渗透裂纹取决于高温时的组织状态和熔池停留时间。若组织粗大，熔池停留时间长，则裂纹倾向大。而 TIG 焊热量集中，保护效果好，熔池体积易于控制，对防止热裂纹和渗透裂纹都有利，并且可以采用不填丝熔焊方式来控制含 Fe 量。因此采用 TIG 焊不填丝自熔焊方法进行焊接。

为控制焊缝中 Cu 和 Fe 的含量比，焊接时 TP2Y 铜换热管的伸长长度为 2～3mm。焊接工艺参数见表 9.21。

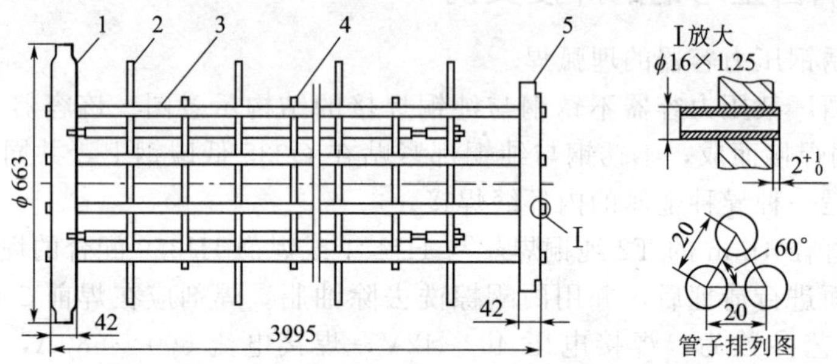

图 9.9 换热器管束和管-板的结构形式

1—固定管-板；2—环形折流板；3—换热管；4—内折流板；5—浮动管-板

表 9.21 TP2Y 铜与 16MnR 管-板焊接的工艺参数

喷嘴直径/mm	焊接电流/A	焊接电压/V	氩气流量/L·min^{-1}	电 源 极 性
12	130～140	12～13	12～15	直流正接

TP2Y 铜换热管与 16MnR 板 TIG 焊操作要点如下。

① 焊前以电动铣头逐个清理管口毛刺，并做好接头清理工作。

② 管束水平放置，每个管头分两半圈全位置焊。焊接速度根据实际情况控制，在保证管端良好熔合情况下，在板一侧坡口边缘熔化时应向前移动电弧，以减少熔池体积并避免管-板过热。

③ 每块管-板分成若干扇形区域，并按由中心向边缘的顺序焊接。相邻两扇形区应间隔施焊，前后两块管-板上的焊缝则交替施焊，这样可最大限度地防止变形，并有利于抑制渗透裂纹。

9.3 钛及钛合金与钢的焊接

钛及钛合金密度小，强度高，在很多腐蚀介质中具有很强的耐蚀性能，因而在石油、化工、航空航天以及原子能工业生产中得到了应用，尤其是钛+钢双金属的焊接结构应用更为广泛。因此，钛及钛合金与钢的焊接技术更需要得到进一步提高。

9.3.1 钛及钛合金与钢的焊接特点

铁在钛中的溶解度极低（图 9.10），焊缝金属中容易形成脆性金属间化合物 FeTi、Fe_2Ti，使接头塑性严重下降，脆性增加。钛与不锈钢焊接时会与 Fe、Cr、Ni 形成复杂的金属间化合物，使焊缝脆化，甚至产生裂纹、气孔。因此，钛及钛合金与钢的焊接应避免采用熔焊方法，尽量采用压焊或钎焊等方法。

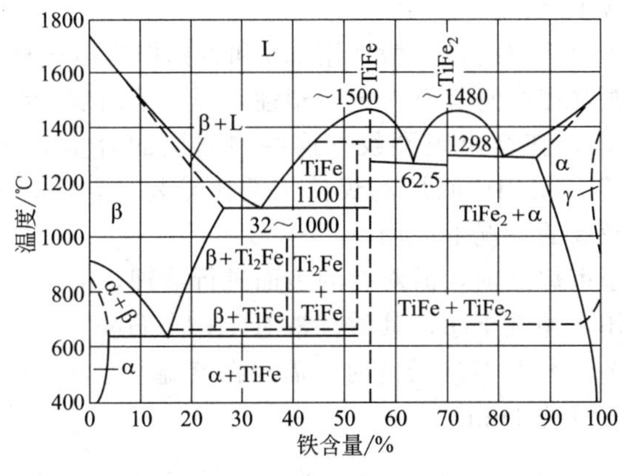

图 9.10 铁-钛合金状态

钛及钛合金中的 Ti 元素在高温下易吸收 H、O、N。从 250℃开始吸收氢，从 400℃开始吸收氧，从 600℃开始吸收氮，使焊接区被这些气体污染而脆化，甚至产生气孔。焊接加热到 400℃以上的区域需用惰性气体保护。钛及钛合金的热导率大约只有钢的 1/6，弹性模量只有钢的 1/2。由于 Ti 热导率较小，焊接时容易引起变形。需采用夹具、冷却压块、反变形及选用合适的焊接工艺等防止和减小变形。

钛及钛合金与钢焊后应进行退火消除内应力处理。退火工艺应根据钛合金的牌号、焊件的结构形式和接头的应力大小及分布等因素来决定。常用的退火工艺是在 550～650℃下保温 1～4h。退火处理最好在真空或氩气中进行，在空气中热处理后的零件要进行酸洗，以清除氧化膜。

9.3.2 钛及钛合金与钢的焊接工艺

（1）氩弧焊

钛及钛合金与钢的熔焊方法主要是采用中间过渡层的方法，以避免金属间化合物的产生。过渡层可以采用两种方法，一是采用轧制钢-钛复合板；二是中间加入中间层。厚度为 1～1.5mm 的钛与不锈钢氩弧焊时可采用钽-青铜复合中间层，接头强度 $\sigma_b \geqslant 588$MPa。也可以采用 Ni-Cu 合金作为中间层。

钛与碳钢、不锈钢焊接时，还可以采用钒作为中间层。先在钢板上加工出一定形状的凹槽，然后在凹槽中焊上钒中间层，再用钨极氩弧焊（不加丝），把钛板焊在钒中间层上。采用这种焊接工艺获得的接头力学性能好，而且具有良好的塑性。

采用自动 TIG 焊焊接钛合金 TC1 与 Cr15Ni5AlTi 不锈钢时，为获得良好的焊接接头，可以选用加钨的钒合金作为中间过渡层。中间过渡层宽度为 8～10mm，厚度为 1～1.5mm，用直流正接，外加氩气保护。焊接电流为 70～80A，焊接速度为 0.83cm/s。焊接钒与钢时，钨极要偏向钒一侧 1/2 钨极直径的距离。焊缝含钒量在 6%～12%时，焊接接头的弯曲角可达 140°。如果电极偏向钒一侧时，增加钒的熔化量，当钒含量达 40%～45%，焊缝金属中形成稳定的β相，弯曲角可达150°～180°。

（2）电子束焊

由于电子束焊焊接能量高，穿透能力强，可以用于焊接钛及钛合金与钢。钛及钛合金与钢的电子束焊的最大特点是能够获得窄而深的焊缝（1∶3或1∶20），而且热影响区很窄。由于在真空中焊接，避免了钛在高温中吸收氢、氧、氮而使焊缝脆化。在电子束焊的焊缝中有可能生成金属间化合物（FeTi、Fe_2Ti），使接头塑性降低。由于焊缝比较窄，在工艺上加以控制是能够减少生成FeTi和Fe_2Ti的。

钛及钛合金与钢电子束焊接时，一般选用Nb和青铜作为填充材料，可以获得不出现金属间化合物的焊缝，接头强度高且具有一定的塑性，焊缝不出现裂纹和其他缺陷。如果不用中间层焊接，接头塑性低，甚至出现裂纹。这些中间层的合金有V+Cu、Cu+Ni、Ag、V+Cu+Ni、Nb和Ta等，采用中间层的焊接工艺比较复杂，所以只有少数对钛及钛合金与钢焊接接头质量要求较高的情况下应用。

钛及钛合金与钢电子束焊之前，需对钛的表面进行清理，即用不锈钢丝刷或用机械加工端面之后再进行酸洗，用水冲洗干净，其酸洗液有$HCl+HNO_3+NaF$和$HF+HNO_3$混合溶液。采用$HCl+HNO_3+NaF$溶液酸洗时，需要在室温下浸洗3min；采用$HF+HNO_3$溶液酸洗时，只需在室温下浸洗1min。

（3）扩散焊

采用真空扩散焊方法焊接钛及钛合金与钢，一般情况下，多是采用中间扩散层或复合填充材料。这些中间扩散层材料一般采用V、Nb、Ta、Mo、Cu等，复合层有V+Cu、Cu+Ni、V+Cu+Ni以及Ta和青铜等，最常用的中间扩散层金属是Cu。在高温下，Cu与Ti之间产生扩散，而且铜在钛中具有一定的溶解度。此外，加入铜还可以控制碳向钛中扩散，并且铜具有良好的塑性，有助于形成良好的界面。

TA7钛合金与纯铁真空扩散焊的工艺参数见表9.22。TA7钛合金与不锈钢真空扩散焊的工艺参数见表9.23。TC4钛合金与1Cr18Ni9Ti不锈钢真空扩散焊的工艺参数见表9.24。

表9.22 TA7钛合金与纯铁真空扩散焊的工艺参数

被焊材料	中间扩散层材料	工艺参数				备注
		焊接温度/℃	保温时间/min	压力/MPa	真空度/Pa	
TA7+纯铁	Mo	800	10	10.39	1.33×10^{-2}	铁钼熔合线开裂
TA7+纯铁	Mo	1000	20	17.25	1.33×10^{-2}	铁钼熔合线开裂
TA7+纯铁	无	700	10	17.25	1.33×10^{-2}	接触面上硬度增加
TA7+纯铁	无	1000	10	10.39	1.33×10^{-2}	纯铁侧硬度增加

表9.23 TA7钛合金与不锈钢真空扩散焊的工艺参数

被焊材料	中间扩散层材料	工艺参数				备注
		焊接温度/℃	保温时间/min	压力/MPa	真空度/Pa	
TA7+Cr25Ni15	无	500	10	6.86	1.33×10^{-2}	接头有裂纹
TA7+Cr25Ni15	无	500	20	17.64	1.33×10^{-2}	接头有裂纹
TA7+Cr25Ni15	无	700	10	6.86	1.33×10^{-2}	钢与钛有α相
TA7+Cr25Ni15	无	700	20	17.64	1.33×10^{-2}	—
TA7+Cr25Ni15	Ta	900	10	8.82	1.33×10^{-2}	接头$\sigma_b=292.4$MPa
TA7+Cr25Ni15	Ta	1100	10	11.07	1.33×10^{-2}	有$TaFe_2$,NiTa
TA7+12Cr18Ni10Ti	V	900	15	0.98	1.33×10^{-3}	$\sigma_b=274.4\sim323.4$MPa
TA7+12Cr18Ni10Ti	V+Cu	900	15	0.98	1.33×10^{-3}	有化合物

续表

被焊材料	中间扩散层材料	工艺参数				备注
		焊接温度/℃	保温时间/min	压力/MPa	真空度/Pa	
TA7+12Cr18Ni10Ti	V+Cu+Ni	1000	15	4.9	1.33×10^{-3}	有化合物
TA7+12Cr18Ni10Ti	V+Cu+Ni	1000	10	4.9	1.33×10^{-3}	有化合物
TA7+12Cr18Ni10Ti	Cu+Ni	1000	15	4.9	1.33×10^{-3}	有化合物
TA7+12Cr18Ni10Ti	Cu+Ni	1000	10	4.9	1.33×10^{-3}	有化合物

表 9.24 TC4 钛合金与 1Cr18Ni9Ti 不锈钢真空扩散焊的工艺参数

被焊材料	工艺参数			中间层及厚度		拉伸强度 σ_b/MPa	断裂位置
	焊接温度/℃	保温时间/min	压力/MPa	Cu d_1/mm	Ni d_2/mm		
TC4+1Cr18Ni9Ti	750	80	1.0	0.01	0.02	—	界面
TC4+1Cr18Ni9Ti	850	30	1.0	0.01	0.02	—	
TC4+1Cr18Ni9Ti	880	120	1.0	0.01	0.02	—	
TC4+1Cr18Ni9Ti	880	120	1.0	0.01	0.02	42	
TC4+1Cr18Ni9Ti	880	240	1.0	0.01	0.02	146	
TC4+1Cr18Ni9Ti	880	120	1.0	电镀	电镀	88	
TC4+1Cr18Ni9Ti	900	30	1.0	0.01	0.05	—	
TC4+1Cr18Ni9Ti	900	60	1.0	0.01	0.05	104	
TC4+1Cr18Ni9Ti	950	15	1.0	0.01	0.05	101	

（4）钎焊

钛及钛合金与钢钎焊时也同样要防止高温时受氢、氧、氮的侵害，钎焊过程必须在氩或氦气保护下的炉中进行，可以获得优质的焊接接头。图 9.11 是 TA2 钛环与 Q235 钢的钎焊接头实例。上环为钛环（TA2），下环为 Q235 钢并加工成凸台，上环加工成凹槽。钎焊时，在凸台和凹槽之间的空隙中放置钎料 HL313。

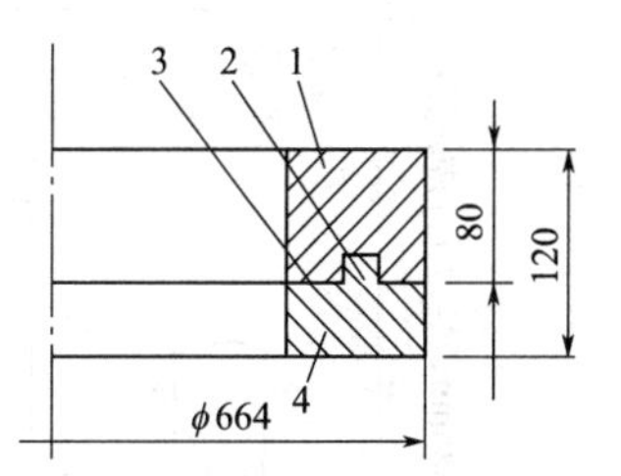

图 9.11 TA2 钛环与 Q235 钢的钎焊接头
1—钛环（TA2）；2—钢凸台；3—钎料；4—钢

焊前将焊件表面清理干净，不能有油污和氧化膜等。放置钎料厚度为 0.1mm，可放置两层箔片，再用直径为 4mm 丝状钎料，放置于凸台之上，最后装配好并固定。将装配好的钎焊组合体放入充氩气的箱中，并装入 H-75 型电气炉中加热进行钎焊，TA2 钛环与 Q235 钢钎焊的工艺参数见表 9.25。

表 9.25 TA2 钛环与 Q235 钢钎焊的工艺参数

被焊材料	钎料	焊接温度/℃	保温时间/min	保护气体	加热方式	接头力学性能
TA2+Q235	HL303 (ϕ4)	900	20	氩气	H-75 箱式电炉 75W	接头强度 σ_b=98MPa 核验后，合格品

9.4 镍及镍合金与钢的焊接

镍及其合金具有优良的性能，与钢焊接形成的接头力学性能良好，可以节省材料，降低成本。因此，镍及镍合金与钢异种材料焊接结构的应用有很大的发展前景，目前已在石油、化工、核工业及航空航天工业生产中得到广泛的应用。

9.4.1 镍及镍合金与钢的焊接特点

镍与铁可互相无限固溶，其结晶性能、晶格类型、原子半径、外层电子数目均相近，所以焊接性良好，但镍和钢中的杂质或合金元素会对焊缝金属产生不良影响。镍与钢焊接的主要问题是焊缝易出现裂纹和气孔。

（1）焊接裂纹倾向大

镍与钢接头产生的裂纹主要是热裂纹，这主要与镍的低熔点共晶有关。镍及镍合金与钢焊接中的低熔点共晶体主要是Ni-Ni_3S_2、Ni-Ni_3P、Ni-NiO和Ni-Pb等，所以，焊缝中O、S、P、Pb等杂质会增大热裂纹倾向，焊缝中的含镍量越多，热裂纹倾向越大。

氧能增大镍及镍合金与钢焊缝金属的裂纹倾向，因为熔池金属结晶时，氧和镍能形成Ni-NiO共晶体，其共晶温度为1438～1440℃，另外氧还能促进硫的有害作用。所以，氧含量增加，热裂纹倾向也增大。采用无氧焊剂（$SiO_2\leqslant 2\%$，$CaF_2=75\%\sim 80\%$，$NaF=17\%\sim 25\%$，$S\leqslant 0.05\%$，$P\leqslant 0.03\%$）焊接镍与钢时，由于焊缝中的S、P等有害杂质减少，则焊缝裂纹倾向显著减小，它比氧化能力强的低Si焊剂抗裂性高许多。图9.12示出焊剂的氧化能力对裂纹倾向的影响。明显看出，氧化性强的焊剂热裂纹敏感性很强，而无氧焊剂热裂纹倾向小。

为提高焊缝抗裂性，常向焊缝中加入一些变质剂，如Mo、Mn、Cr、Al、Ti及Nb，以细化晶粒，打乱结晶方向，而且它们也是脱氧剂，尤其是Ti、Al脱氧能力更强烈，能明显降低焊缝中的含氧量。Mn能与S形成MnS，减少S的有害作用。Mo是提高活化能的元素，能抑制高温焊缝金属多边化裂纹，提高镍及镍合金与钢焊缝金属的抗裂能力。纯镍与低碳钢丁字形接头中，不同Mn、Mo含量对热裂纹的影响见图9.13。

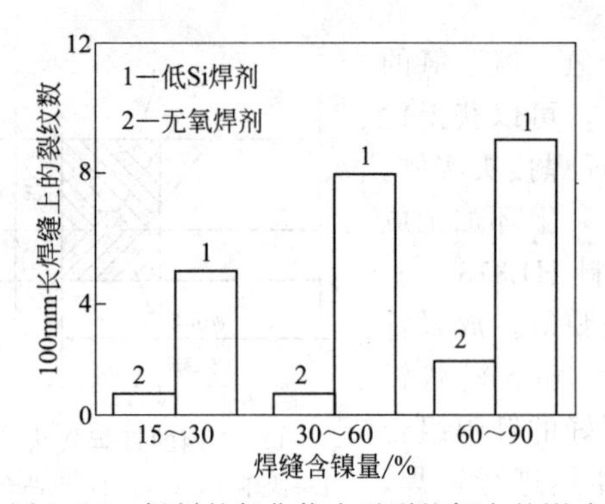

图9.12 焊剂的氧化能力对裂纹倾向的影响

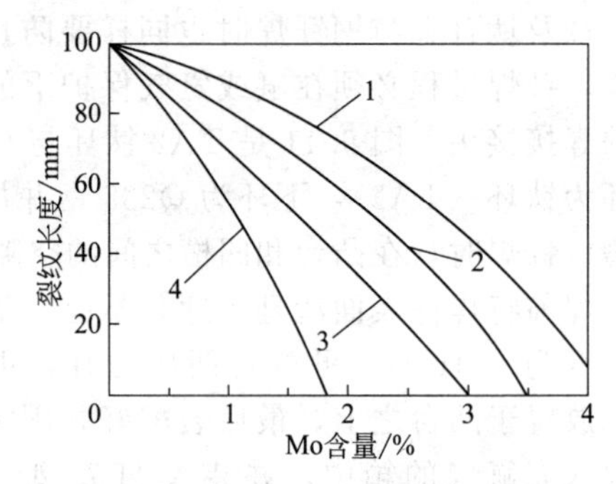

图9.13 Mn、Mo含量对纯镍与低碳钢焊缝金属热裂纹的影响

1—1.28%～1.42% Mn；2—1.8%～2% Mn；3—2.24%～2.65% Mn；4—2.75%～7% Mn

（2）焊缝金属中易产生气孔

镍及镍合金与钢焊接时，其焊缝成分主要是铁和镍。在高温下，镍很容易夺氧形成NiO，在结晶时容易形成气孔。采用埋弧焊焊接纯镍与Q235钢时，焊缝中的气体含量与产生气孔数量见表9.26。

表9.26 纯镍与Q235钢埋弧焊焊缝中气体含量和气孔量

被焊材料	焊缝化学成分/%				100mm长焊缝上气孔平均数量
	Ni	O	N	H	
Ni+Q235	62.8	0.1150	0.0006	0.0004	200
Ni+Q235	60.2	0.0580	0.0006	0.0002	60

续表

被焊材料	焊缝化学成分/%				100mm长焊缝上气孔平均数量
	Ni	O	N	H	
Ni+Q235	68.9	0.0200	0.0005	0.0004	1.5
Ni+Q235	69.8	0.0250	0.0005	0.0007	1.5
Ni+Q235	72.8	0.0012	0.0005	0.0006	1
Ni+Q235	70.1	0.0015	0.0005	0.0005	1

为防止镍及镍合金与钢焊接时的气孔，可向焊缝金属中加入Mn、Cr、Mo、Al、Ti等合金元素。这是因为Mn、Ti、Al等元素在焊接过程中有强烈的脱氧作用，同时Cr、Mo还能使焊缝金属提高对气体的溶解度，Al和Ti还能固定氮，并把氮稳定在金属化合物中。所以，镍与不锈钢焊接比镍和碳钢焊接时的抗气孔能力强。纯镍与钢焊接时，若焊缝金属中含有（30%～40%）Ni、（1.8%～2.0%）Mn、（3.4%～4.0%）Mo，则焊缝具有很高的抗裂性和抗气孔能力，接头性能$\sigma_b \geqslant 529$MPa，接头的冷弯角可达180°。

9.4.2 镍及镍合金与钢的焊接工艺

镍及镍合金与钢的焊接可以采用惰性气体保护焊、埋弧焊等熔焊方法，也可以采用钎焊、电阻焊、爆炸焊等压焊方法。为保证焊接接头性能良好，必须正确选择焊接方法、焊接材料和焊接工艺参数。

（1）钨极氩弧焊（TIG焊）

镍及镍合金与不锈钢钨极氩弧焊时，采用管状焊丝，焊缝金属含一定量Mo时可消除热裂纹。镍与不锈钢手工TIG焊和自动TIG焊的工艺参数见表9.27和表9.28。

表9.27 镍与不锈钢手工TIG焊的工艺参数

被焊材料	厚度/mm	焊丝		焊前状态	接头形式	工艺参数			
		牌号	直径/mm			焊接电压/V	焊接电流/A	氩气流量/L·min^{-1}	钨极直径/mm
GH30+1Cr18Ni9Ti	1.5+2.0	HGH30或H1Cr18Ni9Ti	2.0	1Cr18Ni9Ti水淬,GH30或GH35固溶化、机械抛光	搭接	11～15	60～90	5～8	2.0
	2.0+2.5						70～100		
	1.2+2.0						50～80		
GH35+1Cr18Ni9Ti	1.2+1.5	H1Cr18Ni9Ti	1.6				50～75		
GH132+Cr17Ni2	1.2+1.2	HGH44或HGH11或HGH132	1.6	990℃空冷	对接	11～12	55～65	6～8	1.6
GH132+1Cr18Ni9Ti			1.5			8～10	65～85	4～5	

表9.28 镍与不锈钢自动TIG焊的工艺参数

被焊材料	厚度/mm	焊前状态	焊丝		焊接电流/A	焊接电压/V	焊接速度/cm·s^{-1}	送丝速度/cm·min^{-1}	保护气体流量/L·min^{-1}	钨极直径/mm
			牌号	直径/mm						
GH132+SG-5	1.5	固溶抛光	HSG-1	1.0	100	8.5	0.38	25	—	—
GH140+1Cr18Ni9Ti	1.0+1.5	固溶	HGH140	1.6	100～110	11	0.83～1	50～60	5～8	3

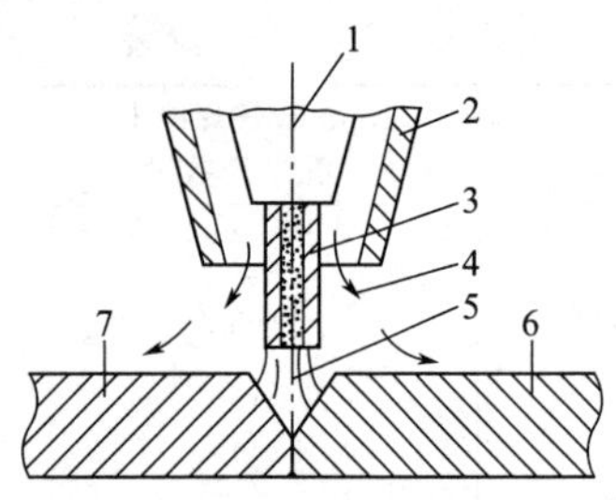

图 9.14 镍合金与不锈钢的管状焊丝氩弧焊

1—导电嘴；2—喷嘴；3—管状焊丝；4—保护气体（Ar）；5—焊接电弧；6—不锈钢（1Cr18Ni9Ti）；7—镍合金（Cr20Ni80）

某产品结构是由 Cr20Ni80 合金与 1Cr18Ni9Ti 钢采用氩弧焊焊接而成的，如图 9.14 所示。选用管状焊丝（管皮为 Cr20Ni80 合金），其含镍 60%，含钼 30%，对于防止产生裂纹最佳。

镍及镍合金与不锈钢焊接采用的管状焊丝氩弧焊，一般采用的焊丝成分（质量分数）有 3 种，一是 Cr 10%～12%，Ni 60%～58%和 Mo 30%；二是 Cr 10%～12%，Ni 65%～63%和 Mo 25%；三是 Cr 12%～15%，Ni 68%～65%和 Mo 20%。

（2）埋弧焊

镍与低碳钢埋弧焊时，为提高焊缝质量，应合理选择填充材料，一般控制焊缝金属含镍量在 30%以上。纯镍与低碳钢埋弧焊时，选择的焊丝和焊剂对焊缝裂纹倾向的影响是最小的。镍与 Q235 钢埋弧焊填充材料对焊缝裂纹的影响见表 9.29。

表 9.29 镍与 Q235 钢埋弧焊填充材料对焊缝裂纹的影响

被焊材料	焊丝	焊剂	焊缝中元素含量/%				100mm 长度焊缝裂纹数
			Ni	S	P	O	
Ni+Q235	Ni 丝	低硅焊剂	68.4	0.016	0.017	0.045	20
Ni+Q235	Ni 丝	无氧焊剂	72.8	0.010	0.015	0.0012	1
Ni+Q235	H08	低硅焊剂	36.4	0.018	0.016	0.062	5
Ni+Q235	H08	无氧焊剂	31.5	0.010	0.012	0.002	0

镍与低碳钢埋弧焊的工艺要点如下。

① 对厚板来说，为减少钢的熔化量，一般都要开坡口。

② 焊前必须仔细清理待焊坡口表面。

③ 为了减少镍与钢的焊接温度差和裂纹倾向，可对母材镍进行适当的预热，预热温度一般在 100～300℃。

④ 焊接时要采用较小的焊接线能量施焊，以避免接头的热影响区过热和晶粒长大。

（3）钎焊

镍及镍合金与钢可以进行钎焊，常用的有气体保护钎焊和真空钎焊。钎焊时钎料及钎剂的选用十分重要，最为常用的是镍基钎料。钎焊接头的形式常采用搭接接头，接头间隙一般为 0.02～0.15mm。镍及镍合金与钢钎焊时钎料及钎剂的选用见表 9.30。

表 9.30 镍及镍合金与钢钎焊时钎料及钎剂的选用

类别	钎料型号	相当 AWS 钎料牌号	熔化温度/℃	钎剂	钎焊方法	简要说明
镍基钎料	BNi71CrSi	BNi-5	1080～1135	惰性气体保护钎焊，可通入活性气体（BF_3）或加硼砂作钎剂	气体保护钎焊和真空钎焊	镍基钎料最为常用，一般均具有良好的高温性能，可利用钎料和钎焊金属的相互扩散来提高钎焊接头的性能 银-铅、铜-铅、镍-锰的高温性能虽没有镍基钎料高，但塑性好，可制成各种形状，对间隙的敏感性小，适于薄件钎焊 焊前应严格进行清洗，包括脱脂、酸洗、中和、清洗等工序
	BNi89P	BNi-6	875			
	BNi76CrP	BNi-7	890			
	BNi74CrSiB	BNi-1	975～1040			
	BNi75CrSiB	BNi-1a	975～1075			
银-铅钎料	Ag75Pd20Mn5	—	1000～1120			
	Ag64Pd33Mn3	—	1180～1200			
铜-铅钎料	Cu55Pd20Mn10Ni15	—	1060～1100			
镍-锰钎料	Ni48Mn31Pd21	—	1120			

（4）电阻点焊

镍及镍基合金与钢电阻焊加热时间比较短，热量较集中，焊接过程中产生的应力和变形小，通常在焊后不必进行校正和热处理。不需要焊丝、焊条、保护气体、焊剂等焊接材料，焊接成本比较低。镍与不锈钢点焊的工艺参数见表9.31。镍与不锈钢缝焊的工艺参数见表9.32。

表9.31 镍与不锈钢点焊的工艺参数

被焊材料	厚度/mm	焊前状态	电极直径/mm		工艺参数			熔核直径 d/mm
			上	下	焊接电流/A	通电时间/s	压力/MPa	
GH44+1Cr18Ni9Ti	1.5+1.0	固溶	5.0	5.0	5800～6200	0.34～0.38	5200～4000	3.5～4.0
GH140+1Cr18Ni9Ti	1+1 1+1.5 1.5+1.5 1+2 1+4	固溶	5.0 5～6 7.0 5～6 10～12	5.0 5～6 7.0 5～6 10～12	6100～6500 6200～6500 8200～8400 6500～6800 6400～6800	0.26 0.26～0.30 0.38～0.44 0.26～0.30 0.30～0.34	4400～5400 4400～5400 5100～6100 5400～5700 5900～6400	4.5 4.5 5.0～7.0 5.5 5.5

表9.32 镍与不锈钢缝焊的工艺参数

被焊材料	厚度/mm	焊前状态	滚轮宽度/mm		工艺参数					熔核尺寸 d/mm
			上	下	焊接电流/A	通电时间/s	间断时间/s	焊接速度/$cm \cdot s^{-1}$	压力/MPa	
GH132+1Cr18Ni9Ti	2.0+2.0	时效	5.5	6.0	10000～12000	0.20～0.24	0.20～0.40	0.67	8300 9300	5.6
GH132+Cr18MnNi5	2.0+1.5	时效	6.0	7.0	12000	0.18	0.30	0.7～0.75	7600	5.0
GH132+Cr17Ni2	1.5+1.5	时效	5.5	6.0	8000～8300	0.28～0.30	0.20～0.22	0.6	7400 7800	5.0
GH140+1Cr18Ni9Ti	1.5+1.5	固溶	6.0	7.0	7800～8200	0.16～0.18	0.14～0.16	0.5～0.67	7200 7800	5.0～6.0
GH140+1Cr18Ni9Ti	1.0+1.5	固溶	6.0	7.0	7600～8000	0.14	0.18	0.83	6900 7400	5.5

9.4.3 镍与钢的焊接实例

（1）镍与不锈钢产品的埋弧焊

某焊接产品采用等离子弧焊焊接封底，埋弧焊焊接盖面的结构示意图如图9.15和图9.16所示，该产品由纯镍与1Cr18Ni9Ti不锈钢焊接而成。

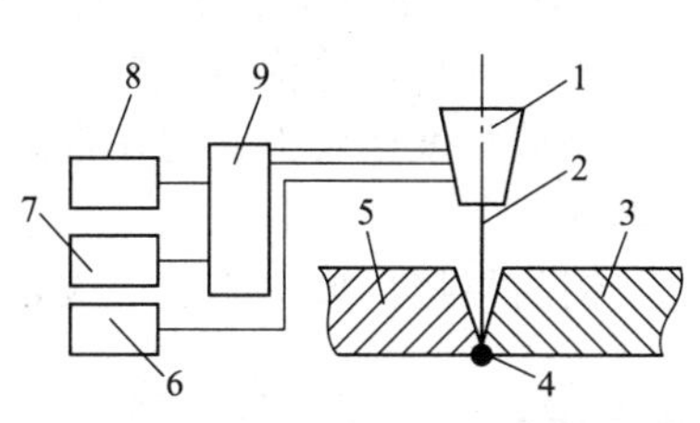

图9.15 纯镍与不锈钢等离子弧焊封底示意图

1—等离子弧发生器；2—等离子弧；3—不锈钢；4—封底焊缝；5—镍；6—水源；7—气源；8—电源；9—等离子弧监控系统

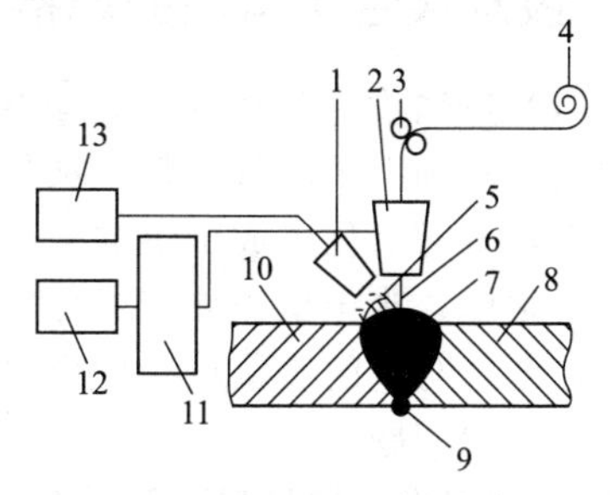

图9.16 纯镍与不锈钢埋弧焊盖面示意图

1—焊斗；2—焊机头；3—送丝轮；4—焊丝盘；5—焊剂；6—焊丝；7—盖面焊缝；8—不锈钢；9—封底焊缝；10—镍；11—电控系统；12—电源；13—焊剂箱

纯镍与1Cr18Ni9Ti不锈钢两种母材金属的板厚均为10mm，采用V形坡口对接接头，利用等离子弧穿透力强的特点先进行封底焊。选用直径为4mm的纯镍丝作填充材料。焊接电流350～380A，焊接电压26～30V，选用无氧焊剂。

(2) 衬镍容器纯镍与碳钢（及不锈钢）的焊接

衬镍容器沉降槽介质为49.4%NaOH，接管为纯镍管（Ni≥99.5%）；筒体材料为Q235A，厚度为12mm；顶盖材料为316L不锈钢，厚度为6mm；筒体和顶盖均衬3mm的纯镍。316L合金体系为00Cr17Ni14Mo2。涉及纯镍之间以及与碳钢和不锈钢的焊接，焊缝总长300多米。焊接主要解决的问题是防止热裂纹、气孔及晶粒长大。

纯镍焊接时选用纯镍焊丝，纯镍与钢之间焊接选用ERNiCr-3焊丝。焊丝的化学成分见表9.33。焊前注意表面清理，包括坡口、工装夹具等都不允许包括铁离子在内的污染。纯镍与碳钢及不锈钢TIG焊的工艺参数见表9.34。

表9.33 纯镍与碳钢及不锈钢焊接用焊丝的化学成分 %

焊丝	C	Si	Mn	S	P	Ni+Co	Ti	Fe	其他
纯镍(φ2mm)	≤0.10	≤0.10	≤0.05	≤0.005	≤0.002	余	—	—	Cu<0.001,Mg≤0.10,杂质总和≤0.50
ERNiCr-3(φ2.4mm)	0.011	0.08	3.19	0.04	0.003	72.0	Ti/Nb 0.43	0.78	Cr 20.6,Cu 0.01,(Nb+Ta) 2.64,杂质总和<0.50

表9.34 纯镍与碳钢及不锈钢TIG焊的工艺参数

母材	焊接坡口	焊丝	钨极直径/mm	喷嘴直径/mm	焊接电流/A	焊接电压/V	焊接速度/m·h⁻¹	氩气流量/L·min⁻¹	其他
Ni+Ni(3mm+3mm)	单面V形坡口，坡口角为50°～60°	纯镍(φ2mm)	3	16	140	11	7.8	26	拖罩长80mm，双面保护
Ni+Q235A(3mm+12mm)		ERNiCr-3(φ2.4mm)	3.2	16	240	13	1.08	35	
Ni+316L(3mm+6mm)									

9.5 其他有色金属与钢的焊接

9.5.1 铍及铍合金与钢的焊接

铍（Be）的密度小，比强度大，属于轻金属元素，也是稀有金属，在热核反应堆中作中子慢化剂材料和中子反射材料。铍具有导热性好、高温强度大且稳定等优点。但铍在室温时脆性较大，容易氧化生成难熔的氧化物，塑性很差。铍的机械强度比较大，但在常温下塑韧性不高且很脆，难于机械加工或压力加工，并有一定的毒性。

铍及铍合金与钢的连接均采用焊接方法。铍及铍合金与钢的焊接性取决于铍及铍合金的性能，焊接主要问题如下。

① 焊接过程中，铍母材一侧的高温部位易受气体污染而脆化。

② 焊接时钢（碳钢或不锈钢）的成分熔入焊缝，易形成低熔点共晶体，热裂纹倾向较大。

③ 铍的氧化性介于铝与镁之间，具有较强的氧化性，在焊接过程中能迅速地被氧化成高熔点的BeO，由于BeO熔点高，既影响焊接熔合，又易于产生夹渣。

④ 铍容易受气体污染，同时也增大了焊接时产生气孔的倾向。

⑤ 在焊接热循环作用下，焊缝金属也易于过热和晶粒长大，影响接头性能；所以，铍及铍合金与钢的焊接性较差。

(1) 真空扩散焊

铍及铍合金与不锈钢真空扩散焊时，由于靠铍一侧易产生脆性层，接头强度较低，通常选择铜与镍作为中间扩散层。采用银箔作为中间扩散层，其接头强度也可大大提高，抗拉强度可达 352.8MPa。

铍及铍合金与不锈钢真空扩散焊前，首先对不锈钢和铍的焊接面作 2～3min 的电抛光处理（酸洗液为 Cr_2O_3 240g、H_3PO_4 900mL、H_2O 200mL，电流密度为 $100A\cdot\mu m^{-2}$），焊接温度为 650～750℃，接头强度随温度升高而增加，但超过 750℃时接头强度反而会下降。铍与不锈钢真空扩散焊结构示意图如图 9.17 所示，铍与不锈钢真空扩散焊的工艺参数见表 9.35。

表 9.35 铍与不锈钢真空扩散焊的工艺参数

被焊材料	中间层	工艺参数			
		焊接温度/℃	保温时间/min	压力/MPa	真空度/Pa
铍+不锈钢	Cu	650	40	19.6	1.33×10^{-3}
铍+不锈钢	Ni	650	40	19.6	1.33×10^{-3}
铍+不锈钢	Ag	750	35	19.6	1.33×10^{-3}
铍+不锈钢	Ag	750	45	19.6	1.33×10^{-3}
铍+不锈钢	Ag	750	40	19.6	1.33×10^{-3}

由于铍的挥发物和铍的化合物粉尘等均具有一定的毒性，有害于焊接操作者的身体健康，所以焊接时必须加强劳动保护，加强通风设施，以防中毒。

(2) 钎焊

铍及铍合金易于氧化和易被气体所污染，采用一般的钎焊方法时，接头强度不高。例如，铍与不锈钢焊接即使采用塑性较好的银钎料，接头强度也只能达到 166.6MPa。因此铍及铍合金与钢焊接必须采取真空钎焊和气体保护钎焊。同时，选择润湿能力强的银基钎料或塑性较好的镍基钎料，才能获得良好的钎焊接头。

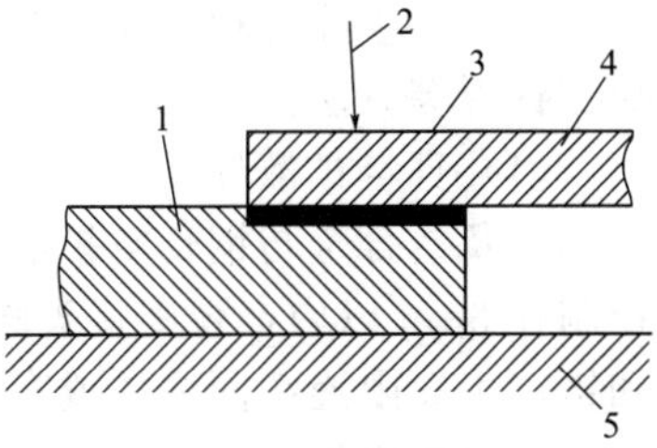

1 2 3 4 5

图 9.17 铍与不锈钢真空扩散焊的结构示意图

1—不锈钢（1Cr18Ni9Ti）；2—扩散焊压力；3—中间扩散层；4—铍；5—支撑板

铍与不锈钢真空钎焊时，应选择铝-硅钎料、铝-银钎料、银及银基钎料和银-铜共晶（28%Cu）钎料等。也可以选用铜钎料，但不如银及银基钎料或银-铜钎料效果好。采用 Al-Si 钎料时（含 7.5%或 12%Si），要注意这种钎料的流动性较差，如不填满间隙会形成钎缝缺口，影响接头强度。所以，应当采取预置钎料的方法。采用银及银基钎料（Ag-Cu7%-Li0.2%）时，由于加入少量锂，可提高流动性和润湿性。采用 Ag-Cu 共晶钎料时，可减少晶界渗透对铍的合金化作用。为减少铜与铍形成脆性相，可加快升温速度，缩短时间，以提高接头质量。

目前，在电气元件生产中有许多连接件是铍与不锈钢的焊接接头，有的接头形式不是装置钎料的，而是先通过蒸发沉淀技术将银基钎料（BAg72Cu）薄膜镀覆在不锈钢表面，然后组装并置于真空（10^{-1}Pa）中，加热到 800℃，保温 30min，进行高温真空扩散钎焊，获得了良好的接头质量，接头剪切强度可达 138MPa。

表 9.36 列出铍与不锈钢、蒙乃尔合金钎焊的工艺参数及接头性能。

表 9.36　铍与不锈钢、蒙乃尔合金钎焊的工艺参数及接头性能

被焊材料	介　质	钎焊温度/℃	钎焊时间/min	接头强度/MPa
铍＋不锈钢	真空	820	3	45.1
铍＋不锈钢	真空	835	3	20.6
铍＋不锈钢	氢	980	1	165.6
铍＋蒙乃尔合金	真空	825	3	274.4
铍＋蒙乃尔合金	真空	1012	3	75.5

9.5.2　锆及锆合金与钢的焊接

锆（Zr）在地壳中含量并不多，属于稀有元素。常温下，锆在酸、碱和各种介质中均有良好的耐蚀性和强韧性。但锆及锆合金的力学性能和耐蚀性随温度的升高而下降，在500℃以上时就会失去耐蚀性，力学性能也降低。所以，锆与钢的焊接件仅能应用于500℃以下的工作环境。

锆是一种化学性质极活泼的元素，很容易被气体污染，尤其是在氮气和氢气气氛中。锆及锆合金与钢焊接时，温度在400～500℃，锆与氮作用很弱；在800～900℃范围内，锆与氮作用很强，接头表面形成氮化锆；当温度升高到900～1000℃时，锆能强烈地吸收氢而在表面形成ZrH_2，而且很容易产生氢气孔。

锆与钢焊缝金属大多是由60%Zr和40%Fe构成的合金，焊缝中易出现$ZrFe_4$、$ZrFe_4$＋Zr的共晶体，这种组织结构较脆，既降低塑性，又易引起裂纹。尤其是在靠近锆母材一侧的熔合线附近，由于锆的组织结构转变而引起相变硬化，出现脆硬层，容易产生裂纹。

锆的导热性较低，焊接过程高温停留时间较长，容易产生过热，组织晶粒粗大，使焊接接头的塑性降低，影响锆合金与钢的接头性能。采用焊条电弧焊、氩弧焊、闪光对焊等方法，均会产生脆性相，使接头性能降低。所以锆及锆合金与钢焊接常采用真空扩散焊、爆炸焊、钎焊等方法。

（1）真空扩散焊

锆及锆合金与钢真空扩散焊时，首先应控制脆性层的厚度和晶粒粗化，脆性层的厚度应控制在3μm以内，否则接头塑性将大大降低。在选择中间扩散层合金方面，合金必须与钢和锆产生无限连续固溶体或有限固溶体，而且要具有活化性能，能够加速扩散过程。

真空扩散焊的温度可低于共晶温度，以避免焊缝金属产生共晶体和脆性组织；也可在共晶温度以上，利用共晶扩散而形成接头。锆及锆合金与不锈钢真空扩散焊时，一般选用Ni及Ta作为中间扩散层。因为Ta与Zr，Ni与钢的物理性能较为接近，原子半径相差较小，有利于焊接过程原子的相互扩散。

（2）爆炸焊

采用爆炸焊方法焊接锆及其合金与钢主要特点是焊接速度快，接头质量可靠而稳定，生产率高，但必须做一系列的焊前准备和装配工作。以Zr-2锆合金管与不锈钢管焊接为例，可采用如下的焊接工艺。

① 焊前清理好母材表面。不锈钢管内表面粗糙度要求较高，用丙酮或酒精除油污。Zr-2合金管可用45%HNO_3＋5%HF＋50%H_2O溶液进行清洗，除去氧化膜和油污。

② 进行装配时，要控制好间隙。锆管的尺寸及装配间隙，当壁厚为1mm时，其间隙为0.5mm；当壁厚为1.5mm时，其间隙为0.7～0.8mm；当壁厚为2.5mm时，其间隙为1.2～1.5mm。

③ 装配和固定好之后，装炸药，药量根据锆管壁厚而定。如壁厚为1mm时，用药量

65～70g；厚度为1.5～1.7mm时，用药量80g；厚度为2.3～3.5mm时，用药量80～90g。

④ 爆炸焊时，整个接头应放入固定好的模具中进行，模具对成形起到良好作用，模具应有足够的强度。

Zr-2锆合金管与不锈钢管爆炸焊的工艺参数见表9.37。

表9.37 Zr-2锆合金管与不锈钢管爆炸焊的工艺参数

被焊材料	管件直径/mm		管壁厚/mm		安装间隙/mm	用药量/g
	不锈钢	Zr-2	不锈钢	Zr-2		
Zr-2+不锈钢	42	50	1	1	0.5	65～70
Zr-2+不锈钢	42	42	1.5	1.5	0.7～0.8	75～80
Zr-2+不锈钢	42	50	2	2	0.8～1.0	80～85
Zr-2+不锈钢	42	50	2.5	2.5	1.2～1.5	85～90
Zr-2+不锈钢	42	50	1.5	3	1.0～1.5	80～85
Zr-2+不锈钢	42	50	2.5	3	1.5～2.0	90～95
Zr-2+不锈钢	42	50	3	3	2.0～2.5	95～100

（3）钎焊

锆及其合金与钢的钎焊特点是，钎焊加热温度不高，热影响区的组织和力学性能变化不大，变形很小，接头平整光滑，焊接过程简单，生产效率高。钎焊时所选择的钎料要对钢与锆均具有良好的润湿性，而且有良好的相互扩散和溶解能力，流动性好，易于填充钎缝的间隙。

锆及锆合金与钢的钎焊温度要比钢、锆及锆合金的熔点低20～60℃。适用的钎料为银基钎料或是Zr-Be（5%）钎料。这些钎料具有良好的润湿性和填充间隙的能力，钎焊后的接头强度高，塑性好。

（4）热挤压焊

热挤压焊是介于冷压焊和扩散焊之间的压焊方法，Zr-2合金与不锈钢也可以采用热剂压焊方法焊接。图9.18是Zr-2合金与不锈钢热挤压焊焊接结构示意图。其焊接步骤如下。

① 将Zr-2合金与不锈钢制成挤压坯料，如图9.18（a）所示。

② 将坯料外面套上碳素钢包套，放入真空室内进行电子束焊。

③ 将带包套的坯料加热到870℃，保温1h，然后放在水压机上挤压成两金属管接头，如图9.18（b）所示。

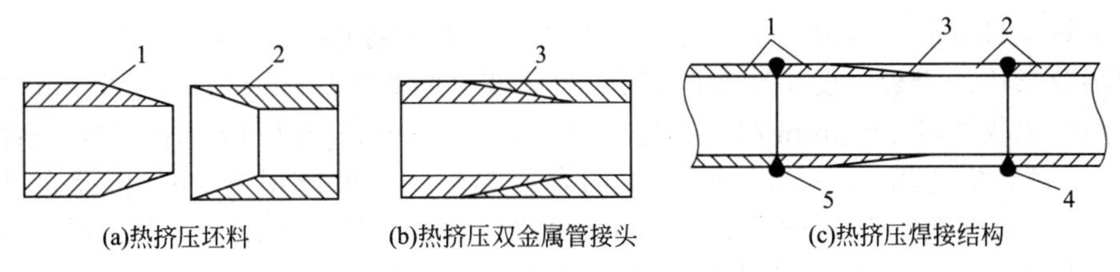

图9.18 Zr-2合金与不锈钢热挤压焊焊接结构示意图

1—不锈钢（1Cr18Ni9Ti）；2—Zr-2合金；3—热挤压的结合面；4—Zr合金焊缝；5—不锈钢焊缝

热挤压的管接头要保温、缓冷，使不锈钢与Zr-2合金的接触面扩散层增厚，可减少结合面的内应力。挤压合格的管接头经机械加工剥去碳素钢包套，然后分别与不锈钢和Zr-2合金进行焊接，通常采用熔焊的方法即可获得良好的焊接接头，如图9.18（c）所示。

9.5.3 铅及铅合金与钢的焊接

铅具有很强的耐腐蚀性，密度大，强度不高，塑性好，在石油化工、制药、冶炼等工业管道和容器中得到广泛的应用。钢与铅的焊接尤其是不锈钢与铅的焊接应用比较多。

铅的熔点很低，比不锈钢（1Cr18Ni9Ti）的熔点低1073℃（熔点为328℃），且导热性差，所以，铅与钢焊接时，在加热过程中铅先熔化，而钢仍处于固态，铅液体易于流失，只能在平焊位置施焊。

铅的线胀系数比钢大，约为$12.6\times10^{-6}K^{-1}$，所以铅塑性特别好，与钢焊后，铅母材一侧能够产生应力松弛，铅的液体与固态钢接触并浸润而形成钎焊连接。这个焊接过程对铅来说，是进行了熔化焊接，对钢来说则是进行了钎焊，即属于熔焊-钎焊工艺。因此，可以采用氩弧焊和气焊对铅与钢进行焊接，焊丝可以用Sn-Pb合金和纯Pb焊丝。铅与1Cr18Ni9Ti不锈钢钎焊的工艺参数见表9.38。

表9.38 铅与1Cr18Ni9Ti不锈钢钎焊的工艺参数

被焊材料	板厚/mm	钎料直径/mm	钎料成分	加热方法	
				氢-氧火焰焊嘴直径/mm	氧-乙炔火焰焊嘴直径/mm
Pb+1Cr18Ni9Ti	1+1	2	Sn-Pb焊丝或纯Pb焊丝	0.5	0.5
	2+2	2		0.5	0.5
	3+3	3		0.5	0.5
	4+4	3		0.8	0.5
	5+5	4		1.1	0.75
	6+6	5		1.5	0.75
	7+7	5		1.5	0.75
	8+8	5		1.5	0.75
	9+9	5		1.5	0.75
	12+12	7		1.9	1.25
	16+16	8		2.0	1.25
	20+20	10		2.3	1.5
	30+30	14		2.5	2.0
	40+40	16		2.5	2.5

铅与不锈钢钎焊时，焊前首先应对铅和不锈钢表面进行机械加工（可用刮刀），去掉氧化膜与油污等杂质。铅板厚度小于5mm时，可在坡口两侧的焊件表面20～25mm的范围内刮净氧化膜；铅板厚度5～8mm时，刮净范围为30～35mm；板厚达9mm时，刮净范围为35～40mm。钎料应选用50%Sn+50%Pb的合金焊丝，也可选用纯Pb，再配合钎焊熔剂QJ102（成分为氟化钾42%、硼酐35%、氟硼酸钾23%），能有效地清除氧化膜，增加钎料的流动性。加热方法可选用氧-乙炔焰或氢氧火焰加热，也可以用液化气火焰加热。焊接过程中还应注意采取保护措施，除掉铅的化合物粉尘和烟雾，避免中毒。

第10章 异种有色金属的焊接

现代工程中的许多零部件需要工作在高温或低温、腐蚀介质、电磁场或放射性环境中，其中有色金属材料的用量也比较大。所选用的材料应该是能满足工作要求的特殊材料，单独使用一种材料常常不能满足实际应用中的各种要求。为了节约大量的优质贵重有色金属材料，降低成本，在不同的工作条件下使用不同的材料，充分发挥不同材料的性能优势，异种有色金属焊接结构将得到越来越多的应用。

10.1 铜与铝及铝合金的焊接

10.1.1 铜与铝及铝合金的焊接特点

（1）铜与铝焊接的原因

铜和铝都是制造导电体的材料，铝的密度是铜的1/3，因此，铝与铜形成连接件可以降低成本，减轻构件的重量以及发挥各自的优点。但由于铝表面极易氧化，所形成的氧化膜十分牢固，且电阻性很大，采用机械连接是不可靠的。

电工产品以铝代铜后，突出的问题是接头的连接问题。采用机械方法连接（例如螺钉连接）是电工产品中常用的方法，但机械方法用于铝/铜连接后，在产品运行过程中接点处接触不稳定，常发生冒烟、放炮等现象，并由此引起事故和造成火灾。实践证明，铝与铜用机械方法连接的电工产品在负荷较大的情况下，是极不可靠的。

铝是十分活泼的金属，在大气中，铝的表面覆盖着一层坚固的氧化膜，这层氧化膜是电和热的绝缘介质。当铝与铜采用机械方法连接时，由于铝表面氧化膜的绝缘作用，连接处的接触电阻很大，在负荷较大的情况下接点处的温度升高，引起铝本身的蠕变。接点处的铝在室温下可以承受机械压力而不会产生塑性变形，但蠕变后的铝则可能在压力下发生“流动”，导致接点处温度继续升高，直至引起电弧放电，把接头烧坏。

铜的屈服强度较高，没有氧化膜的绝缘问题，因此铜与铜采用机械方法连接是可行的。在负荷较小的线路中，铝采用合理的机械连接并不是完全不可行。但在负荷较大的线路中，铝与铜应采用焊接方法连接。例如，电工产品的引出线或配电板上，为了保证连接处有良好的导电性能，可靠的办法是在铝导线的端部焊接一段铜导线，以便于铜导体之间用机械方法连接。

由于铝比铜轻，价格低，而且资源丰富，在制造导线和母线时，经常以铝代铜。生产中应用焊接方法实现铜与铝的连接，以提高铜和铝连接件的综合性能。

（2）铜与铝焊接中存在的问题

铜与铝的焊接（属于异种金属焊接）要比铝与铝或铜与铜的焊接难度更大。将铜与铝用氩弧焊使之熔化并焊接起来，但将该接头抛落在水泥地面上就会立即断裂开，焊缝断口呈脆性断裂特征，用锉刀锉削断口，硬得很。铜与铝本身都是很软的金属，两者熔合的焊缝却变得又硬又脆。测量一下这个接头的电阻，你会发现，它的电阻值远远大于同截面的铝的电阻值。这是为什么？

因为，铜与铝熔合后会生成金属间化合物，硬而脆，导电性能差是这类化合物的特性。铜和铝液态下可以无限地相互溶解，而在固态下互相溶解度很小，铜与铝在高温下能形成多种金属间化合物，主要有 Cu_2Al、Cu_3Al_2、CuAl、$CuAl_2$ 等。铜-铝合金状态如图 10.1 所示。铝与铜在高温时发生强烈氧化，能生成多种难熔的氧化物。

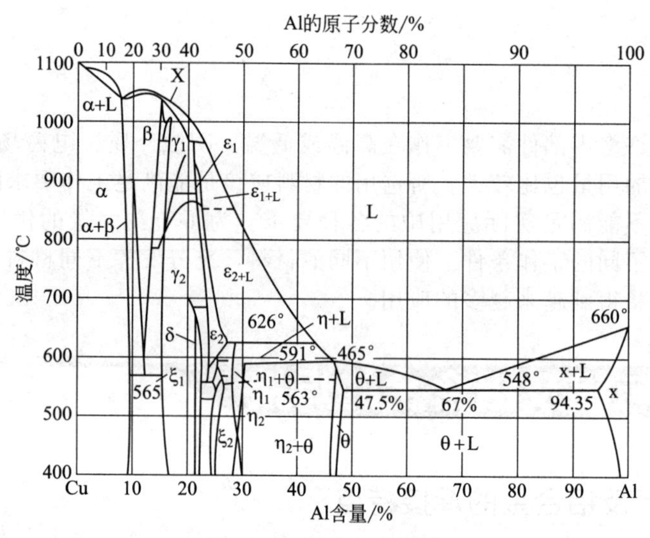

图 10.1　铜-铝合金状态

铜与铝在物理性能方面存在着较大的差异，特别是熔点相差 424℃，线胀系数相差 40%以上，导电率也相差 70%以上。其中铝与氧易形成 Al_2O_3 氧化膜，熔点高达 2050℃；而铜与氧以及 Pb、Bi、S 等杂质易形成多种低熔点共晶组织。铜与铝的物理性能比较见表 10.1。

表 10.1　铜与铝及铝合金的物理性能比较

材料		熔点 /℃	沸点 /℃	密度 /g/cm^{-3}	热导率 /W·(m·K)$^{-1}$	线胀系数 /10^{-6}·K^{-1}	弹性模量 /GPa
铝及铝合金	纯铝	660	2327	2.7	206.9	24	61.74
	L1	640～660	—	2.7	217.7	23.8	61.70
	L2	658	—	2.7	146.6	24	61.68
	LF3	616	—	2.67	117.3	23.5	—
	LF6	580	—	2.64	117.4	24.7	—
	LF21	643	—	2.73	163.3	23.2	—
	LY12	502	—	2.78	117.2	22.7	—
	LD2	593	—	2.70	175.8	23.5	—
铜及铜合金	纯铜	1083	2578	8.92	359.2	16.6	107.78
	T1	1083	2578	8.92	359.2	16.6	108.30
	T2	1083	2578	8.9	385.2	16.4	108.50
	黄铜	905	—	8.6	108.9	16.4	—
	锡青铜	995	—	8.8	75.36	17.8	—
	铝青铜	1060	—	7.6	71.18	17	—
	硅青铜	1025	—	7.6	41.90	15.8	—
	铍青铜	955	—	8.2	92.10	16.6	—

铜与铝的焊接可以采用熔焊、压焊和钎焊。由于铜和铝具有良好的塑性，铜的压缩率达80%～90%，铝的也有60%～80%，因此目前主要是采用压焊方法进行焊接。熔焊的主要困难是铝和铜的熔点相差很大。熔焊时，应以铝为主组成焊缝，铜的含量应控制在12%～13%，否则在晶界上易形成固溶体和$CuAl_2$脆性共晶化合物，使接头的强度和塑性降低。焊接时，电弧中心要偏向铜板一侧。焊接线能量要比焊接铝及铝合金时大，但比焊接铜及铜合金时小。

铜与铝采用钎焊-熔焊能获得良好接头，焊前在铜的待焊面上用钎料（如Ag 50%，Cu 15.5%，Zn 16.5%，Cd 15%）钎焊一层约1mm厚的金属过渡层。然后与铝进行氩弧焊，填充材料为含硅10%的铝焊丝。此法对铝母材是熔焊，对铜母材是钎焊，焊接时尽量不要让电弧偏向铜母材一侧。

铜与铝及铝合金的焊接主要存在以下问题。

(1) 铝、铜易被氧化　铜和铝都是极易被氧化的金属，在焊接过程中氧化十分激烈，能生成高熔点的氧化物。因此，在焊接中很难使焊缝达到完全熔合的程度，这给铜与铝的焊接带来了很大的困难。

(2) 铜与铝的焊接接头脆性大，易产生裂纹　铜与铝采用熔焊时，在靠近铜母材一侧的焊缝金属中，很容易形成$CuAl_2$共晶或$Cu+Cu_2O$，分布于晶界附近，使焊缝金属的脆性倾向增大，并易于产生裂纹。由于填充材料以及Cu、Al母材的影响，也可能产生三元共晶组织，易产生晶间裂纹。

(3) 焊缝易产生气孔　铜与铝熔焊时，易产生气孔，主要是由于两种金属的导热性都比较大，焊接时熔池金属结晶快，高温时的冶金反应气体来不及逸出，进而产生气孔。气孔对焊接接头的强度以及耐蚀性影响都很大，所以焊前对焊接部位必须进行严格的清理，并且应严格控制焊接线能量。

可以采用如下方式获得性能良好的铜-铝焊接接头。

a. 使用焊接加热温度不高于Al-Cu共晶温度（548℃）的焊接方法，如冷压焊、低温摩擦焊、钎焊等。

b. 使用能把已经生成的$CuAl_2$化合物在压力下挤出焊缝的焊接方法，如闪光对焊、储能焊等。完全去除$CuAl_2$化合物非常困难，实践证明，控制$CuAl_2$化合物厚度在0.01～0.02mm范围，接头的各种性能即能满足使用要求。

10.1.2 铜与铝及铝合金的熔焊

铝的熔点比铜的熔点约低1倍。在熔焊中，当铝熔化时，铜却保持固体状态；当铜开始熔化时，铝已熔化很多了，这就使铝的损耗量大大超过铜。铜与铝的熔点相差很大，使得实现铜与铝的熔焊有很大难度。

铜与铝熔化焊时，在Cu/Al接头的靠铜一侧易形成一层厚度为3～10μm的金属间化合物（$CuAl_2$），存在这样一个区域会使接头强韧性降低。只有在金属间化合物层的厚度很小的情况下，才不会影响接头的强韧性。

(1) 铜与铝的钨极氩弧焊（TIG焊）

焊接前先用钢丝刷清除工件表面的氧化膜，或用化学方法进行清洗，通常是采用氢氧化钠（NaOH）水溶液，浓度为20%左右，加温可加快清洗速度。采用钨极氩弧焊直接焊接铜与铝时，铜、铝工件应用夹具夹紧。工件厚度不大时，可不开坡口；否则铜侧可开V形坡口，坡口角度一般为45°～75°。填充材料选用纯铝焊丝，直径为2～3mm。卷边焊接一般不必使用填充焊丝。

铜与铝钨极氩弧焊的工艺参数为，焊接电流150A，焊接电压15V，焊接速度为

0.17cm/s。焊接过程中，电弧偏向铝一侧，主要熔化铝一侧，而对铜一侧不能熔化太多。焊接电流是否适宜，可从焊缝的“鱼鳞纹”（即波纹）的形状来判断。当焊缝皱纹突出而极不平滑、焊缝波纹间高低明显时，表明焊接电流过小；当焊件被烧塌陷、焊缝极低、焊缝波纹极不明显时，表明焊接电流过大。

采用上述工艺的焊缝中含铜量会很高（超过13%以上），最终获得的接头强度和塑性比较低。如果焊前在铜一侧的坡口上，熔敷一层0.6～0.8mm的银钎料，然后用Al-Si合金焊丝与铝进行焊接，可获得强度和塑性良好的焊接接头。在焊接过程中，钨极电弧中心要偏离坡口中心一定距离，使电弧不直接指向铜一侧，而指向铝的一侧，尽量减少焊缝金属中的含铜量，至少控制在10%以下。

铜与铝采用对接钨极氩弧焊时，为了减少焊缝金属的含铜量，增加铝的成分，可将铜侧加工成V形或K形坡口，并在坡口表面镀上一层Zn，厚度约为60μm。铜与铝钨极氩弧焊的工艺参数见表10.2。

表10.2　铜与铝钨极氩弧焊的工艺参数

被焊金属	焊　丝	焊丝直径/mm	焊接电流/A	钨极直径/mm	氩气流量/L·min^{-1}
Cu+Al	Al-Si丝	3	260～270	5	8～10
	Al-Si丝	3	190～210	4	7～8
	铜丝	4	290～310	6	6～7

施焊操作的工艺要点如下。

① 焊炬与工件间的倾角（从右向左施焊时）为75°～85°，起弧时可将焊炬垂直于工件，随后保持正常的倾角；钨极应稍指向铝件一侧。

② 钨极电弧长度一般为5mm左右，工件越薄，电弧长度应相应短些。

③ 将填充铝焊丝放在熔池的前部边沿，与工件的夹角不大于15°，焊丝端部不能与熔池接触，但应始终处于氩气保护区。切忌将铝焊丝抬起过高，或者倾角太大。

④ 填充铝丝应在电弧侧进行必要的预热，然后送入弧心与基体熔合，避免铝丝的大段熔填。

⑤ 卷边接头焊接完毕，将氩弧移开，待铝液凝固后再进行一次电弧回热，借助外层氧化膜的表面张力，获得光亮圆滑的接头。

⑥ 钨极与工件短路粘住时，不要急于提起焊炬，这样容易折断钨棒。正确的方法是放开手动开关，关闭电源，然后轻轻摇动焊炬，使钨极脱离焊件。

⑦ 氩弧焊对接接头的收尾处易出现弧坑或裂纹、塌边等缺陷，处理办法是收尾时适当增加焊丝填充量，同时掌握好熄弧的技术：保持焊炬不动，放开手动开关，即自动熄弧。

（2）铜与铝的埋弧焊

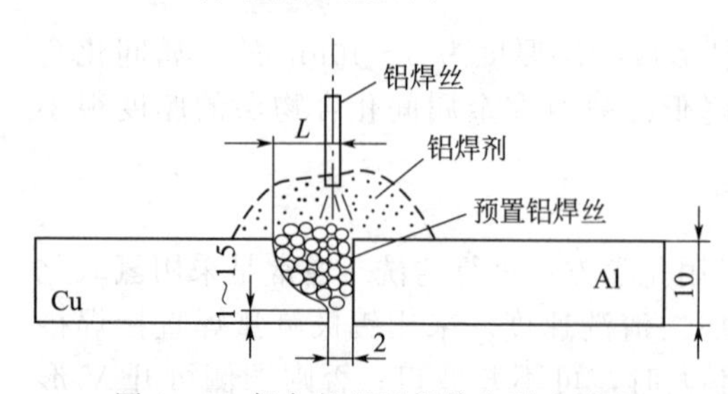

图10.2　铜与铝埋弧焊接头形式示意

铜与铝采用埋弧焊时的接头形式如图10.2所示。焊接工件厚度为δ，电弧与铜母材坡口上缘的偏离值L为（0.5～0.6）δ。铜母材侧开U形坡口，铝母材侧不开坡口。U形坡口中预置直径3mm的铝焊丝。当焊接板材厚度为10mm时，采用直径2.5mm的纯铝焊丝SAl-2，焊接电流400～420A，焊接电压38～39V，焊接速度0.58cm/s。用图10.3所示的各种坡口进行试验，只有图10.3（e）所示焊缝金属中Cu含量最低（8%～10%），可获得满意的焊接接头，抗拉强度50～70MPa。其他坡口形式的焊缝中的Cu含量都明显增加，所以接头都很脆。

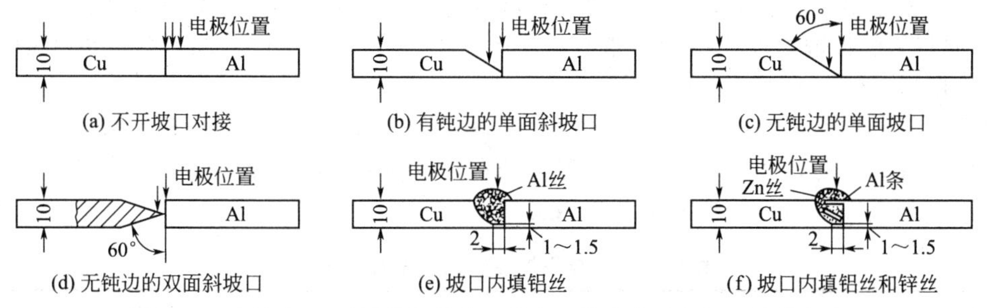

图 10.3　铜与铝埋弧焊的各种坡口形式（箭头表示电极运动的方向）

开坡口焊接铜与铝需要由技术熟练的焊工来完成，否则易使电弧指向铜件而增加焊缝中的 Cu 含量。铜与铝埋弧自动焊的工艺参数见表 10.3。铜铝异种金属埋弧焊的线能量应比同种铝焊接时的线能量大，但比同种铜焊接时的线能量小。

表 10.3　铜与铝埋弧自动焊的工艺参数

板厚/mm	焊接电流/A	焊丝直径/mm	焊接电压/V	焊接速度/$cm \cdot s^{-1}$	焊丝偏离/mm	焊剂层/mm		层数
						宽	高	
8	360～380	2.5	35～38	0.68	4～5	32	12	1
10	380～400	2.5	38～40	0.60	5～6	38	12	1
12	390～410	2.6	39～42	0.60	6～7	40	12	1
20	520～550	3.2	40～44	0.2～0.3	8～12	46	14	3

埋弧焊时，应尽量减少铜在焊缝中的熔入量，这主要取决于焊接工艺、接头的坡口形式与尺寸以及电弧距坡口中心的距离等因素。电弧应指向铝一侧，但又不能偏移坡口中心太远，最佳偏移距离为 5～7mm。在焊缝中加入 Si、Zn、Ag、Sn 等元素，可使接头强度大幅度地提高。

（3）铜与铝的电子束焊

铜与铝可以采用加中间合金层的电子束焊进行焊接，能获得优良的焊接接头。在不加中间合金层的情况下，直接进行电子束焊，焊后接头的焊缝窄而深。主要由 $CuAl_2$ 共晶组织的 θ 相外加大量的 η 及 β 相所组成，使得焊缝金属硬而脆。采用 Ag 作为中间合金层时，由于 Ag 与 Cu、Al 均可形成互溶固溶体，所以采用 Ag 作为中间层可以提高焊缝金属的力学性能。采用 0.7mm 厚的 Ag 作为中间合金层进行电子束焊接，能得到良好的铜与铝的焊接接头。

10.1.3　铜与铝及铝合金的压焊

铜和铝的塑性都很好，是采用压焊的有利条件。

（1）铜与铝的闪光对焊

闪光对焊是电阻对焊工艺中的一种，也是铜与铝焊接的重要方法之一。采用闪光对焊，铜与铝的脆性金属间化合物和氧化物均可以被挤出接头，使接触面产生较大的塑性变形，能获得良好的焊接接头。

铜与铝的闪光对焊具有以下特点。

① 铜与铝的导热、导电性良好，要使端面加热到焊接所需的温度，必须通过大的焊接电流。

② 铝与铜相比熔点低，熔化过程中的熔化速度快，比一般钢的熔化速度大很多；铜开

始熔化时，铝已熔化很多了，闪光焊时铝的耗损量比铜大得多（约是铜的3倍）。

③ 铜与铝的顶锻速度比钢快，带有冲击性，必须保证带电顶锻和足够大的顶锻力，一般顶锻速度以720～960cm/min为宜。

对铜、铝件焊前还应进行一系列的表面准备。铜、铝件的尺寸要精确，形状要平直；清理表面污物及氧化物；对铜及铝件进行退火处理，以降低硬度；增加焊件的塑性，以提高接头质量。铜与铝焊件退火处理的工艺参数见表10.4。

表10.4　铜与铝焊件退火处理的工艺参数

材　料	退火温度/℃	保温时间/min	冷却条件
铜件	600～650	40～60	水中冷却
铝件	400～450	40～60	空冷

闪光对焊属于热压焊，所需要的单位面积顶锻力较小，但闪光对焊所需的电功率很大，限制了可焊接最大截面的范围。我国生产的对焊机有LQ-150、LQ-200和LQ-300等型，可以进行大截面的铜-铝闪光对焊。如$800mm^2$、$1000mm^2$及$1500mm^2$等截面积的焊件，使用上述闪光对焊机能满足焊接要求。根据需要还可将不同对焊机改装成铜-铝专用闪光对焊机。表10.5为铜与铝采用LQ-200型闪光对焊机的工艺参数。

表10.5　铜与铝采用LQ-200型闪光对焊机的工艺参数

焊件尺寸/mm	伸出长度/mm		夹具压力/MPa	顶锻压力/MPa	烧化时间/s	带电顶锻时间/s	凸轮角度/(°)
	Cu	Al					
6×60	29	17	0.44	0.29	4.1	1/50	270
8×80	30	16	0.39	0.29	4.0	1/50	270
10×80	25	20	0.54	0.39	4.1	1/50	270
10×100	25	20	0.59	0.54	4.1	1/50～2/50	270
10×150	25	20	0.59	0.54	4.2	1/50～2/50	270
10×120	31	18	0.64	0.59	4.2	2/50～3/50	270
6×24	14	16	0.29	0.29	4.2	1/50	—
6×50	25	17	0.44	0.39	4.2	1/50	270

伸缩节是输、变电线路中的主要电力工具，图10.4是MSS（125mm×10mm）型铜-铝过渡母线伸缩节的结构及尺寸。采用TIG焊接厚度为0.5mm铝箔组成的箔层封头，MIG焊接箔层与铝板，闪光对焊焊接铜与铝板。箔层封头TIG焊选用直径35mm的HS301焊丝，焊接电流260～280A，焊接速度0.28cm/s，工件预热温度不低于200℃，焊时在起弧和收弧处适当填丝，以保证端角饱满，其余位置可不填丝。

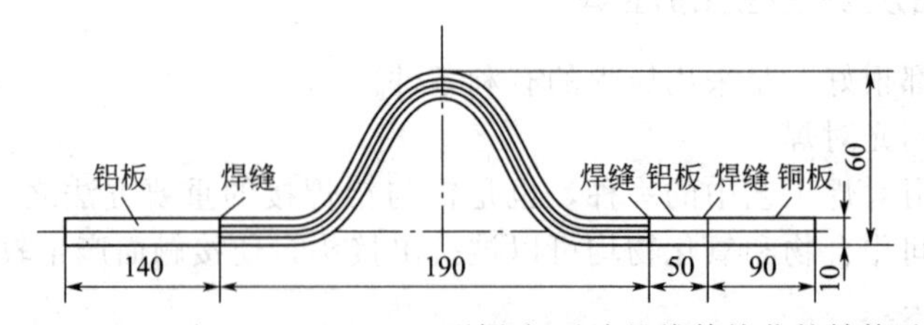

图10.4　MSS（125mm×10mm）型铜-铝过渡母线伸缩节的结构及尺寸

箔层与铝板的MIG焊选用直径1.6mm的HS302焊丝。截面为10mm×100mm的铜与铝闪光对焊时要求焊接功率较大。铜-铝过渡母线MIG焊和闪光对焊的工艺参数见表10.6。

表 10.6 铜-铝过渡母线 MIG 焊和闪光对焊的工艺参数

焊接方法	焊接电流/A	焊接电压/V	焊接速度/cm·s^{-1}	气体流量/L·min^{-1}	烧化速度/cm·min^{-1}
MIG 焊	280～300	26～28	1～1.1	22～26	—
闪光对焊	—	—	—	—	0.12～0.24
焊接方法	顶锻速度/cm·min^{-1}	顶锻总量/mm	顶锻压力/MPa	闪光时间/s	
MIG 焊	—	—	—	—	
闪光对焊	13	4.5	365	4	

（2）铜与铝的摩擦焊

铜与铝的摩擦焊可以避免消耗大量电能，损失很大的热量，可以采用高温摩擦焊和低温摩擦焊。高温摩擦焊时，高速旋转（可达 0.58m/s 以上）接触面的温度可达到铝的熔点（660℃），完全超出了铜-铝共晶点的温度（548℃）。在此种温度下，铜、铝原子相互发生扩散反应，可以形成良好的焊接接头。

铜与铝进行高温摩擦焊时，先将铜端面加工成 90°锥角，并对铜件与铝件进行退火处理，纯铜与纯铝退火处理的工艺参数见表 10.7。退火处理后的铜件和铝件的表面一定要清理干净，特别是焊件的接触端头，形状应规整，尺寸要符合要求。

表 10.7 纯铜与纯铝退火处理的工艺参数

材料	加热温度/℃	保温时间/min	冷却方式	退火后硬度/HB
CuT1	600～620	45～60	水冷	≤50
CuT2	600～620	45～60	水冷	≤50
Al1070	400～450	45～60	水冷或空冷	≤26
Al1060	400～450	45～60	水冷或空冷	≤26

表 10.8 列出了铜与铝高温摩擦焊的工艺参数。采用这些工艺参数进行焊接，焊后接头的力学性能较差，易于断裂。这主要是由于摩擦焊时，接触面温度过高，产生了 $CuAl_2$ 及 Cu_9Al 脆性相，使焊接接头脆性增加。高温摩擦焊适于对铜与铝焊接接头质量要求不高的焊接结构。

表 10.8 铜与铝高温摩擦焊的工艺参数

焊件直径/mm	转数/r·min^{-1}	外圆线速度/m·s^{-1}	摩擦压力/MPa	摩擦时间/s	顶锻压力/MPa	铜件轴角/(°)	接头断裂特征
8	1360	0.58	19.6	10～15	147	90	脆断
10	1360	0.71	19.6	5	147	60	
12	1360	0.75	24.5	5	147	70	
14	1500	1.07	24.5	5	156.8	80	
15	1500	1.07	24.5	5	166.6	80	
16	1800	1.47	31.36	5	166.6	90	
18	2000	1.51	34.3	5	176.4	90	
20	2400	1.95	44.1	5	176.4	95	
22	2500	2.52	49	4	205.8	100	
24	2800	2.61	54.2	4	245	100	
26	3000	3.11	60	3	350	120	

为了解决高温摩擦焊时存在的接头脆断问题，目前主要是采用低温摩擦焊对铜与铝进行焊接。低温摩擦焊的焊接接头的温度能控制在铜-铝共晶点温度以下（即 548℃以下），不易产生脆性相层，能提高接头力学性能，使接头不易产生脆性断裂。

铜与铝的低温摩擦焊，是将摩擦端面的温度控制在铜-铝共晶点温度 548℃以下，而在

460～480℃温度范围内完成铜-铝摩擦焊接。460～480℃温度是低温摩擦焊接的最佳温度范围，该温度范围能获得令人满意的铜-铝焊接接头。

低温摩擦焊主要工艺参数有摩擦压力、摩擦速度、摩擦时间、顶锻压力以及铜与铝的出模长度。表10.9列出了不同直径铜与铝焊件低温摩擦焊的工艺参数。低温摩擦焊属于半加热的压力焊，所需单位面积的顶锻压力比冷压焊小，但大于闪光对焊。低温摩擦焊适于焊接中等截面（300～800mm^2）的铜铝预制接头。

表10.9 不同直径铜与铝焊件低温摩擦焊的工艺参数

直径/mm	转速/r·min^{-1}	摩擦时间/s	顶锻压力/MPa	维持时间/s	铜出模量/mm	铝出模量/mm	顶锻速度/cm·min^{-1}	焊前预压力/N	摩擦压力/MPa
6	1030	6	588	2	10	1	8.4	—	166～196
8	840	6	490	2	13	2	8.4	196～294	166～196
9	540	6	441	2	20	2	12.6	392～490	166～196
10	450	6	392	2	20	2	12.6	490～588	166～196
12	385	6	392	2	20	2	19.2	882～980	166～196
14	320	6	392	2	20	2	19.2	1078～1176	166～196
16	300	6	392	2	20	2	19.2	1274～1372	166～196
18	270	6	392	2	20	2	3.2	1470～1568	166～196
20	245	6	392	2	20	2	3.2	1666～1764	166～196
22	225	6	392	2	20	2	3.2	1862～1960	166～196
24	208	6	392	2	24	2	3.7	2058～2156	166～196
26	205	6	392	2	24	2	3.7	2058～2156	166～196
30	180	6	392	2	24	2	3.7	2058～2156	166～196
36	170	6	392	2	26	2	3.7	2254～2352	166～196
40	160	6	392	2	28	2	3.7	2450～2548	166～196

（3）铜与铝的冷压焊

冷压焊的本质是在室温下利用压力使工件待焊部位产生塑性变形，将工件接触面上的氧化膜挤出焊缝之外，使界面间金属原子达到原子间引力的距离，伴随着原子间的扩散，产生原子间结合的牢固接头。铜与铝的冷压焊，多是以对接和搭接接头为主。冷压焊适于焊接中、小截面的铜铝预制接头。

1）铜与铝的对接冷压焊

对接冷压焊是在室温下进行的，不用任何外加热源，金属组织不发生再结晶和软化退火等现象，接头强度不低于母材。铜与铝对接冷压焊时的变形程度（ΔL）一般为ΔL_{Al}∶ΔL_{Cu}＝0.7∶1。对接接头冷压焊可以焊接1～1000mm^{2}截面的铜铝接头，可应用在电机、变压器、架空输电线、中同轴电缆等方面。铜与铝对接冷压焊的工艺参数见表10.10。

表10.10 铜与铝对接冷压焊的工艺参数

焊件直径/mm	每次伸出长度/mm		顶锻次数	顶锻压力/MPa
	L_{Cu}	L_{Al}		
6	6	6	2～3	≥1960
8	8	8	3	3038
10	10	10	3	3332
5×25(管件)	6	4	4	≥1960

铜与铝进行对接冷压焊时，焊件表面准备是决定冷压焊接头质量的重要工艺因素。首先是清除焊件表面上的油垢和杂质；其次是焊件的接触端面必须具有规整、平直的几何尺寸，尤其两焊件对准轴线不可有弯曲现象。母材端面的加工，可采用机械加工方法。同时焊前必须对铜件和铝件进行退火处理，以增加焊件的塑性变形能力，这也是提高冷压焊接头质量的

一项重要工艺措施。

2）铜与铝的搭接冷压焊

对于铜与铝塑性材料的板与板、线与线、线与板、箔与板、箔与线等形式的冷压焊，最好的接头形式是搭接。同时可采用与电阻点焊类似的方式进行点冷压焊，获得良好的焊接接头，可用于变压器、电机生产中。

首先将焊接部位的表面清理干净，不可有任何污点与杂质。然后，将工件上下装配于夹具之间，并对上下压头施加压力，使铜、铝件各自产生足够大的塑性变形而形成焊点。这种冷压焊的形式有单面的，也有双面的。焊点的形状有圆形的，也有矩形或方形的，但圆形冷压焊较多。圆形焊点的直径为 $d=(1\sim1.5)\delta$（δ 是工件厚度）。矩形焊点尺寸，宽度 $a=(1.0\sim1.5)\delta$，长度 $b=(5\sim6)a$。

如果铜与铝母材的厚度相差较大，可采用单面变形方法进行搭接冷压焊，圆焊点的直径 $d=2\delta$；矩形焊点尺寸，$a=2\delta$，$b=5a$。如果采用多点，应交错分布，其焊点中心距应大于 $2d$（d 为压头直径），矩形焊点应呈倾斜形分布。铜与铝采用搭接冷压点焊时的工艺参数见表 10.11。

表 10.11 铜与铝搭接冷压点焊的工艺参数

焊件尺寸/mm	搭接长度/mm	焊点数	压点直径/mm		压头总长/mm		压点中心距离/mm	压点边距/mm	压力/MPa
			Al	Cu	Al	Cu			
40×4	70	6	7	8	30	55	10	10	235
60×6	100	8	9	10	30	55	15	15	382
80×8	120	8	12	13	30	55	25	15	431

（4）铜与铝的电容储能焊

电容储能焊是电阻焊的一种特殊形式，属于固相焊接。储能焊的本质是预先把能量以某种形式储存起来，然后在极短时间内通过焊件释放出来，瞬时间在接头处产生大量热能，同时在快速挤压下形成焊接接头。铜、铝的导电性、导热性能非常好，焊接时必须采用大电流、短时间的强规范。电容储能焊特别适于焊接小截面的铜铝导线，是目前焊接铜铝细导线较理想的方法。

铜与铝的电容储能焊的工艺参数包括焊接电流、焊接时间、顶锻压力和伸出长度等。对小截面铜-铝导线电容储能焊的工艺参数见表 10.12。这种焊接方法的工艺参数可调范围很窄，因此，电容储能焊过程中需严格控制焊接工艺参数。

表 10.12 铜-铝导线电容储能焊的工艺参数

直径/mm		电容量/μF	焊接电压/V	伸长度/mm		顶锻压力/MPa	夹紧力/MPa	变压器比值
Al	Cu			Al	Cu			
1.81	1.56	8000	190～210	2.5	2	608	2646	60∶1
2.44	1.88	8000	300～320	3.2	2.4	911	3136	90∶1
3.05	2.50	10000	370～390	4	3	1254	3430	60∶1

（5）铜与铝的真空扩散焊

用真空扩散焊技术焊接的铜-铝密封接头，用于制造冷冻设备及其他装置，也可用于电力设备的电器接头。铜与铝扩散焊的工艺参数控制十分严格，比熔焊、钎焊和闪光对焊的质量稳定。

母材的物理化学性能、表面状态、加热温度、压力、扩散时间等是影响扩散焊接头质量的主要因素。加热温度越高，结合界面处的原子越容易扩散。但由于受 Cu、Al 热物理性能的限制，加热温度不能太高。否则母材晶粒明显长大，使接头强度和塑性降低。在540℃以下Cu/Al扩散焊接头强度随加热温度的提高而增加，继续提高温度则使接头强韧性降低，因为在565℃时形成Al与Cu共晶体。在扩散焊接头被拉断后，在铜一侧的表面可观察到很厚的铝层。

焊前焊件表面必须严格地进行精细加工、磨平及再抛光和清洗去油，使其尽可能光洁和无任何杂质。去除铝材和铜材表面的氧化膜，然后将铝板、铜板叠合在一起放入真空室。铜与铝真空扩散焊时，影响接头质量和焊接过程稳定性的主要因素有加热温度、焊接压力、保温时间、真空度和焊件的表面准备等。

压力小易产生界面孔洞，阻碍晶粒生长和原子穿越界面的扩散迁移。铜、铝原子具有不同的扩散速度，扩散速度大的Al原子越过界面向Cu侧扩散。但是受铝热物理性能的影响，压力不能太大。试验证明，Cu/Al扩散焊压力为11.5MPa可避免界面扩散空洞的产生。在温度和压力不变的情况下，延长保温时间到25～30min时，接头强度显著提高。

铜与铝真空扩散焊的工艺参数应根据实际情况来确定。例如，针对电真空器件的零件，扩散焊的工艺参数为，加热温度500～520℃，焊接压力6.8～9.8MPa，保温时间10～15min，真空度6.67×10^{-3} Pa。当焊接压力为9.8MPa时，扩散焊的接头合格率可达100%。

对厚度0.2～0.5mm的铜与ZA12硬铝合金进行真空扩散焊时，采用加热温度480～500℃、保温时间10min、压力4.9～9.8MPa、真空度$1.332\times10^{-2}\sim1\times10^{-3}$ Pa的工艺参数，可以获得良好的焊接接头。

10.1.4 铜与铝及铝合金的钎焊

铜与铝的钎焊早已引起人们的关注。近年来，随着新型钎料、钎剂的出现，推动了铜与铝钎焊技术的进步，使铜铝复合结构得到更好的应用。

(1) 钎料的选用

为了获得良好的铜铝钎焊接头质量，对钎料的要求是适宜的熔点、良好的润湿性和流动性、抗腐蚀性及导电性等。铜具有良好的可钎焊性，因此对铜铝钎焊的钎料选择，主要考虑对铝的可钎焊性。

从铜与铝及铝合金的熔点、电极电位和可钎焊性来看，一般采用锌基钎料，并通过加入Sn、Cu、Ca等元素来调整铜与铝的接头性能。在Sn中加入10%～20%的Zn作为铜与铝钎焊的钎料，可提高钎焊接头的力学性能和抗腐蚀性能。

目前用于钎焊铝与铜的钎料主要有低温钎料和高温钎料两大类。低温钎料主要是锌基钎料和锡基钎料；高温钎料主要是铝基钎料。铜与铝低温钎焊的钎料成分见表10.13。铜与铝高温钎焊的钎料成分见表10.14。

表10.13 铜与铝低温钎焊的钎料成分

化学成分/%						熔点或工作温度/℃	应用情况及钎剂	钎料代号
Zn	Al	Cu	Sn	Pb	Cd			
50	—	—	29	—	21	335	Cu-Al导线配合QJ203	—
58	—	2	40	—		200～350		HL501
60	—	—	—	—	40	266～335	配合QJ203	HL502
95	5	—	—	—	—	382,工作温度460	Cu-Al钎剂	—
92	4.8	3.2	—	—	—	380～450	Cu-Al钎剂	—
10	—	—	90	—	—	270～290	Cu-Al钎剂	—
20	—	—	80	—	—	270～290	Cu-Al钎剂	—
99	—	—	—	1	—	417	Cu-Al钎剂	—

表 10.14　铜与铝高温钎焊的钎料成分

钎料牌号	化学成分/%	钎焊温度/℃	钎焊方法
BAl92Si(HLAlSi7.5)	Si6.8～8.2,Cu0.25,Zn0.2,其余 Al	599～621	浸渍、炉中
BAl90Si(HLAlSi10)	Si9.0～11.0,Cu0.3,Zn0.1,其余 Al	588～604	浸渍、炉中
BAl88Si(HLAlSi12)	Si11.0～13.0,Cu0.3,Zn0.2,其余 Al	582～604	浸渍、炉中、火焰
BAl86SiCu(HLAlSiCu10-4)	Si9.3～11.7,Cu3.3～4.7,Zn0.2,其余 Al	585～604	火焰、炉中、浸渍
BAl90SiMg(HLAlSiMg7.5-1.5)	Si6.8～8.2,Zn<0.20,Mg2.0～3.0,其余 Al	599～621	真空炉中
BAl89SiMg(HLAlSiMg10-1.5)	Si9.0～10.5,Zn<0.20,Mg0.2～1.0,其余 Al	588～604	真空炉中
BAl86SiMg(HLAlSiMg12-1.5)	Si11.0～13.0,Zn<0.20,其余 Al	582～604	真空炉中

锌基钎料有自然老化现象。锌基钎料炼制成条状，室温下放置 6 个月后，发现表面发黑，断面失去光泽，重熔后产生大量渣状物，这是由于电化学腐蚀和晶间腐蚀所致。提高钎料成分的纯度（如用分析纯锌和化学纯铅配制），自然老化现象就不显著了。

（2）钎剂的选用

铜与铝钎焊除刮擦钎焊和超声波钎焊外，其他的钎焊过程都需要有钎剂的配合。例如，锌液与铝的润湿性很差，锌液滴在铝表面上聚集成球状，因此用纯锌作钎料需用无机盐类钎剂来改善其润湿性。

钎剂的熔点要低于钎料的熔点，并易脱渣清除。钎剂分为无机盐类和有机盐类两大类，并应根据钎料及钎焊件的要求适当选择。铜与铝钎焊常用的钎剂成分见表 10.15。钎焊熔剂一般应根据钎料来选择使用。

表 10.15　铜与铝钎焊常用的钎剂成分

主要成分/%								熔点/℃
LiCl	KCl	NaCl	LiF	KF	NaF	$ZnCl_2$	NH_4Cl	
35～25	余	—	—	8～12	—	8～15	—	420
—	—	—	—	—	5	95	—	390
16	31	6	—	—	5	37	5	470
—	—	$SnCl_2$ 28	—	—	2	55	NH_4Br15	160
—	—	—	—	—	2	88	10	200～220
—	—	10	—	—	—	65	25	220～230

（3）钎焊实例

1）低温钎焊

某单位研制出简单、经济的铜铝钎焊方法，即用松香酒精溶液作钎剂，以锌基钎料低温钎焊铝及铜导线，获得成功并得到推广应用。松香的成分是松香酸 $C_{20}H_{30}O_2$，熔化温度是173℃，在 400℃左右很快挥发，能微量溶解氧化铝和氧化铜层。锌基钎料与松香酒精配合，采用浸渍钎焊的方式钎焊铜与铝，这种方法的优点如下。

① 经济易得、成本低。

② 避免钎剂腐蚀的可能性。

③ 简化钎焊工艺，提高生产率。

锌基钎料的成分是，分析纯锌 96%～98%，化学纯铅 2%～4%。钎剂配方是，松香与无水酒精比例大于或等于 1。钎料的钎焊温度为 420～460℃。

将涂有松香酒精溶液的铜铝接头快速浸入 440℃左右的钎料中，松香酸在 400℃左右具有迅速挥发的性质，会产生急剧的物理膨胀，形成爆炸力。这种爆炸力在液体金属中能形成单位能量很大的冲击波，使氧化铝膜破裂。氧化铝膜的微观结构呈蜂窝状，加上刮削时形成的沟槽和裂纹，都是存留松香酸液的缝隙，爆炸力越大，越有利于使氧化膜破裂。

氧化铝与铝基体的结合力很大，光靠溶解和爆破作用还不足以彻底去除氧化膜。浸渍过程中，由于锌中加入铅，增加了铅与锌基钎料之间的电位差，可增加铝被溶蚀的速度，使残余的氧化铝膜进一步脱落。

纯锌中铅的加入量为1%～4%，Pb在Zn中起机械分离Zn和细化晶粒的作用。

2）中温钎焊

① 采用的钎焊材料：Zn-Sn钎料，压制成厚度为0.7～1.0mm的片状。

② 焊前准备：铝件和铜片去油、去氧化膜。Zn-Sn钎料去油、去氧化膜。

③ 装配：用不锈钢板按铝-钎料-铜片的次序组装、夹紧。可分层叠放，中间用不锈钢板隔开，用紧固螺母拧紧。

④ 装炉钎焊，步骤如下。

a. 装炉，抽真空。

b. 真空度到10^{-2}Pa以后，启动加热。

c. 升温速度10～20℃/min（酌情调整），在150℃和300℃时各保温10min，然后连续升温到425℃，保温15min后，冷却。

d. 降温，冷却到400℃以下，关闭加热装置；冷却到300℃以下，填充氮气加快冷却速度；冷却到100℃以下，打开炉门。

3）高温钎焊

① 采用的钎焊材料：AlSi12钎料，母材采用纯铝或防锈铝。

② 焊前准备：铝件和铜片去油、去氧化膜。钎料由丝状压制成厚度约1mm的回形片状，去油、去氧化膜。

③ 装配：用不锈钢板按铝-钎料-铜片的次序组装、夹紧，分层叠放，用紧固螺母拧紧。

④ 装炉钎焊，步骤如下。

a. 装炉，抽真空。

b. 真空度到10^{-2}Pa以后，启动加热。

c. 升温速度10～20℃/min（酌情调整），在150℃保温10min；350℃和540℃各保温5min，然后连续升温到624℃，保温6min后，冷却。

d. 降温，冷却到600℃以下，关闭加热装置；冷却到450℃以下，填充氮气加快冷却速度；冷却到100℃以下，打开炉门。

10.1.5 厚板铜与铝的搅拌摩擦焊

铜和铝由于在物理、化学和加工性能方面相差较大，采用熔焊方法难以得到优质的铜/铝接头，用固态焊接的方法来获得可靠的铜/铝接头近年来受到关注。

与熔焊相比，搅拌摩擦焊在焊接过程中不发生熔化，可以避免气孔、裂纹等缺陷，焊后的残余应力小、变形小，是焊接低熔点材料较为理想的方法。现阶段国内外研究铜与铝搅拌摩擦焊的接头厚度一般小于4mm，因为随着板厚增加，厚度方向上的温度梯度更大，合适的工艺参数范围变得很窄，难以获得理想的铜与铝接头。工程应用中铜与铝连接板的厚度一般大于4mm。南昌航空大学邢丽、柯黎明等用搅拌摩擦焊技术实现了10mm板厚的铜与铝异种金属的连接，分析了铜与铝接头的显微组织，并测试了接头的电学性能和力学性能。

（1）焊接工艺

实验材料为厚度10mm的T2紫铜板和1060A纯铝板，其物理和力学性能见表10.16。焊前采用丙酮清洗工件表面，采用自制的龙门式数控搅拌摩擦焊设备进行焊接工艺试验。搅拌头轴肩直径 15mm，搅拌针为左旋螺纹，搅拌针直径 5mm，针长度 4.9mm。

表 10.16　纯铝和 T2 紫铜的物理及力学性能

材料	熔点/℃	线胀系数/$℃^{-1}$	热导率/ W·(m·℃)$^{-1}$	电阻率/Ω·m	拉伸强度/MPa
1060A 纯铝	660	24.7×10^{-6}	218	2.8×10^{-8}	60
紫铜 T2	1083	16.9×10^{-6}	391	1.7×10^{-8}	195

厚板铜与铝平板试样对接，搅拌摩擦焊时铜材置于前进边（AS）、铝材置于返回边（RS），搅拌针中心线偏向铝侧。搅拌头旋转速度 $n=950$r/min，焊接速度 $v=60$mm/min，采用双面焊工艺进行焊接。焊后沿垂直于焊缝方向截取试样，先用 2mL 氢氟酸＋5mL 硝酸＋3mL 盐酸＋90mL 水溶液腐蚀铝侧，再用 4mL 饱和氯化钠＋2g 重铬酸钾＋10mL 水＋8mL 硫酸腐蚀铜侧。可用 Leica 图像分析仪观察焊接接头的显微组织；用 HVS-1000 型显微硬度计测量焊缝横截面的显微硬度分布；在 WDS-100 电子万能试验机上进行铜/铝接头的拉伸试验；采用上海双特电工仪器有限公司生产的 QJ36s-2 低电阻测量仪测量铜/铝接头的电阻。

（2）铜/铝搅拌摩擦焊的焊缝成形和组织特征

铜/铝搅拌摩擦焊接头的焊缝表面成形如图 10.5（a）所示。通过观察可以发现焊缝表面的弧形纹较为致密，焊缝表面没有观察到裂纹、沟槽等缺陷。图 10.5（b）是铜/铝焊接接头的横截面宏观形貌，可见焊接接头完好，无孔洞、裂纹等缺陷。因此针对 10 mm 的厚板铜/铝接头，采用双面搅拌摩擦焊在合适的工艺参数下可以获得表面成形良好、无缺陷的厚板铜/铝异种金属对接接头。

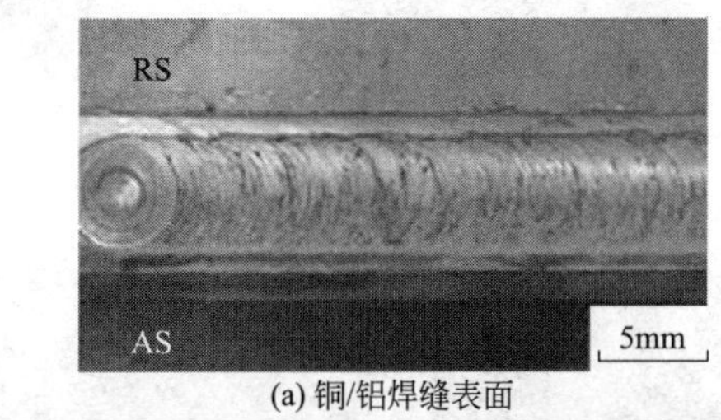

(a) 铜/铝焊缝表面

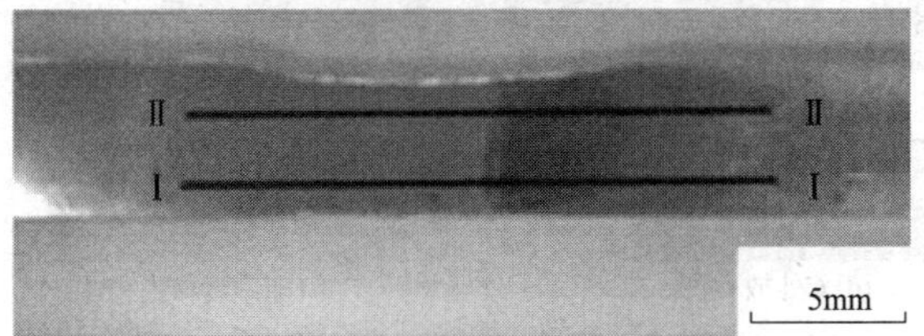

(b) 铜/铝对接接头横截面

图 10.5　铜/铝搅拌摩擦焊的焊缝形貌

铜/铝接头横截面上焊缝界面的形貌如图 10.6 所示。可见铜/铝接头界面结合较为紧密，铜与铝之间以几种不同的方式形成结合。图 10.6（b）为图 10.6（a）中 A 处的放大图，可见界面处铜发生了较大程度的变形，部分铜以“钩子”形态镶入到焊核区的铝中，提供了铜/铝之间的机械结合，使接头的强度提高。产生“钩子”形貌的原因是界面处的铜受热影响软化后，在搅拌针的搅拌作用和搅拌针螺纹的摩擦作用下，使部分软化的铜以条状形貌迁移到铝焊核中，由于搅拌针上的螺纹使其沿厚度方向迁移，最终形成了铜先沿横向焊核迁移一段距离后，然后沿厚度方向迁移的“钩子”形貌。图 10.6（c）为 B 处的高倍放大图，铜/铝在该处形成的是一种迭状交互结构，产生了一种灰色物质，具有较强的抗腐蚀性。

搅拌摩擦焊为固相焊接，焊接时界面温度接近纯铝的熔点，铜和铝已发生了化学反应，形成了金属间化合物。图 10.6（d）为焊核区域 C 处的放大图，该处的焊核区域中分布有大小、形状不同、分布无规律的铜颗粒，可能是由于搅拌针的旋转作用将部分呈“钩子”状的铜破碎后与铝焊核一起进行塑性变形后留下的。在该焊核区域中发现许多塑性金属流线，表明该区域的金属发生了剧烈的塑性变形。可观察到焊核区域中铝晶粒比铝母材的晶粒细小，因为铝在焊核区域内发生了动态再结晶。

（3）接头强度及电学性能

沿图 10.6（b）焊缝截面Ⅰ-Ⅰ、Ⅱ-Ⅱ测量的显微硬度分布如图 10.7 所示。可见铝母材的硬度约为 30 HV，铜母材的硬度为 109～115HV，焊核中铝侧的显微硬度较铝母材高，因为焊核内的铝发生了动态再结晶，晶粒细化，使硬度提高。焊核中铝侧的显微硬度不均匀，因为焊核区域内分布有很多的铜颗粒，这些颗粒的大小及分布没有明显规律，导致焊核区域硬度分布不均匀。靠近铜/铝界面区域的硬度值有明显升高，大大高于铜、铝母材的硬度值，这是在铜/铝界面附近形成了铜－铝金属间化合物所致。

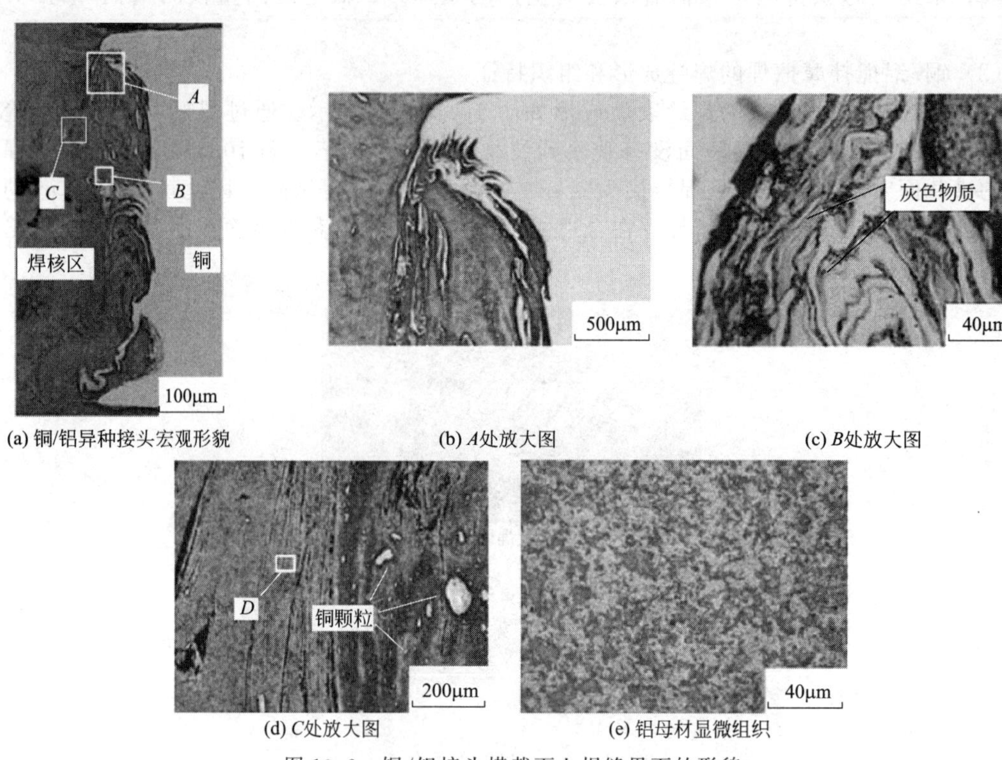

(a) 铜/铝异种接头宏观形貌　(b) A处放大图　(c) B处放大图

(d) C处放大图　(e) 铝母材显微组织

图 10.6　铜/铝接头横截面上焊缝界面的形貌

对铜/铝搅拌摩擦焊对接接头进行了拉伸试验，表 10.17 为铜/铝接头性能的测试结果，可知接头的拉伸强度为 70～75MPa，达到铝母材强度的 125%。铜/铝接头断裂的截面形貌如图 10.8 所示，断裂发生在接头铝侧的热影响区，而铜/铝接头和焊核处没有受到破坏，表明铜/铝接头有很好的结合强度。

分别测量铜/铝接头、纯铝 1060A、T2 紫铜的电阻率，表 10.17 为同一温度下的测量结果，其中测得的纯铝和 T2 紫铜的电阻率与表 10.16 中的值相近。测得的铜/铝接头的电阻率为 $2.8971\times10^{-8}\ \Omega\cdot m$，高于紫铜，但比所测的铝电阻率低，是纯铝电阻率的 92.6%。

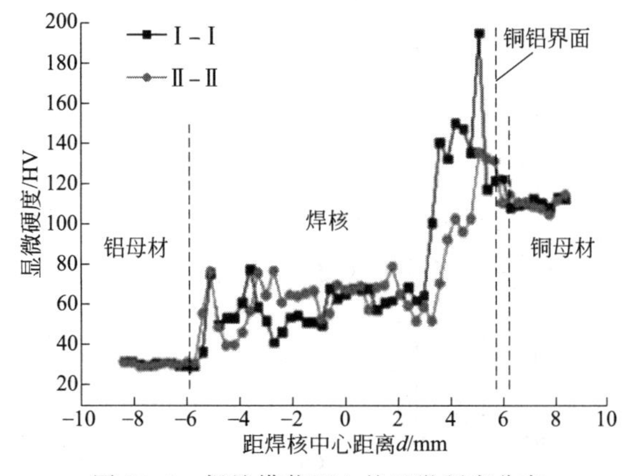

图 10.7 焊缝横截面上的显微硬度分布

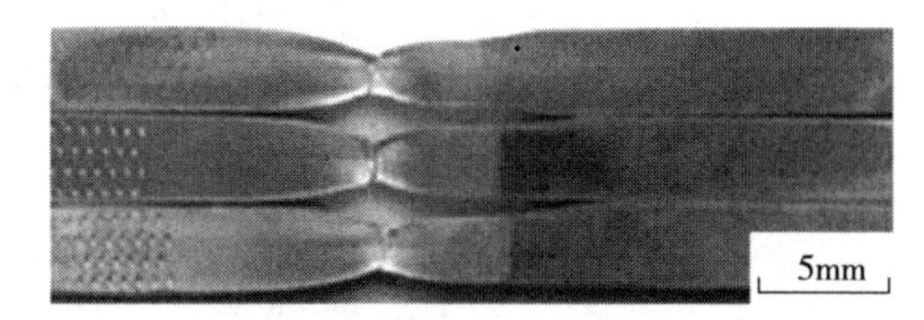

图 10.8 铜/铝断裂接头的形貌

表 10.17 铜/铝接头性能测试结果

材料	电阻率/Ω·m	拉伸强度/MPa
铜/铝接头	2.8971×10^{-8}	70～75
T2 紫铜	1.9378×10^{-8}	195
纯铝	3.2198×10^{-8}	60

目前在电力行业中，厚板的铜/铝接头较多使用螺栓连接，最大的问题是铜/铝界面会存在缝隙，导致电阻增加；当通以较大电流时，由于接头处较大的电阻使接头处产生较大的热量导致接头失效。采用搅拌摩擦焊方法得到的铜/铝焊接接头，由于铜与铝紧密连接且形成了冶金结合，降低了接头的电阻率，能很好满足电力行业的需求。

10.2 铜与钛及钛合金的焊接

钛及钛合金是一种优良的结构材料，具有密度小、比强度高、塑韧性好、耐热耐蚀性好、可加工性较好等特点，对于铜与钛形成异种连接构件被广泛应用在航空航天、化工、造船、冶金、仪表等领域。铜与钛由于物理化学性能上较大的差异，在焊接时易形成致密的氧化膜，给焊接带来了很大困难。常用的焊接方法有熔化焊、扩散焊、爆炸焊和钎焊等。

10.2.1 铜与钛及钛合金的焊接特点

铜与钛在物理性能和化学性能方面存在较大的差异，图 10.9 是铜-钛合金状态。铜与钛的互溶性有限，但在高温下能形成 Ti_2Cu、TiCu、Ti_3Cu_4、Ti_2Cu_3、$TiCu_5$、$TiCu_4$ 等多种金属间化合物，以及 Ti＋Ti_2Cu（熔点 1003℃）、Ti_2Cu＋TiCu（熔点 960℃）、$TiCu_2$＋$TiCu_3$（熔点 860℃）等多种低熔共晶体。这是铜与钛异种材料进行焊接的主要困难，焊接时的热作用，极易导致这些脆性相的形成，降低了接头的力学和耐腐蚀性能。

铜和钛对氧的亲和力都很大，在常温和高温下都极易氧化。在高温加热状态下，铜与钛吸收氢、氮、氧的能力很强，在焊缝熔合线处易形成氢气孔，并且在钛母材侧易生成片状氢化物 TiH_2 所引起的氢脆，以及由于杂质侵入而在铜母材侧形成的低熔点共晶体（如 Cu＋Bi 共晶体的熔点 270℃）。另外，铜与钛焊接时，靠铜一侧的熔合区及焊缝金属的热裂纹敏感性较大。

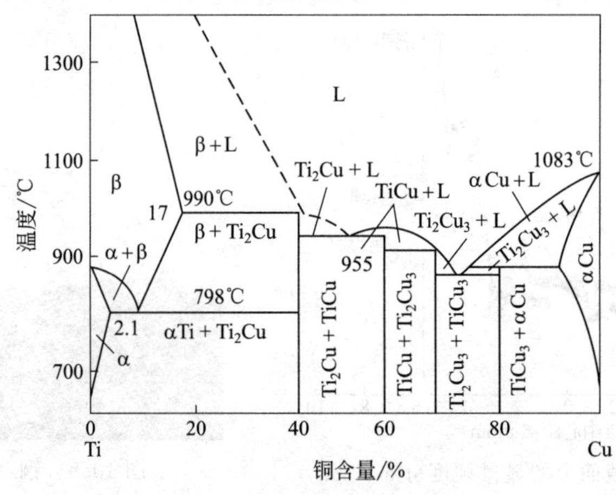

图 10.9 铜-钛合金状态

10.2.2 铜与钛及钛合金的氩弧焊

铜与钛氩弧焊时，为避免两种金属的相互搅拌产生低熔共晶组织，而使焊接接头产生热裂纹，常采用在钛合金中间隔离层加入含有 Mo、Nb、Ta 等元素的方法，以使 α-β 相转变温度降低，从而获得与铜的组织相近的单相 β 的钛合金。

在铜与钛的氩弧焊过程中，严格控制并避免形成金属间化合物，是获得优良接头的关键。具有单相 β 的钛合金（TA1）能够直接与铜进行氩弧焊，施焊过程中，氩弧焊电弧不能指向 TA1 合金，应离开 TA1 合金一定距离，而直接指向铜的一侧。这种焊接接头的塑性及韧性不高，只适宜用在不太重要的零部件上。

采用氩弧焊方法焊接铬青铜 QCr0.5 与 α+β 钛合金 TC2 时，常用 1.1mm 的铌作中间过渡层，选用表 10.18 中所列的焊接工艺参数，并对焊接区加强保护，可以获得良好的焊接接头。在常温 20℃下，接头的抗拉强度 σ_b =303.8～318.5MPa；在 400℃时，抗拉强度 σ_b =88.2～101.9MPa，接头的冷弯角可达 150°～180°。

表 10.18 铜合金（QCr0.5）与钛合金（TC2）氩弧焊的工艺参数

厚度/mm	焊接电流/A	焊接电压/V	焊丝直径/mm	电极直径/mm	氩气流量/(L/min)
2+2	250	10	1.2	3	15～20
3+3	260	10	1.2	3	
5+5	300	12	2.0	3	
6+6	320	12	2.0	4	
8+6	350	13	2.5	4	
8+8	400	14	2.5	4	

对厚度为 1.5～2mm 的 Ti-Mo、Ti-Nb、Ti-Ta 系合金及 TB2 等 β 相钛合金与铜进行钨极氩弧焊，焊接过程中应使钨极电弧指向铜的一侧，可以获得良好的焊接接头。铜与钛合金 TIG 焊的工艺参数和接头力学性能见表 10.19。

表 10.19 铜与钛合金 TIG 焊的工艺参数及接头力学性能

被焊材料	板厚/mm	焊接电流/A	焊接电压/V	填充材料		电弧偏离/mm	抗拉强度 σ_b/MPa	冷弯角/(°)
				牌号	直径/mm			
TA2+T2	3.0	250	10	QCr0.8	1.2	2.5	177.4～202.9	—
	5.0	400	12	QCr0.8	2	4.5	157.2～220.5	90

续表

被焊材料	板厚/mm	焊接电流/A	焊接电压/V	填充材料		电弧偏离/mm	抗拉强度 σ_b/MPa	冷弯角/(°)
				牌号	直径/mm			
Ti3Al37Nb+T2	2.0	260	10	T4	1.2	3.0	113.7～138.2	90
	5.0	400	12	T4	2	4.0	218.5～231.3	90～120

10.2.3 铜与钛及钛合金的扩散焊

铜与钛的真空扩散焊可以采用直接扩散焊和加入中间过渡层的扩散焊两种方法，前者获得的接头强度较低，后者接头强度高，并有一定塑性。

铜与钛之间不加中间过渡层直接进行扩散焊时，为了避免和减少金属间化合物的生成，焊接过程只能在短时间内完成。但由于焊接温度略低于产生共晶体的温度，界面结合效果差，因此铜与钛扩散焊接头的强度并不高，低于铜母材的强度。

在铜（T2）与钛（TC2）中间加入过渡金属层钼和铌进行焊接，可以阻止被焊金属间相互作用发生反应，使被焊金属（铜与钛）间既不产生低熔点共晶体，也不产生脆性化合物相，从而使扩散焊接头的质量得到很大的提高。铜与钛扩散焊的工艺参数，加热温度为 810℃，保温时间为 10min，真空度为 $1.333\times10^{-4}\sim6.66\times10^{-5}$Pa，焊接压力为 3.4～4.9MPa。

铜（T2）与钛（TC2）扩散焊的工艺参数对接头抗拉强度的影响见表 10.20。用电炉加热和保温时间较长的扩散焊接头强度高于用高频感应加热和焊接时间较短的扩散焊接头强度。

表 10.20 铜（T2）与钛（TC2）扩散焊的工艺参数及接头抗拉强度

中间层材料	工艺参数			抗拉强度 σ_b/MPa	加热方式
	焊接温度/℃	保温时间/min	压力/MPa		
不加中间层	800	30	4.9	62.7	高频感应加热
	800	300	3.4	144.1～156.8	电炉加热
钼(喷涂)	950	30	4.9	78.4～112.7	高频感应加热
	980	300	3.4	186.2～215.6	电炉加热
铌(喷涂)	950	30	4.9	70.6～102.9	高频感应加热
	980	300	3.4	186.2～215.6	电炉加热
铌(0.1mm 箔片)	950	30	4.9	94.1	高频感应加热
	980	300	3.4	215.6～266.6	电炉加热

表面清洁度对真空扩散焊的质量影响很大。焊前将铜件用三氯乙烯进行清洗，彻底清除油脂和污染物，然后在 10% 的硫酸溶液中浸蚀 1min，再用蒸馏水洗涤，随后进行退火处理，退火温度为 820～830℃，时间为 10min。钛合金母材用三氯乙烯清洗干净后，在体积分数为 2% HF 和体积分数为 50% HNO_3 的水溶液中，用超声波振动方法浸蚀 4min，去除氧化膜，然后用水和酒精清洗干净。立即按工艺要求组装后放入真空炉内进行焊接。

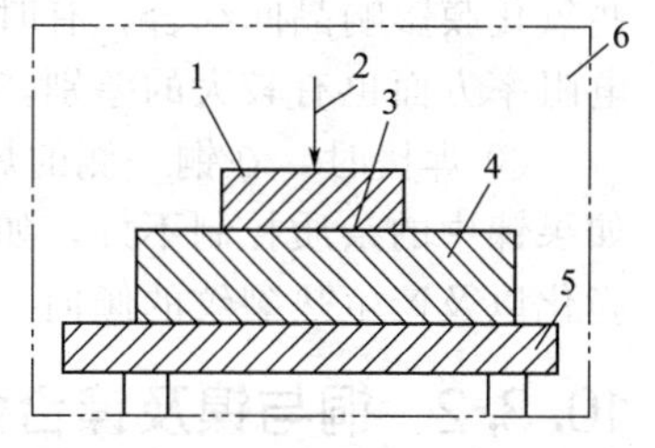

图 10.10 铜（板厚 5mm）与钛（板厚 8mm）的真空扩散焊示意图
1—铜（T2）；2—压力；3—扩散层；4—钛合金（TA2）；5—座板；6—真空室

图 10.10 是板厚 5mm 的铜（T2）与板厚 8mm 的钛合金（TA2）采用真空扩散焊的焊接结构示意图。

焊接工艺参数为，加热温度 810℃，保温时间 10min，焊接压力 5MPa，真空度 1.333×10^{-4}Pa。按照上述焊接工艺，也可以在铜与钛合金接头之间加入中间层，通常采用铌箔片作为中间层材料。

铜与钛还可以采用钎焊进行焊接，钎焊时采用的钎料多是银钎料（如钎料308），当银钎料含72%Ag时，其熔点为779℃。在钎料熔化过程中，铜与钛都将向熔化的钎料液体中溶解，并在钎料液体中形成铜与钛金属间化合物相。为了避免产生金属间化合物，必须严格控制钎焊温度和时间等工艺参数，并尽量缩短加热时间。

10.3 铜与镍及镍合金的焊接

镍属于铁磁性金属，力学性能良好，在高温和低温下具有良好的塑性和韧性。由于镍及镍合金具有特殊的性能，以及铜的优良的焊接性，使得生产中铜与镍异种金属连接件被广泛应用。铜与镍连接常用的焊接方法有氩弧焊和扩散焊。

10.3.1 铜与镍及镍合金的焊接特点

铜与镍的焊接有如下特点。

① 铜与镍的原子半径、晶格类型、密度及比热容等物理参数无太大差异。图10.11是铜-镍合金状态。Ni与Cu两元素之间可以无限互溶而形成Cu-Ni固溶体，铜与镍之间不易形成脆性的金属间化合物，这有利于焊接。

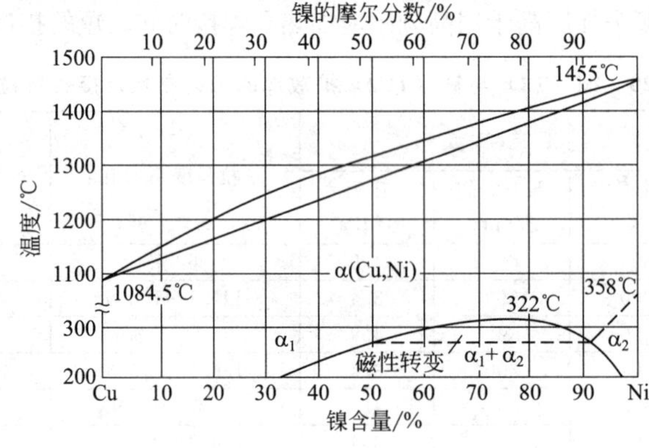

图10.11 铜-镍合金状态

② 铜的化学活性比镍强得多。焊接时铜容易被氧化，在铜一侧形成Cu_2O或CuO，这些氧化膜影响晶间结合，有时还会形成气孔和裂纹。铜和镍在导热性、导电性、线胀系数和电阻率方面也有较大的差别，这些差异给焊接带来一定困难。

③ 焊接时，在铜一侧的焊缝中易于生成低熔共晶组织，导致出现热裂纹。在镍的一侧，如果镍中的杂质控制不好，如S、P等也易形成Ni-NiS、Ni-Ni_3P低熔点共晶，增加了接头脆化以及产生热裂纹的倾向。

10.3.2 铜与镍及镍合金的焊接工艺

（1）铜与镍及镍合金的氩弧焊

铜与镍的薄板钨极氩弧焊，可不加填充焊丝，焊缝成形良好。焊缝成分主要是镍，焊缝组织为铜溶入镍中形成的固溶体，其组织比较均匀，这种接头组织具有很高的塑韧性和抗拉强度。熔化极氩弧焊时，可选用铜基或镍基焊丝，焊丝在焊前要在100～200℃下烘干，直径尺寸要与焊接电流相对应，铜或镍焊丝直径与焊接电流的选用见表10.21。

表 10.21 焊丝直径与焊接电流的选用

填充材料	焊丝直径/mm	焊接电流/A	电源极性
铜丝或镍丝	2.0	60～80	直流正极或交流
铜丝或镍丝	3.0	80～100	直流正极或交流
铜丝或镍丝	3.2	100～120	直流正极或交流
铜丝或镍丝	4.0	120～160	直流正极或交流
铜丝或镍丝	5.0	160～200	直流正极或交流

铜与镍焊接时，必须加强保护，正面焊缝和背面焊缝都要切实保护，并要求保护罩紧贴工件。保护罩要高，内部加铜网，以保证保护气体均匀有层流。铜与镍及镍合金氩弧焊的工艺参数及接头力学性能见表 10.22。

表 10.22 铜与镍及镍合金氩弧焊的工艺参数及接头力学性能

被焊材料	板厚/mm	工艺参数			抗拉强度 σ_b/MPa	冷弯角/(°)	焊接缺陷	氩气流量/$L \cdot min^{-1}$
		焊接电流/A	焊接电压/V	焊接速度/$cm \cdot s^{-1}$				
Cu+Ni	1+1	60～80	12～16	0.97～1.05	196	180	有气孔	20～60
Cu+Ni	2+2	80～100	16～18	0.83～0.95	196	180	有气孔	20～60
Cu+Ni	5+5	150～160	20～22	0.7～0.72	228	180	无	30～90
Cu+Ni	8+8	180～200	22～24	0.55～0.7	225	180	无	30～90
铬青铜+镍合金	1.35+1.2	150～160	16～18	0.83～0.88	245	180	无	30～90

（2）铜与镍及镍合金的扩散焊

采用真空扩散焊方法焊接铜与镍及镍合金的焊接结构，是真空器件制造中应用较为广泛的一种焊接工艺。由于铜和镍及镍合金都具有较好的塑性，而且在相互扩散的过程中均能获得连续的固溶体，使焊接接头质量良好。

例如，纯铜与纯镍真空扩散焊的真空度为 9.33×10^{-2}Pa，焊接温度为 400℃，保温时间为 20min，焊接压力为 9.8MPa 的焊接工艺参数，可以获得致密的、没有残余应力的铜-镍扩散焊接头。

用真空扩散焊焊接铜与镍及镍合金时，焊接工艺参数为，焊接温度 900℃，保温时间 20min，焊接压力 11.8MPa，真空度 1.33×10^{-3}Pa。铜与镍及镍合金真空扩散焊的工艺参数见表 10.23。

表 10.23 铜与镍及镍合金真空扩散焊的工艺参数

被焊材料	接头形式	工艺参数			
		焊接温度/℃	保温时间/min	压力/MPa	真空度/Pa
纯铜+纯镍	对接	400	20	9.8	9.33×10^{-2}
铜+镍	对接	900	20～30	12.7～14.7	6.67×10^{-3}～1×10^{-2}
铜+镍合金	对接	900	20	11.8	1.33×10^{-3}
铜+镍合金	对接	900	15	11.7	1.33×10^{-3}
铜+可伐合金	对接	950	10	11.9	1.33×10^{-2}
铜+可伐合金	对接	950	10	6.9	6.66×10^{-2}

10.4 铜与钼的焊接

钼是一种难熔金属，具有优良的导电性、导热性，常用于高新技术领域。在电子管阴极材料中铜引线与钼的焊接是一种重要的应用。但由于铜与钼之间的物理性能的差异，采用一般的熔焊方法是很难焊成的，采用真空扩散焊对铜与钼进行连接，可以获得良好的焊接接头。

10.4.1　铜与钼的焊接特点

钼具有很高的热物理性能和力学性能。高温时比强度大（特别是1370℃左右），线胀系数小，具有良好的热稳定性，导热和导电性能优良。并且钼具有一定的耐腐蚀性能。

铜与钼之间不能互溶，因此铜与钼难以进行熔化焊。铜与钼的焊接具有以下特点。

① 焊缝容易产生气孔，导致焊缝金属的力学性能降低。

② 两种母材金属都容易氧化，其氧化膜会阻碍界面结合，使焊接难以进行。

③ 铜与钼的线胀系数相差很悬殊，在焊接加热和冷却过程中会产生较大的热应力，焊接时容易产生裂纹，严重时会发生脆断。

由于液态的铜和钼相互之间不能溶解，因此用熔焊方法焊接铜和钼不易获得满意的焊接接头，通常采用真空扩散焊或冷压焊焊接铜和钼。

10.4.2　铜与钼的扩散焊

铜与钼进行扩散焊接时，如果加入中间层金属（镍）可缓解热应力的产生，同时由于镍与铜之间的互溶，可获得质量良好的接头。真空扩散焊的工艺参数为，加热温度800～1050℃，焊接压力为14.7～22.8MPa，保温时间为10～40min。铜与钼以镍为中间层的真空扩散焊的工艺参数见表10.24。

表10.24　铜与钼真空扩散焊的工艺参数

被焊材料	中间层	工艺参数			
		焊接温度/℃	保温时间/min	压力/MPa	真空度/Pa
铜+钼	Ni	800	10	14.7	1.33×10^{-1}
		850	15	19.6	1.33×10^{-2}
		900	15	19.6	1.33×10^{-1}
		950	10	22.8	1.33×10^{-2}

铜与钼扩散焊还可以采用表面镀层的方法。在钼的表面镀上一层厚度为7～14μm的镍金属层，然后以镀层为过渡层进行真空扩散焊，能获得界面结合强度高的铜-钼焊接接头。铜与钼采用镍镀层真空扩散焊的工艺参数见表10.25。

表10.25　铜与钼采用镍镀层真空扩散焊的工艺参数

被焊材料	中间层	工艺参数			
		焊接温度/℃	保温时间/min	压力/MPa	真空度/Pa
铜+钼	镀镍	800	10	9.8	1.33×10^{-1}
		850	15	14.7	1.33×10^{-1}
		900	20	14.7	1.33×10^{-2}
		950	20	15.7	1.33×10^{-2}
		1050	20	15.7	1.33×10^{-3}

10.5　铝与钛、镁的焊接

钛及钛合金由于具有熔点高、线胀系数和弹性模量小、耐蚀性优良等特性，成为在工业中广泛应用的材料。钛合金已经大量应用于重要承力构件。铝合金具有比强度高、密度小、耐蚀性好、导热和导电性好等特点，是主要的结构材料。将铝和钛连接形成复合结构在工程应用中是十分必要的。

10.5.1 铝与钛及钛合金的焊接特点

铝与钛在液态下无限互溶，在固态（特别是室温）下，钛在铝中的溶解度极小。图 10.12 是铝-钛合金状态。铝与钛异种材料的焊接性很差，必须采用适当的焊接方法才能获得较为满意的接头。焊接铝与钛异种材料的困难主要有以下几个方面。

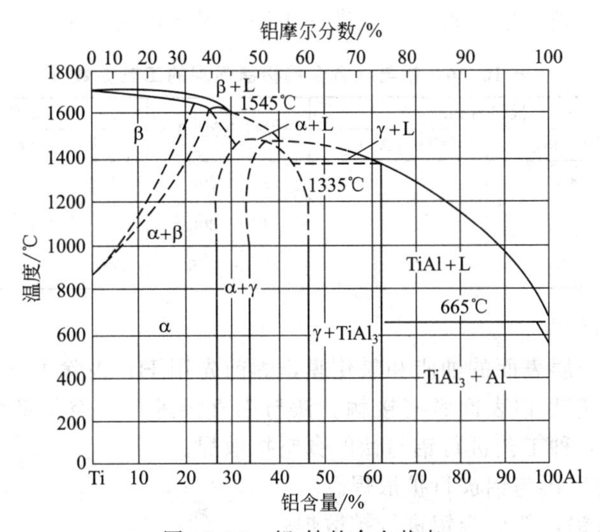

图 10.12 铝-钛的合金状态

（1）钛与铝都极易氧化，阻止界面结合，而且合金元素容易烧损蒸发。钛在 600℃开始氧化，生成 TiO_2，在焊缝及界面形成中间脆性层，使焊缝的塑性和韧性下降。焊接加热温度越高，氧化越严重。其次，铝和氧作用生成致密难熔的 Al_2O_3 氧化膜（熔点 2050℃），阻碍两种金属的结合，而且焊缝容易产生夹杂，增加金属的脆性，使焊接难以进行。当温度达到钛的熔点时，铝及其合金元素大量烧损蒸发，使得焊缝的化学成分不均匀，强度降低。

（2）钛与铝在不同温度下发生反应，并和其他杂质形成脆性化合物。钛与铝在 1460℃时，形成铝含量为 36%的 TiAl 型金属间化合物，使接头处的脆性增加；在 1340℃时，形成铝含量为 60%～64%的 Ti_3Al 型金属间化合物；钛与铝熔化后，当含钛为 0.15%时形成钛在铝中的固溶体。钛和氮形成氮化物，降低金属的塑性。钛和碳反应形成碳化物，当含碳量大于 0.28%时，两种金属的焊接性显著变差。

（3）钛与铝的相互溶解度小，高温时吸气性大。在 665℃时，钛在铝中的溶解度为 0.26%～0.28%，随着温度的降低，溶解度变小。温度降为 20℃时，钛在铝中的溶解度降为 0.07%，使两种金属很难融合。铝在钛中的溶解度更小，使两种金属融合形成固溶体焊缝十分困难。氢在钛中的溶解度很大，低温时容易聚集形成气孔，使焊缝的塑性和韧性降低，产生脆裂。液态铝可溶解大量氢，固态时则几乎不溶解，使焊缝凝固时氢来不及逸出而形成气孔。

（4）钛与铝的焊接变形大。钛与铝的热导率和线胀系数相差很大，铝的热导率和线胀系数分别是钛的热导率和线胀系数的 16 倍和 3 倍，在焊接应力的作用下容易产生裂纹。

10.5.2 铝与钛及钛合金的焊接工艺

铝和钛由于易形成金属间化合物，所以若采用电弧焊或熔化极气体保护焊，焊缝中含有大量的金属间化合物脆性相，接头很脆无法使用。焊接时可利用铝与钛熔点不同这一特性，采用钨极氩弧焊进行焊接。铝和钛还可以采用压力焊进行焊接，如冷压焊和真空扩散焊等能形成良好的焊接接头。

（1）铝与钛的钨极氩弧焊

铝与钛电解槽的阳极是用厚度 2mm 的钛合金（TA2）和厚度 8mm 的纯铝（1035）制成。用钨极氩弧焊进行对接、搭接或角接，填充材料为 2A50 焊丝，直径为 3mm，焊接工艺参数见表 10.26。

为了获得优质接头，焊接过程要尽可能快速、连续地进行，以防止钛母材熔化过多。焊前若在钛侧的坡口上熔敷一层铝粉，可以进一步提高焊接接头质量。

表 10.26 铝与钛合金钨极氩弧焊的工艺参数

接头形式	板厚/mm		焊接电流/A	氩气流量/L·min^{-1}	
	Al(1035)	Ti(TA2)		焊枪	背面保护
角接	8	2	270～290	10	12
搭接	8	2	190～200	10	15
对接	8～10	8～10	240～285	10	8

（2）铝与钛的扩散焊

为了消除铝与钛金属表面的油脂和氧化膜，焊前先用 HF 去除工件表面的氧化膜，然后用丙酮进行清洗，并使钛-铝表面紧密接触。钛与铝直接进行真空扩散焊，接头塑性和强度很低。因此，可采用三种工艺进行铝与钛的真空扩散焊。

① 在钛表面镀铝后再与铝进行扩散焊。

② 先在钛表面渗铝，然后与铝进行扩散焊。

③ 铝和钛之间夹铝箔作为中间层进行扩散焊。

铝与钛可以采用在钛金属表面先进行镀铝，然后再进行真空扩散焊的方法进行连接。中间镀铝层一般采用 1035 纯铝。铝与钛真空扩散焊的工艺参数为，加热温度 520～550℃，保温时间 30min，压力 7～12MPa，真空度 5×10^{-4}Pa。采用在钛表面镀铝的纯钛（TA7）与防锈铝（5A03）扩散焊的工艺参数及接头性能见表 10.27。

表 10.27 5A03 防锈铝与钛扩散焊的工艺参数及接头性能

镀铝工艺参数		中间层		扩散焊工艺参数		抗拉强度 σ_b/MPa	断裂部位
温度/℃	时间/s	厚度/mm	材料	焊接温度/℃	保温时间/s		
780～820	35～70	—	—	520～540	30	202～224 (214)	Ti 侧 1035 中间层上
—	—	0.4	Al1035	520～550	60	182～191 (185)	Ti 侧 1035 中间层上
—	—	0.2	Al1035	520～550	60	216～233 (225)	Ti 侧 1035 中间层上

注：括号内数值为平均值。

为了解决铝与钛直接焊接的困难，除采用在钛表面镀铝的工艺措施以外，还可以采用在钛表面渗铝以及在铝和钛之间夹铝箔作为中间层的工艺措施进行扩散焊。夹铝箔工艺中铝箔的厚度为 0.2～0.4mm。纯铝（1035）与钛合金（TA2）真空扩散焊的工艺参数见表 10.28。

铝与钛真空扩散焊工艺参数，加热温度为 630℃、保温时间为 60min、压力为 8MPa 时，采用钛板表面渗铝工艺的接头产生了相当程度的扩散结合。在两个界面处（铝侧、钛侧）发生了一定程度的扩散结合。虽然结合情况还比较差，但是采用夹铝箔工艺扩散焊的试样仍旧没有发生大面积的扩散结合。当加热温度为640℃、保温时间为90min，压力为20MPa时，采用钛板表面渗铝和夹铝箔工艺扩散焊的两组试样均发生了较好的扩散结合。

表10.28 纯铝与工业纯钛真空扩散焊的工艺参数

被焊材料	工艺参数				工艺措施	接头结合状况
	加热温度/℃	保温时间/min	压力/MPa	真空度/Pa		
TA2+1035	540	60	5.55	$1.86\sim2.52\times10^{-5}$	未加中间层	未结合
	568	60	4.5	$1.46\sim3.46\times10^{-5}$	夹铝箔 钛表面渗铝	未结合 未结合
	630	60	8	$3.59\sim4.66\times10^{-5}$	夹铝箔 钛表面渗铝	未结合 结合良好
	640	90	20	$1.12\sim2.66\times10^{-5}$	夹铝箔 钛表面渗铝	接头结合良好

Ti表面渗铝后的Ti/Al扩散焊界面随着Ti、Al原子的相互渗入，Ti表面渗铝层的相结构发生了变化，形成了固溶体和Ti-Al金属间化合物。渗铝层中虽然还有形如链粒状的共晶组织，但由于Ti原子的渗入，相结构与Al基体或Ti基体不同。

Ti侧过渡区、渗铝结合界面和Al侧过渡区共同组成了Ti/Al扩散焊接头的扩散过渡区。扩散过渡区中从钛侧到铝侧Ti含量逐渐降低，形成的相组成也不同。扩散过渡区中Al含量为36%时，形成γ相的TiAl型金属间化合物；Al含量为60%～64%时，生成$TiAl_3$型金属间化合物。

Ti侧过渡区是白亮的$TiAl_3$、TiAl金属间化合物和Ti溶入铝中形成的α-Al(Ti)固溶体，这是由于在渗铝和扩散焊时，Ti、Al原子相互扩散的结果。α-Al(Ti)固溶体是呈等轴状分布的α相，$TiAl_3$和TiAl是脆硬的金属间化合物，它们的出现使扩散过渡区的显微硬度提高。

(3) 铝与钛的冷压焊

铝与钛也可以采用冷压焊进行焊接，由于在加热温度450～500℃，保温时间5h，铝-钛接合面上不会产生金属间化合物。焊接接头比熔焊方法有利，且能获得很高的接头强度，冷压焊的铝钛接头的抗拉强度可达σ_b=298～304MPa。

铝管与钛管的冷压焊结构示意图如图10.13所示。管口预先加工成凹槽和凸台，当钢制压环3沿轴向压力使钢环4和5进入预定位置时，铝管1受到挤压而与钛管2的凹槽贴紧形成接头。冷压焊工艺方法适合于内径10～100mm，壁厚1～4mm的铝钛管接头。接头焊后需从100℃开始以200～450℃/min的速度在液氮中冷却，并且接头经1000次的热循环仍能保持其密封性。

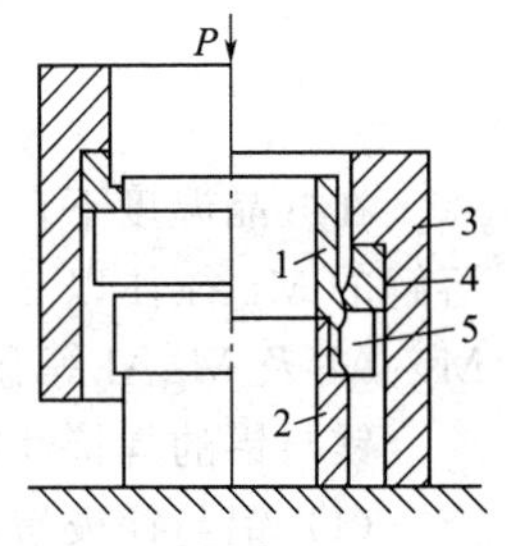

图10.13 铝管与钛管的冷压焊结构示意图
1—铝管；2—钛管；3—钢制压环；4，5—钢环

铝-钛过渡管可以用正向冷挤压焊的方法制造，图10.14为采用冷压焊的过程示意图。两种金属管都装入模具孔中，较硬的管装在靠近模具锥孔一端，冲头将两种管子同时从锥孔挤出。管内装有心轴，金属不可能向管内流动，由于两种金属的塑性变形不一样，两管间的界面会由于巨大的正压力而扩张加大并形成焊缝。较小的管子可以用棒料冷压焊后再钻孔制成。

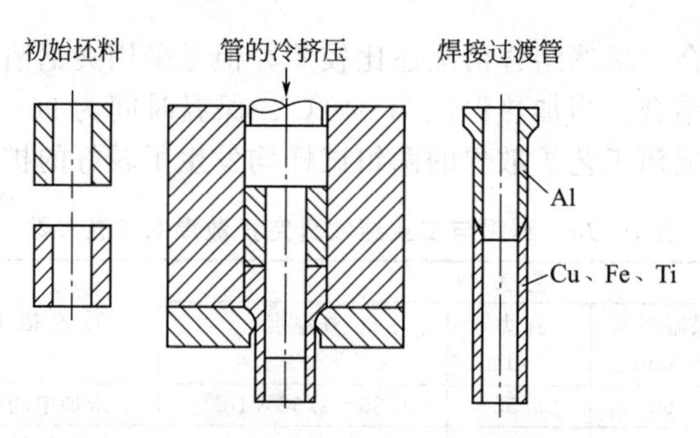

图 10.14　铝-钛过渡管冷压焊过程示意图

10.5.3　铝与镁的焊接特点

铝和镁都具有熔点低、密度小、塑性好等优点，被广泛应用于汽车、航空航天、电子等工业部门。由于镁和铝应用的广泛性和交叉性，以及在某些特殊场合某些特殊性能的要求，将镁与铝连接形成复合结构是十分必要的，可以降低结构重量，节约材料。

由于镁和铝的相互溶解度、熔点、线胀系数不同，镁和铝很容易形成氧化膜，并且镁具有较大的热脆性，使得镁与铝的焊接十分困难。图 10.15 为 Mg-Al 二元合金状态。

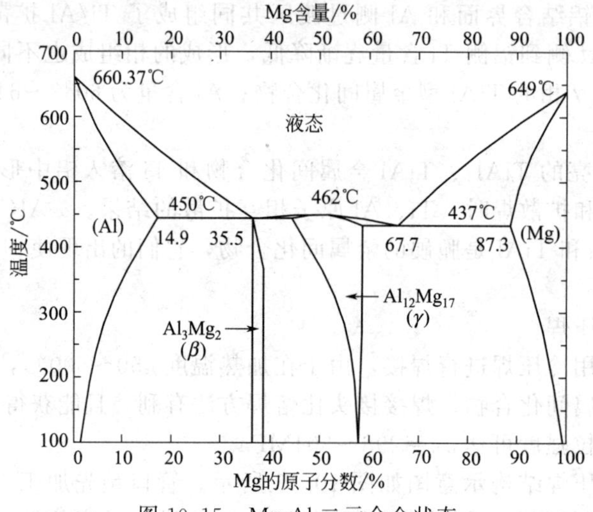

图 10.15　Mg-Al 二元合金状态

在共晶温度下，Mg 在铝中的最大溶解度为 17.4%；100℃时 Mg 的溶解度为 1.9%。未溶解的 Mg 往往以 β 相（Mg_2Al_3）存在于组织中。同时在熔焊与固相焊过程中还易形成 Mg_3Al_2 及 MgAl 等金属间化合物。

镁与铝的焊接性特点主要有以下几个方面。

(1) 铝与镁极易氧化。Mg 与 Al 均属于活泼金属，很容易与氧结合形成 MgO 和 Al_2O_3 氧化膜，尤其是 Al_2O_3 结构致密且熔点很高（2050℃），很难将其去除。这不仅阻碍两种金属的连接，而且使接头区容易产生夹杂、裂纹等缺陷，使接头结合性能变差。

(2) 铝与镁液态时相互溶解度小，高温时气体溶解度大。由 Mg-Al 二元合金状态图可知，Mg 与 Al 在低温时彼此溶解度很小，因为 Mg 为密排六方结构而 Al 为面心立方结构，晶体结构的不同是 Mg/Al 间相互溶解度差的原因之一。较低的相互溶解度使两种金属形成熔合区十分困难，难以形成有效的结合。

(3) 铝与镁在高温时均能溶解一定量的气体。液态铝中可溶解大量的氢，固态时几乎不溶解，这易使熔合区在凝固时氢来不及逸出而产生气孔，使熔合区塑韧性降低。

采用熔焊方法对铝与镁进行焊接时，焊缝熔合区附近形成的高硬度 Mg-Al 系金属间化合物会促使接头脆性增加，降低接头的力学性能，并且由于焊接时较大的热输入，会使热影响区产生较大的变形及裂纹。但是采用扩散焊连接可以通过在有限时间内的加热和加压，使接触表面产生微小的宏观变形，通过原子的扩散，实现铝与镁异种材料可靠的连接。扩散焊没有采用其他熔焊方法时易产生的裂纹、变形、气孔等缺陷。

铝与镁的焊接，采用的焊接方法主要是熔焊和固相焊，例如，钨极氩弧焊、电子束焊、搅拌摩擦焊、扩散焊、电阻点焊等。

10.5.4 铝与镁的焊接工艺

(1) 铝与镁的熔焊

钨极氩弧焊（TIG 焊）是目前镁合金和铝合金最常用的焊接方法，焊接接头的变形小且热影响区较窄，接头的力学性能和耐腐蚀性能较高。由于镁的蒸气压高、易氧化，而且导热性能好，因此采用保护性强、能量密度高的焊接方法更易实现镁合金的焊接。

1) 熔焊设备及工艺

用钨极氩弧焊（TIG 焊）对 Mg/Al 异种材料进行平板对接焊，可采用交流钨极氩弧焊机。接头采用对接形式，被焊母材 Mg、Al 为板材，尺寸为 100mm×40mm×3mm。焊前将两侧母材焊缝接触部位打磨平整，去除工件被焊部位及焊丝表面的氧化膜、油脂和水分，主要采用机械和化学方法进行清理。接头表面清理后，将接头定位、压紧、装配。TIG 焊时的工艺参数根据被焊材料、板厚及接头形式确定，Mg/Al 异种材料 TIG 焊的工艺参数见表 10.29。

表 10.29 Mg/Al 异种材料 TIG 焊的工艺参数

焊接电流 I/A	焊接电压 U/V	焊接速度 v/mm·s^{-1}	Ar 气体流量/L·min^{-1}
60～120	25	1.2～1.5	10～12

TIG 焊过程中，由于镁合金的熔点低于铝合金的熔点，焊接时极易产生向镁合金母材一侧的电弧偏吹现象，导致靠近铝母材一侧的焊缝熔合较差。因此在焊接过程中应使焊枪钨电极向铝侧倾斜一定角度，以保证获得熔合较好的焊接接头。焊接时采用铝焊丝 SAl-3 作为填充材料，进行平板对接焊。

2) 接头组织性能

对 Mg/Al 异种材料 TIG 焊接头 Mg 侧熔合区附近组织的分析表明，该区域存在明显的柱状晶组织，并垂直于镁基体向焊缝延伸生长。焊缝区主要是由细小的条状等轴晶组织和基体组织构成。熔合区由熔化结晶区和半熔化结晶区构成，熔化结晶区主要由明显的柱状晶和等轴树枝晶组成，半熔化结晶区主要是由未结晶组织和柱状树枝结晶组织组成。并且靠近焊缝附近的熔化结晶区是易产生裂纹的区域，裂纹沿着熔合区连续分布。Mg 侧熔合区附近组织的变化对于接头的性能影响较为明显，图 10.16 是 Mg 侧熔合区附近的显微硬度分布。

从焊缝区经过 TIG 焊接头 Mg 侧熔合区过渡到 Mg 基体时，显微硬度几乎是连续变化的，在焊缝区和熔合区附近显微硬度较高，为 275～300HM，向 Mg 基体过渡时显微硬度逐渐降低至 25HM。

根据 X 射线衍射（XRD）分析，在 Mg 侧熔合区附近主要形成了 $Mg_{17}Al_{12}$ 和 Mg_2Al_3 等 Mg-Al 系金属间化合物。在 XRD 分析结果中还存在一定量的 Al_4Si 相，主要是 TIG 焊采用的焊丝 SAl-3 中少量的 Si 元素过渡到熔合区附近与 Al 反应形成。同时由于 Mg、Al 易被氧化，在焊缝及熔合区附近不可避免地存在一定量的氧化物 MgO 和 Al_2O_3。

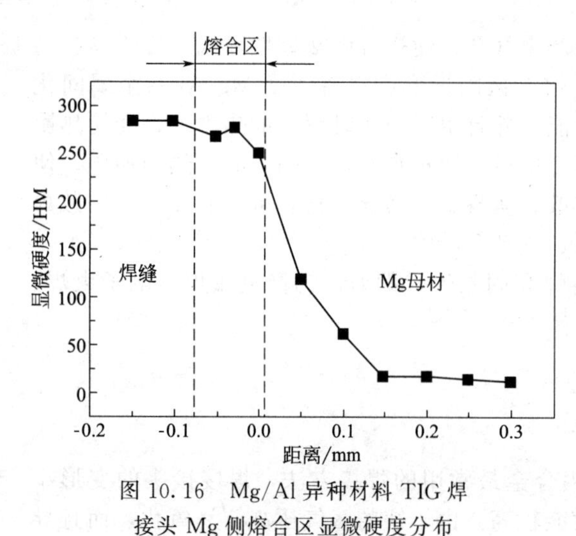

图 10.16　Mg/Al 异种材料 TIG 焊接头 Mg 侧熔合区显微硬度分布

气孔是 Mg、Al 焊接中常见的一种缺陷，气孔不仅会削弱焊缝的有效工作断面，同时也会使焊接接头区产生应力集中，降低焊缝金属的强度和韧性。Mg/Al 异种材料 TIG 焊接头产生气孔的原因是由于氩气保护不充分，以及焊丝表面残留水分在高温下分解产生的 H_2 溶入焊接熔池中，当液态金属凝固时，气体的溶解度突然下降，来不及逸出而残留在焊缝中便形成气孔。

气孔也是导致接头断裂的原因之一，对镁与铝 TIG 焊接头 Mg 侧断口进行扫描电镜观察（SEM）发现存在气孔，这些气孔主要分布在解理区域的凹陷部位，并且垂直于焊缝方向。从宏观上也可见在焊缝横截面 Mg 侧熔合区附近存在可见的细小气孔。

（2）铝与镁的扩散焊

为了避免熔焊过程中产生的各种焊接缺陷，采用真空扩散焊对铝与镁进行连接，可以获得结合良好的焊接接头。

1）焊前准备及焊接工艺

镁和铝表面的 MgO 和 Al_2O_3 氧化膜会阻碍扩散焊时原子的扩散，必须进行清除。Al_2O_3 膜很稳定，在扩散结合过程中也不消失。但是随着结合面的变形，氧化膜将遭到破坏，有一部分表面将露出清洁表面。因此焊前应采用化学方法去除待焊工件表面的氧化膜，使待焊表面接触更紧密，增大原子扩散面积。

焊前待焊工件 Mg 与 Al 表面经过磨削加工，表面粗糙度 3.2μm。采用机械和化学方法去除待焊工件表面的氧化膜、油污和铁锈等。工件清理后，将清洁平整的待焊表面定位、压紧，装配好后立即放置到真空扩散焊的真空室中。进行扩散焊时，采用分级加热并设置几个保温时间平台。冷却过程采用循环水冷却至 100℃后，随炉冷却。

Mg/Al 异种材料真空扩散焊的工艺参数为，加热温度 460～540℃，保温时间 40～60min，焊接压力 0.074～0.895MPa，真空度 6.5×10^{-5}～6.5×10^{-4}Pa。Mg/Al 异种材料扩散焊的工艺参数及接头结合状态见表 10.30。

表 10.30　Mg/Al 异种材料扩散焊的工艺参数及接头结合状态

扩散焊工艺参数				接头结合状况
被焊材料	加热温度/℃	保温时间/min	焊接压力/MPa	
Mg/Al	500～540	30～60	0.18～0.895	加热温度、压力较大，Mg 易发生塑性变形、脆裂，未能形成扩散焊接头
Mg/Al	470～490	30～60	0.074～0.081	焊合，接合面扩散充分，接头结合良好，结合强度较高
Mg/Al	≤460	30～60	0.074	加热温度低，压力较小，未焊合，界面无扩散痕迹

Mg/Al 异种材料进行扩散焊时，由于 Mg 具有较大的热脆性，加热温度、保温时间及焊接压力对接头的质量影响较大。严格控制加热温度、保温时间和压力，可以获得结合良好的扩散焊接头。

2）扩散焊接头的剪切强度和硬度

对不同工艺参数下获得的Mg/Al扩散焊接头，采用线切割方法从扩散焊接头位置切取12mm×10mm×10mm的试验接头试样（每个工艺参数取2个）。接头表面经磨制后在试验压力机上进行剪切强度测试，部分扩散焊接头的界面剪切强度值见表10.31。

表10.31 Mg/Al异种材料扩散焊接头的界面剪切强度

工艺参数（$T\times t$，p）	最大载荷 F_m/N	剪切强度 σ_τ/MPa	平均剪切强度 σ_τ/MPa
470℃×60min，0.081MPa	820	10.99	9.83
	750	8.67	
475℃×60min，0.081MPa	1910	20.54	18.94
	1640	17.34	
480℃×60min，0.081MPa	1080	12.04	13.21
	1250	14.02	

剪切强度试验结果表明，保温时间60min，焊接压力0.081MPa（保持接头不发生宏观变形），当加热温度较低时，Mg/Al扩散焊界面剪切强度较低；随着加热温度的升高，扩散焊界面的剪切强度有所增加；当加热温度为475℃时，扩散焊接头的界面剪切强度达最大值为18.94MPa；当加热温度为480℃时，扩散焊界面的剪切强度为13.21MPa。表明加热温度过高，Mg/Al扩散焊界面附近形成的过渡区组织粗化，因此导致扩散焊界面的剪切强度有所降低。图10.17为Mg/Al扩散焊接头界面剪切强度随加热温度的变化。

Mg/Al异种材料扩散焊界面过渡区的组织特征决定了接头的力学性能。为了判定Mg/Al扩散焊接头组织性能的变化，采用显微硬度计对Mg/Al扩散焊接头界面附近不同区域进行显微硬度测定，试验中的加载载荷为15g，加载时间为10s。采用显微硬度计对保温时间60min，加热温度分别为470℃、475℃和480℃条件下的Mg/Al扩散焊接头进行显微硬度测定。图10.18是Mg/Al扩散焊界面附近组织的显微硬度分布。

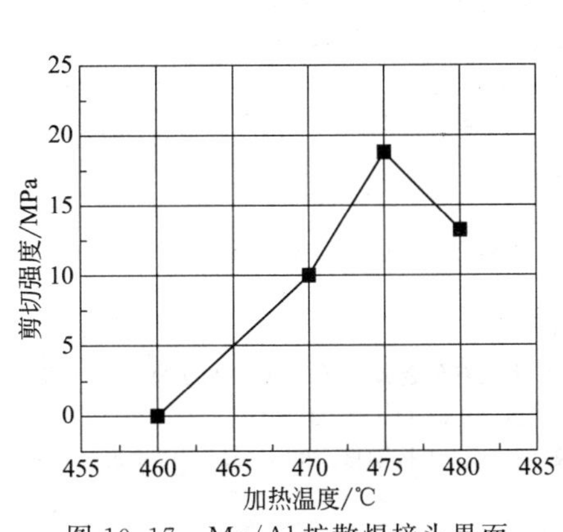

图10.17 Mg/Al扩散焊接头界面剪切强度随加热温度的变化

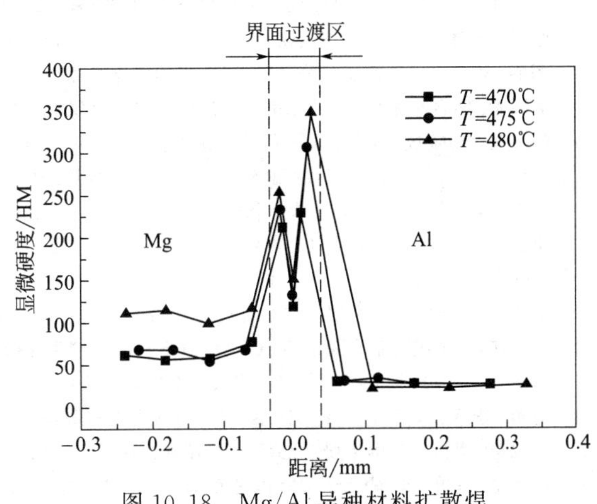

图10.18 Mg/Al异种材料扩散焊界面附近的显微硬度分布

在不同加热温度条件下，Mg/Al扩散焊接头界面附近的显微硬度分布基本一致。界面区的显微硬度明显比两侧基体的高，并且界面区靠近两侧基体附近的显微硬度也明显高于界面中间区域组织的硬度。界面区靠近两侧基体附近的显微硬度为200～350HM，而过渡区中间区域的显微硬度为125～150HM。随着扩散焊加热温度的增加，界面附近的显微硬度也明显增加，同时界面区的宽度也明显增大。随着加热温度的提高，Mg基体的显微硬度呈现增加的趋势，当加热温度为480℃时，Mg基体一侧的显微硬度为113HM。

参考文献

[1] 中国机械工程学会焊接学会. 焊接手册. 第3版，第2卷. 材料的焊接. 北京：机械工业出版社，2008.
[2] 黄德彬. 有色金属材料手册. 北京：化学工业出版社，2005.
[3] 曾正明. 机械工程材料手册. 北京：化学工业出版社，2003.
[4] 栾国红，季亚娟，简波. 飞机轻金属结构的搅拌摩擦焊. 航空制造技术，2006 (12)：50-53.
[5] 李晓延，王国彪. 轻金属焊接若干关键基础问题. 焊接，2009 (1)：7-10.
[6] 张建勋，巩水利. 轻金属焊接学术前沿及其研究领域. 焊接，2008 (12)：5-10.
[7] 顾曾迪，陈根宝，金心浦. 有色金属焊接. 第2版. 北京：机械工业出版社，1987.
[8] 韩国明. 焊接工艺理论与技术. 第2版. 北京：机械工业出版社，2007.
[9] 黄旺福，黄金刚. 铝及铝合金焊接指南. 长沙：湖南科学技术出版社，2004.
[10] 周万盛，姚君山. 铝及铝合金的焊接. 北京：机械工业出版社，2006.
[11] 潘复生，张丁非. 铝合金及应用. 北京：化学工业出版社，2006.
[12] 黄旺福，黄金刚. 铝及铝合金焊接指南. 长沙：湖南科学技术出版社，2004.
[13] 林三宝，赵彬. LF6 铝合金搅拌摩擦点焊. 焊接，2007 (3)：28-30.
[14] 杜国华. 实用工程材料焊接手册. 北京：机械工业出版社，2004.
[15] 孔祥明，胡广林，熊爱华. 纯铜导体的 TIG 焊接工艺. 长江大学学报：自科版，2007，4 (4)：108-110.
[16] 王焱，梁朝旭，周清. 纯铜的 TIG 单面焊双面成形工艺. 焊接技术，2006，35 (1)：47-48.
[17] 曾雄辉. 铜波导管-法兰盘接头感应钎焊技术，机械制造文摘-焊接分册，2012 (3)：38-40.
[18] 中国机械工程学会焊接学会. 焊工手册（手工焊接与切割）. 北京：机械工业出版社，2001.
[19] 张启运，庄鸿寿. 钎焊手册. 北京：机械工业出版社，1999.
[20] 曾正明. 实用工程材料技术手册. 北京：机械工业出版社，2001.
[21] 张喜燕，赵永庆，白晨光. 钛合金及应用. 北京：化学工业出版社，2004.
[22] 刘振清. 火力发电厂凝汽器钛材管板密封焊接施工. 焊接技术，1994 (3)：34-37.
[23] 曲金光. 钛制降膜蒸发器的焊接工艺研究. 焊接技术，1998 (2)：28-30.
[24] 张津，章宗和. 镁合金及应用. 北京：化学工业出版社，2004.
[25] 陈振华. 镁合金. 北京：化学工业出版社，2004.
[26] 冯吉才，王亚荣，张忠典. 镁合金焊接技术的研究现状及应用. 中国有色金属学报，2005，15 (2)：165-178.
[27] 张华，吴林，林三宝，等. AZ31 镁合金搅拌摩擦焊研究. 机械工程学报，2004，40 (8)：123-126.
[28] 邢丽，柯黎明，孙德超，等. 镁合金薄板的搅拌摩擦焊工艺. 焊接学报，2001，22 (6)：18-20.
[29] 潘际銮. 镁合金结构及焊接. 第十一次全国焊接会议论文集（第1册）. 上海：2005.
[30] 胡义良，杨晓成. 镍合金的窄间隙焊接工艺. 电焊机，2008，38 (3)：65-66.
[31] 蒋受林，张征兵. 乙烯装置中高铬镍高温合金的焊接. 化工建设工程，2004，26 (6)：33-35.
[32] 张洪军，贾敏. N06690 镍基合金管道的焊接. 管道技术与设备，2014 (2)：38-40.
[33] 李亚江，王先礼，楼风笑. GL 渗铝钢管合金渗层相组成、变形及焊接性能研究. 机械工程学报，1994，30 (5)：100～104.
[34] 顾钰熹. 特种工程材料焊接. 沈阳：辽宁科学技术出版社，1998.
[35] 刘中青，刘凯. 异种金属焊接技术指南. 北京：机械工业出版社，1997.
[36] 李亚江，吴会强，陈茂爱，等. Cu/Al 真空扩散焊接头显微组织分析. 中国有色金属学报，2001，11 (3)：424-427.
[37] 邢丽，万於辉，杨成刚. 厚板铜/铝搅拌摩擦焊接头的组织分析. 电焊机，2014，44 (4)：27-30.
[38] 刘鹏，李亚江，王娟，等. Mg/Al 异种材料真空扩散焊界面区域的显微组织. 焊接学报，2004，25 (5)：5-8.
[39] 陈祝年. 焊接工程师手册. 北京：机械工业出版社，2002.
[40] 伍小龙，王勇. 紫铜管与 16MnR 板的氩弧焊. 焊接技术，1999 (4)：33-34.
[41] 于立荣. 纯镍与多种钢的 TIG 焊. 焊接，1993 (8)：17-20.